T0269171

Symmetrien und Gruppen in der Teilchenphysik

Stefan Scherer

Symmetrien und Gruppen in der Teilchenphysik

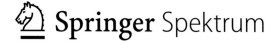 Springer Spektrum

Stefan Scherer
Johannes Gutenberg-Universität Mainz
Mainz, Deutschland

ISBN 978-3-662-47733-5   ISBN 978-3-662-47734-2 (eBook)
DOI 10.1007/978-3-662-47734-2

Die Deutsche Nationalbibliothek verzeichnet diese Publikation in der Deutschen Nationalbibliografie;
detaillierte bibliografische Daten sind im Internet über http://dnb.d-nb.de abrufbar.

Springer Spektrum

Planung: Margit Maly

Gedruckt auf säurefreiem und chlorfrei gebleichtem Papier.

Springer-Verlag GmbH Berlin Heidelberg ist Teil der Fachverlagsgruppe Springer Science+Business
Media
(www.springer.com)

Vorwort

Symmetrieüberlegungen bilden in vielfältiger Weise einen zentralen Grundpfeiler im Gedankengebäude der modernen theoretischen Physik. Zum gegenwärtigen Zeitpunkt kulminieren sie im äußerst erfolgreichen Standardmodell der Elementarteilchenphysik und werden sicherlich auch in einer neuen Theorie jenseits des Standardmodells von großer Bedeutung sein. Das Teilgebiet der Mathematik, das der Formulierung von Symmetrieprinzipien und ihrer konkreten phänomenologischen Anwendung zugrunde liegt, ist die Gruppentheorie. Das Ziel dieses Buches besteht in einer didaktischen Einführung in die gruppentheoretischen Überlegungen und Methoden, die zu einem immer tieferen Verständnis der Wechselwirkungen der Elementarteilchen geführt haben.

Die ersten drei Kapitel beschäftigen sich primär mit mathematischen Aspekten der Gruppentheorie. Wir werden zunächst grundlegende Begriffe kennenlernen und ihre Bedeutung in der Regel an einfachen, wenn möglich physikalisch relevanten Beispielen erläutern. Das zweite Kapitel widmet sich den Grundzügen der Darstellungstheorie primär endlicher Gruppen, wobei viele Ergebnisse auch auf kompakte Lie-Gruppen übertragbar sind. Im dritten Kapitel diskutieren wir das Konzept von Lie-Gruppen und deren Zusammenhang mit Lie-Algebren.

In den restlichen Kapiteln geht es dann hauptsächlich um die Anwendung der Gruppentheorie in der Physik. Kapitel 4 beschäftigt sich mit den Gruppen SO(3) und SU(2), die im Zusammenhang mit der Beschreibung des Drehimpulses in der Quantenmechanik auftreten. Wir werden das Wigner-Eckart-Theorem zusammen mit einigen Anwendungen diskutieren. In Kap. 5 widmen wir uns den Zusammensetzungseigenschaften stark wechselwirkender Systeme, sog. Hadronen, und diskutieren ausführlich die Transformationseigenschaften von Quarks mit Bezug auf die speziell unitären Gruppen. Das Noether-Theorem wird in der Regel in Verbindung mit den zur Galilei-Gruppe und zur Poincaré-Gruppe gehörigen Erhaltungssätzen behandelt. Wir beschränken uns in Kap. 6 auf innere Symmetrien, werden dafür aber ausführlich die Anwendung auf die Quantenfeldtheorie darlegen. Insbesondere wird ein Ausblick auf die Auswirkung von Symmetrien in Form sog. Ward-Identitäten gewährt. Während das Noether-Theorem im Wesentlichen von globalen Symmetrien Gebrauch macht, basiert die Konstruktion von Eichtheorien auf lokalen Symmetrien. In Kap. 7 wenden wir uns dem Eichprinzip zu und diskutieren zunächst die Konstruktion der Quantenelektrodynamik. Im Anschluss daran verallgemeinern wir das Eichprinzip auf nicht-abelsche Gruppen (Yang-Mills-Theorien) und formulieren die Quantenchromodynamik (QCD). Insbesondere werden wir an Kap. 5 und 6 anknüpfen und „zufällige" globale Symmetrien der QCD, speziell die chirale Symmetrie, in Augenschein nehmen. Neben den Symmetrien spielen auch verschiedene Formen der Symmetriebrechung eine entscheidende Rolle, sei es eine explizite Symmetriebrechung in Form einer äußeren Störung oder eine spontane Symmetriebrechung aufgrund der Dynamik des Systems. In Kap. 8 werden wir das Phänomen der spontanen Symmetriebrechung sowohl für globale als auch für lokale Symmetrien beleuchten. Die erste Form findet in der QCD ihren Ausdruck und führt in Kombination mit einer expliziten Symmetriebrechung durch die Quarkmassen zu einer faszinierenden Verwebung im Niederenergiesektor der Hadronenphysik. Die zweite Form ist Input für die Formulierung des Standardmodells mit seinem Higgs-Phänomen. Im abschließenden Kapitel werden wir alle Fäden zusammenführen und uns die gruppentheoretische Struktur des Standardmodells erarbeiten. Zu guter Letzt werfen wir darin anhand der Gruppe SU(5) einen Blick auf große vereinheitlichte Theorien.

Offenkundig konnten hier nicht alle Aspekte der Gruppentheorie in der Physik berücksichtigt werden, weshalb wichtige Themengebiete ausgespart blieben. Exemplarisch seien dafür die für die Festkörperphysik und die Chemie relevanten Symmetriegruppen, die Darstellungstheorie der Poincaré-Gruppe oder der Themenbereich Supersymmetrie genannt.

Das vorliegende Material hat sich aus einem zweisemestrigen Kurs mit jeweils drei Semesterwochenstunden Vorlesung und einer Semesterwochenstunde Übung entwickelt. Außerdem wurden einige Abschnitte der Kap. 6 bis 9 in Form von Seminarvorträgen diskutiert. Bei der Entwicklung der Vorlesungen, die letztlich zu diesem Buch führten, übten drei Monographien einen ganz entscheidenden Einfluss aus: der Klassiker Hamermesh (1962)[1], der äußerst didaktische Überblick Jones (1990)[2] und die schönen Vorlesungen von Balachandran und Trahern (1984)[3]. Als ganz wichtigen Aspekt empfinde ich das Bearbeiten von Übungen, um das eigene Verständnis des behandelten Lehrstoffs zu überprüfen. Deshalb enthält dieses Buch mehr als 100 Übungsaufgaben mit unterschiedlichen Schwierigkeitsgraden.

Ich danke den Studierenden vergangener Semester für zahlreiche Nachfragen zur Vorlesung und Verbesserungsvorschläge. Außerdem geht mein besonderer Dank an Pablo Sanchez und Dr. Pere Masjuan für kritische Fragen und Kommentare sowie viele hilfreiche Anmerkungen zum ursprünglichen Entwurf dieses Buches. Ich danke Dr. Michael Zillgitt für das ausgezeichnete Lektorat. Schließlich möchte ich

---

[1] Hamermesh, M.: Group Theory and Its Application to Physical Problems. Addison-Wesley, Reading, Mass. (1962)
[2] Jones, H.F.: Groups, Representations and Physics. Adam Hilger, Bristol, New York (1990)
[3] Balachandran, A. P., Trahern, C. G.: Lectures on Group Theory for Physicists. Bibliopolis, Napoli (1984)

mich bei Bianca Alton, Margit Maly und Vera Spillner von Spektrum Springer für die angenehme Zusammenarbeit bedanken.

Aus meiner langjährigen Erfahrung mit den Vorlesungen zur Gruppentheorie und der Rückmeldung der Studierenden weiß ich, welche Faszination die Gruppentheorie ausübt. An vielen Stellen setzt ein Aha-Erlebnis ein, wenn der Zusammenhang mit bereits Bekanntem aus anderen Vorlesungen hergestellt wird. Ich hoffe, dass es mir gelungen ist, einen Teil dieser Faszination mithilfe des vorliegenden Buches an die Leser weiterzugeben.

Mainz, Juli 2015   *Stefan Scherer*

Inhaltsverzeichnis

Grundbegriffe und Beispiele

1

Inhaltsverzeichnis

In diesem Kapitel sollen zunächst einfache Begriffe der Gruppentheorie eingeführt und anhand elementarer sowie physikalisch besonders relevanter Beispiele illustriert werden.

1.1 Grundlegende Definitionen

Die axiomatische Definition einer abstrakten Gruppe entwickelte sich aus dem Begriff der Transformationsgruppe. Wir definieren daher zunächst, was wir unter einer Transformation verstehen wollen [siehe Wüstholz (2004), Kapitel Symmetrien].

Definition 1.1 (Transformation)
Eine *Transformation* auf einer nichtleeren Menge X ist eine bijektive Abbildung $T : X \to X, x \mapsto T(x)$. ♦

Transformationen besitzen die folgenden Eigenschaften:

1. Zwei Transformationen S und T können hintereinander ausgeführt werden:
$$S \circ T : X \to X, \quad x \mapsto (S \circ T)(x) = S(T(x)).$$

2. Die Komposition von Transformationen ist assoziativ, d. h. es gilt
$$(S \circ T) \circ U = S \circ (T \circ U)$$
für alle Transformationen S, T, U.

© Springer-Verlag Berlin Heidelberg 2016
S. Scherer, *Symmetrien und Gruppen in der Teilchenphysik*,
DOI 10.1007/978-3-662-47734-2_1

1

3. Die Identität $I : X \to X$, $x \mapsto I(x) = x$ ist eine Transformation mit der Eigenschaft $I \circ T = T \circ I = T$ für alle Transformationen T.
4. Transformationen können invertiert werden, d. h. zu jedem T gibt es eine Transformation $T' : X \to X$ mit $T \circ T' = T' \circ T = I$. Man schreibt T^{-1} anstelle von T'.

Insbesondere wird mit 1. eine Konvention bzgl. der Reihenfolge für das aufeinanderfolgende Ausführen von Transformationen festgelegt: Die Schreibweise $S \circ T$ impliziert, dass zunächst T und anschließend S vollzogen wird.

Definition 1.2 (Transformationsgruppe)
Eine Menge von Transformationen auf einer Menge X heißt *Transformationsgruppe*, falls sie die Identität I und mit T, T_1, T_2 auch T^{-1} und $T_1 \circ T_2$ enthält.   ◆

Definition 1.3 (Symmetrische Gruppe)
Die Gesamtheit aller Transformationen auf einer Menge X nennt man *symmetrische Gruppe* oder auch *Permutationsgruppe* $S(X)$ von X.   ◆

Beispiel 1.1
Es sei $X = \{1, 2\}$. Die Permutationsgruppe $S(X)$ besteht aus den beiden Abbildungen $T_1 = I$ mit $x \mapsto x$ und T_2 mit $T_2(1) = 2$ und $T_2(2) = 1$.   ■

In Anlehnung an die definierenden Eigenschaften der Transformationsgruppe formulieren wir jetzt den Begriff *abstrakte Gruppe*. Zu diesem Zweck lösen wir uns von der Identifikation der Gruppenelemente als bijektive Abbildungen auf einer Menge und formulieren stattdessen eine axiomatische Definition.

Definition 1.4 (Gruppe)
Unter einer (abstrakten) *Gruppe G* verstehen wir eine nichtleere Menge, in der jedem geordneten Paar $(a, b) \in G \times G$ ein Element $ab \in G$, das *Produkt* von a und b, zugeordnet ist (*Abgeschlossenheit*), sodass folgende Gesetze gelten:

(G1) $a(bc) = (ab)c \; \forall \; a, b, c \in G$ (*Assoziativgesetz*).
(G2) Es existiert ein Element $e \in G$ mit $ea = ae = a \; \forall \; a \in G$ (*Einselement*).
(G3) Zu jedem $a \in G$ existiert ein $a^{-1} \in G$ mit $aa^{-1} = a^{-1}a = e$ (*inverses Element*).   ◆

In Anlehnung an das Hintereinanderausführen von Transformationen interpretieren wir die Reihenfolge der Produktbildung ab so, dass zunächst b und dann a „ausgeführt" wird. Aus (G1) folgt das *verallgemeinerte Assoziativgesetz:* Jede (sinnvolle) Klammerung eines Ausdrucks $g_1 g_2 \ldots g_n$, $g_i \in G$, ergibt dasselbe Element in G, das wir mit $g_1 g_2 \ldots g_n$ bezeichnen.
Im Folgenden tragen wir eine Reihe von Begriffen zusammen, die sich für die Charakterisierung und die Diskussion von Gruppen als nützlich erweisen.

- Eine Gruppe G heißt genau dann *kommutativ* oder *abelsch*, wenn $ab = ba \; \forall \; a, b \in G$ ist.
- Die Anzahl der Elemente einer Gruppe bezeichnet man als *Ordnung* $|G|$ von G. Da Gruppen Mengen sind, können sie entweder endlich oder abzählbar (unendlich) oder überabzählbar (unendlich) sein.
- Es sei $g \in G$. Die kleinste natürliche Zahl n mit $g^n = e$ heißt *Ordnung* des Elements g.
- Als *Struktur* einer Gruppe bezeichnet man die Angabe der Ergebnisse aller möglichen Kompositionen aus Paaren von Gruppenelementen.
- Jede endliche Gruppe $G = \{g_1, \dots, g_n\}$ lässt sich durch ihre *Gruppentafel* $T = (t_{ij})$ beschreiben, wobei $t_{ij} = g_i g_j \in G$ ist. T ist eine (n, n)-Matrix über G.
- Für unendliche Gruppen wird die Struktur in der Regel durch die Angabe einer Vorschrift für die Gruppenmultiplikation spezifiziert.
- Zwei Gruppen G und G' sind *isomorph*, $G \cong G'$, wenn zwischen ihren Elementen eine eineindeutige Korrespondenz besteht, die unter der Gruppenmultiplikation erhalten bleibt, wenn also gilt:

$$\underbrace{a'b'}_{\text{Produkt in } G'} = \underbrace{(ab)'}_{\text{Produkt in } G} .$$

Sind zwei Gruppen isomorph, dann besitzen sie dieselbe Struktur.

- Als *treue Realisierung* einer abstrakten Gruppe bezeichnet man eine eineindeutige Abbildung auf eine Gruppe konkreter Elemente mit einer konkreten Angabe der Gruppenmultiplikation, die die Struktur erhält. Alle treuen Realisierungen einer abstrakten Gruppe sind isomorph sowohl zur abstrakten Gruppe als auch zueinander. *Nichttreue Realisierungen* erhalten zwar die Struktur, allerdings ist die Abbildung der Gruppe nicht injektiv.

An dieser Stelle sei ein Ausblick auf die Bedeutung des Begriffs *Realisierung* gestattet.

- Realisierungen in Form von linearen Operatoren werden als *Darstellungen* bezeichnet (siehe Kap. 2). Sie spielen in der Diskussion quantenmechanischer Systeme eine ganz zentrale Rolle. Als Paradebeispiel ist hier die Theorie des Drehimpulses in der Quantenmechanik zu nennen.
- Sogenannten *nichtlinearen Realisierungen* begegnen wir im Rahmen der spontanen Symmetrebrechung (siehe Abschn. 8.6).

Die Unterscheidung zwischen einer abstrakten Gruppe und ihrer Realisierung wird sich in der Physik als sehr fruchtbar erweisen, vergleichbar mit der Unterscheidung zwischen abstrakten Vektoren und ihrer Darstellung bzgl. einer gegebenen Basis.

Anmerkungen In der Geometrie und der Physik treten Gruppen üblicherweise in Form von Transformationen auf, die auf Objekte (etwa Punktmengen), dynamische Variablen oder Zustände wirken.

1. In der Geometrie versteht man unter der *Symmetriegruppe eines Körpers* die Menge aller Transformationen, die die Abstände zwischen allen Paaren von Punkten des Körpers beibehalten und den Körper auf sich selbst abbilden.

2. In der Physik tritt der Begriff *Symmetriegruppe G eines dynamischen Systems* zuvorderst als eine Gruppe von Transformationen auf, die eine Hamilton- oder eine Lagrange-Funktion (in der Quantenmechanik einen Hamilton-Operator) invariant lassen. Wir sagen dann, dass das System eine G-Symmetrie besitzt oder dass es symmetrisch unter G ist.

   Beachte: In der Regel hängen die Symmetrieeigenschaften einer expliziten Lösung von den Anfangsbedingungen ab, d. h. die Symmetriegruppe des dynamischen Systems manifestiert sich nicht notwendigerweise in einer einzelnen expliziten Lösung. Dennoch *können* Lösungen existieren, die unter Anwendung der mit der Gruppe G verknüpften Transformationen wieder auf sich selbst abgebildet werden, d. h. invariant sind.

3. Beispiele
   a) Klassische Physik: Die Hamilton-Funktion des Kepler-Problems ist rotationssymmetrisch, d. h. sie ist invariant unter Drehungen des Koordinatensystems. Die Planetenbahnen sind Ellipsen.
   b) Quantensysteme: Der Grundzustand besitzt oft dieselbe Symmetrie wie der Hamilton-Operator.
      i. Der Hamilton-Operator des Wasserstoffatoms besitzt eine O(3)-Symmetrie[1], d. h. er ist invariant unter Drehungen und Drehspiegelungen. Der Grundzustand ist auch rotationssymmetrisch, aber ein angeregter Zustand in der Regel nicht.
      ii. Die Quantenelektrodynamik basiert auf einer elektromagnetischen U(1)-Symmetrie. Der Grundzustand (Vakuum) ist elektrisch neutral.
   c) Eine wichtige Ausnahme bilden Systeme, die eine spontane Symmetriebrechung hervorbringen.
      i. Ferromagnete: Der Hamilton-Operator ist rotationssymmetrisch. Im Grundzustand ist eine Richtung durch die Magnetisierung ausgezeichnet.
      ii. Die chirale $SU(3)_L \times SU(3)_R$-Symmetrie der Quantenchromodynamik für masselose u-, d- und s-Quarks ist im Grundzustand nach $SU(3)_V$ gebrochen. Gemäß dem Goldstone-Theorem erwartet man acht masselose Goldstone-Bosonen (siehe Abschn. 8.5).
      iii. Im elektroschwachen Standardmodell der Elementarteilchenphysik wird mittels des Higgs-Mechanismus eine $SU(2) \times U(1)$-Eichsymmetrie spontan nach U(1) gebrochen. Als Konsequenz werden drei Eichbosonen massiv ($W^{\pm}$, Z). Das Photon bleibt masselos (siehe Abschn. 9.2.2).

---

[1] Genau genommen führt das $1/r$-Potenzial zu einer „zufälligen" O(4)-Symmetrie [siehe z. B. Jones (1990), Abschnitt 7.2].

1.2 Beispiele

In diesem Abschnitt wollen wir die Begriffe aus Abschn. 1.1 anhand einiger Beispiele veranschaulichen. Zunächst beginnen wir mit der Diskussion endlicher Gruppen [siehe z. B. Hamermesh (1962), Jones (1990) sowie Kurzweil und Stellmacher (1998)].

Beispiel 1.2
Die abstrakte Gruppe der Ordnung 1, also C_1 (engl. *cyclic group*, „zyklische Gruppe"), ist abelsch und besteht nur aus dem Element e. Der Index 1 bezieht sich auf die Anzahl der Gruppenelemente. Die Begriffsbildung *zyklisch* wird in Beispiel 1.4 und Definition 1.6 begründet.

Denkbare Realisierungen sind

- $\{1\}$ mit Multiplikation als Verknüpfung,
- $\{0\}$ mit Addition als Verknüpfung. ∎

Beispiel 1.3
Es existiert eine abstrakte Gruppe der Ordnung 2, nämlich die zyklische Gruppe $C_2 = \{e, a\}$ mit $a^2 = e$. Sie ist die einfachste, nichttriviale abelsche Gruppe. Zur Konstruktion der Gruppentafel tragen wir die beiden Gruppenelemente e und a in derselben Reihenfolge in die oberste Zeile und in die erste Spalte ein. Anschließend bilden wir die Produkte aus je einem Element der ersten Spalte und der obersten Zeile mit der Vereinbarung, dass das Element der Spalte (Zeile) den ersten (zweiten) Faktor der Gruppenmultiplikation bildet. Das Resultat wird in einem (2,2)-Raster notiert:

$$
\begin{array}{c|cc}
 & e & a \\
\hline
e & e^2 = e & ea = a \\
a & ae = a & a^2 = e
\end{array}
\quad = \quad
\begin{array}{c|cc}
 & e & a \\
\hline
e & e & a \\
a & a & e
\end{array}
\quad \overset{\text{(G2)}}{=} \quad
\begin{array}{c|cc}
 & e & a \\
\hline
a & e
\end{array}
$$

Die Vereinfachung der Notation im letzten Schritt ergibt sich aus (G2), $eg = ge$, in Kombination mit der Vereinbarung, als erstes Element der ersten Spalte bzw. Zeile immer das Einselement e zu verwenden.

Beispiele für Realisierungen

- $e \mapsto 1, a \mapsto -1$: $\{1, -1\}$ mit normaler Multiplikation als Verknüpfung.
- $e \mapsto 0, a \mapsto 1$: $\{0, 1\}$ mit Addition modulo 2 als Verknüpfung[2]:

$$0 + 0 = 0, \quad 0 + 1 = 1 + 0 = 1, \quad 1 + 1 = 0.$$

---

[2] Hierbei sind die beiden Elemente zu addieren, die Summe durch 2 zu dividieren und als Ergebnis der Rest zu bestimmen.

- Eine Realisierung als Transformationsgruppe auf $X := \mathbb{R}^3$ könnte z. B. aus der Identität und einer Spiegelung an der (y, z)-Ebene bestehen:

$$e \mapsto I : X \to X, (x, y, z) \mapsto (x, y, z),$$
$$a \mapsto S : X \to X, (x, y, z) \mapsto (-x, y, z).$$

- Geometrische Realisierung: Drehungen um eine feste Achse um $0°$ oder $180°$. ∎

Anmerkungen zur Gruppentafel
- Wir setzen voraus, dass die erste Zeile und die erste Spalte in derselben Reihenfolge angeordnet sind. Die Gruppentafel ist genau dann symmetrisch bzgl. der Hauptachse, d. h. $t_{ij} = g_i g_j = t_{ji} = g_j g_i$, wenn G abelsch ist.
- Jedes Element tritt genau einmal in einer Zeile (Spalte) auf. Deshalb sind die Zeilen (Spalten) Permutationen der ersten Zeile (Spalte).
Begründung: Sei $G = \{g_1, \ldots, g_n\}$. Nehmen wir an, die i-te Zeile habe in der j-ten und k-ten Spalte dasselbe Element g, so dass gilt:

$$t_{ij} = g_i g_j = t_{ik} = g_i g_k = g, \text{ mit } g_j \neq g_k.$$

Multiplikation von links mit g_i^{-1} und Verwendung von (G3) in Definition 1.4 liefert

$$g_j = g_k = g_i^{-1} g,$$

im Widerspruch zur Annahme $g_j \neq g_k$. Für die Spalten gilt eine analoge Argumentation.

Beispiel 1.4
Wir wenden uns nun der abstrakten Gruppe der Ordnung 3 zu, deren Elemente wir mit e, a und b bezeichnen. Unter Berücksichtigung der Tatsache, dass in jeder Spalte und jeder Zeile jedes Gruppenelement genau einmal auftaucht lautet die einzige konsistente Gruppentafel

$$T = \begin{array}{c|ccc} & e & a & b \\ \hline a & b & e \\ b & e & a \end{array}$$

Ein Produkt $a^2 = e$ würde $ab = b$ implizieren und damit zu einem Widerspruch führen:

$$\begin{array}{c|cc} & e & a & b \\ \hline a & e & b \\ b & & \end{array}$$

da b in der letzten Spalte zweimal auftaucht. Mit anderen Worten, es existiert genau eine (abelsche) abstrakte Gruppe der Ordnung 3 mit $ab = ba = e$, $a^2 = b$, $b^2 = a$. Die verschiedenen Zeilen (Spalten) sind zyklische Vertauschungen der ersten Zeile (Spalte). Es handelt sich um die zyklische Gruppe C_3.

Beispiele für Realisierungen

- $\left\{1, \exp\left(\frac{2\pi i}{3}\right), \exp\left(\frac{4\pi i}{3}\right)\right\}$ mit der Verknüpfung Multiplikation.
- Drehungen um eine feste Achse um $0°, 120°, 240°$. ∎

Definition 1.5 (Untergruppe)
Eine Teilmenge H von G heißt eine *Untergruppe* von G, wenn H mit der Verknüp-fung von G eine Gruppe ist. Wir verwenden als Schreibweise $H \leq G$. Ist $G \neq H$, so heißt H eine *echte Untergruppe* von G, mit der Schreibweise $H < G$.   ◆

Jede Gruppe besitzt sich selbst und $\{e\}$ als triviale Untergruppen.

Definition 1.6

- Für ein Element $g \in G$ definieren wir die *Potenzen* von g durch

$$g^0 := e, \quad g^1 := g, \; \ldots, \; g^{n+1} := (g^n)g, \quad n \in \mathbb{N},$$
$$g^{-n} := (g^n)^{-1} = \underbrace{g^{-1} \cdots g^{-1}}_{n\text{-mal}}.$$

- Eine Gruppe G heißt *zyklisch*, wenn alle Elemente von G Potenzen eines einzi-gen Elements g sind.
- Für eine Teilmenge X von G sei

$$\langle X \rangle := \left\{ x_1^{z_1} \ldots x_j^{z_j} \mid x_i \in X, z_i \in \mathbb{Z}, j \in \mathbb{N} \right\}$$

  das *Erzeugnis* von X. Anschaulich gesprochen, bildet man alle Verknüpfungen der Elemente aus X, die neben der Potenzbildung alle mehrfachen Produkte so-wie alle denkbaren Reihenfolgen beinhalten.
  Das Erzeugnis $\langle X \rangle$ ist eine Untergruppe von G, und zwar die kleinste Unter-gruppe von G, die X enthält.
- Im Falle einer endlichen Menge $X = \{x_1, \ldots, x_n\}$ schreiben wir für das Erzeug-nis $\langle X \rangle = \langle x_1, \ldots, x_n \rangle$.
- Die zyklische Gruppe der Ordnung n, also C_n, lässt sich als Erzeugnis eines Elementes c beschreiben,

$$C_n = \{e, c, c^2, \ldots, c^{n-1}\} = \langle c \rangle,$$

  mit der sog. *definierenden Relation* $c^n = e$. Die Gruppe C_n ist abelsch, weil $c^r c^s = c^{r+s} = c^{s+r} = c^s c^r$ ist.   ◆

Beispiel 1.5
Zum Zweck einer geometrischen Realisierung betrachten wir reguläre Polygone mit $n \geq 3$ orientierten Seiten (siehe Abb. 1.1). Dem abstrakten Gruppenelement

Abb. 1.1 Reguläre Polygone mit orientierten Seiten, die jeweils durch die Drehungen um Vielfache von $120°$, $90°$ bzw. $72°$ in sich selbst transformiert werden, wobei die Orientierung sich nicht ändern darf

c entspricht eine Drehung um $\frac{360°}{n}$ um den Mittelpunkt der Figur. Die abstrakte Gruppe C_n ist somit isomorph zur Symmetriegruppe der jeweiligen Figur.   ∎

Häufig werden wir nicht zwischen der abstrakten Gruppe und einer isomorphen Realisierung unterscheiden, sondern für beide dieselbe Bezeichnung verwenden.

Beispiel 1.6
Die Symmetriegruppe eines regulären Polygons mit $n \geq 3$ nichtorientierten Seiten heißt *Diedergruppe* (sprich: Di-eder, engl. *dihedral group*) D_n:

$$D_n = \langle c, b \rangle, \quad c^n = b^2 = (bc)^2 = e.$$ ∎

Beispiel 1.7
Die Diedergruppe D_3 lässt sich als Symmetriegruppe eines gleichseitigen Dreiecks mit nichtorientierten Seiten interpretieren, das durch die Drehungen von D_3 in sich selbst transformiert wird. Sie besteht aus den folgenden Elementen:

- e, c, c^2 von C_3, wobei c eine Drehung um $120°$ gegen den Uhrzeigersinn um den Mittelpunkt des Dreiecks ist;
- $b_1 = b$, $b_2 = bc$, $b_3 = bc^2$: Drehungen um $180°$ um die gestrichelten Achsen (siehe Abb. 1.2). Es gilt jeweils $b_i^2 = e$.

Es gilt $D_3 = \langle c, b \rangle$ mit den definierenden Relationen $c^3 = b^2 = (bc)^2 = e$. Die Gruppentafel wird in Aufgabe 1.3 diskutiert.   ∎

Anmerkung Die Gruppen C_n und D_n kommen für $n = 2, 3, 4$ und 6 als Symmetriegruppen regelmäßiger Festkörper vor [siehe Ashcroft und Mermin (1976), Tabelle 7.3].

Beispiel 1.8
Die zyklischen Gruppen C_n sind Untergruppen der Diedergruppen D_n.   ∎

Beispiel 1.9
In diesem Beispiel diskutieren wir ausführlich die *symmetrische Gruppe S_n vom Grad n*.

Abb. 1.2 Gleichseitiges
Dreieck mit nichtorientierten
Seiten, das durch die Drehungen aus D_3 in sich selbst
transformiert wird

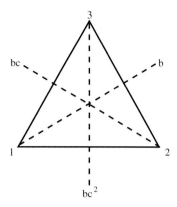

- In der Physik spielt die Gruppe S_n eine wichtige Rolle bei der Beschreibung von Zuständen, die aus n identischen Teilchen zusammengesetzt sind (siehe Kap. 5).
- Zur Definition der Gruppe S_n führen wir zunächst die Menge $M := \{1, 2, \ldots, n\}$ ein. Eine bijektive Abbildung P von M auf M wird als *Permutation (ohne Wiederholung) der Elemente von M* bezeichnet:

$$P : M \to M, \quad P(i) = p_i, \quad \text{mit} \quad p_i \neq p_j \quad \text{für} \quad i \neq j.$$

- Die so definierten Permutationen sind die Elemente der Gruppe S_n. Für ein festes $n \in \mathbb{N}$ existieren $n(n-1)(n-2)\ldots 1 = n!$ Gruppenelemente.
- Das Nacheinanderausführen zweier Permutationen P_a und P_b (Gruppenmultiplikation) definieren wir mittels

$$(P_a \circ P_b)(i) := P_a(P_b(i)),$$

wobei wir in der Regel $P_a P_b$ für $P_a \circ P_b$ schreiben.[3]
- Eine Permutation lässt sich als zweizeilige Matrix schreiben:

$$P = \begin{pmatrix} 1 & 2 & \ldots & n \\ p_1 & p_2 & \ldots & p_n \end{pmatrix}.$$

Die n Spalten bestehen jeweils aus dem Paar i und p_i. Die Anordnung der Spalten ist irrelevant.
- Die Identität ist besonders einfach:

$$e = \begin{pmatrix} 1 & 2 & \ldots & n \\ 1 & 2 & \ldots & n \end{pmatrix}.$$

---

[3] In der Literatur existiert auch die entgegengesetzte Konvention $(P_a P_b)(i) = P_b(P_a(i))$. Unsere Definition orientiert sich an der Konvention für Transformationen in Definition 1.1.

- Für ein gegebenes P lautet das inverse Element

$$P^{-1} = \begin{pmatrix} p_1 & p_2 & \cdots & p_n \\ 1 & 2 & \cdots & n \end{pmatrix}.$$

- Das Produkt zweier Permutationen ergibt sich wie folgt. Gegeben seien

$$P_1 = \begin{pmatrix} 1 & 2 & \cdots & n \\ p_1 & p_2 & \cdots & p_n \end{pmatrix} \quad \text{und} \quad P_2 = \begin{pmatrix} 1 & 2 & \cdots & n \\ q_1 & q_2 & \cdots & q_n \end{pmatrix}.$$

Nun ordnen wir die Spalten von P_1 dergestalt an, dass die erste Zeile gerade aus der Reihenfolge $q_1, q_2, \ldots, q_n$ besteht, mit den zugehörigen Bildern $r_1, r_2, \ldots, r_n$:

$$P_1 = \begin{pmatrix} 1 & 2 & \cdots & n \\ p_1 & p_2 & \cdots & p_n \end{pmatrix} = \begin{pmatrix} q_1 & q_2 & \cdots & q_n \\ r_1 & r_2 & \cdots & r_n \end{pmatrix}.$$

Damit gilt

$$P_1 P_2 = \begin{pmatrix} q_1 & q_2 & \cdots & q_n \\ r_1 & r_2 & \cdots & r_n \end{pmatrix} \begin{pmatrix} 1 & 2 & \cdots & n \\ q_1 & q_2 & \cdots & q_n \end{pmatrix} = \begin{pmatrix} 1 & 2 & \cdots & n \\ r_1 & r_2 & \cdots & r_n \end{pmatrix}.$$

Anschaulich gesprochen, verfolgt man von rechts nach links, wohin ein Element i abgebildet wird:

$$(P_1 P_2)(i) = P_1(P_2(i)) = P_1(q_i) = r_i.$$

- Für $n \geq 3$ ist S_n nicht-abelsch (s. u.).
- Als eine anschauliche Realisierung betrachten wir für den Fall $n = 3$ eine Sequenz von 3 Kästchen (oder 3 Positionen), die von links nach rechts mit 1 bis 3 bezeichnet seien. Jedes Kästchen sei mit einem Objekt belegt. Nun betrachten wir Umordnungen der 3 Objekte, die das Objekt aus der Position i in die Position p_i bringen:

$$\boxed{\text{A}\,\text{B}\,\text{C}} \mapsto \boxed{\text{A}\,\text{B}\,\text{C}} : \quad e = P_1 = \begin{pmatrix} 1 & 2 & 3 \\ 1 & 2 & 3 \end{pmatrix},$$

$$\boxed{\text{A}\,\text{B}\,\text{C}} \mapsto \boxed{\text{B}\,\text{A}\,\text{C}} : \quad P_2 = \begin{pmatrix} 1 & 2 & 3 \\ 2 & 1 & 3 \end{pmatrix},$$

$$\boxed{\text{A}\,\text{B}\,\text{C}} \mapsto \boxed{\text{C}\,\text{B}\,\text{A}} : \quad P_3 = \begin{pmatrix} 1 & 2 & 3 \\ 3 & 2 & 1 \end{pmatrix},$$

$$\boxed{\text{A}\,\text{B}\,\text{C}} \mapsto \boxed{\text{A}\,\text{C}\,\text{B}} : \quad P_4 = \begin{pmatrix} 1 & 2 & 3 \\ 1 & 3 & 2 \end{pmatrix},$$

$$\boxed{A\,|\,B\,|\,C} \mapsto \boxed{C\,|\,A\,|\,B} : \quad P_5 = \begin{pmatrix} 1 & 2 & 3 \\ 2 & 3 & 1 \end{pmatrix},$$

$$\boxed{A\,|\,B\,|\,C} \mapsto \boxed{B\,|\,C\,|\,A} : \quad P_6 = \begin{pmatrix} 1 & 2 & 3 \\ 3 & 1 & 2 \end{pmatrix}.$$

Zur Illustration der Nichtkommutativität vergleichen wir die Wirkung von $P_4 P_6$ mit derjenigen in der umgekehrten Reihenfolge, $P_6 P_4$. Wir erinnern uns daran, dass beim Nacheinanderausführen die Permutationen von rechts nach links angeordnet sind und von rechts nach links durchgeführt werden. Für die erste Reihenfolge ergibt sich

$$\boxed{A\,|\,B\,|\,C} \overset{P_6}{\mapsto} \boxed{B\,|\,C\,|\,A} \overset{P_4}{\mapsto} \boxed{B\,|\,A\,|\,C} :$$

$$P_4 P_6 = \begin{pmatrix} 1 & 2 & 3 \\ 1 & 3 & 2 \end{pmatrix}\begin{pmatrix} 1 & 2 & 3 \\ 3 & 1 & 2 \end{pmatrix} = \begin{pmatrix} 1 & 2 & 3 \\ 2 & 1 & 3 \end{pmatrix} = P_2.$$

Anderseits erhalten wir für die umgekehrte Reihenfolge

$$\boxed{A\,|\,B\,|\,C} \overset{P_4}{\mapsto} \boxed{A\,|\,C\,|\,B} \overset{P_6}{\mapsto} \boxed{C\,|\,B\,|\,A} :$$

$$P_6 P_4 = \begin{pmatrix} 1 & 2 & 3 \\ 3 & 1 & 2 \end{pmatrix}\begin{pmatrix} 1 & 2 & 3 \\ 1 & 3 & 2 \end{pmatrix} = \begin{pmatrix} 1 & 2 & 3 \\ 3 & 2 & 1 \end{pmatrix} = P_3 \neq P_2.$$

- Die Gruppentafel wird in Aufgabe 1.8 diskutiert.
- Wir führen nun die sog. *Zykelnotation* ein. Dazu betrachten wir wieder die Menge $M := \{1, 2, \ldots, n\}$ und eine beliebige Permutation $P \in S_n$. Gilt $P(i_1) = i_2$, $P(i_2) = i_3, \ldots, P(i_r) = i_1$ für $i_1 \neq i_2 \neq \ldots \neq i_r$, $r \leq n$, so spricht man von einem r-Zykel bzw. einem Zykel der Länge oder Periode r und notiert diesen mit $(i_1 i_2 \ldots i_r)$. Als Illustration betrachten wir folgende Permutation aus S_6:

$$\begin{pmatrix} 1 & 2 & 3 & 4 & 5 & 6 \\ 2 & 3 & 1 & 5 & 4 & 6 \end{pmatrix}.$$

Diese Permutation besitzt folgende Zykel:

$$1 \to 2 \to 3 \to 1 : (123) = (231) = (312),^4$$
$$4 \to 5 \to 4 : (45) = (54),$$
$$6 \to 6 : (6).^5$$

Ein 2-Zykel wird auch als *Transposition* bezeichnet.

---

[4] Innerhalb eines Zykels kann man an jedem Punkt der Kette beginnen.
[5] 1-Zykel werden häufig unterdrückt.

- Die Identitätspermutation wird häufig durch ( ) abgekürzt.
- Zwei Zykel heißen disjunkt oder elementfremd, wenn sie keine gemeinsamen Einträge besitzen. Jede Permutation lässt sich eindeutig als Produkt disjunkter Zykel einer Permutation schreiben, wobei die Reihenfolge der Zykel keine Rolle spielt. Dazu betrachten wir repräsentativ für den obigen Fall:

$$(123)(45) = (45)(123).$$

Hierbei handelt es sich um eine Kurzform für

$$\begin{pmatrix} 1\,2\,3\,4\,5\,6 \\ 2\,3\,1\,4\,5\,6 \end{pmatrix} \begin{pmatrix} 1\,2\,3\,4\,5\,6 \\ 1\,2\,3\,5\,4\,6 \end{pmatrix} = \begin{pmatrix} 1\,2\,3\,4\,5\,6 \\ 2\,3\,1\,5\,4\,6 \end{pmatrix}$$

$$= \begin{pmatrix} 1\,2\,3\,4\,5\,6 \\ 1\,2\,3\,5\,4\,6 \end{pmatrix} \begin{pmatrix} 1\,2\,3\,4\,5\,6 \\ 2\,3\,1\,4\,5\,6 \end{pmatrix}.$$

- Jeder r-Zykel mit $r \geq 3$ lässt sich als Produkt aus Transpositionen mit gemeinsamen Elementen schreiben. Die Zerlegung ist *nicht* eindeutig.
Wir betrachten einen r-Zykel $(n_1 n_2 \ldots n_r)$. Dieser kann als Produkt aus $r-1$ überlappenden Transpositionen geschrieben werden:

$$(n_1 n_2 n_3 \ldots n_{r-2} n_{r-1} n_r) = (n_1 n_2)(n_2 n_3) \ldots (n_{r-2} n_{r-1})(n_{r-1} n_r).$$

Ebenso gilt

$$(n_1 n_2 n_3 \ldots n_r) = (n_1 n_r)(n_1 n_{r-1}) \ldots (n_1 n_3)(n_1 n_2).$$

Zur Illusustration betrachten wir

$$(n_1 n_2)(n_2 n_3) = \begin{pmatrix} n_1\ n_2\ n_3 \\ n_2\ n_1\ n_3 \end{pmatrix} \begin{pmatrix} n_1\ n_2\ n_3 \\ n_1\ n_3\ n_2 \end{pmatrix} = \begin{pmatrix} n_1\ n_2\ n_3 \\ n_2\ n_3\ n_1 \end{pmatrix} = (n_1 n_2 n_3),$$

$$(n_1 n_3)(n_1 n_2) = \begin{pmatrix} n_1\ n_2\ n_3 \\ n_3\ n_2\ n_1 \end{pmatrix} \begin{pmatrix} n_1\ n_2\ n_3 \\ n_2\ n_1\ n_3 \end{pmatrix} = \begin{pmatrix} n_1\ n_2\ n_3 \\ n_2\ n_3\ n_1 \end{pmatrix} = (n_1 n_2 n_3).$$

- Vorsicht: Hier vertauschen Transpositionen nicht, da sie *gemeinsame* Symbole besitzen. Dies verdeutlicht folgendes Beispiel:

$$P_6 = \begin{pmatrix} 1 & 2 & 3 \\ 3 & 1 & 2 \end{pmatrix} = (132) = (13)(32) \neq (32)(13) = \begin{pmatrix} 1 & 2 & 3 \\ 2 & 3 & 1 \end{pmatrix} = P_5.$$

- Wir wenden uns nun der Frage zu, wann eine Permutation gerade und wann sie ungerade ist. Zu diesem Zweck betrachten wir als Beispiel den 3-Zykel $(213) = (21)(13)$. Wir definieren nun eine Abbildung auf eine (3,3)-Matrix,

$$(21) \mapsto \begin{pmatrix} 0 & 1 & 0 \\ 1 & 0 & 0 \\ 0 & 0 & 1 \end{pmatrix},$$

mit der folgenden Wirkung auf die kartesischen Einheitsvektoren des $\mathbb{R}^3$:

$$\begin{pmatrix} 0 & 1 & 0 \\ 1 & 0 & 0 \\ 0 & 0 & 1 \end{pmatrix} \begin{pmatrix} 1 \\ 0 \\ 0 \end{pmatrix} = \begin{pmatrix} 0 \\ 1 \\ 0 \end{pmatrix}, \quad \hat{e}_1 \mapsto \hat{e}_2,$$

$$\begin{pmatrix} 0 & 1 & 0 \\ 1 & 0 & 0 \\ 0 & 0 & 1 \end{pmatrix} \begin{pmatrix} 0 \\ 1 \\ 0 \end{pmatrix} = \begin{pmatrix} 1 \\ 0 \\ 0 \end{pmatrix}, \quad \hat{e}_2 \mapsto \hat{e}_1,$$

$$\begin{pmatrix} 0 & 1 & 0 \\ 1 & 0 & 0 \\ 0 & 0 & 1 \end{pmatrix} \begin{pmatrix} 0 \\ 0 \\ 1 \end{pmatrix} = \begin{pmatrix} 0 \\ 0 \\ 1 \end{pmatrix}, \quad \hat{e}_3 \mapsto \hat{e}_3$$

und analog

$$(13) \mapsto \begin{pmatrix} 0 & 0 & 1 \\ 0 & 1 & 0 \\ 1 & 0 & 0 \end{pmatrix}, \quad \hat{e}_1 \leftrightarrow \hat{e}_3, \quad \hat{e}_2 \mapsto \hat{e}_2,$$

$$(23) \mapsto \begin{pmatrix} 1 & 0 & 0 \\ 0 & 0 & 1 \\ 0 & 1 & 0 \end{pmatrix}, \quad \hat{e}_2 \leftrightarrow \hat{e}_3, \quad \hat{e}_1 \mapsto \hat{e}_1.$$

Anhand dieses Beispiels sehen wir, dass Transpositionen sich als Matrizen mit der Determinante -1 realisieren lassen. Analoges gilt für den allgemeinen Fall S_n mit entsprechenden (n, n)-Matrizen wie etwa

$$(13) \mapsto M_{(13)} = \left.\begin{pmatrix} 0 & 0 & 1 & 0 & \dots & 0 \\ 0 & 1 & 0 & 0 & \dots & \vdots \\ 1 & 0 & 0 & 0 & \dots & \vdots \\ 0 & 0 & 0 & 1 & & \\ \vdots & & & & \ddots & 0 \\ 0 & & \dots & & 0 & 1 \end{pmatrix}\right\} n \text{ Zeilen} \quad \text{mit } \det(M_{(13)}) = -1.$$

$$\underbrace{\hphantom{\begin{pmatrix} 0 & 0 & 1 & 0 & \dots & 0 \end{pmatrix}}}_{n \text{ Spalten}}$$

- Eine Permutation ist gerade (ungerade), wenn sie sich nach dem oben beschriebenen Verfahren (zunächst Zerlegung in ein Produkt disjunkter Zykel, anschließend Zerlegung jedes einzelnen Zykels in ein Produkt überlappender Transpositionen) als Produkt einer geraden (ungeraden) Anzahl von Transpositionen schreiben lässt. Wegen des Determinantenmultiplikationssatzes ist die Determinante einer geraden (ungeraden) Permutation $+1$ (-1).
- Die geraden Permutationen von S_n bilden die *alternierende Gruppe* A_n mit $n!/2$ Elementen. Die ungeraden Permutationen bilden keine Gruppe, weil das Produkt

zweier ungerader Permutationen eine gerade Permutation ist und außerdem die Identität nicht dazu gehört. ■

Beispiel 1.10

Die alternierende Gruppe A_3 besitzt drei Elemente:

$$e = A_1 = P_1 = \begin{pmatrix} 1 & 2 & 3 \\ 1 & 2 & 3 \end{pmatrix},$$

$$a = A_2 = P_5 = \begin{pmatrix} 1 & 2 & 3 \\ 2 & 3 & 1 \end{pmatrix} = (123) = (12)(23),$$

$$a^2 = A_3 = P_6 = \begin{pmatrix} 1 & 2 & 3 \\ 3 & 1 & 2 \end{pmatrix} = (132) = (13)(32) = (13)(23).$$

Wir überprüfen

$$a^2 = \begin{pmatrix} 1 & 2 & 3 \\ 2 & 3 & 1 \end{pmatrix} \begin{pmatrix} 1 & 2 & 3 \\ 2 & 3 & 1 \end{pmatrix} = \begin{pmatrix} 1 & 2 & 3 \\ 3 & 1 & 2 \end{pmatrix} = A_3$$

und

$$a^3 = \begin{pmatrix} 1 & 2 & 3 \\ 2 & 3 & 1 \end{pmatrix} \begin{pmatrix} 1 & 2 & 3 \\ 3 & 1 & 2 \end{pmatrix} = \begin{pmatrix} 1 & 2 & 3 \\ 1 & 2 & 3 \end{pmatrix} = e,$$

also $A_3 \cong C_3$. Wir weisen darauf hin, dass die Permutationen P_2, P_3 und P_4 aus S_3 ungerade sind und *keine* Gruppe bilden:

$$P_2 = (12), \quad P_3 = (13), \quad P_4 = (23).$$ ■

Satz 1.1 (Satz von Cayley)

Jede endliche Gruppe der Ordnung n ist isomorph zu einer Untergruppe von S_n.

Beweis 1.1 Für eine endliche Gruppe $G = \{e, a, \ldots\}$ der Ordnung n führt die Multiplikation mit einem Element g zu einer Permutation der Elemente $\{e, a, \ldots\} \mapsto \{g, ga, \ldots\}$, d. h. wir können g die Permutation

$$g \mapsto \Pi(g) = \begin{pmatrix} e & a & \ldots \\ g & ga & \ldots \end{pmatrix}$$

zuordnen.

1. Zunächst zeigen wir, dass die Abbildung injektiv ist. Aus $g \neq g'$ folgt $gg_i \neq g'g_i$ für alle g_i und damit $\Pi(g) \neq \Pi(g')$. Π definiert eine bijektive Abbildung von G nach $\Pi(G) \subseteq S_n$.

2. Die Abbildung erhält die Struktur von G:

$$\Pi(g_2)\Pi(g_1) = \begin{pmatrix} e & a & \dots \\ g_2 & g_2a & \dots \end{pmatrix}\begin{pmatrix} e & a & \dots \\ g_1 & g_1a & \dots \end{pmatrix}$$

$$= \begin{pmatrix} g_1 & g_1a & \dots \\ g_2g_1 & g_2g_1a & \dots \end{pmatrix}\begin{pmatrix} e & a & \dots \\ g_1 & g_1a & \dots \end{pmatrix}$$

$$= \begin{pmatrix} e & a & \dots \\ g_2g_1 & g_2g_1a & \dots \end{pmatrix} = \Pi(g_2g_1). \qquad \square$$

Beispiel 1.11
Wie in Aufgabe 1.2 gezeigt, existieren zwei verschiedene abstrakte Gruppen der Ordnung 4, nämlich die zyklische Gruppe C_4 mit der Gruppentafel

$$T_{C_4} = \begin{array}{c|cccc} e & c & c^2 & c^3 \\ \hline c & c^2 & c^3 & e \\ c^2 & c^3 & e & c \\ c^3 & e & c & c^2 \end{array}$$

und die *Viergruppe* V oder *Klein'sche Gruppe* mit der Gruppentafel

$$T_{\mathrm{V}} = \begin{array}{c|ccc} e & a & b & c \\ \hline a & e & c & b \\ b & c & e & a \\ c & b & a & e \end{array}$$

Mithilfe des Satzes von Caley können wir folgende Isomorphismen mit Untergruppen von S_4 herstellen:

- C_4:

$$e \mapsto \Pi(e) = \begin{pmatrix} 1 & 2 & 3 & 4 \\ 1 & 2 & 3 & 4 \end{pmatrix},$$

$$c \mapsto \Pi(c) = \begin{pmatrix} 1 & 2 & 3 & 4 \\ 2 & 3 & 4 & 1 \end{pmatrix},$$

$$c^2 \mapsto \Pi(c^2) = \begin{pmatrix} 1 & 2 & 3 & 4 \\ 3 & 4 & 1 & 2 \end{pmatrix},$$

$$c^3 \mapsto \Pi(c^3) = \begin{pmatrix} 1 & 2 & 3 & 4 \\ 4 & 1 & 2 & 3 \end{pmatrix}.$$

Also treten nur die zyklischen Permutationen von S_4 auf.

- V:

$$e \mapsto \Pi(e) = \begin{pmatrix} 1 & 2 & 3 & 4 \\ 1 & 2 & 3 & 4 \end{pmatrix},$$

$$a \mapsto \Pi(a) = \begin{pmatrix} 1 & 2 & 3 & 4 \\ 2 & 1 & 4 & 3 \end{pmatrix},$$

$$b \mapsto \Pi(b) = \begin{pmatrix} 1 & 2 & 3 & 4 \\ 3 & 4 & 1 & 2 \end{pmatrix},$$

$$c \mapsto \Pi(c) = \begin{pmatrix} 1 & 2 & 3 & 4 \\ 4 & 3 & 2 & 1 \end{pmatrix}. \qquad \blacksquare$$

Nun geben wir der Vollständigkeit halber zwei Beispiele für abzählbar unendliche Gruppen an.

Beispiel 1.12

1. $\mathbb{Z}$ ist mit der Verknüpfung Addition abgeschlossen. Die Addition ist assoziativ, das Einselement ist durch 0 gegeben, und das inverse Element zu $z \in \mathbb{Z}$ lautet $-z$. Die Gruppe ist abelsch.
2. Die Menge der geraden ganzen Zahlen, $\mathbb{G}$, mit Addition.

Anhand der Abbildung $z \mapsto 2z$ lässt sich erkennen, dass die beiden Gruppen isomorph zueinander sind. $\qquad \blacksquare$

Nicht jede Menge mit einer Multiplikation bildet eine Gruppe. Dies sollen die folgenden Beispiele verdeutlichen.

Beispiel 1.13

1. $\{0, 1\}$ mit Addition ist nicht abgeschlossen.
2. $\mathbb{N}_0$ mit Addition besitzt außer für das Element 0 keine inversen Elemente.
3. $\mathbb{R}$ mit Multiplikation besitzt kein inverses Element zu 0. $\qquad \blacksquare$

Nun tasten wir uns an überabzählbare Gruppen heran. Hierbei gilt unser besonderes Augenmerk denjenigen Gruppen, die sich für die späteren physikalischen Anwendungen als besonders relevant erweisen. Im Speziellen handelt es sich dabei um

- die *orthogonale Gruppe* O(3) und die *spezielle orthogonale Gruppe* SO(3);
- die *unitäre Gruppe* U(1) und die *speziellen unitären Gruppen* SU(2) und SU(3);
- die Lorentz-Gruppe O(1,3) zur Beschreibung speziell relativistischer Systeme.

In zahlreichen Fällen werden uns kontinuierliche Gruppen als Untergruppen zweier übergeordneter allgemeiner Gruppen begegnen. Diese wollen wir daher als Erste definieren.

Definition 1.7
Die Menge der invertierbaren (n,n)-Matrizen[4] über $\mathbb{R}$ oder $\mathbb{C}$ wird mit der Verknüpfung Matrizenmultiplikation zur *allgemeinen linearen Gruppe* GL$(n, \mathbb{R})$ bzw. GL$(n, \mathbb{C})$. ♦

Anmerkung
Aus physikalischer Sicht erweisen sich je nach Bedarf zwei verschiedene Interpretationen der allgemeinen linearen Gruppe als äußerst nützlich.

1. Es sei $\mathbb{K} = \mathbb{R}$ oder $\mathbb{K} = \mathbb{C}$. Wir betrachten einen n-dimensionalen $\mathbb{K}$-Vektorraum V_n mit der Basis
$$B = \{e_1, \ldots, e_n\}.$$

Im ersten Fall, den wir als *aktive Sichtweise* bezeichnen, interpretieren wir die Matrix A als Darstellung einer invertierbaren, linearen Abbildung $\mathcal{A}$ auf dem zugrunde liegenden Vektorraum. Dies geschieht durch die Angabe der Wirkung der Abbildung auf die Basisvektoren:[5]
$$\mathcal{A}e_i = A_{ji}e_j, \quad i = 1, \ldots, n.$$

Hierbei sind die A_{ji}, $j = 1, \ldots, n$, die Entwicklungskoeffizienten des Bildes $\mathcal{A}e_i$ von e_i nach den Basisvektoren. Wir interpretieren A_{ji} als den Eintrag einer invertierbaren (n,n)-Matrix A in der j-ten Zeile und der i-ten Spalte. Für
$$V_n \ni x = x_i e_i$$

gilt
$$y = \mathcal{A}x = x_i \mathcal{A}e_i = x_i A_{ji}e_j =: y_j e_j.$$

Dementsprechend ergeben sich in der aktiven Sichtweise (oder mittels einer aktiven Transformation) die Komponenten des Bildes y gemäß
$$y_j = A_{ji}x_i. \tag{1.1}$$

2. Es sei neben der Basis B eine zweite Basis
$$B' = \{f_1, \ldots, f_n\}$$

---

[4] Als Synonym für *invertierbar* wird auch *regulär* oder *nichtsingulär* verwendet.
[5] In der Regel machen wir von der *Einstein'schen Summenkonvention* Gebrauch, gemäß der im Falle *doppelt* auftretender Indizes über deren Indexbereich summiert wird.

gegeben. Im zweiten Fall, der *passiven Sichtweise*, wird ein und derselbe Vektor x bzgl. der ursprünglichen und einer transformierten Basis beschrieben. Es sei

$$x = x_i e_i = z_j f_j$$

mit $f_i = \mathcal{A} e_i$. Nach Anwendung von $\mathcal{A}^{-1}$ ergibt sich für die beiden Seiten

$$\mathcal{A}^{-1}(x_i e_i) = x_i \mathcal{A}^{-1} e_i = x_i A_{ji}^{-1} e_j,$$
$$\mathcal{A}^{-1}(z_j f_j) = z_j \mathcal{A}^{-1} \mathcal{A} e_j = z_j e_j,$$

d. h. die Komponenten bzgl. der zweiten Basis ergeben sich zu

$$z_j = A_{ji}^{-1} x_i. \qquad (1.2)$$

Der Vergleich von (1.1) mit (1.2) verdeutlicht den Unterschied zwischen aktiver und passiver Sichtweise. Wird eine gegebene Abbildung $\mathcal{A}$ in der aktiven Sichtweise mithilfe der Matrix A beschrieben, so lassen sich mit der inversen Matrix A^{-1} in der passiven Sichtweise die Komponenten eines Vektors bzgl. der mit $\mathcal{A}$ erzeugten Basis berechnen.

Beispiel 1.14
Wir wollen die Begriffsbildung anhand einer aktiven bzw. einer passiven Drehung in der Ebene illustrieren (siehe Abb. 1.3). Dazu denken wir uns ein kartesisches Koordinatensystem mit den Einheitsvektoren l_1 und l_2 (l für Laborsystem) und betrachten eine Drehung gegen den Uhrzeigersinn um den Ursprung mit dem Drehwinkel α. Unter dieser Drehung werden die Einheitsvektoren l_1 und l_2 auf k_1 und k_2 (k für körperfestes System) abgebildet:

$$k_1 = \mathcal{R}(\alpha)l_1 = \cos(\alpha)l_1 + \sin(\alpha)l_2,$$
$$k_2 = \mathcal{R}(\alpha)l_2 = -\sin(\alpha)l_1 + \cos(\alpha)l_2.$$

In der *aktiven* Sichtweise verbinden wir mit der Drehung $\mathcal{R}(\alpha)$ eine Drehmatrix

$$R(\alpha) = \begin{pmatrix} \cos(\alpha) & -\sin(\alpha) \\ \sin(\alpha) & \cos(\alpha) \end{pmatrix},$$

Abb. 1.3 Illustration zur Begriffsbildung aktive bzw. passive Drehung

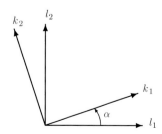

die den Vektor $x = x_1 l_1 + x_2 l_2$ auf $y = y_1 l_1 + y_2 l_2$ abbildet, mit

$$\begin{pmatrix} y_1 \\ y_2 \end{pmatrix} = \begin{pmatrix} \cos(\alpha) & -\sin(\alpha) \\ \sin(\alpha) & \cos(\alpha) \end{pmatrix} \begin{pmatrix} x_1 \\ x_2 \end{pmatrix}.$$

In der aktiven Sichtweise wird das physikalische Objekt gedreht.

In der *passiven* Sichtweise drehen wir das Koordinatensystem und fragen nach den Komponenten eines gegebenen Vektors $x = x_1 l_1 + x_2 l_2 = z_1 k_1 + z_2 k_2$ bzgl. der Basis des gedrehten (körperfesten) Systems, ausgedrückt durch die Koordinaten des Laborsystems:

$$\begin{pmatrix} z_1 \\ z_2 \end{pmatrix} = \begin{pmatrix} \cos(\alpha) & \sin(\alpha) \\ -\sin(\alpha) & \cos(\alpha) \end{pmatrix} \begin{pmatrix} x_1 \\ x_2 \end{pmatrix}.$$

In der passiven Sichtweise bleibt das physikalische Objekt fest, und das Koordinatensystem wird gedreht. Insbesondere benötigen wir hier die zu $R(\alpha)$ inverse Matrix $R^{-1}(\alpha)$. ∎

Wir wenden uns nun weiteren kontinuierlichen Gruppen zu, die wir als Untergruppen der allgemeinen linearen Gruppen identifizieren.

Beispiel 1.15

1. *Orthogonale Gruppe* O(3) *in drei Dimensionen (Drehungen und Drehspiegelungen)*

   In der klassischen Mechanik wird die Bewegung eines Punktteilchens als Bahn in einem dreidimensionalen, reellen Vektorraum $V := \mathbb{R}^3 = \{x = (x_1, x_2, x_3) | x_i \in \mathbb{R}\}$ beschrieben. Beim Zwei-Körper-Problem sind Zentralkräfte von fundamentalem Interesse, die auf ein drehinvariantes Potenzial wie z. B. das Kepler-Potenzial zurückgeführt werden können. Dies motiviert aus physikalischer Sicht die Untersuchung von Transformationen, die Skalarprodukte von Vektoren des $\mathbb{R}^3$ und damit insbesondere auch Längen von Vektoren invariant lassen. Dazu definieren wir eine Bilinearform $B : V \times V \to \mathbb{R}$ (siehe Anhang A.1) mit

   $$B(x, y) := \langle x, y \rangle = \sum_{i=1}^{3} x_i y_i = x_i y_i,$$

   wobei wir beim letzten Gleichheitszeichen die Einstein'sche Summenkonvention benutzt haben. Unter den allgemeinen linearen Transformationen auf dem $\mathbb{R}^3$ suchen wir nun diejenigen, die die Länge von Vektoren unverändert lassen. Dazu betrachten wir die lineare Abbildung

   $$x \mapsto x' = Rx, \quad x_i' = R_{ij} x_j,$$

und fordern zusätzlich zu $\det(R) \neq 0$ noch

$$\langle x', y' \rangle = \langle x, y \rangle.$$

Da dies für beliebige Vektoren x und y gelten soll, ergibt sich die Bedingung[6]

$$R^T R = \mathbb{1},$$

wobei R^T die zu R transponierte Matrix ist. Losgelöst von der Interpretation als lineare Abbildungen definieren wir als abstrakte Gruppe O(3) die Menge aller invertierbaren reellen (3,3)-Matrizen $A \in \mathrm{GL}(3, \mathbb{R})$, die zusätzlich $A^T A = \mathbb{1}$ erfüllen. Unter Berücksichtigung folgender Eigenschaften von Determinanten,

$$\det(A) = \det\left(A^T\right),$$
$$\det(AB) = \det(A)\det(B),$$

ergibt sich

$$\det\left(R^T R\right) = \det\left(R^T\right) \det(R) = [\det(R)]^2 = \det(\mathbb{1}) = 1.$$

Damit zerfällt die Gruppe O(3) in zwei disjunkte Teilmengen, die dadurch ausgezeichnet sind, dass deren Elemente entweder $\det(R) = 1$ oder $\det(R) = -1$ besitzen.

a) Die Teilmenge mit $\det(R) = 1$ führt zu der *speziellen orthogonalen Gruppe* SO(3) < O(3) (Drehgruppe ohne Spiegelungen), deren Elemente als *Drehungen* oder *eigentliche Drehungen* bezeichnet werden. Jede Drehung lässt sich mithilfe dreier reeller Parameter beschreiben. Dazu können z. B. ein Einheitsvektor[7] $\hat{n}$ zur Festlegung der Drehachse und ein Drehwinkel ω mit $0 \leq \omega \leq 2\pi$ verwendet werden, wobei die Drehung eine Rechtsschraube um die Achse bilden soll. Für die Achse und den Drehwinkel gelten[8]

$$R_{\hat{n}}(\omega)\hat{n} = \hat{n}, \quad \mathrm{Sp}\left[R_{\hat{n}}(\omega)\right] = 1 + 2\cos(\omega). \tag{1.3}$$

Eine weitere, häufig verwendete Form ist die Parametrisierung mithilfe der *Euler-Winkel* [siehe Lindner (1984), Abschnitt 6.1]. Hierbei handelt es sich um eine Zerlegung in ein Produkt dreier aufeinanderfolgender Drehungen:

$$R(\alpha, \beta, \gamma) = R_{\hat{v}_3}(\gamma) R_{\hat{u}_2}(\beta) R_{\hat{e}_3}(\alpha), \quad 0 \leq \alpha, \gamma \leq 2\pi, \ 0 \leq \beta \leq \pi. \tag{1.4}$$

Die sukzessiven Drehungen lassen sich jeweils als Abbildungen einer Orthonormalbasis (ONB) auf eine gleichorientierte neue ONB interpretieren: $\{\hat{e}_i\} \to \{\hat{u}_i\} \to \{\hat{v}_i\} \to \{\hat{w}_i\}$.

---

[6] In der Regel schreiben wir für die Einheitsmatrix $\mathbb{1}$ ohne Kennzeichnung der Dimension des zugrunde liegenden Vektorraums. Nur in besonderen Fällen geben wir die Dimension als Tiefstellung an, etwa $\mathbb{1}_{3\times3}$ für die (3,3)-Einheitsmatrix. Außerdem verwenden wir das Symbol $\mathbb{1}$ bisweilen auch für die Identität in einem unendlichdimensionalen Vektorraum.

[7] In der Regel versehen wir Einheitsvektoren im $\mathbb{R}^3$ mit einem Dachsymbol.

[8] Die Spur einer (n,n)-Matrix A ist die Summe der Diagonalmatrixelemente: $\mathrm{Sp}(A) = \sum_{i=1}^{n} A_{ii} = A_{ii}$ mit Einstein'scher Summenkonvention.

- Aus einer ONB $\{\hat{e}_1, \hat{e}_2, \hat{e}_3\}$ erzeugt die aktive Drehung $R_{\hat{e}_3}(\alpha)$ um $\hat{e}_3$ mit dem Drehwinkel α die zweite ONB $\{\hat{u}_1, \hat{u}_2, \hat{u}_3\}$:

$$\hat{u}_j = R_{\hat{e}_3}(\alpha)\hat{e}_j.$$

  Der Winkel α ist so gewählt, dass $\hat{u}_2$ sowohl auf $\hat{e}_3$ als auch auf $\hat{w}_3$ senkrecht steht. Sind $\hat{e}_3$ und $\hat{w}_3$ linear abhängig, so setzt man $\alpha = 0$.

- $R_{\hat{u}_2}(\beta)$ beschreibt eine aktive Drehung um $\hat{u}_2$ (neue 2-Achse) mit dem Drehwinkel β:

$$\hat{v}_j = R_{\hat{u}_2}(\beta)\hat{u}_j.$$

b) $R_{\hat{v}_3}(\gamma)$ beschreibt eine aktive Drehung um $\hat{v}_3$ (neue 3-Achse nach zwei Drehungen) mit dem Drehwinkel γ:

$$\hat{w}_j = R_{\hat{v}_3}(\gamma)\hat{v}_j.$$

- Kombiniert ergibt sich also

$$\begin{aligned}\hat{w}_j &= R_{\hat{v}_3}(\gamma)\hat{v}_j = R_{\hat{v}_3}(\gamma)R_{\hat{u}_2}(\beta)\hat{u}_j = R_{\hat{v}_3}(\gamma)R_{\hat{u}_2}(\beta)R_{\hat{e}_3}(\alpha)\hat{e}_j \\ &= R(\alpha, \beta, \gamma)\hat{e}_j.\end{aligned}$$

- Anmerkung: Dies ist die in der Quantenmechanik übliche Konvention (siehe Kap. 4). In der klassischen Mechanik erfolgt die zweite Drehung um $\hat{u}_1$ [siehe z. B. Landau und Lifschitz (1981), § 35].

Die kombinierte Drehung lässt sich auch als Produkt dreier aufeinanderfolgender Drehungen ausdrücken, die ausschließlich die Achsen $\hat{e}_2$ und $\hat{e}_3$ als Drehachsen verwenden (siehe Aufgabe 1.14):

$$R(\alpha, \beta, \gamma) = R_3(\alpha)R_2(\beta)R_3(\gamma), \quad 0 \le \alpha, \gamma \le 2\pi,\ 0 \le \beta \le \pi, \quad (1.5)$$

wobei wir jetzt abkürzend j für $\hat{e}_j$ geschrieben haben.

b) Die Menge $\{R \in \mathrm{O}(3) | \det(R) = -1\}$ bildet keine Gruppe, weil schon die Abgeschlossenheit unter Multiplikation nicht gewährleistet ist, denn das Produkt zweier Elemente hat die Determinante $+1$.

c) Wir führen die sog. *Parität* ein, die anschaulich gesprochen einer Raumspiegelung, d. h. einer Inversion aller Koordinaten x_i entspricht:

$$P = \begin{pmatrix} -1 & 0 & 0 \\ 0 & -1 & 0 \\ 0 & 0 & -1 \end{pmatrix}.$$

Sie besitzt die Eigenschaften

$$PR = RP \ \forall\ R \in \mathrm{O}(3),$$
$$P^2 = \mathbb{1},$$
$$\det(P) = -1.$$

d) Es sei $R \in O(3)$ mit $\det(R) = -1$. Indem wir $R = PR'$ mit $R' = PR$ und $\det(R') = +1$ schreiben, sehen wir, dass $O(3) = SO(3) \dot{\cup} P\,SO(3)$ gilt. Das Symbol $\dot{\cup}$ steht für die Vereinigung disjunkter Teilmengen A und B, also $A \cap B = \emptyset$.

e) Die Parität lässt sich als Spiegelung an der (y, z)-Ebene mit anschließender Drehung um $180°$ um die x-Achse darstellen,

$$P = \begin{pmatrix} 1 & 0 & 0 \\ 0 & -1 & 0 \\ 0 & 0 & -1 \end{pmatrix} \begin{pmatrix} -1 & 0 & 0 \\ 0 & 1 & 0 \\ 0 & 0 & 1 \end{pmatrix}.$$

2. Die Verallgemeinerung auf n Dimensionen führt zur *orthogonalen Gruppe* $O(n)$ mit der *speziellen orthogonalen Gruppe* $SO(n) = \{A \in O(n) \mid \det(A) = 1\}$ als Untergruppe.

3. Die *unitäre Gruppe* $U(1)$ ist definiert als

$$U(1) = \{z \in \mathbb{C} \mid |z| = 1\} = \{\exp(i\varphi) \mid 0 \le \varphi \le 2\pi\}$$

mit der Multiplikation als Verknüpfung. Sie spielt z. B. bei der Konstruktion der Quantenelektrodynamik eine entscheidende Rolle (siehe Abschn. 7.1.1).

4. Die *unitäre Gruppe* $U(2)$ ist definiert als

$$U(2) := \{U \in GL(2, \mathbb{C}) \mid U^{\dagger}U = UU^{\dagger} = \mathbb{1}\}$$

mit der Matrizenmultiplikation als Verknüpfung. Hierbei steht $U^{\dagger} = U^{*T}$ für die zu U adjungierte Matrix. Für die spezielle unitäre Gruppe $SU(2)$ gilt die zusätzliche Bedingung $\det(U) = 1$. Die Gruppe $SU(2)$ wird uns bei der Beschreibung des Spins in der Quantenmechanik begegnen. Darüber hinaus tritt sie in der starken Wechselwirkung als sog. Isospin (siehe Abschn. 4.4 und 5.3) sowie als Eichgruppe im Standardmodell der Elementarteilchenphysik auf (siehe Abschn. 9.2.2).
Die Gruppen $U(n)$ und $SU(n)$ werden analog definiert. ∎

Beispiel 1.16
Lorentz-Gruppe L oder O(1,3)

Die Lorentz-Gruppe ist von zentraler Bedeutung für die spezielle Relativitätstheorie. Eine ausführliche Diskussion findet sich in Scheck (2007), Kapitel 4. Wir erarbeiten uns ihre Eigenschaften, indem wir sie wie im Fall der Gruppe $O(3)$ als Transformationsgruppe interpretieren. Ausgangspunkt ist dabei ein vierdimensionaler reeller Vektorraum $V = \mathbb{R}^4$. In der Physik dienen die Punkte dieses Raumes, $x = (ct, x_1, x_2, x_3)$, zur Charakterisierung von Ereignissen, wobei neben den räumlichen Koordinaten x_1, x_2, x_3 auch die Zeit t angegeben wird, zu der das Ereignis stattfindet. Unter einem Ereignis können wir uns etwa die Aussendung oder den Empfang eines Signals vorstellen, auch die Position eines Teilchens zu einer gegebenen Zeit; außerdem bezeichnen wir ebenso die Punkte x selbst als Ereignisse.

Aus Gründen der Bequemlichkeit reskalieren wir die Zeitachse derart, dass die Zeit-koordinate durch das Produkt $x_0 = ct$ gegeben ist. Die Lichtgeschwindigkeit c ist eine universelle Konstante, die in jedem Inertialsystem denselben Wert besitzt. Aus physikalischer Sicht suchen wir nun Transformationen der Form $x \mapsto x' = \Lambda x + a$, die das sog. *verallgemeinerte Abstandsquadrat* zweier Ereignisse x und y invariant lassen. Dazu definieren wir die sog. *Minkowski-Metrik*

$$M(x,x) = x_0 x_0 - \sum_{i=1}^{3} x_i x_i = x^T G x, \qquad (1.6)$$

mit

$$G = (G_{ij}) = \begin{pmatrix} 1 & 0 & 0 & 0 \\ 0 & -1 & 0 & 0 \\ 0 & 0 & -1 & 0 \\ 0 & 0 & 0 & -1 \end{pmatrix}, \quad i,j = 0,1,2,3.$$

Die Nummerierung von 0 bis 3 ist an die Schreibweise der Physik angepasst. Für zwei Ereignisse x und y sei $z := y - x$, und wir definieren als verallgemeiner-tes Abstandsquadrat[9] $z^2 = M(z,z)$. Insbesondere kann z^2 beliebige Werte in $\mathbb{R}$ annehmen. Wir betrachten nun die lineare Abbildung[10]

$$z \mapsto z' = \Lambda z, \quad z_i' = \Lambda_{ij} z_j,$$

mit der Forderung

$$M(z',z') = M(z,z) = z^T \Lambda^T G \Lambda z = z^T G z, \qquad (1.7)$$

also

$$\Lambda^T G \Lambda = G. \qquad (1.8)$$

Als *Lorentz-Gruppe* L oder Gruppe O(1,3) bezeichnen wir die Menge O(1,3) = L := $\{\Lambda | \Lambda$ reelle, invertierbare (4,4)-Matrix mit $\Lambda^T G \Lambda = G\}$.[11]   ∎

Verallgemeinerung Es seien $m, n \in \mathbb{N}$ und $p = m + n$. Bezeichnen wir mit $G(m,n)$ die Diagonalmatrix der Form

$$G(m,n) = \mathrm{diag}(\underbrace{1,1,\dots,1}_{m\text{-mal}}, \underbrace{-1,-1,\dots,-1}_{n\text{-mal}}),$$

---

[9] Wenn wir für ein Ereignis x die Größe $x^2 = M(x,x)$ betrachten, dann werden wir vom verall-gemeinerten Längenquadrat sprechen.

[10] Da wir die Differenz der Koordinaten zweier Ereignisse betrachten, hebt sich der Translations-anteil heraus.

[11] Zuweilen wird in der Literatur auch die Konvention $z^2 = -z_0^2 + z_1^2 + z_2^2 + z_3^2$ verwendet, weshalb auch O(3,1) als Lorentz-Gruppe bezeichnet wird.

so ist die Gruppe $O(m, n)$ definiert durch

$$O(m, n) := \{\Lambda | \Lambda \text{ reelle, invertierbare } (p, p)\text{-Matrix mit } \Lambda^T G(m, n)\Lambda$$
$$= G(m, n)\}.$$

Eigenschaften der (4,4)-Matrizen Λ

1. $\det(\Lambda) = \pm 1$.
   Zur Begründung bestimmen wir die Determinate von G:

   $$\det(G) = -1 = \det(\Lambda^T G\Lambda) = \underbrace{\det(\Lambda^T)}_{= \det(\Lambda)} \det(G)\det(\Lambda) = -[\det(\Lambda)]^2.$$

   Eigentliche Lorentz-Transformationen haben die Eigenschaft $\det(\Lambda) = +1$.
2. $\Lambda_{00} \geq 1$ oder $\Lambda_{00} \leq -1$.
   Zur Begründung betrachten wir die Matrix-Gl. (1.8) für $i = j = 0$:

   $$1 = \underbrace{\Lambda_{0k}^T}_{= \Lambda_{k0}} G_{kl}\Lambda_{l0} = \Lambda_{00}^2 - \underbrace{\sum_{k=1}^{3} \Lambda_{k0}^2}_{\leq 0} \quad \Rightarrow \text{Behauptung.}$$

   Elemente mit $\Lambda_{00} \geq 1$ werden als *orthochrone Transformationen* bezeichnet;
   bei ihnen bleibt die Zeitrichtung erhalten.
3. Die Lorentz-Gruppe besteht aus vier sog. *Zweigen* $L_+^\uparrow$, $L_-^\uparrow$, $L_+^\downarrow$ und $L_-^\downarrow$, wobei
   durch die Symbole die folgenden Eigenschaften gekennzeichnet werden:
   a) $+ : \det(\Lambda) = 1$,
   b) $- : \det(\Lambda) = -1$,
   c) $\uparrow: \Lambda_{00} \geq 1$,
   d) $\downarrow: \Lambda_{00} \leq -1$.
4. Von den vier Zweigen bildet $L_+^\uparrow$ die Untergruppe der *eigentlichen orthochronen
   Lorentz-Transformationen*:

   $$L_+^\uparrow := \{\Lambda | \Lambda \text{ reelle, invertierbare (4,4)-Matrix,}$$
   $$\Lambda^T G\Lambda = G, \det(\Lambda) = +1, \Lambda_{00} \geq 1\}.$$

5. Die folgenden vier Transformationen werden als *Klein'sche Gruppe* bezeichnet
   (siehe Beispiel 1.11):
   a) Identität:

   $$E = \begin{pmatrix} 1 & 0 & 0 & 0 \\ 0 & 1 & 0 & 0 \\ 0 & 0 & 1 & 0 \\ 0 & 0 & 0 & 1 \end{pmatrix} \in L_+^\uparrow$$

b) Spiegelung der Raumachsen:

$$P = \begin{pmatrix} 1 & 0 & 0 & 0 \\ 0 & -1 & 0 & 0 \\ 0 & 0 & -1 & 0 \\ 0 & 0 & 0 & -1 \end{pmatrix} \in L_-^\uparrow$$

c) Umkehrung der Zeitrichtung:

$$T = \begin{pmatrix} -1 & 0 & 0 & 0 \\ 0 & 1 & 0 & 0 \\ 0 & 0 & 1 & 0 \\ 0 & 0 & 0 & 1 \end{pmatrix} \in L_-^\downarrow$$

d) Produkt PT:

$$PT = \begin{pmatrix} -1 & 0 & 0 & 0 \\ 0 & -1 & 0 & 0 \\ 0 & 0 & -1 & 0 \\ 0 & 0 & 0 & -1 \end{pmatrix} \in L_+^\downarrow$$

Da Diagonalmatrizen miteinander vertauschen, ist die Klein'sche Gruppe offensichtlich abelsch.

6. Die verbleibenden Zweige $L_+^\downarrow$, $L_-^\uparrow$, $L_-^\downarrow$ bilden keine Untergruppen von L, da sie die Identität nicht enthalten.

7. Wie bei der Diskussion der Gruppe O(3) lässt sich die Lorentz-Gruppe in Form einer disjunkten Vereinigung geeigneter Teilmengen schreiben: L $=$ $L_+^\uparrow \,\dot\cup\, PL_+^\uparrow \,\dot\cup\, TL_+^\uparrow \,\dot\cup\, PTL_+^\uparrow$.

Diskussion von $L_+^\uparrow$

1. Die eigentliche orthochrone Lorentz-Gruppe besitzt die eigentlichen Drehungen als Untergruppe:[12]

$$\mathcal{R} = \begin{pmatrix} 1 & 0 & 0 & 0 \\ 0 & & & \\ 0 & & R & \\ 0 & & & \end{pmatrix} \quad \text{mit} \quad R \in SO(3).$$

2. Wir wenden uns nun den *speziellen Lorentz-Transformationen* (engl. *Lorentz boost*) zu. Hierbei bedienen wir uns zunächst der passiven Sichtweise, d. h. wir möchten die Koordinaten ein und desselben Ereignisses bzgl. unterschiedlicher Koordinatensysteme zueinander in Beziehung setzen. Zu diesem Zweck betrachten wir zwei Inertialsysteme[13], die wir mit kartesischen Koordinatensys-

---

[12] Genau genommen ist die Untergruppe isomorph zu SO(3). Deshalb unterscheiden wir zwischen den Symbolen $\mathcal{R}$ und R.

[13] Inertialsysteme zeichnen sich dadurch aus, dass ein Punktteilchen, auf das keine Kraft wirkt, sich entweder in Ruhe befindet oder eine geradlinige, gleichförmige Bewegung ausführt.

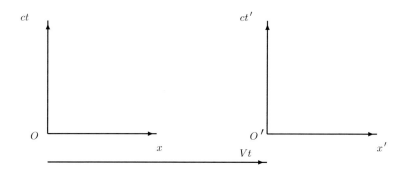

Abb. 1.4 Das Koordinatensystem KS′ bewegt sich mit der Geschwindigkeit V relativ zu KS in x-Richtung. Die nicht betroffenen Richtungen sind weggelassen. Der Ursprung $O′$ des Koordinatensystems KS′ ist bei $V > 0$ und zum Zeitpunkt $t > 0$ relativ zu O um die Länge Vt in positive x-Richtung verschoben. Der Übersichtlichkeit halber ist der Verschiebungspfeil nach unten verrückt eingezeichnet

temen KS und KS′ versehen. Ereignisse seien in den beiden Systemen mithilfe der Koordinaten x und $x′$ gekennzeichnet. Für die beiden Koordinatensysteme sollen folgende Eigenschaften gelten (siehe Abb. 1.4):

a) Das System KS′ bewegt sich mit der Geschwindigkeit V relativ zu KS in x-Richtung;

b) zur Zeit $t = 0$ liegen die Ursprünge der Koordinatensysteme übereinander;

c) beide Systeme besitzen dieselbe Orientierung.

Wir machen folgenden Ansatz für die Transformation:

$$\begin{pmatrix} ct′ \\ x′ \\ y′ \\ z′ \end{pmatrix} = \begin{pmatrix} a_{11} & a_{12} & 0 & 0 \\ a_{21} & a_{22} & 0 & 0 \\ 0 & 0 & 1 & 0 \\ 0 & 0 & 0 & 1 \end{pmatrix} \begin{pmatrix} ct \\ x \\ y \\ z \end{pmatrix}. \tag{1.9}$$

Die Struktur des Ansatzes lässt sich folgendermaßen motivieren:

a) Die räumlichen Richtungen senkrecht zur Bewegung nehmen an der Bewegung nicht teil, also ist $y′ = y$ und $z′ = z$. Deshalb gilt für die 3. und die 4. Zeile der Matrix: $z_3 = (0, 0, 1, 0)$ und $z_4 = (0, 0, 0, 1)$.

b) Die Koordinaten $ct′$ und $x′$ hängen nicht von y und z ab, da wegen der Homogenität des Raumes kein Punkt in der (y, z)-Ebene als Koordinatenursprung bevorzugt werden kann. Deshalb steht die (2,2)-Nullmatrix in der rechten oberen Ecke.

Als Konsequenz müssen wir uns nur noch mit der Bedingung

$$c^2 t′^2 - x′^2 = c^2 t^2 - x^2 \tag{1.10}$$

auseinandersetzen [siehe (1.7)]. Für die Bestimmung der restlichen Einträge a_{11}, a_{12}, a_{21} und a_{22} betrachten wir folgende Linearkombinationen der Koordinaten:

$$x_+ := ct + x, \quad x_- := ct - x, \quad x′_+ := ct′ + x′, \quad x′_- := ct′ - x′.$$

Für die gestrichenen Koordinaten schreiben wir

$$x'_+ = f_{++}x_+ + f_{+-}x_-, \quad x'_- = f_{-+}x_+ + f_{--}x_-.$$

Mit diesen Koordinaten ergibt sich aus (1.10)

$$x_+x_- = x'_+x'_- = f_{++}f_{-+}x_+^2 + (f_{++}f_{--} + f_{+-}f_{-+})x_+x_- + f_{+-}f_{--}x_-^2.$$

Indem wir x_+ und x_- als unabhängige Variablen betrachten, erhalten wir durch Koeffizientenvergleich:

$$f_{++}f_{-+} = 0, \tag{1.11a}$$
$$f_{++}f_{--} + f_{+-}f_{-+} = 1, \tag{1.11b}$$
$$f_{+-}f_{--} = 0. \tag{1.11c}$$

Für die weitere Analyse nehmen wir eine Fallunterscheidung vor.

a) $f_{++} =: f \neq 0$

Aus (1.11a) folgt zunächst $f_{-+} = 0$. Damit erhalten wir aus den beiden nächsten Gleichungen sukzessive $f_{--} = 1/f \neq 0$ und $f_{+-} = 0$. Somit ergibt sich

$$ct' + x' = f(ct + x), \quad ct' - x' = \frac{1}{f}(ct - x)$$

oder für die ursprünglichen Koordinaten

$$ct' = \frac{1}{2}\left(f + \frac{1}{f}\right)ct + \frac{1}{2}\left(f - \frac{1}{f}\right)x, \tag{1.12}$$

$$x' = \frac{1}{2}\left(f - \frac{1}{f}\right)ct + \frac{1}{2}\left(f + \frac{1}{f}\right)x. \tag{1.13}$$

Dies bedeutet für die (2,2)-Matrix A:

$$A = \begin{pmatrix} a_{11} & a_{12} \\ a_{21} & a_{22} \end{pmatrix} = \frac{1}{2}\begin{pmatrix} f + \frac{1}{f} & f - \frac{1}{f} \\ f - \frac{1}{f} & f + \frac{1}{f} \end{pmatrix}.$$

Für die Determinante gilt

$$\det(A) = \frac{1}{4}\left(f + \frac{1}{f}\right)^2 - \frac{1}{4}\left(f - \frac{1}{f}\right)^2 = 1.$$

Nun wollen wir die Abhängigkeit der Größe f von der Relativgeschwindigkeit V klären. Zu diesem Zweck untersuchen wir die Bewegung des

Ursprungs O' von KS$'$. Die x-Koordinate von O' lautet $x = Vt$ (siehe Abb. 1.4), und somit folgt aus (1.13) für $x' = 0$:

$$0 = \frac{1}{2}\left[\left(f - \frac{1}{f}\right)c + \left(f + \frac{1}{f}\right)V\right]t \ \forall \ t. \qquad (*)$$

Wir definieren nun die Relativgeschwindigkeit in Einheiten der Lichtgeschwindigkeit,

$$\beta := \frac{V}{c}, \qquad (1.14)$$

und multiplizieren $(*)$ für $t \neq 0$ mit $2f/(ct)$:

$$(f^2 - 1) + (f^2 + 1)\beta = 0 \ \Rightarrow \ f^2(1 + \beta) = 1 - \beta \ \Rightarrow \ f^2 = \frac{1 - \beta}{1 + \beta}.$$

Für $f \neq 0$ ergibt sich somit die Bedingung

$$f = \pm\sqrt{\frac{1 - \beta}{1 + \beta}}. \qquad (1.15)$$

Bislang haben wir keine Annahme über die Größe des Betrags von V gemacht. Da die Koordinaten von Ereignissen reelle Größen sind, darf das Argument der Wurzelfunktion in (1.15) nicht negativ werden. Außerdem ist laut Voraussetzung $f \neq 0$, sodass wir als erste Bedingung $\beta < 1$ erhalten. Andererseits soll f endlich sein, was in $-1 < \beta$ resultiert. Insgesamt ergibt sich folgende Einschränkung,

$$-1 < \beta < 1, \qquad (1.16)$$

d. h. $|V| < c$. Wir definieren nun den *Lorentz-Faktor*

$$\gamma := \frac{1}{\sqrt{1 - \beta^2}} \qquad (1.17)$$

und nehmen eine weitere Fallunterscheidung vor:

i.   Wir betrachten in (1.15) das positive Vorzeichen,

$$f = \sqrt{\frac{1 - \beta}{1 + \beta}},$$

und bestimmen

$$\frac{1}{2}\left(f \pm \frac{1}{f}\right) = \frac{1}{2}\left(\sqrt{\frac{1 - \beta}{1 + \beta}} \pm \sqrt{\frac{1 + \beta}{1 - \beta}}\right)$$

$$= \frac{1}{2}\left(\frac{1 - \beta \pm (1 + \beta)}{\sqrt{1 - \beta^2}}\right) = \begin{cases} \gamma, \\ -\beta\gamma. \end{cases}$$

Die resultierende (2,2)-Matrix A bezeichnen wir nun mit

$$A_+^\uparrow = \begin{pmatrix} \gamma & -\beta\gamma \\ -\beta\gamma & \gamma \end{pmatrix}, \tag{1.18}$$

wobei das Symbol $\uparrow$ für $a_{11} = \gamma \geq 1$ steht und das Symbol $+$ für $\det\left(A_+^\uparrow\right) = 1$.

ii. Wir betrachten nun den zweiten Fall eines negativen Vorzeichens:

$$f = -\sqrt{\frac{1-\beta}{1+\beta}} \Rightarrow \frac{1}{2}\left(f \pm \frac{1}{f}\right) = \left\{ \begin{matrix} -\gamma \\ \beta\gamma \end{matrix} \right. \Rightarrow A_+^\downarrow = \begin{pmatrix} -\gamma & \beta\gamma \\ \beta\gamma & -\gamma \end{pmatrix}. \tag{1.19}$$

Wegen $a_{11} = -\gamma \leq -1$ und $\det\left(A_+^\downarrow\right) = 1$ ist die zugehörige Transformation Teil des Zweiges $L_+^\downarrow$ [siehe (1.9)].

b) $f_{++} = 0$

Die Vorgehensweise ist analog zum Fall a). Wir setzen $f_{+-} = f = 1/f_{-+} \neq 0$ und erhalten für die Matrix A:

$$A = \frac{1}{2}\begin{pmatrix} f + \frac{1}{f} & -f + \frac{1}{f} \\ f - \frac{1}{f} & -f - \frac{1}{f} \end{pmatrix},$$

mit $\det(A) = -1$. Aus der Bewegung des Ursprungs von KS′ folgt für f die Bedingung

$$f = \pm\sqrt{\frac{1+\beta}{1-\beta}} \quad \text{mit} \quad -1 < \beta < 1.$$

Für positives und negatives f ergibt sich

$$\frac{1}{2}\left(f \pm \frac{1}{f}\right) = \left\{ \begin{matrix} \gamma, \\ \beta\gamma \end{matrix} \right. \quad \text{und} \quad \frac{1}{2}\left(f \pm \frac{1}{f}\right) = \left\{ \begin{matrix} -\gamma, \\ -\beta\gamma. \end{matrix} \right.$$

Somit lauten die Lösungen

$$A_-^\uparrow = \begin{pmatrix} \gamma & -\beta\gamma \\ \beta\gamma & -\gamma \end{pmatrix}, \tag{1.20}$$

$$A_-^\downarrow = \begin{pmatrix} -\gamma & \beta\gamma \\ -\beta\gamma & \gamma \end{pmatrix}. \tag{1.21}$$

Da diese Transformationen die Determinante -1 haben, werden sie nicht als spezielle Transformationen bezeichnet.

Im Folgenden geben wir noch eine alternative Schreibweise für $A_+^\uparrow$ an, die sich bei einer Diskussion der Lorentz-Gruppe als Lie-Gruppe (siehe Beispiel 3.6) auf natürliche Weise ergibt:

$$\begin{pmatrix} ct' \\ x' \end{pmatrix} = \begin{pmatrix} \cosh(\lambda) & -\sinh(\lambda) \\ -\sinh(\lambda) & \cosh(\lambda) \end{pmatrix} \begin{pmatrix} ct \\ x \end{pmatrix}, \quad -\infty < \lambda < \infty. \tag{1.22}$$

Den Zusammenhang zwischen λ und V finden wir wieder am einfachsten durch eine Betrachtung des Ursprungs O' von KS':

$$x' = 0 = -\sinh(\lambda)ct + \cosh(\lambda)Vt.$$

Die Gültigkeit für beliebiges t liefert

$$\tanh(\lambda) = \frac{V}{c} = \beta. \tag{1.23}$$

Wegen $|\tanh(\lambda)| < 1$ sehen wir auch hier wieder $|V| < c$. Die Größe λ wird als *Rapidität* bezeichnet. Unter Zuhilfenahme der Beziehungen zwischen den hyperbolischen Funktionen finden wir den Zusammenhang mit den Größen β und γ:

$$\cosh(\lambda) = \frac{1}{\sqrt{1 - \tanh^2(\lambda)}} = \frac{1}{\sqrt{1 - \beta^2}} = \gamma,$$

$$\sinh(\lambda) = \frac{\tanh(\lambda)}{\sqrt{1 - \tanh^2(\lambda)}} = \beta\gamma.$$

Zusammenfassend ergeben sich die KS'-Koordinaten eines Ereignisses also folgendermaßen aus den KS-Koordinaten:

$$ct' = \cosh(\lambda)ct - \sinh(\lambda)x = \gamma(ct - \beta x),$$
$$x' = -\sinh(\lambda)ct + \cosh(\lambda)x = \gamma(x - \beta ct),$$
$$y' = y,$$
$$z' = z.$$

Die zugehörige Matrix für die spezielle Lorentz-Transformation auf ein System, das sich mit der Geschwindigkeit $V = \beta c$ in x-Richtung bewegt, lautet somit

$$L = \begin{pmatrix} \gamma & -\beta\gamma & 0 & 0 \\ -\beta\gamma & \gamma & 0 & 0 \\ 0 & 0 & 1 & 0 \\ 0 & 0 & 0 & 1 \end{pmatrix}. \tag{1.24}$$

Im Sinne der Anmerkung im Anschluss an Definition 1.7 haben wir uns der passiven Sichtweise bedient, bei der sich zwei Systeme relativ zueinander bewegen und wir die Koordinaten ein und desselben Ereignisses zueinander in Beziehung setzen. Im Zusammenhang mit kinematischen Größen von Punktteilchen sind wir häufig an einer aktiven Sichtweise interessiert. Ausgangspunkt ist dabei folgende Überlegung. In einem Inertialsystem sei ein Teilchen der Masse m in Ruhe, d. h. in diesem System besitzt das Teilchen die Energie mc^2 und den (Dreier-)Impuls $\vec{0}$. Wir suchen nun nach einer speziellen Transformation, mit deren Hilfe wir für die kinematischen Größen des Teilchens[14] eine Abbildung

$$\left(mc^2, \vec{0}\right) \mapsto \left(E(\vec{p}), \vec{p}\right)$$

beschreiben, mit $E(\vec{p}) = \sqrt{m^2 c^4 + \vec{p}^{\,2} c^2}$. Als konkretes Beispiel betrachten wir ein Teilchen mit dem Impuls $\vec{p} = |\vec{p}| \hat{e}_x$, d. h. das gestrichene System bewegt sich in Einheiten der Lichtgeschwindigkeit mit $-\beta \hat{e}_x$ relativ zum ungestrichenen System:

$$L(\beta \hat{e}_x) = L\left(\frac{c|\vec{p}|}{E(\vec{p})} \hat{e}_x\right) = \begin{pmatrix} \gamma & \beta\gamma & 0 & 0 \\ \beta\gamma & \gamma & 0 & 0 \\ 0 & 0 & 1 & 0 \\ 0 & 0 & 0 & 1 \end{pmatrix},$$

wobei die Größen β und γ folgendermaßen mit den kinematischen Größen $E(\vec{p})$ und $\vec{p}$ zusammenhängen:

$$\beta \hat{n} = \frac{c \vec{p}}{E(\vec{p})}, \quad 0 \le \beta < 1,$$

$$\gamma = \frac{E(\vec{p})}{mc^2} = \frac{1}{\sqrt{1 - \beta^2}} \ge 1.$$

Beim Vergleich mit (1.24) erkennen wir das entgegengesetzte Vorzeichen der inversen Transformation. Wir werden, wenn nicht ausdrücklich auf das Gegenteil hingewiesen wird, von der aktiven Sichtweise Gebrauch machen, sodass wir als Argument der speziellen Transformation den Geschwindigkeitsvektor des sich bewegenden Teilchens in Einheiten der Lichtgeschwindigkeit verwenden. Schließlich wollen wir noch den Fall einer beliebigen Richtung betrachten. In der Bracket-Schreibweise ausgedrückt,

$$|\vec{p}\rangle = \begin{pmatrix} p_x \\ p_y \\ p_z \end{pmatrix}, \quad \langle \vec{p}| = \begin{pmatrix} p_x & p_y & p_z \end{pmatrix},$$

---

[14] In der passiven Sichtweise entspricht dies der Bestimmung der Komponenten mithilfe eines gleichorientierten Inertialsystems, das sich mit der Geschwindigkeit $\vec{V} = -c^2 \vec{p}/E(\vec{p})$ relativ zum Ruhesystem bewegt.

gilt

$$L\left(\frac{c\vec{p}}{E(\vec{p})}\right) = \left(\begin{array}{c|c} \frac{E(\vec{p})}{mc^2} & \frac{\langle\vec{p}|}{mc} \\ \hline \frac{|\vec{p}\rangle}{mc} & \mathbb{1} + \frac{|\vec{p}\rangle\langle\vec{p}|}{m(E(\vec{p})+mc^2)} \end{array}\right). \tag{1.25}$$

Ähnlich wie die Drehungen lässt sich jede spezielle Lorentz-Transformation durch drei reelle Parameter beschreiben, z. B. durch Angabe der Richtung $\hat{n}$ und der Rapidität λ mit $0 \leq \lambda < \infty$, wobei gilt:

$$\sinh(\lambda) = \beta\gamma, \quad \cosh(\lambda) = \gamma, \quad \beta = \tanh(\lambda) = \frac{c|\vec{p}|}{E(\vec{p})}.$$

3. Jedes $\Lambda \in L_+^\uparrow$ lässt sich folgendermaßen schreiben:[15]

$$\Lambda = \mathcal{R}(\alpha,\beta,0)L(v\hat{e}_z)\mathcal{R}^{-1}(\Phi,\Theta,\Psi) \quad \text{mit} \quad v = \tanh(\lambda). \tag{1.26}$$

Zur Begründung betrachten wir (1.8),

$$(\Lambda^T G\Lambda)_{ij} = \Lambda^T_{ik}G_{kl}\Lambda_{lj} = \Lambda_{ki}G_{kl}\Lambda_{lj} = G_{ij},$$

für $i = j = 0$:

$$1 = \Lambda_{k0}G_{kl}\Lambda_{l0}.$$

Wir definieren $A_k := \Lambda_{k0}$, sodass $1 = A_0^2 - \sum_{i=1}^3 A_i^2$ ist. Da laut Annahme $\Lambda_{00} \geq 1$ gilt, parametrisieren wir nun:

$$\begin{aligned} A_0 &= \cosh(\lambda), \\ A_1 &= \sinh(\lambda)\sin(\beta)\cos(\alpha), \\ A_2 &= \sinh(\lambda)\sin(\beta)\sin(\alpha), \\ A_3 &= \sinh(\lambda)\cos(\beta), \end{aligned} \tag{1.27}$$

mit $0 \leq \lambda$, $0 \leq \beta \leq \pi$ und $0 \leq \alpha \leq 2\pi$, und verifizieren durch einfaches Nachrechnen

$$A_0^2 - \sum_{i=1}^3 A_i^2$$

$$= \cosh^2(\lambda) - \sinh^2(\lambda)[\sin^2(\beta)\cos^2(\alpha) + \sin^2(\beta)\sin^2(\alpha) + \cos^2(\beta)]$$

$$= \cosh^2(\lambda) - \sinh^2(\lambda) = 1.$$

Es sei nun

$$t = \begin{pmatrix} 1 \\ 0 \\ 0 \\ 0 \end{pmatrix}$$

---

[15] Um eine Verwechslung mit dem Winkel β zu vermeiden, verwenden wir hier das Symbol v für die Geschwindigkeit der speziellen Transformation in Einheiten der Lichtgeschwindigkeit.

mit der Wirkung

$$(\Lambda t)_i = \Lambda_{ij} t_j = \Lambda_{i0} = A_i. \tag{1.28}$$

Wir betrachten die Wirkung einer speziellen Transformation entlang der z-Achse auf t:

$$L(v\hat{e}_z)t = \begin{pmatrix} \cosh(\lambda) \\ 0 \\ 0 \\ \sinh(\lambda) \end{pmatrix} =: B. \tag{1.29}$$

Mithilfe von

$$R_3(\alpha)R_2(\beta) \begin{pmatrix} 0 \\ 0 \\ \sinh(\lambda) \end{pmatrix} = R_3(\alpha) \begin{pmatrix} \cos(\beta) & 0 & \sin(\beta) \\ 0 & 1 & 0 \\ -\sin(\beta) & 0 & \cos(\beta) \end{pmatrix} \begin{pmatrix} 0 \\ 0 \\ \sinh(\lambda) \end{pmatrix}$$

$$= \begin{pmatrix} \cos(\alpha) & -\sin(\alpha) & 0 \\ \sin(\alpha) & \cos(\alpha) & 0 \\ 0 & 0 & 1 \end{pmatrix} \begin{pmatrix} \sin(\beta)\sinh(\lambda) \\ 0 \\ \cos(\beta)\sinh(\lambda) \end{pmatrix}$$

$$= \begin{pmatrix} \cos(\alpha)\sin(\beta)\sinh(\lambda) \\ \sin(\alpha)\sin(\beta)\sinh(\lambda) \\ \cos(\beta)\sinh(\lambda) \end{pmatrix}$$

erhalten wir

$$\Lambda t \overset{(1.28)}{=} A \overset{(1.27)}{=} \mathcal{R}(\alpha, \beta, 0)B \overset{(1.29)}{=} \mathcal{R}(\alpha, \beta, 0)L(v\hat{e}_z)t.$$

Nach einer Multiplikation mit Λ^{-1} ergibt sich

$$t = \Lambda^{-1}\mathcal{R}(\alpha, \beta, 0)L(v\hat{e}_z)t,$$

d. h. $\Lambda^{-1}\mathcal{R}(\alpha, \beta, 0)L(v\hat{e}_z)$ ist ein Element der sog. *kleinen Gruppe von t*. Dabei handelt es sich um alle Elemente aus $L_+^{\uparrow}$ mit der Eigenschaft $\Lambda t = t$. Die kleine Gruppe von t ist isomorph zu den Drehungen aus SO(3) (siehe Aufgabe 1.16), also ist

$$\Lambda^{-1}\mathcal{R}(\alpha, \beta, 0)L(v\hat{e}_z) = \mathcal{R}(\Phi, \Theta, \Psi).$$

Nach Multiplikation von links mit Λ und von rechts mit $\mathcal{R}^{-1}(\Phi, \Theta, \Psi)$ folgt die Behauptung.

Anmerkung Es existieren auch andere Möglichkeiten, $\Lambda \in L_+^{\uparrow}$ zu parametrisieren, etwa

$$\Lambda = L\left(\frac{c\vec{p}}{E(\vec{p})}\right)\mathcal{R}(\alpha, \beta, \gamma).$$

1.3   Weiterführende Definitionen mit Beispielen

Nachdem wir nun erste Erfahrungen mit Grundbegriffen und einigen physikalisch relevanten Beispielen für Gruppen gesammelt haben, wollen wir in diesem Abschnitt weiterführende Begriffe einführen, die im Kontext einer dynamischen Beschreibung physikalischer Systeme auftauchen werden. Hierbei stellt sich die Frage, in welcher Form sich Gruppenelemente einer abstrakten Gruppe auf physikalische Größen, dynamische Variablen oder Zustände auswirken. Diese Fragestellung liegt der folgenden Definition zugrunde.

Definition 1.8 (Operation)
Es seien $M = \{m\}$ eine nichtleere Menge und G eine Gruppe. Eine Abbildung A, die jedem Paar $(g, m) \in G \times M$ genau ein Element $A(g, m) \in M$ zuordnet, definiert eine *Operation der Gruppe G auf M*, wenn gilt:

1. $A(e, m) = m \; \forall \; m \in M$,
2. $A(g_1, A(g_2, m)) = A(g_1 g_2, m) \; \forall \; g_1, g_2 \in G, \; \forall \; m \in M$. $\qquad\blacklozenge$

Wir werden sehen, dass uns diese Begriffsbildung in vielerlei Hinsicht bei der Diskussion physikalischer Theorien begegnen wird.

Beispiel 1.17

*   Es sei $M = G$, und wir definieren die Abbildung durch $A(g, m) = gm \in G = M$. Die beiden Kriterien sind aufgrund der Eigenschaft des Einselements und der Assoziativität der Gruppenmultiplikation erfüllt.
*   Es seien $M = \mathbb{R}^3$ und $G = O(3)$. Wir definieren $A_i(g, m) := g_{ij} m_j$. In diesem Beispiel erkennen wir das Konzept der Transformationsgruppe aus Definition 1.2 in der Form linearer Abbildungen wieder.
*   Siehe Aufgaben 1.20 und 1.21. $\qquad\blacksquare$

Definition 1.9
Die Untermenge aller Elemente, die aus der Operation aller Elemente von G auf ein Element m_0 entsteht, $\{A(g, m_0) | g \in G\} \subseteq M$, heißt *Bahn von m_0 in M* oder *G-Orbit von m_0*. $\qquad\blacklozenge$

Beispiel 1.18
Bahnen der Drehgruppe im $\mathbb{R}^3$ sind Oberflächen von Kugeln mit dem Radius r für jedes $0 \le r < \infty$. $\qquad\blacksquare$

Beispiel 1.19
Sogenannte *Gruppeninvarianten* sind triviale, d. h. einelementige Bahnen. $\qquad\blacksquare$

Die Bedeutung und Umsetzung dieser Begriffe wollen wir nun anhand zweier einfacher Beispiele im Rahmen der klassischen Physik veranschaulichen. Die

Vorgehensweise ist beispielhaft für die Konstruktion realistischer physikalischer Theorien, wie sie in späteren Kapiteln diskutiert werden. Wir beginnen mit einem Beispiel aus der klassischen Mechanik.

Beispiel 1.20
Es sei $M = \{H(\vec{x}, \vec{p})\}$ die Menge der Hamilton-Funktionen eines Teilchens in drei Dimensionen. Die Hamilton-Funktion eines Teilchens in einem Zentralpotenzial,

$$H(\vec{x}, \vec{p}) = \frac{\vec{p}^{\,2}}{2m} + V(|\vec{x}|),$$

ist invariant unter

$$x_i \mapsto R_{ij} x_j, \quad p_i \mapsto R_{ij} p_j,$$

mit R in O(3). Im vorliegenden Fall resultiert aus der Drehinvarianz $[R \in \mathrm{SO}(3)]$ der Hamilton-Funktion die Drehimpulserhaltung. ∎

Beispiel 1.21
Als Modelltheorie betrachten wir eine klassische Feldtheorie mit zwei reellen Feldern Φ_1 und Φ_2. Es sei $G = \mathrm{O}(2) = \mathrm{SO}(2) \dot{\cup} S_2 \mathrm{SO}(2)$, wobei

$$S_2 = \begin{pmatrix} -1 & 0 \\ 0 & 1 \end{pmatrix}$$

im Sinne einer Transformationsgruppe als Spiegelung an der 2-Achse interpretiert werden kann. Jedes $g \in G$ lässt sich entweder als

$$R(\varphi) = \begin{pmatrix} \cos(\varphi) & -\sin(\varphi) \\ \sin(\varphi) & \cos(\varphi) \end{pmatrix}, \quad \det(R(\varphi)) = 1,$$

oder als

$$S_2 R(\varphi) = \begin{pmatrix} -\cos(\varphi) & \sin(\varphi) \\ \sin(\varphi) & \cos(\varphi) \end{pmatrix}, \quad \det(S_2 R(\varphi)) = -1,$$

parametrisieren ($0 \leq \varphi \leq 2\pi$). Wir betrachten nun eine Lagrange-Dichte[16]

$$\mathcal{L}(\Phi_1, \Phi_2, \partial_\mu \Phi_1, \partial_\mu \Phi_2) = \frac{1}{2} \sum_{i=1}^{2} \left(\partial_\mu \Phi_i \partial^\mu \Phi_i - m_i^2 \Phi_i^2 \right) - \mathcal{V}(\Phi_1, \Phi_2) \quad (1.30)$$

zweier reeller, skalarer Felder $\Phi_i(t, \vec{x})$, $\Phi_i \in C^2(\mathbb{M}^4)$, $i = 1, 2$. Hierbei steht $\mathbb{M}^4$ für den Minkowski-Raum. Die Operation der Gruppe G auf $M = \{(\Phi_1, \Phi_2)\}$ definieren wir durch

$$A(R(\varphi), (\Phi_1, \Phi_2)) := \begin{pmatrix} \cos(\varphi) & -\sin(\varphi) \\ \sin(\varphi) & \cos(\varphi) \end{pmatrix} \begin{pmatrix} \Phi_1 \\ \Phi_2 \end{pmatrix} =: \begin{pmatrix} \Phi_1' \\ \Phi_2' \end{pmatrix} \in M,$$

---

[16] Wir verwenden die sog. *natürlichen Einheiten* mit $\hbar = c = 1$; siehe Anhang A.2.

für $R(\varphi) \in \mathrm{SO}(2)$ und analog für $S_2 R(\varphi) \in S_2 \mathrm{SO}(2)$. Man beachte

$$A(R(0), (\Phi_1, \Phi_2)) = \begin{pmatrix} 1 & 0 \\ 0 & 1 \end{pmatrix} \begin{pmatrix} \Phi_1 \\ \Phi_2 \end{pmatrix} = \begin{pmatrix} \Phi_1 \\ \Phi_2 \end{pmatrix},$$

$$A(g_1, A(g_2, (\Phi_1, \Phi_2))) = A(g_1 g_2, (\Phi_1, \Phi_2)).$$

(Das Produkt von Drehmatrizen ist wieder eine Drehmatrix.) Die Lagrange-Dichte $\mathcal{L}$ ist genau dann eine Gruppeninvariante, d. h.

$$\mathcal{L}(\Phi_1, \Phi_2, \partial_\mu \Phi_1, \partial_\mu \Phi_2) = \mathcal{L}(\Phi_1', \Phi_2', \partial_\mu \Phi_1', \partial_\mu \Phi_2'),$$

wenn gilt:

- $m_1 = m_2$ und
- $\mathcal{V}$ aus (1.30) ist nur eine Funktion von $\Phi_1^2 + \Phi_2^2$.

Die elektromagnetische Wechselwirkung ist eng mit einer U(1)-Symmetrie verknüpft. Da die Gruppen SO(2) und U(1) isomorph sind, eignet sich die Lagrange-Dichte aus (1.30) als Ausgangspunkt eines Modells für die quantenfeldtheoretische Beschreibung eines Paares entgegengesetzt geladener Spin-Null-Teilchen, z. B. der $\pi^\pm$-Mesonen. Eine Wechselwirkung mit dem elektromagnetischen Feld wird dadurch entstehen, dass die U(1)-Symmetrie zu einer sog. lokalen Symmetrie erweitert wird (siehe Kap. 7). ■

Ausblick Die Lagrange-Dichte des Standardmodells der Elementarteilchenphysik ist eine Gruppeninvariante mit $G =$ SU(3)×SU(2)×U(1). Dazu benötigt man die (lokale) Operation der Gruppe G auf der Menge der Quarks und Leptonen (Materiefelder) sowie der Eichbosonen und der Higgs-Felder.

Das Ziel der folgenden Überlegungen besteht darin, Gruppen in disjunkte Untermengen mit ähnlichen Eigenschaften zu zerlegen. Insbesondere werden wir in späteren Kapiteln sehen, dass es für die Bestimmung gewisser Größen völlig ausreichend ist, diese für jeweils einen einzigen Repräsentanten einer Untermenge zu berechnen.

Definition 1.10 (Äquivalenzrelation)
Eine binäre Relation R in einer Menge M heißt *Äquivalenzrelation*, wenn R

1. reflexiv,
$$a \sim a,$$

2. symmetrisch,
$$a \sim b \Rightarrow b \sim a,$$

3. und transitiv,
$$a \sim b \text{ und } b \sim c \Rightarrow a \sim c,$$

ist.   ◆

Salopp ausgedrückt steht $a \sim b$ für eine Übereinstimmung „in gewisser Hinsicht", in Abschwächung zur vollständigen Gleichheit [siehe Heuser (1990), S. 24].

Definition 1.11 (Partition)
Eine endliche oder unendliche Menge $\mathcal{P}$ von Teilmengen einer vorgelegten Menge M heißt eine *Partition von* M, wenn gilt: $M = \cup_{T \in \mathcal{P}} T$ und $S \cap T = \emptyset$ für je zwei Mengen $S, T \in \mathcal{P}$. ◆

Beispiel 1.22
Die Zerlegung der natürlichen Zahlen $\mathbb{N}$ in die Menge $G := \{2, 4, 6, \ldots\}$ der geraden und die Menge $U := \{1, 3, 5, \ldots\}$ der ungeraden Zahlen ist ein Partition von $\mathbb{N}$. ■

Satz 1.2
Jede Äquivalenzrelation R auf einer Menge M liefert eine Partition in (disjunkte) Äquivalenzklassen:

$$T_a = \{b \in M \,|\, b \sim a\}.$$

Beweis 1.2 Wähle ein $a \in M$ und konstruiere T_a. Ist $T_a \neq M$, wähle $b \in M$ mit $b \notin T_a$ und konstruiere T_b. Insbesondere gilt $T_a \cap T_b = \emptyset$, denn sei $c \in T_a$ und $c \in T_b \Rightarrow c \sim a, c \sim b \Rightarrow b \sim a$ im Widerspruch zur Annahme $b \notin T_a$. Ist $T_a \cup T_b \neq M$, wiederhole Prozedur mit $c \notin T_a, c \notin T_b$ und konstruiere T_c usw. □

Definition 1.12
Es seien $a, b \in G$. b heißt zu a *konjugiert*, falls ein $g \in G$ mit $b = gag^{-1}$ existiert. g heißt *konjugierendes Element*. ◆

Aus $b = gag^{-1}$ folgt $a = g^{-1}bg$, weshalb auch die Sprechweise „*a und b sind (zueinander) konjugiert*" verwendet wird.

Anwendung Konjugation stellt eine Äquivalenzrelation dar, denn es ist:

1. $a \sim a$ mit $a = eae^{-1}$;
2. $a \sim b \Rightarrow a = gbg^{-1} \Rightarrow b = g^{-1}ag \Rightarrow b \sim a$ mit g^{-1} als konjugierendem Element;
3. $a = g_1 b g_1^{-1}$, $b = g_2 c g_2^{-1} \Rightarrow a = g_1 g_2 c g_2^{-1} g_1^{-1} = g_1 g_2 c (g_1 g_2)^{-1}$ mit dem konjugierenden Element $g_1 g_2$.

Mithilfe des Satzes 1.2 lässt sich somit jede Gruppe in disjunkte, sog. *Konjugationsklassen*

$$(a) := \{b \,|\, b = gag^{-1}, g \in G\}$$

zerlegen.

Beispiel 1.23

1. $(e) = \{e\}$, wegen $geg^{-1} = e \ \forall \ g$;
2. $a \in (a)$;
3. $b \in (a) \Leftrightarrow (a) = (b)$.   ∎

Beispiel 1.24
Es sei G eine abelsche Gruppe. Für $a \in G$ gilt

$$(a) = \{b | b = g \underbrace{ag^{-1}}_{= \ g^{-1}a}, g \in G\} = \{a\},$$

d. h. jedes Element einer abelschen Gruppe ist nur zu sich selbst konjugiert.   ∎

Beispiel 1.25
$D_3 = \langle c, b \rangle$ mit $c^3 = b^2 = (bc)^2 = e$. Die Gruppentafel lautet (siehe Aufgabe 1.3)

e	c	c^2	b	bc	bc^2
c	c^2	e	bc^2	b	bc
c^2	e	c	bc	bc^2	b
b	bc	bc^2	e	c	c^2
bc	bc^2	b	c^2	e	c
bc^2	h	bc	c	c^2	e

Zur Bestimmung der einzelnen Konjugationsklassen gehen wir sukzessive die Elemente von D_3 durch und machen Gebrauch von Beispiel 1.23.

- $(e) = \{e\}$;
- $(c) = (c^2) = \{c, c^2\}$, wegen

$$c^2 c (c^2)^{-1} = ec = c,$$
$$bcb^{-1} = bcb = c^2,$$
$$bcc(bc)^{-1} = bc^2 bc = c^2,$$
$$bc^2 c (bc^2)^{-1} = bbc^2 = c^2;$$

- $(b) = (bc) = (bc^2) = \{b, bc, bc^2\}$, wegen

$$cbc^{-1} = cbc^2 = bc, \quad c^2 b (c^2)^{-1} = c^2 bc = bc^2.$$

- Wenn man die Gruppenelemente als Drehungen eines gleichseitigen Dreiecks realisiert (siehe Abb. 1.2), dann eignet sich der Drehwinkel als die gemeinsame Eigenschaft innerhalb einer Konjugationsklasse. Für (e), (c) und (b) handelt es sich um Drehungen mit den Drehwinkeln $0°$, $120°$ und $180°$.[17]   ∎

---

[17] Das Element c^2 entspricht einer Drehung um $\hat{n}$ um $240°$, was äquivalent zu einer Drehung um $-\hat{n}$ um $120°$ ist.

Beispiel 1.26
Drehungen aus SO(3) mit dem gleichen Drehwinkel bilden eine Konjugationsklasse.

Begründung: Jede Drehung D lässt sich durch eine Drehachse $\hat{n}$ und einen Drehwinkel $0 \leq \omega \leq 2\pi$ beschreiben, mit

$$D\hat{n} = \hat{n}, \quad \mathrm{Sp}(D) = 1 + 2\cos(\omega).$$

Es sei $\mathrm{Sp}(D_1) = \mathrm{Sp}(D_2)$. Mit einer geeigneten Wahl der Basis gilt

$$D_1 = \begin{pmatrix} 1 & 0 & 0 \\ 0 & \cos(\varphi_1) & -\sin(\varphi_1) \\ 0 & \sin(\varphi_1) & \cos(\varphi_1) \end{pmatrix}, \quad 0 \leq \varphi_1 \leq 2\pi,$$

mit der Drehachse $\hat{n}_1 = \hat{e}_1$ und $D_1\hat{n}_1 = \hat{n}_1$. Es sei $T \in \mathrm{SO}(3)$ dergestalt, dass die Drehachse $\hat{n}_1$ unter T auf die Drehachse $\hat{n}_2$ abgebildet wird, d. h. $\hat{n}_2 = T\hat{n}_1$ bzw. $\hat{n}_1 = T^{-1}\hat{n}_2$. Aus

$$T^{-1}D_2T\hat{n}_1 = T^{-1}D_2\hat{n}_2 = T^{-1}\hat{n}_2 = \hat{n}_1$$

folgt, dass auch $T^{-1}D_2T$ eine Drehung mit der Drehachse $\hat{n}_1$ ist. Es sei

$$T^{-1}D_2T = \begin{pmatrix} 1 & 0 & 0 \\ 0 & \cos(\varphi_2) & -\sin(\varphi_2) \\ 0 & \sin(\varphi_2) & \cos(\varphi_2) \end{pmatrix}.$$

Wir betrachten nun die Spur:

$$1 + 2\cos(\varphi_1) = \mathrm{Sp}(D_1) = \mathrm{Sp}(T^{-1}D_2T) = \mathrm{Sp}(TT^{-1}D_2)$$
$$= \mathrm{Sp}(D_2) = 1 + 2\cos(\varphi_2).$$

Deshalb gilt

$$\cos(\varphi_1) = \cos(\varphi_2) \Rightarrow \varphi_2 = \pm\varphi_1.$$

Wir nehmen nun eine Fallunterscheidung vor.

1. $\varphi_2 = \varphi_1$: In diesem Fall lautet das konjugierende Element $G = T^{-1}$, also ist $D_1 = T^{-1}D_2T$.
2. $\varphi_2 = -\varphi_1$: Wir bestimmen zunächst

$$T^{-1}D_2T = \begin{pmatrix} 1 & 0 & 0 \\ 0 & \cos(\varphi_1) & \sin(\varphi_1) \\ 0 & -\sin(\varphi_1) & \cos(\varphi_1) \end{pmatrix}.$$

Multiplikation von rechts mit

$$S = \begin{pmatrix} -1 & 0 & 0 \\ 0 & 0 & 1 \\ 0 & 1 & 0 \end{pmatrix} \in SO(3)$$

und von links mit $S^{-1} = S$ liefert

$$\begin{pmatrix} -1 & 0 & 0 \\ 0 & 0 & 1 \\ 0 & 1 & 0 \end{pmatrix} \begin{pmatrix} 1 & 0 & 0 \\ 0 & \cos(\varphi_1) & \sin(\varphi_1) \\ 0 & -\sin(\varphi_1) & \cos(\varphi_1) \end{pmatrix} \begin{pmatrix} -1 & 0 & 0 \\ 0 & 0 & 1 \\ 0 & 1 & 0 \end{pmatrix}$$

$$= \begin{pmatrix} 1 & 0 & 0 \\ 0 & \cos(\varphi_1) & -\sin(\varphi_1) \\ 0 & \sin(\varphi_1) & \cos(\varphi_1) \end{pmatrix}.$$

Somit gilt

$$D_1 = S^{-1}T^{-1}D_2TS = (TS)^{-1}D_2(TS),$$

d. h. $G = (TS)^{-1}$ ist konjugierendes Element.   ■

Wir benutzen nun das Konzept einer Untergruppe H von G, um G in disjunkte Nebenklassen zu zerlegen.

Definition 1.13 (Nebenklasse)
Es seien H eine Untergruppe von G und $g \in G$. Die Mengen

$$gH := \{gh | h \in H\} \quad \text{und} \quad Hg := \{hg | h \in H\}$$

heißen *Links-* bzw. *Rechtsnebenklasse von H in G*. Die Menge der Linksnebenklassen (bzw. Rechtsnebenklassen) von H in G wird mit G/H (bzw. $H\backslash G$) bezeichnet.
                                                                                      ◆

Es gilt:

1. $G = \cup_{g \in G} gH$.
2. Entweder $g_1 H = g_2 H$ oder $g_1 H \cap g_2 H = \emptyset$.
3. $g_2 \in g_1 H \Rightarrow g_2 H = g_1 H$.

Beweis:

1. Wegen $e \in H$ gilt $g = ge \in gH$.
2. Wir definieren $a \sim b$, wenn $b \in aH$ ist, und überprüfen, dass es sich dabei tatsächlich um eine Äquivalenzrelation handelt:
   (a) $e \in H \Rightarrow a = ae \in aH \Rightarrow a \sim a \Rightarrow$ reflexiv;

(b) $a \sim b \Rightarrow b \in aH \Rightarrow b = ah$ für ein $h \in H \Rightarrow a = bh^{-1}$ mit $h^{-1} \in H \Rightarrow$
$a \in bH \Rightarrow$ symmetrisch;

(c) $a \sim b, b \sim c \Rightarrow b \in aH, c \in bH \Rightarrow b = ah$ und $c = bh'$ mit $h, h' \in H$
$\Rightarrow c = ahh'$ mit $hh' \in H \Rightarrow c \in aH \Rightarrow a \sim c \Rightarrow$ transitiv.

Wir wenden nun Satz 1.2 an.

3. $g_2 \in g_1 H \Rightarrow g_1 \sim g_2 \Rightarrow g_1 \in g_2 H \overset{2.}{\Rightarrow} g_1 H = g_2 H$.

Definition 1.14 (Normalteiler)
Eine Untergruppe H von G mit der Eigenschaft

$$Hg = gH \;\forall\; g \in G$$

heißt *Normalteiler* von G: $H \trianglelefteq G$.   ◆

Nach Multiplikation von rechts mit g^{-1} finden wir

$$Hg = gH \;\forall\; g \in G \iff gHg^{-1} = H \;\forall\; g \in G,$$

d. h. eine Untergruppe H von G ist genau dann ein Normalteiler von G, wenn gilt:
$h \in H \Rightarrow ghg^{-1} \in H \;\forall\; g \in G$. Triviale Beispiele für Normalteiler sind $\{e\}$ und
G.

Beispiel 1.27
Mithilfe der Ergebnisse der Konjugation in Beispiel 1.25 untersuchen wir, welche
Untergruppen von D_3 Normalteiler sind.

- $H = C_2 = \{e, b\}$ ist kein Normalteiler. Zur Begründung bestimmen wir die
  Konjugationsklasse von b, $(b) = \{a | a = gbg^{-1}, g \in D_3\} = \{b, bc, bc^2\}$, und
  bilden die Vereinigung mit der Konjagationsklasse von e, $(e) = \{e\}$, also ist
  $(e) \cup (b) = \{e, b, bc, bc^2\} \neq C_2$. Offensichtlich sind auch die Untergruppen
  $\{e, bc\}$ und $\{e, bc^2\}$ keine Normalteiler.
- Anderseits ist $H = C_3 = \{e, c, c^2\}$ ein Normalteiler: Wegen $(c) = \{c, c^2\}$ ist
  $(e) \cup (c) = C_3$.   ∎

Beispiel 1.28
Jede Untergruppe einer abelschen Gruppe ist ein Normalteiler, denn für $h \in H$ gilt

$$ghg^{-1} = gg^{-1}h = h \;\forall\; g \in G.$$ ∎

Definition 1.15 (Zentrum)
Das *Zentrum* Z einer Gruppe G besteht aus allen Elementen z, die mit allen Elementen der Gruppe kommutieren:

$$Z := \{z \in G | zg = gz \;\forall\; g \in G\}.$$ ◆

Beispiel 1.29

1. Z ist eine abelsche Untergruppe von G (siehe Aufgabe 1.23).
2. Z ist ein Normalteiler von G (siehe Aufgabe 1.23).   ∎

Beispiel 1.30

Als Gegenbeispiel verweisen wir auf die Gruppe $G = \mathrm{SO}(3)$ und betrachten als Untergruppe $H := \{\text{Drehungen um } z\text{-Achse}\}$. H ist kein Normalteiler (siehe Aufgabe 1.26).   ∎

Definition 1.16 (Komplexprodukt)

Es seien A und B zwei nichtleere Teilmengen von G. Das Komplexprodukt von A mit B ist definiert durch

$$AB := \{ab \mid a \in A, b \in B\}. \qquad \blacklozenge$$

Satz 1.3

Es sei H ein Normalteiler von G. Die Menge aller Nebenklassen von H in G bildet mit der Verknüpfung Komplexprodukt die sog. Faktorgruppe G/H (sprich: G nach H oder G modulo H).

Beachte: Die Elemente einer Faktorgruppe sind disjunkte *Teilmengen* von G.

Beweis 1.3 Wir überprüfen die Abgeschlossenheit bzgl. des Komplexprodukts.

$$(aH)(bH) \overset{\text{(G1) in } G}{=} aHbH \overset{H \text{ Normalteiler}}{=} ab \underbrace{HH}_{=\,H} = abH.$$

Die Gültigkeit der Gruppenaxiome wird in Aufgabe 1.27 gezeigt.   □

Beispiel 1.31

1. Wir betrachten die Gruppe $G = C_4 = \{e, a, a^2, a^3\}$ mit $a^4 = e$ zusammen mit der Untergruppe $H = C_2 = \{e, a^2\}$. Da C_4 abelsch ist, ist laut Beispiel 1.28 die Untergruppe H ein Normalteiler:

   $$G/H = \{E, A\} \text{ mit } E = \{e, a^2\}, \quad A = \{a, a^3\}, \quad A^2 = E.$$

   Die Ordnung der Faktorgruppe ergibt sich aus dem Quotienten der Ordnungen von G und H: $|G/H| = 4 : 2 = 2$. Die Faktorgruppe C_4/C_2 ist isomorph zur Gruppe C_2.
2. Es seien $G = \mathrm{O}(3)$ und $H = \mathrm{SO}(3)$. $\mathrm{SO}(3) \trianglelefteq \mathrm{O}(3)$, wegen $\det(ghg^{-1}) = \det(h) = 1 \ \forall \ h \in \mathrm{SO}(3)$ und $g \in \mathrm{O}(3)$. Es sei $g \notin \mathrm{SO}(3)$. Wir schreiben $g = ph$ mit $h \in \mathrm{SO}(3)$ und $p = -\mathbb{1}$. Aus $gH = pH$ folgt die Gruppentafel

$$
\begin{array}{c|cc}
  & H & pH \\
\hline
H & H & pH \\
pH & pH & H
\end{array}
$$

d. h. die Faktorgruppe $O(3)/SO(3)$ besteht aus zwei Elementen und ist isomorph zu C_2.

3. Das Zentrum Z von $O(3)$, bestehend aus $e = \mathbb{1}$ und $p = -\mathbb{1}$, ist ein Normalteiler. Für die Faktorgruppe gilt somit $O(3)/Z = \{\{g, pg\}|g \in SO(3)\}$. In Beispiel 1.39 werden wir sehen, dass $O(3)/Z \cong SO(3)$ ist. ∎

Definition 1.17
Eine Gruppe G heißt *einfach*, wenn sie außer $\{e\}$ und G keinen Normalteiler besitzt.
◆

Beispiel 1.32
Beispiele für einfache Gruppen sind (ohne Beweis)

1. $SO(3)$,
2. $L_+^\uparrow$. ∎

Im Folgenden geben wir Beispiele für Gruppen an, die nicht einfach sind.

Beispiel 1.33

1. $O(3)$ ist nicht einfach, wegen $SO(3) \trianglelefteq O(3)$.
2. $SU(2)$ ist nicht einfach, wegen $\{\mathbb{1}, -\mathbb{1}\} \trianglelefteq SU(2)$ (siehe Aufgaben 1.23 und 1.24). ∎

Definition 1.18 (Externes direktes Produkt)
Es seien A und B Gruppen. Das kartesische Produkt $G := A \times B := \{(a, b)|a \in A, b \in B\}$ wird durch die komponentenweise Multiplikation $(a_1, b_1)(a_2, b_2) = (a_1 a_2, b_1 b_2)$ zu einer Gruppe, dem *externen direkten Produkt* der Gruppen A und B.
◆

In der Theorie der Elementarteilchen werden uns die beiden folgenden externen direkten Produkte als Symmetriegruppen begegnen.

Beispiel 1.34

1. Die Gruppe $G = SU(3) \times SU(3)$ beschreibt die sog. chirale Symmetrie der Quantenchromodynamik im Grenzfall verschwindender Massen der Up-, Down- und Strange-Quarks (siehe Abschn. 7.3.1).
2. Die Gruppe $SU(3) \times SU(2) \times U(1)$ liegt der Eichsymmetrie des Standardmodells der Elementarteilchenphysik zugrunde (siehe Kap. 9). ∎

Definition 1.19 (Internes direktes Produkt)
Eine Gruppe G ist das *interne direkte Produkt* ihrer Untergruppen A und B, $G = A \times B$, wenn

1. alle Elemente von A mit denen von B vertauschen,
2. jedes Element $g \in G$ *eindeutig* als $g = ab$ mit $a \in A$ und $b \in B$ geschrieben werden kann.   ♦

Die Eindeutigkeit impliziert, dass $A \cap B = \{e\}$ ist.

Anmerkung Es sei $A^* := \{(a, e')|a \in A\}$ mit $e' \in B$ und analog für B^*. Die Untergruppen A und B (A^* und B^*) eines internen (externen) direkten Produkts sind Normalteiler von G. Mithilfe von $(ab)^{-1} = b^{-1}a^{-1}$ (siehe Aufgabe 1.1) finden wir

$$ga_i g^{-1} = aba_i b^{-1}a^{-1} = abb^{-1}a_i a^{-1} = aa_i a^{-1} \in A \ \forall \ a, a_i \in A, b \in B$$

und analog für B (ebenso für A^* und B^*).

Definition 1.20
Eine Gruppe G heißt *halbeinfach*, wenn G direktes Produkt nicht-abelscher einfacher Gruppen ist.   ♦

Beispiel 1.35
$SO(3) \times SO(3)$ ist halbeinfach.   ∎

Der Vollständigkeit halber geben wir auch ein Gegenbeispiel an.

Beispiel 1.36
$SU(n) \times SU(n)$ ist nicht halbeinfach, da $SU(n)$ das Zentrum

$$Z = \left\{ z_k = \exp\left(\frac{2\pi k \, \mathrm{i}}{n}\right) \mathbb{1} | k = 0, 1, \ldots, n - 1 \right\}$$

besitzt.   ∎

1.4   Homomorphismen

Definition 1.21 (Homomorphismus)
Es seien G und G' Gruppen. Eine Abbildung

$$\varphi : G \to G' \quad \text{mit} \quad g \mapsto \varphi(g)$$

heißt (Gruppen-)*Homomorphismus* von G in G', wenn gilt:

$$\varphi(g_1 g_2) = \varphi(g_1)\varphi(g_2).$$ ♦

Die definierende Eigenschaft besteht demnach darin, dass es keine Rolle spielt, ob zunächst die Gruppenmultiplikation in der Gruppe G durchgeführt und das Ergebnis anschließend in G' abgebildet wird oder ob zuerst in G' abgebildet wird und dort anschließend die Gruppenmultiplikation erfolgt.

Bevor wir uns einem wichtigen Beispiel für einen Gruppenhomomorphismus zuwenden, führen wir einige Begriffe ein.

Definition 1.22
Es seien G und G' Gruppen, $X \subseteq G$ und $Y \subseteq G'$ Teilmengen sowie φ ein Homomorphismus von G in G'. Dann werden die Mengen

$$
\left.
\begin{aligned}
\varphi(X) &= \{\varphi(g) | g \in X\} \\
\varphi^{-1}(Y) &= \{g \in G | \varphi(g) \in Y\} \\
\mathrm{Kern}(\varphi) &= \{g \in G | \varphi(g) = e'\}
\end{aligned}
\right\}
\quad \text{als} \quad
\left\{
\begin{aligned}
&\textit{Bild} \text{ von } X, \\
&\textit{Urbild} \text{ von } Y \text{ unter } \varphi, \\
&\textit{Kern} \text{ von } \varphi
\end{aligned}
\right.
$$

bezeichnet. Ein Homomorphismus φ heißt

$$
\left.
\begin{aligned}
&\textit{Epimorphismus,} \\
&\textit{Endomorphismus,} \\
&\textit{Monomorphismus,} \\
&\textit{Isomorphismus,} \\
&\textit{Automorphismus,}
\end{aligned}
\right\}
\text{ falls }
\left\{
\begin{aligned}
&\varphi(G) = G' \text{ ist, d. h. } \varphi \text{ surjektiv ist,} \\
&G' = G \text{ ist,} \\
&\varphi \text{ injektiv ist, d. h. } g_1 \neq g_2 \Rightarrow \varphi(g_1) \neq \varphi(g_2), \\
&\varphi \text{ bijektiv ist, d. h. } \varphi(G) = G' \text{ und } \varphi \text{ injektiv ist,} \\
&\varphi \text{ ein bijektiver Endomorphismus ist.}
\end{aligned}
\right.
$$

◆

Die folgenden Aussagen resultieren aus den Gruppenaxiomen:

1. $\varphi(e) = e'$.
2. $\varphi(g^{-1}) = (\varphi(g))^{-1} \ \forall \ g \in G$.
3. $H \leq G \Rightarrow \varphi(H) \leq G'$.
4. $H' \leq G' \Rightarrow \varphi^{-1}(H') \leq G$.

Beweis (exemplarisch):

1. $\varphi(e)\varphi(g) = \varphi(eg) = \varphi(g) = \varphi(ge) = \varphi(g)\varphi(e) \ \forall \ g \in G$. Da e' eindeutig ist, folgt $\varphi(e) = e'$.

Im Folgenden diskutieren wir den Zusammenhang zwischen der Gruppe $SL(2, \mathbb{C})$ der invertierbaren, komplexen (2,2)-Matrizen mit der Determinante $+1$ und der eigentlichen orthochronen Lorentz-Gruppe $L_+^\uparrow$. Dabei begegnen wir zahlreichen Techniken, die wir uns bei der späteren Diskussion physikalischer Theorien zunutze machen werden.

Beispiel 1.37

Es existiert ein $(2 \to 1)$-Epimorphismus[18] $\varphi : \mathrm{SL}(2, \mathbb{C}) \to \mathrm{L}_+^\uparrow$, $A \mapsto \varphi(A)$, mit

$$\varphi_{ij}(A) = \frac{1}{2}\mathrm{Sp}(\tilde{\sigma}_i A \tilde{\sigma}_j A^\dagger), \quad i, j = 0, 1, 2, 3.$$

Dabei besitzen $\pm A \in \mathrm{SL}(2, \mathbb{C})$ dasselbe Bild $\varphi(A) \in \mathrm{L}_+^\uparrow$.

Beweis:

1. Definition und Eigenschaften der Matrizen $\tilde{\sigma}_i$

   Zunächst führen wir die Pauli-Matrizen σ_i ($i = 1, 2, 3$) ein, denen wir im Zusammenhang mit der Beschreibung eines Teilchens mit Spin $\frac{1}{2}$ wieder begegnen werden:

   $$\sigma_1 := \begin{pmatrix} 0 & 1 \\ 1 & 0 \end{pmatrix}, \quad \sigma_2 := \begin{pmatrix} 0 & -i \\ i & 0 \end{pmatrix}, \quad \sigma_3 := \begin{pmatrix} 1 & 0 \\ 0 & -1 \end{pmatrix}. \tag{1.31}$$

   Die Pauli-Matrizen sind hermitesch und spurlos:

   $$\sigma_i = \sigma_i^\dagger, \quad \mathrm{Sp}(\sigma_i) = 0. \tag{1.32}$$

   Darüber hinaus besitzen sie die folgenden Eigenschaften:

   $$\begin{aligned} [\sigma_i, \sigma_j] &= 2i\,\epsilon_{ijk}\sigma_k, \\ \{\sigma_i, \sigma_j\} &= 2\delta_{ij}\mathbb{1}. \end{aligned} \tag{1.33}$$

   Hierbei stehen $[A, B]$ und $\{A, B\}$ für den *Kommutator* und den *Antikommutator* zweier Matrizen (im allgemeinen Fall zweier linearer Operatoren):

   $$[A, B] := AB - BA, \quad \{A, B\} := AB + BA. \tag{1.34}$$

   Das *Kronecker-Symbol* δ_{ij} und das *Levi-Civita-Symbol* ϵ_{ijk} sind definiert als

   $$\delta_{ij} = \begin{cases} 1 & \text{für } i = j, \\ 0 & \text{für } i \neq j, \end{cases}$$

   $$\epsilon_{ijk} = \begin{cases} 1 & \text{für } (i, j, k) \text{ gerade Permutation von } (1, 2, 3), \\ -1 & \text{für } (i, j, k) \text{ ungerade Permutation von } (1, 2, 3), \\ 0 & \text{sonst.} \end{cases}$$

   Wir nehmen nun noch die $(2,2)$-Einheitsmatrix hinzu und führen folgende Abkürzung ein:

   $$\tilde{\sigma}_0 = \mathbb{1}, \quad \tilde{\sigma}_i = \sigma_i \quad \text{für} \quad i = 1, 2, 3.$$

---

[18] Hierbei verweist $(2 \to 1)$ darauf, dass je zwei Elementen aus $\mathrm{SL}(2, \mathbb{C})$ ein Bild in $\mathrm{L}_+^\uparrow$ zugewiesen wird.

Eine beliebige komplexe (2,2)-Matrix M lässt sich als Summe der linear unabhängigen Matrizen $\tilde{\sigma}_i$ ausdrücken,

$$M = a_i \tilde{\sigma}_i, \quad a_i \in \mathbb{C},$$

wobei wir von der Einstein'schen Summenkonvention Gebrauch machen und von 0 bis 3 summieren. Aufgrund der Eigenschaften gemäß (1.32) und (1.33) ergeben sich die Koeffizienten der Linearkombination zu

$$a_i = \frac{1}{2} \mathrm{Sp}(\tilde{\sigma}_i M), \quad i = 0, 1, 2, 3.$$

Wir betrachten nun einige wichtige Spezialfälle:
a) M hermitesch $\Leftrightarrow a_i$ reell;
b) M spurlos und hermitesch $\Leftrightarrow a_0 = 0$ und a_i ($i = 1, 2, 3$) reell;
c) $M \in \mathrm{SU}(2) \Leftrightarrow a_j := \mathrm{i}\, b_j, \ j = 1, 2, 3, a_0^2 + \sum_{j=1}^{3} b_j^2 = 1, a_0, b_j \in \mathbb{R}$ (siehe Aufgabe 1.32).
2. Zunächst etablieren wir einen Zusammenhang zwischen dem Minkowski-Raum $\mathbb{M}^4$ und der Menge $\mathcal{H}(2)$ der hermiteschen (2,2)-Matrizen. Mit jedem Punkt $x = (x_0, x_1, x_2, x_3)$ des Minkowski-Raumes $\mathbb{M}^4$ assoziieren wir eine hermitesche (2,2)-Matrix

$$X = x_i \tilde{\sigma}_i = \begin{pmatrix} x_0 + x_3 & x_1 - \mathrm{i}\, x_2 \\ x_1 + \mathrm{i}\, x_2 & x_0 - x_3 \end{pmatrix} = X^\dagger,$$

mit

$$x_i = \frac{1}{2} \mathrm{Sp}(\tilde{\sigma}_i X), \quad i = 0, 1, 2, 3.$$

Für die Determinante gilt

$$\det(X) = (x_0 + x_3)(x_0 - x_3) - (x_1 + \mathrm{i}\, x_2)(x_1 - \mathrm{i}\, x_2) = x_0^2 - \sum_{i=1}^{3} x_i^2 = M(x, x),$$

mit der Minkowski-Metrik aus Beispiel 1.16.
3. Definition der Abbildung
Es sei A zunächst eine beliebige, invertierbare, komplexe (2,2)-Matrix, d. h. es ist $A \in \mathrm{GL}(2, \mathbb{C})$. Wir verbinden mit A eine Abbildung $\Phi(A) : \mathcal{H}(2) \to \mathcal{H}(2)$ mit

$$\mathcal{H}(2) \ni X \mapsto Y = \Phi(A, X) := AXA^\dagger = y_i \tilde{\sigma}_i.$$

Dann gilt für Y:
a) $Y^\dagger = (AXA^\dagger)^\dagger = AX^\dagger A^\dagger = AXA^\dagger = Y.$
b) $\det(Y) = \det(A)\det(X)\det(A^\dagger) = |\det(A)|^2 \det(X).$

Für $A \in \mathrm{SL}_2(2,\mathbb{C})$,[19] d.h. $|\det(A)| = 1$, gilt

$$\det(X) = \det(Y), \quad \text{also} \quad M(x,x) = M(y,y).$$

Insbesondere gilt dies für den Spezialfall $A \in \mathrm{SL}(2,\mathbb{C})$, d.h. $\det(A) = 1$, auf den wir uns im Folgenden beschränken.

Die Abbildung $X \mapsto AXA^\dagger$ ermöglicht es, eine (4,4)-Matrix $\varphi(A)$ zu definieren, die ein Ereignis x des Minkowski-Raumes auf ein Ereignis y abbildet:

$$y = \varphi(A)x,$$

mit

$$y_0 = \frac{1}{2}\mathrm{Sp}(\tilde{\sigma}_0 Y) = \frac{1}{2}\mathrm{Sp}(\tilde{\sigma}_0 A X A^\dagger)$$

$$= \frac{1}{2}\mathrm{Sp}(\tilde{\sigma}_0 A \tilde{\sigma}_0 A^\dagger)x_0 + \frac{1}{2}\sum_{j=1}^{3}\mathrm{Sp}(\tilde{\sigma}_0 A \tilde{\sigma}_j A^\dagger)x_j,$$

$$y_i = \frac{1}{2}\mathrm{Sp}(\tilde{\sigma}_i Y) = \frac{1}{2}\mathrm{Sp}(\tilde{\sigma}_i A X A^\dagger)$$

$$= \frac{1}{2}\mathrm{Sp}(\tilde{\sigma}_i A \tilde{\sigma}_0 A^\dagger)x_0 + \frac{1}{2}\sum_{j=1}^{3}\mathrm{Sp}(\tilde{\sigma}_i A \tilde{\sigma}_j A^\dagger)x_j.$$

Unter Verwendung von $\tilde{\sigma}_0 = \mathbb{1}$ lauten die Einträge der Matrix $\varphi(A)$ demnach

$$\varphi_{00}(A) = \frac{1}{2}\mathrm{Sp}(AA^\dagger),$$

$$\varphi_{0j}(A) = \frac{1}{2}\mathrm{Sp}(A\sigma_j A^\dagger), \quad j = 1,2,3,$$

$$\varphi_{i0}(A) = \frac{1}{2}\mathrm{Sp}(\sigma_i AA^\dagger), \quad i = 1,2,3,$$

$$\varphi_{ij}(A) = \frac{1}{2}\mathrm{Sp}(\sigma_i A\sigma_j A^\dagger), \quad i,j = 1,2,3.$$

Wegen $M(x,x) = M(y,y)$ stellt $\varphi(A)$ eine Lorentz-Transformation dar.

4. $\varphi(A) \in \mathrm{L}_+^\uparrow$
   a) $\varphi(A)$ ist orthochron.

$$\varphi_{00}(A) = \frac{1}{2}\mathrm{Sp}(AA^\dagger) = \frac{1}{2}\sum_{i=1}^{2}(AA^\dagger)_{ii}$$

$$= \frac{1}{2}\sum_{i,j=1}^{2}A_{ij}\underbrace{(A^\dagger)_{ji}}_{= A_{ij}^*} = \frac{1}{2}\sum_{i,j=1}^{2}|A_{ij}|^2 > 0,$$

---

[19] Hierbei handelt es sich um die Untergruppe derjenigen Matrizen aus $\mathrm{GL}(2,\mathbb{C})$, deren Determinante den Betrag 1 hat.

wegen $A \neq 0$. Da entweder $\varphi_{00}(A) \geq 1$ oder $\varphi_{00}(A) \leq -1$ ist, gilt $\varphi(A) \in L_+^\uparrow \cup L_-^\uparrow$.

b) $\varphi(A)$ ist eine eigentliche Lorentz-Transformation.

Zur Begründung verwenden wir folgendes Resultat aus der linearen Algebra: Jedes $A \in \mathrm{SL}(2, \mathbb{C})$ ist konjugiert zu einer oberen Dreiecksmatrix der Form

$$A = B \begin{pmatrix} a & b \\ 0 & a^{-1} \end{pmatrix} B^{-1}, \quad a \neq 0.$$

Es seien $a(t)$ und $b(t)$, $t \in [0, 1]$, stetige Kurven in $\mathbb{C}$ mit $a(0) = 1$ und $a(1) = a$ sowie $b(0) = 0$ und $b(1) = b$, also

$$A(t) = B \begin{pmatrix} a(t) & b(t) \\ 0 & [a(t)]^{-1} \end{pmatrix} B^{-1},$$

mit

$$A(0) = \mathbb{1} \quad \text{und} \quad A(1) = A.$$

Damit erhalten wir für die Determinante[20] von $A(t)$

$$\det(A(t)) = \det(B) \underbrace{a(t)[a(t)]^{-1}}_{= 1} \underbrace{\det(B^{-1})}_{= [\det(B)]^{-1}} = 1.$$

Deshalb lässt sich jede Matrix aus $\mathrm{SL}(2, \mathbb{C})$ stetig mit der Identität verbinden. Damit ist aber auch $\varphi(A(t))$ eine stetige Kurve in $L_+^\uparrow \cup L_-^\uparrow$. Wegen der Stetigkeit der Determinantenbildung ist $\det(\varphi(A(t)))$ eine stetige Funktion, die nur die Werte -1 und $+1$ annehmen kann. Da $\varphi(A(0)) = \varphi(\mathbb{1}_{2\times2}) = \mathbb{1}_{4\times4}$ und $\det(\mathbb{1}_{4\times4}) = 1$ ist, folgt aus der Stetigkeit, dass $\det(\varphi(A(t))) = 1$ für alle t gilt und damit insbesondere für $t = 1$.

5. Die Homomorphismuseigenschaft $\varphi(A_1 A_2) = \varphi(A_1)\varphi(A_2)$ folgt aus der Homomorphismuseigenschaft von Φ, $\Phi(A_1, \Phi(A_2, X)) = \Phi(A_1 A_2, X) \; \forall \; X \in \mathcal{H}(2)$:

$$X \mapsto A_2 X A_2^\dagger \mapsto A_1 (A_2 X A_2^\dagger) A_1^\dagger = A_1 A_2 X A_2^\dagger A_1^\dagger = (A_1 A_2) X (A_1 A_2)^\dagger.$$

6. Als Nächstes wollen wir zeigen, dass φ surjektiv ist, also $\varphi(\mathrm{SL}(2, \mathbb{C})) = L_+^\uparrow$ ist.

a) Es sei A zunächst ein Element der Untergruppe $\mathrm{SU}(2)$ von $\mathrm{SL}(2, \mathbb{C})$, d. h.

$$A A^\dagger = \mathbb{1}.$$

Für $X = x_0 \mathbb{1}$ gilt

$$A X A^\dagger = x_0 A \mathbb{1} A^\dagger = x_0 \mathbb{1},$$

---

[20] Wegen $A(t) \in \mathrm{SL}(2, \mathbb{C})$ gilt immer $a(t) \neq 0$.

d. h.

$$\varphi(A)t = t \quad \text{mit} \quad t = \begin{pmatrix} x_0 \\ 0 \\ 0 \\ 0 \end{pmatrix}.$$

Somit ist $\varphi(A)$ ein Element der kleinen Gruppe von t (siehe Beispiel 1.16). Laut Aufgabe 1.16 sind dies aber gerade die Drehungen aus SO(3). Wir betrachten nun (siehe Aufgabe 1.33):

$$U_j(\theta) := \exp\left(-i\frac{\theta}{2}\sigma_j\right) = \cos\left(\frac{\theta}{2}\right)\mathbb{1} - i\sin\left(\frac{\theta}{2}\right)\sigma_j.$$

Wir zeigen, dass $\varphi(U_j(\theta))$ eine Drehung um θ um die j-Achse ist. Zu diesem Zweck untersuchen wir (hier keine Einstein'sche Summenkonvention):

$$U_j(\theta)XU_j^\dagger(\theta) = \underbrace{U_j(\theta)U_j^\dagger(\theta)}_{= \mathbb{1}} X + U_j(\theta)[X, U_j^\dagger(\theta)]$$

$$= X + U_j(\theta)[X, U_j^\dagger(\theta)].$$

Für die Berechnung des zweiten Ausdrucks bestimmen wir zunächst den Kommutator $[X, U_j^\dagger(\theta)]$ mithilfe der Vertauschungsrelation aus (1.33) und unter Berücksichtigung der Tatsache, dass die Einheitsmatrix $\mathbb{1}$ mit jeder (2,2)-Matrix vertauscht:

$$[X, U_j^\dagger(\theta)] = \left[x_0\mathbb{1} + \sum_{k=1}^{3} x_k\sigma_k, \cos\left(\frac{\theta}{2}\right)\mathbb{1} + i\sin\left(\frac{\theta}{2}\right)\sigma_j\right]$$

$$= i\sin\left(\frac{\theta}{2}\right)\sum_{k=1}^{3} x_k[\sigma_k, \sigma_j] = 2\sin\left(\frac{\theta}{2}\right)\sum_{k,l=1}^{3} \epsilon_{jkl}x_k\sigma_l.$$

Mit diesem Ergebnis rechnen wir weiter und erhalten

$$U_j(\theta)[X, U_j^\dagger(\theta)] = 2\sin\left(\frac{\theta}{2}\right)\sum_{k,l=1}^{3} \epsilon_{jkl}x_k\left(\cos\left(\frac{\theta}{2}\right)\sigma_l - i\sin\left(\frac{\theta}{2}\right)\sigma_j\sigma_l\right)$$

$$\sigma_j \sigma_l = \delta_{jl} \mathbb{1} + \mathrm{i} \sum_{m=1}^{3} \epsilon_{jlm} \sigma_m$$

$$= \underbrace{2 \sin\left(\frac{\theta}{2}\right) \cos\left(\frac{\theta}{2}\right)}_{= \sin(\theta)} \sum_{k,l=1}^{3} \epsilon_{jkl} x_k \sigma_l$$

$$- 2\mathrm{i} \sin^2\left(\frac{\theta}{2}\right) \sum_{k,l=1}^{3} \epsilon_{jkl} \underbrace{\delta_{jl} \, x_k \mathbb{1}}_{= 0}$$

$$+ 2 \sin^2\left(\frac{\theta}{2}\right) \sum_{k,l,m=1}^{3} \epsilon_{jkl} \epsilon_{jlm} x_k \sigma_m$$

$$\sum_{l=1}^{3} \epsilon_{jkl} \epsilon_{jlm} = \delta_{jm} \delta_{kj} - \delta_{jj} \delta_{km}$$

$$= \sin(\theta) \sum_{k,l=1}^{3} \epsilon_{jkl} x_k \sigma_l + 2 \sin^2\left(\frac{\theta}{2}\right) (x_j \sigma_j - \vec{x} \cdot \vec{\sigma}),$$

mit

$$\vec{x} \cdot \vec{\sigma} = \sum_{i=1}^{3} x_i \sigma_i.$$

Somit ergibt sich

$$U_j(\theta) X U_j^\dagger(\theta) = X + \sin(\theta) \sum_{k,l=1}^{3} \epsilon_{jkl} x_k \sigma_l + 2 \sin^2\left(\frac{\theta}{2}\right) (x_j \sigma_j - \vec{x} \cdot \vec{\sigma}).$$

Wir betrachten nun $j = 3$ und verwenden $1 - 2 \sin^2(\theta/2) = \cos(\theta)$:

$$X = x_0 \mathbb{1} + \vec{x} \cdot \vec{\sigma}$$
$$\mapsto U_3(\theta) X U_3^\dagger(\theta)$$
$$= X + \sin(\theta)(x_1 \sigma_2 - x_2 \sigma_1) - 2 \sin^2\left(\frac{\theta}{2}\right)(x_1 \sigma_1 + x_2 \sigma_2)$$
$$= x_0 \mathbb{1} + [\cos(\theta) x_1 - \sin(\theta) x_2] \sigma_1 + [\sin(\theta) x_1 + \cos(\theta) x_2] \sigma_2 + x_3 \sigma_3.$$

Das bedeutet für die Koordinaten eines Ereignisses:

$$x_0 \mapsto x_0,$$
$$x_1 \mapsto \cos(\theta) x_1 - \sin(\theta) x_2,$$
$$x_2 \mapsto \sin(\theta) x_1 + \cos(\theta) x_2,$$
$$x_3 \mapsto x_3,$$

was gerade einer aktiven Drehung um θ um die 3-Achse entspricht. Die Fälle $j = 1, 2$ diskutiert man analog.

Da jede Drehung aus $L_+^\uparrow$ sich als

$$\mathcal{R} = \mathcal{R}_3(\alpha)\mathcal{R}_2(\beta)\mathcal{R}_3(\gamma)$$

schreiben lässt [siehe (1.5)], erreichen wir mit

$$A = U_3(\alpha)U_2(\beta)U_3(\gamma)$$

die zu SO(3) isomorphe Untergruppe von $L_+^\uparrow$.

b) Nun müssen wir noch zeigen, wie die speziellen Lorentz-Transformationen als Bild erzeugt werden. Dazu betrachten wir

$$M(r) = \begin{pmatrix} r & 0 \\ 0 & r^{-1} \end{pmatrix}, \quad r > 0.$$

Der Fall $r < 0$ wird durch die (noch zu beweisende) $(2 \to 1)$-Eigenschaft des Epimorphismus abgedeckt. Es gilt $M(r) = M^\dagger(r)$. Wir finden

$$
\begin{aligned}
X' = M(r)XM^\dagger(r) &= \begin{pmatrix} r & 0 \\ 0 & r^{-1} \end{pmatrix} \begin{pmatrix} x_0 + x_3 & x_1 - i x_2 \\ x_1 + i x_2 & x_0 - x_3 \end{pmatrix} \begin{pmatrix} r & 0 \\ 0 & r^{-1} \end{pmatrix} \\
&= \begin{pmatrix} r & 0 \\ 0 & r^{-1} \end{pmatrix} \begin{pmatrix} r(x_0 + x_3) & r^{-1}(x_1 - i x_2) \\ r(x_1 + i x_2) & r^{-1}(x_0 - x_3) \end{pmatrix} \\
&= \begin{pmatrix} r^2(x_0 + x_3) & x_1 - i x_2 \\ x_1 + i x_2 & r^{-2}(x_0 - x_3) \end{pmatrix}.
\end{aligned}
$$

Dies entspricht

$$
\begin{aligned}
x_1' &= x_1, \\
x_2' &= x_2, \\
x_0' &= \frac{1}{2}\mathrm{Sp}(X') = \frac{1}{2}r^2(x_0 + x_3) + \frac{1}{2}r^{-2}(x_0 - x_3) \\
&= \frac{1}{2}(r^2 + r^{-2})x_0 + \frac{1}{2}(r^2 - r^{-2})x_3, \\
x_3' &= \frac{1}{2}\mathrm{Sp}(\sigma_3 X') = \frac{1}{2}r^2(x_0 + x_3) - \frac{1}{2}r^{-2}(x_0 - x_3) \\
&= \frac{1}{2}(r^2 - r^{-2})x_0 + \frac{1}{2}(r^2 + r^{-2})x_3.
\end{aligned}
$$

Setzen wir nun $r^2 = e^\lambda$, dann erkennen wir, dass $M(r)$ eine spezielle Lorentz-Transformation entlang der z-Achse impliziert:

$$L(\beta\hat{e}_z) = \begin{pmatrix} \cosh(\lambda) & 0 & 0 & \sinh(\lambda) \\ 0 & 1 & 0 & 0 \\ 0 & 0 & 1 & 0 \\ \sinh(\lambda) & 0 & 0 & \cosh(\lambda) \end{pmatrix},$$

mit

$$\gamma = \cosh(\lambda) = \frac{1}{2}(r^2 + r^{-2}) \geq 1,$$

$$-\infty < \beta\gamma = \sinh(\lambda) = \frac{1}{2}(r^2 - r^{-2}) < \infty,$$

$$-1 < \beta = \tanh(\lambda) = \frac{r^2 - r^{-2}}{r^2 + r^{-2}} < 1.$$

Insbesondere besteht folgender Zusammenhang zwischen den Werten von r und β:

$$0 < r \leq 1 \quad \Leftrightarrow \quad -\infty < \sinh(\lambda) \leq 0 \quad \Leftrightarrow \quad -1 < \beta \leq 0,$$
$$1 \leq r < \infty \quad \Leftrightarrow \quad 0 \leq \sinh(\lambda) < \infty \quad \Leftrightarrow \quad 0 \leq \beta < 1.$$

Da sich jede eigentliche, orthochrone Lorentz-Transformation in der Form

$$\Lambda = \mathcal{R}(\alpha, \beta, 0)L(v\hat{e}_z)\mathcal{R}^{-1}(\Phi, \Theta, \Psi)$$

schreiben lässt [siehe (1.26)], erreichen wir entsprechend mit

$$A = U_3(\alpha)U_2(\beta)M(r)U_3^{-1}(\Psi)U_2^{-1}(\Theta)U_3^{-1}(\Phi) \in \mathrm{SL}(2, \mathbb{C})$$

jedes Element aus $\mathrm{L}_+^\uparrow$. Deshalb ist φ ein Epimorphismus.

7. Es bleibt zu zeigen, dass je zwei Elemente auf ein Element abgebildet werden. Zu diesem Zweck betrachten wir den Kern(φ), d. h. all diejenigen Elemente aus $\mathrm{SL}(2, \mathbb{C})$, die auf die $(4,4)$-Einheitsmatrix abgebildet werden. Es sei $g \in \mathrm{SL}(2, \mathbb{C})$ mit $\varphi(g) = \Lambda$. Wir unterscheiden zwei Fälle:

a) $g' \in g\,\mathrm{Kern}(\varphi) \Rightarrow g' = g\tilde{g}$ mit $\tilde{g} \in \mathrm{Kern}(\varphi)$
   $\Rightarrow \varphi(g') = \varphi(g\tilde{g}) = \varphi(g)\varphi(\tilde{g}) = \varphi(g) = \Lambda.$

b) $g' \notin g\,\mathrm{Kern}(\varphi) \Rightarrow g^{-1}g' \notin \mathrm{Kern}(\varphi)$
   $\Rightarrow \mathbb{1}_{4\times4} \neq \varphi(g^{-1}g') = \varphi(g^{-1})\varphi(g') = \Lambda^{-1}\Lambda' \Rightarrow \Lambda' \neq \Lambda.$

Wir bestimmen nun explizit Kern(φ):

$$\mathrm{Kern}(\varphi) = \{A \in \mathrm{SL}(2, \mathbb{C}) \,|\, AXA^\dagger = X \;\forall\; X \in \mathcal{H}(2)\}.$$

Betrachten wir insbesondere $X = \mathbb{1}$, so folgt $A^\dagger = A^{-1}$, d. h. $A \in \mathrm{SU}(2)$. Somit erhalten wir

$$AX = XA \;\forall\; X \in \mathcal{H}(2).$$

Abb. 1.5 Geometrische Darstellung des Zusammenhangs
zwischen SU(2) und SO(3)
[siehe Jones (1990), S. 142].
Erklärung siehe Text

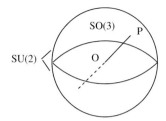

Es sei nun $X = \vec{x} \cdot \vec{\sigma}$ mit $x_i \in \mathbb{R}$ beliebig $\Rightarrow [A, \sigma_i] = 0 \Rightarrow A = a_0 \mathbb{1}$ mit $a_0^2 = 1$, wegen $A \in$ SU(2). Somit erhalten wir für den Kern

$$\text{Kern}(\varphi) = \{\mathbb{1}, -\mathbb{1}\}. \qquad \blacksquare$$

Wenn man das vorige Beispiel auf die Gruppen SU(2) $<$ SL(2, $\mathbb{C}$) und die zu SO(3) isomorphe kleine Gruppe von $t = (1, 0, 0, 0)^T$ als Untergruppe von $L_+^\uparrow$ einschränkt, findet man als Spezialfall den Zusammenhang zwischen SU(2) und SO(3).

Beispiel 1.38
Es existiert ein $(2 \to 1)$-Epimorphismus

$$\varphi : \text{SU}(2) \to \text{SO}(3), U \mapsto \varphi(U), \text{ mit } \varphi_{ij}(U) = \frac{1}{2}\text{Sp}(\sigma_i U \sigma_j U^\dagger), \; i, j - 1, 2, 3$$

Hierbei besitzen $\pm U \in$ SU(2) dasselbe Bild $\varphi(U) \in$ SO(3). $\qquad \blacksquare$

Geometrisch lässt sich der Epimorphismus $\varphi :$ SU(2) $\to$ SO(3) folgendermaßen deuten [siehe Jones (1990), Abschnitt 8.1]. Ein Element aus SO(3) [SU(2)]
kann durch einen Punkt P im $\mathbb{R}^3$ charakterisiert werden. Wir bezeichnen den Koordinatenursprung mit O und kennzeichnen die Drehung durch einen Drehvektor
$\vec{\omega} = \omega\hat{n} = \overrightarrow{OP}$ in Richtung der Drehachse $\hat{n}$ und mit der Länge des Drehwinkels
$0 \le \omega < 2\pi$ (4π). Da eine Drehung um $\hat{n}$ mit $0 \le \theta < 2\pi$ dasselbe ist wie eine
Drehung um $-\hat{n}$ mit $2\pi - \theta$, betrachten wir für SO(3) nur Punkte in der oberen
Hemisphäre: SO(3) entspricht also dem Inneren der oberen Halbkugel mit dem Radius[21] 2π. Analog können wir für SU(2) entweder eine Vollkugel mit dem Radius
2π oder eine Halbkugel mit dem Radius 4π verwenden (siehe Abb. 1.5).

---

[21] Genau genommen muss auch noch das Innere eines Halbkreises ausgeschlossen werden.

1. Wir analysieren zunächst die Halbkugel mit dem Radius 4π. Für Winkel $0 \leq \theta \leq 2\pi$ schreiben wir[22]

$$-U_{\hat{n}}(\theta) = -\left[\cos\left(\frac{\theta}{2}\right) - i\,\hat{n} \cdot \vec{\sigma} \sin\left(\frac{\theta}{2}\right)\right]$$

$$= \cos\left(\frac{\theta}{2} + \pi\right) - i\,\hat{n} \cdot \vec{\sigma} \sin\left(\frac{\theta}{2} + \pi\right)$$

$$= U_{\hat{n}}(\theta + 2\pi).$$

Entsprechend gilt für $2\pi \leq \theta \leq 4\pi$:

$$-U_{\hat{n}}(\theta) = U_{\hat{n}}(\theta - 2\pi).$$

Für $\hat{n}$ in Richtung der oberen Halbkugel wird den Paaren $\{U_{\hat{n}}(\theta), -U_{\hat{n}}(\theta)\} = \{U_{\hat{n}}(\theta), U_{\hat{n}}(\theta + 2\pi)\}$ ($0 \leq \theta \leq 2\pi$) und $\{U_{\hat{n}}(\theta), -U_{\hat{n}}(\theta)\} = \{U_{\hat{n}}(\theta), U_{\hat{n}}(\theta - 2\pi)\}$ ($2\pi \leq \theta \leq 4\pi$) unter dem Epimorphismus ein Punkt der SO(3)-Hemisphäre zugeordnet.

2. Nun wenden wir uns der Beschreibung mithilfe einer Vollkugel vom Radius 2π zu. Zu diesem Zweck drücken wir die Elemente aus Punkt 1. mit Winkeln $2\pi \leq \theta \leq 4\pi$ folgendermaßen aus:

$$U_{\hat{n}}(\theta) = \cos\left(\frac{\theta}{2}\right) - i\,\hat{n} \cdot \vec{\sigma} \sin\left(\frac{\theta}{2}\right)$$

$$= \cos\left(-\frac{\theta}{2}\right) - i\,(-\hat{n}) \cdot \vec{\sigma} \sin\left(-\frac{\theta}{2}\right)$$

$$= \cos\left(2\pi - \frac{\theta}{2}\right) - i\,(-\hat{n}) \cdot \vec{\sigma} \sin\left(2\pi - \frac{\theta}{2}\right)$$

$$= U_{-\hat{n}}(4\pi - \theta), \tag{1.35}$$

mit $0 \leq 4\pi - \theta \leq 2\pi$ (siehe Abb. 1.6). Wir sehen also, dass die Elemente aus der oberen Halbkugelschale mit $2\pi \leq \theta \leq 4\pi$ ebensogut durch Elemente aus der unteren Halbkugel mit $0 \leq 4\pi - \theta \leq 2\pi$ beschrieben werden können. Verwenden wir nun noch für $0 \leq \theta \leq 2\pi$

$$-U_{\hat{n}}(\theta) = U_{\hat{n}}(\theta + 2\pi) = U_{-\hat{n}}(4\pi - (\theta + 2\pi)) = U_{-\hat{n}}(2\pi - \theta),$$

dann erkennen wir, dass den Paaren $\{U_{\hat{n}}(\theta), -U_{\hat{n}}(\theta)\} = \{U_{\hat{n}}(\theta), U_{-\hat{n}}(2\pi - \theta)\}$ ($0 \leq \theta < 2\pi$, $\hat{n}$ in beliebige Richtung), d. h. gegenüberliegenden Punkten der SU(2)-Sphäre mit Abständen ($\theta, 2\pi - \theta$) vom Ursprung, unter dem Epimorphismus ein Punkt der SO(3)-Hemisphäre zugeordnet wird (siehe Abb. 1.7).

Anmerkung Aufgrund des obigen Epimorphismus wird SU(2) auch als (universelle) *Überlagerungsgruppe* von SO(3) bezeichnet.

---

[22] Wir verwenden die Beziehungen $\cos(x \pm \pi) = -\cos(x)$ und $\sin(x \pm \pi) = -\sin(x)$.

Abb. 1.6 Zweidimensionale Illustration zu (1.35): Sobald θ in der oberen Hemisphäre den Wert 2π überschreitet, wird in der unteren Hemisphäre am gegenüberliegenden Punkt angeschlossen: $1 \mapsto 2$. Punkte der oberen Hemisphäre mit $\theta > 2\pi$ werden in die untere Hemisphäre abgebildet. Für $\theta \to 4\pi$ nähert sich das Bild dem Ursprung: $3 \mapsto 4$

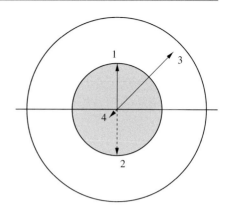

Satz 1.4

Es sei φ ein Homomorphismus von G in G'. Dann ist $\mathrm{Kern}(\varphi)$ ein Normalteiler von G.

Beweis 1.4

1. Zunächst ist zu überprüfen, dass $\mathrm{Kern}(\varphi) \leq G$. Wegen $e \in \mathrm{Kern}(\varphi)$, ist $\mathrm{Kern}(\varphi) \neq \emptyset$. Wir zeigen die Abgeschlossenheit. Es seien g_1 und g_2 aus $\mathrm{Kern}(\varphi)$, d. h. $\varphi(g_i) = e'$. Wir betrachten

$$\varphi(g_1 g_2) = \varphi(g_1)\varphi(g_2) = e'e' = e' \quad \Rightarrow \quad g_1 g_2 \in \mathrm{Kern}(\varphi).$$

2. Der Rest wird in Aufgabe 1.35 bewiesen. $\square$

Satz 1.5 (Homomorphiesatz)

Es sei φ ein Homomorphismus von G in G'. Dann ist

$$\Phi : G/\mathrm{Kern}(\varphi) \to G' \ \text{ mit } \ \Phi\left(g\,\mathrm{Kern}(\varphi)\right) = \varphi(g)$$

ein Monomorphismus. Die Einschränkung der Zielmenge auf $\varphi(G)$ liefert einen Isomorphismus, also

$$G/\mathrm{Kern}(\varphi) \cong \varphi(G).$$

Abb. 1.7 Zweidimensionale Illustration der Abbildung $(U_{\hat{n}}(\theta), -U_{\hat{n}}(\theta)) = (U_{\hat{n}}(\theta), U_{-\hat{n}}(2\pi - \theta)) \mapsto R_{\hat{n}}(\theta)$

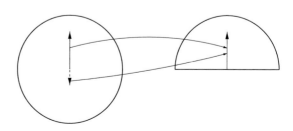

Beweis 1.5 Es sei $H = \mathrm{Kern}(\varphi)$. Wegen Satz 1.4 gilt $H \trianglelefteq G$.

- Wir überprüfen zunächst die Homomorphismuseigenschaft. Für $g_i H \in G/H$ gilt:

$$\Phi(g_1 H g_2 H) \stackrel{H \trianglelefteq G}{=} \Phi(g_1 g_2 H) = \varphi(g_1 g_2) = \varphi(g_1)\varphi(g_2) = \Phi(g_1 H)\Phi(g_2 H).$$

- Bezüglich der Injektivität ist zu zeigen: $\Phi(g_1 H) = \Phi(g_2 H) \Rightarrow g_1 H = g_2 H$. Es sei $\Phi(g_1 H) = \Phi(g_2 H) \Rightarrow \varphi(g_1) = \varphi(g_2)$. Mulitiplikation von links mit $(\varphi(g_1))^{-1} = \varphi(g_1^{-1})$ liefert $e' = \varphi(g_1^{-1})\varphi(g_2) = \varphi(g_1^{-1} g_2) \Rightarrow g_1^{-1} g_2 = h \in H$ $\Rightarrow g_2 = g_1 h \Rightarrow g_2 H = g_1 H.$ $\qquad\square$

Beispiel 1.39

1. Es seien $G = \mathrm{O}(3)$ und $G' = \mathrm{SO}(3)$. Die Abbildung

$$\varphi : G \to G' \quad \text{mit} \quad \varphi(g) = g \det(g)$$

ist ein $(2 \to 1)$-Epimorphismus.
   - Wir zeigen zunächst, dass $\varphi(g) \in \mathrm{SO}(3)$ ist:

$$\varphi^T(g)\varphi(g) = \det(g^T)\det(g)g^T g = \mathbb{1},$$

$$\det[\varphi(g)] = \det[g\det(g)] = \det(g)[\det(g)]^3 = (\pm 1)(\pm 1)^3 = 1.$$

   Die Abbildung ist surjektiv; wir wählen dazu $g \in \mathrm{SO}(3)$.
   - Homomorphismuseigenschaft:

$$\varphi(g_1 g_2) = g_1 g_2 \det(g_1 g_2) = g_1 g_2 \det(g_1)\det(g_2) = \varphi(g_1)\varphi(g_2).$$

   - $2 \to 1$:
   $\varphi(g_1) = \varphi(g_2) \Rightarrow g_1 = \pm g_2$, wegen

$$g_1 \det(g_1) = g_2 \det(g_2) \Rightarrow g_1 = \underbrace{\frac{\det(g_2)}{\det(g_1)}}_{= \pm 1} g_2.$$

   - Insbesondere gilt $\mathrm{Kern}(\varphi) = \{\mathbb{1}, -\mathbb{1}\} =: Z$. Somit definiert

$$\Phi : \mathrm{O}(3)/Z \to \mathrm{SO}(3) \quad \text{mit} \quad \{g, -g\} \mapsto g \det(g)$$

   einen Isomorphismus, d. h. $\mathrm{O}(3)/Z \cong \mathrm{SO}(3)$.
2. Wir betrachten den Homomorphismus $\varphi : \mathrm{SU}(2) \to \mathrm{SO}(3)$ aus Beispiel 1.38 mit $\mathrm{Kern}(\varphi) = \{\mathbb{1}, -\mathbb{1}\} =: Z$. Anwendung des Homomorphiesatzes 1.5 liefert

$$\mathrm{SU}(2)/Z \cong \mathrm{SO}(3),$$

$$\mathrm{SU}(2)/Z \ni \{U, -U\} \mapsto \varphi(U) \in \mathrm{SO}(3).$$

Beispielsweise gilt (siehe Aufgabe 1.33):

$$\{U_3(\gamma), \underbrace{U_3(2\pi + \gamma)}_{-U_3(\gamma)}\} \mapsto R_3(\gamma). \qquad \blacksquare$$

1.5 Aufgaben

1.1

a) Zeigen Sie, dass aus der Existenz des Einselements auch dessen Eindeutigkeit folgt.
   Hinweis: Es seien e' und e Einselemente. Zeigen Sie mit geschickter Anwendung von (G2), dass $e = e'$ ist.
b) Zeigen Sie die Eindeutigkeit des inversen Elements.
c) Es seien a^{-1} und b^{-1} die zu a bzw. b inversen Elemente. Bestimmen Sie $(ab)^{-1}$.

1.2

a) Konstruieren Sie die verschiedenen Gruppentafeln für Gruppen der Ordnung 4.
   Hinweis: In jeder Zeile und jeder Spalte der Gruppentafel tritt jedes Gruppenelement genau einmal auf. Zwei Gruppentafeln beschreiben dieselbe Gruppe, d. h. sie drücken dieselbe Gruppenstruktur aus, wenn sie durch Umordnen der Zeilen und Spalten sowie Umbenennung der Elemente in Übereinstimmung gebracht werden können.
b) Begründen Sie, warum Gruppen der Ordnung 4 abelsch sind.

1.3 Vervollständigen Sie die Gruppentafel für $D_3 = \langle c, b \rangle$ mit den definierenden Relationen $c^3 = b^2 = (bc)^2 = e$:

	c	c^2	b	bc	bc^2
e					
c					
c^2					
b					
bc					
bc^2					

Hinweis: Benutzen Sie die definierenden Relationen in der Form

$$cb = ecbe = b^2cbc^3 = b(bc)^2c^2 = bec^2 = bc^2 \quad \text{usw.}$$

1.4 Welche verschiedene nichttriviale Untergruppen besitzt D_3?

1.5 Es seien G eine Gruppe und $\emptyset \neq H \subseteq G$ eine nichtleere Teilmenge. Zeigen Sie das *Untergruppenkriterium*

$$H \leq G \Leftrightarrow \begin{cases} 1. & h_1, h_2 \in H \Rightarrow h_1 h_2 \in H, \\ 2. & h \in H \Rightarrow h^{-1} \in H. \end{cases}$$

1.6 Es sei SL$(2,\mathbb{C})$ die Menge aller $(2,2)$-Matrizen mit Werten in $\mathbb{C}$ und der Determinante 1:

$$A = \begin{pmatrix} a & b \\ c & d \end{pmatrix}, \quad ad - bc = 1.$$

Überprüfen Sie, dass SL$(2,\mathbb{C})$ mit der Verknüpfung Matrizenmultiplikation eine Gruppe bildet.

Hinweis: Es gilt der Determinantenmultiplikationssatz

$$\det(AB) = \det(A)\det(B).$$

1.7 Zeigen Sie, dass die Menge der Matrizen

$$\left\{ \begin{pmatrix} 1 & 0 \\ 0 & 1 \end{pmatrix}, \begin{pmatrix} \omega & 0 \\ 0 & \omega^2 \end{pmatrix}, \begin{pmatrix} \omega^2 & 0 \\ 0 & \omega \end{pmatrix}, \begin{pmatrix} 0 & 1 \\ 1 & 0 \end{pmatrix}, \begin{pmatrix} 0 & \omega^2 \\ \omega & 0 \end{pmatrix}, \begin{pmatrix} 0 & \omega \\ \omega^2 & 0 \end{pmatrix} \right\}$$

mit $\omega^3 = 1$ und $\omega \neq 1$ mit der Verknüpfung Matrizenmultiplikation eine Realisierung der Gruppe D_3 in Aufgabe 1.3 bildet. Stellen Sie einen Isomorphismus zwischen den Gruppenelementen in Aufgabe 1.3 und den obigen Matrizen her.

1.8 Zeigen Sie, dass die Gruppe D_3 in Aufgabe 1.3 isomorph zur Permutationsgruppe S_3 ist.

Hinweis: Bezeichnen Sie die Ecken eines gleichseitigen Dreiecks gegen den Uhrzeigersinn mit (A, B, C), wobei Ecke A ursprünglich in Position 1, Ecke B in Position 2 und Ecke C in Position 3 sei. Unter der Wirkung von c wandert Ecke A auf Position 2, B auf Position 3 und C auf Position 1. Ordnen Sie entsprechend c die Permutation $P_5 = (123)$ zu: $f(c) = P_5$. Betrachten Sie die Wirkung der übrigen fünf Drehungen aus D_3 auf das Dreieck und identifizieren Sie für diese jeweils $f(g)$. Zeigen Sie nun, dass die Struktur erhalten bleibt, indem Sie die definierenden Relationen für D_3 überprüfen: $(f(c))^3 = (f(b))^2 = (f(bc))^2 = P_1$.

1.9 Gegeben seien die Permutationen $P_i \in S_3$:

$$P_1 = (\ ), \quad P_2 = (12), \quad P_3 = (13), \quad P_4 = (23), \quad P_5 = (123), \quad P_6 = (132).$$

Hierbei steht $(\ )$ für die Identitätspermutation. Überprüfen Sie exemplarisch das Assoziativgesetz:

$$(P_2 P_4) P_6 = P_2 (P_4 P_6).$$

1.10 Welche der folgenden Gruppen sind isomorph zueinander? Geben Sie den Isomorphismus an, sofern er existiert. Beachten Sie, dass für Gruppen der Ordnung 4 nur zwei verschiedene Strukturen existieren (siehe Aufgabe 1.2).

a) Menge der komplexen Zahlen $\{1, i, -1, -i\}$ mit Multiplikation als Verknüpfung;
b) Menge der natürlichen Zahlen $\{2, 4, 6, 8\}$ mit Multiplikation modulo 10 als Verknüpfung.
   Hinweis: Zwei ganze Zahlen a und b heißen kongruent modulo m (wobei m eine positive ganze Zahl ist), wenn m die Differenz $(a - b)$ teilt. Man schreibt dann $a \equiv b \mod m$. Beispiel: $2 \cdot 6 = 12 \equiv 2 \mod 10$;
c) Untergruppe $\{(\ ), (12), (34), (12)(34)\}$ von Permutationen aus S_4;
d) Untergruppe $\{(\ ), (1234), (1432), (13)(24)\}$ aus S_4;
e) Menge der vier Matrizen

$$\begin{pmatrix} 1 & 0 \\ 0 & 1 \end{pmatrix}, \quad \begin{pmatrix} 1 & 0 \\ 0 & -1 \end{pmatrix}, \quad \begin{pmatrix} -1 & 0 \\ 0 & 1 \end{pmatrix}, \quad \begin{pmatrix} -1 & 0 \\ 0 & -1 \end{pmatrix}$$

mit Matrizenmultiplikation als Verknüpfung.

1.11 Schreiben Sie die Permutationen

$$\begin{pmatrix} 1 & 2 & 3 & 4 & 5 & 6 & 7 & 8 \\ 6 & 1 & 4 & 8 & 5 & 7 & 2 & 3 \end{pmatrix}, \quad \begin{pmatrix} 1 & 2 & 3 & 4 & 5 & 6 & 7 & 8 & 9 \\ 3 & 5 & 4 & 1 & 8 & 9 & 6 & 2 & 7 \end{pmatrix}$$

in Zykelnotation. Handelt es sich dabei um gerade oder ungerade Permutationen?

1.12 Es sei $g \in G$. Die kleinste natürliche Zahl n mit $g^n = e$ heißt Ordnung des Elements g. Welche Ordnung besitzen die beiden Permutationen in Aufgabe 1.11?

1.13 Es sei $R_{\hat{n}_1}(\phi)$ eine Drehung um eine durch den Einheitsvektor $\hat{n}_1$ gekennzeichnete Achse um den Drehwinkel ϕ, d. h.

$$R_{\hat{n}_1}(\phi)\hat{n}_1 = \hat{n}_1 \quad \text{und} \quad \mathrm{Sp}\big(R_{\hat{n}_1}(\phi)\big) = 1 + 2\cos(\phi).$$

Es sei weiterhin T diejenige Drehung, die $\hat{n}_1$ in eine neue Drehachse $\hat{n}_2$ überführt, d. h.

$$\hat{n}_2 = T\hat{n}_1 \quad \text{mit} \quad \det(T) = 1.$$

Zeigen Sie, dass $R_{\hat{n}_2}(\phi) := TR_{\hat{n}_1}(\phi)T^{-1}$ eine Drehung um $\hat{n}_2$ um den Drehwinkel ϕ ist. ($R_{\hat{n}_2}(\phi)$ ist zu $R_{\hat{n}_1}(\phi)$ konjugiert mit T als konjugierendem Element.)

1.14 Es sei $R \in SO(3)$ mit der folgenden Parametrisierung durch die Euler-Winkel:

$$R(\alpha, \beta, \gamma) = R_{\hat{v}_3}(\gamma) R_{\hat{u}_2}(\beta) R_{\hat{e}_3}(\alpha), \quad 0 \le \alpha, \gamma \le 2\pi, 0 \le \beta \le \pi. \tag{1}$$

Die einzelnen Drehungen lassen sich jeweils als Abbildungen einer Orthonormalbasis (ONB) auf eine gleichorientierte neue ONB interpretieren.

- $R_{\hat{e}_3}(\alpha)$ beschreibt eine Drehung um $\hat{e}_3$ um den Drehwinkel α: $\hat{u}_j = R_{\hat{e}_3}(\alpha)\hat{e}_j$.
- $R_{\hat{u}_2}(\beta)$ beschreibt eine Drehung um $\hat{u}_2$ (neue 2-Achse) um den Drehwinkel β: $\hat{v}_j = R_{\hat{u}_2}(\beta)\hat{u}_j$.
- $R_{\hat{v}_3}(\gamma)$ beschreibt eine Drehung um $\hat{v}_3$ (neue 3-Achse nach zwei Drehungen) um den Drehwinkel γ: $\hat{w}_j = R_{\hat{v}_3}(\gamma)\hat{v}_j$.
- Kombiniert:

$$\hat{w}_j = R_{\hat{v}_3}(\gamma)\hat{v}_j = R_{\hat{v}_3}(\gamma)R_{\hat{u}_2}(\beta)\hat{u}_j = R_{\hat{v}_3}(\gamma)R_{\hat{u}_2}(\beta)R_{\hat{e}_3}(\alpha)\hat{e}_j = R(\alpha,\beta,\gamma)\hat{e}_j.$$

Zeigen Sie, dass die kombinierte Drehung sich auch als drei aufeinanderfolgende Drehungen ausschließlich um die Achsen $\hat{e}_2$ und $\hat{e}_3$ ausdrücken lässt:

$$R(\alpha,\beta,\gamma) = R_{\hat{e}_3}(\alpha)R_{\hat{e}_2}(\beta)R_{\hat{e}_3}(\gamma), \quad 0 \le \alpha, \gamma \le 2\pi, 0 \le \beta \le \pi.$$

Hinweise: Wenden Sie das Resultat von Aufgabe 1.13 an und zeigen Sie

$$R_{\hat{v}_3}(\gamma) = R_{\hat{u}_2}(\beta)R_{\hat{u}_3}(\gamma)R_{\hat{u}_2}^{-1}(\beta), \tag{2}$$

$$R_{\hat{u}_2}(\beta) = R_{\hat{e}_3}(\alpha)R_{\hat{e}_2}(\beta)R_{\hat{e}_3}^{-1}(\alpha). \tag{3}$$

Geben Sie in beiden Fällen explizit die Analoga zu T, $\hat{n}_1$ und $\hat{n}_2$ in Aufgabe 1.13 an. Setzen Sie nun zunächst (2) in (1) ein und beachten Sie, dass $\hat{u}_3 = \hat{e}_3$ ist. Außerdem vertauschen Drehungen um dieselbe Achse. Wenden Sie anschließend (3) an.

1.15 Überprüfen Sie, dass die Menge der Matrizen

$$L(\beta) = (1 - \beta^2)^{-\frac{1}{2}} \begin{pmatrix} 1 & -\beta \\ -\beta & 1 \end{pmatrix}$$

für $-1 < \beta < 1$ mit der Verknüpfung Matrizenmultiplikation eine abelsche Gruppe bildet.

a) Verifizieren Sie zunächst die Abgeschlossenheit. Es sei

$$L(\beta_3) = L(\beta_2)L(\beta_1).$$

Wie lautet β_3 als Funktion von β_1 und β_2? Begründen Sie nun mit einer geeigneten Anwendung der Ordnungsaxiome, dass $-1 < \beta_3 < 1$ ist.

b) Überprüfen Sie die Gruppenaxiome und die Kommutativität.

1.16 Gegeben sei eine Lorentz-Transformation $\Lambda \in L_+^\uparrow$ mit der Eigenschaft $\Lambda t = t$, wobei $t = (1,0,0,0)^T$ ist.

a) Zeigen Sie, dass es sich bei der Menge $\{\Lambda \in L_+^\uparrow | \Lambda t = t\}$ um eine Untergruppe von $L_+^\uparrow$ handelt.
   Anmerkung: Diese Gruppe wird als *kleine Gruppe von t* bezeichnet.
b) Zeigen Sie, dass Λ isomorph zu einer eigentlichen Drehung ist.
   Hinweis: Schreiben Sie

$$\Lambda = \left(\begin{array}{c|ccc} \Lambda_{00} & \Lambda_{01} & \Lambda_{02} & \Lambda_{03} \\ \hline \Lambda_{10} & & & \\ \Lambda_{20} & & D_{3\times3} & \\ \Lambda_{30} & & & \end{array} \right)$$

und benutzen Sie $\Lambda t = t$. Sie erhalten damit Bedingungen für Λ_{00} und Λ_{i0}, $i = 1,2,3$. Benutzen Sie nun die neue Form für Λ und machen Sie Gebrauch von $G = \Lambda^T G \Lambda$. Sie erhalten Bedingungen für Λ_{0j}, $j = 1,2,3$ und $D_{3\times3}$. Benutzen Sie schließlich $\det(\Lambda) = 1$.

1.17 Es sei Λ ein Element der Lorentz-Gruppe. Zeigen Sie, dass die inverse Transformation durch $\Lambda^{-1} = G\Lambda^T G$ gegeben ist, mit $G = \mathrm{diag}(1,-1,-1,-1)$.

1.18 Gegeben seien zwei eigentliche, orthochrone Lorentz-Transformationen Λ_1 und $\Lambda_2 \in L_+^\uparrow$. Zeigen Sie für $\Lambda_3 = \Lambda_2\Lambda_1$:

a) $\Lambda_3^T G \Lambda_3 = G$,
b) $\det(\Lambda_3) = 1$.

1.19 Es seien $L(\beta_x \hat{e}_x)$ und $L(\beta_z \hat{e}_z)$ spezielle Lorentz-Transformationen entlang der x- und der z-Achse sowie $\mathcal{R}_3(\varphi)$ eine Drehung um die z-Achse um den Drehwinkel $0 \leq \varphi \leq 2\pi$:

$$L(\beta_x \hat{e}_x) = \begin{pmatrix} \gamma_x & \beta_x\gamma_x & 0 & 0 \\ \beta_x\gamma_x & \gamma_x & 0 & 0 \\ 0 & 0 & 1 & 0 \\ 0 & 0 & 0 & 1 \end{pmatrix},$$

$$\beta_x = \tanh(\lambda_x), \quad \gamma_x = \cosh(\lambda_x), \quad -\infty < \lambda_x < \infty,$$

$$L(\beta_z \hat{e}_z) = \begin{pmatrix} \gamma_z & 0 & 0 & \beta_z\gamma_z \\ 0 & 1 & 0 & 0 \\ 0 & 0 & 1 & 0 \\ \beta_z\gamma_z & 0 & 0 & \gamma_z \end{pmatrix},$$

$$\beta_z = \tanh(\lambda_z), \quad \gamma_z = \cosh(\lambda_z), \quad -\infty < \lambda_z < \infty,$$

$$\mathcal{R}_3(\varphi) = \begin{pmatrix} 1 & 0 & 0 & 0 \\ 0 & \cos(\varphi) & -\sin(\varphi) & 0 \\ 0 & \sin(\varphi) & \cos(\varphi) & 0 \\ 0 & 0 & 0 & 1 \end{pmatrix}, \quad 0 \le \varphi \le 2\pi.$$

Bestimmen Sie $L(\beta_z \hat{e}_z) L(\beta_x \hat{e}_x)$, $L(\beta_x \hat{e}_x) L(\beta_z \hat{e}_z)$, $L(\beta_x \hat{e}_x) \mathcal{R}_3(\varphi)$, $\mathcal{R}_3(\varphi) L(\beta_x \hat{e}_x)$, $L(\beta_z \hat{e}_z) \mathcal{R}_3(\varphi)$ und $\mathcal{R}_3(\varphi) L(\beta_z \hat{e}_z)$. Welche Schlüsse ziehen Sie bzgl. der Vertauschbarkeit von Lorentz-Transformationen?

1.20 Gegeben sei die Gruppe $G = \mathrm{SU}(2)$. Welche der folgenden Abbildungen A stellen Operationen von G auf M dar?

a)

$$M := \{m = \begin{pmatrix} z_1 \\ z_2 \end{pmatrix} | z_i \in \mathbb{C}\}, \ A_i(g,m) = g_{ij}z_j \text{ oder kurz } A(g,m) = gm;$$

b)

$$M := \{m = \begin{pmatrix} x_1 \\ x_2 \end{pmatrix} | x_i \in \mathbb{R}\}, \ A_i(g,m) = g_{ij}x_j \text{ oder kurz } A(g,m) = gm;$$

c)

$$M := \{m \in \mathrm{SU}(2)\}, \ A_{ij}(g,m) = g_{ik}m_{kj} \text{ oder kurz } A(g,m) = gm;$$

d)

$$M := \{m \in \mathrm{SU}(2)\}, \ A_{ij}(g,m) = g_{ik}m_{kl}g_{jl}^* \text{ oder kurz } A(g,m) = gmg^\dagger;$$

e)

$$M := \{m \in \mathrm{SU}(2)\}, \ A_{ij}(g,m) = g_{ik}m_{kl}g_{lj} \text{ oder kurz } A(g,m) = gmg;$$

f)

$$M := \{m | m \text{ hermitesche (2,2)-Matrix}\},$$
$$A_{ij}(g,m) = g_{ik}m_{kl}g_{jl}^* \text{ oder kurz } A(g,m) = gmg^\dagger.$$

1.21 Gegeben sei die Gruppe $G = \mathrm{SU}(2) \times \mathrm{SU}(2)$. Sie besteht aus der Menge $\{g = (L, R) | L \in \mathrm{SU}(2), R \in \mathrm{SU}(2)\}$ mit der Verknüpfung $g_1 g_2 = (L_1, R_1)(L_2, R_2) = (L_1 L_2, R_1 R_2)$. Welche der folgenden Abbildungen stellen Operationen von G auf M dar?

a) $M = \mathrm{SU}(2)$, $A(g, U) := RUL^\dagger$ für $U \in M$ und $g \in G$;
b) $M = \mathrm{SU}(2)$, $A(g, U) := RU$ für $U \in M$ und $g \in G$;
c) $M = \mathrm{SU}(2)$, $A(g, U) := RUL$ für $U \in M$ und $g \in G$.

1.22 Es sei H eine Untergruppe der endlichen Gruppe G. Zeigen Sie, dass die Ordnung von H ein Teiler der Ordnung von G sein muss (*Satz von Lagrange*).

Hinweis: Benutzen Sie, dass jede Links- oder Rechtsnebenklasse von H in G dieselbe Anzahl an Elementen hat wie H.

1.23 Das Zentrum Z einer Gruppe G besteht aus allen Elementen z, die mit allen Elementen der Gruppe kommutieren:

$$Z := \{z \in G \,|\, zg = gz \;\forall\; g \in G\}.$$

a) Zeigen Sie, dass Z eine abelsche Untergruppe von G ist.
b) Zeigen Sie, dass Z ein Normalteiler von G ist.

1.24 Wie lautet das Zentrum von SU(2)?

Hinweis: Jede SU(2)-Matrix A kann in der Form

$$A = a_0 \mathbb{1} + \mathrm{i} \sum_{i=1}^{3} a_i \sigma_i, \quad a_0, a_i \in \mathbb{R}, \quad \sum_{j=0}^{3} a_j^2 = 1,$$

geschrieben werden, wobei σ_i die Pauli-Matrizen sind. Benutzen Sie die Vertauschungsrelationen der Pauli-Matrizen:

$$[\sigma_i, \sigma_j] = 2\mathrm{i}\,\epsilon_{ijk}\sigma_k.$$

Tipp: Aus $\vec{a} \times \vec{b} = \vec{0}$ für beliebiges $\vec{b}$ folgt $\vec{a} = \vec{0}$.

1.25 Es sei $G = \{C = (A, B)\,|\, A \in \mathrm{SU}(n), B \in \mathrm{SU}(n)\}$ mit dem Produkt $C_1 C_2 = (A_1 A_2, B_1 B_2)$. Welche der folgenden Mengen bilden eine Untergruppe mit der Verknüpfung von G? Ist eine der Untergruppen ein Normalteiler?

a) $\{X = (A, A)\,|\, A \in \mathrm{SU}(n)\}$;
b) $\{X = (A, \mathbb{1})\,|\, A \in \mathrm{SU}(n)\}$;
c) $\{X = (A, A^\dagger)\,|\, A \in \mathrm{SU}(n)\}$.

1.26 Es seien $G = \mathrm{SO}(3)$ und $H = \{$Drehungen um z-Achse$\}$. Zeigen Sie, dass H kein Normalteiler ist.

Hinweis: Betrachten Sie ein beliebiges $h \in H$ und bestimmen Sie ghg^{-1}, wobei g eine Drehung um die x-Achse mit dem Drehwinkel $\pi/2$ sei.

1.27 Überprüfen Sie die Gruppenaxiome (G1) bis (G3) für die Faktorgruppe G/H (siehe Satz 1.3).

1.28 Wir betrachten die Gruppe $D_3 = \langle c, b \rangle$ mit $c^3 = b^2 = (bc)^2 = e$ und deren Normalteiler $C_3 = \langle c \rangle$ mit $c^3 = e$. Wie lauten die Elemente der Faktorgruppe D_3/C_3? Berechnen Sie *explizit* die Produkte der Gruppenelemente der Faktorgruppe.

1.29 Betrachten Sie nun die Untergruppe $C_2 = \langle b \rangle$ mit $b^2 = e$, die kein Normaltei-ler ist. Bestimmen Sie die Menge aller Linksnebenklassen gC_2 und die Menge aller Rechtsnebenklassen $C_2 g$. Worin besteht der Unterschied im Vergleich zur Menge der Links- und der Rechtsnebenklassen eines Normalteilers?

1.30 Zeigen Sie, dass die Gruppe O(3) das interne direkte Produkt von SO(3) und $\{e, p\} = \{\mathbb{1}, -\mathbb{1}\}$ ist.

1.31 Gegeben sei die Gruppe U(2) der unitären (2,2)-Matrizen.

a) Zeigen Sie, dass die Gruppe SU(2) und die zu U(1) isomorphe Gruppe $\{e^{i\varphi}\mathbb{1}|0 \leq \varphi \leq 2\pi\}$ Normalteiler von U(2) sind.
b) Ist U(2) das interne direkte Produkt der beiden Normalteiler in a)?

1.32 Gegeben seien die (2,2)-Matrizen

$$M = \begin{pmatrix} a_0 + i\,b_3 & i\,b_1 + b_2 \\ i\,b_1 - b_2 & a_0 - i\,b_3 \end{pmatrix},$$

mit $a_0 \in \mathbb{R}$, $b_i \in \mathbb{R}$ und $a_0^2 + b_1^2 + b_2^2 + b_3^2 = 1$. Bestimmen Sie $M^\dagger M$ und $\det(M)$.

1.33 Gegeben sei

$$U_j(\theta) = \exp\left(-i\,\theta\,\frac{\sigma_j}{2}\right), \quad j = 1, 2, 3,$$

mit den Pauli-Matrizen

$$\sigma_1 := \begin{pmatrix} 0 & 1 \\ 1 & 0 \end{pmatrix}, \quad \sigma_2 := \begin{pmatrix} 0 & -i \\ i & 0 \end{pmatrix}, \quad \sigma_3 := \begin{pmatrix} 1 & 0 \\ 0 & -1 \end{pmatrix}.$$

a) Verifizieren Sie mithilfe der Reihenentwicklung der Exponentialfunktion:

$$U_j(\theta) = \cos\left(\frac{\theta}{2}\right)\mathbb{1} - i\sin\left(\frac{\theta}{2}\right)\sigma_j.$$

Hinweis:

$$\sigma_1^2 = \sigma_2^2 = \sigma_3^2 = \mathbb{1}.$$

b) Verifizieren Sie

$$U_3(\gamma) = \begin{pmatrix} \exp\left(-i\,\frac{\gamma}{2}\right) & 0 \\ 0 & \exp\left(i\,\frac{\gamma}{2}\right) \end{pmatrix},$$

$$U_2(\beta) = \begin{pmatrix} \cos\left(\frac{\beta}{2}\right) & -\sin\left(\frac{\beta}{2}\right) \\ \sin\left(\frac{\beta}{2}\right) & \cos\left(\frac{\beta}{2}\right) \end{pmatrix}.$$

Anmerkung: Die Einträge der Matrix $U_2(\beta)$ sind die sog. *reduzierten Kreisel-funktionen* $d^{(\frac{1}{2})}_{m,m'}(\beta)$ [siehe Abschn. 4.3.5].

c) Was sind $U_3(2\pi)$ und $U_3(2\pi+\theta)$? Wann wird das Einselement wieder erreicht?

d) Verifizieren Sie für *festes k*:

$$U_k(\phi)\sigma_j U_k^\dagger(\phi) = \cos(\phi)\sigma_j + \big(1-\cos(\phi)\big)\delta_{kj}\sigma_k - \sin(\phi)\epsilon_{jkl}\sigma_l.$$

Summation hier nur über l; dabei ist k fest!

Hinweis: Sie benötigen Additionstheoreme für die trigonometrischen Funktionen.

e) Bestimmen Sie

$$\varphi_{ij}\big(U_k(\phi)\big) = \frac{1}{2}\mathrm{Sp}\big(\sigma_i U_k(\phi)\sigma_j U_k^\dagger(\phi)\big).$$

1.34 Es sei G die Menge *aller* Polynome mit der Verknüpfung Addition.

a) Handelt es sich dabei um eine Gruppe?

b) Zeigen Sie, dass die Abbildung $\varphi : G \to G$ mit $p(x) \mapsto \frac{d}{dx}p(x)$ ein Homomorphismus ist.

c) Ist die Abbildung surjektiv (injektiv)? Was ist der Kern der Abbildung?

1.35 Gegeben sei ein Gruppenhomomorphismus $\varphi : G \to G'$.

a) Zeigen Sie

$$\varphi(g^{-1}) = (\varphi(g))^{-1} \; \forall \; g \in G,$$

wobei $(\varphi(g))^{-1}$ das zu $\varphi(g)$ inverse Element ist.

Hinweis: $\varphi(e) = e'$.

b) Zeigen Sie, dass $\mathrm{Kern}(\varphi) := \{g \in G | \varphi(g) = e'\}$ ein Normalteiler von G ist.

Anmerkung: In Beweis 1.4 wurden bereits $\mathrm{Kern}(\varphi) \neq \emptyset$ und die Abgeschlossenheit gezeigt.

1.36 Wir betrachten die komplexen (2,2)-Matrizen

$$A(\vec{\xi}) := \exp\left(\frac{1}{2}\sum_{i=1}^3 \xi_i\sigma_i\right) = \exp\left(\frac{\vec{\xi}\cdot\vec{\sigma}}{2}\right), \quad \xi_i \in \mathbb{R}.$$

a) Verifizieren Sie mithilfe der Reihenentwicklung der Exponentialfunktion:

$$\exp\left(\frac{\vec{\xi}\cdot\vec{\sigma}}{2}\right) = \cosh\left(\frac{\xi}{2}\right)\mathbb{1} + \sinh\left(\frac{\xi}{2}\right)\hat{\xi}\cdot\vec{\sigma}, \quad \xi = \sqrt{\vec{\xi}^2}, \quad \hat{\xi} = \frac{\vec{\xi}}{\xi}.$$

b) Verifizieren Sie

$$\det\big(A(\vec{\xi})\big) = 1.$$

Hinweis: Für eine beliebige (n,n)-Matrix C gilt $\det(\exp(C)) = \exp(\mathrm{Sp}(C))$.

c) Wie lauten A^{-1} und $A^{\dagger}$?

d) Wir parametrisieren nun einen Punkt x des Minkowski-Raumes durch die hermitesche (2,2)-Matrix

$$X = x_0 \mathbb{1} + \vec{x} \cdot \vec{\sigma}.$$

Betrachten Sie nun die Abbildung

$$X \mapsto Y = y_0 \mathbb{1} + \vec{y} \cdot \vec{\sigma} := A(\vec{\xi}) X A^{\dagger}(\vec{\xi})$$

und geben Sie die Wirkung für die Komponenten an:

$$x_0 \mapsto y_0 = \dots,$$
$$x_i \mapsto y_i = \dots.$$

Um welche Transformationen handelt es sich?

Literatur

Ashcroft, N.W., Mermin, N.D.: Solid State Physics. Saunders College, Philadelphia (1976)

Hamermesh, M.: Group Theory and its Application to Physical Problems. Addison-Wesley, Reading, Mass. (1962)

Heuser, H.: Lehrbuch der Analysis, Teil 1. Teubner, Stuttgart (1990)

Jones, H.F.: Groups, Representations and Physics. Adam Hilger, Bristol, New York (1980)

Kurzweil, H., Stellmacher, B.: Theorie der endlichen Gruppen, Eine Einführung. Springer, Berlin (1998)

Landau, L.D., Lifschitz, E.M.: Mechanik. Akademie-Verlag, Berlin (1981)

Lindner, A.: Drehimpulse in der Quantenmechanik. Teubner, Stuttgart (1984)

Scheck, F.: Theoretische Physik 1, Mechanik, Von den Newton'schen Gesetzen zum deterministischen Chaos. Springer, Berlin (2007)

Wüstholz, G.: Algebra. Vieweg, Wiesbaden (2004)

Darstellungen von Gruppen

2

Inhaltsverzeichnis

Darstellungen sind Realisierungen von Gruppen in Form bijektiver, linearer Operatoren auf $\mathbb{K}$-Vektorräumen, wobei wir uns hier als Körper auf die reellen Zahlen, $\mathbb{K} = \mathbb{R}$, oder die komplexen Zahlen, $\mathbb{K} = \mathbb{C}$, beschränken. Darstellungen sind insbesondere in der Quantenphysik von zentraler Bedeutung, wo physikalische Zustände durch Elemente eines Hilbert-Raumes beschrieben werden. Symmetrien werden bei der Klassifikation der möglichen Zustände eine tragende Rolle spielen. In diesem Kapitel widmen wir uns einer Einführung in die Darstellungstheorie, wobei wir uns zumeist auf endliche Gruppen konzentrieren werden. Zentrale Aussagen lassen sich auch auf kompakte Lie-Gruppen anwenden, die allerdings erst im nächsten Kapitel diskutiert werden.

2.1   Definition von Darstellungen mit Beispielen

Definition 2.1 (Allgemeine lineare Gruppe)
Es sei V ein Vektorraum. Unter der *allgemeinen linearen Gruppe über dem Vektorraum V* versteht man[1]

$$\mathrm{GL}(V) := \{A \,|\, A \text{ bijektiver, linearer Operator auf } V\}. \qquad \blacklozenge$$

---

[1] Hierbei steht „auf V" für $A : V \to V$.

© Springer-Verlag Berlin Heidelberg 2016
S. Scherer, *Symmetrien und Gruppen in der Teilchenphysik*,
DOI 10.1007/978-3-662-47734-2_2

Im Vergleich zum Begriff der Transformationsgruppe gemäß Definition 1.2 in Abschn. 1.1 treten zwei einschränkende Forderungen auf:

1. Die Menge, auf der die Abbildungen wirken, ist ein Vektorraum;
2. die Abbildungen sind als lineare Transformationen realisiert.

Im Falle eines n-dimensionalen Vektorraums V kann man sich die allgemeine lineare Gruppe anschaulich als die Menge der invertierbaren (n, n)-Matrizen vorstellen.

Definition 2.2 (Darstellung)
Unter einer *Darstellung D der Gruppe G auf dem Vektorraum V* versteht man einen Homomorphismus

$$D : G \to \mathrm{GL}(V), \quad g \mapsto D(g) : V \to V$$

mit

$$D(g_1 g_2) = D(g_1)D(g_2) \ \forall \ g_1, g_2 \in G. \qquad \blacklozenge$$

Anmerkungen
1. V heißt *Trägerraum* der Darstellung.
2. Die Dimension des Trägerraums, $\dim(V)$, wird als *Dimension der Darstellung* bezeichnet.
3. Eine Darstellung D heißt genau dann *treu*, wenn D injektiv ist.
4. Im Sinne von Definition 1.8 in Abschn. 1.3 ist eine Darstellung eine Operation der Gruppe G auf einem $\mathbb{K}$-Vektorraum in Form bijektiver, linearer Operatoren.

Beispiel 2.1
Die Elemente von SO(3), interpretiert als lineare Operatoren auf $\mathbb{R}^3$, bilden eine treue Darstellung von SO(3). $\blacksquare$

Beispiel 2.2
Die Elemente von SO(3), interpretiert als lineare Operatoren auf $\mathbb{R}^3$, bilden eine nichttreue Darstellung von SU(2) (siehe Beispiel 1.38 in Abschn. 1.4 Die Darstellung ist nicht injektiv, da für ein gegebenes U sowohl U als auch $-U$ auf ein und dasselbe $D(U)$ abgebildet werden. $\blacksquare$

Beispiel 2.3
Es sei $\mathbb{M}^4$ der vierdimensionale Minkowski-Raum. Dann definiert

$$\mathrm{SO}(3) \ni R \mapsto \begin{pmatrix} 1 & 0 & 0 & 0 \\ 0 & & & \\ 0 & & R & \\ 0 & & & \end{pmatrix}$$

eine vierdimensionale Darstellung von SO(3) auf dem Trägerraum $\mathbb{M}^4$. $\blacksquare$

Beispiel 2.4

Es sei $V = \mathbb{C}^{2n}$. Dann definiert

$$\mathrm{SU}(2) \ni U \mapsto \begin{pmatrix} U & 0 & \cdots & 0 \\ 0 & U & & \vdots \\ \vdots & & \ddots & \\ 0 & \cdots & & U \end{pmatrix}$$

eine $(2n)$-dimensionale treue Darstellung von $\mathrm{SU}(2)$ auf V. ∎

Nun betrachten wir ein Beispiel aus der Quantenmechanik, das uns einen ersten Eindruck bzgl. der Tragweite des Darstellungsbegriffs vermitteln soll. Eine ausführliche Diskussion der Darstellungstheorie der Gruppen SO(3) und SU(2) wird in Kap. 4 erfolgen.

Beispiel 2.5

Es sei H der *Hamilton-Operator* eines (spinlosen) Teilchens der Masse m in einem *Zentralpotenzial* $V(r)$ [bzgl. einer ausführlichen Diskussion siehe Scheck (2006), Abschnitt 1.9] in natürlichen Einheiten:[2]

$$H = -\frac{\Delta}{2m} + V(r), \quad r = |\vec{x}|,$$

wobei $\Delta = \vec{\nabla}^2$ der Laplace-Operator ist. Der Hamilton-Operator ist invariant unter

$$x_i \mapsto x_i' = R_{ij} x_j, \tag{2.1}$$

$$\frac{\partial}{\partial x_i} \mapsto \frac{\partial}{\partial x_i'} = \frac{\partial x_j}{\partial x_i'} \frac{\partial}{\partial x_j} = R_{ji}^{-1} \frac{\partial}{\partial x_j} = R_{ij} \frac{\partial}{\partial x_j},$$

mit $R \in \mathrm{SO}(3)$.[3] Es sei nun ψ eine stationäre Lösung mit

$$H\psi = E\psi.$$

Wir untersuchen eine (aktive) Drehung, (2.1), und fordern für den „gedrehten" Zustand

$$\psi'(\vec{x}') = \psi(\vec{x}).$$

Wir betrachten eine „gedrehte" Versuchsapparatur und fordern wegen der Isotropie des Raumes, dass mit der ursprünglichen und der gedrehten Versuchsapparatur übereinstimmende Versuchsergebnisse erzielt werden [siehe Grawert (1977), Abschnitt 12.1]. Die Wellenfunktion eines gedrehten Zustands soll am Punkt $\vec{x}'$ denselben Wert haben wie die Wellenfunktion des ungedrehten Zustands am Ort

---

[2] Das Konzept natürlicher Einheiten wird in Anhang A.2 diskutiert.
[3] Genau genommen ist H sogar invariant unter O(3).

$\vec{x}$. Im Prinzip ist auch noch ein von der Drehmatrix R abhängiger Phasenfaktor $\exp[i\,\Theta(R)]$ denkbar.

Wir verknüpfen mit R einen linearen Operator $D(R)$, dergestalt dass gilt:

$$\psi'(\vec{x}') = D(R)\psi(\vec{x}') = \psi(\vec{x}) = \psi(R^{-1}\vec{x}') \ \forall \ \vec{x}'.$$

Um diesen Operator zu konstruieren, beleuchten wir zunächst infinitesimale Transformationen. Zu diesem Zweck betrachten wir eine Drehung um die 3-Achse, $\hat{n} = \hat{e}_z$, und erhalten mithilfe einer Taylor-Entwicklung der Sinusfunktion und der Kosinusfunktion für kleine Werte von $\phi \to 0$:

$$R_3(\phi) = \begin{pmatrix} \cos(\phi) & -\sin(\phi) & 0 \\ \sin(\phi) & \cos(\phi) & 0 \\ 0 & 0 & 1 \end{pmatrix} = \begin{pmatrix} 1 & 0 & 0 \\ 0 & 1 & 0 \\ 0 & 0 & 1 \end{pmatrix} + \phi \begin{pmatrix} 0 & -1 & 0 \\ 1 & 0 & 0 \\ 0 & 0 & 0 \end{pmatrix} + O(\phi^2).$$

Mithilfe von

$$\hat{e}_z \times \vec{x} = \begin{pmatrix} 0 \\ 0 \\ 1 \end{pmatrix} \times \begin{pmatrix} x \\ y \\ z \end{pmatrix} = \begin{pmatrix} -y \\ x \\ 0 \end{pmatrix} = \begin{pmatrix} 0 & -1 & 0 \\ 1 & 0 & 0 \\ 0 & 0 & 0 \end{pmatrix} \begin{pmatrix} x \\ y \\ z \end{pmatrix}$$

sehen wir, dass $\vec{x} \mapsto \vec{x}' = \vec{x} + \phi\,\hat{e}_z \times \vec{x} + O(\phi^2)$. Die Verallgemeinerung auf eine beliebige Drehachse $\hat{n}$ und einen infinitesimalen Drehwinkel ϵ lautet[4]

$$\vec{x}' = \vec{x} + \epsilon\,\hat{n} \times \vec{x}.$$

Aus der Umkehrung,

$$\vec{x} = \vec{x}' - \epsilon\,\hat{n} \times \vec{x}',$$

ergibt sich

$$D(R)\psi(\vec{x}') = \psi(\vec{x}' - \epsilon\,\hat{n} \times \vec{x}')$$

$$= \psi(\vec{x}') - \epsilon\ \underbrace{\hat{n} \times \vec{x}' \cdot \vec{\nabla}'}_{= i\,\vec{x}' \times \frac{\vec{\nabla}'}{i} \cdot \hat{n}}\ \psi(\vec{x}')$$

$$= \left(1 - i\epsilon\,\hat{n} \cdot \vec{\ell}\right) \psi(\vec{x}'),$$

mit dem *(Bahn-)Drehimpulsoperator* $\vec{\ell} = \vec{x} \times \vec{p}$ (Striche weglassen). Mithilfe von

$$\lim_{n \to \infty} \left(1 + \frac{a}{n}\right)^n = \exp(a)$$

---

[4] Bei der Betrachtung infinitesimaler Ausdrücke vernachlässigen wir grundsätzlich Terme von zweiter Ordnung in kleinen Größen.

erzeugen wir den Übergang von einer infinitesimalen zu einer endlichen Drehung:

$$D(R) = \exp\left(-i\,\vec{\omega}\cdot\vec{\ell}\right)$$
$$= \exp(-i\,\alpha\ell_z)\exp(-i\,\beta\ell_y)\exp(-i\,\gamma\ell_z) =: \mathcal{R}(\alpha,\beta,\gamma). \qquad (2.2)$$

Da die Drehimpulsoperatoren ℓ_i hermitesch sind, $\ell_i = \ell_i^\dagger$, und $\vec{\omega}$ bzw. die Euler-Winkel reell sind, sind $D(R)$ und $\mathcal{R}(\alpha,\beta,\gamma)$ unitäre Operatoren:

$$\mathcal{R}^\dagger(\alpha,\beta,\gamma)\mathcal{R}(\alpha,\beta,\gamma)$$
$$= \exp(i\,\gamma\ell_z)\exp(i\,\beta\ell_y)\underbrace{\exp(i\,\alpha\ell_z)\exp(-i\,\alpha\ell_z)}_{=\,\mathbb{1}}\exp(-i\,\beta\ell_y)\exp(-i\,\gamma\ell_z) = \mathbb{1}.$$

Zur Charakterisierung der Drehung R machen wir je nach Situation von einer der beiden folgenden Beschreibungen Gebrauch.

1. Im ersten Fall [siehe (1.3) in Beispiel 1.15]: geben wir einen Drehvektor $\vec{\omega} = \omega\hat{n}$ an, mit
   - Richtung der Drehachse

$$\hat{n} = (\sin(\Theta)\cos(\Phi),\,\sin(\Theta)\sin(\Phi),\,\cos(\Theta))$$

   - und Drehwinkel ω (Länge des Drehvektors).
2. Im zweiten Fall verwenden wir die drei Euler-Winkel [siehe (1.5) in Beispiel 1.15]:

$$R(\alpha,\beta,\gamma) = R_3(\alpha)R_2(\beta)R_3(\gamma), \quad 0 \le \alpha, \gamma \le 2\pi,\ 0 \le \beta \le \pi.$$

3. Der Zusammenhang zwischen den jeweiligen Parametern der beiden Beschreibungen lautet [ohne Beweis, siehe Lindner (1984), Abschnitt 6.1]:

$$\cos\left(\frac{\omega}{2}\right) = \cos\left(\frac{\beta}{2}\right)\cos\left(\frac{\alpha+\gamma}{2}\right),$$
$$\cos(\Theta)\sin\left(\frac{\omega}{2}\right) = \cos\left(\frac{\beta}{2}\right)\sin\left(\frac{\alpha+\gamma}{2}\right),$$
$$\Phi = \frac{1}{2}(\alpha-\gamma+\pi).$$

Sprechweise: Die Drehung R induziert eine Transformation der Eigenzustände von H auf dem Hilbert-Raum $\mathcal{H}$.

Wir überprüfen die Homomorphismuseigenschaft. Es sei $R_3 = R_2 R_1$ und $\vec{x} = R_1^{-1}R_2^{-1}\vec{x}''$:

$$\psi''(\vec{x}'') = D(R_3)\psi(\vec{x}'') = \psi(R_3^{-1}\vec{x}'') = \psi(\underbrace{R_1^{-1}R_2^{-1}\vec{x}''}) = D(R_1)\psi(R_2^{-1}\vec{x}'')$$
$$= R_1^{-1}(R_2^{-1}\vec{x}'')$$
$$= \widetilde{\psi}(R_2^{-1}\vec{x}'') = D(R_2)\widetilde{\psi}(\vec{x}'') = D(R_2)D(R_1)\psi(\vec{x}''),$$

oder, nach Umbenennung der Variablen $\vec{x}'' \rightarrow \vec{x}$:

$$D(R_3)\psi(\vec{x}) = D(R_2)D(R_1)\psi(\vec{x}).$$

Der Homomorphismus

$$\varphi : \mathrm{SO}(3) \rightarrow \mathrm{GL}(\mathcal{H}), \quad \varphi(R(\alpha,\beta,\gamma)) = \mathcal{R}(\alpha,\beta,\gamma)$$

ist eine unendlichdimensionale Darstellung von SO(3) auf der Menge der quadrat-integrierbaren Funktionen $L^2(\mathbb{R}^3)$.   ∎

Beispiel 2.6
Im Folgenden wollen wir eine Zerlegung von $\mathcal{H}$ am Beispiel des dreidimensionalen *harmonischen Oszillators* (Kugeloszillators) durchführen:

$$V(r) = \frac{1}{2}m\omega^2 r^2.$$

Für das Spektrum gilt (siehe Abb. 2.1):

$$E_n = \left(n + \frac{3}{2}\right)\omega, \quad n \in \mathbb{N}_0.$$

Hierbei bezeichnet $n = 2n_r + l$ die Hauptquantenzahl, die sich aus der Radialquantenzahl n_r und der Bahndrehimpulsquantenzahl l zusammensetzt.

- Die Radialquantenzahl $n_r \geq 0$ ist gleich der Anzahl der Knoten in der Radialwellenfunktion, wobei eine mögliche Nullstelle für $r = 0$ und die asymptotische Nullstelle für $r \rightarrow \infty$ *nicht* mitgezählt werden.
- Für die Bahndrehimpulsquantenzahl gilt $l \in \mathbb{N}_0$.

Das *Spektrum* des harmonischen Oszillators besteht aus diskreten Energieeigenwerten mit ausschließlich gebundenen Zuständen als Eigenzuständen:

$$\psi_{n_r lm}(\vec{x}) = R_{n_r l}(r)Y_{lm}(\theta,\phi) = \langle \vec{x}|n_r, l, m\rangle,$$

wobei wir beim letzten Gleichheitszeichen von der Dirac'schen Bracket-Schreibweise Gebrauch gemacht haben [siehe Dirac (1989), Kapitel 3, und Scheck (2006), Abschnitt 3.1.1]. Die Radialwellenfunktionen erfüllen folgende Orthogonalitätsrelation bei gleichem l:[5]

$$\int\limits_0^\infty dr\, r^2 R_{n_r l}(r) R_{n'_r l}(r) = \delta_{n_r n'_r}. \qquad (2.3)$$

---

[5] Da die Differenzialgleichung für die Radialwellenfunktion reell ist, entfällt die Komplexkonjugation der ersten Radialwellenfunktion.

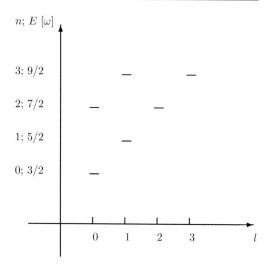

Abb. 2.1 Energieeigenwerte E_n des Kugeloszillators in Abhängigkeit von l für $n = 0, \ldots, 3$

In den Quantenzahlen $\{n_r, l, m\}$ mit $n = 2n_r + l$ lautet die Vollständigkeitsrelation:

$$\mathbb{1} = \sum_{n_r=0}^{\infty} \sum_{l=0}^{\infty} \sum_{m=-l}^{l} |n_r, l, m\rangle\langle n_r, l, m|.$$

Betrachten wir die Drehimpulsoperatoren in der Ortsraumdarstellung in Kugelkoordinaten,

$$x = r\sin(\theta)\cos(\phi), \quad y = r\sin(\theta)\sin(\phi), \quad z = r\cos(\theta),$$

so sehen wir, dass diese nur auf den Winkelanteil wirken:

$$\ell_1 = i\left[\sin(\phi)\frac{\partial}{\partial\theta} + \cot(\theta)\cos(\phi)\frac{\partial}{\partial\phi}\right],$$

$$\ell_2 = i\left[-\cos(\phi)\frac{\partial}{\partial\theta} + \cot(\theta)\sin(\phi)\frac{\partial}{\partial\phi}\right],$$

$$\ell_3 = -i\frac{\partial}{\partial\phi}.$$

Simultane Eigenfunktionen zu ℓ_3 und $\vec{\ell}^{\,2}$ sind die Kugelfunktionen $Y_{lm}(\theta, \phi)$:

$$Y_{lm}(\theta, \phi) := \sqrt{\frac{2l+1}{4\pi}\frac{(l-m)!}{(l+m)!}}\, P_l^m(\cos(\theta))e^{im\phi}, \tag{2.4a}$$

$$\vec{\ell}^{\,2}Y_{lm}(\theta, \phi) = l(l+1)Y_{lm}(\theta, \phi), \tag{2.4b}$$

$$\ell_3 Y_{lm}(\theta, \phi) = mY_{lm}(\theta, \phi), \tag{2.4c}$$

wobei die zugeordneten Legendre-Funktionen P_l^m Lösungen der allgemeinen Legendre-Differenzialgleichung sind. Für ein gegebenes $l \in \mathbb{N}_0$ kann m die Werte $-l, -l+1, \ldots, l$ annehmen. Außerdem gilt

$$\ell_{\pm} Y_{lm}(\theta, \phi) = \sqrt{l(l+1) - m(m \pm 1)} Y_{l,m\pm 1}(\theta, \phi),$$

mit

$$\ell_{\pm} := \ell_1 \pm i\ell_2 = e^{\pm i\phi}\left(\pm\frac{\partial}{\partial\theta} + i\cot(\theta)\frac{\partial}{\partial\phi}\right).$$

Die Kugelfunktionen sind orthonormiert und vollständig:

$$\underbrace{\int\limits_0^{2\pi} d\phi \int\limits_0^{\pi} d\theta \, \sin(\theta) \, Y_{l'm'}^*(\theta, \phi) Y_{lm}(\theta, \phi)}_{=: \int d\Omega} = \delta_{l'l}\delta_{m'm}, \qquad (2.5)$$

$$\sum_{l=0}^{\infty}\sum_{m=-l}^{l} Y_{lm}^*(\theta', \phi') Y_{lm}(\theta, \phi) = \delta(\phi' - \phi)\delta(\cos(\theta') - \cos(\theta)). \qquad (2.6)$$

Wir untersuchen nun das Drehverhalten eines Zustands $|\psi\rangle = |n_r, l, m\rangle$, der Eigenzustand zu H, $\vec{\ell}\,^2$ und ℓ_3 ist. Wir schreiben für den gedrehten Zustand unter Zuhilfenahme der Vollständigkeit

$$|\psi'\rangle = \mathcal{R}(\alpha, \beta, \gamma)|n_r, l, m\rangle$$

$$= \sum_{n_r'=0}^{\infty}\sum_{l'=0}^{\infty}\sum_{m'=-l'}^{l'} |n_r', l', m'\rangle\langle n_r', l', m'|\mathcal{R}(\alpha, \beta, \gamma)|n_r, l, m\rangle$$

und betrachten das Matrixelement

$$\langle n_r', l', m'|\mathcal{R}(\alpha, \beta, \gamma)|n_r, l, m\rangle = \int\limits_0^{\infty} dr\, r^2 R_{n_r'l'}(r) R_{n_rl}(r) \underbrace{\langle l', m'|\mathcal{R}(\alpha, \beta, \gamma)|l, m\rangle}_{=: \delta_{l'l}D_{m',m}^{(l)*}(\alpha, \beta, \gamma)}$$

$$= \delta_{l'l} D_{m',m}^{(l)*}(\alpha, \beta, \gamma) \underbrace{\int\limits_0^{\infty} dr\, r^2 R_{n_r'l}(r) R_{n_rl}(r)}_{\overset{(2.3)}{=} \delta_{n_r'n_r}}$$

$$= \delta_{l'l}\delta_{n_r'n_r} D_{m',m}^{(l)*}(\alpha, \beta, \gamma).$$

Die Begründung für $\delta_{l'l}$ ergibt sich folgendermaßen:

$$[\vec{\ell}\,^2, \ell_i] = 0 \implies [\vec{\ell}\,^2, f(\ell_1, \ell_2, \ell_3)] = 0 \implies [\vec{\ell}\,^2, \mathcal{R}(\alpha, \beta, \gamma)] = 0.$$

Da $\vec{\ell}^{\,2}$ hermitesch ist, lässt es sich gleichermaßen nach links auf den Bra-Zustand anwenden wie nach rechts auf den Ket-Zustand:

$$l'(l'+1)\langle l',m'|\mathcal{R}(\alpha,\beta,\gamma)|l,m\rangle$$
$$= \langle l',m'|\vec{\ell}^{\,2}\mathcal{R}(\alpha,\beta,\gamma)|l,m\rangle$$
$$= \langle l',m'|\mathcal{R}(\alpha,\beta,\gamma)\vec{\ell}^{\,2}|l,m\rangle$$
$$= l(l+1)\langle l',m'|\mathcal{R}(\alpha,\beta,\gamma)|l,m\rangle.$$

Somit ergibt sich

$$\underbrace{[l(l+1)-l'(l'+1)]}_{=(l-l')(l+l'+1)}\langle l',m'|\mathcal{R}(\alpha,\beta,\gamma)|l,m\rangle = 0.$$

Aus $l+l'+1 \geq 1$ folgt für $l \neq l'$:

$$\langle l',m'|\mathcal{R}(\alpha,\beta,\gamma)|l,m\rangle = 0.$$

Es existiert daher nur ein Beitrag für $l = l'$, und wir erhalten schließlich

$$|\psi'\rangle = \sum_{m'=-l}^{l} D_{m',m}^{(l)*}(\alpha,\beta,\gamma)|n_r,l,m'\rangle$$

mit

$$D_{m,m'}^{(l)}(\alpha,\beta,\gamma) = \langle l,m|\mathcal{R}(\alpha,\beta,\gamma)|l,m'\rangle^*.$$

Anmerkungen

1. Die $(2l+1, 2l+1)$-Matrizen $D^{(l)}$ mit den Elementen $D_{m,m'}^{(l)}(\alpha,\beta,\gamma)$ bilden eine $(2l+1)$-dimensionale Darstellung der Gruppe SO(3). Der Trägerraum ist die lineare Hülle LH$\{|l,m\rangle, m = -l,\ldots,l\}$.
2. Die Einträge der Matrizen werden auch als D- oder *Kreiselfunktionen* bezeichnet, da sie Eigenfunktionen des symmetrischen Kreisels sind [siehe Lindner (1984), Abschnitt 6.11].
3. Ganz allgemein deuten $(2l+1)$-fache Entartungen $(l = 0, 1, 2, \ldots)$ von Energieeigenwerten auf ein Zentralpotenzial hin.
4. Die *zufällige* Entartung für $n \geq 2$ ist auf eine höhere Symmetrie des Systems zurückzuführen, hier eine SU(3)-Symmetrie des dreidimensionalen Oszillators [siehe z. B. Lipkin (2002), Kapitel 4, Chisholm (1976), Abschnitt 10.1].
5. Die allen Zentralpotenzialen für ein gegebenes l gemeinsame $(2l+1)$-fache Entartung wird als *wesentliche* Entartung bezeichnet.
6. Die tatsächlichen Werte der Eigenenergien hängen von der Dynamik, d. h. vom Potenzial ab. ∎

2.2 Äquivalente Darstellungen, reduzible und irreduzible Darstellungen

Definition 2.3 (Äquivalente Darstellungen)
Zwei Darstellungen $D^{(1)}$ und $D^{(2)}$ einer Gruppe G auf Vektorräumen V_1 und V_2 sind äquivalent, wenn ein bijektiver Operator $S : V_1 \to V_2$ existiert, mit

$$SD^{(1)}(g)S^{-1} = D^{(2)}(g) \ \forall \ g \in G. \qquad \blacklozenge$$

Es sei darauf hingewiesen, dass für *alle* Gruppenelemente g ein und dasselbe S verwendet werden muss. Diese Definition liefert eine Äquivalenzrelation (siehe Aufgabe 2.1) und somit gemäß Satz 1.2 in Abschn. 1.3 eine Partition der Menge der Darstellungen von G.

Wegen der Homomorphismuseigenschaft der Darstellungen $D^{(\mu)}$ ($\mu = 1, 2$) gilt

$$SD^{(1)}(g_1 g_2)S^{-1} = SD^{(1)}(g_1)D^{(1)}(g_2)S^{-1} = SD^{(1)}(g_1)S^{-1}SD^{(1)}(g_2)S^{-1}$$
$$= D^{(2)}(g_1)D^{(2)}(g_2) = D^{(2)}(g_1 g_2).$$

Beispiel 2.7
Für $V_1 = V_2 = V$ lässt sich S als Basiswechsel interpretieren. $\blacksquare$

Definition 2.4
Es sei V ein Vektorraum. Ein Untervektorraum U von V heißt *invariant bzgl. eines linearen Operators T*, falls $Tu \in U \ \forall \ u \in U$ ist. $\blacklozenge$

Definition 2.5
Es sei D eine Darstellung einer Gruppe G auf einem Vektorraum V.

- Ein Untervektorraum U von V heißt *invariant bzgl. D*, falls gilt:

$$D(g)u \in U \ \forall \ u \in U \wedge \ \forall \ g \in G.$$

- Eine Darstellung D auf V heißt *reduzibel*, wenn ein bzgl. D invarianter Untervektorraum U von V existiert, mit $U \neq \{0\}$ und $U \neq V$. $\blacklozenge$

Beispiel 2.8
Es seien D eine n-dimensionale reduzible Darstellung von G auf V sowie U ein bzgl. D invarianter m-dimensionaler Untervektorraum von V.

$$
\begin{aligned}
D \text{ reduzibel} \quad &\Leftrightarrow \quad D(g) \text{ besitzt bzgl. einer geeigneten Basis} \\
&\qquad \text{eine Matrixdarstellung der Form}
\end{aligned}
$$

$$D(g) = \begin{pmatrix} D^{(1)}(g) & \alpha(g) \\ 0 & D^{(2)}(g) \end{pmatrix}, \quad 0 = 0_{(n-m)\times m}. \qquad (2.7)$$

- $D^{(1)}$ ist eine m-dimensionale Darstellung, d. h. $D^{(1)}(g)$ ist eine (m, m)-Matrix, die eine Abbildung von U nach U beschreibt.
- $D^{(2)}$ ist eine $(n-m)$-dimensionale Darstellung, d. h. $D^{(2)}(g)$ ist eine $(n-m, n-m)$-Matrix und beschreibt eine Abbildung von der Differenzmenge[6] $V \setminus U$ nach $V \setminus U$.
- $\alpha(g)$ ist eine $(m, n-m)$-Matrix und beschreibt eine Abbildung von $V \setminus U$ nach U.

Begründung:

„$\Rightarrow$": Wir wählen eine Basis $\{e_1, \ldots, e_n\}$ von V dergestalt, dass die Vektoren $e_1, \ldots, e_m$ den Untervektorraum U aufspannen. Dann folgt

$$D(g) = \begin{pmatrix} D^{(1)}(g) & \alpha(g) \\ 0 & D^{(2)}(g) \end{pmatrix}.$$

Wenn wir einen Vektor $v \neq 0$ aus V in der Form

$$V \ni v = (x_1, \ldots, x_m, x_{m+1}, \ldots, x_n)^T = \begin{pmatrix} u \\ w \end{pmatrix}$$

schreiben, so resultiert die Anwendung von $D(g)$ in

$$D(g)v = \begin{pmatrix} D^{(1)}(g) & \alpha(g) \\ 0 & D^{(2)}(g) \end{pmatrix} \begin{pmatrix} u \\ w \end{pmatrix} = \begin{pmatrix} D^{(1)}(g)u + \alpha(g)w \\ D^{(2)}(g)w \end{pmatrix}.$$

Insbesondere gilt

- für $w = 0$ und $u \neq 0$:

$$\begin{pmatrix} D^{(1)}(g)u \\ 0 \end{pmatrix} \in U,$$

- für $u = 0$ und $w \neq 0$:

$$V \ni \begin{pmatrix} \alpha(g)w \\ D^{(2)}(g)w \end{pmatrix} = \underbrace{\begin{pmatrix} \alpha(g)w \\ 0 \end{pmatrix}}_{\in U} + \underbrace{\begin{pmatrix} 0 \\ D^{(2)}(g)w \end{pmatrix}}_{\in V \setminus U}.$$

---

[6] Ist $U \subset V$ eine Teilmenge, so heißt $V \setminus U := \{v \in V \,|\, v \notin U\}$ Differenzmenge oder Komplement.

Da D eine Darstellung ist, folgt

$$
\begin{aligned}
D(g_1)D(g_2) &= \begin{pmatrix} D^{(1)}(g_1) & \alpha(g_1) \\ 0 & D^{(2)}(g_1) \end{pmatrix} \begin{pmatrix} D^{(1)}(g_2) & \alpha(g_2) \\ 0 & D^{(2)}(g_2) \end{pmatrix} \\
&= \begin{pmatrix} D^{(1)}(g_1)D^{(1)}(g_2) & D^{(1)}(g_1)\alpha(g_2) + \alpha(g_1)D^{(2)}(g_2) \\ 0 & D^{(2)}(g_1)D^{(2)}(g_2) \end{pmatrix} \\
&= D(g_1 g_2) = \begin{pmatrix} D^{(1)}(g_1 g_2) & \alpha(g_1 g_2) \\ 0 & D^{(2)}(g_1 g_2) \end{pmatrix} \quad \forall\ g_1, g_2 \in G.
\end{aligned}
$$

Somit sind $D^{(1)}$ und $D^{(2)}$ m- bzw. $(n-m)$-dimensionale Darstellungen. Anderseits ist $\alpha(g_1 g_2) \neq \alpha(g_1)\alpha(g_2)$, da α im Allg. keine quadratische Matrix ist.

„$\Leftarrow$": Umgekehrt: Für $D(g)$ von der Form der Gl. (2.7) bleibt der Untervektorraum

$$
\{(x_1, \ldots, x_m, 0, \ldots, 0)^T\}
$$

invariant.   ∎

Definition 2.6
Ein Vektorraum V heißt *direkte Summe* von Untervektorräumen $V_1, \ldots, V_n$,

$$
V = V_1 \oplus \ldots \oplus V_n,
$$

wenn folgende Bedingungen erfüllt sind:

1. $V = V_1 + \ldots + V_n := \{v_1 + \ldots + v_n | v_1 \in V_1, \ldots, v_n \in V_n\}$.
2. Vom Nullvektor verschiedene Vektoren $v_1 \in V_1, \ldots, v_n \in V_n$ sind linear unabhängig. ◆

Ist $V = V_1 \oplus \ldots \oplus V_n$, so ist jedes $v \in V$ *eindeutig* darstellbar als $v = v_1 + \ldots + v_n$ mit $v_i \in V_i$.

Vorbereitung Es seien $V = V_1 \oplus V_2$ und $T_i : V_i \to V_i$ $(i = 1, 2)$ lineare Operatoren. Wir erklären $T = T_1 \oplus T_2 : V \to V$ durch

$$
Tx = T_1 x_1 + T_2 x_2.
$$

Beispiel 2.9
Es seien $V = V_1 \oplus V_2$ und $D^{(\mu)}$ $(\mu = 1, 2)$ Darstellungen von G auf V_1 bzw. V_2. Als direkte Summe bezeichnen wir

$$
D = D^{(1)} \oplus D^{(2)} = \{D(g) = D^{(1)}(g) \oplus D^{(2)}(g) | g \in G\},
$$

mit

$$D(g_1)D(g_2)x = D(g_1)\left(D^{(1)}(g_2)x_1 + D^{(2)}(g_2)x_2\right)$$
$$= D^{(1)}(g_1)D^{(1)}(g_2)x_1 + D^{(2)}(g_1)D^{(2)}(g_2)x_2$$
$$= D^{(1)}(g_1g_2)x_1 + D^{(2)}(g_1g_2)x_2$$
$$= D(g_1g_2)x.$$

Es sei $\dim(V_1) = m$ und $\dim(V_2) = n$. Dann lässt sich die direkte Summe in Form einer *Blockdiagonalmatrix* wiedergeben:

$$D(g) = \begin{pmatrix} D^{(1)}(g) & 0 \\ 0 & D^{(2)}(g) \end{pmatrix},$$

mit der (m,m)-Matrix $D^{(1)}(g)$ und der (n,n)-Matrix $D^{(2)}(g)$.   ■

Definition 2.7
Es sei D eine reduzible Darstellung auf einem Vektorraum V mit invariantem Untervektorraum V_1. Eine Darstellung heißt *vollständig reduzibel*, wenn ein weiterer invarianter Untervektorraum V_2 existiert, mit $V = V_1 \oplus V_2$. In diesem Fall ist $D = D^{(1)} \oplus D^{(2)}$, wobei $D^{(1)}$ und $D^{(2)}$ als Einschränkungen von D auf V_1 und V_2 bezeichnet werden.   ◆

Für endlichdimensionale Vektorräume führt dies zu einer Blockdiagonalform der Darstellung D.

Definition 2.8
Eine Darstellung D auf einem Vektorraum V heißt *irreduzibel*, wenn V außer $\{0\}$ und V keinen invarianten Untervektorraum besitzt.   ◆

Satz 2.1
Es sei $D = \{U(g)\}$ eine unitäre Darstellung von G auf einem endlichdimensionalen Hilbert-Raum $(V, \langle\cdot|\cdot\rangle)$:

$$\langle x|U(g)y\rangle = \langle U^\dagger(g)x|y\rangle = \langle U^{-1}(g)x|y\rangle \ \forall \ g \in G, x, y \in V.$$

Dann gilt:

1. D ist die direkte Summe irreduzibler Darstellungen:

$$D = \oplus_\mu D^{(\mu)}.$$

2. *V lässt sich als orthogonale Summe darstellen:*

$$V = \oplus_\mu V_\mu,$$

mit $x_\mu \in V_\mu$, $x_v \in V_v$, $\langle x_\mu|x_v\rangle = 0$ für $\mu \neq v$.

Beweis 2.1 Wenn V keinen nichttrivialen, bzgl. D invarianten Untervektorraum besitzt, dann ist D irreduzibel. Es sei nun V_1 ein bzgl. D invarianter, nichttrivialer Untervektorraum von V. Mithilfe des Zerlegungssatzes lässt sich jedes $x \in V$ eindeutig als

$$x = x_1 + x_2$$

mit $x_1 \in V_1$ und $x_2 \in V_2$ darstellen, wobei V_2 das orthogonale Komplement von V_1 in V ist. Wir schreiben daher $V = V_1 \oplus V_2$. Da V_1 invariant bzgl. unitärem U ist (Argument g unterdrückt), ist es auch invariant bzgl. U^{-1}. Es sei $x_1 \in V_1, x_2 \in V_2$, d. h. $\langle x_1|x_2 \rangle = 0$. Wir müssen nun zeigen, dass $Ux_2 \in V_2$ ist:

$$\langle Ux_2|x_1 \rangle = \langle x_2|U^\dagger x_1 \rangle = \langle x_2|U^{-1}x_1 \rangle = \langle x_2|x_1' \rangle = 0,$$

wegen $x_1' \in V_1$. Deshalb ist $V = V_1 \oplus V_2$ mit V_i invariant bzgl. U, d. h. $D = D_1 \oplus D_2$. Besitzen V_1 oder V_2 weitere invariante Unterräume, so muss man die Prozedur wiederholen. $\qquad\square$

Beispiel 2.10
Wir betrachten Beispiel 2.6. Es sei $\mathcal{H} = L^2(\mathbb{R}^3)$ der Hilbert-Raum der quadrat-integrierbaren Funktionen[7] auf dem $\mathbb{R}^3$. Die Darstellung

$$D : \mathrm{SO}(3) \to \mathrm{GL}(\mathcal{H}),$$
$$D(R(\alpha,\beta,\gamma)) = \exp(-i\alpha\ell_z)\exp(-i\beta\ell_y)\exp(-i\gamma\ell_z)$$

lässt sich in eine direkte Summe irreduzibler Darstellungen zerlegen:

$$\mathcal{H} = \oplus_{n_r,l=0}^{\infty} V_{n_r l},$$
$$D = \oplus_{n_r,l=0}^{\infty} D_{n_r l}.$$

Beachte: Zu jedem l existiert eine abzählbar unendliche Anzahl von Unterräumen, die sich durch die Anzahl der Knoten in der Radialwellenfunktion unterscheiden (Orthogonalität bei gleichem l). $\qquad\blacksquare$

Satz 2.2
Für eine endliche Gruppe G der Ordnung $|G|$ ist jede Darstellung D auf einem Skalarproduktraum $(V, \langle \cdot|\cdot \rangle)$ äquivalent zu einer unitären Darstellung.

Beweis 2.2 1. Schritt: Wir definieren ein weiteres Skalarprodukt $\{\cdot|\cdot\}$ mittels (siehe Aufgabe 2.8):

$$\{x|y\} = \frac{1}{|G|}\sum_{g\in G}\langle D(g)x|D(g)y \rangle.$$

---

[7] Der Beweis von Satz 2.1 wurde nur für endlichdimensionale Hilbert-Räume geführt. Die Aussage gilt aber auch für separable Hilbert-Räume wie den $L^2(\mathbb{R}^3)$, die über abzählbare Orthonormalbasen verfügen.

Für jedes $g \in G$ gilt

$$\{D(g)x|D(g)y\} = \frac{1}{|G|} \sum_{g' \in G} \langle \underbrace{D(g')D(g)}_{= D(g'g)} x | D(g')D(g)y \rangle$$

$$= \{x|y\}, \qquad (*)$$

da mit g' bei festem g auch das Produkt $g'g$ über ganz G läuft. Damit ist $D(g)$ unitär bzgl. des Skalarprodukts $\{\cdot|\cdot\}$.

2. Schritt: Es seien $u_1, u_2, \ldots$ und $v_1, v_2, \ldots$ orthonormiert bzgl. $\langle \cdot|\cdot \rangle$ und $\{\cdot|\cdot\}$. Es sei $v_i = Su_i$ mit regulärem S. Dann folgt aus $Sx = S(x_i u_i) = x_i v_i$:

$$\{Sx, Sy\} = x_i^* y_j \underbrace{\{v_i|v_j\}}_{= \delta_{ij}} = \langle x|y \rangle. \qquad (**)$$

Wir definieren $D'(g) = S^{-1}D(g)S \;\forall\; g \in G$ und erhalten

$$\langle D'(g)x|D'(g)y \rangle = \langle S^{-1}D(g)Sx|S^{-1}D(g)Sy \rangle$$

$$\overset{(**)}{=} \{D(g)Sx|D(g)Sy\}$$

$$\overset{(*)}{=} \{Sx|Sy\}$$

$$\overset{(**)}{=} \langle x|y \rangle.$$

Die zu D äquivalente Darstellung D' ist unitär bzgl. $\langle \cdot|\cdot \rangle$. $\square$

Aus der Kombination der Sätze 2.1 und 2.2 ergibt sich die folgende Aussage.

Folgerung Für endliche Gruppen sind reduzible Darstellungen immer vollständig reduzibel.

Nun geben wir einige Beispiele für Darstellungen an, die im späteren Verlauf von Bedeutung sein werden.

Beispiel 2.11
Es sei $D = \{D(g)\}$ eine Darstellung einer Gruppe G in Form von Matrizen mit $g \mapsto D(g)$. Dann definiert (siehe Aufgabe 2.9)

1. $g \mapsto D^*(g)$ die *komplex konjugierte Darstellung* D^*,
2. $g \mapsto D^T(g^{-1}) = D^{T^{-1}}(g)$ die zu D *kontragradiente Darstellung*,
3. $g \mapsto D^\dagger(g^{-1})$ die zu D^* kontragradiente Darstellung.   ■

Beispiel 2.12
Es sei D eine unitäre Darstellung, $D^\dagger(g) = D^{-1}(g)$. Dann gilt:

-

$$D^\dagger(g^{-1}) = D^{-1}(g^{-1}) = D(g),$$

d. h. die zu D^* kontragradiente Darstellung ist identisch mit D, und

●
$$D^T(g^{-1}) = D^{\dagger T}(g) = D^*(g),$$

d. h. die zu D kontragradiente Darstellung ist identisch mit der komplex konjugierten Darstellung D^*.   ■

Für die spätere Anwendung im Rahmen des Quarkmodells wird es sich als wichtig erweisen, dass D und D^* im Allg. nicht äquivalent sind. Eine wichtige Ausnahme bilden dabei die Darstellungen der Gruppen SU(2) und SO(3).

Beispiel 2.13
Für SU(2) und SO(3) gilt: D und D^* sind äquivalente Darstellungen, d. h. es existiert ein S mit

$$SD(g)S^{-1} = D^*(g) \; \forall \; g \in G.$$

Die Begründung ist völlig analog zu Aufgabe 2.10. Für S wählt man

$$S = \exp\left(-\,\mathrm{i}\,\pi M(J_y)\right),$$

mit $M(J_y)$ als Matrixdarstellung von J_y. Die entsprechenden Matrizen werden in Abschn. 4.2.1, (4.14a) bis (4.14c), explizit konstruiert.   ■

Beispiel 2.14
Wir betrachten die Gruppe SU(3), d. h. unitäre (3,3)-Matrizen mit der Determinante eins. Die sog. *Fundamentaldarstellung* besteht aus den SU(3)-Matrizen selbst, die auf einem dreidimensionalen, komplexen Vektorraum $V = \mathbb{C}^3$ wirken:

$$\mathrm{SU}(3) \ni g \mapsto D(g) := g \in \mathbf{3}.$$

Wir folgen hier der Konvention des Quarkmodells und kennzeichnen diese Darstellung mit $\mathbf{3}$ (siehe Abschn. 5.4.3), womit auf den dreidimensionalen Trägerraum hingewiesen wird. Anderseits bezeichnet im Quarkmodell $\bar{\mathbf{3}}$ (manchmal auch $\mathbf{3}^*$) die komplex konjugierte Darstellung:

$$\mathrm{SU}(3) \ni g \mapsto D^*(g) := g^* \in \bar{\mathbf{3}}.$$

Für SU(3) sind $\mathbf{3}$ und $\bar{\mathbf{3}}$ nicht äquivalent. Dies lässt sich einfach anhand eines konkreten Gruppenelements zeigen. Es sei

$$\mathrm{SU}(3) \ni g = \exp\left(\frac{2\pi\mathrm{i}}{3}\right)\begin{pmatrix} 1 & 0 & 0 \\ 0 & 1 & 0 \\ 0 & 0 & 1 \end{pmatrix} = D(g).$$

Wegen $D(g) \sim \mathbb{1}$ gilt $SgS^{-1} = g$. Betrachte nun

$$D^*(g) = g^* = \exp\left(-\frac{2\pi\mathrm{i}}{3}\right)\mathbb{1} = \exp\left(\frac{4\pi\mathrm{i}}{3}\right)\mathbb{1} \neq D(g).$$ ■

Beispiel 2.15

Als wichtige Verallgemeinerung für SU(n), $n \geq 3$, ergibt sich, dass die Fundamentaldarstellung $\boldsymbol{n}$ und die komplex konjugierte Darstellung $\bar{\boldsymbol{n}}$ nicht äquivalent sind. ∎

Die folgende Begriffsbildung des Tensorprodukts ist von zentraler Bedeutung in

1. der Beschreibung von Zuständen zusammengesetzter Systeme,
2. der Kombination von Raum-Zeit-Symmetrien mit inneren Symmetrien wie der SU(3)-Farbsymmetrie der starken Wechselwirkung, dem starken und dem schwachen Isospin etc.

Definition 2.9 (Tensorproduktraum)

Es seien V_1 und V_2 zwei $\mathbb{K}$-Vektorräume. Das *Tensorprodukt* oder der *Tensorproduktraum* $V_1 \otimes V_2$ sei gleich der Menge aller formalen, *endlichen* Linearkombinationen

$$\alpha_1 x_1 \otimes y_1 + \ldots + \alpha_n x_n \otimes y_n,$$

mit $x_i \in V_1$, $y_i \in V_2$ und $\alpha_i \in \mathbb{K}$. Mit dem Symbol $x \otimes y$ wird wie mit einem Produktzeichen gerechnet, d. h. es gelten die beiden *Distributivgesetze*

$$(\alpha_1 x_1 + \alpha_2 x_2) \otimes y = \alpha_1 x_1 \otimes y + \alpha_2 x_2 \otimes y,$$
$$x \otimes (\alpha_1 y_1 + \alpha_2 y_2) = \alpha_1 x \otimes y_1 + \alpha_2 x \otimes y_2$$

für alle $\alpha_i \in \mathbb{K}$, $x, x_1, x_2 \in V_1$ und $y, y_1, y_2 \in V_2$. $V_1 \otimes V_2$ ist ein $\mathbb{K}$-Vektorraum. ◆

Gegeben seien zwei endlichdimensionale $\mathbb{K}$-Vektorräume V_1 und V_2 mit Basen $e_1, \ldots, e_m$ bzw. $f_1, \ldots, f_n$. Der Tensorproduktraum $V = V_1 \otimes V_2$ hat eine ($m \cdot n$)-dimensionale Basis, sodass sich Vektoren folgendermaßen darstellen lassen:

$$V_1 \otimes V_2 \ni x = \sum_{i=1}^{m} \sum_{j=1}^{n} a_{ij} e_i \otimes f_j, \quad a_{ij} \in \mathbb{K}.$$

Es seien L_1 und L_2 lineare Operatoren auf V_1 bzw. V_2. Wir definieren $L = L_1 \otimes L_2$ durch

$$Lx = \sum_{i=1}^{m} \sum_{j=1}^{n} a_{ij} L_1 e_i \otimes L_2 f_j.$$

Das Produkt zweier Operatoren lautet

$$LM = L_1 M_1 \otimes L_2 M_2.$$

Definition 2.10

Es seien $D^{(1)}$ und $D^{(2)}$ Matrixdarstellungen der Gruppen G_1 und G_2 auf V_1 bzw. V_2:

$$D^{(1)}(g_1)e_i = \sum_{i'=1}^{m} D_{i'i}^{(1)}(g_1)e_{i'} \; \forall \; g_1 \in G_1,$$

$$D^{(2)}(g_2)f_j = \sum_{j'=1}^{n} D_{j'j}^{(2)}(g_2)f_{j'} \; \forall \; g_2 \in G_2.$$

Dann definiert

$$D(g_1, g_2) = D^{(1)}(g_1) \otimes D^{(2)}(g_2)$$

mit

$$D_{ij;i'j'}(g_1, g_2) = D_{ii'}^{(1)}(g_1) D_{jj'}^{(2)}(g_2)$$

eine Darstellung des externen direkten Produkts $G_1 \times G_2$ (siehe Definition 1.18 in Abschn. 1.3) auf $V_1 \otimes V_2$, das sog. *direkte Produkt der beiden Darstellungen $D^{(1)}$ und $D^{(2)}$.*   ◆

Es sei darauf hingewiesen, dass es sich bei g_1 und g_2 um unterschiedliche Gruppenelemente handelt. Dies gilt in der Regel auch für den Fall $G_1 = G_2 = G$.

Mithilfe des folgenden Satzes lassen sich aus irreduziblen Darstellungen zweier Gruppen G_1 und G_2 irreduzible Darstellungen des externen direkten Produkts $G_1 \times G_2$ konstruieren.

Satz 2.3

Es sei $D = D^{(1)} \otimes D^{(2)}$ mit

$$D(g_1, g_2) = D^{(1)}(g_1) \otimes D^{(2)}(g_2).$$

$D^{(1)}$ und $D^{(2)}$ sind irreduzible Darstellungen von G_1 und G_2 auf V_1 und V_2 $\Leftrightarrow$ D ist eine irreduzible Darstellung von $G_1 \times G_2$ auf $V_1 \otimes V_2$.

Beweis 2.3

„$\Rightarrow$":

Beweis (für endlichdimensionale Darstellungen $D^{(1)}$ und $D^{(2)}$) durch Widerspruch. Es sei V_1 m-dimensional und V_2 n-dimensional mit Orthogonalbasen $\{e_1, \dots, e_m\}$ bzw. $\{f_1, \dots, f_n\}$. Jedes $x \in V_1 \otimes V_2$ lässt sich in der Form

$$x = \sum_{i=1}^{m} \sum_{j=1}^{n} a_{ij} \, e_i \otimes f_j$$

schreiben. Wir nehmen nun an, D sei reduzibel. Dann existiert ein nichttrivialer invarianter Untervektorraum H von $V_1 \otimes V_2$ mit

$$D(g_1, g_2)x \in H \; \forall \; x \in H, g_1 \in G_1, g_2 \in G_2.$$

Deshalb ist in einer geeigneten Basis mindestens ein $a_{ij} = 0$. Ohne Einschränkung sei $a_{11} = 0$, d. h.

$$H \ni x = \underbrace{(0, a_{12}, \ldots, a_{1n}, a_{21}, \ldots, a_{mn})^T}_{m \cdot n \text{ Komponenten}}.$$

Da H invariant bzgl. D ist, gilt für $x \in H$:

$$D(g_1, g_2)x = \sum_{i=1}^{m} \sum_{j=1}^{n} a_{ij} D^{(1)}(g_1)e_i \otimes D^{(2)}(g_2)f_j$$

$$= \sum_{i=1}^{m} \sum_{j=1}^{n} a_{ij} \sum_{i'=1}^{m} \sum_{j'=1}^{n} D_{i'i}^{(1)}(g_1) D_{j'j}^{(2)}(g_2) \, e_{i'} \otimes f_{j'}$$

$$=: \sum_{i'=1}^{m} \sum_{j'=1}^{n} b_{i'j'}(g_1, g_2) \, e_{i'} \otimes f_{j'} \in H,$$

mit $b_{11}(g_1, g_2) = 0 \; \forall \; g_1 \in G_1, g_2 \in G_2$. Wir setzen speziell $g_1 = e_1$. Aus $D_{i'i}^{(1)}(e_1) = \delta_{i'i}$ folgt

$$H \ni \sum_{i=1}^{m} \sum_{j=1}^{n} a_{ij} \sum_{j'=1}^{n} D_{j'j}^{(2)}(g_2) \, e_i \otimes f_{j'} = \sum_{i=1}^{m} \sum_{j'=1}^{n} \underbrace{\sum_{j=1}^{n} a_{ij} D_{j'j}^{(2)}(g_2)}_{=: \, b_{ij'}(g_2)} e_i \otimes f_{j'}.$$

Somit gilt $b_{11}(g_2) = 0 \; \forall \; g_2 \in G_2$. Dies impliziert

$$\sum_{j=1}^{n} a_{1j} D_{1j}^{(2)}(g_2) = 0 \; \forall \; g_2 \in G_2,$$

wobei $a_{11} = 0$ und a_{1j} für $j \geq 2$ beliebig ist. Wir untersuchen nun speziell solche Vektoren $x \in H$, deren Komponenten a_{1j} für genau ein $j \in \{2, \ldots, n\}$ gleich eins und ansonsten null sind. Aus dieser Betrachtung schließen wir, dass jedes $D^{(2)}(g_2)$ von der Form

$$D^{(2)}(g_2) = \begin{pmatrix} a & 0 & \ldots & 0 \\ b_1 & & & \\ \vdots & & A & \\ b_{n-1} & & & \end{pmatrix}$$

ist, wobei A eine $(n-1, n-1)$-Matrix ist und wir auf der rechten Seite das Argument g_2 unterdrückt haben. Wegen des Satzes 2.2 können wir annehmen, dass $D^{(1)}$ und

$D^{(2)}$ unitär sind. Aus der Unitarität von $D^{(2)}$ folgt

$$D^{(2)}(g_2)D^{(2)\dagger}(g_2) = \begin{pmatrix} a & 0 & \dots & 0 \\ b_1 & & & \\ \vdots & & A & \\ b_{n-1} & & & \end{pmatrix} \begin{pmatrix} a^* & b_1^* & \dots & b_{n-1}^* \\ 0 & & & \\ \vdots & & A^\dagger & \\ 0 & & & \end{pmatrix}$$

$$= \begin{pmatrix} |a|^2 & ab_1^* & \dots & ab_{n-1}^* \\ b_1 a^* & & & \\ \vdots & & bb^\dagger + AA^\dagger & \\ b_{n-1}a^* & & & \end{pmatrix}$$

$$= \mathbb{1}_{n \times n},$$

mit $b = (b_1, \dots, b_{n-1})^T$. Da $a \neq 0$ und damit $a^* \neq 0$ ist, folgt aus der ersten Spalte $b_1 = \dots = b_{n-1} = 0$. Deshalb besitzt $D^{(2)}$ Blockdiagonalform und ist somit nicht irreduzibel, im Widerspruch zur Voraussetzung. Wir müssen daher die Annahme „D reduzibel" fallen lassen.

„$\Leftarrow$": Annahme: $D^{(1)}$ sei reduzibel. Es existiert somit ein Untervektorraum $U_1 \subset V_1$ mit $U_1 \neq \{0\}$ und $U_1 \neq V_1$ dergestalt, dass $D^{(1)}(g_1)u_1 \in U_1$ für alle $g_1 \in G_1$ und $u_1 \in U_1$ ist. Es sei $\{e_1, \dots, e_k\}$ eine Basis von U_1, wobei $1 \leq k < m$ ist. Für eine reduzible Darstellung $D^{(1)}$ gilt

$$D^{(1)}(g_1)e_i = \sum_{i'=1}^{k} D_{i'i}^{(1)}(g_1)\, e_{i'} \ \forall \ g_1 \in G_1, i = 1, \dots, k.$$

Nun betrachten wir ein Element v aus $U_1 \otimes V_2$,

$$U_1 \otimes V_2 \ni v = \sum_{i=1}^{k} \sum_{j=1}^{n} a_{ij}\, e_i \otimes f_j,$$

und die Wirkung von $D(g_1, g_2)$ auf dieses Element:

$$D(g_1, g_2)v = \sum_{i=1}^{k} \sum_{j=1}^{n} a_{ij}\, D^{(1)}(g_1)e_i \otimes D^{(2)}(g_2)f_j$$

$$= \sum_{i=1}^{k} \sum_{j=1}^{n} a_{ij} \sum_{i'=1}^{k} \sum_{j'=1}^{n} D_{i'i}^{(1)}(g_1) D_{j'j}^{(2)}(g_2)\, e_{i'} \otimes f_{j'}$$

$$= \sum_{i'=1}^{k} \sum_{j'=1}^{n} \underbrace{\left(\sum_{i=1}^{k} \sum_{j=1}^{n} D_{i'i}^{(1)}(g_1) D_{j'j}^{(2)}(g_2) a_{ij} \right)}_{=: \, a'_{i'j'}(g_1, g_2)} e_{i'} \otimes f_{j'}$$

$$\in U_1 \otimes V_2,$$

d. h. D ist eine reduzible Darstellung, im Widerspruch zur Voraussetzung. Wir müssen deshalb die Annahme „$D^{(1)}$ reduzibel" fallen lassen. Die Argumentation für $D^{(2)}$ erfolgt analog. □

Definition 2.11 (Äußere Tensorproduktdarstellung)
Es sei $G_1 = G_2 = G$. $D^{(1)}$ und $D^{(2)}$ seien Darstellungen von G auf V_1 bzw. V_2. Dann bezeichnet man $D = D^{(1)} \otimes D^{(2)}$, mit

$$D(g_1, g_2) := D^{(1)}(g_1) \otimes D^{(2)}(g_2), \quad g_1, g_2 \in G,$$

als *äußere Tensorproduktdarstellung* von $G \times G$ der Darstellungen $D^{(1)}$ und $D^{(2)}$ auf $V_1 \otimes V_2$ (man beachte, dass g_1 und g_2 verschieden sein können). ◆

Beispiel 2.16
Es sei $G = \mathrm{SU}(2)$. Dann beschreibt $D^{(1)} = \{D^{(1)}(g) = g | g \in \mathrm{SU}(2)\}$ die Fundamentaldarstellung **2** von $\mathrm{SU}(2)$ auf dem Vektorraum $V = \mathbb{C}^2$. Wir definieren eine äußere Tensorproduktdarstellung von $\mathrm{SU}(2) \times \mathrm{SU}(2)$ auf $V \otimes V$ durch

$$D : (g_1, g_2) \mapsto D^{(1)}(g_1) \otimes D^{(1)}(g_2) = g_1 \otimes g_2.$$

D ist keine *treue* Darstellung des externen direkten Produkts $\mathrm{SU}(2) \times \mathrm{SU}(2)$ auf $\mathbb{C}^2 \otimes \mathbb{C}^2$, denn es gilt:

$$(\mathbb{1}, \mathbb{1}) \mapsto \mathbb{1} \otimes \mathbb{1},$$
$$(-\mathbb{1}, -\mathbb{1}) \mapsto (-\mathbb{1}) \otimes (-\mathbb{1}) = \mathbb{1} \otimes \mathbb{1}. \quad ∎$$

Es sei $G' = \{(g, g) | g \in G\}$. Dann ist $G \cong G'$. Die Einschränkung äußerer Tensorproduktdarstellungen D von $G \times G$ auf G' liefert weitere Darstellungen von G, nämlich

Definition 2.12 (Innere Tensorproduktdarstellung)
die *innere Tensorproduktdarstellung* (*Kronecker-Produkt*) von G auf $V_1 \otimes V_2$,

$$D'(g) := D^{(1)}(g) \otimes D^{(2)}(g), \quad g \in G,$$

die wir hier mit einem zusätzlichen Strich kennzeichnen. ◆

Zur Illustration betrachten wir ein elementares Beispiel aus der Quantenmechanik.

Beispiel 2.17
Gegeben sei der Hamilton-Operator eines Zwei-Elektronen-Systems im Coulomb-Feld eines Kerns mit der Ladung Ze, $e > 0$ [siehe z. B. Woodgate (1983), Kapi-

tel 5]:

$$H = \underbrace{\frac{\vec{p}^{\,2}(1)}{2m} + V_1(r(1))}_{H_0(1)} + \underbrace{\frac{\vec{p}^{\,2}(2)}{2m} + V_1(r(2))}_{H_0(2)} + V_2(r_{12}) =: H_0 + V_2,$$

mit $(n = 1, 2)$

$$r(n) = |\vec{r}(n)|, \qquad r_{12} = |\vec{r}(1) - \vec{r}(2)|,$$
$$V_1(r(n)) = -\frac{Ze^2}{4\pi r(n)}, \qquad V_2(r_{12}) = \frac{e^2}{4\pi r_{12}}.$$

Die Vertauschungsrelationen für die Komponenten der Orts- und der Impulsoperatoren lauten $(m, n \in \{1, 2\}; i, j \in \{1, 2, 3\})$:

$$[x_i(m), x_j(n)] = 0,$$
$$[p_i(m), p_j(n)] = 0,$$
$$[x_i(m), p_j(n)] = i\,\delta_{ij}\delta_{mn}.$$

- Wenn wir die Wechselwirkung zwischen den beiden Elektronen vernachlässigen, dann wird das System durch den Hamilton-Operator $H_0 = H_0(1) + H_0(2)$ beschrieben, der eine $G = O(3) \times O(3)$-Symmetrie besitzt.
- Die Hamilton-Operatoren $H_0(1)$ und $H_0(2)$ vertauschen miteinander. Daher wählt man für die Lösungen der stationären Schrödinger-Gleichung einen Produktansatz. Die Eigenzustände sind in der Dirac'schen Bracket-Schreibweise vom Typ[8]
$$|n_1, l_1, m_1\rangle \otimes |n_2, l_2, m_2\rangle,$$
wobei $\{|l_i, m_i\rangle | m_i = -l_i, \ldots, l_i\}$, $l_i \in \mathbb{N}_0$, Basen der Trägerräume der irreduziblen Darstellungen $D^{(l_i)}$ von SO(3) sind. Ist $|V_2| \ll |H_0|$, dann benutzt man $|l_1, m_1\rangle \otimes |l_2, m_2\rangle$ als Ausgangspunkt für Störungstheorie.
- Es sei $G' = \{(g, g)|g \in O(3)\} \cong O(3)$. Der Hamilton-Operator H besitzt nur eine $O(3)$-Symmetrie, da gilt (siehe Aufgabe 2.13):
$$[\ell_i(n), V_2(r_{12})] \neq 0,$$
aber
$$[L_i, V_2(r_{12})] = 0,$$
mit $\vec{L} = \vec{\ell}(1) + \vec{\ell}(2)$ $(= \vec{\ell} \otimes I + I \otimes \vec{\ell})$. Die Eigenzustände lassen sich somit bezüglich des Gesamtdrehimpulses klassifizieren, wobei $\{|L, M\rangle, M = -L, \ldots, L\}$ die Basis des Trägerraums einer irreduziblen Darstellung $D^{(L)}$ von SO(3) ist. Das für die Wechselwirkung zwischen den Elektronen verantwortliche Potenzial V_2 führt zu einer Aufhebung der Entartung der Eigenzustände von H_0, da H eine geringere Symmetrie als H_0 aufweist. ∎

---

[8] Wir vernachlässigen im Augenblick sowohl den Spin der Elektronen als auch die Berücksichtigung des Pauli-Prinzips mittels einer geeigneten Antisymmetrisierung.

Anmerkung Es sei $D = D^{(1)} \otimes D^{(2)}$ eine irreduzible, äußere Tensorprodukt-darstellung von $G \times G$. Im Allg. ist die innere Tensorproduktdarstellung D' *keine* irreduzible Darstellung von G', d. h. es können nichttriviale Teilräume von $V_1 \otimes V_2$ existieren, die invariant bzgl. $D^{(1)}(g) \otimes D^{(2)}(g) \; \forall \; g \in G$ sind.

Beispiel 2.18
Ein wichtiges und einfaches Beispiel liefert die Kopplung zweier Zustände, die jeweils den Spin $\frac{1}{2}$ besitzen (siehe Aufgabe 2.11). Ausgangspunkt ist die Fundamentaldarstellung der Gruppe SU(2) mit dem Vektorraum $V_{1/2} = \mathbb{C}^2$ (siehe Beispiel 2.16), wobei der Index $1/2$ den Spin symbolisieren soll. Der Trägerraum $V_{1/2} \otimes V_{1/2}$ der inneren Tensorproduktdarstellung D' lässt sich in die direkte Summe $V_1 \oplus V_0$ zerlegen. Die drei- bzw. eindimensionalen invarianten Untervektorräume V_1 und V_0 sind Träger irreduzibler Darstellungen, die zum Gesamtspin $S = 1$ beziehungsweise $S = 0$ gehören. ∎

Anmerkung Die Reduktion der inneren Tensorproduktdarstellung in irreduzible Komponenten heißt *Clebsch-Gordan-Zerlegung*:

$$D' = \bigoplus_{\mu} D^{(\mu)},$$

wobei $D^{(\mu)}$ irreduzible Darstellungen von G sind. In Kap. 4 und 5 werden wir uns ausführlich mit der Clebsch-Gordan-Zerlegung für die Drehgruppe SO(3) sowie die speziellen unitären Gruppen SU(n) beschäftigen.

2.3 Lemmata von Schur, Orthogonalitätsrelationen, Kriterien für Irreduzibilität

In diesem Abschnitt wollen wir uns mit folgenden Fragestellungen beschäftigen:

1. Wie lässt sich feststellen, ob eine Darstellung irreduzibel ist?
2. Wieviele nichtäquivalente, irreduzible Darstellungen existieren für eine vorgegebene endliche Gruppe G?
3. Wie zerlegt man eine Darstellung in ihre irreduziblen Komponenten?

Auf dem Weg zur Beantwortung dieser Fragen begegnen wir den Lemmata von Schur. Insbesondere benötigen wir als Vorbereitung folgende Eigenschaften linearer Operatoren.

Vorbereitung Es sei $L : V \rightarrow W$ ein linearer Operator. Dann gilt:

1. L injektiv $\Leftrightarrow$ Kern(L) = $\{0\}$;
2. L surjektiv $\Leftrightarrow$ Bild(L) = W;
3. L invertierbar $\Leftrightarrow$ Kern(L) = $\{0\} \wedge$ Bild(L) = W;
4. L invertierbar $\Rightarrow$ dim(W) = dim(V).

Satz 2.4 (Lemma von Schur)
Es seien $D^{(1)} : V_1 \to V_1$ und $D^{(2)} : V_2 \to V_2$ zwei irreduzible Darstellungen von G auf den $\mathbb{K}$-Vektorräumen V_1 und V_2. Es sei $L : V_1 \to V_2$ ein linearer Operator mit

$$LD^{(1)}(g) = D^{(2)}(g)L \ \forall \ g \in G. \tag{$*$}$$

Dann gilt: Entweder ist $L = 0$, oder L ist invertierbar mit

$$D^{(2)}(g) = LD^{(1)}(g)L^{-1} \ \forall \ g \in G, \ d. h. \ D^{(1)} \ und \ D^{(2)} \ sind \ äquivalent.$$

Insbesondere: Für $\dim(V_1) \neq \dim(V_2)$ *muss $L = 0$ gelten.*

Vorsicht: Aus $\dim(V_1) = \dim(V_2)$ folgt *nicht* automatisch ein invertierbares L.

Beweis 2.4 Der Fall $L = 0$ ist eine triviale Lösung für $(*)$. Es sei nun $L \neq 0$.

1. Es sei $x \in \operatorname{Kern}(L)$, d. h. $Lx = 0$. Für beliebiges $g \in G$ gilt

$$0 = D^{(2)}(g)Lx \stackrel{(*)}{=} LD^{(1)}(g)x \Rightarrow D^{(1)}(g)x \in \operatorname{Kern}(L).$$

Somit ist $\operatorname{Kern}(L)$ ein invarianter Untervektorraum von $D^{(1)}$. Da $D^{(1)}$ irreduzibel ist, folgt $\operatorname{Kern}(L) = \{0\}$ oder $\operatorname{Kern}(L) = V_1$. Wegen $L \neq 0$ muss $\operatorname{Kern}(L) = \{0\}$ gelten, denn wäre $\operatorname{Kern}(L) = V_1$, so würden alle Elemente auf 0 abgebildet und L wäre der Nulloperator. Somit haben wir gezeigt, dass L injektiv ist.
2. Es sei $x \neq 0$ aus V_1 mit $0 \neq y = Lx \in \operatorname{Bild}(L)$. Für beliebiges $g \in G$ gilt

$$D^{(2)}(g)y = D^{(2)}(g)Lx \stackrel{(*)}{=} LD^{(1)}(g)x \in \operatorname{Bild}(L).$$

Demnach ist $\operatorname{Bild}(L)$ invariant bzgl. $D^{(2)}$. Da $D^{(2)}$ irreduzibel ist, folgt $\operatorname{Bild}(L) = \{0\}$ oder $\operatorname{Bild}(L) = V_2$. Da L injektiv ist, gilt $\operatorname{Bild}(L) \neq \{0\}$, und deshalb folgt $\operatorname{Bild}(L) = V_2$, d. h. L ist surjektiv.
3. Aus der Kombination von 1. und 2. folgt, dass L invertierbar ist. $\square$

Wenn ein linearer Operator mit allen Operatoren einer irreduziblen Darstellung kommutiert, muss es sich dabei um ein Vielfaches der Identität handeln. Dies ist der Inhalt des folgenden Lemmas.

Satz 2.5 (Lemma von Schur)
Es seien $D : G \to GL(V)$ eine irreduzible Darstellung von G auf einem endlichdimensionalen $\mathbb{C}$-Vektorraum V und $L : V \to V$ ein linearer Operator mit

$$[L, D(g)] = 0 \ \forall \ g \in G. \tag{$*$}$$

Dann gilt: L ist Vielfaches der Identität I auf V.

Beweis 2.5 Der Fall $L = 0$ ist eine triviale Lösung von $(*)$. Es sei nun $L \neq 0$. Wir stellen L durch eine (n, n)-Matrix A dar. Die Suche nach deren Eigenvektoren führt über

$$\det(A - \lambda \mathbb{1}_{n \times n}) = 0$$

auf das charakteristische Polynom der Matrix A vom Grad $n \geq 1$:

$$P_A(\lambda) = (-1)^n \lambda^n + \ldots + \alpha_0, \quad \alpha_i \in \mathbb{C}.$$

Die Forderung $P_A(\lambda) = 0$ ist eine algebraische Gleichung vom Grad n, die gemäß dem Nullstellensatz für Polynome mindestens eine komplexe Nullstelle besitzt. Deshalb hat jeder lineare Operator auf einem endlichdimensionalen $\mathbb{C}$-Vektorraum mindestens einen Eigenvektor $x \neq 0$ mit $Lx = \lambda x$.

1. $\lambda \neq 0$
   Es sei $U := \{x | Tx = \lambda x\}$. Wir betrachten $0 \neq x \in U$:

$$\lambda(D(g)x) = D(g)(\lambda x) = D(g)Lx \overset{(*)}{=} L(D(g)x).$$

2. $\lambda = 0$
   Es sei $U := \{x | Tx = 0\}$. Wir betrachten $0 \neq x \in U$:

$$T \underbrace{D(g)x}_{\neq 0} \overset{(*)}{=} D(g) \underbrace{Tx}_{= 0} = 0.$$

In beiden Fällen ist $D(g)x \in U$, d. h. U ist invariant bzgl. D. Da D irreduzibel ist, gilt $U = \{0\}$ oder $U = V$. Der erste Fall ist ausgeschlossen, da 0 kein Eigenvektor ist. Somit gilt $V: Lx = \lambda x \; \forall \; x \in V \Rightarrow L = \lambda I$. $\qquad \square$

Der nun folgende Satz ist von zentraler Bedeutung für alle weiteren Anwendungen. Der zugehörige Beweis erfordert die Lemmata von Schur.

Satz 2.6 (Fundamentale Orthogonalitätsrelation für Matrizen irreduzibler Darstellungen)
Es seien $D^{(\mu)}$ und $D^{(\nu)}$ nichtäquivalente, irreduzible, unitäre Darstellungen einer endlichen Gruppe der Ordnung $|G|$ auf endlichdimensionalen Vektorräumen V_μ und V_ν mit Dimensionen $n_\mu, n_\nu < \infty$ [siehe Satz 2.2 und beachte außerdem: $D^\dagger(g) = D^{-1}(g) = D(g^{-1})$]. Dann gilt folgende Orthogonalitätsrelation:

$$\sum_{g \in G} D_{ir}^{(\mu)}(g) \underbrace{D_{js}^{(\nu)*}(g)}_{= D_{sj}^{(\nu)}(g^{-1})} = \frac{|G|}{n_\mu} \delta^{\mu\nu} \delta_{ij} \delta_{rs}. \tag{2.8}$$

Beweis 2.6 1. Schritt: Es seien $A : V_\mu \to V_\nu$ eine (zunächst) beliebige lineare Abbildung und $B : V_\mu \to V_\nu$ eine weitere lineare Abbildung, die mithilfe der Abbildung A und der irreduziblen Darstellungen definiert wird durch

$$B := \sum_{g \in G} D^{(\nu)}(g) A D^{(\mu)}(g^{-1}).$$

Für ein beliebiges $h \in G$ gilt

$$
\begin{aligned}
D^{(\nu)}(h) B &= D^{(\nu)}(h) \sum_{g \in G} D^{(\nu)}(g) A D^{(\mu)}(g^{-1}) \\
&= \sum_{g \in G} D^{(\nu)}(h) D^{(\nu)}(g) A D^{(\mu)}(g^{-1}) \\
&= \sum_{g \in G} D^{(\nu)}(hg) A D^{(\mu)}(g^{-1}).
\end{aligned}
$$

Mithilfe der Ersetzungen $g' = hg$ und $g^{-1} = g'^{-1}h$ erhalten wir

$$D^{(\nu)}(h) B = \sum_{g \in G} D^{(\nu)}(g') A D^{(\mu)}(g'^{-1}h).$$

Aus $\sum_{g \in G} \cdots = \sum_{g' \in G} \cdots$ für eine endliche Summe folgt zusammen mit der Homomorphismuseigenschaft:

$$\sum_{g \in G} D^{(\nu)}(g') A D^{(\mu)}(g'^{-1}h) = \underbrace{\sum_{g' \in G} D^{(\nu)}(g') A D^{(\mu)}(g'^{-1})}_{= B} D^{(\mu)}(h) = B D^{(\mu)}(h),$$

also

$$D^{(\nu)}(h) B = B D^{(\mu)}(h) \; \forall \; h \in G.$$

Wir wenden nun die Lemmata von Schur an:

1. $V_\mu \neq V_\nu \Rightarrow B = 0$,
2. $V_\mu = V_\nu \Rightarrow B = \lambda I$,

oder zusammengefasst:

$$\sum_{g \in G} D^{(\mu)}(g) A D^{(\nu)}(g^{-1}) = \lambda_A^{(\mu)} \delta^{\mu\nu} I. \qquad (*)$$

Der Wert von $\lambda_A^{(\mu)}$ ist davon abhängig, welche irreduzible Darstellung $D^{(\mu)}$ und welche lineare Abbildung A betrachtet wird.

2. Schritt: Wir wählen A so, dass alle Einträge gleich null sind außer $A_{rs} = 1$, d. h. $A_{lm} = \delta_{lr}\delta_{ms}$, und bezeichnen $\lambda_A^{(\mu)} = \lambda_{rs}^{(\mu)}$. Nun betrachten wir von (∗) den Eintrag in der i-ten Zeile und der j-ten Spalte:

$$\sum_{g \in G} D_{il}^{(\mu)}(g) \underbrace{A_{lm}}_{= \delta_{lr}\delta_{ms}} D_{mj}^{(\nu)}(g^{-1}) = \sum_{g \in G} D_{ir}^{(\mu)}(g) D_{sj}^{(\nu)}(g^{-1}) = \lambda_{rs}^{(\mu)} \delta^{\mu\nu} \delta_{ij}.$$

3. Schritt: Nun bestimmen wir $\lambda_{rs}^{(\mu)}$. Dazu setzen wir $\mu = \nu$, multiplizieren mit δ_{ij} und summieren das Ergebnis über doppelt auftretende Indizes:

$$\sum_{g \in G} \underbrace{\underbrace{\left(D^{(\mu)}(g^{-1}) D^{(\mu)}(g) \right)_{sr}}_{= I_{sr} = \delta_{rs}}}_{= |G| \delta_{rs}} = n_\mu \lambda_{rs}^{(\mu)},$$

mit $\delta_{ij}\delta_{ij} = n_\mu$. Es folgt $\lambda_{rs}^{(\mu)} = |G| \delta_{rs} / n_\mu$ und somit die Behauptung. $\qquad\square$

Die folgende Definition des Charakters einer Darstellung spielt im Kontext der Clebsch-Gordan-Zerlegung eine große Rolle.

Definition 2.13 (Charakter)
Für eine endlichdimensionale Darstellung $D : G \to \mathrm{GL}(n, \mathbb{C})$ der Gruppe G bezeichnet man die durch

$$\chi(g) := \mathrm{Sp}(D(g)), \quad g \in G,$$

definierte Spurfunktion $\chi : G \to \mathbb{C}$ als *Charakter* von D. ◆

Es sei darauf hingewiesen, dass diese Definition nicht nur für endliche Gruppen gilt.

Satz 2.7
Äquivalente Darstellungen besitzen dieselben Charaktere.

Beweis 2.7 Siehe Aufgabe 2.14. $\qquad\square$

Satz 2.8
Die Voraussetzungen seien wie in Satz 2.6. Für Charaktere gilt

$$\sum_{g \in G} \chi^{(\mu)}(g) \chi^{(\nu)*}(g) = |G| \delta^{\mu\nu}.$$

Beweis 2.8 Wir starten mit (2.8),

$$\sum_{g \in G} D_{ir}^{(\mu)}(g) D_{sj}^{(\nu)}(g^{-1}) = \frac{|G|}{n_\mu} \delta^{\mu\nu} \delta_{ij} \delta_{rs},$$

multiplizieren beide Seiten der Gleichung mit $\delta_{ir}\delta_{sj}$ und summieren im Resultat über doppelt auftretende Indizes. Für die linke Seite ergibt dies

$$\delta_{ir}\delta_{sj} \sum_{g \in G} D_{ir}^{(\mu)}(g) D_{sj}^{(\nu)}(g^{-1}) = \sum_{g \in G} D_{ii}^{(\mu)}(g) D_{jj}^{(\nu)}(g^{-1})$$

$$= \sum_{g \in G} \chi^{(\mu)}(g) \underbrace{\chi^{(\nu)}(g^{-1})}_{= \chi^{(\nu)*}(g)}$$

$$= \sum_{g \in G} \chi^{(\mu)}(g) \chi^{(\nu)*}(g).$$

Für die rechte Seite verwenden wir $\delta_{ij}\delta_{ir}\delta_{sj}\delta_{rs} = \delta_{ii} = n_\mu$ mit dem Ergebnis

$$\delta_{ir}\delta_{sj} \frac{|G|}{n_\mu} \delta^{\mu\nu} \delta_{ij} \delta_{rs} = |G| \delta^{\mu\nu}. \qquad \square$$

Notation Es seien φ und χ Charaktere. Wir führen folgende Notation ein:[9]

$$<\varphi, \chi> := \frac{1}{|G|} \sum_{g \in G} \varphi(g) \chi(g^{-1}) = \frac{1}{|G|} \sum_{g \in G} \varphi(g^{-1}) \chi(g) = <\chi, \varphi>.$$

Folgerung Charaktere nichtäquivalenter, irreduzibler Darstellungen erfüllen die Beziehung

$$<\chi^{(\mu)}, \chi^{(\nu)}> = \delta^{\mu\nu}.$$

Wir formulieren dieselbe Aussage noch einmal, allerdings dahingehend effizienter, dass wir von den Konjugationsklassen der Gruppe G Gebrauch machen.

Satz 2.9
Die Voraussetzungen seien wie in Satz 2.6. Es seien $K_1, \ldots, K_k$ die Konjugationsklassen von G mit jeweils k_i Elementen. Dann gilt

$$\delta^{\mu\nu} = \frac{1}{|G|} \sum_{i=1}^{k} k_i \chi_i^{(\mu)} \chi_i^{(\nu)*}.$$

---

[9] Die Schreibweise erinnert an ein Skalarprodukt. Allerdings gilt zu beachten, dass Charaktere einer Darstellung keine Vektoren im eigentlichen Sinne sind, weil die Multiplikation mit einem Skalar nicht wieder einen Charakter liefert.

Beweis 2.9

- Konjugation zerlegt G in disjunkte Äquivalenzklassen K_i (siehe die Anwendung in Abschn. 1.3 im Anschluss an Definition 1.12).

- Es seien $a, b \in K_i$ mit $a = g b g^{-1}$:

$$
\begin{aligned}
\chi^{(\mu)}(a) = \chi^{(\mu)}\left(g b g^{-1}\right) &= \mathrm{Sp}\left(D^{(\mu)}\left(g b g^{-1}\right)\right) \\
&= \mathrm{Sp}\left(D^{(\mu)}(g) D^{(\mu)}(b) D^{(\mu)}(g^{-1})\right) \\
\mathrm{Sp}(AB) = \mathrm{Sp}(BA) \\
&= \mathrm{Sp}\left(D^{(\mu)}(g^{-1}) D^{(\mu)}(g) D^{(\mu)}(b)\right) = \mathrm{Sp}\left(D^{(\mu)}(e) D^{(\mu)}(b)\right) \\
&= \mathrm{Sp}\left(I D^{(\mu)}(b)\right) = \mathrm{Sp}\left(D^{(\mu)}(b)\right) = \chi^{(\mu)}(b) =: \chi_i^{(\mu)}.
\end{aligned}
$$

Innerhalb einer Konjugationsklasse reicht es demnach aus, die Spur für einen Repräsentanten zu berechnen.   □

Folgerung   Für die Anzahl r der nichtäquivalenten, irreduziblen Darstellungen einer endlichen Gruppe gilt $r \le k$, wobei k die Anzahl der Konjugationsklassen ist. Begründung: Für ein gegebenes μ interpretieren wir die Zahlen $\chi_i^{(\mu)} \sqrt{k_i}$ als Komponenten eines Vektors in einem k-dimensionalen Raum. Wegen $\chi^{(\mu)}(e) = n_\mu$ ist der Vektor nicht der Nullvektor. Diese Vektoren sind gemäß Satz 2.9 orthogonal. Die Anzahl r paarweise orthogonaler Vektoren ist maximal gleich der Dimension k.

Satz 2.10
Die Vorraussetzungen seien wie in Satz 2.6. Für Charaktere gilt auch die Orthogonalitätsrelation

$$
\frac{k_i}{|G|} \sum_{\mu=1}^{r} \chi_i^{(\mu)} \chi_j^{(\mu)*} = \delta_{ij},
$$

wobei r die Anzahl der nichtäquivalenten, irreduziblen, unitären Darstellungen bezeichnet und k_i die Anzahl der Elemente in der Konjugationsklasse K_i.

Beweis 2.10   Siehe Hamermesh (1962), Abschnitt 3.17.   □

Satz 2.11
Die Anzahl r der nichtäquivalenten, irreduziblen Darstellungen einer endlichen Gruppe ist gleich der Anzahl k der Konjugationsklassen: $r = k$.

Beweis 2.11   Aus Satz 2.10 ergibt sich völlig analog zum Beweis der obigen Folgerung für die Anzahl der Konjugationsklassen k die Abschätzung $k \le r$, was in Kombination mit $r \le k$ zu der Behauptung führt.   □

Satz 2.12
Gegeben sei eine (reduzible) Darstellung D einer endlichen Gruppe G der Ordnung
$|G|$. *Dann gilt für die Zerlegung in irreduzible Darstellungen:*

$$D = \bigoplus_{\mu=1}^{k} a_{\mu} D^{(\mu)}, \tag{2.9}$$

mit

$$a_{\mu} = \frac{1}{|G|} \sum_{g \in G} \chi(g) \chi^{(\mu)}(g^{-1}). \tag{2.10}$$

Hierbei gibt der Koeffizient a_{μ} mit $a_{\mu} \in \mathbb{N}_0$ an, wie häufig $D^{(\mu)}$ in der Zerlegung vorkommt.

Beweis 2.12 Wir machen uns zunutze, dass jede reduzible Darstellung einer endlichen Gruppe vollständig reduzibel ist. Zur Bestimmung der nichtnegativen Koeffizienten a_{μ} bilden wir für ein beliebiges g die Spur in (2.9):

$$\chi(g) = \sum_{\mu=1}^{k} a_{\mu} \chi^{(\mu)}(g).$$

Wir multiplizieren das Ergebnis mit $\chi^{(v)}(g^{-1})$ und summieren dann über g:

$$\sum_{g \in G} \chi^{(v)}(g^{-1}) \chi(g) = \sum_{g \in G} \chi^{(v)}(g^{-1}) \sum_{\mu=1}^{k} a_{\mu} \chi^{(\mu)}(g)$$

$$= \sum_{\mu=1}^{k} a_{\mu} \underbrace{\sum_{g \in G} \chi^{(v)}(g^{-1}) \chi^{(\mu)}(g)}_{= |G| \delta^{\mu v} \text{ wegen Satz 2.8}}$$

$$= |G| a_v \quad \Rightarrow \text{ Behauptung.} \qquad \square$$

Grafisch lässt sich (2.9) folgendermaßen interpretieren. Es sei D eine m-dimensionale Darstellung. Die (m, m)-Matrizen $D(g)$ sind äquivalent zu Matrizen in Blockdiagonalform:

$$S^{-1} D(g) S = \begin{pmatrix} D^{(1)}(g) & & & & & & \\ & \ddots & & & & \bigcirc & \\ & & D^{(1)}(g) & & & & \\ & & & \ddots & & & \\ & \bigcirc & & & D^{(k)}(g) & & \\ & & & & & \ddots & \\ & & & & & & D^{(k)}(g) \end{pmatrix}.$$

Hierbei ist S, unabhängig vom Gruppenelement g, ein und dieselbe invertierbare (m, m)-Matrix. Für die Häufigkeiten a_μ, wie oft eine irreduzible Darstellung $D^{(\mu)}$ in der Zerlegung vorkommt, gilt $\sum_{\mu=1}^{k} a_\mu n_\mu = m$. Sollte eine irreduzible Darstellung $D^{(\mu)}$ in der Zerlegung nicht auftauchen, so muss sie ebenfalls in der Blockdiagonalmatrix weggelassen werden.

Satz 2.13
Es sei G eine endliche Gruppe der Ordnung $|G|$. Die durch

$$gg_i = \sum_{j=1}^{|G|} D_{ji}(g)g_j, \quad i = 1, \ldots, |G|,$$

definierten $(|G|, |G|)$-Matrizen $D(g)$ bilden die sog. reguläre Darstellung von G.

Beweis 2.13 1. Schritt: Wir zeigen zunächst, dass $D(g)$ eine invertierbare, reelle $(|G|, |G|)$-Matrix ist. Wir nummerieren die Gruppenelemente von 1 bis $|G|$ durch und vereinbaren $g_1 = e$.

- Das Produkt gg_i bestimmt die Einträge in der i-ten Spalte. Da

$$gg_i = g_l$$

  mit einem eindeutigen g_l gilt, hat die i-te Spalte in der l-ten Zeile eine 1 und sonst nur Nullen.
- Für festes g kann g_l nur für genau ein g_i als Kompositum auftreten. Deshalb folgt auch, dass jede Spalte genau eine 1 und sonst nur Nullen hat.
- Insbesondere folgt dann mit dem Entwicklungssatz von Laplace für die Berechnung von Determinaten, dass $\det(D(g)) = \pm 1$ gilt und die Matrix $D(g)$ somit invertierbar ist.

2. Schritt: Wegen $eg = ge = g$ gilt immer

$$D(e) = \begin{pmatrix} 1 & & & & \\ & 1 & & \bigcirc & \\ & & \ddots & & \\ & \bigcirc & & 1 & \\ & & & & 1 \end{pmatrix}.$$

3. Schritt: Wir überprüfen die Homomorphismuseigenschaft. Wir betrachten zunächst

$$(gg')g_i = \sum_{j=1}^{|G|} D_{ji}(gg')g_j, \quad i = 1, \ldots, |G|,$$

und vergleichen mit

$$g(g'g_i) = g \sum_{k=1}^{|G|} D_{ki}(g')g_k = \sum_{k=1}^{|G|} D_{ki}(g') \sum_{j=1}^{|G|} D_{jk}(g)g_j$$

$$= \sum_{j=1}^{|G|} \sum_{k=1}^{|G|} D_{jk}(g)D_{ki}(g')g_j = \sum_{j=1}^{|G|} (D(g)D(g'))_{ji} g_j,$$

d. h. $D(gg') = D(g)D(g')$. $\qquad\qquad\qquad\qquad\qquad\qquad\qquad\qquad\qquad\quad \square$

Beispiel 2.19
Wir konstruieren die reguläre Darstellung für die Gruppe $C_3 = \{e, c, c^2\}$ mit der Nummerierung $g_1 = e$, $g_2 = c$ und $g_3 = c^2$:

$$D(e) = \begin{pmatrix} 1 & 0 & 0 \\ 0 & 1 & 0 \\ 0 & 0 & 1 \end{pmatrix},$$

$$c \underbrace{\ e\ }_{g_1} = \underbrace{\ c\ }_{g_2} \Rightarrow D_{21}(c) = 1,$$

$$c \underbrace{\ c\ }_{g_2} = \underbrace{\ c^2\ }_{g_3} \Rightarrow D_{32}(c) = 1,$$

$$c \underbrace{\ c^2\ }_{g_3} = \underbrace{\ e\ }_{g_1} \Rightarrow D_{13}(c) = 1,$$

d. h.

$$D(c) = \begin{pmatrix} 0 & 0 & 1 \\ 1 & 0 & 0 \\ 0 & 1 & 0 \end{pmatrix}$$

und analog

$$D(c^2) = \begin{pmatrix} 0 & 1 & 0 \\ 0 & 0 & 1 \\ 1 & 0 & 0 \end{pmatrix}.$$

Dies zeigt man entweder wie oben,

$$c^2 \underbrace{\ e\ }_{g_1} = \underbrace{\ c^2\ }_{g_3} \Rightarrow D_{31}(c^2) = 1,$$

$$c^2 \underbrace{\ c\ }_{g_2} = \underbrace{\ e\ }_{g_1} \Rightarrow D_{12}(c^2) = 1,$$

$$c^2 \underbrace{\ c^2\ }_{g_3} = \underbrace{\ c\ }_{g_2} \Rightarrow D_{23}(c^2) = 1,$$

oder mithilfe der Homomorphismuseigenschaft:

$$D(c^2) = D(c)D(c) = \begin{pmatrix} 0 & 0 & 1 \\ 1 & 0 & 0 \\ 0 & 1 & 0 \end{pmatrix} \begin{pmatrix} 0 & 0 & 1 \\ 1 & 0 & 0 \\ 0 & 1 & 0 \end{pmatrix} = \begin{pmatrix} 0 & 1 & 0 \\ 0 & 0 & 1 \\ 1 & 0 & 0 \end{pmatrix}. \qquad \blacksquare$$

Weitere Beispiele werden in Aufgabe 2.17 behandelt.

Mithilfe der regulären Darstellung können wir nun einen Zusammenhang zwischen der Ordnung der Gruppe und den Dimensionen der irreduziblen Darstellungen herstellen.

Satz 2.14
Die Voraussetzungen seien wie in Satz 2.6. Es gilt

$$\sum_{\mu=1}^{k} n_\mu^2 = |G|. \qquad (2.11)$$

Beweis 2.14 Wir betrachten die reguläre Darstellung und zerlegen sie gemäß Satz 2.12 in eine direkte Summe irreduzibler Darstellungen:

$$D = \bigoplus_{\mu=1}^{k} a_\mu D^{(\mu)} \quad \text{mit} \quad a_\mu = \frac{1}{|G|} \sum_{g \in G} \chi(g) \chi^{(\mu)}(g^{-1}).$$

Die Dimension der regulären Darstellung ist $|G|$. Per Konstruktion besitzt nur $D(e)$ von null verschiedene Diagonalmatrixelemente. Für den Charakter gilt daher

$$\chi(g) = \begin{cases} |G| & \text{für } g = e, \\ 0 & \text{sonst.} \end{cases}$$

Somit ergibt sich für die Koeffizienten a_μ:

$$a_\mu = \frac{1}{|G|} \sum_{g \in G} \underbrace{|G| \delta_{ge}}_{= \chi(g)} \chi^{(\mu)}(g^{-1}) = \frac{1}{|G|} |G| \underbrace{\chi^{(\mu)}(e)}_{= n_\mu} = n_\mu.$$

Wir betrachten nun speziell

$$\chi(e) = |G| = \sum_{\mu=1}^{k} a_\mu \chi^{(\mu)}(e) = \sum_{\mu=1}^{k} n_\mu^2. \qquad \square$$

Nun können wir das sog. *Frobenius-Kriterium für Irreduzibilität* formulieren, mit dessen Hilfe sich entscheiden lässt, ob eine gegebene Darstellung irreduzibel ist.

Satz 2.15

Eine endlichdimensionale Darstellung einer endlichen Gruppe G der Ordnung $|G|$ mit Charakter χ ist irreduzibel genau dann, wenn gilt:

$$\sum_{g \in G} \chi^*(g)\chi(g) = |G|. \tag{2.12}$$

Beweis 2.15

„$\Rightarrow$": Wir wenden Satz 2.8,

$$\sum_{g \in G} \chi^{(\mu)}(g)\chi^{(\nu)*}(g) = |G|\delta^{\mu\nu},$$

für $\mu = \nu$ an.

„$\Leftarrow$": Mithilfe von

$$D = \bigoplus_{\mu=1}^{k} a_\mu D^{(\mu)}$$

schreiben wir für den Charakter der Darstellung

$$\chi(g) = \sum_{\mu=1}^{k} a_\mu \chi^{(\mu)}(g).$$

Dies setzen wir nun in (2.12) ein:

$$|G| = \sum_{g \in G} \chi^*(g)\chi(g) = \sum_{g \in G} \left(\sum_{\mu=1}^{k} a_\mu \chi^{(\mu)*}(g) \right) \left(\sum_{\nu=1}^{k} a_\nu \chi^{(\nu)}(g) \right)$$

$$= \sum_{\mu,\nu=1}^{k} a_\mu a_\nu \underbrace{\sum_{g \in G} \chi^{(\mu)*}(g)\chi^{(\nu)}(g)}_{= \delta^{\mu\nu}|G|, \text{ wegen Satz 2.8}} = |G| \sum_{\mu} a_\mu^2.$$

Wegen $a_\mu \in \mathbb{N}_0$ ist $a_\mu = 1$ für genau ein μ und 0 sonst. Somit ist D irreduzibel.

$\square$

2.4 Konstruktion einer Charaktertafel

Es sei G eine endliche Gruppe der Ordnung $|G|$. Der Informationsgehalt zu den Charakteren irreduzibler Darstellungen lässt sich mithilfe einer sog. Charaktertafel zusammenfassen. Für deren Konstruktion stellen wir nun aus den Ergebnissen des vorigen Abschnitts einen Leitfaden zusammen.

1. Eine Charaktertafel ist eine quadratische Matrix, deren Einträge aus den Werten der Charaktere irreduzibler Darstellungen bestehen. Eine Zeile enthält die Werte für eine gebene irreduzible Darstellung, während die Konjugationsklassen spaltenweise sortiert sind.

2. Die Gesamtzahl r der nichtäquivalenten, irreduziblen Darstellungen ist gleich der Anzahl k der Konjugationsklassen (Satz 2.11). Die Charaktertafel ist also eine (r, r)-Matrix.

3. Zwischen den Dimensionen n_μ ($\mu = 1, \ldots, r$) der nichtäquivalenten, irreduziblen Darstellungen und der Ordnung $|G|$ der Gruppe besteht folgender Zusammenhang (Satz 2.14):

$$\sum_{\mu=1}^{r} n_\mu^2 = |G|.$$

4. Es existiert *immer* die triviale Darstellung, der wir die Darstellungsnummer 1 zuweisen: $D^{(1)}(g) = 1 \; \forall \; g \in G$ mit $n_1 = 1$.

5. Der Wert des Charakters für das Einselement e ist durch die Dimension der Darstellung gegeben: $\chi^{(\mu)}(e) = n_\mu$.

6. Für eine *eindimensionale* Darstellung gilt $\chi(g) = D(g)$ und deshalb auch
   (a) $\chi(g_1 g_2) = \chi(g_1)\chi(g_2)$,
   (b) $\chi(g) \neq 0$.

7. Die Charaktere nichtäquivalenter, irreduzibler Darstellungen erfüllen die Orthogonalitätsrelation (Satz 2.9)

$$\frac{1}{|G|} \sum_{i=1}^{k} k_i \chi_i^{(\mu)} \chi_i^{(\nu)*} = \delta^{\mu\nu},$$

wobei k_i die Anzahl der Gruppenelemente in der Konjugationsklasse K_i ist.

8. Bezüglich der Konjugationsklassen gilt die Orthogonalitätsrelation (Satz 2.10):

$$\frac{k_i}{|G|} \sum_{\mu=1}^{r} \chi_i^{(\mu)} \chi_j^{(\mu)*} = \delta_{ij}.$$

9. Man verwende außerdem jede weitere „nützliche" Information.

Beispiel 2.20
Wir werden nun die Anwendung des Leitfadens am Beispiel der Gruppe D_3 illustrieren (siehe Beispiel 1.25 in Abschn. 1.3). Sie besteht aus sechs Gruppenelementen, die auf drei Konjugationsklassen verteilt sind:

$$\begin{aligned}
K_1 &= \{e\}, & k_1 &= 1, \\
K_2 &= \{c, c^2\}, & k_2 &= 2, \\
K_3 &= \{b, bc, bc^2\}, & k_3 &= 3.
\end{aligned}$$

Aufgrund von Punkt 2 suchen wir nach drei nichtäquivalenten, irreduziblen Darstellungen, wovon eine wegen Punkt 4 die triviale Darstellung ist. Die Anwendung von Punkt 3 liefert somit $n_2^2 + n_3^2 = 5 = 1^2 + 2^2$. Unter Verwendung von Punkt 5 ergibt sich zunächst folgendes Schema für die Charaktertafel:

	$K_1 = \{e\}$	$K_2 = \{c, c^2\}$	$K_3 = \{b, bc, bc^2\}$
$\chi^{(1)}$	1	1	1
$\chi^{(2)}$	1		
$\chi^{(3)}$	2		

Gesucht sind insgesamt also noch vier Einträge. Wir wenden uns zunächst den restlichen Werten von $\chi^{(2)}$ zu. Mithilfe von Punkt 6 finden wir

$$\chi_3^{(2)} = \chi^{(2)}(b) = \chi^{(2)}(bc) = \chi^{(2)}(b)\chi^{(2)}(c),$$

sodass $\chi^{(2)}(c) = \chi_2^{(2)} = 1$ ist. Aus der Orthogonalität von $\chi^{(2)}$ zu $\chi^{(1)}$ ergibt sich mittels Punkt 7 eine Gleichung für $\chi_3^{(2)}$:

$$0 = \frac{1}{6}(1 \cdot 1 \cdot 1 + 2 \cdot 1 \cdot 1 + 3 \cdot 1 \cdot \chi_3^{(2)}) \Rightarrow \chi_3^{(2)} = -1.$$

Somit haben wir als Zwischenergebnis für die Charaktertafel:

	K_1	K_2	K_3
$\chi^{(1)}$	1	1	1
$\chi^{(2)}$	1	1	-1
$\chi^{(3)}$	2	α	β

Schließlich liefert die Orthogonalität von $\chi^{(1)}$ und $\chi^{(2)}$ zu $\chi^{(3)}$ die Werte für α und β:

$$\mu = 1, \nu = 3: \quad 0 = \frac{1}{6}(1 \cdot 1 \cdot 2 + 2 \cdot 1 \cdot \alpha^* + 3 \cdot 1 \cdot \beta^*)$$

$$\Rightarrow \quad 2 + 2\alpha^* + 3\beta^* = 0, \tag{1}$$

$$\mu = 2, \nu = 3: \quad 0 = \frac{1}{6}(1 \cdot 1 \cdot 2 + 2 \cdot 1 \cdot \alpha^* + 3 \cdot (-1) \cdot \beta^*)$$

$$\Rightarrow \quad 2 + 2\alpha^* - 3\beta^* = 0. \tag{2}$$

Addition von (1) und (2) ergibt $4 + 4\alpha^* = 0 \Rightarrow \alpha^* = -1 = \alpha$. Einsetzen in die erste Gleichung liefert schließlich $\beta^* = 0 = \beta$.

Als endgültiges Resultat für die Charaktertafel von D_3 erhalten wir

	$K_1 = \{e\}$	$K_2 = \{c, c^2\}$	$K_3 = \{b, bc, bc^2\}$
$\chi^{(1)}$	1	1	1
$\chi^{(2)}$	1	1	-1
$\chi^{(3)}$	2	-1	0

$$(2.13)$$

∎

Ein weiteres Beispiel wird in Aufgabe 2.18 behandelt.

Anmerkung Für $\mathbb{C}$-Vektorräume sind Charaktere im Allg. komplexwertige Funktionen. Es lässt sich zeigen, dass für die symmetrischen Gruppen (und dazu isomorphe Gruppen wie $D_3 \cong S_3$) die Werte der Charaktere immer aus $\mathbb{Z}$ sind.

Eine konkrete Realisierung der irreduziblen Darstellungen $D^{(\mu)}$ von D_3 auf $\mathbb{R}$-Vektorräumen lautet (siehe Aufgabe 2.19):

	$D^{(1)}$	$D^{(2)}$	$D^{(3)}$
e	1	1	$\begin{pmatrix} 1 & 0 \\ 0 & 1 \end{pmatrix}$
c	1	1	$\begin{pmatrix} -\frac{1}{2} & -\frac{\sqrt{3}}{2} \\ \frac{\sqrt{3}}{2} & -\frac{1}{2} \end{pmatrix}$
c^2	1	1	$\begin{pmatrix} -\frac{1}{2} & \frac{\sqrt{3}}{2} \\ -\frac{\sqrt{3}}{2} & -\frac{1}{2} \end{pmatrix}$
b	1	-1	$\begin{pmatrix} 1 & 0 \\ 0 & -1 \end{pmatrix}$
bc	1	-1	$\begin{pmatrix} -\frac{1}{2} & -\frac{\sqrt{3}}{2} \\ -\frac{\sqrt{3}}{2} & \frac{1}{2} \end{pmatrix}$
bc^2	1	-1	$\begin{pmatrix} -\frac{1}{2} & \frac{\sqrt{3}}{2} \\ \frac{\sqrt{3}}{2} & \frac{1}{2} \end{pmatrix}$

2.5 Clebsch-Gordan-Zerlegung

Bei der Betrachtung zusammengesetzter Systeme sind innere Tensorproduktdarstellungen von fundamentalem Interesse. Die Zerlegung der inneren Tensorproduktdarstellung zweier irreduzibler Darstellungen in eine direkte Summe irreduzibler Darstellungen wird als *Clebsch-Gordan-Zerlegung* bezeichnet. Als Paradebeispiel in der Physik eignet sich die quantenmechanische Beschreibung des Drehimpulses, die wir in den Abschn. 4.2 und 4.3 noch ausführlich untersuchen werden. Die aus der Kopplung zweier Einzeldrehimpulse bekannte Zerlegung in eine Reihe erhaltener Gesamtdrehimpulse (siehe Beispiele 2.17 und 2.18) ist eine Anwendung der Clebsch-Gordan-Zerlegung. Wie wir im nächsten Kapitel sehen werden, lassen sich praktisch alle zentralen Aussagen der Darstellungstheorie endlicher Gruppen auf sog. kompakte Lie-Gruppen übertragen. Dies gilt insbesondere für die Drehgruppe SO(3) und die spezielle unitäre Gruppe SU(2).

Beispiel 2.21
Für eine endliche Gruppe G bezeichne $D^{(\mu \times \nu)}$ die innere Tensorproduktdarstellung aus den irreduziblen Darstellungen $D^{(\mu)}$ und $D^{(\nu)}$ (siehe Definitionen 2.10 und

2.12), mit

$$D_{ij;i'j'}^{(\mu \times \nu)}(g) = D_{ii'}^{(\mu)}(g) D_{jj'}^{(\nu)}(g).$$

Der Charakter ergibt sich als Summe von $n_\mu \cdot n_\nu$ Beiträgen,

$$\chi^{(\mu \times \nu)}(g) = \sum_{i=1}^{n_\mu} \sum_{j=1}^{n_\nu} D_{ij,ij}^{(\mu \times \nu)}(g) = \sum_{i=1}^{n_\mu} \sum_{j=1}^{n_\nu} D_{ii}^{(\mu)}(g) D_{jj}^{(\nu)}(g)$$

$$= \sum_{i=1}^{n_\mu} D_{ii}^{(\mu)}(g) \sum_{j=1}^{n_\nu} D_{jj}^{(\nu)}(g) = \chi^{(\mu)}(g) \chi^{(\nu)}(g), \qquad (2.14)$$

d. h. der Charakter einer inneren Tensorproduktdarstellung ist gleich dem Produkt der Charaktere. Die Koeffizienten a_σ der Clebsch-Gordan-Zerlegung ergeben sich zusammen mit Satz 2.12 zu

$$a_\sigma = \langle \chi^{(\sigma)}, \chi^{(\mu)} \chi^{(\nu)} \rangle. \qquad (2.15)$$

∎

Beispiel 2.22
Es sei $G = D_3$. Wir fragen z. B. nach der Zerlegung der inneren Tensorproduktdarstellung $D^{(3)} \otimes D^{(3)}$ in irreduzible Darstellungen:

$$D^{(3 \times 3)} = D^{(3)} \otimes D^{(3)} = a_1 D^{(1)} \oplus a_2 D^{(2)} \oplus a_3 D^{(3)}.$$

Für die Bestimmung der Koeffizienten a_σ verwenden wir die Charaktertafel aus (2.13),

$$\chi^{(1)} = (1,1,1), \quad \chi^{(2)} = (1,1,-1), \quad \chi^{(3)} = (2,-1,0),$$

sowie (2.14),

$$\chi^{(3)} \chi^{(3)} = (4,1,0).$$

Mithilfe von (2.15) berechnen wir

$$a_1 = \frac{1}{6}(1 \cdot 1 \cdot 4 + 2 \cdot 1 \cdot 1 + 3 \cdot 1 \cdot 0) = 1,$$

$$a_2 = \frac{1}{6}(1 \cdot 1 \cdot 4 + 2 \cdot 1 \cdot 1 + 3 \cdot (-1) \cdot 0) = 1,$$

$$a_3 = \frac{1}{6}(1 \cdot 2 \cdot 4 + 2 \cdot (-1) \cdot 1 + 3 \cdot 0 \cdot 0) = 1,$$

sodass sich folgende Zerlegung ergibt:

$$D^{(3)} \otimes D^{(3)} = D^{(1)} \oplus D^{(2)} \oplus D^{(3)}.$$

Eine kurze Analyse der Dimensionen der Darstellungen hilft dabei, das Ergebnis auf Konsistenz zu überprüfen: $2^2 = 4 = 1 + 1 + 2$. ∎

Weitere Beispiele werden in Aufgabe 2.21 betrachtet.

2.6 Aufgaben

2.1 Es sei $M := \{D \,|\, D \text{ Darstellung von } G\}$. Überprüfen Sie, dass folgende Relation eine Äquivalenzrelation darstellt: $D_1 : V_1 \to V_1 \sim D_2 : V_2 \to V_2$, wenn ein bijektives $S : V_1 \to V_2$ existiert, mit $SD_1(g)S^{-1} = D_2(g) \ \forall \ g \in G$.

2.2 Gegeben sei die Drehmatrix

$$D_{m,m'}^{(l)}(\alpha, \beta, \gamma) = \langle l, m | \mathcal{R}(\alpha, \beta, \gamma) | l, m' \rangle^*$$

mit

$$\mathcal{R}(\alpha, \beta, \gamma) = \exp(-i\,\alpha\ell_z)\exp(-i\,\beta\ell_y)\exp(-i\,\gamma\ell_z).$$

Zeigen Sie, dass gilt:

$$D_{m,m'}^{(l)}(\alpha, \beta, \gamma) = \exp(i\,m\alpha)\,d_{m,m'}^{(l)}(\beta)\,\exp(i\,m'\gamma).$$

Wie lautet die Definition für $d_{m,m'}^{(l)}(\beta)$?
    Hinweis: $\ell_z | l, m \rangle = m | l, m \rangle$.

2.3 Gegeben seien die Energieeigenwerte eines Elektrons im Coulomb-Potenzial und im dreidimensionalen, harmonischen Oszillatorpotenzial:

$$E_n = -\frac{\alpha^2 m}{2n^2} \approx -\frac{13{,}6}{n^2}\,\text{eV}, \quad n = n_r + l + 1, \quad n_r, l \geq 0,$$

$$E_n = \left(n + \frac{3}{2}\right)\omega, \quad n = 2n_r + l, \quad n_r, l \geq 0.$$

Bestimmen Sie den Entartungsgrad der Eigenwerte für vorgegebenes n. Skizzieren Sie die Energieeigenwerte E_n in Abhängigkeit von l für $n = 1, \dots, 4$ (Wasserstoff) und $n = 0, \dots, 3$ (harmonischer Oszillator).

2.4 Betrachten Sie den Zustand $|2, 1, 1\rangle$ des Wasserstoffatoms mit der Wellenfunktion

$$\psi_{211}(\vec{x}) = R_{21}(r)Y_{11}(\theta, \phi).$$

a) Bestimmen Sie den Erwartungswert $\langle 2, 1, 1 | \ell_x | 2, 1, 1 \rangle$.
    Hinweis:

$$\int_0^\infty dr\, r^2 R_{21}^2(r) = 1, \quad Y_{11}(\theta, \phi) = -\sqrt{\frac{3}{8\pi}}\,\sin(\theta)e^{i\phi},$$

$$\ell_x = i\left[\sin(\phi)\frac{\partial}{\partial\theta} + \cot(\theta)\cos(\phi)\frac{\partial}{\partial\phi}\right].$$

b) Wir betrachten eine Drehung um die y-Achse um den Drehwinkel β mit der induzierten Transformation

$$\mathcal{R}(0, \beta, 0) = \exp(-i\,\beta\ell_y).$$

Benutzen Sie die *Baker-Campbell-Hausdorff-Formel*

$$e^A B e^{-A} = B + [A, B] + \frac{1}{2!}[A, [A, B]] + \frac{1}{3!}[A, [A, [A, B]]] + \dots$$

für $A = i\,\beta\ell_y$ und $B = \ell_x$, zusammen mit den kanonischen Vertauschungsrelationen für die Drehimpulsoperatoren, und leiten Sie folgende Formel her:

$$\exp(i\,\beta\ell_y)\ell_x \exp(-i\,\beta\ell_y) = \cos(\beta)\ell_x + \sin(\beta)\ell_z.$$

c) Wir betrachten nun denjenigen Zustand, der durch eine Drehung um die y-Achse um den Drehwinkel $\pi/2$ entsteht:

$$|2, 1, 1\rangle' = \exp\left(-i\frac{\pi}{2}\ell_y\right)|2, 1, 1\rangle.$$

Bestimmen Sie $'\langle 2, 1, 1|\ell_x|2, 1, 1\rangle'$.

d) Benutzen Sie die kanonischen Vertauschungsrelationen für die Ortsoperatoren und die Impulsoperatoren,

$$[x_i, x_j] = 0, \quad [p_i, p_j] = 0, \quad [x_i, p_j] = i\,\delta_{ij},$$

zusammen mit der Definition für die (Bahn-)Drehimpulsoperatoren, $\ell_i = \epsilon_{ijk}x_j p_k$, und leiten Sie die Vertauschungsrelationen zwischen den Ortsoperatoren und den Drehimpulsoperatoren sowie den Impulsoperatoren und den Drehimpulsoperatoren her.

e) Bestimmen Sie nun

$$\exp(i\,\beta\ell_y)x \exp(-i\,\beta\ell_y) \quad \text{und} \quad \exp(i\,\beta\ell_y)p_x \exp(-i\,\beta\ell_y).$$

2.5 Es sei $G = \{T_2(a_1, a_2)\}$ die Gruppe der zweidimensionalen Translationen:

$$T_2(a_1, a_2) : \mathbb{R}^2 \to \mathbb{R}^2, \quad T_2(a_1, a_2)\begin{pmatrix} x_1 \\ x_2 \end{pmatrix} = \begin{pmatrix} x_1 + a_1 \\ x_2 + a_2 \end{pmatrix}, \quad a_i \in \mathbb{R}.$$

a) Zeigen Sie, dass $D_1 : G \to \mathrm{GL}(2, \mathbb{C})$, $T(a_1, a_2) \mapsto D_1(a_1, a_2) : \mathbb{C}^2 \to \mathbb{C}^2$, mit

$$D_1(a_1, a_2) = \begin{pmatrix} 1 & a_1 + i\,a_2 \\ 0 & 1 \end{pmatrix},$$

eine Darstellung von G ist. Ist D_1 eine treue Darstellung?

b) Zeigen Sie, dass $D_2 : G \to \mathrm{GL}(2, \mathbb{R})$, $T(a_1, a_2) \mapsto D_2(a_1, a_2) : \mathbb{R}^2 \to \mathbb{R}^2$, mit

$$D_2(a_1, a_2) = \begin{pmatrix} 1 & a_1 + a_2 \\ 0 & 1 \end{pmatrix},$$

eine Darstellung von G ist. Wie lautet Kern(D_2)? Ist D_2 eine treue Darstellung?

2.6 Gegeben sei die sog. n-dimensionale *euklidische Bewegungsgruppe*

$$\mathrm{E}(n) = \{B : \mathbb{R}^n \to \mathbb{R}^n | x' = B(x) = Ax + b \ \forall \ x \in \mathbb{R}^n$$
$$\text{mit} \quad A \in \mathrm{O}(n) \quad \text{und} \quad b \in \mathbb{R}^n\}.$$

a) Bestimmen Sie das Kompositionsgesetz für $B_3 = B_1 B_2$, d. h. bestimmen Sie A_3 und b_3 als Funktionen von A_1, A_2, b_1 und b_2.

b) Zeigen Sie, dass $D : \mathrm{E}(n) \to \mathrm{GL}(n + 1, \mathbb{R})$, $B \mapsto D(B) : \mathbb{R}^{n+1} \to \mathbb{R}^{n+1}$, mit

$$D(B) = \begin{pmatrix} A & b \\ 0_{1 \times n} & 1 \end{pmatrix},$$

eine $(n + 1)$-dimensionale, injektive Darstellung von $\mathrm{E}(n)$ ist. Ist D vollständig reduzibel?

2.7 Gegeben sei folgende dreidimensionale Darstellung $D : \mathbb{R}^3 \to \mathbb{R}^3$ der Permutationsgruppe S_3, mit

$$D(\ ) = \begin{pmatrix} 1 & 0 & 0 \\ 0 & 1 & 0 \\ 0 & 0 & 1 \end{pmatrix}, \quad D(12) = \begin{pmatrix} 0 & 1 & 0 \\ 1 & 0 & 0 \\ 0 & 0 & 1 \end{pmatrix}, \quad D(13) = \begin{pmatrix} 0 & 0 & 1 \\ 0 & 1 & 0 \\ 1 & 0 & 0 \end{pmatrix},$$

$$D(23) = \begin{pmatrix} 1 & 0 & 0 \\ 0 & 0 & 1 \\ 0 & 1 & 0 \end{pmatrix}, \quad D(123) = \begin{pmatrix} 0 & 1 & 0 \\ 0 & 0 & 1 \\ 1 & 0 & 0 \end{pmatrix}, \quad D(321) = \begin{pmatrix} 0 & 0 & 1 \\ 1 & 0 & 0 \\ 0 & 1 & 0 \end{pmatrix}.$$

Zeigen Sie, dass die Darstellung reduzibel ist.

Hinweis: Finden Sie einen gemeinsamen Eigenvektor aller $D(g)$ und damit einen nichttrivialen, invarianten Untervektorraum.

2.8 Es sei G eine endliche Gruppe der Ordnung $|G|$ mit Darstellung D auf einem Skalarproduktraum $(V, \langle \cdot | \cdot \rangle)$. Zeigen Sie, dass

$$\{x|y\} := \frac{1}{|G|} \sum_{g \in G} \langle D(g)x | D(g)y \rangle$$

ein weiteres Skalarprodukt definiert. Überprüfen Sie dazu die drei definierenden Eigenschaften eines Skalarprodukts (siehe Anhang A.1).

2.9 Es sei $D = \{D(g)\}$ eine Darstellung einer Gruppe G in Form von Matrizen mit $g \mapsto D(g)$. Zeigen Sie, dass dann auch

$$(1) \quad g \mapsto D^*(g), \quad (2) \quad g \mapsto D^T(g^{-1}), \quad (3) \quad g \mapsto D^\dagger(g^{-1})$$

Darstellungen von G definieren.

Hinweis: Begründen Sie zunächst, warum die Matrizen aus (1), (2) und (3) invertierbar sind. Überprüfen Sie anschließend die Homomorphismuseigenschaft.

2.10 Gegeben sei eine zweidimensionale Darstellung von SU(2) auf $\mathbb{C}^2$ mit Elementen der Form

$$U(\theta, \hat{n}) = \exp\left(-\mathrm{i}\,\frac{\theta}{2}\,\hat{n} \cdot \vec{\sigma}\right),$$

wobei σ_i, $i = 1, 2, 3$, die Pauli-Matrizen sind. Zeigen Sie, dass $\{U^*(\theta, \hat{n})\}$ eine äquivalente Darstellung bildet.

Hinweis: Bestimmen Sie σ_i^*. Betrachten Sie $S = -\mathrm{i}\,\sigma_2$ und überprüfen Sie damit die Beziehung

$$U^*(\theta, \hat{n}) = S\,U(\theta, \hat{n})\,S^{-1}.$$

2.11 Gegeben sei der Hilbert-Raum $\mathcal{H}_{\frac{1}{2}}$ eines Spin-$\frac{1}{2}$-Teilchens mit Basis

$$\left\{ |\!\uparrow\rangle := \begin{pmatrix} 1 \\ 0 \end{pmatrix}, |\!-\rangle := \begin{pmatrix} 0 \\ 1 \end{pmatrix} \right\}.$$

a) Es seien σ_i, $i = 1, 2, 3$, die Pauli-Matrizen und $\sigma_\pm := \sigma_1 \pm \mathrm{i}\,\sigma_2$. Berechnen Sie

$$\sigma_\pm \begin{pmatrix} 1 \\ 0 \end{pmatrix}, \quad \sigma_\pm \begin{pmatrix} 0 \\ 1 \end{pmatrix}, \quad \sigma_3 \begin{pmatrix} 1 \\ 0 \end{pmatrix}, \quad \sigma_3 \begin{pmatrix} 0 \\ 1 \end{pmatrix}.$$

Es seien $\mathcal{H} = \mathcal{H}_{\frac{1}{2}} \otimes \mathcal{H}_{\frac{1}{2}}$ und

$$|1\rangle = |+\rangle \otimes |+\rangle, \quad |2\rangle = |+\rangle \otimes |-\rangle, \quad |3\rangle = |-\rangle \otimes |+\rangle, \quad |4\rangle = |-\rangle \otimes |-\rangle.$$

Wir führen folgende neue Basis ein:

$$|1, 1\rangle := |1\rangle, \quad |1, 0\rangle := \frac{1}{\sqrt{2}}(|2\rangle + |3\rangle), \quad |1, -1\rangle := |4\rangle,$$

$$|0, 0\rangle := \frac{1}{\sqrt{2}}(|2\rangle - |3\rangle).$$

Wir definieren den Operator für den Gesamtspin als

$$\vec{S} = \frac{\vec{\sigma}}{2} \otimes \mathbb{1} + \mathbb{1} \otimes \frac{\vec{\sigma}}{2} = \frac{\vec{\sigma}(1)}{2} + \frac{\vec{\sigma}(2)}{2} = \vec{S}(1) + \vec{S}(2),$$

wobei hinter dem zweiten Gleichheitszeichen die Physikerschreibweise dargestellt ist.

b) Bestimmen Sie S_3, angewandt auf $|1, 1\rangle$, $|1, 0\rangle$, $|1, -1\rangle$ und $|0, 0\rangle$.

c) Bestimmen Sie $\vec{S}^2$, angewandt auf $|1, 1\rangle$ und $|0, 0\rangle$.

Hinweis:

$$\vec{S}^2 = \left(\frac{\sigma_i}{2} \otimes \mathbb{1} + \mathbb{1} \otimes \frac{\sigma_i}{2} \right) \left(\frac{\sigma_i}{2} \otimes \mathbb{1} + \mathbb{1} \otimes \frac{\sigma_i}{2} \right)$$

$$= \frac{1}{4} \left(\vec{\sigma}^2 \otimes \mathbb{1} + 2\sigma_i \otimes \sigma_i + \mathbb{1} \otimes \vec{\sigma}^2 \right).$$

Physikerschreibweise:

$$\vec{S}^2 = \frac{1}{4} \left(\vec{\sigma}^2(1) + 2\sigma_i(1)\sigma_i(2) + \vec{\sigma}^2(2) \right).$$

Drücken Sie $\sigma_i(1)\sigma_i(2)$ mithilfe der Operatoren $\sigma_\pm$ und σ_3 aus und verwenden Sie die Resultate aus a).

2.12 Anhand eines einfachen Beispiels wollen wir illustrieren, wie eine Entartung von Energieeigenwerten sukzessive durch Anschalten zusätzlicher Wechselwirkungen aufgehoben werden kann. Betrachten Sie den folgenden Hamilton-Operator für zwei Spin-$\frac{1}{2}$-Teilchen (die direkte Produktschreibweise wie in Aufgabe 2.11 ist nun, wie in der Physik üblich, unterdrückt):

$$H = \underbrace{a \big(\vec{S}^2(1) + \vec{S}^2(2) \big)}_{=: H_0} + \underbrace{2b\,\vec{S}(1) \cdot \vec{S}(2)}_{=: H_1} + \underbrace{c \big(S_3(1) + S_3(2) \big)}_{=: H_2},$$

mit $0 < c \ll b \ll a$, $\vec{S}(i) = \frac{\vec{\sigma}(i)}{2}$, $i = 1, 2$. H_0 ist invariant bzgl. SU(2) × SU(2), H_1 ist invariant bzgl. $\{(g, g)|g \in SU(2)\} \cong SU(2)$ und H_2 invariant bzgl. U(1). Wie lauten die Eigenzustände und die Energieeigenwerte zu H_0, $H_0 + H_1$ und $H_0 + H_1 + H_2$? Skizzieren Sie das Spektrum. Benutzen Sie $\vec{S} = \vec{S}(1) + \vec{S}(2)$ und die Resultate aus Aufgabe 2.11.

2.13 Gegeben sei der Hamilton-Operator des Zwei-Elektronen-Systems aus Beispiel 2.17:

$$H = \underbrace{\frac{\vec{p}^2(1)}{2m} + V_1(r(1))}_{=: H_0(1)} + \underbrace{\frac{\vec{p}^2(2)}{2m} + V_1(r(2))}_{=: H_0(2)} + V_2(r_{12}) =: H_0 + V_2,$$

mit $(n = 1, 2)$

$$r(n) = |\vec{r}(n)|, \quad r_{12} = |\vec{r}(1) - \vec{r}(2)|, \quad V_1(r(n)) = -\frac{Ze^2}{4\pi r(n)}, \quad V_2(r_{12}) = \frac{e^2}{4\pi r_{12}},$$

und den Vertauschungsrelationen ($m, n \in \{1, 2\}$; $i, j \in \{1, 2, 3\}$):

$$[x_i(m), x_j(n)] = 0, \quad [p_i(m), p_j(n)] = 0, \quad [x_i(m), p_j(n)] = i\,\delta_{ij}\delta_{mn}.$$

a) Berechnen Sie $[\ell_i(n), V_2(r_{12})]$ für $n = 1$ und $n = 2$.

b) Zeigen Sie nun $[L_i, V_2(r_{12})] = 0$ mit $\vec{L} = \vec{\ell}(1) + \vec{\ell}(2)$.

2.14 Es seien $D^{(1)}$ und $D^{(2)}$ zwei äquivalente, endlichdimensionale Darstellungen einer Gruppe G auf Vektorräumen V_1 bzw. V_2. Zeigen Sie für die Charaktere $\chi^{(1)}(g) = \chi^{(2)}(g) \ \forall \ g \in G$.

2.15 Es sei $G = SU(2)$. Wir parametrisieren Elemente aus G durch einen Einheitsvektor $\hat{n}$ und $\theta \in [0, 2\pi]$:

$$g(\hat{n}, \theta) = \exp\left(-i\frac{\theta}{2}\hat{n} \cdot \vec{\sigma}\right).$$

Wir betrachten die Fundamentaldarstellung $\mathbf{2}$ von $SU(2)$,

$$SU(2) \ni g \mapsto D(g) := g \in \mathbf{2},$$

wobei $D(g)$ nun als linearer Operator auf $\mathbb{C}^2$ zu verstehen ist. Analog führen wir die komplex konjugierte Darstellung $\bar{\mathbf{2}}$ ein:

$$SU(2) \ni g \mapsto D^*(g) := g^* \in \bar{\mathbf{2}}.$$

Wie lauten die Charaktere $\chi(g)$ und $\chi^*(g)$ der Fundamentaldarstellung und der dazu komplex konjugierten Darstellung als Funktionen von $\hat{n}$ und θ?

2.16 Es sei $G = SO(3)$. Wir parametrisieren Elemente aus G durch die drei Euler-Winkel,

$$R(\alpha, \beta, \gamma) = R_3(\alpha)R_2(\beta)R_3(\gamma),$$

mit

$$R_2(\varphi) = \begin{pmatrix} \cos(\varphi) & 0 & \sin(\varphi) \\ 0 & 1 & 0 \\ -\sin(\varphi) & 0 & \cos(\varphi) \end{pmatrix}, \quad R_3(\varphi) = \begin{pmatrix} \cos(\varphi) & -\sin(\varphi) & 0 \\ \sin(\varphi) & \cos(\varphi) & 0 \\ 0 & 0 & 1 \end{pmatrix}.$$

Interpretieren Sie nun $R(\alpha, \beta, \gamma)$ als Element der dreidimensionalen Fundamentaldarstellung und bestimmen Sie den Charakter $\chi(\alpha, \beta, \gamma)$.

2.17 Konstruieren Sie analog zu Beispiel 2.19 die regulären Darstellungen der Gruppen $C_4 = \{e, c, c^2, c^3\}$ mit $c^4 = e$ und der Klein'schen oder Vier-Gruppe $V = \{e, a, b, c\}$ mit $a^2 = b^2 = c^2 = e$ (siehe Aufgabe 1.2).

Hinweis: Die Matrizen der regulären Darstellung sind durch

$$gg_i = \sum_{j=1}^{|G|} D_{ji}(g)g_j, \quad i = 1, \ldots, |G|,$$

definiert. Nummerieren Sie $g_1 = e$, $g_2 = c$, $g_3 = c^2$ und $g_4 = c^3$ bzw. $g_1 = e$, $g_2 = a$, $g_3 = b$ und $g_4 = c$.

2.18 Bestimmen Sie die Charaktertafel der Gruppe $C_3 = \{e, c, c^2\}$ mit $c^3 = e$.

2.19 Gegeben sei die abstrakte Gruppe $D_3 = \{e, c, c^2, b, bc, bc^2\}$ (siehe Beispiel 1.7 in Abschn. 1.2).

a) Konstruieren Sie eine zweidimensionale Darstellung auf dem $\mathbb{R}^2$, indem Sie die Gruppenelemente geometrisch als (aktive) Drehungen um den Ursprung bzw. als Spiegelungen interpretieren.
   Beispiel:

$$D(c) = \begin{pmatrix} \cos\left(\frac{2\pi}{3}\right) & -\sin\left(\frac{2\pi}{3}\right) \\ \sin\left(\frac{2\pi}{3}\right) & \cos\left(\frac{2\pi}{3}\right) \end{pmatrix} = \begin{pmatrix} -\frac{1}{2} & -\frac{\sqrt{3}}{2} \\ \frac{\sqrt{3}}{2} & -\frac{1}{2} \end{pmatrix}.$$

   Wählen Sie für b eine Spiegelung an der x-Achse.
b) Wie lautet der Charakter für die sechs Gruppenelemente?
c) Wie lauten die vier 6-dimensionalen Vektoren $\{D_{ij}(e), D_{ij}(c), \ldots, D_{ij}(bc^2)\}$?
   Verifizieren Sie explizit die $4 + 3 + 2 + 1 = 10$ Orthogonalitätsrelationen

$$\sum_{g \in D_3} D_{ir}(g) D_{js}^*(g) = 3\delta_{ij}\delta_{rs}.$$

2.20 Wir betrachten für die Gruppe D_3 die sog. Vektordarstellung D_3^V auf dem Vektorraum $\mathbb{R}^3$. Diese ist definiert über die Wirkung einer Drehung um 120° um die z-Achse und um 180° um die x-Achse, also

$$D_3^V(c) = \begin{pmatrix} -\frac{1}{2} & -\frac{\sqrt{3}}{2} & 0 \\ \frac{\sqrt{3}}{2} & -\frac{1}{2} & 0 \\ 0 & 0 & 1 \end{pmatrix}, \quad D_3^V(b) = \begin{pmatrix} 1 & 0 & 0 \\ 0 & -1 & 0 \\ 0 & 0 & -1 \end{pmatrix}.$$

a) Bestimmen Sie die Matrizen $D_3^V(c^2)$, $D_3^V(bc)$ und $D_3^V(bc^2)$. Beachten Sie, dass D_3^V eine Darstellung ist.
b) $D_3^V(bc)$ und $D_3^V(bc^2)$ stellen Drehungen um 180° um die Drehachsen $\hat{n}(bc)$ bzw. $\hat{n}(bc^2)$ dar. Bestimmen Sie diese Drehachsen.
   Hinweis: Interpretieren Sie die Drehachsen als Eigenvektoren mit Eigenwert 1.
c) Bestimmen Sie für die drei Konjugationsklassen K_i den Wert des Charakters von D_3^V.
d) Bestimmen Sie nun die Koeffizienten a_μ^V der Zerlegung

$$D_3^V = a_1^V D^{(1)} \oplus a_2^V D^{(2)} \oplus a_3^V D^{(3)}.$$

2.21 Es sei $G = D_3$. Bestimmen Sie die Koeffizienten $a_\sigma^{\mu\nu}$, $\mu, \nu, \sigma = 1, 2, 3$, der Clebsch-Gordan-Zerlegung des inneren Tensorprodukts

$$D^{(\mu)} \otimes D^{(\nu)} = a_1^{\mu\nu} D^{(1)} \oplus a_2^{\mu\nu} D^{(2)} \oplus a_3^{\mu\nu} D^{(3)}.$$

Hinweis: Benutzen Sie die Orthogonalitätsrelation für Charaktere irreduzibler Darstellungen und die Tatsache, dass der Charakter einer inneren Tensorproduktdarstellung gleich dem Produkt der Charaktere ist.

Literatur

Chisholm, C.D.H.: Group Theoretical Techniques in Quantum Chemistry. Academic Press, London (1976)

Dirac, P.A.M.: The Principles of Quantum Mechanics. Clarendon Press, Oxford (1989)

Grawert, G.: Quantenmechanik. Akademische Verlagsgesellschaft, Wiesbaden (1977)

Hamermesh, M.: Group Theory and its Application to Physical Problems. Addison-Wesley, Reading, Mass. (1962)

Lindner, A.: Drehimpulse in der Quantenmechanik. Teubner, Stuttgart (1984)

Lipkin, H.J.: Lie Groups for Pedestrians. Dover Publications, Mineola, New York (2002)

Scheck, F.: Theoretische Physik 2, Nichtrelativistische Quantentheorie, Vom Wasserstoffatom zu den Vielteilchensystemen. Springer, Berlin (2006)

Woodgate, G.K.: Elementary Atomic Structure. Clarendon Press, Oxford (1983)

Kontinuierliche Gruppen: Lie-Gruppen und Lie-Algebren **3**

Inhaltsverzeichnis

Die zentralen Aussagen des vorigen Kapitels zur Darstellungstheorie haben sich in der Regel auf endliche Gruppen beschränkt. In diesem Kapitel werden wir uns mit kontinuierlichen Gruppen beschäftigen und das Konzept der Lie-Gruppe kennenlernen. Wir werden sehen, dass zahlreiche Ergebnisse zu den endlichdimensionalen Darstellungen im Falle kompakter Lie-Gruppen weiterhin Gültigkeit besitzen. Schließlich werden wir einige wichtige Resultate zur Verbindung zwischen Lie-Algebren und Lie-Gruppen zusammenstellen. Als weiterführende Literatur verweisen wir auf Hamermesh (1962); Gilmore (1974); Balachandran und Trahern (1984); Jones (1990); Grosche et al. (1995) und Georgi (1999).

3.1   Lie-Gruppen

Wir fassen zunächst eine Reihe von Begriffen zusammen, die uns bei der Charakterisierung von Lie-Gruppen behilflich sein werden [siehe z. B. Grosche et al. (1995), Abschn. 11.2]. Die Diskussion kontinuierlicher Gruppen erfordert eine Erklärung, was unter Nähe zweier Elemente, Stetigkeit und – für Lie-Gruppen – Differenzierbarkeit zu verstehen ist. Deshalb beginnen wir zunächst mit dem Abstandsbegriff, der es uns erlaubt, über die Konvergenz von Folgen zu sprechen.

© Springer-Verlag Berlin Heidelberg 2016
S. Scherer, *Symmetrien und Gruppen in der Teilchenphysik*,
DOI 10.1007/978-3-662-47734-2_3

Definition 3.1 (Metrischer Raum)
Eine nichtleere Menge M heißt genau dann *metrischer Raum*, wenn zwei beliebigen Punkten $u, v \in M$ eine reelle Zahl $d(u, v) \geq 0$ zugeordnet ist, sodass für alle $u, v, w \in M$ gilt:

1. $d(u, v) = 0$ genau dann, wenn $u = v$ ist;
2. $d(u, v) = d(v, u)$ (Symmetrie);
3. $d(u, w) \leq d(u, v) + d(v, w)$ (Dreiecksungleichung).

Die Funktion d heißt *Metrik* auf M, die (nichtnegative) reelle Zahl $d(u, v)$ wird als *Abstand* zwischen den beiden Punkten u und v bezeichnet, das Paar (M, d) wird *metrischer Raum* genannt.   ◆

Unser Ziel wird im Folgenden darin bestehen, solche Gruppen zu untersuchen, die mit einer Abstandsdefinition versehen werden können. Für uns werden die beiden folgenden Aussagen besonders relevant sein:

1. Jede Teilmenge eines metrischen Raums wird bzgl. $d(\cdot, \cdot)$ auch zu einem metrischen Raum.
2. *Normierte Räume*, *Banach-* und *Hilbert-Räume* werden mit der Abstandsdefinition

$$d(x, y) := ||x - y||$$

   metrische Räume, wobei $|| \cdot ||$ die Norm des entsprechenden Vektorraums bezeichnet (siehe Anhang A.1).

Für uns sind diese Aussagen von großer Bedeutung, weil die klassischen Lie-Gruppen Teilmengen der Menge $M_n(\mathbb{K})$ der reellen bzw. komplexen (n, n)-Matrizen sind (siehe Abschn. 3.4). Diese bilden in Verbindung mit dem Frobenius-Skalarprodukt[1] und der induzierten Norm einen n^2-dimensionalen Hilbert-Raum.

Satz 3.1
Charakterisierung wichtiger topologischer Begriffe durch Konvergenz (ohne Beweis)
   Es sei N eine Teilmenge eines metrischen Raumes M. Dann gilt:

1. $u_n \to u$ *für* $n \to \infty$ *genau dann, wenn* $d(u_n, u) \to 0$ *für* $n \to \infty$.
2. *Das Grenzelement einer konvergenten Folge ist eindeutig.*
3. *N ist genau dann abgeschlossen, wenn aus $u_n \to u$ für $n \to \infty$ und $u_n \in N$ für alle n stets auch $u \in N$ folgt.*
4. *N ist genau dann relativ kompakt, wenn jede Folge in N eine konvergente Teilfolge enthält.*

---

[1] Für zwei komplexe (n, n)-Matrizen $A = (a_{ij})$ und $B = (b_{ij})$ lautet das *Frobenius-Skalarprodukt* $\langle A, B \rangle = \sum_{i,j=1}^{n} a_{ij}^{*} b_{ij} = \mathrm{Sp}(A^{\dagger} B)$. Die *induzierte Norm* lautet $||A|| = \sqrt{\mathrm{Sp}(A^{\dagger} A)}$.

5. *N ist genau dann* kompakt, *wenn jede Folge in N eine konvergente Teilfolge enthält, deren Grenzelement zu N gehört.*

Für uns werden die Aussagen dieses Satzes relevant, wenn wir folgende Identifikation vornehmen:

1. Als metrischen Raum M wählen wir $M_n(\mathbb{K})$, die Menge aller (n, n)-Matrizen über $\mathbb{K}$, die isomorph zu $\mathbb{K}^{n^2}$ ist. Als Abstand definieren wir

$$d(A, B) = ||A - B|| = \left(\sum_{i,j=1}^{n} |a_{ij} - b_{ij}|^2 \right)^{\frac{1}{2}}. \qquad (3.1)$$

2. Als Teilmenge N betrachten wir $\mathrm{GL}(n, \mathbb{K})$, die Menge aller invertierbaren (n, n)-Matrizen über $\mathbb{K}$ und Teilmengen davon.

Definition 3.2 (Topologische Gruppe)
1. Die Gruppe G sei Teilmenge eines metrischen Raumes (M, d). Sind die Gruppenoperationen $G \times G \ni (a, b) \mapsto ab \in G$ und $G \ni a \mapsto a^{-1} \in G$ stetig bzgl. der Metrik d, so heißt G *topologische Gruppe.*
2. G heißt *kompakt*, wenn G als Teilmenge von M kompakt ist.
3. G heißt *lokal kompakt*, wenn $e \in G$ eine relativ kompakte Umgebung hat. ◆

Beispiele für kompakte Gruppen sind $\mathrm{O}(n)$ und $\mathrm{U}(n)$. Ein Beispiel für eine lokal kompakte Gruppe ist die Lorentz-Gruppe; sie ist aber nicht kompakt, da der Abstand zwischen einer speziellen Transformation und der Identität beliebig groß werden kann. Dazu betrachten wir eine Folge (L_n) spezieller Transformationen entlang der x-Achse, mit

$$L_n = \begin{pmatrix} \cosh(\lambda_n) & \sinh(\lambda_n) & 0 & 0 \\ \sinh(\lambda_n) & \cosh(\lambda_n) & 0 & 0 \\ 0 & 0 & 1 & 0 \\ 0 & 0 & 0 & 1 \end{pmatrix}, \quad \lambda_n = n, \quad n \in \mathbb{N}_0.$$

Mithilfe der Identität $\sinh^2(x) = \cosh^2(x) - 1$ ergibt sich für den Abstand zwischen L_n und dem Einselement $L_0 = \mathbb{1}$:

$$\begin{aligned} ||L_n - \mathbb{1}|| &= \{2[\cosh(\lambda_n) - 1]^2 + 2\sinh^2(\lambda_n)\}^{\frac{1}{2}} \\ &= 2\sqrt{\cosh(\lambda_n)}\sqrt{\cosh(\lambda_n) - 1} \to \infty \quad \text{für } n \to \infty. \end{aligned}$$

Nach dieser Zusammenschau einiger mathematischer Begriffe zur Struktur abstrakter Räume wenden wir uns wieder den Gruppen zu.

Vorbemerkung Wir betrachten eine endliche Gruppe $G = \{g_1, \ldots, g_n\}$ und bezeichnen die Elemente durch

$$g(a) := g_a,$$

wobei der Parameter a die Werte $1, 2, \ldots, n$ annehmen kann. Es sei nun $M :=$ $\{1, \ldots, n\}$, wobei diese Menge in Kombination mit der Gruppe bisweilen auch als *Gruppenmannigfaltigkeit* bezeichnet wird [siehe z. B. Hamermesh (1962), S. 279, Chisholm (1976), S. 28]. Die Struktur der Gruppe wird durch die Angabe aller Produkte vollständig beschrieben (z. B. durch eine Gruppentafel, siehe Abschn. 1.1):

$$g(a)g(b) = g(c), \quad a, b, c \in M,$$

d. h. die Gruppentafel definiert eine Funktion $\phi : M \times M \to M$, mit

$$c = \phi(a; b).$$

Wir betrachten nun den Übergang von diskreten Werten des Parameters a ($a = 1$, $\ldots, n$) zu einem Satz kontinuierlicher Parameter. Als anschauliche Beispiele denken wir dabei etwa an die eigentlichen Drehungen aus Beispiel 1.15 in Abschn. 1.2, die mithilfe der Euler-Winkel aus (1.4) beschrieben werden können, oder an die Lorentz-Transformationen aus Beispiel 1.16.

Definition 3.3 (Kontinuierliche Gruppe)
Eine Gruppe G heißt *kontinuierliche Gruppe in r Parametern*, wenn ihre Elemente von r reellen, kontinuierlichen Variablen abhängen und nicht mehr als r solcher Parameter zur Beschreibung notwendig sind.

Man spricht auch von r wesentlichen Parametern [siehe die Diskussion in Hamermesh (1962), Abschnitt 8.3]. Bisweilen bezeichnet man r als Dimension der kontinuierlichen Gruppe $G = \{g(a)|a = (a_1, \ldots, a_r)\}$. Die Gruppenmultiplikation wird folgendermaßen beschrieben:

$$g(c) = g(a)g(b), \quad c = \phi(a; b),$$

wobei

$$\phi_i(a_1, \ldots, a_r; b_1, \ldots, b_r), \quad i = 1, \ldots, r,$$

reelle Funktionen von reellen Parametern sind. Die Gruppenmultiplikation ordnet einem (geordneten) Paar zweier Punkte der Gruppenmannigfaltigkeit einen Punkt der Gruppenmannigfaltigkeit zu. Im Allg. wird a so gewählt, dass $a = 0$ der Identität entspricht.   ◆

Definition 3.4 (Lie-Gruppe)
Sind die Funktionen ϕ_i einer kontinuierlichen Gruppe in r Parametern analytisch, d. h. lässt sich jedes ϕ_i für jedes a, b in eine konvergente Potenzreihe entwickeln, so spricht man von einer r-Parameter-Lie-Gruppe.   ◆

Eine alternative Definition mithilfe des Begriffs der Mannigfaltigkeit (siehe Anhang A.1) lautet folgendermaßen:

Definition 3.5
Eine Lie-Gruppe ist eine differenzierbare Mannigfaltigkeit G, die gleichzeitig auch eine Gruppe ist, dergestalt dass die Gruppenmultiplikation $\mu : G \times G \to G$ (und die Abbildung, die g auf g^{-1} abbildet) eine differenzierbare Abbildung ist. ◆

Mit differenzierbar ist hierbei unendlich oft differenzierbar gemeint.

Im Folgenden betrachten wir nur noch Lie-Gruppen und stellen zunächst eine Reihe von Beispielen zusammen [siehe z. B. Balachandran und Trahern (1984), Kapitel 12].

Beispiel 3.1
1. Die Menge aller Translationen des $\mathbb{R}^n$ bildet eine n-Parameter-Lie-Gruppe. Die Gruppenelemente werden als Abbildungen von $\mathbb{R}^n$ auf $\mathbb{R}^n$ definiert:

$$T(a) : x \mapsto T(a, x) := x + a,$$

   mit $a_i \in \mathbb{R}, i = 1, \ldots, n$. Aus

$$T(a) \circ T(b) : x \mapsto T(a, T(b, x)) = T(a, x + b) = x + b + a = T(b + a, x)$$

   folgt

$$c_i = \phi_i(a; b) = b_i + a_i, \quad i = 1, \ldots, n.$$

   Die Gruppe ist abelsch.
2. Die allgemeine lineare Gruppe komplexer, invertierbarer (n, n)-Matrizen GL(n, $\mathbb{C}$) besitzt die Dimension $2n^2$. Dies lässt sich so veranschaulichen, dass eine komplexe (n, n)-Matrix n^2 komplexe Einträge besitzt. Die Forderung nach Invertierbarkeit liefert nur, dass die Determinante ungleich null ist, und ergibt somit keine Einschränkung bzgl. der Anzahl der Parameter.
3. Wenn man nur die unitären Matrizen aus GL($n, \mathbb{C}$) betrachtet, landet man bei der Untergruppe U(n). Für $U \in$ U(n) gilt $U^\dagger U = \mathbb{1}$. Dies lässt sich so interpretieren, dass die Spalten einer unitären Matrix orthogonal sind:

$$\sum_{k=1}^{n} U_{ki}^* U_{kj} = 0 \text{ für } i, j = 1, \ldots, n \text{ und } i \neq j . \tag{a}$$

Da sowohl der Realteil als auch der Imaginärteil gleich null sein müssen, ergeben sich aus (a) insgesamt $(n - 1) + (n - 2) + \ldots + 1 = n(n - 1)/2$ komplexwertige Bedingungen. Außerdem sind die Spalten unitärer Matrizen normiert:

$$\sum_{k=1}^{n} U_{ki}^* U_{ki} = 1 \text{ für } i = 1, \ldots, n . \tag{b}$$

Da die einzelnen Summanden nichtnegative reelle Zahlen sind, liefert (b) n reellwertige Bedingungen. Insgesamt ergeben sich also $n(n - 1) + n = n^2$

Bedingungen, sodass von GL(n, $\mathbb{C}$) ausgehend die Einschränkung auf U(n) in $2n^2 - n^2 = n^2$ reellen Parametern resultiert. Dies bedeutet für U(1) einen Parameter, für U(2) vier, für U(3) neun usw.

4. Die Betrachtung der orthogonalen Matrizen aus GL(n, $\mathbb{R}$) führt zur (Unter-) Gruppe O(n, $\mathbb{R}$) =: O(n). Für $R \in$ O(n) gilt $R^T R = \mathbb{1}$. Die Gruppe O(n) besitzt $n(n-1)/2$ reelle Parameter (siehe Aufgabe 3.1). Für die Gruppe O(2) führt dies zu einem reellen kontinuierlichen Parameter, etwa dem Drehwinkel $0 \leq \alpha \leq 2\pi$.[2] Entsprechend werden drei reelle Parameter für O(3) benötigt, sechs für O(4) usw. ∎

Für Lie-Gruppen steht „Nähe" im Parameterraum automatisch für „Nähe" der Gruppenelemente. Dies wollen wir uns an einem Beispiel veranschaulichen.

Beispiel 3.2
Wir betrachten zur Illustration die Gruppe

$$SO(2) := \{A \in GL(2, \mathbb{R}) | A^T A = \mathbb{1} \wedge \det(A) = 1\}.$$

Als Skalarprodukt zweier reeller (2,2)-Matrizen definieren wir

$$\langle A, B \rangle := \sum_{i,j=1}^{2} A_{ij} B_{ij} = Sp(A^T B).$$

Dieses induziert die (kanonische) Norm

$$||A|| := \sqrt{\langle A, A \rangle}$$

und schließlich den Abstand zweier Matrizen

$$d(A, B) := ||A - B|| = \left[\sum_{i,j=1}^{2} (A_{ij} - B_{ij})^2 \right]^{\frac{1}{2}}.$$

Wir parametrisieren zwei Elemente A und B aus SO(2) durch ihre Drehwinkel α und β,

$$A = \begin{pmatrix} \cos(\alpha) & -\sin(\alpha) \\ \sin(\alpha) & \cos(\alpha) \end{pmatrix}, \quad 0 \leq \alpha \leq 2\pi,$$

$$B = \begin{pmatrix} \cos(\beta) & -\sin(\beta) \\ \sin(\beta) & \cos(\beta) \end{pmatrix}, \quad 0 \leq \beta \leq 2\pi,$$

---

[2] Genau genommen muss auch noch angegeben werden, ob die Determinante den Wert 1 oder -1 besitzt, d. h. zu welchem Zweig die Matrix gehört.

und betrachten den Abstand

$$
\begin{aligned}
d(A, B) &= \Big\{ [\cos(\alpha) - \cos(\beta)]^2 + [-\sin(\alpha) + \sin(\beta)]^2 \\
&\quad + [\sin(\alpha) - \sin(\beta)]^2 + [\cos(\alpha) - \cos(\beta)]^2 \Big\}^{\frac{1}{2}} \\
&= \Big\{ 2[\cos^2(\alpha) + \cos^2(\beta) + \sin^2(\alpha) + \sin^2(\beta) \\
&\quad - 2\cos(\alpha)\cos(\beta) - 2\sin(\alpha)\sin(\beta)] \Big\}^{\frac{1}{2}} \\
&= 2\sqrt{1 - \cos(\alpha - \beta)}.
\end{aligned}
$$

Wie erwartet, geht für ein fest vorgebenes α der Abstand zwischen A und B gegen null für $\beta \to \alpha$. ∎

Definition 3.6
Es sei $I = [a, b] \subseteq \mathbb{R}$ ein Intervall. Eine stetige Abbildung $g : I \to G$ heißt *Weg in G*. Die Bildmenge $\Gamma = g(I)$ heißt *Kurve in G*. Die Funktion g heißt auch Parameterdarstellung der Kurve Γ. ◆

Sind die Gruppenparameter a stetige Funktionen einer reellen Variable, dann sind auch $g \circ a : I \to G$ ein Weg in G und

$$
\Gamma = \{ g(a(t)) | t \in I \subseteq \mathbb{R} \wedge a(t) \text{ stetig} \}
$$

eine Kurve in G.

Definition 3.7
1. Zwei Elemente $g_1, g_2 \in G$ heißen *zusammenhängend*, wenn sie durch einen Weg in G verbunden werden können.
2. G heißt *zusammenhängend*, wenn jedes $g \in G$ mit e durch einen Weg in G verbunden werden kann. ◆

Beispiel 3.3
Die Gruppe O(3) ist nicht zusammenhängend.

Beweis durch Widerspruch: Es seien $g, h \in$ O(3) zusammenhängend mit $\det(g) = 1$ und $\det(h) = -1$. Dann muss ein stetiges $s : [a, b] \to$ O(3) existieren, mit $s(a) = g$ und $s(b) = h$. Somit ist auch $\det[s(t)]$ stetig und muss deshalb konstant sein, d. h. $\det(g) = \det(h)$ im Widerspruch zur Annahme.

Elemente aus SO(3) und PSO(3) (siehe Beispiel 1.15 in Abschn. 1.2 können nicht durch einen Weg miteinander verbunden werden, da die Determinante einen Sprung von 1 nach -1 macht. ∎

Satz 3.2 (Zusammenhangskomponente des Einselements)
Es sei $U = \{ g(a) \in G \,||a_i| < \epsilon, \epsilon > 0 \}$, dergestalt dass für $g \in U$ auch $g^{-1} \in U$ ist. Wir definieren die Komplexprodukte (siehe Definition 1.16 in Abschn. 1.3

$$
U^1 := U, \ U^2 = UU, \ U^3 = UUU, \ \ldots.
$$

Behauptung: $G_0 = U \cup U^2 \cup U^3 \cup \dots$ *ist eine Gruppe und wird als Zusammenhangskomponente des Einselements bezeichnet.*

Anmerkung U ist eine Umgebung des Einselements und wird auch als Gruppenkeim bezeichnet.

Beweis 3.1
1. Als Erstes zeigen wir, dass G_0 eine Gruppe ist.
   - Abgeschlossenheit: $s_k \in U^k$, $s_l \in U^l \Rightarrow s_k s_l \in U^{k+l} \subseteq G_0$.
   - Die Assoziativität wird aus G übernommen.
   - Einselement: $e = g(0) \in U$.
   - Inverses Element: $g \in G_0 \Rightarrow g = g_1 g_2 \dots g_k \in U^k$ für ein k mit $g_i \in U$. Für das inverse Element ergibt sich $g^{-1} = g_k^{-1} \dots g_1^{-1}$, mit $g_i^{-1} \in U$. Deshalb gilt $g^{-1} \in U^k$.
   - Ohne Beweis: G_0 hängt nicht von der Wahl von U ab.
2. Nun zeigen wir, dass G_0 zusammenhängend ist.
   Es genügt zu zeigen, dass $g \in G_0$ und e zusammenhängend sind. Es sei $g(a) \in U \Rightarrow g(ta) \in U$ für $0 \leq t \leq 1$. Jedes $g \in G_0$ lässt sich in der Form $g = g(a)g(b)\dots$ schreiben, mit $g(a), g(b), \dots \in U$. Der Weg $s(t) = g(ta)g(tb)\dots$ verbindet e mit g.   □

Beispiel 3.4
Wir betrachten $G_0 = SO(3)$. Jedes $g \in G_0$ lässt sich als Drehung um eine Drehachse $\hat{n}$ mit dem Drehwinkel θ interpretieren. Wir betrachten eine Kugel mit dem Radius π (Abb. 3.1). Auf der Kugeloberfläche diametral gegenüberliegende Punkte repräsentieren dieselbe Drehung: $R_{\hat{n}}(\pi) = R_{-\hat{n}}(\pi)$. Als Gruppenkeim dient $U = \{P \,|\, OP < \epsilon\}$.   ∎

Eine Teilmenge M eines topologischen Raumes heißt genau dann *einfach zusammenhängend*, wenn M zusammenhängend ist und sich jede geschlossene stetige Kurve in M auf einen Punkt zusammenziehen lässt.

Beispiel 3.5
- Die Translationsgruppe des $\mathbb{R}^n$ ist nicht kompakt, aber einfach zusammenhängend.
- $O(3)$ ist kompakt, aber nicht zusammenhängend: $O(3) = SO(3) \dot{\cup} P\,SO(3)$ mit der Parität P.

Abb. 3.1 Parameterraum zur Beschreibung von SO(3)

- $U(n)$ ist kompakt und zusammenhängend.
- $SU(n)$ ist kompakt und einfach zusammenhängend.   ∎

3.2 Invariante Integration

In Kap. 2 haben wir uns im Wesentlichen mit der Darstellungstheorie endlicher Gruppen auseinandergesetzt. Beim Beweis des Satzes 2.6 in Abschn. 2.3 über die fundamentale Orthogonalitätsrelation für Matrizen irreduzibler Darstellungen war eine Summation über alle Gruppenelemente notwendig. Wir beschäftigen uns nun mit der Frage, wie eine Verallgemeinerung für Lie-Gruppen in Form einer Integration über die kontinuierlichen Parameter auszusehen hat. Wir werden sehen, dass zentrale Aussagen bzgl. irreduzibler Darstellungen für kompakte Lie-Gruppen verallgemeinert werden können.

Vorbemerkung Es sei $G = \{g_1, \ldots, g_n\}$ eine endliche Gruppe. Außerdem sei f eine Funktion von G in $\mathbb{K}$. Für eine Teilmenge F von G gilt

$$\sum_{g \in F} f(g) = \sum_{g \in hF} f(h^{-1}g) = \sum_{g \in Fh} f(gh^{-1}).$$

Für den Fall, dass F gleich der gesamten Gruppe ist, gilt speziell

$$\sum_{g \in G} f(g) = \sum_{i=1}^{n} f(g_i) = \sum_{i=1}^{n} f(h^{-1}g_i) = \sum_{g \in G} f(h^{-1}g) \qquad (3.2)$$

$$= \sum_{i=1}^{n} f(g_i h^{-1}) = \sum_{g \in G} f(gh^{-1}).$$

Die Eigenschaft (3.2),

$$\sum_{g \in G} f(g) = \sum_{g \in G} f(h^{-1}g),$$

wurde im Beweis des Satzes 2.6 über die fundamentale Orthogonalitätsrelation für Matrizen irreduzibler Darstellungen verwendet. Für Lie-Gruppen suchen wir nun nach einer Verallgemeinerung der endlichen Summe hin zu einem geeigneten Integral über die Parameter der Lie-Gruppe. Zu diesem Zweck verknüpfen wir mit den Umgebungen der Elemente g und hg (siehe Abb. 3.2) ein *linksinvariantes Maß* mit der definierenden Eigenschaft

$$d\mu_L(g) = d\mu_L(hg), \qquad (3.3)$$

dergestalt dass gilt:

$$\int_F d\mu_L(g)\,f(g) = \int_{hF} d\mu_L(hg)\,f(h^{-1}g) \overset{(3.3)}{=} \int_{hF} d\mu_L(g)\,f(h^{-1}g).$$

Abb. 3.2 Linkstranslation
einer Umgebung von g mit h

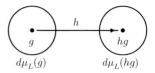

Für $F = G$ entspricht wegen $hG = G$ die Gleichung

$$\int_G d\mu_L(g)\,f(g) = \int_G d\mu_L(g)\,f(h^{-1}g)$$

gerade der Gleichung

$$\sum_{g \in G} f(g) = \sum_{g \in G} f(h^{-1}g).$$

Für die Definition eines rechtsinvarianten Maßes geht man völlig analog vor:

$$d\mu_R(g) = d\mu_R(gh),$$

$$\int_G d\mu_R(g)\,f(g) = \int_G d\mu_R(g)\,f(gh^{-1}).$$

Wir wenden uns nun der expliziten Konstruktion des linksinvarianten Maßes zu. Es sei $g = g(a)$ und U eine Umgebung[3] von g, mit $d\mu_L(g) = \rho_L(a)d^r a$ (r ist die Anzahl der reellen Parameter), $h = g(b)$ und $g(c) = g(b)g(a)$ mit $c = \phi(b;a)$. Wir fordern

$$\rho_L(a)d^r a = d\mu_L(g) \stackrel{(3.3)}{=} d\mu_L(hg) = \rho_L(c)d^r c.$$

Zur Bestimmung der Dichtefunktion ρ_L gehen wir folgendermaßen vor: Es sei U eine Umgebung des Einselements mit dem (infinitesimalen) Volumenelement $da_1 \ldots da_r$. Eine Linkstranslation mit $g(b)$ bildet U auf $U' = g(b)U$ ab. Wegen $g(b) = g(\phi(b;0))$ ergibt sich mithilfe der Substitutionsregel

$$db_1 \ldots db_r = |J_L(b)|\,da_1 \ldots da_r,$$

wobei

$$J_L(b) = \det \begin{pmatrix} \frac{\partial \phi_1(b;a)}{\partial a_1} & \cdots & \frac{\partial \phi_1(b;a)}{\partial a_r} \\ \vdots & & \vdots \\ \frac{\partial \phi_r(b;a)}{\partial a_1} & \cdots & \frac{\partial \phi_r(b;a)}{\partial a_r} \end{pmatrix}_{a=0}$$

die Jacobi-Determinante für die Transformation ist. Der Wert $\rho_L(0)$ kann mit Ausnahme des Wertes null beliebig festgelegt werden. Wenn wir nun

$$\rho_L(b) = \frac{\rho_L(0)}{J_L(b)}$$

---

[3] Mithilfe des Beispiels 3.2 können wir uns vorstellen, dass sich für die klassischen Lie-Gruppen eine Umgebung eines Gruppenelements innerhalb der Menge der entsprechenden Matrizen mittels einer Umgebung im Parameterraum beschreiben lässt.

setzen, ergibt sich

$$\rho_L(b)d^rb = \frac{\rho_L(0)}{J_L(b)}\underbrace{d^rb}_{=J_L(b)d^ra} = \rho_L(0)d^ra,$$

d. h. die gesuchte Dichtefunktion lässt sich bis auf eine Normierung mithilfe einer Linkstranslation bestimmen.

Anmerkungen

- Das Verfahren erlaubt den Übergang zwischen Volumenelementen um beliebige Gruppenelemente $g(a)$ und $g(c)$ mittels eines Gruppenelements $g(b)$ mit $c = \phi(b;a)$:

$$U_{g(c)} = g(b)U_{g(a)} = g(b)g(a)g^{-1}(a)U_{g(a)} = g(c)g^{-1}(a)U_{g(a)}$$

  (siehe Abb. 3.3).
- Das linksinvariante Maß ist bis auf eine positive multiplikative Konstante eindeutig.
- Die Konstruktion eines rechtsinvarianten Maßes erfolgt analog. Für eine Umgebung U des Einselements mit dem Volumenelement $da_1 \ldots da_r$ resultiert eine Rechtstranslation durch $g(b)$ in $Ug(b)$, wobei $g(b) = g(\phi(0;b))$ ist. Es gilt

$$db_1 \ldots db_r = |J_R(b)|\, da_1 \ldots da_r,$$

$$J_R(b) = \det\begin{pmatrix} \frac{\partial\phi_1(a;b)}{\partial a_1} & \cdots & \frac{\partial\phi_1(a;b)}{\partial a_r} \\ \vdots & & \vdots \\ \frac{\partial\phi_r(a;b)}{\partial a_1} & \cdots & \frac{\partial\phi_r(a;b)}{\partial a_r} \end{pmatrix}_{a=0}.$$

  Setze $\rho_R(b) = \rho_R(0)/J_R(b)$.
- Die Integrale $\int_G d\mu_L(g)\,f(g)$ und $\int_G d\mu_R(g)\,f(g)$ heißen *links-* bzw. *rechtsinvariante Haar-Integrale*.
- Im. Allg. sind links- und rechtsinvariante Haar-Integrale verschieden.

Abb. 3.3 Linkstranslation einer Umgebung $U_{g(a)}$ von $g(a)$ zu einer Umgebung $U_{g(c)}$ von $g(c)$ (1) in einem Schritt durch $g(b)$ bzw. (2) in zwei Schritten durch $g^{-1}(a)$ zu einer Umgebung $U_{g(0)}$ der Identität und anschließend durch $g(c)$ zu $U_{g(c)}$

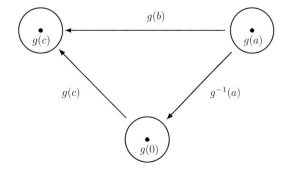

- Ohne Beweis:
  1. Eine Lie-Gruppe G ist genau dann kompakt, wenn $V = \int_G d\mu_L(g)$ existiert. Das Integral V wird als „Volumen der Gruppe" bezeichnet.
  2. Für kompakte Lie-Gruppen stimmen links- und rechtsinvariantes Maß überein:
$$d\mu_L(g) = d\mu_R(g) = d\mu(g).$$

- In den obigen Betrachtungen sind wir davon ausgegangen, dass $a = 0$ dem Einselement in der Gruppe entspricht. Sind die Parameter so gewählt, dass stattdessen $a = a_0$ für das Einselement gilt, so ist in den Formeln entsprechend 0 durch a_0 und „$a = 0$" durch „$a = a_0$" zu ersetzen (siehe Aufgabe 3.4).

Beispiel 3.6
1. Wir betrachten die Transformationsgruppe T (siehe Definition 1.2 in Abschn. 1.1 der Translationen des $\mathbb{R}$ mit den Elementen

$$T(a) : \begin{cases} \mathbb{R} \to \mathbb{R}, \\ x \mapsto T(x,a) = x + a, \end{cases} \qquad \text{mit} \quad c = \phi(b;a) = a + b.$$

Mit

$$J_L(b) = \left. \frac{\partial \phi(b;a)}{\partial a} \right|_{a=0} = 1$$

ergibt sich für das Volumen

$$V = \int_{-\infty}^{\infty} db = \infty,$$

d. h. die Menge der Translationen ist keine kompakte Gruppe. Wenn wir den Abstand zwischen zwei Translationen $T(a)$ und $T(b)$ durch $d(a,b) = |a - b|$ definieren, so wird sofort plausibel, dass der Abstand beliebig groß werden kann und somit T nicht kompakt ist.
2. Als zweites Beispiel betrachten wir die Gruppe U(1):

$$\mathrm{U}(1) = \{e^{i\theta} | 0 \le \theta \le 2\pi\},$$
$$\phi(\theta_2; \theta_1) = \theta_1 + \theta_2,$$
$$d\mu_L(g(\theta)) = d\theta = d\mu_R(g(\theta)),$$
$$V = \int_0^{2\pi} d\theta = 2\pi, \ \text{d. h. U(1) ist kompakt.}$$

Da wir uns auf Winkel θ im Intervall $[0, 2\pi]$ festlegen, erfolgt die Addition der Winkel modulo 2π, d. h. die Winkel θ und $\theta + 2\pi m$, $m \in \mathbb{Z}$, sind äquivalent.

3. Wir betrachten nun die eigentliche, orthochrone Lorentz-Gruppe in $1 + 1$ Dimensionen (siehe Aufgabe 1.15), mit

$$\Lambda(\lambda) = \begin{pmatrix} \cosh(\lambda) & \sinh(\lambda) \\ \sinh(\lambda) & \cosh(\lambda) \end{pmatrix}, \quad -\infty < \lambda < \infty.$$

Aus der Matrizenmultiplikation folgt unter Verwendung der Additionstheoreme für die hyperbolischen Funktionen

$$\Lambda(\lambda_2)\Lambda(\lambda_1) = \Lambda(\lambda_1 + \lambda_2),$$
$$\phi(\lambda_2; \lambda_1) = \lambda_1 + \lambda_2,$$
$$V = \int_{-\infty}^{\infty} d\lambda = \infty,$$

d. h. die Gruppe ist nicht kompakt.

Anmerkung: Mit der Parametrisierung

$$\Lambda(\lambda) = L(\beta) = \begin{pmatrix} \gamma & \beta\gamma \\ \beta\gamma & \gamma \end{pmatrix}, \quad -1 < \beta < 1, \quad \gamma = \frac{1}{\sqrt{1 - \beta^2}},$$

gilt

$$L(\beta_3) = L(\beta_2)L(\beta_1), \quad \beta_3 = \phi(\beta_2; \beta_1) = \frac{\beta_1 + \beta_2}{1 + \beta_1\beta_2}.$$

Für diesen Parameter erhalten wir

$$J_L(\beta_2) = \left. \frac{\partial\phi(\beta_2; \beta_1)}{\partial\beta_1} \right|_{\beta_1 = 0}$$

$$= \left. \frac{1}{1 + \beta_1\beta_2} \right|_{\beta_1 = 0} + (\beta_1 + \beta_2) \left. \frac{(-1)}{(1 + \beta_1\beta_2)^2} \beta_2 \right|_{\beta_1 = 0}$$

$$= 1 - \beta_2^2,$$

$$d\mu_L(g) = \frac{d\beta}{1 - \beta^2},$$

$$\int_{-1}^{1} d\beta \frac{1}{1 - \beta^2} = \left. \text{artanh}(\beta) \right|_{-1}^{1} = \infty.$$

Wir ziehen somit die Schlussfolgerung: Wenn sich die Elemente mittels eines Parameters aus einem endlichen Intervall parametrisieren lassen, bedeutet dies nicht automatisch, dass eine Gruppe kompakt ist.

4. Ohne Beweis: Die Gruppe SO(3) ist kompakt. Wenn wir ein Element $R \in$ SO(3) durch die Euler-Winkel beschreiben,

$$R(\alpha, \beta, \gamma) = R_3(\alpha) R_2(\beta) R_3(\gamma),$$

dann gilt:

$$d\mu_L(R) = d\alpha\,\sin(\beta)d\beta d\gamma = d\mu_R(R),$$

mit dem Volumen

$$V = \int_0^{2\pi} d\alpha \int_0^{\pi} \sin(\beta)d\beta \int_0^{2\pi} d\gamma = 8\pi^2. \qquad \blacksquare$$

Vorbemerkung Im Folgenden sei G eine kompakte Lie-Gruppe. Wir betrachten stetige, endlichdimensionale Darstellungen $\Gamma = \{D(g)\}$, d. h. jedes $D_{ij}(g)$ ist stetig in g und g stetig in a. Der Beweis der folgenden Sätze erfordert die Ersetzungen

$$\sum_g \to \int_G d\mu(g), \quad |G| \to V$$

in Abschn. 2.3.

Satz 3.3
1. *(Sätze 2.1 und 2.2 in Abschn. 2.2): Jede endlichdimensionale Darstellung einer kompakten Lie-Gruppe ist äquivalent zu einer unitären Darstellung. Sie kann daher vollständig in eine direkte Summe irreduzibler Darstellungen zerlegt werden.*
2. *(Satz 2.6 in Abschn. 2.3): Es seien $\Gamma^{(\alpha)} = \{D^{(\alpha)}(g)\}$ und $\Gamma^{(\beta)}$ nichtäquivalente, irreduzible, unitäre, endlichdimensionale Darstellungen mit Dimension n_α bzw. n_β. Dann gilt*

$$\int_G d\mu(g) D_{ir}^{(\alpha)}(g) D_{js}^{(\beta)*}(g) = \frac{V}{n_\alpha}\delta^{\alpha\beta}\delta_{ij}\delta_{rs}.$$

3. *(Satz 2.8): Es seien $\chi^{(\alpha)}$ und $\chi^{(\beta)}$ die Charaktere von $\Gamma^{(\alpha)}$ bzw. $\Gamma^{(\beta)}$. Dann gilt*

$$\int_G d\mu(g)\chi^{(\alpha)}(g)\chi^{(\beta)*}(g) = V\delta^{\alpha\beta}.$$

4. *(Satz 2.12): Es sei $\Gamma = \bigoplus_\alpha f_\alpha \Gamma^{(\alpha)}$, wobei f_α die Multiplizität von $\Gamma^{(\alpha)}$ in Γ bezeichnet. Dann gilt*

$$f_\alpha = \frac{1}{V}\int_G d\mu(g)\chi^{(\alpha)*}(g)\chi(g),$$

wobei χ der Charakter von Γ ist.
5. *(Satz 2.15: Frobenius-Kriterium für Irreduzibilität):*
   Eine endlichdimensionale Darstellung Γ mit Charakter χ ist irreduzibel genau dann, wenn $\int_G d\mu(g)\chi^*(g)\chi(g) = V$ ist.

Wir betrachten im Folgenden zwei einfache Anwendungen dieser Sätze.

Beispiel 3.7

Wir betrachten die Gruppe $U(1) = \{\exp(i\,\theta)|0 \leq \theta \leq 2\pi\}$. Die Abbildung $\exp(i\,\theta) \mapsto D^{(n)}(\theta) = \exp(i\,n\theta)$ definiert für jedes $n \in \mathbb{Z}$ eine irreduzible Darstellung $\Gamma^{(n)}$. Mit $d\mu = d\theta$ und $V = 2\pi$ (siehe Beispiel 3.6) ergibt sich

$$\int\limits_0^{2\pi} d\theta D^{(m)}(\theta)D^{(n)*}(\theta) = \int\limits_0^{2\pi} d\theta e^{i(m-n)\theta} = 2\pi\delta_{mn}.$$

Als einfache Illustration betrachten wir die Darstellung

$$\Gamma = \begin{pmatrix} \Gamma^{(k)} & 0 \\ 0 & \Gamma^{(m)} \end{pmatrix} = \Gamma^{(k)} \oplus \Gamma^{(m)} \quad \text{mit} \quad D(\theta) = \begin{pmatrix} e^{ik\theta} & 0 \\ 0 & e^{im\theta} \end{pmatrix}.$$

Aus dem Charakter

$$\chi(\theta) = e^{ik\theta} + e^{im\theta}$$

ergeben sich die Multiplizitäten

$$f_n = \frac{1}{2\pi} \int\limits_0^{2\pi} d\theta e^{-in\theta} \left(e^{ik\theta} + e^{im\theta}\right) = \delta_{nk} + \delta_{nm}. \qquad \blacksquare$$

Beispiel 3.8

Gegeben seien die irreduziblen Darstellungen der $SO(3)$ aus Beispiel 2.6 in Abschn. 2.1:

$$D_{m,m'}^{(l)}(\alpha, \beta, \gamma) = \langle l, m|\mathcal{R}(\alpha, \beta, \gamma)|l, m'\rangle^*,$$
$$\mathcal{R}(\alpha, \beta, \gamma) = \exp(-i\,\alpha\ell_z)\exp(-i\,\beta\ell_y)\exp(-i\,\gamma\ell_z),$$

mit

$$l = 0, 1, \ldots,$$
$$m = -l, -l+1, \ldots, l-1, l,$$
$$m' = -l, -l+1, \ldots, l-1, l.$$

Diese erfüllen die Orthogonalitätsrelation

$$\int\limits_0^{2\pi} d\alpha \int\limits_0^\pi \sin(\beta)d\beta \int\limits_0^{2\pi} d\gamma \; D_{m_1,m_1'}^{(l_1)*}(\alpha, \beta, \gamma) D_{m_2,m_2'}^{(l_2)}(\alpha, \beta, \gamma)$$

$$= \frac{8\pi^2}{2l_1 + 1}\delta_{l_1 l_2}\delta_{m_1 m_2}\delta_{m_1' m_2'}. \qquad \blacksquare$$

3.3 Lie-Algebren

Definition 3.8 (Algebra)
Eine *Algebra* A über $\mathbb{K}$ ist ein $\mathbb{K}$-Vektorraum, der abgeschlossen bzgl. einer bilinearen Multiplikation ist, die jedem geordneten Paar $(x, y) \in A \times A$ ein Element $x \cdot y := xy \in A$ zuweist, mit

$$(\alpha x + \beta y)z = \alpha xz + \beta yz, \quad x(\alpha y + \beta z) = \alpha xy + \beta xz \, \forall \alpha, \beta \in \mathbb{K}, x, y, z \in A.$$

◆

Beispiel 3.9
1. Die reellen bzw. komplexen (n, n)-Matrizen bilden bzgl. der Addition einen n^2-dimensionalen reellen bzw. komplexen Vektorraum. Mithilfe der Matrizenmultiplikation wird dieser Vektorraum zu einer Algebra. Hierbei handelt es sich um eine assoziative Algebra: $(AB)C = A(BC)$.
2. Drehimpulsalgebra $\{\sum_{i=1}^{3} \xi_i J_i | \xi_i \in \mathbb{C}\}$ mit dem Produkt $J \cdot J' := [J, J'] = JJ' - J'J$, mit

$$[J_i, J_j] = i \, \epsilon_{ijk} J_k.$$

Das Produkt ist nicht assoziativ (siehe Aufgabe 3.6):

$$[J_i, [J_j, J_k]] \neq [[J_i, J_j], J_k].$$

∎

Definition 3.9 (Lie-Algebra)
Eine *Lie-Algebra* $\mathcal{L}$ hat die zusätzlichen Eigenschaften

$$\text{Antikommutativität:} \ L \cdot L' = -L' \cdot L,$$
$$\text{Jacobi-Identität:} \ J \cdot (K \cdot L) + K \cdot (L \cdot J) + L \cdot (J \cdot K) = 0.$$

$\mathcal{L}$ heißt genau dann *kommutativ*, wenn $L \cdot L' = L' \cdot L$ für alle $L, L' \in \mathcal{L}$ gilt. ◆

Anmerkungen
- Üblicherweise verwendet man für das Lie-Produkt die Klammerschreibweise $L \cdot L' = [L, L']$.
- Ist $\mathbb{K} = \mathbb{R}$ oder $\mathbb{K} = \mathbb{C}$, so spricht man jeweils entsprechend von einer reellen bzw. komplexen Lie-Algebra.
- Jede komplexe Lie-Algebra ist gleichzeitig auch eine reelle Lie-Algebra. (Jeder $\mathbb{C}$-Vektorraum ist auch ein $\mathbb{R}$-Vektorraum, da $\mathbb{C}$ den Teilkörper $\mathbb{R}$ enthält.)

Definition 3.10 (Strukturkonstante)
Es sei $\mathcal{L}$ eine Lie-Algebra mit der Basis $\{L_\alpha\}$. Wegen $[L, L'] \in \mathcal{L}$ gilt

$$[L_\alpha, L_\beta] = C_{\alpha\beta\gamma} L_\gamma,$$

wobei $C_{\alpha\beta\gamma}$ als *Strukturkonstanten* der Lie-Algebra in der entsprechenden Basis bezeichnet werden. ◆

Anmerkung Die Strukturkonstanten besitzen folgende Eigenschaften (siehe Aufgabe 3.7):

- $C_{\alpha\beta\gamma} = -C_{\beta\alpha\gamma}$,
- $C_{\beta\gamma\mu}C_{\alpha\mu\delta} + C_{\gamma\alpha\mu}C_{\beta\mu\delta} + C_{\alpha\beta\mu}C_{\gamma\mu\delta} = 0$.

Definition 3.11 (Darstellung)

Es seien $\mathcal{L}$ eine Lie-Algebra über $\mathbb{K}$ und V ein $\mathbb{K}$-Vektorraum. Unter einer *Darstellung* Ψ von $\mathcal{L}$ verstehen wir eine Abbildung

$$\Psi : \mathcal{L} \to \mathrm{gl}(V, \mathbb{K}),$$

die jedem Element A der Lie-Algebra $\mathcal{L}$ einen linearen Operator $\Psi(A) : V \to V$ zuordnet und folgende Eigenschaften besitzt:

$$\Psi(\alpha A + \beta B) = \alpha\Psi(A) + \beta\Psi(B),$$
$$\Psi([A, B]) = [\Psi(A), \Psi(B)],$$

für alle $A, B \in \mathcal{L}$ und $\alpha, \beta \in \mathbb{K}$. Eine Darstellung Ψ heißt genau dann treu, wenn sie injektiv ist. Die Dimension des Vektorraums, $\dim(V)$, wird als Dimension der Darstellung bezeichnet. ◆

Definition 3.12

Die Begriffe „äquivalent", „vollständig reduzibel" und „irreduzibel" werden analog wie für Gruppen definiert (siehe Definitionen 2.3, 2.7 und 2.8 in Abschn. 2.2). ◆

Definition 3.13 (Casimir-Operator)

Es seien $\mathcal{L}$ eine Lie-Algebra mit der Basis $\{L_\alpha\}$ und Ψ eine Darstellung. Ein Polynom in den $\Psi(L_\alpha)$, das mit allen $\Psi(L)$, $L \in \mathcal{L}$, vertauscht, wird als *Casimir-Operator* bezeichnet. ◆

Beispiel 3.10

Ein bekanntes Beispiel liefern die Komponenten ℓ_i, $i = 1, 2, 3$, des Bahndrehimpulsoperators aus der Quantenmechanik (siehe Beispiel 2.5 in Abschn. 2.1). Sie erzeugen eine Darstellung der Lie-Algebra[4] so(3) auf dem Hilbert-Raum der quadratintegrierbaren Funktionen $L^2(\mathbb{R}^3)$ mit den Vertauschungsrelationen

$$[\ell_i, \ell_j] = \mathrm{i}\,\epsilon_{ijk}\ell_k.$$

Das Quadrat des Drehimpulsoperators ist ein Casimir-Operator:

$$\vec{\ell}^{\,2} = \sum_{k=1}^{3} \ell_k\ell_k = \ell_k\ell_k, \quad [\ell_i, \vec{\ell}^{\,2}] = 0, \quad i = 1, 2, 3. \quad \blacksquare$$

---

[4] Es ist üblich, Lie-Gruppen mit Großbuchstaben abzukürzen, etwa SO(3) für die spezielle orthogonale Gruppe in drei Dimensionen, und die zugehörigen Lie-Algebren mit Kleinbuchstaben, hier also mit so(3).

Definition 3.14
Als *Rang* einer Lie-Algebra $\mathcal{L}$ bezeichnet man die maximale Anzahl linear unabhängiger Elemente von $\mathcal{L}$, die miteinander vertauschen. ◆

Beispiel 3.11
Die Lie-Algebra su(n) besteht aus allen schiefadjungierten komplexen (n, n)-Matrizen mit verschwindender Spur:

$$\mathrm{su}(n) := \{B \in \mathrm{gl}(n, \mathbb{C}) | B^{\dagger} = -B, \mathrm{Sp}(B) = 0\}.$$

Der Rang von su(n) ist $n - 1$. ■

Definition 3.15
Eine Lie-Algebra $\mathcal{L}$ heißt einfach, wenn

1. $\mathcal{L}$ nicht-abelsch ist,
2. außer $\mathcal{L}$ und $\{0\}$ keine Unteralgebra $\mathcal{H}$ existiert, mit $[x, y] \in \mathcal{H} \, \forall x \in \mathcal{H}, y \in \mathcal{L}$. ◆

Ein Beispiel für eine einfache Lie-Algebra ist so(n), $n \geq 3$.

3.4 Zusammenhang zwischen Lie-Gruppen und Lie-Algebren

Im Folgenden betrachten wir die sog. *klassischen* (Matrix-)*Gruppen* (auch *klassische Lie-Gruppen* genannt).

Vorbemerkung Es sei $\mathbb{K} = \mathbb{R}$ oder $\mathbb{C}$. Wir betrachten einen n-dimensionalen $\mathbb{K}$-Vektorraum V_n mit der Basis

$$B = \{e_1, \ldots, e_n\}.$$

Die sog. *allgemeinen linearen Gruppen* GL($n, \mathbb{R}$) und GL($n, \mathbb{C}$) der regulären (n, n)-Matrizen über $\mathbb{R}$ bzw. $\mathbb{C}$ lassen sich (aktiv) als invertierbare, lineare Abbildungen auf dem zugrunde liegenden Vektorraum interpretieren (siehe Abschn. 1.2):

$$\mathcal{A}e_i = A_{ji}e_j.$$

Die anderen klassischen Gruppen ergeben sich als Untergruppen mittels weiterer Anforderungen. Versehen mit einer Abstandsdefinition [siehe (3.1)] wird GL($n, \mathbb{K}$) zu einem metrischen Raum, und die klassischen Lie-Gruppen sind abgeschlossene Teilmengen von GL($n, \mathbb{K}$). Als wichtige Beispiele haben wir bereits die Gruppen U(n) und SU(n) als Untergruppen von GL($n, \mathbb{C}$) kennengelernt. Des Weiteren haben wir die Gruppen O(n) und SO(n) als Untergruppen von GL($n, \mathbb{R}$) sowie die Lorentz-Gruppe O($1, 3$) < GL($4, \mathbb{R}$) (siehe Beispiel 1.16 in Abschn. 1.2) diskutiert.

Eine ausführliche Diskussion aller klassischen Lie-Gruppen findet sich in Gilmore (1974), S. 47 ff. In der folgenden Liste steht $\mathbb{K}$ für $\mathbb{R}$ oder $\mathbb{C}$.

Liste der klassischen Lie-Gruppen
- Allgemeine lineare Gruppe: $\mathrm{GL}(n, \mathbb{K})$
- Spezielle lineare Gruppe: $\mathrm{SL}(n, \mathbb{K}) := \{A \in \mathrm{GL}(n, \mathbb{K}) | \det(A) = 1\}$
- $\mathrm{SL}_1(n, \mathbb{C}) := \{A \in \mathrm{GL}(n, \mathbb{C}) | \det(A) \in \mathbb{R}\}$
- $\mathrm{SL}_2(n, \mathbb{C}) := \{A \in \mathrm{GL}(n, \mathbb{C}) | |\det(A)| = 1\}$
- Zusammenhangskomponente des Einselements in $\mathrm{GL}(n, \mathbb{R})$: $\mathrm{GL}^+(n, \mathbb{R}) := \{A \in \mathrm{GL}(n, \mathbb{R}) | \det(A) > 0\}$
- Orthogonale Gruppe: $\mathrm{O}(n) := \{A \in \mathrm{GL}(n, \mathbb{R}) | A^T A = \mathbb{1}\}$
- Komplexe orthogonale Gruppe: $\mathrm{O}(n, \mathbb{C}) := \{A \in \mathrm{GL}(n, \mathbb{C}) | A^T A = \mathbb{1}\}$
- Spezielle orthogonale Gruppe: $\mathrm{SO}(n) := \{A \in \mathrm{O}(n) | \det(A) = 1\}$
- Spezielle komplexe orthogonale Gruppe: $\mathrm{SO}(n, \mathbb{C}) := \{A \in \mathrm{O}(n, \mathbb{C}) | \det(A) = 1\}$
- Unitäre Gruppe: $\mathrm{U}(n) := \{A \in \mathrm{GL}(n, \mathbb{C}) | A^\dagger A = \mathbb{1}\}$
- Spezielle unitäre Gruppe: $\mathrm{SU}(n) := \{A \in \mathrm{U}(n) | \det(A) = 1\}$
- Symplektische Gruppe: $\mathrm{Sp}(2n, \mathbb{K}) := \{A \in \mathrm{GL}(2n, \mathbb{K}) | A^T J A = J\}$, mit

$$J := \begin{pmatrix} 0 & \mathbb{1}_{n \times n} \\ -\mathbb{1}_{n \times n} & 0 \end{pmatrix}$$

- $\mathrm{Sp}(2n) := \mathrm{Sp}(2n, \mathbb{C}) \cap \mathrm{U}(2n)$
- $\mathrm{O}(p, q) := \{A \in \mathrm{GL}(n, \mathbb{R}) | A^T G(p, q) A = G(p, q)\}$, mit

$$G(p, q) = \begin{pmatrix} \mathbb{1}_{p \times p} & 0 \\ 0 & -\mathbb{1}_{q \times q} \end{pmatrix}, \quad p + q = n$$

- $\mathrm{SO}(p, q) := \mathrm{O}(p, q) \cap \mathrm{SL}(n, \mathbb{R})$
- $\mathrm{U}(p, q) := \{A \in \mathrm{GL}(n, \mathbb{C}) | A^\dagger G(p, q) A = G(p, q)\}$
- $\mathrm{SU}(p, q) := \mathrm{U}(p, q) \cap \mathrm{SL}(n, \mathbb{C})$

Satz 3.4 (Hauptsatz über klassische Gruppen)
[siehe Grosche et al. (1995), Abschn. 17.1] Wir betrachten die klassischen Lie-Gruppen G bezüglich des Matrizenprodukts AB mit den zugehörigen reellen Lie-Algebren $\mathcal{L}G$ bezüglich der Klammeroperation $[C, D] := CD - DC$. Dann gelten die folgenden Aussagen:

1. *Exponentialabbildung: Für alle $C \in \mathcal{L}G$ gilt $\exp(C) \in G$.*
2. *Tangentialraum im Einselement I von G: Ist $A = A(t)$ eine stetig differenzierbare Kurve in G, die durch das Einselement I geht*, dann gilt*

$$A'(0) \in \mathcal{L}G.$$

*: $t \mapsto A(t)$ ist eine C^1-Abbildung, d. h. jedes Matrixelement ist als Funktion von t stetig differenzierbar, mit $A(t) \in G \forall t \in [-\epsilon, \epsilon]$ bei festem $\epsilon > 0$ und $A(0) = I$.

Umgekehrt existiert zu jeder Matrix $C \in \mathcal{L}G$ eine derartige Kurve, nämlich

$$A(t) = \exp(tC) \quad \text{(Taylor-Entwicklung + Differenziation)}.$$

3. *Zusammenhang zwischen Gruppenmultiplikation und Lie-Produkt:*
   Für alle $C, D \in \mathcal{L}G$ und $t \in \mathbb{R}$ gilt (siehe Aufgabe 3.11):

$$\exp(tC)\exp(tD)\exp(-tC)\exp(-tD) = I + t^2[C, D] + O(t^3), \quad t \to 0.$$

4. *G ist eine d-dimensionale, reelle C^∞-Mannigfaltigkeit, und $\mathcal{L}G$ ist der Tangentialraum von G im Punkt I (Einselement von G). Die Dimension der Lie-Algebra entspricht der Dimension der Lie-Gruppe.*
5. *Durch die Exponentialabbildung $C \mapsto \exp(C)$ wird eine Nullumgebung der Lie-Algebra $\mathcal{L}G$ C^∞-diffeomorph auf eine Umgebung der Eins der Lie-Gruppe G abgebildet.*

Satz 3.5
(Ohne Beweis) Für die klassischen Lie-Gruppen gilt:

1. *Stimmen zwei Lie-Gruppen in einer gewissen Umgebung des Einselements überein, dann besitzen sie die gleichen Lie-Algebren.*
   Beispiel: SO(3) *und* O(3).
2. *Ist die Lie-Gruppe G zusammenhängend, dann erhält man G aus der Lie-Algebra $\mathcal{L}G$ durch die Bildung aller endlichen Produkte der Form*

$$\exp(C_1)\exp(C_2)\ldots\exp(C_k), \quad C_1, C_2, \ldots, C_k \in \mathcal{L}G.$$

   Im Spezialfall $G = $ SO(n), U(n), SU(n) kann man $k = 1$ wählen.
3. *Ist G nicht zusammenhängend, dann ergibt die Konstruktion aus 2. die Zusammenhangskomponente des Einselements von G.*

Die Gleichheit der Lie-Algebren bedeutet somit Gleichheit der Zusammenhangskomponenten des Einselements der entsprechenden Lie-Gruppen.

3.5 Aufgaben

3.1 Wie viele reelle Parameter werden für die Beschreibung folgender Gruppen benötigt?

a) $\mathrm{SL}(n, \mathbb{C}) = \{A \in \mathrm{GL}(n, \mathbb{C}) | \det(A) = 1\}$
b) $\mathrm{SL}(n, \mathbb{R}) = \{A \in \mathrm{GL}(n, \mathbb{R}) | \det(A) = 1\}$
c) $\mathrm{SU}(n) = \{A \in \mathrm{U}(n) | \det(A) = 1\}$
d) $\mathrm{O}(n, \mathbb{C}) = \{A \in \mathrm{GL}(n, \mathbb{C}) | A^T A = \mathbb{1}\}$
e) $\mathrm{O}(n, \mathbb{R}) = \{A \in \mathrm{GL}(n, \mathbb{R}) | A^T A = \mathbb{1}\}$

3.2 Wir betrachten die Gruppe O(2). Gegeben seien ein Element A aus dem Zweig SO(2) und ein Element B aus dem Zweig S_2SO(2) (siehe Beispiel 1.21 in Abschn. 1.3) mit

$$A = \begin{pmatrix} \cos(\alpha) & -\sin(\alpha) \\ \sin(\alpha) & \cos(\alpha) \end{pmatrix}, \quad B = \begin{pmatrix} -\cos(\beta) & \sin(\beta) \\ \sin(\beta) & \cos(\beta) \end{pmatrix}, \quad 0 \leq \alpha, \beta \leq 2\pi.$$

Berechnen Sie den Abstand

$$d(A, B) := ||A - B|| = \left[\sum_{i,j=1}^{2} (A_{ij} - B_{ij})^2 \right]^{\frac{1}{2}}.$$

3.3 Zeigen Sie, dass die Lie-Gruppe GL$(n, \mathbb{R})$ für alle $n \geq 1$ nicht zusammenhängend ist.

3.4 Zeigen Sie für die folgenden Transformationen, dass es sich dabei um Lie-Gruppen handelt. Überprüfen Sie zunächst die Gruppeneigenschaften und geben Sie anschließend die Funktionen $\phi_i(a; b)$ für die kontinuierlichen Parameter an. Bestimmen Sie schließlich $\rho_L(b)$ und $\rho_R(b)$.

a) $x' = ax, a \in \mathbb{R} \setminus \{0\}$.
b) $x' = a_1 x + a_2, a_1 \in \mathbb{R} \setminus \{0\}, a_2 \in \mathbb{R}$.

3.5 Gegeben sei so$(n) := \{B \in \text{gl}(n, \mathbb{R}) | B^T = -B\}$, d. h. die Menge aller schiefsymmetrischen, reellen (n, n)-Matrizen ($n \geq 2$).

a) Zeigen Sie, dass so(n) mit den Verknüpfungen Matrizenaddition und Skalarmultiplikation ein $\mathbb{R}$-Vektorraum ist.
b) Zeigen Sie, dass durch

$$[A, B] := AB - BA \, \forall A, B \in \text{so}(n)$$

mit AB als Matrizenmultiplikation eine abgeschlossene, bilineare Multiplikation definiert ist. (Überprüfen Sie die Abgeschlossenheit und die Linearität im ersten und im zweiten Faktor.)
c) Überprüfen Sie die Antikommutativität und die Jacobi-Identität.
d) Wie lautet die Dimension von so(3), d. h. was ist die Anzahl der Basisvektoren? Geben Sie drei Basisvektoren an.

3.6 Gegeben sei die Drehimpulsalgebra $[J_i, J_j] = i\,\epsilon_{ijk}\,J_k$. Zeigen Sie, dass das Produkt nicht assoziativ ist:

$$[J_i, [J_j, J_k]] \neq [[J_i, J_j], J_k].$$

3.7 Es sei $\mathcal{L}$ eine Lie-Algebra mit der Basis $\{L_\alpha\}$ und den Vertauschungsrelationen

$$[L_\alpha, L_\beta] = C_{\alpha\beta\gamma}\, L_\gamma.$$

a) Zeigen Sie: $C_{\alpha\beta\gamma} = -C_{\beta\alpha\gamma}$.
b) Zeigen Sie: $C_{\beta\gamma\mu}C_{\alpha\mu\delta} + C_{\gamma\alpha\mu}C_{\beta\mu\delta} + C_{\alpha\beta\mu}C_{\gamma\mu\delta} = 0$.

3.8 Es sei $\mathcal{L}$ eine Lie-Algebra mit der Basis $\{L_1, \dots, L_n\}$.

a) Zeigen Sie, dass die durch

$$[L_i, L_j] = \sum_{k=1}^{n} T_{kj}^{\mathrm{ad}}(L_i)L_k, \quad i, j = 1, \dots, n,$$

definierten (n, n)-Matrizen $T(L_i)$ eine n-dimensionale Darstellung der Lie-Algebra erzeugen.
Hinweis: Verwenden Sie die Jacobi-Identität.
b) Zeigen Sie, dass die Strukturkonstanten als Einträge von (n, n)-Matrizen interpretiert werden können, die eine n-dimensionale Darstellung – die sog. *adjungierte Darstellung* – definieren.
c) Es sei $\{\sigma_1/2, \sigma_2/2, \sigma_3/2\}$ eine Basis der Lie-Algebra su(2). Wie lauten die zugehörigen Basisvektoren der adjungierten Darstellung?
d) Es sei $X \in \mathcal{L}$. Wir definieren eine lineare Transformation $ad(X)$ durch

$$ad(X)(Y) = [X, Y], \quad Y \in \mathcal{L}.$$

Zeigen Sie, dass a) und d) gleichwertige Definitionen für die adjungierte Darstellung liefern.

3.9 Gegeben sei die Basis

$$e_1 = \begin{pmatrix} 0 & 1 \\ 1 & 0 \end{pmatrix}, \quad e_2 = \begin{pmatrix} 0 & -1 \\ 1 & 0 \end{pmatrix}, \quad e_3 = \begin{pmatrix} 1 & 0 \\ 0 & -1 \end{pmatrix}$$

der Lie-Algebra sl(2, $\mathbb{C}$).

a) Bestimmen Sie die Kommutatoren.
b) Bestimmen Sie die Vektoren $ad(e_i)$ der adjungierten Darstellung.

3.10 Es seien $U = u_i e_i$ und $V = v_i e_i$ zwei Vektoren einer Lie-Algebra $\mathcal{L}$. Die sog. *Killing-Form* ist durch

$$B(U, V) = \text{Sp}(ad(U)ad(V))$$

definiert. Zeigen Sie für $\mathcal{L} = \text{sl}(2, \mathbb{C})$ mit der Basis aus Aufgabe 3.9, dass $B(U, V) = u^T B v$ gilt, mit

$$B = \begin{pmatrix} 8 & 0 & 0 \\ 0 & -8 & 0 \\ 0 & 0 & 8 \end{pmatrix}.$$

3.11 Es sei G eine klassische Lie-Gruppe mit der Lie-Algebra $\mathcal{L}G$. Verifizieren Sie durch Taylor-Entwicklung für $C, D \in \mathcal{L}G$ und $t \in \mathbb{R}$:

$$\exp(tC) \exp(tD) \exp(-tC) \exp(-tD) = I + t^2[C, D] + O(t^3), \quad t \to 0.$$

3.12 Gegeben sei die Drehimpulsalgebra $[J_i, J_j] = i\,\epsilon_{ijk} J_k$. Konstruieren Sie mithilfe von

$$J_\pm |j, m\rangle = \sqrt{(j \mp m)(j \pm m + 1)}|j, m \pm 1\rangle, \quad J_\pm = J_1 \pm i J_2,$$
$$J_3 |j, m\rangle = m |j, m\rangle,$$
$$\langle j, m | j, m' \rangle = \delta_{mm'},$$

die dreidimensionale Darstellung $\Psi^{(1)}(J_i)$ ($i = 1, 2, 3$) der Drehimpulsalgebra.

3.13 Zeigen Sie $\sum_{j=|j_1-j_2|}^{j_1+j_2}(2j+1) = (2j_1+1)(2j_2+1)$ für $j_1, j_2 \in \{0, \frac{1}{2}, 1, \frac{3}{2}, \ldots\}$.

Literatur

Balachandran, A. P., Trahern, C. G.: Lectures on Group Theory for Physicists. Bibliopolis, Napoli (1984)

Chisholm, C.D.H.: Group Theoretical Techniques in Quantum Chemistry. Academic Press, London (1976)

Georgi, H.: Lie Algebras in Particle Physics. From Isospin to Unified Theories. Westview Press, Boulder, Colo. (1999)

Gilmore, R.: Lie Groups, Lie Algebras, and Some of Their Applications. Wiley, New York (1974)

Grosche, G., et al.: Teubner-Taschenbuch der Mathematik, Teil II. 7. Aufl., vollständig überarbeitete und wesentlich erweiterte Neufassung der 6. Auflage der „Ergänzenden Kapitel zum Taschenbuch der Mathematik von I.N. Bronstein und K.A. Semendjajew". Teubner, Stuttgart, Leipzig (1995)

Hamermesh, M.: Group Theory and Its Application to Physical Problems. Addison-Wesley, Reading, Mass. (1962)

Jones, H.F.: Groups, Representations and Physics. Adam Hilger, Bristol, New York (1980)

Die Gruppen SO(3) und SU(2)

4

Inhaltsverzeichnis

In Abschn. 3.4 haben wir zentrale Aussagen über den Zusammenhang zwischen Lie-Gruppen und Lie-Algebren zusammengestellt. In diesem Kapitel beschäftigen wir uns nun mit zwei kompakten Lie-Gruppen, die insbesondere im mikroskopischen Bereich von zentraler Bedeutung sind, nämlich den Gruppen SO(3) und SU(2).

4.1   Die Drehgruppe SO(3)

Um den engen Zusammenhang zwischen einer Lie-Gruppe und ihrer Lie-Algebra besser kennenzulernen, diskutieren wir als konkretes Beispiel die Gruppe SO(3):

$$SO(3) := \left\{ A \in GL(3, \mathbb{R}) | A^T A = \mathbb{1}, \det(A) = 1 \right\}.$$

Wir betrachten ein kartesisches Koordinatensystem im $\mathbb{R}^3$ mit einer Orthonormalbasis $\{\hat{e}_1, \hat{e}_2, \hat{e}_3\}$ und interpretieren die Elemente von SO(3) als lineare Transfor-

© Springer-Verlag Berlin Heidelberg 2016
S. Scherer, *Symmetrien und Gruppen in der Teilchenphysik*,
DOI 10.1007/978-3-662-47734-2_4

mationen auf dem $\mathbb{R}^3$, $x \mapsto x' = Ax$. Wir untersuchen Drehungen $R_j(\varphi)$ um die x_j-Achse mit Drehwinkeln φ:

$$R_1(\varphi) = \begin{pmatrix} 1 & 0 & 0 \\ 0 & \cos(\varphi) & -\sin(\varphi) \\ 0 & \sin(\varphi) & \cos(\varphi) \end{pmatrix},$$

$$R_2(\varphi) = \begin{pmatrix} \cos(\varphi) & 0 & \sin(\varphi) \\ 0 & 1 & 0 \\ -\sin(\varphi) & 0 & \cos(\varphi) \end{pmatrix},$$

$$R_3(\varphi) = \begin{pmatrix} \cos(\varphi) & -\sin(\varphi) & 0 \\ \sin(\varphi) & \cos(\varphi) & 0 \\ 0 & 0 & 1 \end{pmatrix}.$$

Mithilfe einer Entwicklung der trigonometrischen Funktionen für kleine Werte von φ bis einschließlich der ersten Ordnung (Linearisierung) ergibt sich für die Drehmatrizen

$$R_j(\varphi) = \mathbb{1} + \varphi \mathcal{T}_j + O(\varphi^2),$$

mit

$$\mathcal{T}_1 = \begin{pmatrix} 0 & 0 & 0 \\ 0 & 0 & -1 \\ 0 & 1 & 0 \end{pmatrix}, \quad \mathcal{T}_2 = \begin{pmatrix} 0 & 0 & 1 \\ 0 & 0 & 0 \\ -1 & 0 & 0 \end{pmatrix}, \quad \mathcal{T}_3 = \begin{pmatrix} 0 & -1 & 0 \\ 1 & 0 & 0 \\ 0 & 0 & 0 \end{pmatrix}. \quad (4.1)$$

Gemäß Satz 3.4 in Abschn. 3.4 entsteht aus dem Tangentialraum im Einselement gerade die zugehörige Lie-Algebra. Im Falle der SO(3) bilden die $\mathcal{T}_j$ eine Basis der reellen Lie-Algebra so(3) der Lie-Gruppe SO(3):

$$\mathrm{so}(3) = \left\{ \sum_{j=1}^{3} \varphi_j \mathcal{T}_j \,\middle|\, \varphi_j \in \mathbb{R} \right\}.$$

Wir definieren gl($n, \mathbb{K}$) als Menge aller (n, n)-Matrizen mit Werten in $\mathbb{K}$. Dann ist so(3) gleich der Menge aller reellen, schiefsymmetrischen (3,3)-Matrizen:

$$\mathrm{so}(3) = \left\{ B \in \mathrm{gl}(3, \mathbb{R}) \,\middle|\, B^T = -B \right\}.$$

Wegen

$$\exp(B) = \mathbb{1} + B + \mathcal{R}(B)$$

mit

$$\frac{\mathcal{R}(B)}{\|B\|} \to 0 \quad \text{für} \quad \|B\| \to 0$$

wird $\mathbb{1} + B$, bisweilen auch nur $B \in so(3)$, als *infinitesimale Drehung* bezeichnet. Dass das Restglied für $\|B\| \to 0$ tatsächlich genügend schnell verschwindet, ergibt sich aus folgender Abschätzung:

$$\mathcal{R}(B) = \sum_{k=2}^{\infty} \frac{B^k}{k!},$$

$$\frac{\|\mathcal{R}(B)\|}{\|B\|} = \frac{\|\sum_{k=2}^{\infty} \frac{B^k}{k!}\|}{\|B\|} \leq \sum_{k=2}^{\infty} \frac{\|B\|^{k-1}}{k!} = \|B\| \sum_{k=0}^{\infty} \frac{\|B\|^k}{(k+2)!}$$

$$\to 0 \quad \text{für} \quad \|B\| \to 0.$$

Die Vertauschungsrelationen ergeben sich durch explizites Nachrechnen:

$$\begin{pmatrix} 0 & 0 & 0 \\ 0 & 0 & -1 \\ 0 & 1 & 0 \end{pmatrix} \begin{pmatrix} 0 & 0 & 1 \\ 0 & 0 & 0 \\ -1 & 0 & 0 \end{pmatrix} - \begin{pmatrix} 0 & 0 & 1 \\ 0 & 0 & 0 \\ -1 & 0 & 0 \end{pmatrix} \begin{pmatrix} 0 & 0 & 0 \\ 0 & 0 & -1 \\ 0 & 1 & 0 \end{pmatrix} =$$

$$\begin{pmatrix} 0 & 0 & 0 \\ 1 & 0 & 0 \\ 0 & 0 & 0 \end{pmatrix} - \begin{pmatrix} 0 & 1 & 0 \\ 0 & 0 & 0 \\ 0 & 0 & 0 \end{pmatrix} = \begin{pmatrix} 0 & -1 & 0 \\ 1 & 0 & 0 \\ 0 & 0 & 0 \end{pmatrix},$$

d. h.

$$[\mathcal{T}_1, \mathcal{T}_2] = \mathcal{T}_3$$

und analog $[\mathcal{T}_2, \mathcal{T}_3] = \mathcal{T}_1$ sowie $[\mathcal{T}_3, \mathcal{T}_1] = \mathcal{T}_2$. Zusammengefasst lauten die Vertauschungsrelationen

$$[\mathcal{T}_i, \mathcal{T}_j] = C_{ijk} \mathcal{T}_k \quad \text{mit} \quad C_{ijk} = \epsilon_{ijk},$$

wobei die C_{ijk} die Strukturkonstanten der Lie-Algebra so(3) bzgl. der Basis aus (4.1) sind. Laut Aufgabe 3.8 liefern die Strukturkonstanten die sog. adjungierte Darstellung T^{ad} mittels

$$C_{\alpha\beta\gamma} = T^{ad}_{\gamma\beta}(L_\alpha),$$

wobei die Dimension der Darstellung gerade der Dimension der Lie-Algebra entspricht. Im Falle der so(3) gehört zur adjungierten Darstellung ein 3-dimensionaler, reeller Vektorraum, und die Darstellung der Lie-Algebra-Basis ist gerade durch die Matrizen $\mathcal{T}_i$, $i = 1, 2, 3$, aus (4.1) gegeben, d. h. $T^{ad}(\mathcal{T}_i) = \mathcal{T}_i$ mit

$$T^{ad}_{jk}(\mathcal{T}_i) = (\mathcal{T}_i)_{jk} = C_{ikj} = \epsilon_{ikj} = -\epsilon_{ijk}. \tag{4.2}$$

In der Physik benutzt man $X_j = i\mathcal{T}_j$ dergestalt dass

$$[X_i, X_j] = i\,\epsilon_{ijk} X_k$$

gerade den Vertauschungsrelationen der Drehimpulsalgebra aus Beispiel 3.10 in Abschn. 3.3 entsprechen. Wir werden sowohl die $\mathcal{T}_i$ als auch die X_i als *Erzeugende* oder *Generatoren* infinitesimaler Drehungen bezeichnen, wobei wir zumeist die Konvention der Physik verwenden werden.

Die Gesamtheit aller Drehungen $A \in \mathrm{SO}(3)$ erhält man durch Anwendung der Exponentialfunktion (siehe Satz 3.5 in Abschn. 3.4)

$$A = \exp(B) \text{ mit } B \in \mathrm{so}(3),$$

d. h.

$$B = \sum_{j=1}^{3} \varphi_j \mathcal{T}_j = -\mathrm{i} \sum_{j=1}^{3} \varphi_j X_j, \ \varphi_j \in \mathbb{R}.$$

Diese Abbildung ist nicht injektiv. Wählt man z. B. $\varphi_1 = \varphi_2 = 0$, so erkennt man unmittelbar eine 2π-Periodizität in φ_3. Die Parameter φ_i lassen sich als Komponenten eines Drehvektors $\vec{\varphi} = (\varphi_1, \varphi_2, \varphi_3) = \varphi \hat{n}$ interpretieren, mit $\varphi = \sqrt{\varphi_1^2 + \varphi_2^2 + \varphi_3^2}$ und $\hat{n} = \vec{\varphi}/\varphi$. Wenn alle Richtungen für die Drehachse zugelassen werden, dann bildet die Exponentialabbildung bereits mit dem Parameterbereich $0 \le \varphi \le \pi$ auf die Gruppe SO(3) ab (siehe Beispiel 3.4 in Abschn. 3.1).

Alternative Herleitung der Vertauschungsrelationen Im Folgenden liefern wir eine andere Herleitung der Vertauschungsrelationen, die von infinitesimalen Drehungen und dem Konzept der Konjugation Gebrauch macht. Diese Herleitung basiert auf der Beschreibung einer Drehung mittels einer Drehachse und eines Drehwinkels. Dazu betrachten wir für eine gegebene Drehung $R_{\hat{n}}(\varphi)$ um die Drehachse $\hat{n}$ mit dem Drehwinkel φ die Konjugation (siehe Beispiel 1.26 in Abschn. 1.3)

$$S(\theta) R_{\hat{n}}(\varphi) S^{-1}(\theta) = R_{\hat{n}'}(\varphi). \tag{4.3}$$

Das zu $R_{\hat{n}}(\varphi)$ konjugierte Element $R_{\hat{n}'}(\varphi)$ entspricht einer Drehung um die $\hat{n}'$-Achse mit demselben Drehwinkel φ, wobei die neue Drehachse $\hat{n}'$ über $\hat{n}' = S(\theta)\hat{n}$ mit der alten Drehachse $\hat{n}$ verknüpft ist.

Es seien $\hat{n} = \hat{e}_1$ und $S(\theta) = S_3(\theta)$ eine Drehung um die x_3-Achse mit dem Drehwinkel θ:

$$S_3(\theta) = \exp(-\mathrm{i}\,\theta X_3).$$

Für die gedrehte Achse gilt $\hat{n}' = \cos(\theta)\hat{e}_1 + \sin(\theta)\hat{e}_2$, sodass wir mithilfe von

$$\hat{n}' \cdot \vec{X} = \cos(\theta)X_1 + \sin(\theta)X_2$$

(4.3) umschreiben können zu

$$\exp(-\mathrm{i}\,\theta X_3) \exp(-\mathrm{i}\,\varphi X_1) \exp(\mathrm{i}\,\theta X_3) = \exp\left(-\mathrm{i}\,\varphi\left[\cos(\theta)X_1 + \sin(\theta)X_2\right]\right).$$

Wir entwickeln beide Seiten bis zur linearen Ordnung in φ,

$$e^{-i\theta X_3}\big(\mathbb{1} - i\varphi X_1 + O(\varphi^2)\big)e^{i\theta X_3} = \mathbb{1} - i\varphi\big[\cos(\theta)X_1 + \sin(\theta)X_2\big] + O(\varphi^2),$$

und vergleichen die in φ linearen Terme:

$$e^{-i\theta X_3}X_1e^{i\theta X_3} = \cos(\theta)X_1 + \sin(\theta)X_2. \qquad (*)$$

Wir differenzieren nun $(*)$ bzgl. θ und werten das Resultat an der Stelle $\theta = 0$ aus. Für die linke Seite ergibt sich

$$
\begin{aligned}
\frac{d}{d\theta}\left(e^{-i\theta X_3}X_1e^{i\theta X_3}\right)\Big|_{\theta=0} &= \left(\frac{d}{d\theta}e^{-i\theta X_3}\right)X_1e^{i\theta X_3}\Big|_{\theta=0} + e^{-i\theta X_3}X_1\left(\frac{d}{d\theta}e^{i\theta X_3}\right)\Big|_{\theta=0} \\
&= (-iX_3)e^{-i\theta X_3}X_1e^{i\theta X_3}\Big|_{\theta=0} + e^{-i\theta X_3}X_1(iX_3)e^{i\theta X_3}\Big|_{\theta=0} \\
&= -iX_3\mathbb{1}X_1\mathbb{1} + i\mathbb{1}X_1X_3\mathbb{1} \\
&= -iX_3X_1 + iX_1X_3 \\
&= -i[X_3, X_1].
\end{aligned}
$$

Für die rechte Seite ergibt sich

$$\frac{d}{d\theta}\big[\cos(\theta)X_1 + \sin(\theta)X_2\big]\Big|_{\theta=0} = \big[-\sin(\theta)X_1 + \cos(\theta)X_2\big]\big|_{\theta=0} = X_2.$$

Somit erhalten wir als Ergebnis

$$-i[X_3, X_1] = X_2.$$

Die anderen Vertauschungsrelationen erhält man analog mit

1. $\hat{n} = \hat{e}_2$ und $S = S_3(\theta)$: $-i[X_3, X_2] = -X_1$;
2. $\hat{n} = \hat{e}_1$ und $S = S_2(\theta)$: $-i[X_2, X_1] = -X_3$.

Zusammengefasst erhalten wir also

$$[X_i, X_j] = i\,\epsilon_{ijk}X_k.$$

4.2 Irreduzible Darstellungen, Charaktere und Clebsch-Gordan-Zerlegung

4.2.1 Irreduzible Darstellungen

Wie in Abschn. 3.4 gezeigt, ergeben sich endliche Drehungen mithilfe der Exponentialfunktion. Deshalb wird das Auffinden irreduzibler Darstellungen der Gruppe

SO(3) [und der Gruppe SU(2)] auf das Auffinden irreduzibler Darstellungen der Algebra zurückgeführt. In diesem Zusammenhang kommt uns folgende Beobachtung zugute: Für eine blockdiagonale Matrix A ist auch die Potenz A^n blockdiagonal für $n \geq 0$ und somit auch die Exponentialfunktion $\exp(A)$.

Im Folgenden konstruieren wir explizit endlichdimensionale, irreduzible Darstellungen der Drehimpulsalgebra. Hierbei handelt es sich um ein Standardproblem aus der Quantenmechanik [siehe z. B. Grawert (1977), Abschnitt 9.1, oder Jones (1990), Anhang B]. Das Verfahren basiert ausschließlich auf den Vertauschungsrelationen und auf der Tatsache, dass die Erzeugenden der Algebra hermitesche Operatoren sind.

Gegeben sei ein Hilbert-Raum mit drei hermiteschen Operatoren[1] J_i, die die Vertauschungsrelationen

$$[J_i, J_j] = \mathrm{i}\, \epsilon_{ijk} J_k \tag{4.4}$$

erfüllen. Mit den Definitionen

$$\begin{aligned} \vec{J}^2 &:= J_i J_i, \\ J_\pm &:= J_1 \pm \mathrm{i} J_2 \end{aligned} \tag{4.5}$$

ergeben sich eine Reihe nützlicher Beziehungen, die wir bei der Konstruktion irreduzibler Darstellungen verwenden werden:

$$\begin{aligned} [\vec{J}^2, J_j] &= [J_i J_i, J_j] \\ &= J_i [J_i, J_j] + [J_i, J_j] J_i \\ &= J_i \mathrm{i}\, \epsilon_{ijk} J_k + \mathrm{i}\, \epsilon_{ijk} J_k J_i \\ &= \mathrm{i}\, \epsilon_{ijk} J_i J_k - \mathrm{i}\, \epsilon_{ijk} J_i J_k \\ &= 0. \end{aligned} \tag{4.6}$$

Gemäß Definition 3.13 in Abschn. 3.3 ist $\vec{J}^2$ ein Casimir-Operator. Gleichung (4.6) impliziert insbesondere

$$[\vec{J}^2, J_\pm] = 0. \tag{4.7}$$

Des Weiteren finden wir

$$[J_3, J_\pm] = [J_3, J_1 \pm \mathrm{i} J_2] = \mathrm{i} J_2 \pm J_1 = \pm J_\pm, \tag{4.8}$$

$$[J_+, J_-] = [J_1 + \mathrm{i} J_2, J_1 - \mathrm{i} J_2] = 2J_3. \tag{4.9}$$

---

[1] Die Verwendung *hermitescher* Operatoren führt zu *reellen* Eigenwerten. Somit resultiert die Exponentialabbildung $U = \exp(-\mathrm{i}\, \vec{\omega} \cdot \vec{J})$ mit reellem $\vec{\omega}$ in einem unitären Operator.

Schließlich benötigen wir verschiedene Arten, den Casimir-Operator mithilfe von $J_\pm$ und J_3 auszudrücken:

$$
\begin{aligned}
\vec{J}^2 &= \frac{1}{2}(J_+ J_- + J_- J_+) + J_3^2 \\
&= J_+ J_- - \frac{1}{2}[J_+, J_-] + J_3^2 \\
&= J_+ J_- - J_3 + J_3^2 & \text{(4.10a)} \\
&= J_- J_+ - \frac{1}{2}[J_-, J_+] + J_3^2 \\
&= J_- J_+ + J_3 + J_3^2. & \text{(4.10b)}
\end{aligned}
$$

- 1. Schritt: Da vertauschbare Operatoren denselben Satz von Eigenzuständen besitzen, wollen wir J_3 und $\vec{J}^2$ simultan diagonalisieren. Wir bezeichnen die entsprechenden Eigenzustände zunächst mit $|\lambda, \mu\rangle$:

$$
J_3 |\lambda, \mu\rangle = \mu |\lambda, \mu\rangle, \tag{4.11}
$$

$$
\vec{J}^2 |\lambda, \mu\rangle = \lambda |\lambda, \mu\rangle, \tag{4.12}
$$

mit reellen μ und λ, da $\vec{J}^2$ und J_3 hermitesch sind. Außerdem sind die Eigenzustände zu verschiedenen Eigenwerten eines hermiteschen Operators orthogonal, sodass wir nach einer geeigneten Normierung

$$
\langle \lambda, \mu | \lambda', \mu' \rangle = \delta_{\lambda \lambda'} \delta_{\mu \mu'}
$$

annehmen werden.

Bevor wir den nächsten Schritt ausführen können, benötigen wir den folgenden Satz.

Satz 4.1

Es seien A und B lineare Operatoren mit $A|a\rangle = a|a\rangle$ und $[A, B] = \alpha B$. Dann gilt:

$B|a\rangle$ ist Eigenzustand zu A mit dem Eigenwert $a + \alpha$, falls $B|a\rangle \neq 0$ ist.[2]

Beweis 4.1

$$
A(B|a\rangle) = (AB)|a\rangle = (BA + [A, B])|a\rangle = BA|a\rangle + \alpha B|a\rangle = (a + \alpha)(B|a\rangle).
$$

$\square$

- 2. Schritt: Wir wenden nun Satz 4.1 mit $A = \vec{J}^2$ bzw. $A = J_3$ sowie $B = J_\pm$ an und verwenden die Vertauschungsrelationen aus (4.7) und (4.8). Somit ergeben

---

[2] Der Nullvektor eines Vektorraums ist nach Definition nie Eigenvektor.

sich $J_\pm|\lambda,\mu\rangle$ als weitere Eigenzustände zu $\vec{J}^{\,2}$ und J_3, mit

$$\vec{J}^{\,2}(J_\pm|\lambda,\mu\rangle) = \lambda(J_\pm|\lambda,\mu\rangle),$$
$$J_3(J_\pm|\lambda,\mu\rangle) = (\mu\pm 1)(J_\pm|\lambda,\mu\rangle),$$

falls $J_\pm|\lambda,\mu\rangle \neq 0$ ist. $J_\pm$ ist *Auf-* bzw. *Absteigeoperator* für J_3. Die Eigenwerte von J_3 sind in Abständen von 1 angeordnet.

Satz 4.2
Es seien A ein hermitescher Operator und $|\psi\rangle$ ein beliebiger normierter Zustand. Dann gilt:

$$\langle\psi|A^2|\psi\rangle \geq 0.$$

Beweis 4.2 Es sei $|\psi'\rangle = A|\psi\rangle$. Aus den Eigenschaften des Skalarprodukts folgt

$$0 \leq \langle\psi'|\psi'\rangle = \langle\psi|A^\dagger A|\psi\rangle = \langle\psi|A^2|\psi\rangle$$

für $A = A^\dagger$. □

- 3. Schritt: Wir etablieren nun einen Zusammenhang zwischen λ und einem maximalen Eigenwert j von J_3.

  Gegeben sei ein Eigenzustand $|\lambda,\mu\rangle$ zu $\vec{J}^{\,2}$ und J_3. Da $\vec{J}^{\,2}$ die Summe aus Quadraten hermitescher Operatoren ist, finden wir unter Anwendung von Satz 4.2:

$$\lambda = \langle\lambda,\mu|\vec{J}^{\,2}|\lambda,\mu\rangle = \langle\lambda,\mu|J_1^2|\lambda,\mu\rangle + \langle\lambda,\mu|J_2^2|\lambda,\mu\rangle + \mu^2\langle\lambda,\mu|\lambda,\mu\rangle \geq \mu^2.$$

  Wenden wir nun J_+ auf $|\lambda,\mu\rangle$ an und normieren das Resultat, finden wir analog

$$\lambda \geq (\mu+1)^2$$

  oder nach n-maliger Wiederholung

$$\lambda \geq (\mu+n)^2,$$

  was für genügend großes n zu einem Widerspruch führt, es sei denn, dass für ein $\mu_{max} =: j$

$$J_+|\lambda,j\rangle = 0$$

  gilt. Mithilfe von (4.10b) finden wir für diesen Zustand

$$\lambda|\lambda,j\rangle = \vec{J}^{\,2}|\lambda,j\rangle = \big(J_-J_+ + J_3(J_3+1)\big)|\lambda,j\rangle = j(j+1)|\lambda,j\rangle,$$

  d.h. $\lambda = j(j+1)$.

  Für die Eigenzustände schreiben wir im Folgenden $|j,m\rangle$, benutzen also insbesondere die Quantenzahl j statt des Eigenwerts $j(j+1)$ zur Kennzeichnung.

- 4. Schritt: Nun zeigen wir die Existenz eines minimalen Eigenwerts $-j$ zu J_3. Gegeben sei $|j, j\rangle$. Wir wenden nun J_- an, normieren das Resultat und gehen wie oben vor:

$$j(j + 1) \geq (j - 1)^2.$$

Eine n-malige Anwendung liefert

$$j(j + 1) \geq (j - n)^2 = (n - j)^2,$$

was für genügend großes n wieder zu einem Widerspruch führt, es sei denn, dass ein $\mu_{\min}$ existiert, mit

$$J_-|j, \mu_{\min}\rangle = 0.$$

Mithilfe von (4.10a) gilt

$$j(j + 1)|j, \mu_{\min}\rangle = \big(J_+ J_- + J_3(J_3 - 1)\big)|j, \mu_{\min}\rangle = \mu_{\min}(\mu_{\min} - 1)|j, \mu_{\min}\rangle,$$

mit den Lösungen $\mu_{\min} = -j$ und $\mu_{\min} = j + 1$. Wegen $\mu_{\max} = j$ kann die zweite Lösung verworfen werden.
- 5. Schritt: Wir wenden uns nun der Frage zu, welche Werte für j möglich sind.

Für ein gegebenes j reichen die Eigenwerte von J_3 von $-j$ bis j in ganzzahligen Schritten.[3] Die Anzahl $2j + 1$ der Eigenwerte entspricht der Dimension der Darstellung, muss also eine natürliche Zahl sein:

$$2j + 1 \in \mathbb{N} = \{1, 2, 3, 4, \ldots\} \quad \Rightarrow \quad j = 0, \frac{1}{2}, 1, \frac{3}{2}, \ldots.$$

Für ein gegebenes j wird die Menge, bestehend aus den Zuständen $|j, \mu\rangle$ mit $-j \leq \mu \leq j$, als *Multiplett* bezeichnet.
- 6. Schritt: Schließlich wollen wir die relativen Phasen der Zustände eines Multipletts festlegen.
Dazu betrachten wir die quadrierte Norm des Zustands $J_\pm|j, m\rangle$:

$$\|J_\pm|j, m\rangle\|^2 = \langle j, m|J_\pm^\dagger J_\pm|j, m\rangle = \langle j, m|J_\mp J_\pm|j, m\rangle. \tag{$*$}$$

Mithilfe der Gln. (4.10a) und (4.10b) schreiben wir

$$J_\mp J_\pm = \vec{J}^{\,2} - J_3^2 \mp J_3$$

und werten damit $(*)$ aus:

$$\begin{aligned}
\|J_\pm|j, m\rangle\|^2 &= \langle j, m|(\vec{J}^{\,2} - J_3^2 \mp J_3)|j, m\rangle \\
&= j(j + 1) - m(m \pm 1) \\
&= (j \mp m)(j \pm m + 1).
\end{aligned}$$

---

[3] Die Menge aller Eigenwerte eines linearen Operators A wird als *Spektrum von A* bezeichnet.

Wir benutzen die sog. *Condon-Shortley-Phasenkonvention* für Zustände mit gleichem j und verschiedenem m:

$$J_\pm|j,m\rangle = \sqrt{(j \mp m)(j \pm m + 1)}\,|j,m \pm 1\rangle \tag{4.13a}$$

$$= \sqrt{j(j+1) - m(m \pm 1)}\,|j,m \pm 1\rangle. \tag{4.13b}$$

Damit ist das Verfahren beendet, und wir fassen die Ergebnisse im Lichte der Abschn. 3.3 und 3.4 zusammen. Wir bezeichnen nun die Darstellung der Drehimpulsalgebra mit $\Psi^{(j)}$ und geben die Resultate für die drei Basiselemente explizit an:

$$\Psi^{(j)}_{m',m}(J_3) = \langle j,m'|J_3|j,m\rangle = m\delta_{m'm}, \tag{4.14a}$$

$$\Psi^{(j)}_{m',m}(J_+) = \Psi^{(j)}_{m',m}(J_1) + i\,\Psi^{(j)}_{m',m}(J_2)$$
$$= \langle j,m'|J_+|j,m\rangle = \sqrt{(j-m)(j+m+1)}\,\delta_{m',m+1}, \tag{4.14b}$$

$$\Psi^{(j)}_{m',m}(J_-) = \Psi^{(j)}_{m',m}(J_1) - i\,\Psi^{(j)}_{m',m}(J_2)$$
$$= \langle j,m'|J_-|j,m\rangle = \sqrt{(j+m)(j-m+1)}\,\delta_{m',m-1}, \tag{4.14c}$$

mit den *Leiteroperatoren* $J_\pm = J_1 \pm i J_2$. Für ein gegebenes j vergrößert (vermindert) der *Aufsteigeoperator* J_+ (*Absteigeoperator* J_-) den Eigenwert von J_3 um eine Einheit. Für ein gegebenes j gilt $m = -j, -j+1, \ldots, j$, d. h. $\Psi^{(j)}$ ist eine Darstellung in Form von $\big((2j+1),(2j+1)\big)$-Matrizen, deren Einträge durch (4.14a) bis (4.14c) gegeben sind.

Anmerkung Die Matrixelemente aus (4.14a) bis (4.14c) sind bzgl. einer Basis von Drehimpulseigenzuständen angegeben. In Aufgabe 3.12 wurden die entsprechenden Darstellungsmatrizen für $j = 1$ bestimmt:

$$\Psi^{(1)}(J_1) = \begin{pmatrix} 0 & \frac{1}{\sqrt{2}} & 0 \\ \frac{1}{\sqrt{2}} & 0 & \frac{1}{\sqrt{2}} \\ 0 & \frac{1}{\sqrt{2}} & 0 \end{pmatrix}, \quad \Psi^{(1)}(J_2) = \begin{pmatrix} 0 & \frac{-i}{\sqrt{2}} & 0 \\ \frac{i}{\sqrt{2}} & 0 & \frac{-i}{\sqrt{2}} \\ 0 & \frac{i}{\sqrt{2}} & 0 \end{pmatrix},$$

$$\Psi^{(1)}(J_3) = \begin{pmatrix} 1 & 0 & 0 \\ 0 & 0 & 0 \\ 0 & 0 & -1 \end{pmatrix}.$$

Wie sind diese Matrizen mit den Matrizen der adjungierten Darstellung der so(3) aus (4.2) verknüpft? [Bzgl. der expliziten Form, siehe (4.1).] Dazu müssen wir einen Zusammenhang zwischen den Drehimpulsbasiszuständen $|1,m\rangle$ mit $m = 1, 0, -1$ und der kartesischen Standardbasis $\hat{e}_i$ mit $i = 1, 2, 3$ etablieren. Wir nehmen folgende Identifikation vor:

$$|1,\pm1\rangle \mapsto \mp\frac{1}{\sqrt{2}}(\hat{e}_1 \pm i\hat{e}_2) =: \hat{e}_{\pm1},$$
$$|1,0\rangle \mapsto \hat{e}_3 =: \hat{e}_0, \tag{4.15}$$

entwickeln die kartesische Basis $\hat{e}_i$ nach der spärischen Basis $\hat{e}_\alpha$,

$$\hat{e}_i = \sum_{\alpha = +1, 0, -1} t_{\alpha i} \hat{e}_\alpha,$$

und fassen die Entwicklungskoeffizienten in einer (3,3)-Matrix zusammen:

$$(t_{\alpha i}) = T = \begin{pmatrix} -\frac{1}{\sqrt{2}} & \frac{i}{\sqrt{2}} & 0 \\ 0 & 0 & 1 \\ \frac{1}{\sqrt{2}} & \frac{i}{\sqrt{2}} & 0 \end{pmatrix}.$$

In Matrizenschreibweise gilt dann

$$\mathcal{T}_k' = -i\, T^{-1} \Psi^{(1)}(J_k) T,$$

mit $T^{-1} = T^{\dagger}$. Die beiden Darstellungen sind demnach über einen Basiswechsel in Bezug auf den Trägerraum der Darstellungen verknüpft.

4.2.2 Charaktere

Die Konstruktion irreduzibler Darstellungen der Lie-Algebren so(3) und su(2) versetzt uns nun mithilfe der Exponentialabbildung in die Lage, Aussagen über irreduzible Darstellungen der Lie-Gruppen SO(3) und SU(2) zu machen. Insbesondere können wir uns der Berechnung von Charakteren widmen, die bei der Zerlegung einer Darstellung in ihre irreduziblen Komponenten eine zentrale Rolle spielen.

Wir betrachten eine $(2j + 1)$-dimensionale Darstellung von J_3:

$$\Psi^{(j)}(J_3) = \mathrm{diag}(j, j-1, \ldots, -j+1, -j).$$

Für eine Diagonalmatrix der Form $A = \mathrm{diag}(A_1, \ldots, A_n)$ gilt ganz allgemein $A^k = \mathrm{diag}(A_1^k, \ldots, A_n^k), k \in \mathbb{N}$. Somit gilt für die Exponentialabbildung

$$D_3^{(j)}(\varphi) = \exp\left(-i\,\varphi \Psi^{(j)}(J_3)\right) = \mathrm{diag}\left(e^{-i j\varphi}, e^{-i(j-1)\varphi}, \ldots, e^{i(j-1)\varphi}, e^{i j\varphi}\right).$$

Wir berechnen nun den Charakter der Darstellung:

$$\chi^{(j)}(\varphi) = \mathrm{Sp}\left(D_3^{(j)}(\varphi)\right) = e^{-i j\varphi} + \ldots + e^{i j\varphi} \qquad (4.16)$$
$$= e^{-i j\varphi}\left(1 + e^{i\varphi} + \ldots + e^{i 2 j\varphi}\right).$$

Der Ausdruck innerhalb der Klammern ist eine endliche geometrische Reihe, die wir mithilfe von

$$1 + x + x^2 + \ldots + x^{n-1} = \frac{x^n - 1}{x - 1},$$

mit $x := e^{\mathrm{i}\varphi}$ und $n = 2j + 1$, aufaddieren:

$$\chi^{(j)}(\varphi) = e^{-\mathrm{i}j\varphi}\frac{e^{\mathrm{i}(2j+1)\varphi} - 1}{e^{\mathrm{i}\varphi} - 1}.$$

Schließlich schreiben wir für den ersten Faktor

$$e^{-\mathrm{i}j\varphi} = \frac{e^{-\mathrm{i}(j+\frac{1}{2})\varphi}}{e^{-\mathrm{i}\frac{1}{2}\varphi}}$$

und erhalten nach Multiplikation der Zähler und der Nenner

$$\chi^{(j)}(\varphi) = \frac{e^{\mathrm{i}(j+\frac{1}{2})\varphi} - e^{-\mathrm{i}(j+\frac{1}{2})\varphi}}{e^{\mathrm{i}\frac{\varphi}{2}} - e^{-\mathrm{i}\frac{\varphi}{2}}} = \frac{\sin\left((j + \frac{1}{2})\varphi\right)}{\sin\left(\frac{1}{2}\varphi\right)}. \tag{4.17}$$

Nun kommt uns das Konzept der Konjugationsklassen zugute (siehe Abschn. 1.3). Gleichung (4.17) gilt nämlich für jede Drehung mit dem Drehwinkel φ, da

1. Drehungen um verschiedene Achsen mit demselben Drehwinkel konjugiert sind (siehe Beispiel 1.26 in Abschn. 1.3),
2. $\mathrm{Sp}(BAB^{-1}) = \mathrm{Sp}(A)$ gilt.

Als eine Anwendung von Satz 3.3 in Abschn. 3.2 betrachten wir die Orthogonalität von Charakteren. Wir benötigen dazu die Verallgemeinerung von

$$\frac{1}{|G|}\sum_{g} \quad \text{bzw.} \quad \frac{1}{|G|}\sum_{i}k_i.$$

Ohne Beweis [siehe Jones (1990), Anhang C]: Wir charakterisieren eine eigentliche Drehung aus SO(3) durch einen Drehwinkel φ und zwei Winkel ϕ und θ für die Drehachse, $\hat{n} = (\sin(\theta)\cos(\phi), \sin(\theta)\sin(\phi), \cos(\theta))$. Dann gilt

$$\frac{1}{|G|}\sum_{g} \rightarrow \frac{1}{8\pi^2}\int_0^{2\pi} d\varphi\, 2\sin^2\left(\frac{1}{2}\varphi\right)\int_{-1}^{1} d(\cos(\theta))\int_0^{2\pi} d\phi$$

und

$$\frac{1}{|G|}\sum_{i}k_i \rightarrow \frac{1}{2\pi}\int_0^{2\pi} d\varphi\, \underbrace{2\sin^2\left(\frac{1}{2}\varphi\right)}_{1 - \cos(\varphi)},$$

wobei wir über Konjugationsklassen summieren bzw. integrieren:

$$\langle \chi^{(i)}, \chi^{(j)}\rangle = \frac{1}{2\pi}\int_0^{2\pi} d\varphi\, 2\sin^2\left(\frac{1}{2}\varphi\right)\frac{\sin\left((i + \frac{1}{2})\varphi\right)\sin\left((j + \frac{1}{2})\varphi\right)}{\sin^2(\frac{1}{2}\varphi)}.$$

Die Anwendung des Additionstheorems

$$2 \sin(a) \sin(b) = \cos(a - b) - \cos(a + b)$$

liefert

$$\langle \chi^{(i)}, \chi^{(j)} \rangle = \frac{1}{2\pi} \int\limits_{0}^{2\pi} d\varphi \left[\cos\big((i - j)\varphi\big) - \cos\big(\underbrace{(i + j + 1)}_{\geq 1}\varphi\big) \right] = \delta_{ij}.$$

4.2.3 Clebsch-Gordan-Zerlegung

In Abschn. 2.5 hatten wir bereits gesehen, wie sich im Falle endlicher Gruppen die innere Tensorproduktdarstellung aus zwei irreduziblen Darstellungen in eine direkte Summe irreduzibler Darstellungen zerlegen lässt. Satz 3.3 in Abschn. 3.2 hat zur Folge, dass auch für kompakte Lie-Gruppen das innere Tensorprodukt endlichdimensionaler, irreduzibler Darstellungen in eine Clebsch-Gordan-Reihe zerlegbar ist.

Satz 4.3
Für das innere Tensorprodukt $D^{(j_1 \times j_2)} = D^{(j_1)} \otimes D^{(j_2)}$ zweier irreduzibler Darstellungen $D^{(j_1)}$ und $D^{(j_2)}$ von SO(3) [bzw. SU(2)] gilt die Clebsch-Gordan-Zerlegung:

$$D^{(j_1)} \otimes D^{(j_2)} = \bigoplus_{j=|j_1-j_2|}^{j_1+j_2} D^{(j)}.$$

Beweis 4.3 (analog zu Aufgabe 2.21)
O. B. d. A. sei $j_1 \geq j_2$. In (2.14) in Abschn. 2.5 hatten wir gesehen, dass der Charakter einer inneren Tensorproduktdarstellung gleich dem Produkt der Charaktere ist. Mithilfe von (4.16) und (4.17) schreiben wir

$$\chi^{(j_1 \times j_2)}(\varphi) = \chi^{(j_1)}(\varphi) \chi^{(j_2)}(\varphi)$$

$$= \frac{e^{i(j_1+\frac{1}{2})\varphi} - e^{-i(j_1+\frac{1}{2})\varphi}}{2i \sin\left(\frac{1}{2}\varphi\right)} \sum_{m=-j_2}^{j_2} e^{im\varphi}$$

$$= \frac{1}{2i \sin\left(\frac{1}{2}\varphi\right)} \sum_{m=-j_2}^{j_2} \left(e^{i(j_1+m+\frac{1}{2})\varphi} - e^{-i(j_1-m+\frac{1}{2})\varphi} \right).$$

Die Anwendung von

$$\sum_{m=-j_2}^{j_2} f(m) = \sum_{m=-j_2}^{j_2} f(-m)$$

in der zweiten Summe liefert

$$\chi^{(j_1 \times j_2)}(\varphi) = \frac{1}{2i \sin\left(\frac{1}{2}\varphi\right)} \sum_{m=-j_2}^{j_2} \left(e^{i(j_1+m+\frac{1}{2})\varphi} - e^{-i(j_1+m+\frac{1}{2})\varphi} \right).$$

Schließlich führt eine Umbenennung

$$j := j_1 + m$$

zu

$$
\chi^{(j_1 \times j_2)}(\varphi) = \frac{1}{2\mathrm{i}\,\sin\left(\frac{1}{2}\varphi\right)} \sum_{j=j_1-j_2}^{j_1+j_2} \left(e^{\mathrm{i}\,(j+\frac{1}{2})\varphi} - e^{-\mathrm{i}\,(j+\frac{1}{2})\varphi} \right)
$$

$$
= \sum_{j=j_1-j_2}^{j_1+j_2} \chi^{(j)}(\varphi).
$$

Wenden wir nun Satz 3.3 in Abschn. 3.2 an, so folgt die Behauptung. □

4.3   Clebsch-Gordan-Koeffizienten und Wigner-Eckart-Theorem

In diesem Abschnitt wollen wir uns der *Kopplung zweier Drehimpulse* zuwenden. Diese Überlegungen führen uns zu den sog. *Clebsch-Gordan-Koeffizienten*, die wir als Einträge einer Transformationsmatrix herleiten, die zwischen zwei Basen des Trägerraums der Produktdarstellung vermittelt. Mithilfe der Clebsch-Gordan-Koeffizienten werden wir ein Verfahren zur Konstruktion höherdimensionaler Darstellungen angeben. Schließlich werden wir das Wigner-Eckart-Theorem kennenlernen, das eine wirkmächtige Methode für die effiziente Berechnung von Matrixelementen zwischen Drehimpulseigenzuständen zur Verfügung stellt. Eine weiterführende Diskussion findet sich z. B. in Edmonds (1974) und Lindner (1984).

4.3.1   Ungekoppelte und gekoppelte Basis

Im Folgenden betrachten wir die innere Tensorproduktdarstellung

$$
D^{(j_1 \times j_2)}(g) = D^{(j_1)}(g) \otimes D^{(j_2)}(g) = D^{(|j_1-j_2|)}(g) \oplus \ldots \oplus D^{(j_1+j_2)}(g)
$$

für $g \in$ SO(3) bzw. SU(2) (siehe Satz 4.3). Für die Zerlegung des Tensorprodukts der Trägerräume von $D^{(j_1)}$ und $D^{(j_2)}$ in eine orthogonale Summe schreiben wir

$$
V_{j_1} \otimes V_{j_2} = V_{|j_1-j_2|} \oplus \ldots \oplus V_{j_1+j_2}.
$$

Einen Vektor des direkten Produktraums können wir in zweierlei Form ausdrücken:

$$
\sum_{m_1=-j_1}^{j_1} \sum_{m_2=-j_2}^{j_2} a_{m_1 m_2} |j_1, m_1\rangle \otimes |j_2, m_2\rangle = \sum_{j=|j_1-j_2|}^{j_1+j_2} \sum_{m=-j}^{j} b_{jm} |(j_1, j_2)j, m\rangle.
$$

- Für die Basiszustände der ersten Form verwenden wir im Folgenden die Physikerschreibweise,

$$|j_1, m_1; j_2, m_2\rangle := |j_1, m_1\rangle \otimes |j_2, m_2\rangle,$$

und bezeichnen die Menge $\{|j_1, m_1; j_2, m_2\rangle\}$ als *ungekoppelte Basis*. Ebenso verzichten wir auf die umständliche Schreibweise für die Darstellung der Drehimpulsoperatoren auf dem Tensorproduktraum, d. h. wir schreiben z. B. für die Komponenten des Gesamtdrehimpulsoperators

$$J_i = J_i(1) + J_i(2)$$

anstelle von

$$\Psi^{(j_1 \times j_2)}(J_i) = \Psi^{(j_1)}(J_i) \otimes \mathbb{1} + \mathbb{1} \otimes \Psi^{(j_2)}(J_i).$$

Diese verkürzte Schreibweise setzt die Dimensionen der Trägerräume V_{j_1} und V_{j_2} als bekannt voraus.

Ein Element $|j_1, m_1; j_2, m_2\rangle$ der ungekoppelten Basis ist Eigenzustand zu $\vec{J}^2(1)$, $\vec{J}^2(2)$, $J_3(1)$ und $J_3(2)$ mit den entsprechenden Eigenwerten $j_1(j_1 + 1)$, $j_2(j_2 + 1)$, m_1 und m_2.

- Die sog. *gekoppelte Basis* $\{|(j_1, j_2)j, m\rangle\}$ liefert Basisvektoren für die Unterräume der direkten Summe. Ein Element $|(j_1, j_2)j, m\rangle$ ist Eigenzustand zu $\vec{J}^2(1)$, $\vec{J}^2(2)$, $\vec{J}^2$ und J_3 mit den zugehörigen Eigenwerten $j_1(j_1 + 1)$, $j_2(j_2 + 1)$, $j(j + 1)$ und m. Hierbei bezeichnet j den Gesamtdrehimpuls und m den Eigenwert der Gesamtdrehimpulskomponente J_3. Insbesondere „weiß" die gekoppelte Basis von ihrer Herkunft, d. h. die Basisvektoren sind simultan auch Eigenzustände zu $\vec{J}^2(1)$ und $\vec{J}^2(2)$.

  Anmerkung: Manche Autoren [z. B. Edmonds (1974)] schreiben $|j_1 j_2 j m\rangle$ anstelle von $|(j_1, j_2)j, m\rangle$.

Es seien j_1 und j_2 aus $\{0, \frac{1}{2}, 1, \ldots\}$ fest vorgegeben. Die Anzahl orthogonaler Basisvektoren ist $M = (2j_1 + 1) \cdot (2j_2 + 1)$ (siehe Aufgabe 3.13). Die entsprechenden Orthogonalitätsrelationen lauten

$$\langle j_1, m_1; j_2, m_2 | j_1, m_1'; j_2, m_2' \rangle = \delta_{m_1 m_1'} \delta_{m_2 m_2'}, \qquad (4.18)$$

$$\langle (j_1, j_2)j, m | (j_1, j_2)j', m' \rangle = \delta_{jj'} \delta_{mm'}. \qquad (4.19)$$

4.3.2 Basiswechsel und Clebsch-Gordan-Koeffizienten

Wir widmen uns nun der Frage, wie ein Wechsel zwischen der ungekoppelten und der gekoppelten Basis beschrieben wird (siehe Tab. 4.1). Zu diesem Zweck entwickeln wir die Basisvektoren der gekoppelten Basis nach den Basisvektoren der

Tab. 4.1 Veranschaulichung des Basiswechsels. Die zweite Spalte beschreibt einen Basiswechsel in allgemeiner Form. Die dritte Spalte enthält die konkrete Anwendung auf die ungekoppelte und die gekoppelte Basis. Über doppelt auftretende Indizes wird summiert

Basis 1	$\{e_i\}$	$\{\lvert j_1, m_1; j_2, m_2\rangle\}$
Basis 2	$\{f_\alpha\}$	$\{\lvert (j_1, j_2) j, m\rangle\}$
Vektor	$x_i e_i = y_\alpha f_\alpha$	$a_{m_1 m_2} \lvert j_1, m_1; j_2, m_2\rangle = b_{jm} \lvert (j_1, j_2) j, m\rangle$
Entwicklungskoeff.	$f_\alpha = C_{i\alpha} e_i$	$\lvert (j_1, j_2) j, m\rangle = C_{m_1 m_2; jm} \lvert j_1, m_1; j_2, m_2\rangle$
Komponenten	$x_i = C_{i\alpha} y_\alpha$	$a_{m_1 m_2} = C_{m_1 m_2; jm} b_{jm}$

ungekoppelten Basis:

$$\lvert (j_1, j_2) j, m\rangle = \underbrace{\sum_{m_1=-j_1}^{j_1} \sum_{m_2=-j_2}^{j_2}}_{\text{kurz: } \sum_{m_1, m_2}} C_{m_1 m_2; jm} \lvert j_1, m_1; j_2, m_2\rangle$$

$$= \sum_{m_1, m_2} \underbrace{\begin{pmatrix} j_1 & j_2 & j \\ m_1 & m_2 & m \end{pmatrix}}_{\text{Clebsch-Gordan-Koeffizient}} \lvert j_1, m_1; j_2, m_2\rangle. \qquad (4.20)$$

Diese Entwicklung wird auch Kopplung von Drehimpulszuständen $\lvert j_1, m_1\rangle$ und $\lvert j_2, m_2\rangle$ zum Gesamtdrehimpulszustand $\lvert (j_1, j_2) j, m\rangle$ genannt. Die dabei auftretenden Transformationskoeffizienten werden als *Clebsch-Gordan-*, *Vektorkopplungs-* oder *Wigner-Koeffizienten* bezeichnet. Unsere Notation folgt Lindner (1984), eine Zusammenstellung weiterer Schreibweisen findet sich z. B. in Edmonds (1974).

Mit einer geeigneten Phasenkonvention sind alle Clebsch-Gordan-Koeffizienten reell. Eine eindeutige Festlegung erfolgt mittels der *Condon-Shortley-Bedingung*

$$\begin{pmatrix} j_1 & j_2 & j \\ j_1 & m_2 & j \end{pmatrix} \geq 0. \qquad (4.21)$$

Anmerkung: Im Folgenden werden wir bei den Summen die Grenzen unterdrücken und salopp $\sum_{j,m}$ für $\sum_{j=\lvert j_1-j_2\rvert}^{j_1+j_2} \sum_{m=-j}^{j}$ und $\sum_{m_1, m_2}$ für $\sum_{m_1=-j_1}^{j_1} \sum_{m_2=-j_2}^{j_2}$ schreiben.

Wir benutzen nun (4.20) zusammen mit (4.18) zur Bestimmung der Clebsch-Gordan-Koeffizienten:

$$\langle j_1, m_1; j_2, m_2 \lvert (j_1, j_2) j, m\rangle = \sum_{m_1', m_2'} \begin{pmatrix} j_1 & j_2 & j \\ m_1' & m_2' & m \end{pmatrix} \underbrace{\langle j_1, m_1; j_2, m_2 \lvert j_1, m_1'; j_2, m_2'\rangle}_{= \delta_{m_1 m_1'} \delta_{m_2 m_2'}}$$

$$= \begin{pmatrix} j_1 & j_2 & j \\ m_1 & m_2 & m \end{pmatrix}. \qquad (4.22)$$

Da die Clebsch-Gordan-Koeffizienten reell sind, gilt

$$\langle j_1, m_1; j_2, m_2 | (j_1, j_2) j, m \rangle = \langle j_1, m_1; j_2, m_2 | (j_1, j_2) j, m \rangle^*$$
$$= \langle (j_1, j_2) j, m | j_1, m_1; j_2, m_2 \rangle. \qquad (4.23)$$

Wir interpretieren

$$\begin{pmatrix} j_1 & j_2 & \bigg| & j \\ m_1 & m_2 & \bigg| & m \end{pmatrix}$$

als Eintrag $C_{m_1 m_2; jm}$ einer (M, M)-Matrix mit Zeilenindex $m_1 m_2$ und Spaltenindex jm. Diese Matrix vermittelt einen Basiswechsel zwischen zwei Orthonormalbasen und besitzt laut Konvention nur reelle Einträge. Deshalb handelt es sich dabei um eine orthogonale Matrix. Aus $C^T C = \mathbb{1}_{M \times M}$ für orthogonale Matrizen folgt

$$\delta_{j'j} \delta_{m'm} = \delta_{j'm'; jm} = \left(C^T C \right)_{j'm'; jm}$$
$$= \sum_{m_1, m_2} C^T_{j'm'; m_1 m_2} C_{m_1 m_2; jm} = \sum_{m_1, m_2} C_{m_1 m_2; j'm'} C_{m_1 m_2; jm}$$
$$= \sum_{m_1, m_2} \begin{pmatrix} j_1 & j_2 & \bigg| & j' \\ m_1 & m_2 & \bigg| & m' \end{pmatrix} \begin{pmatrix} j_1 & j_2 & \bigg| & j \\ m_1 & m_2 & \bigg| & m \end{pmatrix}. \qquad (4.24)$$

Analog folgt aus $C C^T = \mathbb{1}_{M \times M}$

$$\delta_{m_1 m_1'} \delta_{m_2 m_2'} = \delta_{m_1 m_2; m_1' m_2'} = \left(C C^T \right)_{m_1 m_2; m_1' m_2'}$$
$$= \sum_{j, m} C_{m_1 m_2; jm} C^T_{jm; m_1' m_2'} = \sum_{j, m} C_{m_1 m_2; jm} C_{m_1' m_2'; jm}$$
$$= \sum_{j, m} \begin{pmatrix} j_1 & j_2 & \bigg| & j \\ m_1 & m_2 & \bigg| & m \end{pmatrix} \begin{pmatrix} j_1 & j_2 & \bigg| & j \\ m_1' & m_2' & \bigg| & m \end{pmatrix}. \qquad (4.25)$$

Mithilfe von (4.25) lässt sich (4.20) invertieren (siehe Aufgabe 4.2):

$$|j_1, m_1; j_2, m_2 \rangle = \sum_{j, m} \begin{pmatrix} j_1 & j_2 & \bigg| & j \\ m_1 & m_2 & \bigg| & m \end{pmatrix} |(j_1, j_2) j, m \rangle. \qquad (4.26)$$

4.3.3 Algorithmus zur Berechnung der Clebsch-Gordan-Koeffizienten

Gegeben seien j_1, j_2 und j mit $|j_1 - j_2| \leq j \leq j_1 + j_2$. Wir beschreiben nun ein Verfahren zur Berechnung aller Clebsch-Gordan-Koeffizienten $\begin{pmatrix} j_1 & j_2 & \big| & j \\ m_1 & m_2 & \big| & m \end{pmatrix}$. Im Folgenden verwenden wir die Kurzschreibweise

$$|m_1; m_2 \rangle := |j_1, m_1; j_2, m_2 \rangle \quad \text{und} \quad |j, m \rangle := |(j_1, j_2) j, m \rangle.$$

Da der Eigenwert zu $J_3 = J_3(1) + J_3(2)$ additiv ist, verschwindet ein Clebsch-Gordan-Koeffizient automatisch, sobald $m \neq m_1 + m_2$ ist.

1. Wir beginnen mit den Koeffizienten zum maximalen Wert von j, d.h. $j = j_1 + j_2$.
   - Für den Zustand mit maximalem j und maximalem $m = j$ gilt

   $$|j,j\rangle = |j_1;j_2\rangle \quad \Rightarrow \quad \left(\begin{array}{cc|c} j_1 & j_2 & j_1+j_2 \\ j_1 & j_2 & j_1+j_2 \end{array} \right) = 1.$$

   Hierbei haben wir von der Phasenkonvention aus (4.21) Gebrauch gemacht, indem wir von beiden möglichen reellen Werten ± 1 den positiven ausgewählt haben.
   - Nun wenden wir den Absteigeoperator $J_- = J_-(1) + J_-(2)$ auf den Zustand mit maximalem m an. Hierbei machen wir von (4.13a) in Form von

   $$J_-|j,j\rangle = \sqrt{(j+j)(j-j+1)}|j,j-1\rangle = \sqrt{2j}|j,j-1\rangle$$

   Gebrauch:

   $$\sqrt{2j}|j,j-1\rangle = J_-|j,j\rangle = J_-(1)|j;j\rangle + J_-(2)|j;j\rangle$$
   $$= \sqrt{2j_1}|j_1-1;j_2\rangle + \sqrt{2j_2}|j_1;j_2-1\rangle.$$

   Mithilfe von (4.22) bestimmen wir nun unter Verwendung der Orthogonalitätsrelation aus (4.18) die beiden Clebsch-Gordan-Koeffizienten:

   $$\left(\begin{array}{cc|c} j_1 & j_2 & j_1+j_2 \\ j_1-1 & j_2 & j_1+j_2-1 \end{array} \right) = \langle j_1-1;j_2|j_1+j_2,j_1+j_2-1\rangle = \sqrt{\frac{j_1}{j_1+j_2}},$$

   $$\left(\begin{array}{cc|c} j_1 & j_2 & j_1+j_2 \\ j_1 & j_2-1 & j_1+j_2-1 \end{array} \right) = \langle j_1;j_2-1|j_1+j_2,j_1+j_2-1\rangle = \sqrt{\frac{j_2}{j_1+j_2}}.$$

   - $2(j_1+j_2)$-maliges Anwenden des Absteigeoperators erzeugt alle

   $$\left(\begin{array}{cc|c} j_1 & j_2 & j_1+j_2 \\ m_1 & m_2 & m \end{array} \right),$$

   mit $m < j_1 + j_2$.
2. Als Nächstes betrachten wir den Fall $j = j_1 + j_2 - 1$.
   - Auch hier starten wir mit dem Zustand mit maximalem m, den wir in der ungekoppelten Basis als Linearkombination

   $$|j,j\rangle = \alpha|j_1;j_2-1\rangle + \beta|j_1-1;j_2\rangle$$

   ausdrücken, wobei α und β als Clebsch-Gordan-Koeffizienten reell sind.

- Die Koeffizienten α und β bestimmen wir wie folgt:
  - Da der Zustand $|j, j\rangle$ auf 1 normiert ist und die Koeffizienten α und β reell sind, gilt $\alpha^2 + \beta^2 = 1$.
  - Wegen der Condon-Shortley-Bedingung ist $\alpha \geq 0$.
  - Wir wenden den Aufsteigeoperator J_+ an und machen von (4.13a) Gebrauch:

$$\begin{aligned} 0 &= J_+ |j, j\rangle \\ &= \alpha \underbrace{\sqrt{[j_2 - (j_2 - 1)](j_2 + j_2 - 1 + 1)}}_{\sqrt{2j_2}} |j_1; j_2\rangle + \beta \sqrt{2j_1} |j_1; j_2\rangle \\ &= \sqrt{2} \left(\alpha \sqrt{j_2} + \beta \sqrt{j_1} \right) |j_1; j_2\rangle. \end{aligned}$$

Da $|j_1; j_2\rangle$ ungleich dem Nullvektor ist, muss der Koeffizient verschwinden:

$$0 = \sqrt{j_2}\alpha + \sqrt{j_1}\beta \quad \Rightarrow \quad \beta = -\sqrt{j_2/j_1}\,\alpha.$$

Einsetzen in die Normierungsbedingung $\alpha^2(1 + j_2/j_1) = 1$ liefert zusammen mit der Condon-Shortley-Bedingung

$$\alpha = \begin{pmatrix} j_1 & j_2 & j_1 + j_2 - 1 \\ j_1 & j_2 - 1 & j_1 + j_2 - 1 \end{pmatrix} = \sqrt{\frac{j_1}{j_1 + j_2}},$$

$$\beta = \begin{pmatrix} j_1 & j_2 & j_1 + j_2 - 1 \\ j_1 - 1 & j_2 & j_1 + j_2 - 1 \end{pmatrix} = -\sqrt{\frac{j_2}{j_1 + j_2}}.$$

- $2(j_1 + j_2 - 1)$-maliges Anwenden des Absteigeoperators erzeugt alle

$$\begin{pmatrix} j_1 & j_2 & j_1 + j_2 - 1 \\ m_1 & m_2 & m \end{pmatrix},$$

mit $m < j_1 + j_2 - 1$.
3. Schließlich skizzieren wir noch den Fall $j = j_1 + j_2 - 2$.
   - Zunächst bilden wir die Linearkombination

$$|j, j\rangle = \alpha |j_1; j_2 - 2\rangle + \beta |j_1 - 1; j_2 - 1\rangle + \gamma |j_1 - 2; j_2\rangle.$$

- Als Nächstes steht die Bestimmung von α, β und γ an (siehe Aufgabe 4.3).
  - Aus der Normierung folgt $\alpha^2 + \beta^2 + \gamma^2 = 1$.
  - Wegen der Condon-Shortley-Bedingung gilt $\alpha \geq 0$.
  - Aus der Anwendung des Aufsteigeoperators J_+ ergeben sich zwei Relationen zwischen den Koeffizienten α, β und γ.
- $2(j_1 + j_2 - 2)$-maliges Anwenden des Absteigeoperators erzeugt alle Clebsch-Gordan-Koeffizienten mit $m < j_1 + j_2 - 2$.
4. Das Verfahren wird bis $j = |j_1 - j_2|$ fortgesetzt.

Beispiel 4.1

Wir betrachten die Clebsch-Gordan-Zerlegung der inneren Tensorproduktdarstellung $D^{(\frac{1}{2})} \otimes D^{(\frac{1}{2})} = D^{(0)} \oplus D^{(1)}$ der Gruppe SU(2). In der Physik ist hierfür die Kurzschreibweise $\frac{1}{2} \otimes \frac{1}{2} = 0 \oplus 1$ üblich.

1. Wir beginnen mit den Koeffizienten zum maximalen Wert von j, d. h. $j = 1$.
   - Für den Zustand mit maximalem j und maximalem m gilt

$$|1,1\rangle = \left|\frac{1}{2};\frac{1}{2}\right\rangle \quad \Rightarrow \quad \left(\begin{array}{cc|c} \frac{1}{2} & \frac{1}{2} & 1 \\ \frac{1}{2} & \frac{1}{2} & 1 \end{array}\right) = 1.$$

   - Nun wenden wir den Absteigeoperator J_- an:

$$J_-|1,1\rangle = \sqrt{2}\,|1,0\rangle = J_-(1)\left|\frac{1}{2};\frac{1}{2}\right\rangle + J_-(2)\left|\frac{1}{2};\frac{1}{2}\right\rangle = \left|-\frac{1}{2};\frac{1}{2}\right\rangle + \left|\frac{1}{2};-\frac{1}{2}\right\rangle,$$

   woraus sich die beiden folgenden Glebsch-Gordan-Koeffizienten ergeben:

$$\left(\begin{array}{cc|c} \frac{1}{2} & \frac{1}{2} & 1 \\ -\frac{1}{2} & \frac{1}{2} & 0 \end{array}\right) = \frac{1}{\sqrt{2}} = \left(\begin{array}{cc|c} \frac{1}{2} & \frac{1}{2} & 1 \\ \frac{1}{2} & -\frac{1}{2} & 0 \end{array}\right).$$

   - Der letzte fehlende Koeffizient zu $j = 1$ lässt sich mithilfe von (4.13a) aus einer weiteren Anwendung des Absteigeoperators bestimmen:

$$J_-|1,0\rangle = \sqrt{2}\,|1,-1\rangle$$

$$= \left(J_-(1) + J_-(2)\right)\frac{1}{\sqrt{2}}\left(\left|-\frac{1}{2};\frac{1}{2}\right\rangle + \left|\frac{1}{2};-\frac{1}{2}\right\rangle\right)$$

$$= \frac{1}{\sqrt{2}}\Bigg(\underbrace{J_-(1)\left|-\frac{1}{2};\frac{1}{2}\right\rangle}_{=\,0} + \underbrace{J_-(1)\left|\frac{1}{2};-\frac{1}{2}\right\rangle}_{=\,\left|-\frac{1}{2};-\frac{1}{2}\right\rangle}$$

$$+ \underbrace{J_-(2)\left|-\frac{1}{2};\frac{1}{2}\right\rangle}_{=\,\left|-\frac{1}{2};-\frac{1}{2}\right\rangle} + \underbrace{J_-(2)\left|\frac{1}{2};-\frac{1}{2}\right\rangle}_{=\,0}\Bigg)$$

$$= \sqrt{2}\left|-\frac{1}{2};-\frac{1}{2}\right\rangle.$$

   Somit ergibt sich also

$$|1,-1\rangle = \left|-\frac{1}{2};-\frac{1}{2}\right\rangle \quad \text{und} \quad \left(\begin{array}{cc|c} \frac{1}{2} & \frac{1}{2} & 1 \\ -\frac{1}{2} & -\frac{1}{2} & -1 \end{array}\right) = 1.$$

2. Nun betrachten wir die Clebsch-Gordan-Koeffizienten zu $j = 0$. Dazu verwenden wir die Resultate aus dem 2. Schritt des Algorithmus:

$$|0,0\rangle = \alpha \left|\frac{1}{2}; -\frac{1}{2}\right\rangle + \beta \left|-\frac{1}{2}; \frac{1}{2}\right\rangle,$$

mit

$$\alpha = \begin{pmatrix} \frac{1}{2} & \frac{1}{2} & 0 \\ \frac{1}{2} & -\frac{1}{2} & 0 \end{pmatrix} = \sqrt{\frac{\frac{1}{2}}{\frac{1}{2} + \frac{1}{2}}} = \frac{1}{\sqrt{2}},$$

$$\beta = \begin{pmatrix} \frac{1}{2} & \frac{1}{2} & 0 \\ -\frac{1}{2} & \frac{1}{2} & 0 \end{pmatrix} = -\sqrt{\frac{\frac{1}{2}}{\frac{1}{2} + \frac{1}{2}}} = -\frac{1}{\sqrt{2}}.$$

In ausführlicher Notation lauten die orthonormierten Basiszustände der Trägerräume V_1 und V_0 somit

1. $j = 1$:

$$\left|\frac{1}{2}, \frac{1}{2}\right\rangle \otimes \left|\frac{1}{2}, \frac{1}{2}\right\rangle,$$

$$\frac{1}{\sqrt{2}} \left(\left|\frac{1}{2}, \frac{1}{2}\right\rangle \otimes \left|\frac{1}{2}, -\frac{1}{2}\right\rangle + \left|\frac{1}{2}, -\frac{1}{2}\right\rangle \otimes \left|\frac{1}{2}, \frac{1}{2}\right\rangle \right),$$

$$\left|\frac{1}{2}, -\frac{1}{2}\right\rangle \otimes \left|\frac{1}{2}, -\frac{1}{2}\right\rangle;$$

2. $j = 0$:

$$\frac{1}{\sqrt{2}} \left(\left|\frac{1}{2}, \frac{1}{2}\right\rangle \otimes \left|\frac{1}{2}, -\frac{1}{2}\right\rangle - \left|\frac{1}{2}, -\frac{1}{2}\right\rangle \otimes \left|\frac{1}{2}, \frac{1}{2}\right\rangle \right). \qquad \blacksquare$$

Beispiel 4.2

In Abschn. 4.3.6 werden wir uns mit der sog. Isospinsymmetrie der starken Wechselwirkung befassen. Als zugehörige Symmetriegruppe erweist sich die Gruppe SU(2). Für die Beschreibung der Streuung von Pionen an Nukleonen benötigen wir das innere Tensorprodukt $D^{(1)} \otimes D^{(\frac{1}{2})} = D^{(\frac{1}{2})} \oplus D^{(\frac{3}{2})}$ bzw. in Kurzschreibweise $1 \otimes \frac{1}{2} = \frac{1}{2} \oplus \frac{3}{2}$.

1. Ausgangspunkt ist der maximale Wert für $j = 1 + \frac{1}{2} = \frac{3}{2}$.
   - Es gilt

   $$\left|\frac{3}{2}, \frac{3}{2}\right\rangle = \left|1; \frac{1}{2}\right\rangle \quad \Rightarrow \quad \begin{pmatrix} 1 & \frac{1}{2} & \frac{3}{2} \\ 1 & \frac{1}{2} & \frac{3}{2} \end{pmatrix} = 1.$$

   - Anwenden des Leiteroperators J_- liefert

   $$J_- \left|\frac{3}{2}, \frac{3}{2}\right\rangle = \sqrt{3} \left|\frac{3}{2}, \frac{1}{2}\right\rangle = \sqrt{2} \left|0; \frac{1}{2}\right\rangle + \left|1; -\frac{1}{2}\right\rangle,$$

   $$\begin{pmatrix} 1 & \frac{1}{2} & \frac{3}{2} \\ 0 & \frac{1}{2} & \frac{1}{2} \end{pmatrix} = \sqrt{\frac{2}{3}}, \quad \begin{pmatrix} 1 & \frac{1}{2} & \frac{3}{2} \\ 1 & -\frac{1}{2} & \frac{1}{2} \end{pmatrix} = \frac{1}{\sqrt{3}}.$$

- Die verbleibenden Clebsch-Gordan-Koeffizienten werden in Aufgabe 4.4 berechnet.
2. Des Weiteren gibt es die Koeffizienten zu $j = 1 - \frac{1}{2} = \frac{1}{2}$, siehe Aufgabe 4.4. ∎

4.3.4 Eigenschaften der Clebsch-Gordan-Koeffizienten

Im Folgenden fassen wir eine Reihe von Eigenschaften der Clebsch-Gordan-Koeffizienten zusammen. Eine ausführliche Diskussion inklusive zusätzlicher Relationen findet sich in Lindner (1984).

- Die Clebsch-Gordan-Koeffizienten erfüllen die *Auswahlregel*

$$\begin{pmatrix} j_1 & j_2 & \Big| & j \\ m_1 & m_2 & \Big| & m \end{pmatrix} = 0,$$

sobald eine der nachstehenden Bedingungen erfüllt ist: $m \neq m_1 + m_2$, $j > j_1 + j_2$ und $j < |j_1 - j_2|$.
- Die Clebsch-Gordan-Koeffizienten sind reell. Die Kombination mit der Condon-Shortley-Bedingung (4.21) resultiert in einer eindeutigen Festlegung.
- Der Betrag eines Clebsch-Gordan-Koeffizienten ist immer kleiner oder gleich eins. Dies sieht man wie folgt ein: Wir hatten gesehen, dass die Clebsch-Gordan-Koeffizienten sich als Einträge einer reellen, orthogonalen Matrix interpretieren lassen. Es sei C eine reelle, orthogonale (n, n)-Matrix, d. h. $C C^T = \mathbb{1}_{n \times n}$. Dann gilt

$$1 = \sum_{j=1}^{n} C_{ij} C_{ji}^T = \sum_{j=1}^{n} C_{ij}^2 \quad \text{für} \quad i = 1, \dots, n,$$
$$\Rightarrow \quad C_{ij}^2 \leq 1 \quad \text{für} \quad i, j = 1, \dots, n,$$
$$\Rightarrow \quad |C_{ij}| \leq 1 \quad \text{für} \quad i, j = 1, \dots, n.$$

- Für ein gegebenes j erfüllen die Clebsch-Gordan-Koeffizienten die *Rekursionsbeziehung* (siehe Aufgabe 4.5)

$$\sqrt{(j \pm m)(j \mp m + 1)} \begin{pmatrix} j_1 & j_2 & \Big| & j \\ m_1 & m_2 & \Big| & m \mp 1 \end{pmatrix}$$
$$= \sqrt{(j_1 \mp m_1)(j_1 \pm m_1 + 1)} \begin{pmatrix} j_1 & j_2 & \Big| & j \\ m_1 \pm 1 & m_2 & \Big| & m \end{pmatrix}$$
$$+ \sqrt{(j_2 \mp m_2)(j_2 \pm m_2 + 1)} \begin{pmatrix} j_1 & j_2 & \Big| & j \\ m_1 & m_2 \pm 1 & \Big| & m \end{pmatrix}. \quad (4.27)$$

- Die Clebsch-Gordan-Koeffizienten besitzen die folgenden *Symmetrien* [siehe Lindner (1984), Abschnitt 3.7]:

$$
\begin{pmatrix} j_1 & j_2 & j \\ m_1 & m_2 & m \end{pmatrix} = \begin{pmatrix} j_2 & j_1 & j \\ -m_2 & -m_1 & -m \end{pmatrix}
$$

$$
= (-)^{j_1+j_2-j} \begin{pmatrix} j_2 & j_1 & j \\ m_2 & m_1 & m \end{pmatrix}
$$

$$
= (-)^{j_1+j_2-j} \begin{pmatrix} j_1 & j_2 & j \\ -m_1 & -m_2 & -m \end{pmatrix}. \tag{4.28}
$$

Insbesondere gilt

$$
|(j_1, j_2)j, m\rangle = (-)^{j_1+j_2-j}|(j_2, j_1)j, m\rangle. \tag{4.29}
$$

4.3.5 Verfahren zur Konstruktion irreduzibler Darstellungen höherer Dimensionen

Wir zeigen nun, dass sich mithilfe der Clebsch-Gordan-Koeffizienten alle irreduziblen Darstellungen der Gruppen SO(3) und SU(2) sukzessive konstruieren lassen. In Anlehnung an Beispiel 2.6 in Abschn. 2.1 sowie Abschn. 4.2.1 definieren wir die Einträge der irreduziblen Darstellungen $D^{(j)}$ mithilfe der Euler-Winkel durch

$$
D^{(j)}_{m,m'}(\alpha, \beta, \gamma) = \langle j, m| \exp(-\mathrm{i}\,\alpha J_3) \exp(-\mathrm{i}\,\beta J_2) \exp(-\mathrm{i}\,\gamma J_3)|j, m'\rangle^*
$$

$$
= \exp(\mathrm{i}\,m\alpha) d^{(j)}_{m,m'}(\beta) \exp(\mathrm{i}\,m'\gamma),
$$

mit den *reduzierten Kreiselfunktionen* $d^{(j)}_{m,m'}(\beta)$.

Anmerkung: Die komplexe Konjugation $\langle\cdots\rangle^*$ ist eine Frage der Konvention; wir folgen hier Lindner (1984). Wegen des Beispiels 2.12 in Abschn. 2.2 ist mit D auch D^* eine Darstellung.

Anmerkung Für die Gruppe SO(3) lautet der Parameterbereich für die Euler-Winkel $0 \leq \alpha, \gamma \leq 2\pi$ und $0 \leq \beta \leq \pi$. Im Fall der Gruppe SU(2) muss man entweder α oder γ im doppelten Bereich nehmen. Wir nehmen $0 \leq \gamma \leq 4\pi$ [siehe Lindner (1984), Abschnitt 6.10].

Es seien j_1, j_2 und j fest mit $|j_1 - j_2| \leq j \leq j_1 + j_2$. Wir drücken $\langle j, m|$ und $|j, m'\rangle$ mithilfe von (4.20) aus und benutzen die Auswahlregel für die Eigenwerte von J_3, $J_3(1)$ und $J_3(2)$:

$$D_{m,m'}^{(j)}(\alpha, \beta, \gamma)$$

$$= \exp(i\,m\alpha)\exp(i\,m'\gamma) \sum_{m_1,m_1'} \begin{pmatrix} j_1 & j_2 & \Big| & j \\ m_1 & m-m_1 & \Big| & m \end{pmatrix} \begin{pmatrix} j_1 & j_2 & \Big| & j \\ m_1' & m'-m_1' & \Big| & m' \end{pmatrix}$$

$$\times \langle j_1, m_1; j_2, m-m_1 | \underbrace{\exp\left[-i\,\beta(J_2(1)+J_2(2))\right]}_{= \exp(-i\,\beta J_2)\, \otimes\, \exp(-i\,\beta J_2)} |j_1, m_1'; j_2, m'-m_1'\rangle^*$$

$$= \exp(i\,m\alpha)\exp(i\,m'\gamma) \sum_{m_1,m_1'} \begin{pmatrix} j_1 & j_2 & \Big| & j \\ m_1 & m-m_1 & \Big| & m \end{pmatrix} \begin{pmatrix} j_1 & j_2 & \Big| & j \\ m_1' & m'-m_1' & \Big| & m' \end{pmatrix}$$

$$\times d_{m_1,m_1'}^{(j_1)}(\beta) d_{m-m_1,m'-m_1'}^{(j_2)}(\beta). \tag{4.30}$$

Folgerung Von $d^{\left(\frac{1}{2}\right)}$ ausgehend können wir alle $d^{(j)}$ sukzessive konstruieren.

Als konkretes Beispiel betrachten wir die Konstruktion von $d^{(1)}$. Zu diesem Zweck verifizieren wir zunächst

$$\begin{pmatrix} d_{\frac{1}{2},\frac{1}{2}}^{\left(\frac{1}{2}\right)}(\beta) & d_{\frac{1}{2},-\frac{1}{2}}^{\left(\frac{1}{2}\right)}(\beta) \\ d_{-\frac{1}{2},\frac{1}{2}}^{\left(\frac{1}{2}\right)}(\beta) & d_{-\frac{1}{2},-\frac{1}{2}}^{\left(\frac{1}{2}\right)}(\beta) \end{pmatrix} = \begin{pmatrix} \cos\left(\frac{\beta}{2}\right) & -\sin\left(\frac{\beta}{2}\right) \\ \sin\left(\frac{\beta}{2}\right) & \cos\left(\frac{\beta}{2}\right) \end{pmatrix}.$$

Begründung: Mithilfe der Pauli-Spinoren

$$\chi_{\frac{1}{2}} = \begin{pmatrix} 1 \\ 0 \end{pmatrix} \quad \text{und} \quad \chi_{-\frac{1}{2}} = \begin{pmatrix} 0 \\ 1 \end{pmatrix}$$

schreiben wir

$$d_{m,m'}^{\left(\frac{1}{2}\right)}(\beta) = \left[\chi_m^\dagger \exp\left(-i\,\beta\frac{\sigma_2}{2}\right)\chi_{m'}\right]^*.$$

Nun verwenden wir (siehe Aufgabe 1.33) die Beziehungen

$$\exp\left(-i\,\beta\frac{\sigma_2}{2}\right) = \cos\left(\frac{\beta}{2}\right)\mathbb{1} \quad \underbrace{-i\,\sigma_2}\quad \sin\left(\frac{\beta}{2}\right)$$

$$= -i\begin{pmatrix} 0 & -i \\ i & 0 \end{pmatrix} = \begin{pmatrix} 0 & -1 \\ 1 & 0 \end{pmatrix}$$

$$= \begin{pmatrix} \cos\left(\frac{\beta}{2}\right) & -\sin\left(\frac{\beta}{2}\right) \\ \sin\left(\frac{\beta}{2}\right) & \cos\left(\frac{\beta}{2}\right) \end{pmatrix}.$$

Anmerkung: Da die Matrix reell ist, spielt die Komplexkonjugation keine Rolle.

Beispiel 4.3

$$d_{1,1}^{(1)}(\beta)$$

$$= \sum_{m_1,m_1'} \underbrace{\begin{pmatrix} \frac{1}{2} & \frac{1}{2} & 1 \\ m_1 & 1-m_1 & 1 \end{pmatrix}}_{= \delta_{m_1 \frac{1}{2}}} \underbrace{\begin{pmatrix} \frac{1}{2} & \frac{1}{2} & 1 \\ m_1' & 1-m_1' & 1 \end{pmatrix}}_{= \delta_{m_1' \frac{1}{2}}} d_{m_1,m_1'}^{(\frac{1}{2})}(\beta) d_{1-m_1,1-m_1'}^{(\frac{1}{2})}(\beta)$$

$$= d_{\frac{1}{2},\frac{1}{2}}^{(\frac{1}{2})}(\beta) d_{\frac{1}{2},\frac{1}{2}}^{(\frac{1}{2})}(\beta) = \cos^2\left(\frac{\beta}{2}\right) = \frac{1}{2}\big(1 + \cos(\beta)\big).$$

Siehe auch Aufgabe 4.8. ∎

Folgerung Die Matrizen $D^{(j)}$ ($j \geq 1$) jeder irreduziblen Darstellung von SO(3) und SU(2) lassen sich mittels der Clebsch-Gordan-Koeffizienten und des Algorithmus aus (4.30) sukzessive aus $D^{(\frac{1}{2})}$ konstruieren.

Folgerung

$$d_{m,m'}^{(j)}(\beta) = d_{m,m'}^{(j)*}(\beta).$$

Begründung: Die Clebsch-Gordan-Koeffizienten sind reell und ebenso die reduzierten Kreiselfunktionen $d_{m,m'}^{(\frac{1}{2})}(\beta)$. Man wende nun (4.30) für $\alpha = \gamma = 0$ an.

4.3.6 Wigner-Eckart-Theorem

Das *Wigner-Eckart-Theorem* [Wigner (1927), Eckart (1930)] liefert eine äußerst effiziente Berechnung von Matrixelementen für Drehimpulseigenzustände, sofern das Drehverhalten der auszuwertenden Operatoren gewisse, noch näher zu spezifizierende Eigenschaften erfüllt.

Vorbemerkung Gegeben sei ein quantenmechanisches System mit dem Hamilton-Operator H_0, der invariant bzgl. der Transformationen einer kontinuierlichen Gruppe G ist. Man sagt auch, der Hamilton-Operator besitzt die *Symmetriegruppe G*.

Für einen Hamilton-Operator H_0 mit der Symmetriegruppe SO(3) oder SU(2) bedeutet dies konkret

$$[H_0, U(R)] = 0 \quad \text{oder} \quad [H_0, J_i] = 0, \quad U(R) = \exp(-\mathrm{i}\,\alpha_i J_i),$$

wobei $U(R)$ eine unitäre Darstellung der Symmetriegruppe auf dem Hilbert-Raum des Systems ist. Die Eigenzustände von H_0 lassen sich bzgl. des Drehverhaltens als Basisvektoren (von Trägerräumen) irreduzibler Darstellungen (Eigenzustände zu $\vec{J}^2$ und J_3) der Symmetriegruppe organisieren. Gesucht ist eine effiziente Berechnung von Matrixelementen $\langle \psi | A | \phi \rangle$, wenn das Transformationsverhalten $A \mapsto A' = UAU^\dagger$ bekannt ist.

Auf dem Weg zur allgemeinen Formulierung des Wigner-Eckart-Theorems wollen wir zunächst den Spezialfall für Matrixelemente eines sog. *skalaren Operators* betrachten.

Satz 4.4
Es sei S ein skalarer Operator, d. h. es sei

$$U(R)SU^\dagger(R) = S \Leftrightarrow [J_i, S] = 0.$$

Dann gilt

$$\langle j', m'|S|j, m\rangle = S_j \delta_{j'j} \delta_{m'm}.$$

Beweis 4.4 Eine ähnliche Beweisführung wurde bereits in Beispiel 2.6 in Abschn. 2.1 verwendet.

1. Zunächst zeigen wir, dass das Matrixelement nur für gleiches j und j' nicht-verschwindend sein kann. Wegen $[J_i, S] = 0$ gilt auch $[\vec{J}^2, S] = 0$. Da $\vec{J}^2$ hermitesch ist, können wir es sowohl nach rechts als auch nach links anwenden:

$$j(j+1)\langle j', m'|S|j, m\rangle = \langle j', m'|S\vec{J}^2|j, m\rangle = \langle j', m'|\vec{J}^2 S|j, m\rangle$$
$$= j'(j'+1)\langle j', m'|S|j, m\rangle.$$

Somit ergibt sich

$$\underbrace{[j(j+1) - j'(j'+1)]}_{= (j-j')(j+j'+1)}\langle j', m'|S|j, m\rangle = 0.$$

Aus $j + j' + 1 \geq 1$ folgt $\langle j', m'|S|j, m\rangle = 0$ für $j \neq j'$.

2. Völlig analog resultiert das Kronecker-Delta, $\delta_{m'm}$, aus $[J_3, S] = 0$:

$$m\langle j', m'|S|j, m\rangle = \langle j', m'|SJ_3|j, m\rangle = \langle j', m'|J_3 S|j, m\rangle$$
$$= m'\langle j', m'|S|j, m\rangle,$$

sodass gilt: $\langle j', m'|S|j, m\rangle = 0$ für $m \neq m'$.

3. Die Eigenschaft, dass das verbleibende Matrixelement S_j unabhängig von m ist, folgt aus $[S, J_\pm] = 0$. Dazu betrachten wir mithilfe von (4.13a) die Beziehung

$$\sqrt{(j-m+1)(j+m)}\langle j, m|S|j, m\rangle = \langle j, m|SJ_+|j, m-1\rangle$$
$$= \langle j, m|J_+ S|j, m-1\rangle.$$

Wir verwenden nun

$$\langle j, m|J_+ = \langle j, m|(J_1 + \mathrm{i} J_2) = \left((J_1^\dagger - \mathrm{i} J_2^\dagger)|j, m\rangle\right)^\dagger = \left((J_1 - \mathrm{i} J_2)|j, m\rangle\right)^\dagger$$
$$= \left(J_-|j, m\rangle\right)^\dagger = \left(\sqrt{(j+m)(j-m+1)}|j, m-1\rangle\right)^\dagger$$
$$= \sqrt{(j+m)(j-m+1)}\langle j, m-1|.$$

Einsetzen liefert demnach

$$\sqrt{(j - m + 1)(j + m)}\langle j, m | S | j, m \rangle$$
$$= \sqrt{(j + m)(j - m + 1)}\langle j, m - 1 | S | j, m - 1 \rangle.$$

Auswerten für $m = j, \ldots, -j + 1$ erzeugt

$$\langle j, j | S | j, j \rangle = \langle j, j - 1 | S | j, j - 1 \rangle = \ldots = \langle j, -j | S | j, -j \rangle. \qquad \square$$

Wir wenden uns nun den Transformationseigenschaften der Operatoren zu, die für die Formulierung des Wigner-Eckart-Theorems als Voraussetzung benötigt werden.

Definition 4.1 (Irreduzibler Tensoroperator)
Gelten für die $2n + 1$ linearen Operatoren $A_\nu^{(n)}$, $\nu = n, n - 1, \ldots, -n$, die Transformationseigenschaften

$$U(R) A_\nu^{(n)} U^\dagger(R) = \exp(-i\,\alpha_i J_i) A_\nu^{(n)} \exp(i\,\alpha_j J_j)$$

$$= \sum_{\mu = -n}^{n} D_{\mu\nu}^{(n)*}(R) A_\mu^{(n)}$$

$$= \sum_\mu \langle n, \mu | \exp(-i\,\alpha_i J_i) | n, \nu \rangle A_\mu^{(n)}, \qquad (4.31)$$

so bilden sie die Komponenten eines *irreduziblen (sphärischen) Tensoroperators* n-ter Stufe $A^{(n)}$.

- Der Begriff „irreduzibel" bezieht sich darauf, dass die Drehimpulsoperatoren nur Tensorkomponenten gleicher Stufe verknüpfen.
- Als Tensoroperatoren halbzahliger Stufe kommen z. B. Fermionenfeldoperatoren in Frage, welche die Erzeugung bzw. Vernichtung von Fermionen beschreiben (siehe Beispiel 6.5 in Abschn. 6.2). ◆

Anmerkung In der Regel werden wir die Linearisierung von Definition 4.1 zur Charakterisierung eines irreduziblen Tensoroperators n-ter Stufe verwenden:

$$[J_3, A_\nu^{(n)}] = \nu A_\nu^{(n)}, \qquad (4.32a)$$

$$[J_\pm, A_\nu^{(n)}] = \sqrt{n(n + 1) - \nu(\nu \pm 1)} A_{\nu \pm 1}^{(n)}. \qquad (4.32b)$$

Diese Form ergibt sich, indem wir in (4.31) zunächst eine partielle Ableitung nach α_k bilden und das Resultat an der Stelle $\vec{\alpha} = 0$ auswerten:

$$\frac{\partial}{\partial \alpha_k} \cdots \bigg|_{\vec{\alpha} = 0} = -i\, J_k A_\nu^{(n)} + A_\nu^{(n)} i\, J_k = -i\,[J_k, A_\nu^{(n)}] = -i \sum_\mu \langle n, \mu | J_k | n, \nu \rangle A_\mu^{(n)}.$$

Nun betrachten wir J_3 und $J_\pm$:

$$[J_3, A_\nu^{(n)}] = \sum_\mu \underbrace{\langle n, \mu | J_3 | n, \nu \rangle}_{= \nu \delta_{\mu\nu}} A_\mu^{(n)} = \nu A_\nu^{(n)},$$

$$[J_\pm, A_\nu^{(n)}] = \sum_\mu \underbrace{\langle n, \mu | J_\pm | n, \nu \rangle}_{= \sqrt{n(n+1) - \nu(\nu \pm 1)} \delta_{\mu, \nu \pm 1}} A_\mu^{(n)} = \sqrt{n(n+1) - \nu(\nu \pm 1)} A_{\nu \pm 1}^{(n)}.$$

Anmerkung: Meist spricht man auch kurz vom Tensor statt vom Tensoroperator.

Beispiel 4.4
Es sei H_0 ein drehinvarianter Ein-Teilchen-Hamilton-Operator (ohne Spin) (siehe Beispiele 2.5 und 2.6 in Abschn. 2.1). Wir ersetzen J_i durch ℓ_i.

1. Sphärische Tensoren nullter Stufe sind H_0, $\vec{\ell}^{\,2}$, $\vec{p}^{\,2}$ usw.
2. Es seien A_1, A_2 und A_3 die kartesischen Komponenten eines „Vektoroperators",
    d. h.

$$[\ell_i, A_j] = \mathrm{i}\, \epsilon_{ijk} A_k.$$

Die sphärischen Komponenten lauten dann

$$A_0^{(1)} = A_3 \quad \text{und} \quad A_{\pm 1}^{(1)} = \frac{\mp 1}{\sqrt{2}} (A_1 + \mathrm{i}\, A_2).$$

Beispiele für sphärische Tensoren erster Stufe sind $r^{(1)}$, $p^{(1)}$ und $\ell^{(1)}$ mit den Komponenten $r_\alpha^{(1)}$, $p_\alpha^{(1)}$ und $\ell_\alpha^{(1)}$. Wir vereinbaren dabei die Konvention, dass wir lateinische (griechische) Indizes für kartesische (sphärische) Komponenten verwenden. Als Referenzpunkt für spätere Überlegungen im Rahmen der Quantenfeldtheorie betrachten wir beispielhaft

$$[\ell_i, r_j] = \epsilon_{ikl}[r_k p_l, r_j] = \epsilon_{ikl}(r_k \underbrace{[p_l, r_j]}_{= -\mathrm{i}\,\delta_{lj}} + \underbrace{[r_k, r_j]}_{= 0} p_l) = -\mathrm{i}\, \epsilon_{ikj} r_k = \mathrm{i}\, \epsilon_{ijk} r_k.$$

$$(4.33)$$

Für die sphärische Notation untersuchen wir exemplarisch

$$[\ell_\pm, r_{+1}^{(1)}] = -\frac{1}{\sqrt{2}}[\ell_1 \pm \mathrm{i}\, \ell_2, r_1 + \mathrm{i}\, r_2] = -\frac{1}{\sqrt{2}}(-r_3 \pm r_3) = \begin{cases} 0, \\ \sqrt{2}r_3 = \sqrt{2}r_0^{(1)}. \end{cases}$$

3. Die Phasenkonvention für den Zusammenhang zwischen den kartesischen und den sphärischen Komponenten eines Vektors lässt sich anhand einer Analogie mit den Kugelfunktionen motivieren, da diese Eigenfunktionen zu den Drehimpulsoperatoren sind und die Condon-Shortley-Phasenkonvention aus (4.13a)

erfüllen:

$$-\frac{1}{\sqrt{2}}(x + \mathrm{i}\,y) = r\sqrt{\frac{4\pi}{3}}\,Y_{11}(\theta, \phi),$$

$$z = r\sqrt{\frac{4\pi}{3}}\,Y_{10}(\theta, \phi), \tag{4.34}$$

$$\frac{1}{\sqrt{2}}(x - \mathrm{i}\,y) = r\sqrt{\frac{4\pi}{3}}\,Y_{1-1}(\theta, \phi).$$

∎

Satz 4.5 (Wigner-Eckart-Theorem)
Für die Matrixelemente eines irreduziblen Tensoroperators n-ter Stufe gilt[4]

$$\langle j', m' | A_\nu^{(n)} | j, m \rangle = \begin{pmatrix} j & n & j' \\ m & \nu & m' \end{pmatrix} \frac{\langle j' \| A^{(n)} \| j \rangle}{\sqrt{2j'+1}},$$

wobei $\langle j' \| A^{(n)} \| j \rangle$ *als reduziertes Matrixelement bezeichnet wird. Die Abhängigkeit von den Richtungsquantenzahlen wird vollständig durch einen Clebsch-Gordan-Koeffizienten beschrieben. Wegen der Auswahlregel für die Clebsch-Gordan-Koeffizienten impliziert das Wigner-Eckart-Theorem*

$$\langle j', m' | A_\nu^{(n)} | j, m \rangle = 0 \quad \text{für} \quad j' > j + n, \; j' < |j - n|, \; m + \nu \neq m',$$

d. h. $A_\nu^{(n)}$ *ändert die Projektion um* ν *und überträgt den Drehimpuls n auf das System.*

Beweis 4.5 Wir betrachten die $(2n + 1) \cdot (2j + 1)$ Zustände $A_\nu^{(n)} | j, m \rangle$. Diese transformieren sich bzgl. Drehungen wie $|n, \nu; j, m\rangle$, denn es gilt:

$$J_3 A_\nu^{(n)} | j, m \rangle = \left([J_3, A_\nu^{(n)}] + A_\nu^{(n)} J_3\right) | j, m \rangle = (\nu + m) A_\nu^{(n)} | j, m \rangle,$$

$$J_\pm A_\nu^{(n)} | j, m \rangle = \left([J_\pm, A_\nu^{(n)}] + A_\nu^{(n)} J_\pm\right) | j m \rangle$$

$$= \sqrt{n(n + 1) - \nu(\nu \pm 1)}\, A_{\nu \pm 1}^{(n)} | j, m \rangle$$

$$+ \sqrt{j(j + 1) - m(m \pm 1)}\, A_\nu^{(n)} | j, m \pm 1 \rangle.$$

Wir bilden nun mithilfe der Clebsch-Gordan-Koeffizienten Zustände, die sich unter Drehungen nach einer irreduziblen Darstellung transformieren. Es sei $|n - j| \leq j'' \leq n + j$. Wir definieren einen Zustand

$$|\phi_A(j, n, j'', m'')\rangle := \sum_{m', \nu'} \begin{pmatrix} j & n & j'' \\ m' & \nu' & m'' \end{pmatrix} A_{\nu'}^{(n)} | j, m' \rangle \tag{4.35}$$

---

[4] Das Abspalten des Faktors $1/\sqrt{2j'+1}$ ist eine Frage der Konvention.

(die Kennzeichnung A im Zustand soll an den Operator A erinnern), mit

$$\vec{J}^{\,2}|\phi_A(j,n,j'',m'')\rangle = j''(j''+1)|\phi_A(j,n,j'',m'')\rangle,$$
$$J_3|\phi_A(j,n,j'',m'')\rangle = m''|\phi_A(j,n,j'',m'')\rangle,$$
$$J_\pm|\phi_A(j,n,j'',m'')\rangle = \sqrt{j''(j''+1)-m''(m''\pm1)}\,|\phi_A(j,n,j'',m''\pm1)\rangle.$$

Wie im Beweis von Satz 4.4 (skalarer Operator) zeigt man

$$\langle j',m'|\phi_A(j,n,j'',m'')\rangle = \delta_{j'j''}\delta_{m'm''}c_A(j',n,j). \tag{4.36}$$

Nun invertieren wir (4.35) mithilfe von (4.25):

$$\sum_{j'',m''}\left(\begin{array}{cc|c} j & n & j'' \\ m & \nu & m'' \end{array}\right)|\phi_A(j,n,j'',m'')\rangle$$

$$= \sum_{j'',m'',m',\nu'}\left(\begin{array}{cc|c} j & n & j'' \\ m & \nu & m'' \end{array}\right)\left(\begin{array}{cc|c} j & n & j'' \\ m' & \nu' & m'' \end{array}\right)A_{\nu'}^{(n)}|j,m'\rangle$$

$$\stackrel{(4.25)}{=} \sum_{m',\nu'}\delta_{m'm}\delta_{\nu'\nu}A_{\nu'}^{(n)}|j,m'\rangle = A_\nu^{(n)}|j,m\rangle.$$

Schließlich „multiplizieren" wir von links mit $\langle j',m'|$:

$$\langle j',m'|A_\nu^{(n)}|j,m\rangle = \sum_{j'',m''}\left(\begin{array}{cc|c} j & n & j'' \\ m & \nu & m'' \end{array}\right)\langle j',m'|\phi_A(j,n,j'',m'')\rangle$$

$$\stackrel{(4.36)}{=} \sum_{j'',m''}\left(\begin{array}{cc|c} j & n & j'' \\ m & \nu & m'' \end{array}\right)\delta_{j'j''}\delta_{m'm''}c_A(j',n,j)$$

$$= \left(\begin{array}{cc|c} j & n & j' \\ m & \nu & m' \end{array}\right)c_A(j',n,j) \quad \Rightarrow \quad \text{Behauptung.} \quad \square$$

Satz 4.6

Sphärische Tensoroperatoren lassen sich wie Drehimpulse koppeln. Sind $A^{(n_1)}$ und $B^{(n_2)}$ irreduzible Tensoren, so auch ihr „Tensorprodukt n-ter Stufe" ($|n_1 - n_2| \le n \le n_1 + n_2$):

$$[A^{(n_1)} \times B^{(n_2)}]_\nu^{(n)} := \sum_{\nu_1,\nu_2}\left(\begin{array}{cc|c} n_1 & n_2 & n \\ \nu_1 & \nu_2 & \nu \end{array}\right)A_{\nu_1}^{(n_1)}B_{\nu_2}^{(n_2)}.$$

Man vergleiche die Analogie zu

$$|(j_1,j_2)j,m\rangle = \sum_{m_1,m_2}\left(\begin{array}{cc|c} j_1 & j_2 & j \\ m_1 & m_1 & m \end{array}\right)|j_1,m_1;j_2,m_2\rangle.$$

Wir weisen allerdings darauf hin, dass bei der Kopplung zweier irreduzibler Tensoren $A^{(n_1)}$ und $B^{(n_2)}$ diese sich auf zwei verschiedene „Teilchen" (besser Räume) beziehen können, aber nicht müssen. Entscheidend sind vielmehr die Vertauschungsrelationen mit dem Gesamtdrehimpulsoperator in der Anmerkung in Abschn. 4.3.6.

Beweis 4.6 Gemäß dieser Anmerkung untersuchen wir

$$[J_3, [A^{(n_1)} \times B^{(n_2)}]_v^{(n)}] = \sum_{v_1,v_2} \begin{pmatrix} n_1 & n_2 & n \\ v_1 & v_2 & v \end{pmatrix} [J_3, A_{v_1}^{(n_1)} B_{v_2}^{(n_2)}],$$

$$[J_3, A_{v_1}^{(n_1)} B_{v_2}^{(n_2)}] = A_{v_1}^{(n_1)}[J_3, B_{v_2}^{(n_2)}] + [J_3, A_{v_1}^{(n_1)}]B_{v_2}^{(n_2)} = (v_2 + v_1)A_{v_1}^{(n_1)} B_{v_2}^{(n_2)},$$

$$= \sum_{v_1,v_2} \begin{pmatrix} n_1 & n_2 & n \\ v_1 & v_2 & v \end{pmatrix} v A_{v_1}^{(n_1)} B_{v_2}^{(n_2)}$$

$$= v[A^{(n_1)} \times B^{(n_2)}]_v^{(n)},$$

$$[J_\pm, [A^{(n_1)} \times B^{(n_2)}]_v^{(n)}] = \sum_{v_1,v_2} \begin{pmatrix} n_1 & n_2 & n \\ v_1 & v_2 & v \end{pmatrix} [J_\pm, A_{v_1}^{(n_1)} B_{v_2}^{(n_2)}]$$

$$= \sum_{v_1,v_2} \begin{pmatrix} n_1 & n_2 & n \\ v_1 & v_2 & v \end{pmatrix} \left(\sqrt{n_1(n_1 + 1) - v_1(v_1 \pm 1)} A_{v_1 \pm 1}^{(n_1)} B_{v_2}^{(n_2)} \right.$$

$$\left. + \sqrt{n_2(n_2 + 1) - v_2(v_2 \pm 1)} A_{v_1}^{(n_1)} B_{v_2 \pm 1}^{(n_2)} \right)$$

$$\overset{*}{=} \sum_{v_1,v_2} \left[\sqrt{n_1(n_1 + 1) - v_1(v_1 \mp 1)} \begin{pmatrix} n_1 & n_2 & n \\ v_1 \mp 1 & v_2 & v \end{pmatrix} \right.$$

$$\left. + \sqrt{n_2(n_2 + 1) - v_2(v_2 \mp 1)} \begin{pmatrix} n_1 & n_2 & n \\ v_1 & v_2 \mp 1 & v \end{pmatrix} \right] A_{v_1}^{(n_1)} B_{v_2}^{(n_2)}$$

$$\overset{(4.13b)}{=} \sum_{v_1,v_2} \left[\sqrt{(n_1 \pm v_1)(n_1 \mp v_1 + 1)} \begin{pmatrix} n_1 & n_2 & n \\ v_1 \mp 1 & v_2 & v \end{pmatrix} \right.$$

$$\left. + \sqrt{(n_2 \pm v_2)(n_2 \mp v_2 + 1)} \begin{pmatrix} n_1 & n_2 & n \\ v_1 & v_2 \mp 1 & v \end{pmatrix} \right] A_{v_1}^{(n_1)} B_{v_2}^{(n_2)}$$

$$\overset{**}{=} \sum_{v_1,v_2} \sqrt{(n \mp v)(n \pm v + 1)} \begin{pmatrix} n_1 & n_2 & n \\ v_1 & v_2 & v \pm 1 \end{pmatrix} A_{v_1}^{(n_1)} B_{v_2}^{(n_2)}$$

$$= \sqrt{(n \mp v)(n \pm v + 1)}[A^{(n_1)} \times B^{(n_2)}]_{v \pm 1}^{(n)}.$$

- Zur Begründung von $*$ betrachten wir

$$\Sigma = \sum_{m=-j}^{j} \sqrt{j(j + 1) - m(m \pm 1)} f(m).$$

Mit der Substitution $n := m \pm 1$ ergibt sich

$$\Sigma = \sum_{n=-j\pm1}^{j\pm1} \sqrt{j(j+1) - (n \mp 1)n}\, f(n \mp 1).$$

Nun betrachten wir die beiden Fälle getrennt.

a) Für das obere Vorzeichen gilt für das Argument der Wurzel

$$j(j+1) - (n-1)n = 0 \text{ für } \begin{cases} n = -j, \\ n = j+1. \end{cases}$$

Somit können wir einerseits eine Null addieren, indem wir die Summe schon bei $n = -j$ beginnen lassen, und anderseits eine Null weglassen, indem die Summe bereits bei $n = j$ endet.

b) Völlig analog gilt für das untere Vorzeichen

$$j(j+1) - (n+1)n = 0 \text{ für } \begin{cases} n = -(j+1), \\ n = j. \end{cases}$$

Hier lassen wir eine Null an der Untergrenze weg und addieren eine Null an der Obergrenze.

Für beide Fälle können wir daher ebensogut

$$\sum_{n=-j}^{j} \cdots$$

schreiben. Mit der Umbenennung $n \rightarrow m$ folgt

$$\Sigma = \sum_{m=-j}^{j} \sqrt{j(j+1) - m(m \mp 1)}\, f(m \mp 1).$$

- In $\ast\ast$ wurde die Rekursionsformel für Clebsch-Gordan-Koeffizienten aus (4.27) mit den Ersetzungen $(j_1, j_2, j) \mapsto (n_1, n_2, n)$ und $(m_1, m_2, m) \mapsto (\nu_1, \nu_2, \nu)$ benutzt. $\qquad\square$

Beispiel 4.5

1. Als „Skalarprodukt" zweier sphärischer Tensoren n-ter Stufe $A^{(n)}$ und $B^{(n)}$ bezeichnet man

$$[A^{(n)} \times B^{(n)}]_0^{(0)} = \frac{1}{\sqrt{2n+1}} \sum_\nu (-)^{n-\nu} A_\nu^{(n)} B_{-\nu}^{(n)}.$$

Hierbei wurde von dem speziellen Clebsch-Gordan-Koeffizienten

$$\begin{pmatrix} j_1 & j_2 & 0 \\ m_1 & m_2 & 0 \end{pmatrix} = \frac{(-)^{j_1 - m_1}}{\sqrt{2j_1 + 1}} \delta_{j_1 j_2} \delta_{m_1, -m_2}$$

Gebrauch gemacht [siehe Lindner (1984), Abschnitt 3.8]. Das gewöhnliche Skalarprodukt zweier Vektoren stellt einen Spezialfall dar:

$$\vec{A} \cdot \vec{B} = \sum_\nu (-)^\nu A_\nu^{(1)} B_{-\nu}^{(1)} = -\sqrt{3} [A^{(1)} \times B^{(1)}]_0^{(0)}.$$

2. Für das „Kreuzprodukt" gilt

$$[A^{(1)} \times B^{(1)}]_\mu^{(1)} = \frac{\mathrm{i}}{\sqrt{2}} (\vec{A} \times \vec{B})_\mu.$$

So entstehen etwa die Komponenten des Bahndrehimpulses $\ell^{(1)}$ durch die Kopplung von $r^{(1)}$ und $p^{(1)}$ zu einem Tensor erster Stufe. ∎

4.4 Beispiele

Im Folgenden wollen wir uns beispielhaft zwei typischen Anwendungsgebieten für das Wigner-Eckart-Theorem widmen. Im ersten Fall beschäftigen wir uns mit Auswahlregeln für den Übergang zwischen zwei atomaren Energieniveaus bei Emission bzw. Absorption elektromagnetischer Strahlung. Im Anschluss befassen wir uns mit einer inneren Symmetrie im subatomaren Bereich, der sog. Isospinsymmetrie, die auf der Symmetriegruppe SU(2) fußt.

Beispiel 4.6 (Auswahlregeln für elektrische Dipolstrahlung)
[siehe z. B. Woodgate (1983), Kapitel 3]. Wir betrachten einen drehinvarianten Ein-Teilchen-Hamilton-Operator für ein Elektron unter Vernachlässigung des Spins:

$$H_0 = \frac{\vec{p}^{\,2}}{2m} + V(r).$$

Wir setzen die Eigenzustände und das Spektrum des Hamilton-Operators als bekannt voraus (siehe etwa Beispiel 2.6 in Abschn. 2.1). Die Kopplung an äußere elektromagnetische Potenziale Φ und $\vec{A}$ erfolgt durch die *minimale Substitution* in der zeitabhängigen Schrödinger-Gleichung,

$$\mathrm{i}\frac{\partial}{\partial t} \to \mathrm{i}\frac{\partial}{\partial t} - q\Phi \quad \text{und} \quad -\mathrm{i}\vec{\nabla} \to -\mathrm{i}\vec{\nabla} - q\vec{A},$$

mit $q = -e$ für ein Elektron und $e > 0$. Somit entsteht als Hamilton-Operator für das wechselwirkende System

$$H = H_0 + H_{\mathrm{ww}} = H_0 - e\Phi + e\frac{\vec{p} \cdot \vec{A} + \vec{A} \cdot \vec{p}}{2m} + \frac{e^2 \vec{A}^2}{2m}.$$

Für das freie Vektorpotenzial wählen wir die *Coulomb-Eichung*, $\vec{\nabla} \cdot \vec{A} = 0$, sodass in der Abwesenheit von Quellen auch $\Phi = 0$ folgt. Für das Vektorpotenzial einer monochromatischen, ebenen Welle mit Wellenvektor $\vec{k}$ und Polarisationsvektor $\vec{\epsilon}\left(\vec{k}, \lambda\right)$ verwenden wir

$$\vec{A}(t, \vec{x}) = a\left(\vec{k}, \lambda\right) \vec{\epsilon}\left(\vec{k}, \lambda\right) e^{-\mathrm{i}\left(\omega t - \vec{k} \cdot \vec{x}\right)} + a^*\left(\vec{k}, \lambda\right) \vec{\epsilon}\,^*\left(\vec{k}, \lambda\right) e^{\mathrm{i}\left(\omega t - \vec{k} \cdot \vec{x}\right)},$$

mit $\omega = |\vec{k}|$. Die beiden Polarisationsvektoren $\vec{\epsilon}\left(\vec{k}, \lambda\right)$ ($\lambda = 1, 2$) stehen auf $\vec{k}$ und aufeinander senkrecht. (Die Argumente des Polarisationsvektors werden im Folgenden unterdrückt.) Bis zur ersten Ordnung in e gilt für die Wechselwirkung

$$H_{\mathrm{ww}} = e\,\frac{\vec{p} \cdot \vec{A} + \vec{A} \cdot \vec{p}}{2m}.$$

Die elektrische Dipolnäherung resultiert aus der Langwellennäherung

$$e^{\mathrm{i}\vec{k} \cdot \vec{x}} = 1 + O(|\vec{k}||\vec{x}|).$$

Hierbei geht man davon aus, dass die räumliche Änderung des Vektorpotenzials über das Volumen des Atoms vernachlässigt werden kann. Folgende kurze Abschätzung anhand des Wasserstoffatoms soll diese Annahme rechtfertigen. Dabei verwenden wir natürliche Einheiten in Kombination mit der Konversionskonstante $\hbar c \approx 200\,\mathrm{MeV} \cdot \mathrm{fm}$. Als eine charakteristische Energieskala betrachten wir die Energiedifferenz zwischen dem ersten angeregten Zustand und dem Grundzustand: $\Delta E = E_2 - E_1 \approx 10\,\mathrm{eV}$. Eine monochromatische, ebene, elektromagnetische Welle mit der Kreisfrequenz $\omega = \Delta E$ besitzt die Kreiswellenzahl $|\vec{k}| = \Delta E$. Als typische Längenskala setzen wir den Bohr-Radius $a_0 \approx 0{,}5 \cdot 10^{-10}$ m ein, sodass sich mithilfe von $1\,\mathrm{eV} \approx 0{,}5 \cdot 10^7\,\mathrm{m}^{-1}$ die Abschätzung $|\vec{k}||\vec{x}| \approx 2{,}5 \cdot 10^{-3} \ll 1$ ergibt.

Das Übergangsmatrixelement für die Emission eines Photons lässt sich in zeitabhängiger Störungstheorie berechnen.[5] Dazu benötigen wir als Baustein das Matrixelement

$$\frac{e}{m} \langle \alpha_f, l_f, m_f | \vec{p} \cdot \vec{\epsilon}\,^* | \alpha_i, l_i, m_i \rangle, \tag{4.37}$$

wobei α_i und α_f stellvertretend für weitere Quantenzahlen jenseits der Drehimpulsquantenzahlen stehen. Wir drücken nun den Impulsoperator mithilfe eines Kommutators aus,

$$\vec{p} = \mathrm{i}\,m[H_0, \vec{r}\,] = \mathrm{i}\,m\left[\frac{\vec{p}\,^2}{2m} + V(r), \vec{r}\,\right],$$

---

[5] Die Emission eines Lichtquants wird durch den Anteil proportional zu $a^*\left(\vec{k}, \lambda\right)$ beschrieben.

und bestimmen das Matrixelement aus (4.37), indem wir H_0 einmal nach links und einmal nach rechts anwenden:

$$\mathrm{i}\,e\,\langle\alpha_f,l_f,m_f|[H_0,\vec{r}\cdot\vec{\epsilon}\,^*]|\alpha_i,l_i,m_i\rangle = \mathrm{i}\,e\,(E_{\alpha_f l_f}-E_{\alpha_i l_i})\langle\alpha_f,l_f,m_f|\vec{r}\cdot\vec{\epsilon}\,^*|\alpha_i,l_i,m_i\rangle,$$

mit $\omega = E_{\alpha_i l_i} - E_{\alpha_f l_f}$ (aus der Energieerhaltung). Wir schreiben

$$\vec{r}\cdot\vec{\epsilon}\,^* = \sum_\mu (-)^\mu r_\mu^{(1)} \epsilon_{-\mu}^{(1)*}$$

und wenden nun das Wigner-Eckart-Theorem an:

$$\langle\alpha_f,l_f,m_f|r_\mu^{(1)}|\alpha_i,l_i,m_i\rangle = \begin{pmatrix} l_i & 1 & l_f \\ m_i & \mu & m_f \end{pmatrix} \frac{\langle\alpha_f,l_f||r^{(1)}||\alpha_i,l_i\rangle}{\sqrt{2l_f+1}}.$$

Nun können wir die Auswahlregeln für die elektrische Dipolstrahlung diskutieren.

1. Wegen der Auswahlregel für die Clebsch-Gordan-Koeffizienten kann es nur dann einen nichtverschwindenden Beitrag geben, wenn folgende Bedingungen erfüllt sind:
   a) Die Änderung $\Delta l = l_i - l_f$ der Bahndrehimpulsquantenzahlen beträgt ± 1 oder 0.
   b) Die Änderung $\Delta m = m_i - m_f$ für die Drehimpulsprojektion beträgt 0 und ± 1 für Polarisationsvektoren in z-Richtung bzw. in der (x,y)-Ebene.
2. Über das Wigner-Eckart-Theorem hinaus können wir noch die Parität verwenden. Das Verhalten der Bahndrehimpulseigenzustände $|l,m\rangle$ unter einer Paritätstransformation ergibt sich aus folgender Überlegung. Für eine Wellenfunktion ψ wird die Paritätstransformation über $(P\psi)(\vec{x}) = \psi(-\vec{x})$ definiert. In Kugelkoordinaten impliziert dies $r \to r$, $\theta \to \pi - \theta$ und $\phi \to \phi + \pi$. Für die Bahndrehimpulseigenfunktionen aus (2.4a) in Abschn. 2.1 bedeutet dies $(PY_{lm})(\theta,\phi) = Y_{lm}(\pi-\theta,\phi+\pi) = (-1)^l Y_{lm}(\theta,\phi)$. Hierbei haben wir von

$$Y_{lm}(\theta,\phi) \sim P_l^m(\cos(\theta))e^{\mathrm{i}m\phi}$$
$$\to P_l^m(\cos(\pi-\theta))e^{\mathrm{i}m(\phi+\pi)} = P_l^m(-\cos(\theta))e^{\mathrm{i}m\phi}(-)^m$$
$$= (-1)^{l+m}P_l^m(\cos(\theta))e^{\mathrm{i}m\phi}(-)^m = (-)^l P_l^m(\cos(\theta))e^{\mathrm{i}m\phi}$$

Gebrauch gemacht, wobei P_l^m für eine zugeordnete Legendre-Funktion steht. Somit ergibt sich in der Dirac'schen Bracket-Schreibweise

$$P|l,m\rangle = (-)^l|l,m\rangle.$$

Nun können wir zeigen, dass ein elektrischer Dipolübergang mit $\Delta l = 0$ aufgrund der Parität verboten ist:

$$\langle \alpha_f, l, m_f | \vec{r} | \alpha_i, l, m_i \rangle = \underbrace{\langle \alpha_f, l, m_f | P^{-1}}_{= (-)^l \langle \alpha_f, l, m_f |} \underbrace{P \vec{r} P^{-1}}_{= -\vec{r}} \underbrace{P | \alpha_i, l, m_i \rangle}_{= (-)^l | \alpha_i, l, m_i \rangle}$$

$$= \underbrace{(-)^{2l+1}}_{= -1} \langle \alpha_f, l, m_f | \vec{r} | \alpha_i, l, m_i \rangle = 0.$$

3. Genau genommen hätten wir die Auswahlregeln bereits anhand des Matrixelements aus (4.37) ablesen können, da die sphärischen Komponenten des Impulsoperators ebenfalls einen Tensor erster Stufe bilden (siehe Beispiel 4.4). Des Weiteren transformiert der Impulsoperator unter der Parität genau wie der Ortsoperator, nämlich als Vektor. Unsere Vorgehensweise bietet den Vorteil, dass die Namensgebung „elektrische Dipolstrahlung" motiviert wird, weil die Stärke durch das Übergangsmatrixelement des elektrischen Dipoloperators $-e\vec{r}$ bestimmt wird. ∎

Bislang haben wir uns im Wesentlichen mit dem Verhalten physikalischer Systeme unter Drehungen im Anschauungsraum auseinandergesetzt. Auf dem subatomaren Niveau spielen sog. innere Eigenschaften, zu denen z. B. auch die elektrische Ladung gehört, eine zentrale Rolle. Diese inneren Eigenschaften lassen sich wiederum mit Symmetrieprinzipien und Anforderungen an das Verhalten von Operatoren und Zuständen bzgl. Operationen gegebener abstrakter Gruppen verknüpfen.

Vorbemerkung Unter einer *inneren Symmetrie* versteht man die Invarianz eines Systems, genauer seines Hamilton-Operators, unter Transformationen innerer Freiheitsgrade.

Die sog. *Isospinsymmetrie* ist der Inbegriff einer inneren Symmetrie und hatte entscheidenden Einfluss auf die Einführung anderer abstrakter Symmetrien in der Elementarteilchenphysik. Zu den folgenden Betrachtungen ist allerdings zu bemerken, dass die Isospinsymmetrie keine perfekte Symmetrie ist. Die Situation lässt sich z. B. mit der eines Wasserstoffatoms vergleichen, das sich in einem schwachen, statischen, homogenen, äußeren magnetischen Feld befindet. Die ursprüngliche O(3)-Symmetrie wird durch das Magnetfeld reduziert, was unter anderem zu einer Aufspaltung der Spektrallinien führt. In ähnlicher Weise gibt es sowohl innerhalb der starken Wechselwirkung als auch aufgrund der elektromagnetischen Wechselwirkung Anteile, die zu einer expliziten, wenn auch in der Regel kleinen Brechung der Isospinsymmetrie führen. Abweichungen von einer perfekten Isospinsymmetrie und deren Einfluss auf physikalische Observablen sind deshalb ein aktuelles Forschungsgebiet [siehe z. B. Miller und van Oers (1995) sowie Rusetsky (2009)].

Beispiel 4.7 (Isospininvarianz der starken Wechselwirkung)
Um das Konzept der Isospinsymmetrie zu motivieren, tragen wir eine Reihe von Fakten zur starken Wechselwirkung unter entsprechenden Stichpunkten zusammen. Wir verweisen auf Mayer-Kuckuk (1984) sowie Ericson und Weise (1988) als weiterführende Literatur sowie auf Rasche (1971) für einen historischen Überblick zur Entwicklung des Konzepts Isospin.

Ladungsunabhängigkeit der Kernkräfte   Als Ausgangspunkt dient eine Betrachtung der Kernkräfte, d. h. der Wechselwirkung zwischen den Kernbausteinen, nämlich dem *Proton* und dem *Neutron*. Beide Teilchen besitzen den Spin $J = \frac{1}{2}$, haben nahezu gleiche Massen, $m_p = 938{,}3\,\mathrm{MeV}$ und $m_n = 939{,}6\,\mathrm{MeV}$, und werden unter dem Oberbegriff *Nukleonen* zusammengefasst. Die Kräfte zwischen beliebigen Paaren von Nukleonen erweisen sich als (nahezu) gleich, was als *Ladungsunabhängigkeit* bezeichnet wird. Hinweise dafür ergeben sich u. a. aus dem Studium der Nukleon-Nukleon-Streuung in den verschiedenen Kanälen der Proton-Proton-, Proton-Neutron- und Neutron-Neutron-Streuung. Auch die Untersuchung der Niveauschemata von sog. *Spiegelkernen*, d. h. Paaren von Kernen, die durch Vertauschen der Protonen- und der Neutronenzahl auseinander hervorgehen, legt eine Ladungssymmetrie nahe. Ein typisches Beispiel ist das Paar $^{11}_{5}B_6$ (5 p und 6 n) und $^{11}_{6}C_5$ (6 p und 5 n) [siehe Mayer-Kuckuk (1984), Abschnitt 5.3].

Isospinformalismus   Im Isospinformalismus[6] stellen das Proton und das Neutron zwei Erscheinungsformen eines Nukleons dar, die zu einem Dublett zusammengefasst werden und sich durch eine neue Quantenzahl mit den Werten $+\frac{1}{2}$ für das Proton und $-\frac{1}{2}$ für das Neutron voneinander unterscheiden. Den zugehörigen Operator bezeichnen wir mit I_3. Hierbei handelt es sich um eine Analogie zur Beschreibung eines Elektrons mit den Spinprojektionen $m_s = \pm\frac{1}{2}$. Im Fall des Elektrons ist mit dessen Spin ein magnetisches Moment verknüpft, sodass sich aufgrund einer Wechselwirkung mit einem externen Magnetfeld zwischen den beiden Spinprojektionen unterscheiden lässt. Auch im Fall des Nukleons unterscheidet die elektromagnetische Wechselwirkung zwischen den beiden Einstellmöglichkeiten $M_I = \frac{1}{2}$ für das Proton und $M_I = -\frac{1}{2}$ für das Neutron, hier allerdings aufgrund der Ladung des Nukleons. In Einheiten der Elementarladung lautet der Ladungsoperator

$$Q = I_3 + \frac{1}{2}Y,$$

wobei Y die sog. *Hyperladung* ist, die für Nukleonen den Wert 1 hat. Des Weiteren führen wir in Analogie zu $J_\pm$ aus (4.5) die Operatoren I_+ (I_-) ein, die ein Neutron in ein Proton (Proton in ein Neutron) überführen.

Isospinsymmetrie   Im Folgenden wollen wir annehmen, dass die Isospinsymmetrie nicht nur die Beschreibung des Hamilton-Operators für Kerne betrifft, son-

---

[6] In Heisenberg (1932) wurde im Kontext des Hamilton-Operators eines Atomkerns eine neue (Quanten-)Zahl ρ eingeführt, mit den Werten $+1$ für das Proton und -1 für das Neutron.

dern auch auf andere Systeme, die der starken Wechselwirkung unterworfen sind,
erweitert werden kann. In Beispiel 6.5 in Abschn. 6.2 werden wir z. B. ein Modell kennenlernen, das auf einer SU(2)-symmetrischen Wechselwirkung zwischen
Nukleonen und Pionen basiert und über den Austausch von Pionen auf eine ladungsunabhängige Kraft zwischen Nukleonen führt. Ohne die konkrete Form des
allgemeinen Hamilton-Operators zu spezifizieren, nehmen wir auf einer abstrakten
Ebene an, dass die starke Wechselwirkung eine innere SU(2)-Symmetrie besitzt:[7]

$$[H_{\mathrm{st}}, I_i] = 0, \quad i = 1, 2, 3, \quad [I_i, I_j] = \mathrm{i}\,\epsilon_{ijk} I_k.$$

Die Basisvektoren irreduzibler Darstellungen werden durch den Gesamtisospin I
mit der Multiplizität $2I + 1$ ($M_I = I, I - 1, \ldots, -I$) gekennzeichnet.

Als experimentelle Hinweise für eine derartige Invarianz dienen die folgenden
Beobachtungen:

1. Zunächst finden wir Gruppierungen von Teilchen mit (nahezu) gleicher Masse
   und identischen Raumzeiteigenschaften (Spin und Parität), die zu Dimensionen irreduzibler Darstellungen der zugrunde liegenden Symmetriegruppe (hier
   SU(2) des Isospins) passen. Analog zu Abschn. 4.2.1 sprechen wir dann von
   Isospinmultipletts. In Tab. 4.2 dokumentieren wir eine Reihe solcher stark wechselwirkender Teilchen mit ihren wesentlichen Eigenschaften. Tatsächlich handelt es sich dabei nicht um Elementarteilchen sondern um zusammengesetzte
   Systeme, deren (Zusammensetzungs-)Eigenschaften wir im nächsten Kapitel
   ausführlich untersuchen werden. In diesem Zusammenhang werden gruppentheoretische Methoden eine entscheidende Rolle bei der Klassifizierung der Zustände spielen.
2. Neben dem Spektrum liefern insbesondere Streuexperimente bzw. Zerfälle Aufschlüsse über etwaige Symmetrien der zugrunde liegenden Dynamik, was im
   Wesentlichen auf den Vergleich von Matrixelementen hinausläuft.

Während wir uns im nächsten Kapitel auf ein Verständnis der Struktur des Spektrums aus gruppentheoretischer Sicht konzentrieren werden, wollen wir hier die
zweite Idee weiterverfolgen. Zu diesem Zweck zerlegen wir den Anfangs- und den
Endzustand eines gegebenen Prozesses in Eigenzustände zu $\vec{I}^{\,2} = I_1^2 + I_2^2 + I_3^2$ und
I_3 mit Eigenwerten $I(I + 1)$ und M_I. Darüber hinaus nutzen wir aus, dass die Invarianz des Hamilton-Operators bzgl. SU(2) zu einer Invarianz des Streuoperators
S bzgl. SU(2) führt und somit analog zu Beispiel 4.4 gilt:

$$S = \mathbb{1} + \mathrm{i}\,T,$$
$$\langle I', M_I' | T | I, M_I \rangle = T_I \delta_{I'I} \delta_{M_I' M_I}. \tag{4.38}$$

Als konkretes Beispiel betrachten wir die Streuung von Pionen an Nukleonen,
wobei wir uns ausschließlich auf die Konsequenzen der Isospinsymmetrie konzentrieren. Der Operator für den Gesamtisospin setzt sich aus der Summe der Operatoren für das Pion und das Nukleon zusammen: $\vec{I} = \vec{I}_\pi + \vec{I}_N$. Da dem Isospin aus

---

[7] Die Tiefstellung „st" bezeichnet die starke Wechselwirkung.

Tab. 4.2 Verschiedene Isospinmultipletts. $(200\,\text{MeV})^{-1} \approx \frac{1}{3} \cdot 10^{-23}\,\text{s}$

Symbol	I	I_3	Y	Masse [MeV]	Lebensdauer [s] Breite [MeV]	(Haupt-) Zerfall
π	1	$\pi^\pm : \pm 1$	0	140	$2{,}6 \cdot 10^{-8}\,\text{s}$	$\pi^+ \to \mu^+ \nu_\mu$
		$\pi^0 : 0$	0	135	$8{,}5 \cdot 10^{-17}\,\text{s}$	$\pi^0 \to \gamma\gamma$
ρ	1	$1, 0, -1$	0	775	$149\,\text{MeV}$	$\pi\pi$
ω	0	0	0	783	$8{,}5\,\text{MeV}$	$\pi\pi\pi$
N	$\frac{1}{2}$	$p : \frac{1}{2}$	1	938	Stabil	
		$n : -\frac{1}{2}$	1	940	$880\,\text{s}$	$pe^-\bar{\nu}_e$
Δ	$\frac{3}{2}$	$\frac{3}{2}, \frac{1}{2}, -\frac{1}{2}, -\frac{3}{2}$	1	1232	$117\,\text{MeV}$	πN

mathematischer Sicht dieselbe Algebra zugrunde liegt wie dem Spin, können wir analog zur Kopplung von Drehimpulsen (siehe Beispiel 4.2) vorgehen und den Isospin des Pions mit dem Isospin des Nukleons zum Gesamtisospin $\frac{3}{2}$ und $\frac{1}{2}$ koppeln: $1 \otimes \frac{1}{2} = \frac{3}{2} \oplus \frac{1}{2}$. Nun wenden wir (4.38) an und finden, dass zwei Amplituden $T_{\frac{3}{2}}$ und $T_{\frac{1}{2}}$ benötigt werden. Mithilfe der Clebsch-Gordan-Koeffizienten aus Beispiel 4.2 und Aufgabe 4.4 ergeben sich als Zustände mit wohldefiniertem Gesamtisospin:[8]

$$\left| \frac{3}{2}, \frac{3}{2} \right\rangle = |\pi^+, p\rangle,$$

$$\left| \frac{3}{2}, \frac{1}{2} \right\rangle = \sqrt{\frac{2}{3}} |\pi^0, p\rangle + \frac{1}{\sqrt{3}} |\pi^+, n\rangle,$$

$$\left| \frac{3}{2}, -\frac{1}{2} \right\rangle = \frac{1}{\sqrt{3}} |\pi^-, p\rangle + \sqrt{\frac{2}{3}} |\pi^0, n\rangle,$$

$$\left| \frac{3}{2}, -\frac{3}{2} \right\rangle = |\pi^-, n\rangle, \tag{4.39}$$

$$\left| \frac{1}{2}, \frac{1}{2} \right\rangle = -\frac{1}{\sqrt{3}} |\pi^0, p\rangle + \sqrt{\frac{2}{3}} |\pi^+, n\rangle,$$

$$\left| \frac{1}{2}, -\frac{1}{2} \right\rangle = -\sqrt{\frac{2}{3}} |\pi^-, p\rangle + \frac{1}{\sqrt{3}} |\pi^0, n\rangle.$$

Anmerkung Im Folgenden bezeichnen wir die Zustände $|\pi, N\rangle$ und $|I, M_I\rangle$ jeweils als physikalische Zustände und als Isospineigenzustände. Da es sich bei dem System aus (4.39) um einen Basiswechsel handelt, ist die Anzahl der unabhängi-

---

[8] Wegen (4.29) geht die Reihenfolge der Kopplung in das Vorzeichen des Clebsch-Gordan-Koeffizienten ein. Wir verwenden hier dieselbe Reihenfolge wie in den Ket-Zuständen, d. h. $I_1 = 1$ und $I_2 = \frac{1}{2}$.

gen Zustände in beiden Formulierungen gleich. Durch Umkehrung ergeben sich die physikalischen Kanäle, ausgedrückt durch die Isospineigenzustände, zu

$$|\pi^+, p\rangle = \left|\frac{3}{2}, \frac{3}{2}\right\rangle,$$

$$|\pi^0, p\rangle = \sqrt{\frac{2}{3}}\left|\frac{3}{2}, \frac{1}{2}\right\rangle - \frac{1}{\sqrt{3}}\left|\frac{1}{2}, \frac{1}{2}\right\rangle,$$

$$|\pi^+, n\rangle = \frac{1}{\sqrt{3}}\left|\frac{3}{2}, \frac{1}{2}\right\rangle + \sqrt{\frac{2}{3}}\left|\frac{1}{2}, \frac{1}{2}\right\rangle,$$

$$|\pi^-, p\rangle = \frac{1}{\sqrt{3}}\left|\frac{3}{2}, -\frac{1}{2}\right\rangle - \sqrt{\frac{2}{3}}\left|\frac{1}{2}, -\frac{1}{2}\right\rangle,$$

$$|\pi^0, n\rangle = \sqrt{\frac{2}{3}}\left|\frac{3}{2}, -\frac{1}{2}\right\rangle + \frac{1}{\sqrt{3}}\left|\frac{1}{2}, -\frac{1}{2}\right\rangle,$$

$$|\pi^-, n\rangle = \left|\frac{3}{2}, -\frac{3}{2}\right\rangle.$$

Exemplarisch drücken wir das Übergangsmatrixelement der Ladungsaustauschreaktion[9] $\pi^+ n \rightarrow \pi^0 p$ durch Anwendung von (4.38) mithilfe der Amplituden $T_{\frac{3}{2}}$ und $T_{\frac{1}{2}}$ aus:

$$\langle \pi^0, p|T|\pi^+, n\rangle = \left(\sqrt{\frac{2}{3}}\left\langle\frac{3}{2}, \frac{1}{2}\right| - \frac{1}{\sqrt{3}}\left\langle\frac{1}{2}, \frac{1}{2}\right|\right) T \left(\frac{1}{\sqrt{3}}\left|\frac{3}{2}, \frac{1}{2}\right\rangle + \sqrt{\frac{2}{3}}\left|\frac{1}{2}, \frac{1}{2}\right\rangle\right)$$

$$= \frac{\sqrt{2}}{3}\left(T_{\frac{3}{2}} - T_{\frac{1}{2}}\right).$$

Völlig analog ergibt sich

$$\langle \pi^0, p|T|\pi^0, p\rangle = \frac{1}{3}\left(2T_{\frac{3}{2}} + T_{\frac{1}{2}}\right), \qquad \langle \pi^+, n|T|\pi^+, n\rangle = \frac{1}{3}\left(T_{\frac{3}{2}} + 2T_{\frac{1}{2}}\right).$$

Aufgrund der Isospinsymmetrie lässt sich die Differenz der beiden letzten Matrixelemente durch das Matrixelement der Ladungsaustauschreaktion ausdrücken:

$$\langle \pi^0, p|T|\pi^0, p\rangle - \langle \pi^+, n|T|\pi^+, n\rangle = \frac{1}{3}\left(T_{\frac{3}{2}} - T_{\frac{1}{2}}\right) = \frac{1}{\sqrt{2}}\langle \pi^0, p|T|\pi^+, n\rangle.$$

Eine Möglichkeit, die Konsequenzen der Isospinsymmetrie experimentell zu überprüfen, besteht in der Untersuchung sog. *Dreiecksungleichungen*. Dazu müssen wir uns vergegenwärtigen, dass Wirkungsquerschnitte proportional zum Betragsquadrat

---

[9] Die Bezeichnung Ladungsaustausch bezieht sich darauf, dass die positive Ladung des Pions im Anfangszustand auf die positive Ladung des Protons im Endzustand transferiert wurde.

Abb. 4.1 Geometrische Interpretation der Dreiecksungleichungen für die Pion-Nukleon-Streuung: Zwei Dreiecksseiten sind zusammen länger als die dritte

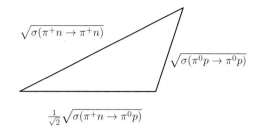

$|T_{fi}|^2$ sind. So gilt im Schwerpunktsystem für den differenziellen Wirkungsquerschnitt des Übergangs i nach f [siehe Ericson und Weise (1988), Anhang 8]:

$$\frac{d\sigma}{d\Omega} = \left(\frac{m_N}{4\pi W}\right)^2 |T_{fi}|^2,$$

wobei m_N die Masse des Nukleons und W die Gesamtenergie im Schwerpunktsystem ist. Wenn wir nun die Dreiecksungleichung für komplexe Zahlen anwenden, $a + b = c \Rightarrow |c| \leq |a| + |b|$, dann folgen für Wirkungsquerschnitte *bei gleichen Kinematiken* Dreiecksungleichungen (siehe Abb. 4.1):

$$\frac{1}{\sqrt{2}} \sqrt{\sigma(\pi^+ n \to \pi^0 p)} \leq \sqrt{\sigma(\pi^0 p \to \pi^0 p)} + \sqrt{\sigma(\pi^+ n \to \pi^+ n)}.$$

Für die folgende Überlegung widmen wir uns den Reaktionen $\pi^- p \to \pi^- p$ und $\pi^- p \to \pi^0 n$ sowie $\pi^+ p \to \pi^+ p$:

$$\langle \pi^-, p | T | \pi^-, p \rangle = \frac{1}{3} T_{\frac{3}{2}} + \frac{2}{3} T_{\frac{1}{2}},$$

$$\langle \pi^0, n | T | \pi^-, p \rangle = \frac{\sqrt{2}}{3} \left(T_{\frac{3}{2}} - T_{\frac{1}{2}} \right),$$

$$\langle \pi^+, p | T | \pi^+, p \rangle = T_{\frac{3}{2}}.$$

Der *totale Wirkungsquerschnitt* ergibt sich aus der Summe aller partiellen Wirkungsquerschnitte, d. h. es werden alle bei der entsprechenden Energie „offenen" Kanäle berücksichtigt. Wir betrachten die Summe der Betragsquadrate für den Anfangszustand $|\pi^-, p\rangle$ sowie das Betragsquadrat für den Anfangszustand $|\pi^+, p\rangle$:

$$|\langle \pi^-, p | T | \pi^-, p \rangle|^2 + |\langle \pi^0, n | T | \pi^-, p \rangle|^2$$

$$= \frac{1}{9}\left|T_{\frac{3}{2}}\right|^2 + \frac{4}{9}\text{Re}\left(T_{\frac{3}{2}} T_{\frac{1}{2}}^*\right) + \frac{4}{9}\left|T_{\frac{1}{2}}\right|^2 + \frac{2}{9}\left|T_{\frac{3}{2}}\right|^2 - \frac{4}{9}\text{Re}\left(T_{\frac{3}{2}} T_{\frac{1}{2}}^*\right) + \frac{2}{9}\left|T_{\frac{1}{2}}\right|^2$$

$$= \frac{1}{3}\left|T_{\frac{3}{2}}\right|^2 + \frac{2}{3}\left|T_{\frac{1}{2}}\right|^2,$$

$$|\langle \pi^+, p | T | \pi^+, p \rangle|^2 = \left|T_{\frac{3}{2}}\right|^2.$$

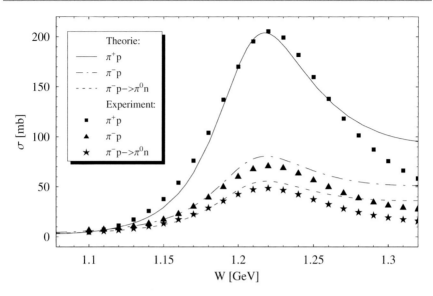

Abb. 4.2   Totaler Wirkungsquerschnitt für die Pion-Nukleon-Streuung im Bereich der Deltareso-nanz. Die Daten stammen aus der Datenbasis Virginia Tech Partial-Wave Analysis Facility (SAID), http://gwdac.phys.gwu/, die theoretische Berechnung aus N. Wies, Die Deltaresonanz in effektiver Feldtheorie, Diplomarbeit, Institut für Kernphysik, Johannes Gutenberg-Universität Mainz, September 2005

Solange wir nur Prozesse der starken Wechselwirkung betrachten, gilt demnach unterhalb der Schwelle für $\pi N \to \pi \pi N$ für die totalen Wirkungsquerschnitte:

$$\sigma_{\text{tot}}(\pi^- p) = \sigma(\pi^- p \to \pi^- p) + \sigma(\pi^- p \to \pi^0 n)$$

$$= \frac{1}{3}\sigma\left(\frac{3}{2}\right) + \frac{2}{3}\sigma\left(\frac{1}{2}\right),$$

$$\sigma_{\text{tot}}(\pi^+ p) = \sigma\left(\frac{3}{2}\right).$$

Für Schwerpunktsenergien in der Nähe der Deltaresonanz dominiert der Isospin-$\frac{3}{2}$-Beitrag vollständig, d. h. es ist $\sigma\left(\frac{3}{2}\right) \gg \sigma\left(\frac{1}{2}\right)$ (siehe Abb. 4.2):

$$\sigma_{\text{tot}}(\pi^+ p) \approx 3\sigma_{\text{tot}}(\pi^- p). \qquad \blacksquare$$

Beispiel 4.8
Unter Verwendung von (4.38) bestimmen wir die Anzahl der unabhängigen Isospin-amplituden, die zur Beschreibung folgender Prozesse benötigt werden:

1. Nukleon-Nukleon-Streuung: $\frac{1}{2} \otimes \frac{1}{2} = 1 \oplus 0 \Rightarrow 2$ Amplituden T_1 und T_0
2. $\pi\pi$-Streuung: $1 \otimes 1 = 2 \oplus 1 \oplus 0 \Rightarrow 3$ Amplituden T_2, T_1 und T_0

3. $\pi N \to \Delta$: $1 \otimes \frac{1}{2} = \frac{3}{2} \oplus \frac{1}{2} \to \frac{3}{2} \Rightarrow 1$ Amplitude $T_{\frac{3}{2}}$
4. $\pi N \to \pi \Delta$: $1 \otimes \frac{1}{2} = \frac{3}{2} \oplus \frac{1}{2} \to 1 \otimes \frac{3}{2} = \frac{5}{2} \oplus \frac{3}{2} \oplus \frac{1}{2} \Rightarrow 2$ Amplituden $T_{\frac{3}{2}}$ und $T_{\frac{1}{2}}$. ∎

Beispiel 4.9
Als letztes Beispiel wollen wir die Photopionproduktion $\gamma N \to \pi N$ betrachten und dabei das Wigner-Eckart-Theorem sowie Satz 4.6 anwenden. Zu diesem Zweck trennen wir den Hamilton-Operator für die Wechselwirkung (ww) symbolisch in einen starken (st) und einen elektromagnetischen (em) Anteil:

$$H_{\text{ww}} = H_{\text{st}} + H_{\text{em}}.$$

Für den Hamilton-Operator der starken Wechselwirkung nehmen wir wieder an, dass es sich dabei um einen Isoskalar handelt. Anderseits gehen wir bei der elektromagnetischen Wechselwirkung davon aus, dass H_{em} einen Anteil 0. Stufe, $H_{\text{em}}^{(0)}$, und einen Anteil 1. Stufe, $H_{\text{em}}^{(1)}$, enthält. Exemplarisch können wir diese Annahme anhand der Wechselwirkung des elektromagnetischen Viererpotenzials $\mathcal{A}_\mu$ mit einem punktförmigen Nukleon (Dirac-Fermion ohne anomales magnetisches Moment) motivieren. Zu diesem Zweck fassen wir das Protonenfeld p und das Neutronenfeld n zu einem Isospinor

$$\Psi = \begin{pmatrix} p \\ n \end{pmatrix}$$

zusammen. Die Wechselwirkungs-Lagrange-Dichte lässt sich in der Form[10]

$$\mathcal{L}_{\gamma NN} = -e\overline{\Psi}\gamma^\mu \frac{\mathbb{1} + \tau_0}{2}\Psi \mathcal{A}_\mu, \quad \tau_0 = \begin{pmatrix} 1 & 0 \\ 0 & -1 \end{pmatrix},$$

schreiben. Hierbei stellt der erste Teil proportional zu $\mathbb{1}$ den isoskalaren Anteil der Wechselwirkung dar, der für das Proton und das Neutron dieselbe Form hat. Der zweite Anteil proportional zu τ_0 verhält sich wie die nullte Komponente eines Tensors erster Stufe, weshalb wir auch vom isovektoriellen Anteil sprechen. Hier unterscheidet sich die Wechselwirkung des Protons und des Neutrons genau um ein Vorzeichen, dergestalt, dass die Summe aus isoskalarer und isovektorieller Wechselwirkung dazu führt, dass aufgrund der Ladung nur eine Wechselwirkung mit dem Proton stattfindet.

Nun betrachten wir das Übergangsmatrixelement in niedrigster Ordnung in e, aber beliebiger Ordnung in H_{st}. Da H_{st} ein isoskalarer Operator ist, ändern auch beliebige Potenzen von H_{st} den Isospin nicht. Es genügt daher, die Wirkung von H_{em} zu untersuchen. Der Anfangszustand besteht aus einem Nukleon und besitzt somit den Isospin $\frac{1}{2}$. Der Endzustand aus einem Pion und einem Nukleon ist eine Linearkombination aus Gesamtisospin $\frac{3}{2}$ und $\frac{1}{2}$.

[10] Eine ausführlichere Auseinandersetzung mit der Beschreibung von Symmetrien im Rahmen relativistischer Quantenfeldtheorien wird in Kap. 6 erfolgen.

1. $H_{em}^{(0)}|N\rangle$: Ein Tensor nullter Stufe ändert den Isospin nicht, weshalb $0 \otimes \frac{1}{2} = \frac{1}{2} \to \frac{1}{2} \oplus \frac{1}{2}$ zu einer Amplitude für $\frac{1}{2} \to \frac{1}{2}$ führt.
2. $H_{em}^{(1)}|N\rangle$: Hier kann der Tensor erster Stufe Isospin übertragen, d.h. $1 \otimes \frac{1}{2} = \frac{3}{2} \oplus \frac{1}{2}$. Deshalb existieren zwei Amplituden, nämlich für $\frac{1}{2} \to \frac{1}{2}$ und $\frac{3}{2} \to \frac{3}{2}$.

Da $H_{em}^{(0)}$ und $H_{em}^{(1)}$ unterschiedliche Operatoren sind, sind auch die beiden Amplituden für $\frac{1}{2} \to \frac{1}{2}$ aus 1. und 2. voneinander unabhängig. In der hier vorgenommenen Näherung benötigt man demnach nur drei Isospinamplituden für die Beschreibung von vier physikalischen Prozessen: $\gamma p \to \pi^0 p$ oder $\pi^+ n$ und $\gamma n \to \pi^0 n$ oder $\pi^- p$ (siehe auch Aufgaben 4.15 und 4.16). ∎

Anmerkung Die Isospinsymmetrie ist keine perfekte Symmetrie der starken Wechselwirkung, was sich z. B. anhand des Massenunterschieds innerhalb des Nukleonendubletts (und anderer Multipletts) erkennen lässt. Der Beitrag der Wolke der virtuellen Photonen zur Massendifferenz zwischen Proton und Neutron ist elektromagnetischen Ursprungs und kann mithilfe der Cottingham'schen Formel abgeschätzt werden [Cottingham (1963)]. Neue Berechnungen ergeben hierfür den Wert $\delta m_{p-n}^{\gamma} = 0{,}63\,\text{MeV}$ [Gasser et al. (2015)]. Könnte man also die elektromagnetische Wechselwirkung abschalten, so wäre die Massendifferenz zwischen Neutron und Proton sogar noch größer. Die Isospinsymmetriebrechung innerhalb der starken Wechselwirkung wird auf einen Unterschied zwischen den Massen des u-Quarks und des d-Quarks zurückgeführt.

4.5 Aufgaben

4.1 Es sei $B = \varphi \mathcal{T}_3$ mit $0 \le \varphi \le 2\pi$ und

$$\mathcal{T}_3 = \begin{pmatrix} 0 & -1 & 0 \\ 1 & 0 & 0 \\ 0 & 0 & 0 \end{pmatrix}.$$

Verifizieren Sie explizit

$$R_3(\varphi) := \exp(B) = \begin{pmatrix} \cos(\varphi) & -\sin(\varphi) & 0 \\ \sin(\varphi) & \cos(\varphi) & 0 \\ 0 & 0 & 1 \end{pmatrix}.$$

Anmerkung: Die Drehmatrizen $R_1(\varphi)$ und $R_2(\varphi)$ ergeben sich analog mithilfe von $\mathcal{T}_1$ und $\mathcal{T}_2$ aus (4.1).

4.2 Gegeben sei die Zerlegung

$$|j_1, m_1; j_2, m_2\rangle = \sum_{j,m} \begin{pmatrix} j_1 & j_2 & j \\ m_1 & m_2 & m \end{pmatrix} |(j_1, j_2)j, m\rangle.$$

Leiten Sie mithilfe von

$$\sum_{m_1,m_2} \left(\begin{array}{cc|c} j_1 & j_2 & j \\ m_1 & m_2 & m \end{array} \right) \left(\begin{array}{cc|c} j_1 & j_2 & j' \\ m_1 & m_2 & m' \end{array} \right) = \delta_{jj'}\delta_{mm'}$$

die Beziehung

$$|(j_1,j_2)j,m\rangle = \sum_{m_1,m_2} \left(\begin{array}{cc|c} j_1 & j_2 & j \\ m_1 & m_2 & m \end{array} \right) |j_1,m_1;j_2,m_2\rangle$$

her.

4.3 Gegeben seien j_1, j_2 und j mit $|j_1 - j_2| \le j \le j_1 + j_2$. In dieser Aufgabe verwenden wir die Kurzschreibweise

$$|m_1;m_2\rangle := |j_1,m_1;j_2,m_2\rangle \quad \text{und} \quad |j,m\rangle := |(j_1,j_2)j,m\rangle.$$

Bestimmen Sie die Koeffizienten α, β und γ der Zerlegung

$$|j_1 + j_2 - 2, j_1 + j_2 - 2\rangle = \alpha|j_1;j_2-2\rangle + \beta|j_1-1;j_2-1\rangle + \gamma|j_1-2;j_2\rangle.$$

4.4 Bestimmen Sie mittels der Leiteroperatoren die Clebsch-Gordan-Koeffizienten

$$\left(\begin{array}{cc|c} 1 & \frac{1}{2} & \frac{3}{2} \\ -1 & \frac{1}{2} & -\frac{1}{2} \end{array} \right), \quad \left(\begin{array}{cc|c} 1 & \frac{1}{2} & \frac{3}{2} \\ 0 & -\frac{1}{2} & -\frac{1}{2} \end{array} \right), \quad \left(\begin{array}{cc|c} 1 & \frac{1}{2} & \frac{3}{2} \\ -1 & -\frac{1}{2} & -\frac{3}{2} \end{array} \right),$$

$$\left(\begin{array}{cc|c} 1 & \frac{1}{2} & \frac{1}{2} \\ 1 & -\frac{1}{2} & \frac{1}{2} \end{array} \right), \quad \left(\begin{array}{cc|c} 1 & \frac{1}{2} & \frac{1}{2} \\ 0 & \frac{1}{2} & \frac{1}{2} \end{array} \right), \quad \left(\begin{array}{cc|c} 1 & \frac{1}{2} & \frac{1}{2} \\ 0 & -\frac{1}{2} & -\frac{1}{2} \end{array} \right), \quad \left(\begin{array}{cc|c} 1 & \frac{1}{2} & \frac{1}{2} \\ -1 & \frac{1}{2} & -\frac{1}{2} \end{array} \right).$$

Hinweis: Falls möglich, können Sie auch von den Symmetrieeigenschaften der Clebsch-Gordan-Koeffizienten aus (4.28) Gebrauch machen.

4.5 Leiten Sie mithilfe von $\langle (j_1,j_2)j,m|J_\pm|j_1,m_1;j_2,m_2\rangle$ und $J_\pm = J_1 \pm iJ_2$ die Rekursionsformel

$$\sqrt{(j \pm m)(j \mp m + 1)} \left(\begin{array}{cc|c} j_1 & j_2 & j \\ m_1 & m_2 & m \mp 1 \end{array} \right)$$

$$= \sqrt{(j_1 \mp m_1)(j_1 \pm m_1 + 1)} \left(\begin{array}{cc|c} j_1 & j_2 & j \\ m_1 \pm 1 & m_2 & m \end{array} \right)$$

$$+ \sqrt{(j_2 \mp m_2)(j_2 \pm m_2 + 1)} \left(\begin{array}{cc|c} j_1 & j_2 & j \\ m_1 & m_2 \pm 1 & m \end{array} \right)$$

her.
Hinweis: $\langle j,m|J_\pm = (J_\mp|j,m\rangle)^\dagger$.

4.6 Gegeben seien die Zustände

$$\left|\left(\tfrac{1}{2},\tfrac{1}{2}\right)1,0\right\rangle := \frac{1}{\sqrt{2}}\left|\tfrac{1}{2},\tfrac{1}{2};\tfrac{1}{2},-\tfrac{1}{2}\right\rangle + \frac{1}{\sqrt{2}}\left|\tfrac{1}{2},-\tfrac{1}{2};\tfrac{1}{2},\tfrac{1}{2}\right\rangle,$$

$$\left|\left(\tfrac{1}{2},\tfrac{1}{2}\right)0,0\right\rangle := \frac{1}{\sqrt{2}}\left|\tfrac{1}{2},\tfrac{1}{2};\tfrac{1}{2},-\tfrac{1}{2}\right\rangle - \frac{1}{\sqrt{2}}\left|\tfrac{1}{2},-\tfrac{1}{2};\tfrac{1}{2},\tfrac{1}{2}\right\rangle.$$

Berechnen Sie die Eigenwerte zu den Operatoren $J_3 := J_3(1) + J_3(2)$ und $\vec{J}^2 := [\vec{J}(1) + \vec{J}(2)]^2 = \vec{J}^2(1) + \vec{J}^2(2) + 2\vec{J}(1)\cdot\vec{J}(2)$.

   Hinweis: Drücken Sie $2\vec{J}(1)\cdot\vec{J}(2)$ mithilfe der Aufsteige- und Absteigeoperatoren $J_\pm(1)$ und $J_\pm(2)$ sowie $J_3(1)$ und $J_3(2)$ aus.

4.7 In der Theorie der starken Wechselwirkung werden die drei leichtesten Mesonen, die sog. Pionen, durch ein Isospintriplett beschrieben:

$$|\pi^+\rangle := |1,1\rangle, \quad |\pi^0\rangle := |1,0\rangle, \quad |\pi^-\rangle := |1,-1\rangle.$$

Hierbei charakterisieren $I = 1$ und $M = \pm 1, 0$ die Eigenwerte $I(I+1) = 2$ und M zu den Operatoren $\vec{I}^2$ und I_3 im Isospinraum. Möchte man nun die Streuung zweier Pionen beschreiben, dann ist es günstig, eine „gekoppelte" Basis zu verwenden. Zum Beispiel gilt

$$|(1,1)2,2\rangle = |1,1;1,1\rangle = |\pi^+,\pi^+\rangle,$$

d. h.

$$\begin{pmatrix} 1 & 1 & \bigm| & 2 \\ 1 & 1 & \bigm| & 2 \end{pmatrix} = 1.$$

a) Bestimmen Sie mit den Symmetrieeigenschaften aus (4.28) den Clebsch-Gordan-Koeffizienten (CG-Koeffizienten)

$$\begin{pmatrix} 1 & 1 & \bigm| & 2 \\ -1 & -1 & \bigm| & -2 \end{pmatrix}.$$

b) Bestimmen Sie mit Abschn. 4.3.3 den CG-Koeffizienten

$$\begin{pmatrix} 1 & 1 & \bigm| & 2 \\ 1 & 0 & \bigm| & 1 \end{pmatrix}.$$

c) Bestimmen Sie nun mit den Symmetrieeigenschaften aus (4.28) die CG-Koeffizienten

$$\begin{pmatrix} 1 & 1 & \bigm| & 2 \\ 0 & 1 & \bigm| & 1 \end{pmatrix}, \quad \begin{pmatrix} 1 & 1 & \bigm| & 2 \\ -1 & 0 & \bigm| & -1 \end{pmatrix}, \quad \begin{pmatrix} 1 & 1 & \bigm| & 2 \\ 0 & -1 & \bigm| & -1 \end{pmatrix}.$$

d) Bestimmen Sie mithilfe von Abschn. 4.3.3 den CG-Koeffizienten

$$\begin{pmatrix} 1 & 1 & | & 1 \\ 1 & 0 & | & 1 \end{pmatrix}.$$

e) Bestimmen Sie nun mit den Symmetrieeigenschaften aus (4.28) die CG-Koeffizienten

$$\begin{pmatrix} 1 & 1 & | & 1 \\ 0 & 1 & | & 1 \end{pmatrix}, \quad \begin{pmatrix} 1 & 1 & | & 1 \\ -1 & 0 & | & -1 \end{pmatrix}, \quad \begin{pmatrix} 1 & 1 & | & 1 \\ 0 & -1 & | & -1 \end{pmatrix}.$$

f) Bestimmen Sie durch Anwenden des Absteigeoperators auf

$$|(1,1)1,1\rangle = \frac{1}{\sqrt{2}} \left(|1,1;1,0\rangle - |1,0;1,1\rangle \right)$$

die beiden CG-Koeffizienten

$$\begin{pmatrix} 1 & 1 & | & 1 \\ 1 & -1 & | & 0 \end{pmatrix}, \quad \begin{pmatrix} 1 & 1 & | & 1 \\ -1 & 1 & | & 0 \end{pmatrix}.$$

g) Bestimmen Sie aufgrund von Symmetrieüberlegungen den CG-Koeffizienten

$$\begin{pmatrix} 1 & 1 & | & 1 \\ 0 & 0 & | & 0 \end{pmatrix}.$$

h) Benutzen Sie schließlich das Resultat aus Aufgabe 4.4,

$$|(1,1)0,0\rangle = \alpha |1,1;1,-1\rangle + \beta |1,0;1,0\rangle + \gamma |1,-1;1,1\rangle,$$

mit

$$\alpha = -\beta = \gamma = \frac{1}{\sqrt{3}},$$

zur Bestimmung der CG-Koeffizienten

$$\begin{pmatrix} 1 & 1 & | & 0 \\ 1 & -1 & | & 0 \end{pmatrix}, \quad \begin{pmatrix} 1 & 1 & | & 0 \\ 0 & 0 & | & 0 \end{pmatrix}, \quad \begin{pmatrix} 1 & 1 & | & 0 \\ -1 & 1 & | & 0 \end{pmatrix}.$$

Fazit: Sie haben nun alle Clebsch-Gordan-Koeffizienten bestimmt, um die physikalischen $\pi\pi$-Streuamplituden durch die Isospinamplituden T_0, T_1 und T_2 auszudrücken.

4.8 Konstruieren Sie analog zu Beispiel 4.3 die reduzierten Kreiselfunktionen $d_{-1,1}^{(1)}(\beta)$, $d_{0,0}^{(1)}(\beta)$ und $d_{0,1}^{(1)}(\beta)$.

4.9 Es sei $T_A := T(\pi^+ n \to \pi^+ n)$ und $T_B := T(\pi^+ n \to \pi^0 p)$.

a) Die Invarianz des Hamilton-Operators der starken Wechselwirkung bzgl. SU(2) (Isospinsymmetrie) führt zur Invarianz der Streumatrix bzgl. SU(2). Drücken Sie mithilfe von

$$\langle I', I'_3 | T | I, I_3 \rangle = T_I \delta_{II'} \delta_{I_3 I'_3}$$

die Matrixelemente T_A und T_B durch die Isospinamplituden $T_{\frac{1}{2}}$ und $T_{\frac{3}{2}}$ aus.

b) Bestimmen Sie $|T_A|^2 + |T_B|^2$. Beachten Sie, dass T_A und T_B komplexe Zahlen sind.

4.10 Wir betrachten den starken Zerfall einer Nukleonenresonanz N^* mit Isospin $I = \frac{1}{2}$ in einen πN-Endzustand.

a) Wie viele unabhängige Isospinamplituden benötigt man zur Beschreibung des Zerfalls?

b) Wie sind die Amplituden für die Zerfälle $N^{*+} \to \pi^+ n$ und $N^{*+} \to \pi^0 p$ miteinander verknüpft?

c) Die Rate $1/\tau$ eines Zerfalls ist proportional zum Absolutquadrat des Matrixelements. Welches Verhältnis der Raten bekommen Sie für die beiden Zerfälle?

4.11 Die $\pi\pi$-Streuung spielt eine zentrale Rolle bei der Frage nach der spontanen Symmetriebrechung in der QCD. Dabei ist man insbesondere an den Streuamplituden bei sehr niedrigen Energien interessiert. Hierzu gibt es sowohl von experimenteller als auch von theoretischer Seite vielseitige Aktivitäten.

a) Wie viele Isospinamplituden benötigt man zur Beschreibung der $\pi\pi$-Streuung?

b) Es gilt $\langle I', I'_3 | T | I, I_3 \rangle = T_I \delta_{I'I} \delta_{I'_3 I_3}$. Drücken Sie die physikalischen Prozesse

$$\pi^+ \pi^+ \to \pi^+ \pi^+,$$
$$\pi^+ \pi^0 \to \pi^+ \pi^0,$$
$$\pi^0 \pi^0 \to \pi^0 \pi^0,$$
$$\pi^+ \pi^- \to \pi^0 \pi^0$$

durch die Isospinamplituden T_I aus.
Hinweis:

$$\begin{pmatrix} 1 & 1 & 2 \\ 1 & 0 & 1 \end{pmatrix} = \frac{1}{\sqrt{2}}, \quad \begin{pmatrix} 1 & 1 & 1 \\ 1 & 0 & 1 \end{pmatrix} = \frac{1}{\sqrt{2}}, \quad \begin{pmatrix} 1 & 1 & 2 \\ 0 & 0 & 0 \end{pmatrix} = \sqrt{\frac{2}{3}},$$

$$\begin{pmatrix} 1 & 1 & 1 \\ 0 & 0 & 0 \end{pmatrix} = 0, \quad \begin{pmatrix} 1 & 1 & 0 \\ 0 & 0 & 0 \end{pmatrix} = -\frac{1}{\sqrt{3}}, \quad \begin{pmatrix} 1 & 1 & 2 \\ 1 & -1 & 0 \end{pmatrix} = \frac{1}{\sqrt{6}},$$

$$\begin{pmatrix} 1 & 1 & 1 \\ 1 & -1 & 0 \end{pmatrix} = \frac{1}{\sqrt{2}}, \quad \begin{pmatrix} 1 & 1 & 0 \\ 1 & -1 & 0 \end{pmatrix} = \frac{1}{\sqrt{3}}.$$

4.12 Wir betrachten die Pion-Nukleon-Streuung.

1. Identifizieren Sie die acht möglichen physikalischen Prozesse, die sich unter Berücksichtigung der Ladungserhaltung ergeben.
   Hinweis: Wegen der Zeitumkehrinvarianz der starken Wechselwirkung zählen beispielsweise $\pi^0 p \to \pi^+ n$ und $\pi^+ n \to \pi^0 p$ nicht als unabhängige Reaktionen.
2. Drücken Sie die acht Prozesse durch die Isospinamplituden aus.

4.13 Die $\Delta(1232)$-Resonanz besitzt den Isospin $\frac{3}{2}$. Die einzelnen Zustände zerfallen praktisch zu 100 % in ein Nukleon und ein Pion. Zeigen Sie, dass die Summe aus den Zerfallsraten $1/\tau_{\Delta^+ \to \pi^+ n}$ und $1/\tau_{\Delta^+ \to \pi^0 p}$ gleich der Zerfallsrate $1/\tau_{\Delta^{++} \to \pi^+ p}$ ist.

4.14 Wir beschreiben ein Proton und ein Neutron durch die Isospinoren

$$|p\rangle = \begin{pmatrix} 1 \\ 0 \end{pmatrix}, \quad |n\rangle = \begin{pmatrix} 0 \\ 1 \end{pmatrix}.$$

Drücken Sie den Ladungsoperator Q durch die Pauli-Matrizen und die Einheitsmatrix $\mathbb{1}$ aus.

4.15 Gegeben seien die Pauli-Matrizen

$$\tau_1 = \begin{pmatrix} 0 & 1 \\ 1 & 0 \end{pmatrix}, \quad \tau_2 = \begin{pmatrix} 0 & -i \\ i & 0 \end{pmatrix}, \quad \tau_3 = \begin{pmatrix} 1 & 0 \\ 0 & -1 \end{pmatrix}.$$

Wir definieren

$$\tau_{+1} = \frac{1}{\sqrt{2}}(\tau_1 + i\,\tau_2) = \begin{pmatrix} 0 & \sqrt{2} \\ 0 & 0 \end{pmatrix},$$

$$\tau_{-1} = \frac{1}{\sqrt{2}}(\tau_1 - i\,\tau_2) = \begin{pmatrix} 0 & 0 \\ \sqrt{2} & 0 \end{pmatrix},$$

$$\tau_0 = \tau_3 = \begin{pmatrix} 1 & 0 \\ 0 & -1 \end{pmatrix}.$$

Vorsicht: Hierbei handelt es sich *nicht* um die sphärische Notation. Meistens wird für τ_{+1} und τ_{-1} verkürzt τ_+ und τ_- geschrieben.
   Zeigen Sie für $\alpha = +1, 0, -1$:

$$\frac{1}{2}[\tau_{-\alpha}, \tau_0] = \alpha\,\tau_{-\alpha}, \quad \frac{1}{2}\{\tau_{-\alpha}, \tau_0\} = \delta_{\alpha 0}\mathbb{1}.$$

4.16 In Beispiel 4.9 hatten wir argumentiert, dass die elektromagnetische Produktion eines Pions an einem Nukleon, $\gamma^* N \to \pi^\alpha N'$, durch drei Isospinamplituden beschrieben werden kann. In der Literatur wird normalerweise folgende Parametrisierung benutzt:

$$A(\pi^\alpha) = \chi_f^\dagger \left(\alpha \tau_{-\alpha} A^{(-)} + \tau_{-\alpha} A^{(0)} + \delta_{\alpha 0} \mathbb{1} A^{(+)} \right) \chi_i,$$

wobei χ_i und χ_f die Isospinoren des Nukleons im Anfangs- bzw. im Endzustand sind.

a) Verifizieren Sie nun mithilfe von Aufgabe 4.15:

$$A(\gamma^* p \to \pi^+ n) = \sqrt{2} \left(A^{(-)} + A^{(0)} \right),$$
$$A(\gamma^* n \to \pi^- p) = \sqrt{2} \left(-A^{(-)} + A^{(0)} \right),$$
$$A(\gamma^* p \to \pi^0 p) = A^{(0)} + A^{(+)},$$
$$A(\gamma^* n \to \pi^0 n) = -A^{(0)} + A^{(+)},$$

   wobei γ^* für ein (reelles oder virtuelles) Photon steht.
b) Überzeugen Sie sich explizit davon, dass die Formel für den unphysikalischen Prozess $\gamma p \to \pi^+ p$ null ergibt.
c) Drücken Sie die Amplitude $A(\gamma^* n \to \pi^0 n)$ durch die Amplituden der drei anderen physikalischen Prozesse aus.

Literatur

Cottingham, W.N.: The neutron proton mass difference and electron scattering experiments. Ann. Phys. **25**, 424–432 (1963)

Eckart, C.: The application of group theory to the quantum dynamics of monatomic systems. Rev. Mod. Phys. **2**, 305–380 (1930)

Edmonds, A.R.: Angular Momentum in Quantum Mechanics. Princeton University Press, Princeton, New Jersey (1974)

Ericson, T., Weise, W.: Pions and Nuclei. Clarendon Press, Oxford (1988)

Gasser, J., Hoferichter, M., Leutwyler, H., Rusetsky, A.: Cottingham formula and nucleon polarizabilities. Eur. Phys. J. C **75**, 375 (2015)

Grawert, G.: Quantenmechanik. Akademische Verlagsgesellschaft, Wiesbaden (1977)

Heisenberg, W.: Über den Bau der Atomkerne. I. Z. Phys. **77**, 1–11 (1932)

Jones, H.F.: Groups, Representations and Physics. Adam Hilger, Bristol, New York (1990)

Lindner, A.: Drehimpulse in der Quantenmechanik. Teubner, Stuttgart (1984)

Mayer-Kuckuk, T.: Kernphysik, Eine Einführung. Teubner, Stuttgart (1984)

Miller, G.A., van Oers, W.H.T.: Charge independence and charge symmetry. In: Haxton, W.C., Henley, E.M. (Hrsg.) Symmetries and Fundamental Interactions in Nuclei, S. 127–167. World Scientific, Singapur (1995)

Rasche, G.: Zur Geschichte des Begriffes „Isospin". Arch. Hist. Exact Sci. **7**, 257–276 (1971)

Rusetsky, A.: Isospin Symmetry Breaking. PoS CD **09**, 071 (2009)

Wigner, E.: Einige Folgerungen aus der Schrödingerschen Theorie für die Termstrukturen. Z. Phys. **43**, 624–652 (1927)

Woodgate, G.K.: Elementary Atomic Structure. Clarendon Press, Oxford (1983)

SU(N) und Quarks

5

Inhaltsverzeichnis

5.1   Physikalische Motivation

Bevor wir uns mit der Darstellungstheorie der Gruppe SU(N) befassen, wollen wir zunächst einige empirische Hinweise auf eine Substruktur der *Hadronen*[1] sowie vorläufige Erläuterungen zum Thema Quarks (und Gluonen) stichwortartig zusammentragen. Ausführliche Beschreibungen finden sich z. B. in Halzen und Martin (1984), Gottfried und Weisskopf (1984, 1986), Perkins (1987), Donoghue et al. (1992) und Martin (1992).

Teilchenzoo und Substruktur   Die von Yukawa zur Beschreibung der Wechselwirkung zwischen Proton und Neutron postulierten geladenen Pionen [Yukawa

---

[1] Hadronen ist der Sammelbegriff für die stark wechselwirkenden Teilchen.

© Springer-Verlag Berlin Heidelberg 2016
S. Scherer, *Symmetrien und Gruppen in der Teilchenphysik*,
DOI 10.1007/978-3-662-47734-2_5

(1935)] wurden 1947 als ein Bestandteil der Höhenstrahlung entdeckt [Lattes et al.
(1947)]. Kurze Zeit später wurden in Beschleunigerexperimenten sowohl geladene
Pionen [Gardner und Lattes (1948), Burfening et al. (1949)] als auch das neutrale
Pion [Bjorklund et al. (1950)] erzeugt. Die 1950er Jahre waren geprägt durch die
Entdeckung weiterer stark wechselwirkender Teilchen, die wegen ihrer Vielzahl
als Teilchenzoo bezeichnet wurden. Im Jahr 1961 schlugen Gell-Mann [Gell-Mann
(1961)] und Ne'eman [Ne'eman (1961)] unabhängig voneinander eine Klassifizierung mithilfe der Gruppe SU(3) vor [siehe Gell-Mann und Ne'eman (1964)
hinsichtlich eines Überblicks]. In beiden Arbeiten spielten *achtdimensionale* irreduzible Darstellungen der Gruppe SU(3) für die Beschreibung des pseudoskalaren
Mesonenoktetts (siehe Abb. 5.1), des Baryonenoktetts mit Spin $\frac{1}{2}$ (siehe Abb. 5.2)
und des Vektormesonenoktetts[2] (siehe Abb. 5.3) eine zentrale Rolle, weshalb der
Zugang auch als *The Eightfold Way* bezeichnet wurde.[3] Tatsächlich waren zu diesem Zeitpunkt z. B. das η-Meson oder das ϕ-Meson noch nicht nachgewiesen. Im
Kontext der Baryonenresonanzen mit Spin $\frac{3}{2}$ waren 9 Teilchen bekannt, die ver-
meintlich zu einer zehndimensionalen irreduziblen Darstellung der SU(3) gehören
(siehe Abb. 5.4). Die Vorhersage des zehnten Zustands Ω^- und der experimentelle
Nachweis [Barnes et al. (1964)] wurden als Bestätigung der unitären Symmetrie
– wie die SU(3)-Symmetrie auch genannt wird – der starken Wechselwirkungen
gefeiert. Allerdings stellt sich die Frage, warum in einer SU(3)-Theorie nicht auch
das Triplett **3** oder das konjugierte Triplett **3̄** vorkommen (siehe Beispiel 2.14 in
Abschn. 2.2).

Zahlreiche Beobachtungen weisen darauf hin, dass Hadronen eine Substruktur
besitzen, d. h. keine Elementarteilchen sind. Im Folgenden nennen wir exemplarisch
drei Beobachtungen:

1. Das Experiment von Hofstadter und McAllister (1955) zur elektromagnetischen Struktur des Protons lieferte einen ersten Hinweis für eine ausgedehnte
   Ladungsverteilung innerhalb des Protons. Mithilfe der elastischen Elektronen-
   streuung an einem Proton werden die beiden elektromagnetischen Formfak-
   toren, der elektrische Formfaktor G_E und der magnetische Formfaktor G_M,
   gemessen. Aus den gemessenen Daten lässt sich u. a. der Ladungsradius des
   Protons bestimmen: $r_E^p = (0{,}8775 \pm 0{,}0051)$ fm [Olive et al. (2014)].[4] Ein weiterer Hinweis auf den nichtpunktförmigen Charakter von Proton und Neutron
   sind die außerordentlich großen Werte der anomalen magnetischen Momente
   des Protons und des Neutrons.

---

[2] Wegen einer substanziellen Mischung im ϕ-ω-System mit Isospin 0 wird in der Regel ein Nonett
von Zuständen angegeben.

[3] Der Name stellt eine Anspielung auf den achtfachen Pfad des Buddhismus dar.

[4] Eine signifikante Diskrepanz zwischen der Bestimmung des Radius aus Elektronenstreuexperi-
menten einerseits und der Spektroskopie myonischen Wasserstoffs anderseits ($r_E^p = (0{,}84087 \pm$
$0{,}00039)$ fm [Antognini et al. (2013)]) wird als „Protonenradiusproblem" bezeichnet [Bernauer
und Pohl (2014)] und sorgt zum gegenwärtigen Zeitpunkt für zahlreiche theoretische und experimentelle Aktivitäten.

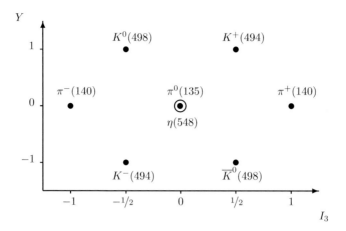

Abb. 5.1 Mesonenoktett mit $J^P = 0^-$ in einem (I_3, Y)-Diagramm, wobei die Quantenzahlen zu I_3 und Y für die Isospinprojektion und die sog. Hyperladung stehen. Durch den Kreis und den Ring wird angedeutet, dass zwei Zustände mit $(I_3, Y) = (0, 0)$ existieren. Die Massen sind in den Klammern in MeV angegeben

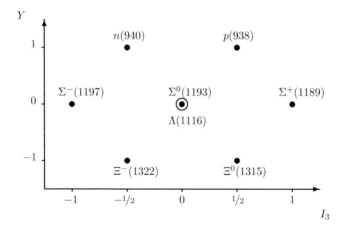

Abb. 5.2 Baryonenoktett mit $J^P = \frac{1}{2}^+$ in einem (I_3, Y)-Diagramm. Die Massen sind in den Klammern in MeV angegeben

2. Die Hadronen besitzen ein eindrucksvolles Anregungsspektrum [siehe Olive et al. (2014)].

3. Experimente zur tiefinelastischen Streuung von Elektronen (und anderen Leptonen) weisen auf punktförmige Bausteine hin, die von Feynman als Partonen bezeichnet wurden, weil die Existenz von Quarks, mit denen die Partonen heute identifiziert werden, bis in die 1970er Jahre umstritten war.

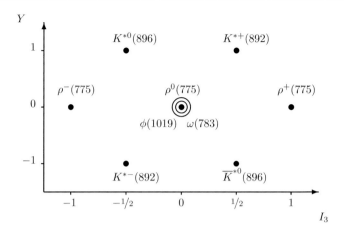

Abb. 5.3 Vektormesonennonett mit $J^P = 1^-$ in einem (I_3, Y)-Diagramm. Die Massen sind in den Klammern in MeV angegeben

Abb. 5.4 Baryonendeku-plett mit $J^P = \frac{3}{2}^+$ in einem (I_3, Y)-Diagramm. Die Massen der Isospinmultipletts sind am *rechten Rand* in MeV angegeben

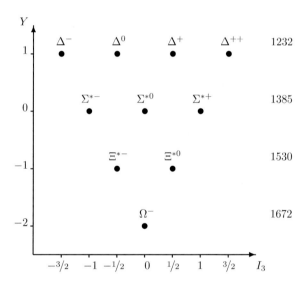

Quarkmodell Das Quarkmodell bietet einen vergleichsweise einfachen Zugang zur Multiplettstruktur der Hadronen. Quarks bzw. Asse (engl. *aces*) wurden von Gell-Mann (1964) bzw. Zweig (1964) als fundamentale Bausteine vorgeschlagen, aus denen *Baryonen* als Drei-Quark-Zustände qqq und *Mesonen* als Quark-Anti-quark-Zustände $q\bar{q}$ konstruiert werden. Bestimmte statische Eigenschaften wie z. B. die magnetischen Momente der Grundzustandsbaryonen lassen sich ohne Kennt-nis der Ortsraumwellenfunktionen bestimmen. Die Dynamik wird mithilfe eines nichtrelativistischen Hamilton-Operators mit geeigneten Potenzialtermen zur Be-schreibung des Spektrums ausgedrückt. Allerdings ergibt sich bei der Diskussion von Baryonen mit Spin $J = \frac{3}{2}$ (siehe Abb. 5.4) ein Widerspruch zum Pauli-Prinzip. So hat z. B. die doppelt geladene Deltaresonanz im Zustand $m_s = \frac{3}{2}$ die Quarkzusammensetzung $\Delta^{++}(S_z = \frac{3}{2}) = u \uparrow u \uparrow u \uparrow$. Als Ausweg wurde die Existenz einer weiteren Quantenzahl vorgeschlagen [Greenberg (1964), Han und Nambu (1965)], die sog. *Farbe*, sodass jedes Quark zusätzlich drei „Farbfreiheitsgrade" besitzt. Mithilfe einer Slater-Determinante wird der Zustand eines Baryons antisymmetrisch unter der Vertauschung zweier Quarks:

$$\frac{1}{\sqrt{6}} \begin{vmatrix} r_1 & g_1 & b_1 \\ r_2 & g_2 & b_2 \\ r_3 & g_3 & b_3 \end{vmatrix} = \frac{1}{\sqrt{6}}(r_1 g_2 b_3 + g_1 b_2 r_3 + b_1 r_2 g_3 - r_1 b_2 g_3 - b_1 g_2 r_3 - g_1 r_2 b_3).$$

Hierbei bedeutet z. B. g_2, dass das zweite Quark sich im Zustand „grün" befindet. Der Gesamtfarbzustand ist antisymmetrisch bzgl. der Vertauschung der Farben von Quark 1 und 2 oder Quark 1 und 3 oder Quark 2 und 3. Für die Mesonen, die im Quarkbild zusammengesetzte Quark-Antiquark-Zustände sind, lautet der Farbzustand $\frac{1}{\sqrt{3}}(r\bar{r} + g\bar{g} + b\bar{b})$.

Quantenchromodynamik Als Interpretation der verschiedenartigen experimentellen Befunde hat sich die Sichtweise herausgebildet, dass Hadronen komplizierte Bindungszustände aus fundamentaleren Freiheitsgraden sind. Nach heutigem Kenntnisstand ist die Quantenchromodynamik (QCD) die fundamentale Theorie der starken Wechselwirkung. Es handelt sich dabei um eine nicht-abelsche Eichtheorie mit einer Eichgruppe $G = SU(3)_c$ (*c* für engl. *color*, „Farbe", siehe Abschn. 7.2). Bei den Materiefeldern, den sog. *Quarks*, handelt es sich um Fermionen mit Spin $\frac{1}{2}$, die in sechs verschiedenen Arten, sog. *Flavors* (engl. *flavor*, „Geschmack") vorkommen (siehe Tab. 5.1 und 5.2). Zu jedem Quark q existiert ein *Antiquark* $\bar{q}$ mit

1. Spin $\frac{1}{2}$,
2. derselben Masse, $m_u = m_{\bar{u}}$, etc.,
3. der entgegengesetzten Ladung, $Q_{\bar{u}} = -\frac{2}{3}$, etc.,
4. entgegengesetzten inneren Quantenzahlen, $I_3 = -\frac{1}{2}$ für $\bar{u}$, etc., $S = +1$ für $\bar{s}$, etc.,
5. entgegengesetzten Farbquantenzahlen, $\bar{r}$ im Gegensatz zu r, etc.

Tab. 5.1 „Leichte" Quarks [siehe Olive et al. (2014)]

Flavor	u	d	s
Masse [MeV]	$2{,}3^{+0,7}_{-0,5}$	$4{,}8^{+0,7}_{-0,3}$	95 ± 5
Ladung [$e > 0$]	$\frac{2}{3}$	$-\frac{1}{3}$	$-\frac{1}{3}$
I_3	$\frac{1}{2}$	$-\frac{1}{2}$	0
			Strangeness: -1

Tab. 5.2   „Schwere" Quarks [siehe Olive et al. (2014)]

Flavor	c	b	t
Masse [GeV]	$1{,}275 \pm 0{,}025$	$4{,}18 \pm 0{,}03$	$173{,}21 \pm 0{,}51 \pm 0{,}71$
Ladung [$e > 0$]	$\frac{2}{3}$	$-\frac{1}{3}$	$\frac{2}{3}$
I_3	0	0	0
	Charm: 1	Bottom: -1	Top: 1

Die Wechselwirkung zwischen den Quarks wird durch acht Gluonen (Spin 1, masselos) vermittelt, wobei die Kopplung eines Gluons an ein Quark vom Quarktyp unabhängig ist. Freie Quarks und Gluonen werden nicht beobachtet, was als Farbeinschlusshypothese (engl. *color confinement hypothesis*) bezeichnet wird.

5.2   Mathematische Vorbemerkungen

Unser Ziel besteht in der Klassifikation irreduzibler Darstellungen der Gruppen SU(N). Mit Blick auf das Quarkmodell bzw. die Quantenchromodynamik interessieren uns insbesondere die Fälle $N = 2$ zur Beschreibung des Spins oder des Isospins, $N = 3$ zur Beschreibung der Farbfreiheitsgrade der Quarks bzw. der SU(3)-Flavorsymmetrie der leichten Quarks, $N = 6$ für ein Modell mit Spin-Flavor-Symmetrie. Unsere Vorstellung ist, dass die experimentell beobachteten Teilchen zu Multipletts gehören, die Basisvektoren von Trägerräumen irreduzibler Darstellungen der SU(N) bilden. Als Methode verwenden wir die Resultate aus Kap. 2, indem wir direkte Produkte über die Trägerräume der fundamentalen Darstellung bzw. der dazu komplex konjugierten Darstellung konstruieren und dann in eine orthogonale, direkte Summe zerlegen. Als Anwendung denken wir dabei an die Beschreibung von Mesonen und Baryonen.

Definition 5.1 (Dualer Raum)
Es sei X ein N-dimensionaler, komplexer Hilbert-Raum mit der Orthonormalbasis $\{\chi_i\}$. Dann ist $X^* := \{f : X \to \mathbb{C} \,|\, f \text{ lineares Funktional auf } X\}$ der zu X *duale Raum*. Es gilt

$$(\alpha f + \beta g)(x) = \alpha f(x) + \beta g(x),$$
$$f(\alpha x + \beta y) = \alpha f(x) + \beta f(y),$$

$\forall\, x, y \in X, f, g \in X^*, \alpha, \beta \in \mathbb{C}$. Die duale Basis $\{\chi_i^*\}$ zu $\{\chi_i\}$ wird durch

$$\chi_i^*(\chi_j) = \delta_{ij}, \quad i, j = 1, \ldots, N,$$

definiert.   ♦

In der Physik verwenden wir für diesen Sachverhalt häufig die Dirac'sche *Bracket-Schreibweise*:

- Kets $|a\rangle$ sind Basisvektoren von X.
- Die zu den Kets konjugierten Bras $\langle a|$ sind Basisvektoren des zu X dualen Raums X^*.
- $\chi_a^*(\chi_b) = \langle a|b\rangle = \delta_{ab}$.

Beispiel 5.1

Wir betrachten als einfache Illustration den Fall $N = 2$:

$$\chi_1 = \begin{pmatrix} 1 \\ 0 \end{pmatrix}, \quad \chi_2 = \begin{pmatrix} 0 \\ 1 \end{pmatrix}, \quad \chi_1^* = (1\ 0), \quad \chi_2^* = (0\ 1),$$

$$X \ni x = \begin{pmatrix} x_1 \\ x_2 \end{pmatrix}, \quad X^* \ni f = (f_1\ f_2),$$

$$f(x) = (f_1\ f_2) \begin{pmatrix} x_1 \\ x_2 \end{pmatrix} = f_1 x_1 + f_2 x_2 \in \mathbb{C}.$$

Alternativ:

$$x = x_1|1\rangle + x_2|2\rangle,$$
$$f = f_1\langle 1| + f_2\langle 2|,$$
$$f(x) = \langle f|x\rangle = f_1 x_1 + f_2 x_2.$$ ∎

Im Folgenden wollen wir das Transformationsverhalten von Quarks und Antiquarks bzgl. der Gruppe SU(N) diskutieren.

Beispiel 5.2

Es sei X ein N-dimensionaler, komplexer Hilbert-Raum mit der Orthonormalbasis $\{\chi_i\}$:

$$X \ni \psi = \sum_{i=1}^{N} \psi_i \chi_i, \quad \psi_i \in \mathbb{C}.$$

1. Beschreibung des Flavorfreiheitsgrades
   Z. B. $N = 3$: χ_1, χ_2 und χ_3 beschreiben jeweils den Basiszustand eines u-, d- bzw. s-Quarks.
2. Beschreibung des Farbfreiheitsgrades $N = N_c = 3$: χ_1, χ_2 und χ_3 beschreiben jeweils den Basiszustand eines „roten", „grünen" bzw. „blauen" Quarks.

Das Transformationsverhalten unter $U \in$ SU(N) lautet für einen normierten Quarkzustand $\psi = \psi_i \chi_i \in X$ (Einstein'sche Summenkonvention):[5]

$$\psi \mapsto U\psi = \psi_i U \chi_i = \chi_j U_{ji} \psi_i.$$

---

[5] Mithilfe der Dirac'schen Bracket-Schreibweise lässt sich das Transformationsverhalten besonders greifbar darstellen:

$$|\psi\rangle = \psi_i |i\rangle \mapsto U|\psi\rangle = U(\psi_i|i\rangle) = \psi_i U|i\rangle = \psi_i |j\rangle\langle j|U|i\rangle.$$

Analog werden Antiquarks durch χ_i^* beschrieben und besitzen folgendes Transformationsverhalten für $\phi^* = \phi_i \chi_i^* \in X^*$:

$$\phi^* \mapsto U^*\phi^* = \phi_i U^* \chi_i^* = \chi_j^* U_{ji}^* \phi_i.\qquad\blacksquare$$

Fazit Quarks bzw. Antiquarks werden mithilfe der Orthonormalbasen $\{\chi_i\}$ bzw. $\{\chi_i^*\}$ des Trägerraums der Fundamentaldarstellung bzw. der komplex konjugierten Darstellung beschrieben (siehe Beispiel 2.11 in Abschn. 2.2).

Definition 5.2 (Obere und untere Spinoren)
Es sei $U \in \mathrm{SU}(N)$, und U_{ij} seien die Einträge in der i-ten Zeile und der j-ten Spalte, $i, j = 1, \ldots, N$. Wir benutzen auch folgende in der Literatur übliche Konvention und ersetzen daher:

$$\psi_i \mapsto \psi_i, \quad \chi_i \mapsto \chi^i, \quad U_{ij} \mapsto U_i{}^j,$$
$$\phi_i \mapsto \phi^i, \quad \chi_i^* \mapsto \chi_i^*, \quad U_{ij}^* \mapsto U^i{}_j.$$

Für eine allgemeine SU(N) unterscheidet man zwei verschiedene Typen von Spinoren, je nach Transformationsverhalten der Komponenten:

$$\psi = \psi_i \chi^i, \quad U\chi^i = U_j{}^i \chi^j, \quad \psi_j' = U_j{}^i \psi_i,$$
$$\phi^* = \phi^i \chi_i^*, \quad U^*\chi_i^* = U^j{}_i \chi_j^*, \quad \phi'^j = U^j{}_i \phi^i,$$

d. h. *untere Spinoren* (ψ) transformieren bzgl. der Fundamentaldarstellung und *obere Spinoren* (ϕ^*) bzgl. der dazu komplex konjugierten Darstellung. $\qquad\blacklozenge$

Definition 5.3 (SU(N)-Tensor)
Ein SU(N)-Tensor $T_{i_1\cdots i_m}^{j_1\cdots j_n}$ ist ein N^{m+n}-komponentiges Objekt, das bzgl. der SU(N) wie

$$T'^{j_1\cdots j_n}_{i_1\cdots i_m} = U_{i_1}{}^{k_1} \ldots U_{i_m}{}^{k_m} U^{j_1}{}_{l_1} \ldots U^{j_n}{}_{l_n} T^{l_1\cdots l_n}_{k_1\cdots k_m}$$

transformiert. $\qquad\blacklozenge$

Beispiel 5.3
Die Komponenten ψ_i und ϕ^i eines Quark- bzw. Antiquark-Spinors bilden jeweils SU(N)-Tensoren 1. Stufe. $\qquad\blacksquare$

Beispiel 5.4
Die Unitaritätsbedingung für Elemente $U \in \mathrm{SU}(N)$ lässt sich folgendermaßen schreiben:

$$\delta_{ij} = (U^\dagger U)_{ij} = U_{ik}^\dagger U_{kj} = U_{ki}^* U_{kj} = U^k{}_i U_k{}^j =: \delta_i^j,$$
$$\delta_{ij} = (U U^\dagger)_{ij} = U_{ik} U_{kj}^\dagger = U_{ik} U_{jk}^* = U_i{}^k U^j{}_k = \delta_i^j.\qquad\blacksquare$$

Beispiel 5.5

Die N^2 Zahlen

$$\delta_i^j = \begin{cases} 1 & \text{für } i = j, \\ 0 & \text{sonst} \end{cases}$$

bilden einen *invarianten* SU(N)-Tensor, denn es gilt:

$$\delta'^{\,j}_i = U_i^{\ k} U^j_{\ l} \delta_k^l = U_i^{\ k} U^j_{\ k} = \delta_i^j \,.\qquad\blacksquare$$

Beispiel 5.6

Die N^N Zahlen

$$\epsilon_{i_1 i_2 \dots i_N} = \begin{cases} 1 & \text{für } (i_1, i_2, \dots, i_N) \text{ gerade Permutation von } (1, 2, \dots, N), \\ -1 & \text{für } (i_1, i_2, \dots, i_N) \text{ ungerade Permutation von } (1, 2, \dots, N), \\ 0 & \text{sonst} \end{cases}$$

bilden einen invarianten SU(N)-Tensor (siehe Aufgabe 5.2 für $N = 3$).

  Analoges gilt für

$$\epsilon^{i_1 i_2 \dots i_N} = \begin{cases} 1 & \text{für } (i_1, i_2, \dots, i_N) \text{ gerade Permutation von } (1, 2, \dots, N), \\ -1 & \text{für } (i_1, i_2, \dots, i_N) \text{ ungerade Permutation von } (1, 2, \dots, N), \\ 0 & \text{sonst.} \end{cases}$$

$$\blacksquare$$

Beispiel 5.7 (Zusammengesetzte Zustände)

Den Zuständen zusammengesetzter Systeme werden entsprechende Zustände des Tensorprodukts

$$X \otimes X \otimes X \quad \text{für Baryonen,}$$
$$X \otimes X^* \quad \text{für Mesonen}$$

zugeordnet. Symbolisch:

$$|B\rangle = \sum_{i_1, i_2, i_3 = 1}^{N} C_{i_1 i_2 i_3} \chi^{i_1} \otimes \chi^{i_2} \otimes \chi^{i_3},$$

$$|M\rangle = \sum_{i, j = 1}^{N} C_i^{\,j} \chi^i \otimes \chi_j^*,$$

wobei die Koeffizienten $C_{i_1 i_2 i_3}, C_i^{\,j} \in \mathbb{C}$ so gewählt sind, dass der Zustand normiert ist:

$$\sum_{i_1, i_2, i_3 = 1}^{N} |C_{i_1 i_2 i_3}|^2 = 1,$$

$$\sum_{i, j = 1}^{N} |C_i^{\,j}|^2 = 1.$$

Das zusammengesetzte System transformiert bzgl. SU(N) wie

$$
\begin{aligned}
|B\rangle \mapsto |B'\rangle &= C_{i_1 i_2 i_3} U\chi^{i_1} \otimes U\chi^{i_2} \otimes U\chi^{i_3} \\
&= U_{k_1}{}^{i_1} U_{k_2}{}^{i_2} U_{k_3}{}^{i_3} C_{i_1 i_2 i_3} \chi^{k_1} \otimes \chi^{k_2} \otimes \chi^{k_3} \\
&=: C'_{k_1 k_2 k_3} \chi^{k_1} \otimes \chi^{k_2} \otimes \chi^{k_3},
\end{aligned}
$$

$$
\begin{aligned}
|M\rangle \mapsto |M'\rangle &= C_i^j U\chi^i \otimes U^* \chi_j^* \\
&= U_k{}^i U^l{}_j C_i^j \chi^k \otimes \chi_l^* \\
&=: C'^l_k \chi^k \otimes \chi_l^*,
\end{aligned}
$$

d. h.

$$
\begin{aligned}
C'_{k_1 k_2 k_3} &= U_{k_1}{}^{i_1} U_{k_2}{}^{i_2} U_{k_3}{}^{i_3} C_{i_1 i_2 i_3}, \\
C'^l_k &= U_k{}^i U^l{}_j C_i^j.
\end{aligned}
$$
∎

5.3 SU(2) (Isospin)

Der mikroskopische Ursprung für die Isospininvarianz auf der Ebene der Hadronen liegt

1. in der Flavorunabhängigkeit der Quark-Gluon-Wechselwirkung und
2. einer (zufälligen) Symmetrie der QCD, die aus der Tatsache resultiert, dass die Massen des u-Quarks und des d-Quarks sehr klein gegenüber einer typischen *hadronischen Energieskala* von $\approx 1\,$GeV sind und außerdem die Beziehung $m_u \approx m_d$ erfüllen (siehe Abschn. 7.3).

Die Fundamentaldarstellung von SU(2), SU(2) $\ni U \mapsto U$, wirkt auf einem zweidimensionalen, komplexen Hilbert-Raum X mit der Orthonormalbasis $\{\chi^1, \chi^2\}$ (siehe Definition 5.2):

$$
\chi^i \mapsto U_j{}^i \chi^j.
$$

Physikalisch gesprochen, entsprechen χ^1 und χ^2 jeweils den Zuständen eines u-Quarks und eines d-Quarks mit Isospinprojektionen $+\frac{1}{2}$ und $-\frac{1}{2}$. Die Matrixdarstellung der Isospingeneratoren I_j ($j = 1, 2, 3$) ist durch $\frac{1}{2}\tau_j$ gegeben, wobei τ_j die Pauli-Matrizen sind [siehe (1.31) und Aufgabe 4.15]. Ein allgemeiner normierter Quarkzustand lautet

$$
\psi = \sum_{i=1}^{2} \psi_i \chi^i, \quad \psi_i \in \mathbb{C}, \quad |\psi_1|^2 + |\psi_2|^2 = 1,
$$

oder in Spaltenmatrizenschreibweise

$$
\psi = \begin{pmatrix} \psi_1 \\ \psi_2 \end{pmatrix} = \begin{pmatrix} \psi_u \\ \psi_d \end{pmatrix}.
$$

Die transformierten Komponenten ergeben sich gemäß

$$\begin{pmatrix} \psi_u \\ \psi_d \end{pmatrix} \mapsto \begin{pmatrix} \psi_u' \\ \psi_d' \end{pmatrix} = U \begin{pmatrix} \psi_u \\ \psi_d \end{pmatrix}.$$

Unter den speziellen unitären Gruppen ist SU(2) ein Sonderfall, da U und U^* äquivalent sind (siehe Beispiel 2.13 in Abschn. 2.2 und Aufgabe 2.10):

$$SUS^{-1} = U^* \quad \forall \; U \in \mathrm{SU}(2), \tag{5.1}$$

mit

$$S = -\mathrm{i}\,\tau_2 = \begin{pmatrix} 0 & -1 \\ 1 & 0 \end{pmatrix}, \quad S^{-1} = \begin{pmatrix} 0 & 1 \\ -1 & 0 \end{pmatrix}.$$

Da $S^* = S$ und $S^{-1*} = S^{-1}$ ist, gilt auch

$$SU^*S^{-1} = U \quad \forall \; U \in \mathrm{SU}(2). \tag{5.2}$$

Ausgehend von unteren Spinoren für u- und d-Quarks (bzw. Protonen und Neutronen), bestünde die natürliche Konvention zur Beschreibung der Antiquarks (Antinukleonen) aus oberen Spinoren (siehe Definition 5.2) mit Einträgen

$$\phi^1 = \phi_{\bar{u}}, \quad \phi^2 = \phi_{\bar{d}}$$

und Transformationsverhalten

$$\begin{pmatrix} \phi_{\bar{u}} \\ \phi_{\bar{d}} \end{pmatrix} \mapsto U^* \begin{pmatrix} \phi_{\bar{u}} \\ \phi_{\bar{d}} \end{pmatrix}. \tag{5.3}$$

Wegen (5.1) ist es in der SU(2) häufig üblich, auch die Antiquarks durch *untere* Spinoren zu beschreiben. Zu diesem Zweck multiplizieren wir (5.3) mit S und fügen eine Eins in Form von $S^{-1}S$ ein:

$$S \begin{pmatrix} \phi_{\bar{u}} \\ \phi_{\bar{d}} \end{pmatrix} = \begin{pmatrix} 0 & -1 \\ 1 & 0 \end{pmatrix} \begin{pmatrix} \phi_{\bar{u}} \\ \phi_{\bar{d}} \end{pmatrix} = \begin{pmatrix} -\phi_{\bar{d}} \\ \phi_{\bar{u}} \end{pmatrix}$$

$$\overset{(5.3)}{\mapsto} SU^* \begin{pmatrix} \phi_{\bar{u}} \\ \phi_{\bar{d}} \end{pmatrix} = SU^*S^{-1}S \begin{pmatrix} \phi_{\bar{u}} \\ \phi_{\bar{d}} \end{pmatrix} \overset{(5.2)}{=} US \begin{pmatrix} \phi_{\bar{u}} \\ \phi_{\bar{d}} \end{pmatrix}.$$

Infolgedessen erhalten wir als Transformationseigenschaften

$$\begin{pmatrix} \psi_u \\ \psi_d \end{pmatrix} \mapsto U \begin{pmatrix} \psi_u \\ \psi_d \end{pmatrix} \quad \text{und} \quad \begin{pmatrix} -\phi_{\bar{d}} \\ \phi_{\bar{u}} \end{pmatrix} \mapsto U \begin{pmatrix} -\phi_{\bar{d}} \\ \phi_{\bar{u}} \end{pmatrix}. \tag{5.4}$$

Beispiel 5.8
Wir betrachten Mesonen, die aus u- und d-Quarks und den zugehörigen Antiquarks
bestehen. Der Hilbert-Raum M (für Mesonen) ist das Tensorprodukt aus X_1 zur
Beschreibung der Quarks und X_2 zur Beschreibung der Antiquarks,

$$M = X_1 \otimes X_2,$$

mit den Basisvektoren

$$\begin{pmatrix} 1 \\ 0 \end{pmatrix} \quad \text{für ein } u\text{-Quark,}$$

$$\begin{pmatrix} 0 \\ 1 \end{pmatrix} \quad \text{für ein } d\text{-Quark,}$$

$$\begin{pmatrix} -1 \\ 0 \end{pmatrix} \quad \text{für ein } \bar{d}\text{-Antiquark,}$$

$$\begin{pmatrix} 0 \\ 1 \end{pmatrix} \quad \text{für ein } \bar{u}\text{-Antiquark.}$$

Die Darstellungsmatrizen für die Isospinoperatoren lauten für *beide* Räume

$$\Psi_1(I_+) = \Psi_2(I_+) = \frac{\tau_1}{2} + \mathrm{i}\frac{\tau_2}{2} = \begin{pmatrix} 0 & 1 \\ 0 & 0 \end{pmatrix},$$

$$\Psi_1(I_-) = \Psi_2(I_-) = \frac{\tau_1}{2} - \mathrm{i}\frac{\tau_2}{2} = \begin{pmatrix} 0 & 0 \\ 1 & 0 \end{pmatrix},$$

$$\Psi_1(I_3) = \Psi_2(I_3) = \frac{\tau_3}{2} = \frac{1}{2}\begin{pmatrix} 1 & 0 \\ 0 & -1 \end{pmatrix}.$$

Somit ergeben sich als Darstellungsmatrizen auf M:

$$\Psi(I_+) = \begin{pmatrix} 0 & 1 \\ 0 & 0 \end{pmatrix} \otimes \mathbb{1} + \mathbb{1} \otimes \begin{pmatrix} 0 & 1 \\ 0 & 0 \end{pmatrix},$$

$$\Psi(I_-) = \begin{pmatrix} 0 & 0 \\ 1 & 0 \end{pmatrix} \otimes \mathbb{1} + \mathbb{1} \otimes \begin{pmatrix} 0 & 0 \\ 1 & 0 \end{pmatrix},$$

$$\Psi(I_3) = \frac{1}{2}\begin{pmatrix} 1 & 0 \\ 0 & -1 \end{pmatrix} \otimes \mathbb{1} + \frac{1}{2}\mathbb{1} \otimes \begin{pmatrix} 1 & 0 \\ 0 & -1 \end{pmatrix}.$$

Das π^+ ist ein zusammengesetzter Zustand aus einem u-Quark und einem $\bar{d}$-
Antiquark und wird in M folgendermaßen beschrieben:

$$|\pi^+\rangle = |I = 1, I_3 = 1\rangle = \begin{pmatrix} 1 \\ 0 \end{pmatrix} \otimes \begin{pmatrix} -1 \\ 0 \end{pmatrix}.$$

In der Physikliteratur wird für die rechte Seite auch einfach $u\bar{d}$ geschrieben. Die beiden anderen Pionenzustände finden wir durch die Anwendung des Absteigeoperators:

$$\sqrt{2}|\pi^0\rangle = I_-|\pi^+\rangle$$

$$= \left[\begin{pmatrix} 0 & 0 \\ 1 & 0 \end{pmatrix} \otimes \mathbb{1} + \mathbb{1} \otimes \begin{pmatrix} 0 & 0 \\ 1 & 0 \end{pmatrix} \right] \begin{pmatrix} 1 \\ 0 \end{pmatrix} \otimes \begin{pmatrix} -1 \\ 0 \end{pmatrix}$$

$$= \begin{pmatrix} 0 & 0 \\ 1 & 0 \end{pmatrix} \begin{pmatrix} 1 \\ 0 \end{pmatrix} \otimes \mathbb{1} \begin{pmatrix} -1 \\ 0 \end{pmatrix} + \mathbb{1} \begin{pmatrix} 1 \\ 0 \end{pmatrix} \otimes \begin{pmatrix} 0 & 0 \\ 1 & 0 \end{pmatrix} \begin{pmatrix} -1 \\ 0 \end{pmatrix}$$

$$= \begin{pmatrix} 0 \\ 1 \end{pmatrix} \otimes \begin{pmatrix} -1 \\ 0 \end{pmatrix} - \begin{pmatrix} 1 \\ 0 \end{pmatrix} \otimes \begin{pmatrix} 0 \\ 1 \end{pmatrix},$$

d. h.

$$|\pi^0\rangle = \frac{1}{\sqrt{2}} \left[\begin{pmatrix} 0 \\ 1 \end{pmatrix} \otimes \begin{pmatrix} -1 \\ 0 \end{pmatrix} - \begin{pmatrix} 1 \\ 0 \end{pmatrix} \otimes \begin{pmatrix} 0 \\ 1 \end{pmatrix} \right]$$

oder in Physikerschreibweise:

$$|\pi^0\rangle = \frac{1}{\sqrt{2}}(d\bar{d} - u\bar{u}).$$

Mithilfe einer weiteren Anwendung des Absteigeoperators ergibt sich (siehe Aufgabe 5.3)

$$|\pi^-\rangle = -\begin{pmatrix} 0 \\ 1 \end{pmatrix} \otimes \begin{pmatrix} 0 \\ 1 \end{pmatrix} = -d\bar{u}.$$

Anmerkung: Unsere Konvention ist konsistent mit der Phasenkonvention von Condon und Shortley.[6] ∎

Im Folgenden erläutern wir eine grafische Konstruktion, die es uns erlaubt, das innere Tensorprodukt zweier irreduzibler Darstellungen von SU(2) in eine Summe irreduzibler Darstellungen zu zerlegen (siehe Abschn. 2.5).

Grafische Konstruktion Jede Basis eines Trägerraums einer irreduziblen Darstellung I von SU(2) lässt sich durch eine Strecke der Länge $2I$ mit $2I + 1$ Punkten im Abstand 1 darstellen, die den Eigenwerten von I_3 entsprechen:

---

[6] Leider wird dies in vielen Büchern sehr unterschiedlich gehandhabt. Siehe z. B. Perkins (1987), Abschnitt 5.5, sowie Gottfried und Weisskopf (1984), Abschnitt 1.E.6.

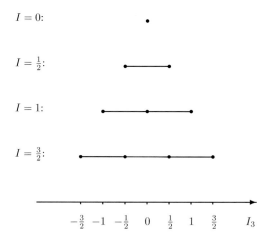

$$I = 0:$$

$$I = \tfrac{1}{2}:$$

$$I = 1:$$

$$I = \tfrac{3}{2}:$$

$$-\tfrac{3}{2} \quad -1 \quad -\tfrac{1}{2} \quad 0 \quad \tfrac{1}{2} \quad 1 \quad \tfrac{3}{2} \qquad I_3$$

In der Produktdarstellung $I_1 \otimes I_2$ gilt $I_3 = I_3(1) + I_3(2)$, d. h. die einzelnen Eigenwerte sind *additiv*. Es ist genau diese Eigenschaft, die der grafischen Konstruktion zugrunde liegt, wenn wir eine wiederholte Überlagerung des Mittelpunkts der Basis zu I_2 mit den einzelnen Punkten der I_1-Basis vornehmen:

$$\frac{1}{2} \otimes \frac{1}{2} \;=\; \bullet\!\!-\!\!\bullet \;\otimes\; \bullet\!\!-\!\!\bullet$$

$$=$$

$$=$$

$$=\; 1 \oplus 0.$$

$$1 \otimes \frac{1}{2} \;=\; \bullet\!\!-\!\!\bullet\!\!-\!\!\bullet \;\otimes\; \bullet\!\!-\!\!\bullet$$

$$=$$

$$=$$

$$=\; \frac{3}{2} \oplus \frac{1}{2}.$$

Die Operatoren $I_\pm$ verschieben innerhalb eines Multipletts um eine Einheit nach rechts (I_+) bzw. nach links (I_-).

Im folgenden Beispiel werden wir Schritt für Schritt die Spin-Isospin-Zustände des Nukleons und der Deltaresonanz in einer Quarkbasis konstruieren.

Beispiel 5.9
Bei der Konstruktion der zusammengesetzten Zustände werden Symmetrieeigenschaften unter der Vertauschung zweier Quarks eine wichtige Rolle spielen. Es seien $X = \mathbb{C}^2$ zur Beschreibung des Spins oder des Isospins eines Quarks mit der Orthonormalbasis $\{\chi^1, \chi^2\}$,

$$X \ni x = c_i\, \chi^i, \quad c_i^* c_i = 1,$$

und $Y = X \otimes X$ der Tensorproduktraum mit

$$Y \ni y = c_{ij}\, \chi^i \otimes \chi^j, \quad c_{ij}^* c_{ij} = 1.$$

Die Elemente des ersten bzw. des zweiten Faktors X des Tensorproduktraums Y bezeichnen wir als Quark 1 bzw. Quark 2. Der Zustand y ist *symmetrisch* bzw. *antisymmetrisch* bzgl. der Vertauschung von Quark 1 und Quark 2 ($1 \leftrightarrow 2$) genau dann, wenn gilt:

$$c_{ij} = c_{ji} \quad \text{bzw.} \quad c_{ij} = -c_{ji} \quad \forall \quad i, j \in \{1, 2\}.$$

Isospin bei (leichten) Baryonen Im *statischen Quarkmodell*[7] betrachten wir in erster Linie die Spin- und Isospinfreiheitsgrade der Quarks und setzen diese im Falle der Baryonen in einem System aus drei Quarks zusammen. Den zugehörigen Tensorproduktraum bezeichnen wir mit $Z = X \otimes X \otimes X$. Wir betrachten zunächst die sukzessive Kopplung der Isospins zu einem Gesamtisospin des Drei-Quark-Systems.

1. Schritt: Wir koppeln das erste Quark und das zweite Quark mithilfe der Clebsch-Gordan-Koeffizienten aus Beispiel 4.1:

$$\begin{pmatrix} \frac{1}{2} & \frac{1}{2} & \Big| & 1 \\ \frac{1}{2} & \frac{1}{2} & \Big| & 1 \end{pmatrix} = 1 = \begin{pmatrix} \frac{1}{2} & \frac{1}{2} & \Big| & 1 \\ -\frac{1}{2} & -\frac{1}{2} & \Big| & -1 \end{pmatrix},$$

$$\begin{pmatrix} \frac{1}{2} & \frac{1}{2} & \Big| & 1 \\ \frac{1}{2} & -\frac{1}{2} & \Big| & 0 \end{pmatrix} = \frac{1}{\sqrt{2}} = \begin{pmatrix} \frac{1}{2} & \frac{1}{2} & \Big| & 1 \\ -\frac{1}{2} & \frac{1}{2} & \Big| & 0 \end{pmatrix}.$$

---

[7] Im statischen Quarkmodell wird die Dynamik der Quarks, d. h. die Wechselwirkung zwischen den Quarks, nicht näher spezifiziert. Die Betrachtungen beschränken sich auf Grundzustände mit der Forderung, dass die Ortsraumwellenfunktionen s-Zustände sind, die vollständig symmetrisch unter der Vertauschung zweier Quarks sind.

Folgende Schreibweise ist in der Literatur üblich: uu steht für $|u;u\rangle$ bzw. $\chi^1 \otimes \chi^1$ usw. Mithilfe dieser Schreibweise ergibt sich für $I = 1$:

	uu	$\frac{1}{\sqrt{2}}(ud + du)$	dd
I_3	1	0	-1

symmetrisch bzgl. $1 \leftrightarrow 2$.

Unter Zuhilfenahme der Clebsch-Gordan-Koeffizienten

$$\begin{pmatrix} \frac{1}{2} & \frac{1}{2} & 0 \\ \frac{1}{2} & -\frac{1}{2} & 0 \end{pmatrix} = \frac{1}{\sqrt{2}} = -\begin{pmatrix} \frac{1}{2} & \frac{1}{2} & 0 \\ -\frac{1}{2} & \frac{1}{2} & 0 \end{pmatrix}$$

finden wir für den Zustand mit $I = 0$:

	$\frac{1}{\sqrt{2}}(ud - du)$
I_3	0

antisymmetrisch bzgl. $1 \leftrightarrow 2$.

Ein ganz wesentlicher Unterschied zwischen den beiden Multipletts besteht darin, dass jeder der drei Zustände zu $I = 1$ symmetrisch ist und der Zustand zu $I = 0$ antisymmetrisch.

2. Schritt: Nun betrachten wir die Kopplung mit dem dritten Quark:

1. Der Gesamtisospin $I = \frac{3}{2}$ kann ausschließlich durch die Kopplung des Multipletts mit $I = 1$ und dem dritten Quark entstehen. Dazu benötigen wir die Clebsch-Gordan-Koeffizienten aus Beispiel 4.2 und Aufgabe 4.4:

$$\begin{pmatrix} 1 & \frac{1}{2} & \frac{3}{2} \\ 1 & \frac{1}{2} & \frac{3}{2} \end{pmatrix} = 1 \quad \Rightarrow \quad \underbrace{uuu}_{I_3 = \frac{3}{2}}.$$

$$\begin{pmatrix} 1 & \frac{1}{2} & \frac{3}{2} \\ 1 & -\frac{1}{2} & \frac{1}{2} \end{pmatrix} = \frac{1}{\sqrt{3}}, \quad \begin{pmatrix} 1 & \frac{1}{2} & \frac{3}{2} \\ 0 & \frac{1}{2} & \frac{1}{2} \end{pmatrix} = \sqrt{\frac{2}{3}}.$$

$$I_3 = \frac{1}{2}: \quad uu\frac{1}{\sqrt{3}}d + \frac{1}{\sqrt{2}}(ud + du)\sqrt{\frac{2}{3}}u = \frac{1}{\sqrt{3}}(uud + udu + duu).$$

Die restlichen Zustände ergeben sich analog, und wir finden für $I = \frac{3}{2}$:

	uuu	$\frac{1}{\sqrt{3}}(duu + udu + uud)$	$\frac{1}{\sqrt{3}}(ddu + dud + udd)$	ddd
I_3	$\frac{3}{2}$	$\frac{1}{2}$	$-\frac{1}{2}$	$-\frac{3}{2}$

Die Zustände zu $I = \frac{3}{2}$ sind sämtlich symmetrisch bzgl. der Vertauschung zweier beliebiger Quarks. Sie werden in der Literatur häufig auch kollektiv mit dem Symbol ϕ_S bezeichnet, wobei S für engl. *symmetric* („symmetrisch") steht [siehe z. B. Giannini (1991)].

2. Der Gesamtisospin $I = \frac{1}{2}$ kann auf zweierlei Arten zustande kommen:

a) Einerseits kann $I = \frac{1}{2}$ durch die Kopplung von $I = 1$ mit $I = \frac{1}{2}$ des dritten Quarks entstehen. Dazu verwenden wir die Clebsch-Gordan-Koeffizienten (CG-Ken) aus Aufgabe 4.4:

$$uu \underbrace{\sqrt{\frac{2}{3}}}_{\text{CG-K}} d + \frac{1}{\sqrt{2}}(ud + du) \underbrace{\left(-\frac{1}{\sqrt{3}}\right)}_{\text{CG-K}} u = \underbrace{\frac{1}{\sqrt{6}}(2uud - udu - duu)}_{I_3 = \frac{1}{2}},$$

$$\frac{1}{\sqrt{2}}(ud + du)\frac{1}{\sqrt{3}}d + dd\left(-\sqrt{\frac{2}{3}}\right)u = \underbrace{-\frac{1}{\sqrt{6}}(2ddu - dud - udd)}_{I_3 = -\frac{1}{2}}.$$

Diese Zustände sind symmetrisch bzgl. der Vertauschung $1 \leftrightarrow 2$; sie besitzen aber keine Symmetrie bzgl. $1 \leftrightarrow 3$ oder $2 \leftrightarrow 3$. Die Symmetrie bzgl. der Vertauschung $1 \leftrightarrow 2$ wurde von $I = 1$ aus Schritt 1. weitervererbt. Als kollektive Abkürzung wird die Bezeichnung $\phi_{M,S}$ verwendet, wobei M für engl. *mixed* („gemischt") und S für *symmetric* stehen. Wir überzeugen uns davon, dass das relative Vorzeichen zwischen den beiden Zuständen tatsächlich konsistent ist mit der Condon-Shortley-Phasenkonvention in Abschn. 4.2.1. Zu diesem Zweck betrachten wir die Wirkung des Absteigeoperators

$$I_- = I_-(1) + I_-(2) + I_-(3)$$

auf den Zustand mit dem Eigenwert[8] $I_3 = \frac{1}{2}$:

$$\left|\left[\left(\frac{1}{2}, \frac{1}{2}\right)1, \frac{1}{2}\right]\frac{1}{2}, -\frac{1}{2}\right\rangle = I_- \left|\left[\left(\frac{1}{2}, \frac{1}{2}\right)1, \frac{1}{2}\right]\frac{1}{2}, \frac{1}{2}\right\rangle$$

$$= [I_-(1) + I_-(2) + I_-(3)]\frac{1}{\sqrt{6}}(2uud - udu - duu)$$

$$= \frac{1}{\sqrt{6}}[2(dud + udd + 0) - (ddu + 0 + udd) - (0 + ddu + dud)]$$

$$= \frac{1}{\sqrt{6}}(dud + udd - 2ddu) = -\frac{1}{\sqrt{6}}(2ddu - dud - udd).$$

b) Die zweite Möglichkeit, zum Gesamtisospin $\frac{1}{2}$ zu koppeln, besteht aus $0 \otimes \frac{1}{2}$. Hierzu muss man den Zustand mit $I = 0$ einfach mit u oder d „multi-

---

[8] Die Schreibweise $|[(I_1, I_2)I_{12}, I_3]I, M_I\rangle$ bedeutet, dass zunächst I_1 und I_2 zu I_{12} gekoppelt werden und anschließend das Resultat I_{12} mit I_3 zu einem Gesamtisospin I mit der Projektion M_I.

plizieren":

$$\underbrace{\frac{1}{\sqrt{2}}(ud - du)u}_{I_3 = \frac{1}{2}}, \qquad \underbrace{-\frac{1}{\sqrt{2}}(du - ud)d}_{I_3 = -\frac{1}{2}}.$$

Diese Zustände sind antisymmetrisch bzgl. der Vertauschung $1 \leftrightarrow 2$, da $I = 0$ der Ausgangspunkt aus Schritt 1. ist; sie besitzen aber keine Symmetrie bzgl. $1 \leftrightarrow 3$ oder $2 \leftrightarrow 3$.

Als kollektive Abkürzung wird die Bezeichnung $\phi_{M,A}$ verwendet, wobei M für engl. *mixed* und A für *antisymmetric* stehen.

Im obigen Verfahren haben wir die Produktdarstellung $\frac{1}{2} \otimes \frac{1}{2} \otimes \frac{1}{2}$ mittels einer Clebsch-Gordan-Zerlegung in eine direkte Summe irreduzibler Darstellungen zerlegt:

$$\left(\frac{1}{2} \otimes \frac{1}{2}\right) \otimes \frac{1}{2} = (1 \oplus 0) \otimes \frac{1}{2} = \frac{3}{2} \oplus \frac{1}{2} \oplus \frac{1}{2}.$$

Dabei haben wir explizit die Basiszustände der Trägerräume konstruiert. Die beiden Isospin-$\frac{1}{2}$-Multipletts unterscheiden sich in ihren Symmetrieeigenschaften voneinander. Tatsächlich hätten wir auch eine unterschiedliche Reihenfolge für die Kopplung der einzelnen Quarks anwenden können. In Aufgabe 5.6 wird gezeigt, dass dies zu einem äquivalenten Resultat führt. Für $I = \frac{1}{2}$ sind die Symmetrieeigenschaften S und A bzgl. des Paares erfüllt, das zuerst gekoppelt wird.

Spin Die Konstruktion für den Gesamtspin erfolgt vollkommen analog, indem man die Ersetzungen $u \to \uparrow$ und $d \to \downarrow$ durchführt. Die resultierenden Spinzustände werden mit χ_S, $\chi_{M,S}$ und $\chi_{M,A}$ bezeichnet.

Quarkmodellwellenfunktion für Δ und Nukleon Im nichtrelativistischen Quarkmodell setzt sich der Zustand eines Baryons aus einem (Tensor-)Produkt von vier Faktoren zusammen, die sich auf die Isospin-, Spin-, Orts- und Farbräume beziehen:

$$|\Delta\rangle = \underbrace{|\phi_S\rangle}_{\text{Isospin}} \otimes \underbrace{|\chi_S\rangle}_{\text{Spin}} \otimes \underbrace{|O_S\rangle}_{\text{Ortsraum}} \otimes \underbrace{|F_A\rangle}_{\text{Farbraum}},$$

$$|N\rangle = \frac{1}{\sqrt{2}}(|\phi_{M,S}\rangle \otimes |\chi_{M,S}\rangle + |\phi_{M,A}\rangle \otimes |\chi_{M,A}\rangle) \otimes |O_S\rangle \otimes |F_A\rangle.$$

Das Pauli-Prinzip fordert, dass der Gesamtzustand antisymmetrisch bzgl. der Vertauschung zweier beliebiger Quarks ist. Da der Farbraumzustand als vollständig antisymmetrisch angenommen wird (siehe Aufgabe 5.2), muss das Produkt aus Isospin-, Spin-, und Ortsraumzuständen symmetrisch sein. Mit der weiteren Annahme, dass der Grundzustand symmetrisch im Ortsraum ist, ergibt sich schließlich, dass das Produkt aus Isospin- und Spinzuständen symmetrisch sein muss. Für das Nukleon bedeutet dies, dass geeignete Linearkombinationen aus den Isospin-$\frac{1}{2}$-

Multipletts und aus den Spin-$\frac{1}{2}$-Multipletts miteinander multipliziert werden müssen.

Anwendung Als konkrete Beispiele betrachten wir jeweils die Isospin-Spin-Zustände für ein Δ^{++} mit Spinprojektion $S_z = \frac{3}{2}$ und für ein Proton mit Spinprojektion $S_z = \frac{1}{2}$:

$$\Delta^{++}\left(S_z = \frac{3}{2}\right) = uuu \otimes \uparrow\uparrow\uparrow = \underbrace{u\uparrow u\uparrow u\uparrow}_{\text{Physikerschreibweise}}$$

$$
\begin{aligned}
p\left(S_z = \frac{1}{2}\right) &= \frac{1}{\sqrt{2}}\left[\frac{1}{\sqrt{6}}(2uud - udu - duu) \otimes \frac{1}{\sqrt{6}}(2\uparrow\uparrow\downarrow - \uparrow\downarrow\uparrow - \downarrow\uparrow\uparrow)\right.\\
&\quad \left. + \frac{1}{\sqrt{2}}(ud - du)u \otimes \frac{1}{\sqrt{2}}(\uparrow\downarrow - \downarrow\uparrow)\uparrow\right]\\
&= \frac{1}{\sqrt{2}}\left[\frac{1}{6}(4u\uparrow u\uparrow d\downarrow -2u\uparrow u\downarrow d\uparrow -2u\downarrow u\uparrow d\uparrow\right.\\
&\quad -2u\uparrow d\uparrow u\downarrow +u\uparrow d\downarrow u\uparrow +u\downarrow d\uparrow u\uparrow\\
&\quad -2d\uparrow u\uparrow u\downarrow +d\uparrow u\downarrow u\uparrow +d\downarrow u\uparrow u\uparrow)\\
&\quad \left. + \frac{1}{2}(u\uparrow d\downarrow u\uparrow -u\downarrow d\uparrow u\uparrow -d\uparrow u\downarrow u\uparrow +d\downarrow u\uparrow u\uparrow)\right]\\
&= \frac{1}{\sqrt{18}}[2(u\uparrow u\uparrow d\downarrow +u\uparrow d\downarrow u\uparrow +d\downarrow u\uparrow u\uparrow)\\
&\quad -(u\uparrow u\downarrow d\uparrow +u\downarrow u\uparrow d\uparrow +u\uparrow d\uparrow u\downarrow\\
&\quad + d\uparrow u\uparrow u\downarrow +u\downarrow d\uparrow u\uparrow +d\uparrow u\downarrow u\uparrow)].
\end{aligned}
\tag{5.5}
$$

Die Gesamtheit aller Isospin-Spin-Zustände der Deltaresonanz und des Nukleons wird in Aufgabe 5.5 betrachtet. ∎

Vorbereitung Es sei X ein N-dimensionaler, komplexer Hilbert-Raum. Gegeben seien zwei Zustände $|\Psi\rangle, |\Phi\rangle \in X \otimes X$,

$$|\Psi\rangle = \sum_{i,j=1}^{N} c_{ij}|i\rangle \otimes |j\rangle, \quad |\Phi\rangle = \sum_{i,j=1}^{N} d_{ij}|i\rangle \otimes |j\rangle,$$

mit der Symmetrieeigenschaft

$$c_{ij} = c_{ji}, \quad d_{ij} = d_{ji}.$$

Die Zustände $|\Psi\rangle$ und $|\Phi\rangle$ sind symmetrisch unter der Vertauschung von „Teilchen 1" und „Teilchen 2". Wir verzichten hier auf eine SU(N)-Schreibweise mit oberen und unteren Indizes. Ferner bestehe der lineare Operator L aus der Summe (identischer) Einteilchenoperatoren A:

$$L = A \otimes \mathbb{1} + \mathbb{1} \otimes A = \sum_{i=1}^{2} A(i),$$

wobei wir beide Schreibweisen – die der Mathematik und die der Physik – angegeben haben. Dann gilt

$$\langle \Phi | L | \Psi \rangle = 2 \langle \Phi | A(1) | \Psi \rangle = 2 \langle \Phi | A(2) | \Psi \rangle.$$

Begründung:

$$\langle \Phi | L | \Psi \rangle = \sum_{i,j,k,l=1}^{N} d_{ij}^* c_{kl} \langle i | \otimes \langle j | (A \otimes \mathbb{1} + \mathbb{1} \otimes A) | k \rangle \otimes | l \rangle$$

$$= \sum_{i,j,k,l=1}^{N} d_{ij}^* c_{kl} \big(\underbrace{\langle i | A | k \rangle}_{= A_{ik}} \underbrace{\langle j | l \rangle}_{= \delta_{jl}} + \underbrace{\langle i | k \rangle}_{= \delta_{ik}} \underbrace{\langle j | A | l \rangle}_{= A_{jl}} \big)$$

$$= \underbrace{\sum_{i,j,k=1}^{N} d_{ij}^* c_{kj} A_{ik}}_{= \langle \Phi | A(1) | \Psi \rangle} + \underbrace{\sum_{i,j,l=1}^{N} d_{ij}^* c_{il} A_{jl}}_{= \langle \Phi | A(2) | \Psi \rangle}.$$

Wir verwenden nun die Beziehungen

$$\langle \Phi | A(2) | \Psi \rangle = \sum_{i,j,l=1}^{N} d_{ij}^* c_{il} A_{jl} = \sum_{i,j,l=1}^{N} d_{ji}^* c_{li} A_{jl} = \sum_{i,j,k=1}^{N} d_{ij}^* c_{kj} A_{ik}$$

$$= \langle \Phi | A(1) | \Psi \rangle.$$

Die Verallgemeinerung für ein n-faches Tensorprodukt $X \otimes X \otimes \ldots \otimes X$ ergibt sich analog zu

$$\langle \Phi | L | \Psi \rangle = n \langle \Phi | A(1) | \Psi \rangle = \ldots = n \langle \Phi | A(n) | \Psi \rangle.$$

Beispiel 5.10
Als besonders einfache Anwendung betrachten wir die Ladung des Protons. Solange wir nur u- und d-Quarks berücksichtigen, ergibt sich der Ladungsoperator eines Baryons durch folgende Summe:

$$Q = \sum_{i=1}^{3} Q(i) = \sum_{i=1}^{3} \left[\frac{1}{6} + \frac{\tau_3(i)}{2} \right].$$

Mithilfe des Isospin-Spin-Zustands aus (5.5) erhalten wir

$$\langle p \uparrow |Q|p \uparrow\rangle = 3\frac{1}{6}\langle p \uparrow |p \uparrow\rangle + \frac{3}{2}\langle p \uparrow |\tau_3(3)|p \uparrow\rangle = \frac{1}{2} + \frac{3}{2}\cdot\frac{1}{3} = 1,$$

wegen

$$\langle p \uparrow |\tau_3(3)|p \uparrow\rangle = \frac{1}{18}\big[4(-1+1+1)+(-1-1+1+1+1+1)\big] = \frac{1}{3}. \blacksquare$$

Beispiel 5.11

Das magnetische Moment eines Protons ist im statischen Quarkmodell[9] gegeben durch das Matrixelement

$$\mu_p = \langle p \uparrow |M_z|p \uparrow\rangle = \left\langle p \uparrow \left| \sum_{i=1}^{3}\frac{e}{2m}Q(i)\,2\,\frac{\sigma_z(i)}{2} \right| p \uparrow\right\rangle$$

$$= \frac{e}{2m}3\langle p \uparrow |Q(3)\sigma_z(3)|p \uparrow\rangle.$$

Hierbei sind $e > 0$ die Elementarladung, m die Masse des u- und des d-Quarks im nichtrelativistischen Modell, $Q(i)$ der Ladungsoperator, der auf das i-te Quark wirkt, und $\sigma_z(i)$ die Pauli-Matrix, die auf den Spin des i-ten Quarks wirkt. Zur Berechnung verwenden wir den Protonenzustand aus (5.5) und berücksichtigen, dass sowohl $Q(3)$ als auch $\sigma_z(3)$ diagonal sind. Beispielsweise gilt

$$\langle u \uparrow u \uparrow d \downarrow |Q(3)\sigma_z(3)|u \uparrow u \uparrow d \downarrow\rangle$$

$$= -\frac{1}{3}(-1)\underbrace{\langle u \uparrow u \uparrow d \downarrow |u \uparrow u \uparrow d \downarrow\rangle}_{=1} = \frac{1}{3}.$$

Dann gilt

$$\langle p \uparrow |Q(3)\sigma_z(3)|p \uparrow\rangle = \frac{1}{18}\Bigg[4\left(-\frac{1}{3}(-1)+\frac{2}{3}(+1)+\frac{2}{3}(+1)\right)$$

$$+\left(-\frac{1}{3}(+1)+\left(-\frac{1}{3}\right)(+1)+\frac{2}{3}(-1)\right.$$

$$\left.+\frac{2}{3}(-1)+\frac{2}{3}(+1)+\frac{2}{3}(+1)\right)\Bigg]$$

$$= \frac{1}{18}\left(4\cdot\frac{5}{3}-\frac{2}{3}\right) = \frac{1}{3}.$$

---

[9] Im nichtrelativistischen Quarkmodell enthält der Operator des magnetischen Moments noch den Bahndrehimpulsanteil $\sum_{i=1}^{3}\frac{e}{2m}Q(i)\,\ell_z(i)$. Dieser Anteil liefert für drehinvariante Grundzustände allerdings keinen Beitrag.

Somit erhalten wir für das magnetische Moment des Protons

$$\mu_p = \frac{e}{2m} 3 \frac{1}{3} = \frac{e}{2m} \quad \left(= 3 \frac{e}{2(3m)} \right). \tag{5.6}$$

Wenn wir für das Kernmagneton $\mu_K = \frac{e}{2m_p} = \frac{e}{6m}$ setzen, dann ergibt sich aus dem statischen Quarkmodell $\mu_p = 3\mu_K$, was in erstaunlich guter Übereinstimmung mit dem experimentellen Wert $\mu_p = 2{,}79\,\mu_K$ ist. Aus (5.6) könnte man vorschnell schließen, dass sich das magnetische Moment eines Nukleonenzustands als Summe der magnetischen Momente der einzelnen Quarks ergibt, etwa beim Proton:

$$\frac{2}{3}\frac{e}{2m} + \frac{2}{3}\frac{e}{2m} - \frac{1}{3}\frac{e}{2m} = \frac{e}{2m}.$$

Die Untersuchung des Neutrons zeigt, dass dem nicht so ist. Für das Neutron ergäbe die entsprechende Summe gerade null, während die Berechnung tatsächlich $\mu_n = -\frac{e}{3m}$ liefert (siehe Aufgabe 5.8). Weitere Anwendungen, wie die magnetischen Momente der verschiedenen Ladungszustände der Deltaresonanz sowie die Axialvektorkopplungskonstante g_A, werden in den Aufgaben 5.9 und 5.10 diskutiert. ∎

5.4   SU(3)

5.4.1   Der achtfache Pfad

Zunächst rekapitulieren wir die Evidenz für eine im Teilchenzoo realisierte SU(3)-Symmetrie anhand des Mesonenoktetts und des Baryonenoktetts [siehe Gell-Mann und Ne'eman (1964)]. Wir betrachten Gruppierungen von stark wechselwirkenden Teilchen mit ähnlichen Massen und denselben „Raum-Zeit-Eigenschaften", d. h. Spin J und Transformationsverhalten $P = \pm 1$ bzgl. Parität. Wir organisieren diese Teilchen bzgl. der sog. *Hyperladung Y* und der Isospinprojektion I_3. Die Hyperladung setzt sich zusammen aus der *Baryonenzahl B* ($B = 1$ für Baryonen und $B = 0$ für Mesonen) und der *Strangeness-Quantenzahl S*,

$$Y = B + S,$$

wobei die Ladung eines Teilchens durch die Relation von Gell-Mann und Nishijima gegeben ist:

$$Q = I_3 + \frac{Y}{2}. \tag{5.7}$$

Hierbei gilt es zu beachten, dass es sich bei B, S und I_3 um Erhaltungsgrößen der starken Wechselwirkung handelt und die zugehörigen Quantenzahlen additiv sind.

In *Review of Particle Physics* [Olive et al. (2014)] enthält ein typischer Eintrag für Mesonen die Angabe der Kombination $I^G(J^{PC})$, wobei die sog. *G-Konjugation* das Produkt aus einer „Drehung" um $-\pi$ bzgl. der 2-Achse im Isospinraum und der Ladungskonjugation ist:

$$G = C \exp(\mathrm{i}\,\pi\, I_2).$$

Die Ladungskonjugation transformiert einen Teilchenzustand in den zugehörigen Antiteilchenzustand. Der Eigenwert zu G wird als G-Parität bezeichnet (siehe Aufgabe 5.11). Im Falle von Baryonen wird nur $I(J^P)$ angegeben, da die Ladungskonjugation ein Baryon mit der Baryonenzahl $+1$ in ein Antibaryon mit der Baryonenzahl -1 transformiert.

Wir betrachten nun die Angaben für das pseudoskalare Mesonenoktett (siehe Abb. 5.1):[10]

Meson:	π^0	$\pi^\pm$	η	$K^\pm$	$K^0\,(\overline{K}^0)$
Quantenzahlen:	$1^-(0^{-+})$	$1^-(0^-)$	$0^+(0^{-+})$	$\frac{1}{2}(0^-)$	$\frac{1}{2}(0^-)$

Anfang der 1960er Jahre wurden die teilweise noch unvollständigen Multipletts als Evidenz für eine approximative SU(3)-Symmetrie gedeutet und insbesondere die Existenz des noch fehlenden Ω^--Baryons vorhergesagt. Wie Gell-Mann in der Einleitung zu Gell-Mann und Ne'eman (1964) schreibt, gehörte die Frage nach fundamentalen Tripletts auf dem hadronischen Niveau noch zu den ungelösten Problemen, obwohl Vorschläge dazu existierten. Im Rahmen eines Quarkmodellbildes handelt es sich bei den Elementen des pseudoskalaren Oktetts um zusammengesetzte Zustände, die aus der Kopplung eines aus Quarks bestehenden Tripletts $q = (u, d, s)$ mit einem aus Antiquarks bestehenden konjugierten Triplett $\bar{q} = (\bar{u}, \bar{d}, \bar{s})$ entstehen [siehe Gell-Mann (1964) und Zweig (1964)]. Weitere SU(3)-Multipletts finden sich in den Abb. 5.2, 5.3 und 5.4.

5.4.2 Lie-Algebra su(3) und Gell-Mann-Matrizen

Bevor wir uns der Darstellungstheorie zusammengesetzter Zustände zuwenden, fassen wir eine Reihe von Eigenschaften der Lie-Algebra su(3) zusammen. Gegeben sei

$$U \in \mathrm{SU}(3) := \{A \in \mathrm{GL}(3, \mathbb{C}) \,|\, A^\dagger A = AA^\dagger = \mathbb{1}, \det(A) = 1\}.$$

Gemäß dem Satz 3.5 lässt sich jedes U durch die Exponentialabbildung ausdrücken: $\mathrm{su}(3) \ni B \mapsto \exp(B) = U$. Dabei ist es in der Physik üblich, U mithilfe der acht linear unabhängigen *Gell-Mann-Matrizen* [siehe Gell-Mann (1961)] zu parametrisieren:

$$U = U(\Theta_1, \ldots, \Theta_8) = \exp\left(-\mathrm{i}\sum_{a=1}^{8}\Theta_a \frac{\lambda_a}{2}\right) = \exp\left(-\mathrm{i}\,\Theta_a \frac{\lambda_a}{2}\right), \quad \Theta_a \in \mathbb{R}, \tag{5.8}$$

[10] Wir weisen darauf hin, dass die Paare (K^+, K^0) und $(\overline{K}^0, K^-)$ jeweils ein Isospindublett bilden.

mit

$$\frac{\lambda_a}{2} = \mathrm{i}\,\frac{\partial U}{\partial \Theta_a}(0,\ldots,0).$$

Die Gell-Mann-Matrizen besitzen folgende Eigenschaften:

$$\lambda_a^\dagger = \lambda_a, \tag{5.9a}$$

$$\mathrm{Sp}(\lambda_a) = 0, \tag{5.9b}$$

$$\mathrm{Sp}(\lambda_a \lambda_b) = 2\delta_{ab}. \tag{5.9c}$$

Die Hermitizität der Gell-Mann-Matrizen, (5.9a), impliziert die Unitarität von U, d. h. $U^\dagger = U^{-1}$. Darüber hinaus folgt aus (5.9b) wegen $\det[\exp(B)] = \exp[\mathrm{Sp}(B)]$, dass $\det(U) = 1$ ist. Eine explizite Darstellung der Gell-Mann-Matrizen lautet

$$\lambda_1 = \begin{pmatrix} 0 & 1 & 0 \\ 1 & 0 & 0 \\ 0 & 0 & 0 \end{pmatrix}, \qquad \lambda_2 = \begin{pmatrix} 0 & -\mathrm{i} & 0 \\ \mathrm{i} & 0 & 0 \\ 0 & 0 & 0 \end{pmatrix}, \qquad \lambda_3 = \begin{pmatrix} 1 & 0 & 0 \\ 0 & -1 & 0 \\ 0 & 0 & 0 \end{pmatrix},$$

$$\lambda_4 = \begin{pmatrix} 0 & 0 & 1 \\ 0 & 0 & 0 \\ 1 & 0 & 0 \end{pmatrix}, \qquad \lambda_5 = \begin{pmatrix} 0 & 0 & -\mathrm{i} \\ 0 & 0 & 0 \\ \mathrm{i} & 0 & 0 \end{pmatrix}, \qquad \lambda_6 = \begin{pmatrix} 0 & 0 & 0 \\ 0 & 0 & 1 \\ 0 & 1 & 0 \end{pmatrix},$$

$$\lambda_7 = \begin{pmatrix} 0 & 0 & 0 \\ 0 & 0 & -\mathrm{i} \\ 0 & \mathrm{i} & 0 \end{pmatrix}, \qquad \lambda_8 = \sqrt{\frac{1}{3}} \begin{pmatrix} 1 & 0 & 0 \\ 0 & 1 & 0 \\ 0 & 0 & -2 \end{pmatrix}. \tag{5.10}$$

Wenn wir $B_a := -\mathrm{i}\,\frac{\lambda_a}{2}$ setzen, dann bildet $\{B_a; a = 1,\ldots,8\}$ eine Basis der reellen Lie-Algebra su(3):

$$\mathrm{su}(3) := \{B \in \mathrm{gl}(3,\mathbb{C}) \,|\, B^\dagger = -B, \mathrm{Sp}(B) = 0\} = \{\Theta_a B_a \,|\, \Theta_a \in \mathbb{R}\}.$$

Die Gell-Mann-Matrizen erfüllen die Vertauschungsrelationen

$$\left[\frac{\lambda_a}{2}, \frac{\lambda_b}{2}\right] = \mathrm{i}\, f_{abc}\,\frac{\lambda_c}{2}, \tag{5.11}$$

wobei die Strukturkonstanten f_{abc} sich mithilfe von (5.9c) zu

$$f_{abc} = \frac{1}{4\mathrm{i}}\mathrm{Sp}([\lambda_a, \lambda_b]\lambda_c) \tag{5.12}$$

bestimmen lassen (siehe Aufgabe 5.12). Die f_{abc} sind reell und antisymmetrisch bzgl. der Vertauschung zweier beliebiger Indizes. Die Werte der unabhängigen, nichtverschwindenden Strukturkonstanten sind in Tab. 5.3 zusammengefasst. Wir weisen darauf hin, dass die Werte der Strukturkonstanten sich auf eine konkrete Basis beziehen.

Tab. 5.3 Vollständig antisymmetrische, nichtverschwindende Strukturkonstanten der Lie-Algebra su(3) bzgl. der Gell-Mann-Matrizen als Basis

abc	123	147	156	246	257	345	367	458	678
f_{abc}	1	$\frac{1}{2}$	$-\frac{1}{2}$	$\frac{1}{2}$	$\frac{1}{2}$	$\frac{1}{2}$	$-\frac{1}{2}$	$\frac{1}{2}\sqrt{3}$	$\frac{1}{2}\sqrt{3}$

Tab. 5.4 Vollständig symmetrische, nichtverschwindende d-Symbole

abc	118	146	157	228	247	256	338	344
d_{abc}	$\frac{1}{\sqrt{3}}$	$\frac{1}{2}$	$\frac{1}{2}$	$\frac{1}{\sqrt{3}}$	$-\frac{1}{2}$	$\frac{1}{2}$	$\frac{1}{\sqrt{3}}$	$\frac{1}{2}$
abc	355	366	377	448	558	668	778	884
d_{abc}	$\frac{1}{2}$	$-\frac{1}{2}$	$-\frac{1}{2}$	$-\frac{1}{2\sqrt{3}}$	$-\frac{1}{2\sqrt{3}}$	$-\frac{1}{2\sqrt{3}}$	$-\frac{1}{2\sqrt{3}}$	$-\frac{1}{\sqrt{3}}$

Die Antivertauschungsrelationen der Gell-Mann-Matrizen lauten

$$\{\lambda_a, \lambda_b\} = \frac{4}{3}\delta_{ab}\mathbb{1} + 2d_{abc}\lambda_c, \tag{5.13}$$

wobei die vollständig symmetrischen d_{abc} gegeben sind durch (siehe Aufgabe 5.14):

$$d_{abc} = \frac{1}{4}\text{Sp}(\{\lambda_a, \lambda_b\}\lambda_c). \tag{5.14}$$

Eine Zusammenstellung der sog. d-Symbole findet sich in Tab. 5.4. Wir weisen darauf hin, dass der Antikommutator zweier Gell-Mann-Matrizen sich nicht ausschließlich als Linearkombination von Gell-Mann-Matrizen schreiben lässt.

Definition 5.4
Als *Cartan-Algebra* von su(3) bezeichnet man die größte kommutative Lie-Unteralgebra. Sie ist zweidimensional; deshalb existieren zwei miteinander vertauschbare Basismatrizen λ_3 und λ_8. Im Fall der su(N) ist die Cartan-Algebra ($N-1$)-dimensional. ◆

5.4.3 Fundamentaldarstellung 3 und dazu konjugierte Darstellung $\bar{3}$

Wir führen zusätzlich zu den u- und den d-Quarks das sog. s-Quark ein unter der Annahme, dass die starke Wechselwirkung invariant bzgl. SU(3)-Flavortransformationen ist. Es sei X ein dreidimensionaler, komplexer Hilbert-Raum mit der Orthonormalbasis

$$\chi_1 = \begin{pmatrix} 1 \\ 0 \\ 0 \end{pmatrix}, \quad \chi_2 = \begin{pmatrix} 0 \\ 1 \\ 0 \end{pmatrix}, \quad \chi_3 = \begin{pmatrix} 0 \\ 0 \\ 1 \end{pmatrix},$$

die wir als u-, d- bzw. s-Quarkzustände interpretieren. Wir verzichten hier auf eine Tensorschreibweise mit oberen und unteren Spinoren. Für die Fundamentaldarstellung $\varphi_f : \text{SU}(3) \to \text{GL}(X)$ mit $\varphi_f(U) := U$ gilt

$$X \ni q = \begin{pmatrix} \psi_u \\ \psi_d \\ \psi_s \end{pmatrix}, \quad q \mapsto q' = Uq, \quad \text{mit} \quad U \in \text{SU}(3).$$

Die χ_i sind Eigenzustände zu

$$I_{3f} = \Psi_f(\mathrm{i}\,B_3) = \frac{1}{2}\lambda_3 = \begin{pmatrix} \frac{1}{2} & 0 & 0 \\ 0 & -\frac{1}{2} & 0 \\ 0 & 0 & 0 \end{pmatrix},$$

$$Y_f = \Psi_f\left(\mathrm{i}\,\frac{2B_8}{\sqrt{3}}\right) = \frac{1}{\sqrt{3}}\lambda_8 = \begin{pmatrix} \frac{1}{3} & 0 & 0 \\ 0 & \frac{1}{3} & 0 \\ 0 & 0 & -\frac{2}{3} \end{pmatrix},$$

die wir als lineare Operatoren der Fundamentaldarstellung $\Psi_f : \text{su}(3) \to \text{gl}(X)$, $\Psi_f(B) := B$ für alle $B \in \text{su}(3)$, interpretieren. Die Eigenwerte auf den Diagonalen bezeichnen die Isospinprojektionen I_3 und die sog. Hyperladung Y der Quarks. Die Baryonenzahl aller Quarks ist $\frac{1}{3}$, sodass das dreifache Tensorprodukt aus Quarkzuständen zu der Baryonenzahl eins führt.

Die komplex konjugierte Darstellung $\text{SU}(3) \ni U \mapsto U^* : X^* \to X^*$ wirkt auf dem dualen Raum X^*. Wir schreiben die duale Basis in der Form

$$\chi_1^* = \begin{pmatrix} 1 \\ 0 \\ 0 \end{pmatrix} = \bar{u}, \quad \chi_2^* = \begin{pmatrix} 0 \\ 1 \\ 0 \end{pmatrix} = \bar{d}, \quad \chi_3^* = \begin{pmatrix} 0 \\ 0 \\ 1 \end{pmatrix} = \bar{s},$$

die wir als $\bar{u}$-, $\bar{d}$- bzw. $\bar{s}$-Antiquarkzustände interpretieren. Ein beliebiger Antiquarkzustand lautet dann

$$\phi^* = \phi_{\bar{u}}\chi_1^* + \phi_{\bar{d}}\chi_2^* + \phi_{\bar{s}}\chi_3^* = \begin{pmatrix} \phi_{\bar{u}} \\ \phi_{\bar{d}} \\ \phi_{\bar{s}} \end{pmatrix}$$

und transformiert gemäß

$$\phi^* \mapsto U^*\phi^*.$$

Die zur Fundamentaldarstellung duale Darstellung $\Psi_{df} : \text{su}(3) \to \text{gl}(X^*)$ erhält man durch (siehe Aufgabe 5.18):

$$\Psi_{df}(B) := -B^T \ \forall \ B \in \text{su}(3).$$

Insbesondere gilt

$$I_{3df} = \Psi_{df}(\mathrm{i}\,B_3) = \mathrm{i}\,\Psi_{df}(B_3) = \mathrm{i}\,(-)\Psi_f^T(B_3)$$

$$= -\frac{1}{2}\lambda_3^T = -\frac{1}{2}\lambda_3 = \begin{pmatrix} -\frac{1}{2} & 0 & 0 \\ 0 & \frac{1}{2} & 0 \\ 0 & 0 & 0 \end{pmatrix},$$

$$Y_{df} = \Psi_{df}\left(\mathrm{i}\,\frac{2B_8}{\sqrt{3}}\right) = -\frac{2\mathrm{i}}{\sqrt{3}}\Psi_f^T(B_8)$$

$$= -\frac{1}{\sqrt{3}}\lambda_8^T = -\frac{1}{\sqrt{3}}\lambda_8 = \begin{pmatrix} -\frac{1}{3} & 0 & 0 \\ 0 & -\frac{1}{3} & 0 \\ 0 & 0 & \frac{2}{3} \end{pmatrix}.$$

Die Eigenwerte auf den Diagonalen bezeichnen die Isospinprojektionen I_3 und die Hyperladung Y der Antiquarks.

Salopp zusammengefasst, verwenden wir für die Fundamentaldarstellung die Matrizen

$$\frac{\lambda_a}{2}$$

und für die dazu duale Darstellung

$$-\frac{\lambda_a^T}{2}.$$

Definition 5.5 (Gewicht)
Für eine beliebige Darstellung Ψ heißen die Eigenwertpaare (I_3, Y) die *Gewichte* von Ψ. ◆

Definition 5.6 (Gewichtsdiagramm)
Das *Gewichtsdiagramm* einer Darstellung ist eine grafische Darstellung der Gewichte in einem (I_3, Y)-Koordinatensystem. Äquivalente Darstellungen besitzen die gleichen Gewichtsdiagramme. ◆

Beispiel 5.12
Die Gewichtsdiagramme des Quark- und des Antiquarktripletts sind durch Spiegelung am Ursprung miteinander verknüpft (siehe Abb. 5.5). ■

5.4.4 Grafische Konstruktion

Ähnlich wie im Falle der SU(2) lassen sich Produktdarstellungen aus der Fundamentaldarstellung **3** und der dazu konjugierten Darstellung **3̄** durch Überlagerung der Multipletts bilden. Wegen der Additivität der Quantenzahlen I_3 und Y muss man dazu das zweite Multiplett jeweils mit dem Punkt $(I_3, Y) = (0, 0)$ über jeden

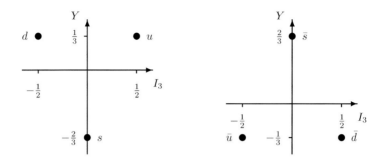

Abb. 5.5 Gewichtsdiagramme des Quarktripletts und des Antiquarktripletts

einzelnen Punkt des ersten Multipletts legen und erhält damit die entsprechenden zusammengesetzten Zustände.

1. Ausgedrückt durch die Dimensionen gilt $\mathbf{3} \otimes \mathbf{3} = \mathbf{6} \oplus \bar{\mathbf{3}}$:

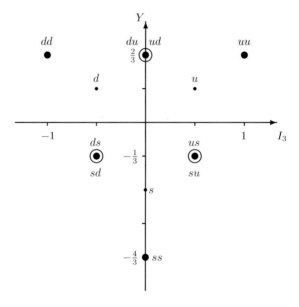

In der Figur ist das erste Multiplett (u, d, s) durch die kleinen gefüllten Kreise gekennzeichnet, und die Zustände des Produkts sind durch die großen gefüllten Kreise sowie die Kreisringe gekennzeichnet. In Analogie zur Konstruktion der Isospinzustände zu $I = 1$ und $I = 0$ in Beispiel 5.9 sind die Zustände des Sextetts $\mathbf{6}$ symmetrisch und die des Antitripletts $\bar{\mathbf{3}}$ antisymmetrisch unter der

Vertauschung zweier Quarks. Ganz konkret gilt für die Zustände des Sextetts **6**:

$$I = 1, Y = \frac{2}{3} :$$

	uu	$\frac{1}{\sqrt{2}}(ud + du)$	dd
I_3	1	0	-1

$$I = \frac{1}{2}, Y = -\frac{1}{3} :$$

	$\frac{1}{\sqrt{2}}(us + su)$	$\frac{1}{\sqrt{2}}(ds + sd)$
I_3	$\frac{1}{2}$	$-\frac{1}{2}$

$$I = 0, Y = -\frac{4}{3} :$$

	ss
I_3	0

Entsprechend gilt für die Zustände des Antitripletts **$\bar{3}$**:

$$I = \frac{1}{2}, Y = -\frac{1}{3} :$$

	$\frac{1}{\sqrt{2}}(us - su)$	$\frac{1}{\sqrt{2}}(ds - sd)$
I_3	$\frac{1}{2}$	$-\frac{1}{2}$

$$I = 0, Y = \frac{2}{3} :$$

	$\frac{1}{\sqrt{2}}(ud - du)$
I_3	0

2. Anmerkung: Die Gewichtsdiagramme irreduzibler Darstellungen (α, β) besitzen die folgende Eigenschaft: Die Punkte am Rand sind einfach besetzt. In der nächst-inneren Schicht sind die Punkte zweifach besetzt usw.

   (a) Für $\alpha = \beta$ endet das Verfahren im Ursprung, der $(\alpha + 1)$-fach besetzt ist.

   (b) Für $\alpha \neq \beta$ bricht das Verfahren ab, sobald eine Dreiecksform erreicht ist. Für $\alpha > \beta$ sind die Punkte des Dreiecks (Rand und Inneres) jeweils $(\beta + 1)$-fach besetzt [$(\alpha + 1)$-fach für $\beta > \alpha$].

3. **$3 \otimes \bar{3} = 8 \oplus 1$**:

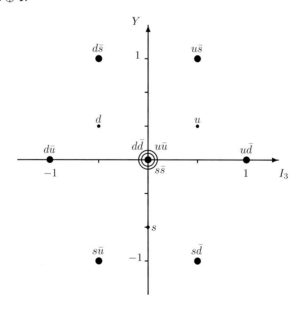

4. $\mathbf{6} \otimes \mathbf{3} = \mathbf{10} \oplus \mathbf{8}$ (siehe Aufgabe 5.19).
5. $(\mathbf{3} \otimes \mathbf{3}) \otimes \mathbf{3} = (\mathbf{6} \oplus \bar{\mathbf{3}}) \otimes \mathbf{3} = \mathbf{10} \oplus \mathbf{8} \oplus \mathbf{8} \oplus \mathbf{1}$ (siehe Aufgabe 5.19).

5.4.5 *T-, U-* und *V*-Spin

Es sei $F_a := \lambda_a/2$, wobei λ_a $(a = 1, \ldots, 8)$ die Gell-Mann-Matrizen sind. Wir definieren

$$T_3 := F_3 = \begin{pmatrix} \frac{1}{2} & 0 & 0 \\ 0 & -\frac{1}{2} & 0 \\ 0 & 0 & 0 \end{pmatrix},$$

$$T_+ := F_1 + \mathrm{i}\, F_2 = \begin{pmatrix} 0 & 1 & 0 \\ 0 & 0 & 0 \\ 0 & 0 & 0 \end{pmatrix}, \qquad T_- := F_1 - \mathrm{i}\, F_2 = \begin{pmatrix} 0 & 0 & 0 \\ 1 & 0 & 0 \\ 0 & 0 & 0 \end{pmatrix}.$$

Im Folgenden schreiben wir T_{3f} anstelle von $\Psi_f(F_3)$ und $|u\rangle$ für χ_1 usw. In der Fundamentaldarstellung sind die Quarks Eigenzustände zu T_{3f} mit

$$T_{3f}|u\rangle = \frac{1}{2}|u\rangle, \quad T_{3f}|d\rangle = -\frac{1}{2}|d\rangle, \quad T_{3f}|s\rangle = 0.$$

Die Operatoren $T_{\pm f}$ wirken gemäß

$$T_{+f}|u\rangle = 0, \quad T_{+f}|d\rangle = |u\rangle, \quad T_{+f}|s\rangle = 0$$

und

$$T_{-f}|u\rangle = |d\rangle, \quad T_{-f}|d\rangle = 0, \quad T_{-f}|s\rangle = 0.$$

In einem (T_3, Y)-Diagramm verschieben die (Darstellungen der) Operatoren $T_\pm$ parallel zur T_3-Achse und vernichten die Zustände an den entsprechenden äußeren Enden.

Für den Hyperladungsoperator gilt

$$Y := \frac{2}{\sqrt{3}} F_8 = \begin{pmatrix} \frac{1}{3} & 0 & 0 \\ 0 & \frac{1}{3} & 0 \\ 0 & 0 & -\frac{2}{3} \end{pmatrix}, \tag{5.15}$$

mit

$$Y_f|u\rangle = \frac{1}{3}|u\rangle, \quad Y_f|d\rangle = \frac{1}{3}|d\rangle, \quad Y_f|s\rangle = -\frac{2}{3}|s\rangle.$$

Des Weiteren definieren wir

$$U_+ := F_6 + \mathrm{i}\, F_7 = \begin{pmatrix} 0 & 0 & 0 \\ 0 & 0 & 1 \\ 0 & 0 & 0 \end{pmatrix}, \qquad U_- := F_6 - \mathrm{i}\, F_7 = \begin{pmatrix} 0 & 0 & 0 \\ 0 & 0 & 0 \\ 0 & 1 & 0 \end{pmatrix},$$

mit der Wirkung in der Fundamentaldarstellung

$$U_{+f}|u\rangle = 0, \quad U_{+f}|d\rangle = 0, \quad U_{+f}|s\rangle = |d\rangle$$

und

$$U_{-f}|u\rangle = 0, \quad U_{-f}|d\rangle = |s\rangle, \quad U_{-f}|s\rangle = 0.$$

Schließlich betrachten wir noch

$$V_+ := F_4 + \mathrm{i}\, F_5 = \begin{pmatrix} 0 & 0 & 1 \\ 0 & 0 & 0 \\ 0 & 0 & 0 \end{pmatrix}, \qquad V_- := F_4 - \mathrm{i}\, F_5 = \begin{pmatrix} 0 & 0 & 0 \\ 0 & 0 & 0 \\ 1 & 0 & 0 \end{pmatrix},$$

mit der Wirkung in der Fundamentaldarstellung

$$V_{+f}|u\rangle = 0, \quad V_{+f}|d\rangle = 0, \quad V_{+f}|s\rangle = |u\rangle$$

und

$$V_{-f}|u\rangle = |s\rangle, \quad V_{-f}|d\rangle = 0, \quad V_{-f}|s\rangle = 0.$$

Der Vollständigkeit halber definieren wir auch

$$U_3 := \frac{3}{4}Y - \frac{1}{2}T_3 = \begin{pmatrix} \frac{1}{4} & 0 & 0 \\ 0 & \frac{1}{4} & 0 \\ 0 & 0 & -\frac{1}{2} \end{pmatrix} - \begin{pmatrix} \frac{1}{4} & 0 & 0 \\ 0 & -\frac{1}{4} & 0 \\ 0 & 0 & 0 \end{pmatrix} = \begin{pmatrix} 0 & 0 & 0 \\ 0 & \frac{1}{2} & 0 \\ 0 & 0 & -\frac{1}{2} \end{pmatrix},$$

$$V_3 := \frac{3}{4}Y + \frac{1}{2}T_3 = \begin{pmatrix} \frac{1}{4} & 0 & 0 \\ 0 & \frac{1}{4} & 0 \\ 0 & 0 & -\frac{1}{2} \end{pmatrix} + \begin{pmatrix} \frac{1}{4} & 0 & 0 \\ 0 & -\frac{1}{4} & 0 \\ 0 & 0 & 0 \end{pmatrix} = \begin{pmatrix} \frac{1}{2} & 0 & 0 \\ 0 & 0 & 0 \\ 0 & 0 & -\frac{1}{2} \end{pmatrix},$$

wobei die Eigenwerte der Quarks jeweils wieder auf der Diagonalen stehen.

Abb. 5.6 Wirkung der T-, U- und V-Spin-Operatoren in der Fundamentaldarstellung

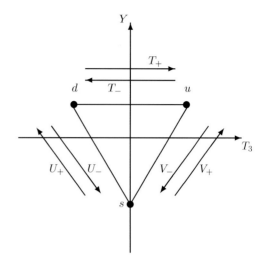

In einem (T_3, Y)-Diagramm, in dem die Y-Achse im Vergleich zur T_3-Achse um den Faktor $\sin(60°) = \sqrt{3}/2 \approx 0{,}87$ skaliert ist, verschieben die Operatoren $T_{\pm}$ parallel zur T_3-Achse und die Operatoren $V_{\pm}$ und $U_{\pm}$ parallel zu Achsen, die durch Drehungen um $60°$ bzw. $120°$ um den Ursprung aus der T_3-Achse hervorgehen. Die Wirkung der T-, U- und V-Spin-Operatoren in der Fundamentaldarstellung ist in Abb. 5.6 dargestellt. Eine schematische Darstellung der Wirkung der T-, U- und V-Spin-Operatoren in einer beliebigen Darstellung findet sich in Abb. 5.7. Wegen der SU(2)-Vertauschungsrelationen spricht man auch vom T-, U- und V-Spin (siehe Aufgabe 5.20). Anschaulich gesprochen repräsentieren T-, U- und V-Spin verschiedene Möglichkeiten, die Gruppe SU(2) als Untergruppe von SU(3) zu realisieren. So bilden die Paare (u, d), (d, s) und (u, s) jeweils T-Spin-, U-Spin- bzw. V-Spin-Dubletts und s, u und d jeweils T-Spin-, U-Spin- bzw. V-Spin-Singuletts.

Abb. 5.7 Schematische Darstellung der Wirkung der T-, U- und V-Spin-Operatoren in einer beliebigen Darstellung

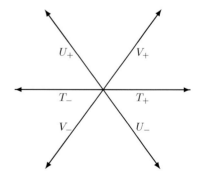

Für die duale Darstellung zur Beschreibung der Antiquarks definieren wir analog

$$T_{3df} = \Psi_{df}(F_3) = -\frac{\lambda_3^T}{2} = -\frac{\lambda_3}{2},$$

$$T_{\pm df} = \Psi_{df}(F_1 \pm i\, F_2) = \Psi_{df}(F_1) \pm i\, \Psi_{df}(F_2)$$

$$= -\frac{\lambda_1^T}{2} \pm i\left(\frac{-\lambda_2^T}{2}\right) = -\frac{\lambda_1}{2} \pm i\frac{\lambda_2}{2}$$

$$= \begin{cases} \begin{pmatrix} 0 & 0 & 0 \\ -1 & 0 & 0 \\ 0 & 0 & 0 \end{pmatrix} \\ \begin{pmatrix} 0 & -1 & 0 \\ 0 & 0 & 0 \\ 0 & 0 & 0 \end{pmatrix} \end{cases}$$

usw.

Die Matrizen der dualen Darstellung ergeben sich demnach aus denjenigen der Fundamentaldarstellung durch Transposition und Multiplikation mit einem Gesamtvorzeichen (siehe Abschn. 5.4.3).

Die Wirkung auf die Antiquarkzustände,

$$|\bar{u}\rangle = \chi_1^* = \begin{pmatrix} 1 \\ 0 \\ 0 \end{pmatrix}, \quad |\bar{d}\rangle = \chi_2^* = \begin{pmatrix} 0 \\ 1 \\ 0 \end{pmatrix}, \quad |\bar{s}\rangle = \chi_3^* = \begin{pmatrix} 0 \\ 0 \\ 1 \end{pmatrix},$$

lautet

$$T_{3df}|\bar{u}\rangle = -\frac{1}{2}|\bar{u}\rangle, \quad T_{3df}|\bar{d}\rangle = \frac{1}{2}|\bar{d}\rangle, \quad T_{3df}|\bar{s}\rangle = 0,$$

$$T_{+df}|\bar{u}\rangle = \begin{pmatrix} 0 & 0 & 0 \\ -1 & 0 & 0 \\ 0 & 0 & 0 \end{pmatrix}\begin{pmatrix} 1 \\ 0 \\ 0 \end{pmatrix} = \begin{pmatrix} 0 \\ -1 \\ 0 \end{pmatrix} = -|\bar{d}\rangle,$$

$$T_{+df}|\bar{d}\rangle = 0,$$
$$T_{+df}|\bar{s}\rangle = 0,$$
$$T_{-df}|\bar{u}\rangle = 0,$$

$$T_{-df}|\bar{d}\rangle = \begin{pmatrix} 0 & -1 & 0 \\ 0 & 0 & 0 \\ 0 & 0 & 0 \end{pmatrix}\begin{pmatrix} 0 \\ 1 \\ 0 \end{pmatrix} = \begin{pmatrix} -1 \\ 0 \\ 0 \end{pmatrix} = -|\bar{u}\rangle,$$

$$T_{-df}|\bar{s}\rangle = 0.$$

Der Rest wird in Aufgabe 5.21 bestimmt.

Vorsicht: Mit der obigen Vorzeichenkonvention erfüllen die Antiquarkzustände nicht die Condon-Shortley-Konvention.

Als Anwendung wollen wir jeweils ein Beispiel für Baryonen und für Mesonen diskutieren. In Beispiel 5.9 haben wir die aus u- und d-Quarks zusammengesetzten Isospinzustände des Nukleons konstruiert. Wenn wir z. B. den gemischtsymmetrischen Anteil für das Proton betrachten,

$$|p\rangle_{M,S} = \frac{1}{\sqrt{6}}(2uud - udu - duu),$$

so ergibt sich durch die Anwendung von V_- der entsprechende Anteil des Σ^0-Zustands:

$$|\Sigma^0\rangle_{M,S} = \frac{1}{\sqrt{2}}V_-|p\rangle_{M,S} = \frac{1}{2\sqrt{3}}V_-(2uud - udu - duu)$$
$$= \frac{1}{2\sqrt{3}}(2sud + 2usd - sdu - uds - dsu - dus).$$

Schließlich betrachten wir die Wirkung von T_- auf den Zustand $|\pi^+\rangle = |u\rangle \otimes |\bar{d}\rangle$:

$$\sqrt{2}|\pi^0\rangle \overset{\text{salopp}}{=} T_-(u\bar{d})$$
$$\overset{\text{sauber}}{=} (T_{-f} \otimes \mathbb{1} + \mathbb{1} \otimes T_{-df})|u\rangle \otimes |\bar{d}\rangle$$
$$= T_{-f}|u\rangle \otimes \mathbb{1}|\bar{d}\rangle + \mathbb{1}|u\rangle \otimes T_{-df}|\bar{d}\rangle$$
$$= |d\rangle \otimes |\bar{d}\rangle - |u\rangle \otimes |\bar{u}\rangle,$$

d. h.

$$|\pi^0\rangle = \frac{1}{\sqrt{2}}(|d\rangle \otimes |\bar{d}\rangle - |u\rangle \otimes |\bar{u}\rangle).$$

Anmerkung Beim Verschieben innerhalb eines Multipletts mithilfe der (Darstellungen der) Schiebeoperatoren $T_\pm$ usw. hängt das Vorzeichen des Resultats im Allg. von der Wahl des Weges ab. Als Illustration betrachten wir

$$U_{+df}|\bar{d}\rangle = -|\bar{s}\rangle,$$
$$V_{+df}T_{-df}|\bar{d}\rangle = V_{+df}(-|\bar{u}\rangle) = |\bar{s}\rangle.$$

5.5 SU(N)-Multipletts und Young-Diagramme

In diesem Abschnitt wollen wir ein Verfahren zur Verfügung stellen, das es uns erlaubt, verschiedene Multipletts miteinander zu koppeln und die zugehörigen inneren Tensorproduktdartellungen in eine direkte Summe irreduzibler Darstellungen zu zerlegen [siehe z. B. Wohl (2014)].

Zunächst rufen wir uns folgende Begriffe und Eigenschaften in Erinnerung:

1. Ein SU(N)-Multiplett ist eine Orthonormalbasis des Trägerraums einer irreduziblen Darstellung der Gruppe SU(N).
2. Für einen Hamilton-Operator H, der invariant bzgl. SU(N) ist, $[H, U] = 0$, sind die Zustände eines Multipletts Eigenzustände zu H mit demselben Eigenwert.[11]

5.5.1 Bezeichnung von SU(N)-Multipletts

Ein SU(N)-Multiplett ist eindeutig durch ein $(N-1)$-Tupel $(\alpha, \beta, \ldots)$ mit Komponenten in $\mathbb{N}_0$ bestimmt. Für SU(2) und SU(3) gibt es eine einfache geometrische Deutung für die Einträge.

- Für ein SU(2)-Multiplett bezeichnet α die Anzahl der Schritte vom einen zum anderen Ende des Multipletts. Die Anzahl der Zustände in einem Multiplett ist somit $N(\alpha) = \alpha + 1$ (siehe Multipletts in Abschn. 5.3).
- Für SU(3) bezeichnen α und β die Anzahl der Schritte in horizontaler Richtung am oberen und am unteren Ende eines Gewichtsdiagramms (siehe Definition 5.6). Die folgenden Beispiele sollen dies verdeutlichen.
  a) Singulett (0,0):

  b) Triplett (1,0):

  c) Konjugiertes Triplett (0,1):

  d) Oktett (1,1):

---

[11] Eine Ausnahme bilden Systeme, die eine spontane Symmetriebrechung erfahren. Genau genommen ist die Symmetriegruppe des Grundzustands verantwortlich für die Multiplettstruktur [siehe Coleman (1966)].

e) Dekuplett (3,0):

- Ganz allgemein wird ein SU(N)-Singulett durch das ($N-1$)-Tupel $(0,0,\ldots)$ beschrieben.
- In einer Flavor-SU(N) bilden die N Quarks das $(1,0,0,\ldots)$-Multiplett und die N Antiquarks das $(0,0,\ldots,1)$-Multiplett.
- Konjugierte Multipletts sind miteinander durch eine Umkehrung der Reihenfolge der Komponenten in den ($N-1$)-Tupeln verknüpft: $(\alpha,\beta,\ldots) \leftrightarrow (\ldots,\beta,\alpha)$. Beispielsweise bilden in SU(3) das Quarktriplett $(1,0)$ und das Antiquarktriplett $(0,1)$ konjugierte Multipletts.

5.5.2   Anzahl von Zuständen in einem SU(N)-Multiplett

Für die Anzahl von Zuständen in einem SU(N)-Multiplett gilt in

$$\text{SU(2)}: \quad N(\alpha) = \frac{\alpha+1}{1},$$

$$\text{SU(3)}: \quad N(\alpha,\beta) = \frac{\alpha+1}{1}\frac{\beta+1}{1}\frac{\alpha+\beta+2}{2},$$

$$\text{SU(4)}: \quad N(\alpha,\beta,\gamma) = \frac{\alpha+1}{1}\frac{\beta+1}{1}\frac{\gamma+1}{1}\frac{\alpha+\beta+2}{2}\frac{\beta+\gamma+2}{2}$$
$$\cdot \frac{\alpha+\beta+\gamma+3}{3},$$

$$\text{SU(5)}: \quad N(\alpha,\beta,\gamma,\delta) = \frac{\alpha+1}{1}\frac{\beta+1}{1}\frac{\gamma+1}{1}\frac{\delta+1}{1}$$
$$\cdot \frac{\alpha+\beta+2}{2}\frac{\beta+\gamma+2}{2}\frac{\gamma+\delta+2}{2}$$
$$\cdot \frac{\alpha+\beta+\gamma+3}{3}\frac{\beta+\gamma+\delta+3}{3}$$
$$\cdot \frac{\alpha+\beta+\gamma+\delta+4}{4}$$

usw.

Anmerkungen

1. Es treten nur Sequenzen direkt aufeinanderfolgender Komponenten der ($N-1$)-Tupel auf.
2. Ein Multiplett besitzt dieselbe Anzahl von Zuständen wie sein konjugiertes Multiplett: $N(\alpha,\beta,\ldots) = N(\ldots,\beta,\alpha)$. Um dies zu sehen, invertiere man in jedem

Block die Reihenfolge der Faktoren und in jedem Faktor die Reihenfolge der Komponenten. Zur Illustration betrachten wir

$$
\begin{aligned}
N(\alpha, \beta, \gamma) \\
&= \frac{\alpha+1}{1} \frac{\beta+1}{1} \frac{\gamma+1}{1} \frac{\alpha+\beta+2}{2} \frac{\beta+\gamma+2}{2} \frac{\alpha+\beta+\gamma+3}{3} \\
&= \frac{\gamma+1}{1} \frac{\beta+1}{1} \frac{\alpha+1}{1} \frac{\gamma+\beta+2}{2} \frac{\beta+\alpha+2}{2} \frac{\gamma+\beta+\alpha+3}{3} \\
&= N(\gamma, \beta, \alpha).
\end{aligned}
$$

3. Verschiedene (nicht konjugierte) Multipletts können dieselbe Anzahl von Zuständen besitzen. Als Beispiel dienen zwei SU(4)-Multipletts:

$$
N(3,0,0) = 4 \cdot 1 \cdot 1 \cdot \frac{5}{2} \cdot \frac{2}{2} \cdot \frac{6}{3} = 20,
$$

$$
N(1,1,0) = 2 \cdot 2 \cdot 1 \cdot \frac{4}{2} \cdot \frac{3}{2} \cdot \frac{5}{3} = 20.
$$

5.5.3 Tensordarstellung der Permutationsgruppe S_n

Im Folgenden wollen wir die Kopplung von SU(N)-Multipletts im Sinne einer inneren Tensorproduktdarstellung mit einer anschließenden Zerlegung in eine direkte Summe betrachten. In diesem Zusammenhang wird sich die Betrachtung von Symmetrieeigenschaften bzgl. der Permutationsgruppe S_n (siehe Beispiel 1.9) als sehr hilfreich erweisen.

Definition 5.7
Es sei X ein q-dimensionaler, komplexer Hilbert-Raum mit der Orthonormalbasis $\{e_1, \ldots, e_q\}$. Dann bilden die Vektoren

$$
e_{i_1 \ldots i_n} := e_{i_1} \otimes \ldots \otimes e_{i_n}, \quad i_1, \ldots, i_n = 1, \ldots, q,
$$

eine Orthonormalbasis im Tensorprodukt

$$
Z := \underbrace{X \otimes \ldots \otimes X}_{n\ \text{Faktoren}},
$$

mit

$$
Z \ni z = t^{i_1 \ldots i_n} e_{i_1 \ldots i_n} \quad \text{(Einstein'sche Summenkonvention)}.
$$

Jeder Permutation $\pi \in S_n$,

$$
\pi = \begin{pmatrix} 1 & 2 & \ldots & n \\ p_1 & p_2 & \ldots & p_n \end{pmatrix}, \quad \pi^{-1} = \begin{pmatrix} p_1 & p_2 & \ldots & p_n \\ 1 & 2 & \ldots & n \end{pmatrix},
$$

ordnen wir einen linearen Operator $\varphi_\pi : Z \to Z$ zu, mit

$$\varphi_\pi(z) = \varphi_\pi(t^{i_1\ldots i_n} e_{i_1\ldots i_n}) := t^{\pi(i_1\ldots i_n)} e_{i_1\ldots i_n}$$
$$= t^{i_{p_1}\ldots i_{p_n}} e_{i_1\ldots i_n} = t^{i_1\ldots i_n} e_{\pi^{-1}(i_1\ldots i_n)}.$$

φ_π entspricht der Permutation der Indizes von $t^{i_1\ldots i_n}$ nach $t^{i_{p_1}\ldots i_{p_n}}$.   ◆

Anmerkung Manche Bücher wählen als alternative Konvention eine Permutation der Basisvektoren. Der Unterschied ist analog zur Darstellung von Drehungen als aktive Drehungen („Drehen des Gegenstands") im Unterschied zu passiven Drehungen („Drehen des Koordinatensystems") (siehe Beispiel 1.14).

Beispiel 5.13
Um uns mit der Wirkung der Tensordarstellung der Permutationsgruppe aus Definition 5.7 vertraut zu machen, betrachten wir

- $n = 3$ zur Beschreibung eines Baryons,
- $q = 3$ zur Beschreibung des SU(3)-Flavors der drei leichten Quarks.

Es sei

$$z_1 = t_1^{ijk} e_{ijk} \overset{!}{=} udu, \quad \text{d.h.} \quad t_1^{121} = 1, \quad t_1^{ijk} = 0 \quad \text{sonst},$$
$$z_2 = t_2^{ijk} e_{ijk} \overset{!}{=} uds, \quad \text{d.h.} \quad t_2^{123} = 1, \quad t_2^{ijk} = 0 \quad \text{sonst}.$$

Wir betrachten die Permutation

$$\pi = \begin{pmatrix} 1 & 2 & 3 \\ 3 & 1 & 2 \end{pmatrix}, \quad \pi^{-1} = \begin{pmatrix} 1 & 2 & 3 \\ 2 & 3 & 1 \end{pmatrix}.$$

Die Anwendung der Darstellung auf die z_i ergibt

$$\varphi_\pi(udu) = \varphi_\pi(z_1) = t_1^{kij} e_{ijk} = t_1^{121} e_{211} = duu = t_1^{ijk} e_{jki},$$
$$\varphi_\pi(uds) = \varphi_\pi(z_2) = t_2^{kij} e_{ijk} = t_2^{123} e_{231} = dsu = t_2^{ijk} e_{jki}.$$

Anschaulich lässt sich die Wirkung der Permutation π folgendermaßen beschreiben: Die Quarks aus den Positionen 1, 2 und 3 kommen entsprechend in die Positionen 3, 1 und 2. Entsprechend lautet die Verallgemeinerung für eine Permutation $\pi \in S_n$:

$$\pi = \begin{pmatrix} 1 & \ldots & n \\ p_1 & \ldots & p_n \end{pmatrix}.$$

Die Quarks aus den Positionen $1, \ldots, n$ befinden sich nach der Anwendung von φ_π in den Positionen $p_1, \ldots, p_n$.   ■

Nun wollen wir ein grafisches Verfahren beschreiben, das von den Symmetrieeigenschaften unter der Vertauschung von Positionen Gebrauch macht. Dazu benötigen wir einige vorbereitende Definitionen.

Definition 5.8 (Young-Rahmen)
Jeder Zerlegung

$$n = n_1 + \ldots + n_k$$

mit natürlichen Zahlen

$$n_1 \geq n_2 \geq \ldots \geq n_k \geq 1$$

ordnen wir einen sog. *Young-Rahmen* der folgenden Form zu:

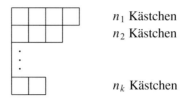

n_1 Kästchen
n_2 Kästchen

n_k Kästchen   ◆

Definition 5.9 (Standardtableau)
Ein *Standardtableau* ergibt sich, indem man die Kästchen mit den Zahlen 1 bis n belegt, unter Berücksichtigung folgender Regeln:

1. Es dürfen keine Wiederholungen auftreten;
2. die Nummerierung steigt in den Zeilen von links nach rechts und in den Spalten von oben nach unten.

Als *Gewicht g* eines Young-Rahmens bezeichnet man die Anzahl der zugehörigen Standardtableaus.   ◆

Beispiel 5.14
1. $n = 2$: Young-Rahmen

$$2 = 1 + 1 : \quad \boxed{\begin{array}{c} \\ \end{array}}$$

$$2 = 2 : \quad \boxed{}$$

mit den zugehörigen Standardtableaus

$$\boxed{\begin{array}{c} 1 \\ 2 \end{array}} \quad g = 1,$$

$$\boxed{1\,2} \quad g = 1.$$

2. $n = 3$: Young-Rahmen

$$3 = 1 + 1 + 1 : \quad \boxed{\begin{array}{c} \\ \\ \end{array}}$$

$$3 = 2 + 1 : \quad \boxed{}$$

$$3 = 3 : \quad \boxed{}$$

mit den Standardtableaus

$$\begin{array}{c}\boxed{\begin{array}{c}1\\2\\3\end{array}}\end{array} \quad g=1,$$

$$\boxed{\begin{array}{cc}1&2\end{array}}\;\boxed{3} \quad \boxed{\begin{array}{cc}1&3\end{array}}\;\boxed{2} \quad g=2,$$

$$\boxed{\begin{array}{ccc}1&2&3\end{array}} \quad g=1.$$

3. $n = 4$: Siehe Aufgabe 5.22.   ∎

Definition 5.10 (Young-Operator)
Mithilfe der Standardtableaus und der Gewichte eines Young-Rahmens definieren
wir nun *Young-Operatoren* oder *Projektionsoperatoren* auf dem Tensorprodukt
$Z := X \otimes \ldots \otimes X$ (n Faktoren). Wir bezeichnen die Standardtableaus mit
$T_1, \ldots, T_M$ und betrachten für ein gegebenes Standardtableau T_j die Wirkung aller
Permutationen aus S_n auf das Standardtableau. Dazu sortieren wir die Permutationen nach folgender Eigenschaft:

• Die Menge H_j (für horizontal) besteht aus allen Permutationen, bei denen jede
  Zeile des neuen Tableaus eine Permutation derselben Zeile des ursprünglichen
  Standardtableaus ist.
• Die Menge V_j (für vertikal) besteht aus allen Permutationen, bei denen jede
  Spalte des neuen Tableaus eine Permutation derselben Spalte des ursprünglichen
  Standardtableaus ist.

Für eine gegebene Permutation π und ein gegebenes Standardtableau T_j sind folgende Möglichkeiten denkbar:

1. $(\pi \in H_j) \wedge (\pi \in V_j)$,
2. $(\pi \in H_j) \wedge (\pi \notin V_j)$,
3. $(\pi \notin H_j) \wedge (\pi \in V_j)$,
4. $(\pi \notin H_j) \wedge (\pi \notin V_j)$.

Insbesondere ist es möglich, dass eine Permutation weder zu H_j noch zu V_j gehört.
    Als Illustration der Klassifikation betrachten wir die Permutationen der Gruppe
S_3 (siehe auch Aufgabe 5.23):

$$\pi_1 = \begin{pmatrix} 1 & 2 & 3 \\ 1 & 2 & 3 \end{pmatrix}, \quad \pi_2 = \begin{pmatrix} 1 & 2 & 3 \\ 2 & 1 & 3 \end{pmatrix}, \quad \pi_3 = \begin{pmatrix} 1 & 2 & 3 \\ 3 & 2 & 1 \end{pmatrix},$$

$$\pi_4 = \begin{pmatrix} 1 & 2 & 3 \\ 1 & 3 & 2 \end{pmatrix}, \quad \pi_5 = \begin{pmatrix} 1 & 2 & 3 \\ 2 & 3 & 1 \end{pmatrix}, \quad \pi_6 = \begin{pmatrix} 1 & 2 & 3 \\ 3 & 1 & 2 \end{pmatrix},$$

zusammen mit dem Standardtableau

$$T_2 = \begin{array}{|c|c|} \hline 1 & 2 \\ \hline 3 \\ \cline{1-1} \end{array}$$

Es gilt

$$\begin{array}{|c|c|} \hline 1 & 2 \\ \hline 3 \\ \cline{1-1} \end{array} \xmapsto{\pi_1} \begin{array}{|c|c|} \hline 1 & 2 \\ \hline 3 \\ \cline{1-1} \end{array} \Rightarrow (\pi_1 \in H_2) \wedge (\pi_1 \in V_2),$$

$$\begin{array}{|c|c|} \hline 1 & 2 \\ \hline 3 \\ \cline{1-1} \end{array} \xmapsto{\pi_2} \begin{array}{|c|c|} \hline 2 & 1 \\ \hline 3 \\ \cline{1-1} \end{array} \Rightarrow (\pi_2 \in H_2) \wedge (\pi_2 \notin V_2),$$

$$\begin{array}{|c|c|} \hline 1 & 2 \\ \hline 3 \\ \cline{1-1} \end{array} \xmapsto{\pi_3} \begin{array}{|c|c|} \hline 3 & 2 \\ \hline 1 \\ \cline{1-1} \end{array} \Rightarrow (\pi_3 \notin H_2) \wedge (\pi_3 \in V_2),$$

$$\begin{array}{|c|c|} \hline 1 & 2 \\ \hline 3 \\ \cline{1-1} \end{array} \xmapsto{\pi_4} \begin{array}{|c|c|} \hline 1 & 3 \\ \hline 2 \\ \cline{1-1} \end{array} \Rightarrow (\pi_4 \notin H_2) \wedge (\pi_4 \notin V_2),$$

$$\begin{array}{|c|c|} \hline 1 & 2 \\ \hline 3 \\ \cline{1-1} \end{array} \xmapsto{\pi_5} \begin{array}{|c|c|} \hline 2 & 3 \\ \hline 1 \\ \cline{1-1} \end{array} \Rightarrow (\pi_5 \notin H_2) \wedge (\pi_5 \notin V_2),$$

$$\begin{array}{|c|c|} \hline 1 & 2 \\ \hline 3 \\ \cline{1-1} \end{array} \xmapsto{\pi_6} \begin{array}{|c|c|} \hline 3 & 1 \\ \hline 2 \\ \cline{1-1} \end{array} \Rightarrow (\pi_6 \notin H_2) \wedge (\pi_6 \notin V_2).$$

Jedem T_j ordnen wir einen *Young-Operator*

$$P_j := \frac{g_j}{n!} \left(\sum_{\pi \in V_j} \mathrm{sgn}(\pi) \varphi_\pi \right) \left(\sum_{\pi \in H_j} \varphi_\pi \right)$$

zu. Dabei ist das Vorzeichen einer Permutation, $\mathrm{sgn}(\pi)$, für gerade Permutationen $+1$ und für ungerade Permutationen -1. Jeder Operator $P_j : Z \to Z$ ist ein Projektionsoperator, d. h. es ist $P_j^2 = P_j$.   ◆

Anstelle eines Beweises der Projektoreigenschaft betrachten wir ein einfaches Beispiel (siehe auch Aufgabe 5.23).

Beispiel 5.15
Es sei $n = 2$, d. h.

$$T_1 = \begin{array}{|c|} \hline 1 \\ \hline 2 \\ \hline \end{array} \quad g_1 = 1, \qquad\qquad T_2 = \begin{array}{|c|c|} \hline 1 & 2 \\ \hline \end{array} \quad g_2 = 1.$$

S_2 enthält e und $\pi = (12)$. Wir betrachten zunächst die Wirkung auf T_1:

$$\begin{array}{|c|} \hline 1 \\ \hline 2 \\ \hline \end{array} \xmapsto{e} \begin{array}{|c|} \hline 1 \\ \hline 2 \\ \hline \end{array} \qquad\qquad \begin{array}{|c|} \hline 1 \\ \hline 2 \\ \hline \end{array} \xmapsto{\pi} \begin{array}{|c|} \hline 2 \\ \hline 1 \\ \hline \end{array}$$

Insbesondere gilt für die identische Permutation immer $e \in V_j$ und $e \in H_j$. Wegen $\pi \in V_1$ ergibt sich als Projektionsoperator zu T_1:

$$P_1 = \frac{1}{2!}(I - \varphi_\pi)I = \frac{1}{2}(I - \varphi_\pi).$$

Analog untersuchen wir die Wirkung auf T_2:

$$\boxed{1\,2} \overset{e}{\mapsto} \boxed{1\,2} \qquad\qquad \boxed{1\,2} \overset{\pi}{\mapsto} \boxed{2\,1}$$

d. h. $\pi \in H_2$. Der Projektionsoperator zu T_2 lautet somit

$$P_2 = \frac{1}{2!}I(I + \varphi_\pi) = \frac{1}{2}(I + \varphi_\pi).$$

Für die beiden Operatoren gilt:

1. $P_1 + P_2 = I$.
2. Aus $\varphi_\pi^2 = I$ folgt außerdem

$$P_1^2 = \frac{1}{4}(I - \varphi_\pi)(I - \varphi_\pi) = \frac{1}{2}(I - \varphi_\pi) = P_1,$$

$$P_2^2 = \frac{1}{4}(I + \varphi_\pi)(I + \varphi_\pi) = \frac{1}{2}(I + \varphi_\pi) = P_2,$$

$$P_1 P_2 = \frac{1}{4}(I - \varphi_\pi)(I + \varphi_\pi) = 0,$$

d. h. P_1 und P_2 sind Projektionsoperatoren. Mithilfe dieser Operatoren erhalten wir folgende Zerlegung des Tensorprodukts $Z = X \otimes X$:

$$Z = P_1(Z) \oplus P_2(Z).$$

Wegen

$$\varphi_e(z) = I(z) = t^{ij} e_i \otimes e_j, \qquad \varphi_\pi(z) = t^{ji} e_i \otimes e_j$$

ergibt sich mithilfe der Projektionsoperatoren die Zerlegung eines $z \in Z$ in

$$t^{ij} e_i \otimes e_j = t^{ij} P_1(e_i \otimes e_j) + t^{ij} P_2(e_i \otimes e_j)$$

$$= \underbrace{\frac{1}{2}(t^{ij} - t^{ji})}_{\text{antisymmetrisch}} e_i \otimes e_j + \underbrace{\frac{1}{2}(t^{ij} + t^{ji})}_{\text{symmetrisch}} e_i \otimes e_j. \qquad \blacksquare$$

Produktdarstellungen Wir betrachten die Lie-Gruppen $GL(q, \mathbb{C})$, $SL(q, \mathbb{C})$ und $SU(q)$ sowie die Lie-Algebren $gl(q, \mathbb{C})$, $sl(q, \mathbb{C})$ und $su(q)$. In der Fundamentaldarstellung wirken diese auf dem q-dimensionalen, komplexen Hilbert-Raum $X = LH\{e_1, \dots, e_q\}$ in der Form

$$\left.\begin{array}{l} G \ni A = (a_{ij}) \\ \mathcal{L} \ni A = (a_{ij}) \end{array}\right\} : A(t^j e_j) = e_i A^i{}_j t^j \text{ mit } A^i{}_j = a_{ij}.$$

Für das n-fache Tensorprodukt $Z = X \otimes \ldots \otimes X$ lauten die Produktdarstellungen

1. $\varphi : G \to \mathrm{GL}(Z)$, mit

$$\varphi(A)(e_{i_1} \otimes \ldots \otimes e_{i_n}) := Ae_{i_1} \otimes \ldots \otimes Ae_{i_n} \ \forall \ A \in G,$$

2. $\Psi : \mathcal{L} \to \mathrm{gl}(Z)$, mit

$$\Psi(A)(e_{i_1} \otimes \ldots \otimes e_{i_n}) := \sum_{j=1}^{n} e_{i_1} \otimes \ldots \otimes Ae_{i_j} \otimes \cdots \otimes e_{i_n} \ \forall \ A \in \mathcal{L},$$

wobei $\varphi(A)$ und $\Psi(A)$ komplexe (q^n, q^n)-Matrizen sind.

Wir wollen uns dies anhand der Gruppe SU(2) und ihrer Lie-Algebra su(2) verdeutlichen. In der Physik benutzen wir die Spinoren χ_m mit

$$\chi_{\frac{1}{2}} = \begin{pmatrix} 1 \\ 0 \end{pmatrix} \quad \text{und} \quad \chi_{-\frac{1}{2}} = \begin{pmatrix} 0 \\ 1 \end{pmatrix}.$$

Ein Element U parametrisieren wir mithilfe der Exponentialabbildung

$$\mathrm{SU}(2) \ni U = \exp\left(-\mathrm{i}\,\frac{\vec{\tau} \cdot \vec{\alpha}}{2}\right) = \mathbb{1} + u + O(u^2), \quad \text{mit}$$

$$u = -\mathrm{i}\,\frac{\vec{\tau} \cdot \vec{\alpha}}{2} \in \mathrm{su}(2).$$

Damit gilt:

$$\begin{aligned}
\varphi(U)(\chi_{m_1} \otimes \ldots \otimes \chi_{m_n}) &= U\chi_{m_1} \otimes \ldots \otimes U\chi_{m_n} \\
&= (\mathbb{1} + u + \ldots)\chi_{m_1} \otimes \ldots \otimes (\mathbb{1} + u + \ldots)\chi_{m_n} \\
&= \chi_{m_1} \otimes \ldots \otimes \chi_{m_n} \\
&\quad + \underbrace{u\chi_{m_1} \otimes \ldots \otimes \chi_{m_n} + \ldots + \chi_{m_1} \otimes \ldots \otimes u\chi_{m_n}}_{= \Psi(u)(\chi_{m_1} \otimes \ldots \otimes \chi_{m_n})} \\
&\quad + O(u^2).
\end{aligned}$$

Satz 5.1

(ohne Beweis): Z lässt sich in eine direkte Summe zerlegen,

$$Z = \bigoplus_{j=1}^{M} P_j(Z),$$

wobei M die Anzahl der Standardtableaus für n ist. Jeder der linearen Teilräume $P_j(Z)$ ist irreduzibel bzgl. der Produktdarstellung φ der oben genannten Lie-Gruppen (Produktdarstellung Ψ der oben genannten Lie-Algebren).

Eine Illustration findet sich in Aufgabe 5.23.

Fazit Irreduzible Darstellungen werden mittels der Frage nach den Symmetrieeigenschaften von Zuständen des Tensorproduktraums unter Vertauschung von Indizes konstruiert.

5.5.4 Zusammenhang zwischen Young-Diagrammen und SU(*N*)-Multipletts

Ein Young-Diagramm steht für eine bestimmte Prozedur, einen vorgegebenen SU(N)-Tensor (siehe Definition 5.3) zu symmetrisieren und zu antisymmetrieren, mit dem Resultat, dass ein Tensor entsteht, der sich gemäß einer irreduziblen Darstellung von SU(N) transformiert (siehe Satz 5.1).

Ein *Young-Diagramm* ist eine Anordnung von Kästchen in linksjustierten Zeilen, wobei jede Zeile mindestens so lang wie die darunter liegende ist.

- Der Zusammenhang zwischen der Form eines Young-Diagramms und dem ($N - 1$)-Tupel eines SU(N)-Multipletts lautet folgendermaßen:
  a) Die erste Zeile ist um α Kästchen länger als die zweite Zeile.
  b) Die zweite Zeile ist um β Kästchen länger als die dritte Zeile usw.
  c) Ein SU(N)-Young-Diagramm hat maximal N Zeilen.[12]
  d) Vollständige Spalten mit N Kästchen am linken Rand eines Young-Diagramms können, solange noch etwas übrig bleibt, gestrichen werden, d. h. sie haben keine Bedeutung für die Kennzeichnung eines SU(N)-Multipletts.
- Wir betrachten Beispiele für Young-Diagramme für die Gruppe SU(3):

$$\square \;=\; \begin{array}{c}\square\\\square\end{array} \;=\; (1,0),$$

$$\begin{array}{c}\square\\\square\end{array} \;=\; \begin{array}{cc}\square&\square\\\square&\end{array} \;=\; (0,1),$$

$$\begin{array}{c}\square\\\square\\\square\end{array} \;=\; (0,0),$$

$$\begin{array}{cc}\square&\square\\\square&\end{array} \;=\; \begin{array}{ccc}\square&\square\\\square&\end{array} \;=\; (1,1),$$

$$\begin{array}{ccc}\square&\square&\square\end{array} \;=\; \begin{array}{cccc}\square&\square&\square\\\square&\end{array} \;=\; (3,0).$$

---

[12] Die Spalten eines Diagramms repräsentieren antisymmetrisierte Indizes. Für SU(N) können die Indizes die Werte $1, \ldots, N$ annehmen, und damit können höchstens N Indizes antisymmetrisiert werden.

Hierbei sollte man sich im Zweifelsfall am linken Rand eine vollständige Spalte mit drei Kästchen [für SU(3)] hinzudenken.

- In jeder SU(N) wird das Quark-Multiplett $(1, 0, \ldots)$ durch $\square$ und das Antiquark-Multiplett $(0, \ldots, 1)$ durch

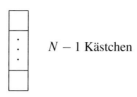

repräsentiert.

Im Folgenden geben wir einen Algorithmus an, der eine grafische Bestimmung der Dimension eines durch ein Young-Diagramm dargestellten SU(N)-Multipletts ermöglicht. Wir illustrieren das Verfahren anhand des Young-Diagramms

1. Als Erstes zeichnen wir den formalen Quotienten aus zwei Kopien des Diagramms:

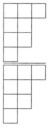

2. Wir betrachten zunächst den Zähler: Dazu beginnen wir in der ersten Zeile links mit N, erhöhen bei jedem Schritt nach rechts um 1 und tragen die zugehörige Zahlenfolge in die Kästchen der ersten Zeile ein. In der zweiten Zeile beginnen wir mit $N-1$ und erhöhen bei jedem Schritt nach rechts um 1 usw.:

N	$N{+}1$	$N{+}2$
$N{-}1$	N	
$N{-}2$	$N{-}1$	
$N{-}3$		

Schließlich bilden wir das Produkt der Einträge.

3. Nun diskutieren wir den Nenner: Für ein gegebenes Kästchen seien n_r die Anzahl der Kästchen rechts davon in derselben Zeile und n_u die Anzahl der Kästchen darunter in derselben Spalte. Wir tragen für jedes Kästchen die Größe $n_r + n_u + 1$ ein,

6	4	1
4	2	
3	1	
1		

und bilden am Ende das Produkt aller Einträge.

4. Die Dimension des Multipletts ergibt sich als Quotient aus dem Produkt des Zählers und dem Produkt des Nenners:

$$\frac{(N+2)(N+1)N^2(N-1)^2(N-2)(N-3)}{6 \cdot 4 \cdot 4 \cdot 3 \cdot 2 \cdot 1 \cdot 1 \cdot 1}.$$

Es sei darauf hingewiesen, dass das Resultat nur für $N \geq 4$ ungleich null ist, weil SU(2)- und SU(3)-Diagramme höchstens zwei bzw. drei Zeilen besitzen. Für $N = 4$ ergibt sich

$$\frac{6 \cdot 5 \cdot 4^2 \cdot 3^2 \cdot 2}{6 \cdot 4^2 \cdot 3 \cdot 2} = 15,$$

was mit der Berechnung mittels $N(\alpha, \beta, \gamma)$ in Abschn. 5.5.2 übereinstimmt:

$$N(1, 0, 1) = 2 \cdot 1 \cdot 2 \cdot \frac{3}{2} \cdot \frac{3}{2} \cdot \frac{5}{3} = 15.$$

5. In Tab. 5.5 tragen wir eine Reihe von Beispielen zusammen, die bei der Beschreibung von Baryonen ($n = 3$) häufig benötigt werden.

5.5.5 Kopplung von Multipletts

Mithilfe der Young-Diagramme lassen sich mehrere Multipletts sequentiell koppeln, d. h. es lässt sich bestimmen, wie die innere Tensorproduktdarstellung zweier irreduzibler Darstellungen in eine direkte Summe irreduzibler Darstellungen zerlegt werden kann. Um das Verfahren vorzustellen, benötigen wir zunächst folgende Definition: Eine Folge a, b, c, ... von Buchstaben heißt zulässig, wenn an jedem Punkt der Folge a mindestens genauso häufig aufgetreten ist wie b, b mindestens genauso häufig wie c usw.

Beispiel: $abcd$, $aabcb$ sind zulässige Buchstabenfolgen, abb oder acb jedoch nicht. Nun wenden wir uns der Beschreibung des Verfahrens zu.

Tab. 5.5 Dimensionen einfacher Young-Multipletts in SU(N)

Young-Diagramm	Dimension SU(2)	SU(3)	SU(6)
▢▢▢	$\frac{2\cdot3\cdot4}{3\cdot2\cdot1} = 4$	$\frac{3\cdot4\cdot5}{3\cdot2\cdot1} = 10$	$\frac{6\cdot7\cdot8}{3\cdot2\cdot1} = 56$
▢▢ / ▢	$\frac{2\cdot3\cdot1}{3\cdot1\cdot1} = 2$	$\frac{3\cdot4\cdot2}{3\cdot1\cdot1} = 8$	$\frac{6\cdot7\cdot5}{3\cdot1\cdot1} = 70$
▢ / ▢	$\frac{2\cdot1\cdot0}{3\cdot2\cdot1} = 0$	$\frac{3\cdot2\cdot1}{3\cdot2\cdot1} = 1$	$\frac{6\cdot5\cdot4}{3\cdot2\cdot1} = 20$

1. Wir zeichnen die Young-Diagramme der beiden Multipletts, wobei im zweiten Diagramm jedes Kästchen der ersten Zeile durch ein a ersetzt wird, jedes Kästchen der zweiten Zeile durch ein b usw.
   Beispiel: Zur Beschreibung der Meson-Meson-, Meson-Baryon- oder Baryon-Baryon-Streuung benötigen wir in SU(3) die innere Tensorproduktdarstellung $\mathbf{8} \otimes \mathbf{8}$, d. h. die Kopplung zweier SU(3)-Multipletts $(1, 1)$:

   Das leere Diagramm bildet in der nun folgenden Konstruktion die linke obere Ecke.
2. Wir fügen die a des zweiten Diagramms zu den rechten Enden der Zeilen des leeren Diagramms hinzu. Dabei gilt es zu berücksichtigen, dass in einer Spalte ein gegebener Buchstabe, hier a, maximal einmal auftreten darf. Außerdem können Spalten nicht länger als N Kästchen sein. Für unser Beispiel ergeben sich die folgenden vier erlaubten Möglichkeiten:

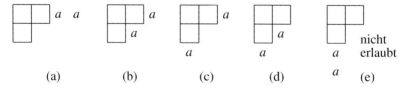

3. Wir wiederholen die Prozedur mit den b unter Berücksichtigung derselben Regeln. Jedes Diagramm, das beim Lesen *von rechts oben nach links unten* nicht zulässige Buchstabenfolgen enthält, wird weggelassen. Ausgehend von (a) ergeben sich die folgenden Muster:

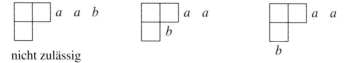

Im Folgenden zeigen wir nur noch die zulässigen Muster. Wir erhalten ausgehend von (b):

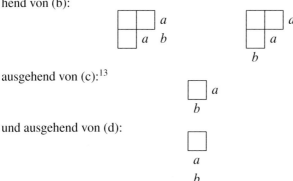

ausgehend von (c):[13]

und ausgehend von (d):

4. Im Falle komplizierterer Multipletts wiederholen wir die Prozedur für die c, d usw.
5. Sollten mithilfe dieses Verfahrens Tableaus mit derselben Form erzeugt werden, dann zählen sie nur dann als verschieden, falls die Buchstaben unterschiedlich verteilt sind.
6. Am Ende können komplette Spalten am linken Rand, d. h. Spalten mit N Kästchen für SU(N), gestrichen werden, solange noch ein Restdiagramm übrig bleibt.

Zur Verdeutlichung diene ein Beispiel aus SU(3):

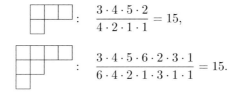

7. Sobald alle Buchstaben verteilt sind, werden diese durch Kästchen ersetzt und die resultierenden Diagramme als direkte Summe aufgeführt.
8. Für unser konkretes Beispiel erhalten wir als Resultat:

$$(1, 1) \otimes (1, 1) = (2, 2) \oplus (3, 0) \oplus (0, 3) \oplus (1, 1) \oplus (1, 1) \oplus (0, 0).$$

Mithilfe der Formel für die Anzahl von Zuständen in einem SU(3)-Multiplett,

$$N(\alpha, \beta) = (\alpha + 1)(\beta + 1)\frac{\alpha + \beta + 2}{2},$$

---

[13] Wir haben bereits eine komplette Spalte am linken Rand gestrichen.

ergibt sich

$$8 \otimes 8 = 3 \cdot 3 \cdot \frac{6}{2} \oplus 4 \cdot 1 \cdot \frac{5}{2} \oplus 1 \cdot 4 \cdot \frac{5}{2} \oplus 2 \cdot 2 \cdot \frac{4}{2} \oplus 2 \cdot 2 \cdot \frac{4}{2} \oplus 1 \cdot 1 \cdot \frac{2}{2}$$

$$= 27 \oplus 10 \oplus \overline{10} \oplus 8 \oplus 8 \oplus 1.$$

Dabei drückt der Strich in $\overline{10}$ aus, dass es sich um das zu $(3, 0)$ konjugierte Multiplett handelt.

Anwendung In Beispiel 4.8 hatten wir gesehen, dass aus der Invarianz des Hamilton-Operators der starken Wechselwirkung, H_{st}, bzgl. der Gruppe SU(2) des Isospins folgt, dass alle physikalischen Prozesse der $\pi\pi$-Streuung sich mithilfe dreier Amplituden beschreiben lassen. Völlig analog folgt jetzt unter der Annahme einer SU(3)-Flavorinvarianz, dass die Oktett-Oktett-Streuung durch 6 Amplituden beschrieben wird.

9. Schließlich betrachten wir noch ein Beispiel in SU(6), das im Rahmen des Quarkmodells seine Anwendung findet (siehe Aufgabe 5.25):

$$6 \otimes 6 \otimes 6 = \frac{6 \cdot 7 \cdot 8}{3 \cdot 2} \oplus 2\frac{6 \cdot 7 \cdot 5}{3} \oplus \frac{6 \cdot 5 \cdot 4}{3 \cdot 2}$$

$$= \underbrace{56}_{S} \oplus \underbrace{70}_{M,S} \oplus \underbrace{70}_{M,A} \oplus \underbrace{20}_{A}.$$

Das Multiplett **56** ist vollständig symmetrisch bzgl. der Vertauschung zweier Quarks. Es beinhaltet sowohl Zustände mit Spin $\frac{3}{2}$ als auch Zustände mit Spin $\frac{1}{2}$. In einer Zerlegung nach Flavor und Spin, SU(3) $\times$ SU(2), ergibt sich

$$56 = \underbrace{10}_{\text{SU(3)-Dekuplett}} \otimes \underbrace{4}_{\text{Spin } \frac{3}{2}} \oplus \underbrace{8}_{\text{SU(3)-Oktett}} \otimes \underbrace{2}_{\text{Spin } \frac{1}{2}}.$$

Das SU(3)-Dekuplett und das Spin-$\frac{3}{2}$-Quadruplett sind jeweils symmetrisch und somit auch das Tensorprodukt. Die verbleibenden 16 Zustände des SU(3)-Oktetts mit Spin $\frac{1}{2}$ entstehen in Analogie zu Beispiel 5.9 als geeignete Linearkombinationen aus Produkten, deren Faktoren gemischte Symmetrien besitzen,

$$\frac{1}{\sqrt{2}}(\; \underbrace{|\phi_{M,S}\rangle}_{\text{SU(3)-Oktett}} \otimes \underbrace{|\chi_{M,S}\rangle}_{\text{SU(2)-Dublett}} + \underbrace{|\phi_{M,A}\rangle}_{\text{SU(3)-Oktett}} \otimes \underbrace{|\chi_{M,A}\rangle}_{\text{SU(2)-Dublett}} \;).$$

Wie im Fall der Nukleonenzustände sind auch die so konstruierten Flavor-Spin-Zustände des Baryonenoktetts vollständig symmetrisch.

Pentaquarks Im Jahr 2003 haben die sog. Pentaquarks für Furore gesorgt [siehe Diakonov et al. (1997), Nakano (2003)]. Auch wenn deren Existenz gegenwärtig

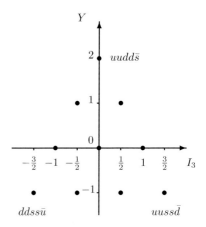

Abb. 5.8 Pentaquark-Anti-
dekuplett in einem (I_3, Y)-
Diagramm

eher umstritten ist, wollen wir kurz den gruppentheoretischen Hintergrund diskutieren.[14]

Unter einem *Pentaquark* versteht man ein Baryon, dessen Quarkinhalt aus vier
Quarks und einem Antiquark besteht, also symbolisch von der Form $qqqq\bar{q}$ ist.
Unter „exotischen" Pentaquarks versteht man solche, bei denen der Flavor des Antiquarks nicht entgegengesetzt zum Flavor eines der vier Quarks ist, z. B. $uudd\bar{s}$.
Aus der Kopplung von vier SU(3)-Quarks und einem Antiquark entsteht u. a. ein
Antidekuplett (siehe Abb. 5.8 und Aufgabe 5.26), wobei die Zustände auf den Ecken
des Dreiecks „exotische" Kandidaten sind. Verschiedene Forschergruppen hatten
eine experimentelle Evidenz für das sog. $\Theta(1540)^+$ am oberen Ende des Dreiecks
berichtet (Yao et al., 2006, Abschnitt Exotic Baryons, S. 1019–1022). Allerdings
wird die Existenz des Pentaquarks in der Zwischenzeit eher kritisch gesehen (Nakamura et al., 2010, Abschnitt Pentaquarks, S. 1199–1200).

5.5.6 Nichtrelativistisches Quarkmodell

Als einfachstes Modell für Baryonen, die aus drei Quarks zusammengesetzt sind,
betrachten wir einen von Spin und Flavor unabhängigen Hamilton-Operator mit
harmonischen Oszillatorpotenzialen zwischen den einzelnen Quarks [siehe Dalitz
(1967), Faiman und Hendry (1968) sowie Bhaduri (1988), Abschnitt 1.5]:

$$H = \frac{\vec{p}^{\,2}(1) + \vec{p}^{\,2}(2) + \vec{p}^{\,2}(3)}{2m}$$
$$+ \frac{C}{2}\left\{[\vec{r}(1) - \vec{r}(2)]^2 + [\vec{r}(1) - \vec{r}(3)]^2 + [\vec{r}(2) - \vec{r}(3)]^2\right\}$$

---

[14] In Aaij et al. (2015) wurde von der Forschergruppe des LHCb-Experiments (für Large Hadron
Collider beauty) am CERN die Entdeckung neuer Pentaquarks mit dem Quarkinhalt $c\bar{c}uud$ bekannt gegeben.

$$= \sum_{i=1}^{3} \frac{\vec{p}^{\,2}(i)}{2m} + \frac{C}{2} \sum_{i<j=1}^{3} [\vec{r}(i) - \vec{r}(j)]^2. \tag{5.16}$$

Der Einfachheit halber nehmen wir für die Quarks eine gemeinsame Masse $m = m_u = m_d = m_s$ an. Die sog. *Konstituentenquarkmassen* des nichtrelativistischen Modells dürfen nicht mit den QCD-Parametern m_u, m_d und m_s in Tab. 5.1 verwechselt werden. Vielmehr handelt es sich dabei um einen effektiven Parameter des Modells, der anschaulich durch die ein QCD-Quark umgebende Wolke von Gluonen und Quark-Antiquark-Paaren entsteht [Politzer (1976), Manohar und Georgi (1984)]. Der Flavor-Spin-Zustand eines einzelnen Quarks ist Element eines sechsdimensionalen, komplexen Hilbert-Raumes X, wobei wir als Basisvektoren

$$|u \uparrow\rangle = \begin{pmatrix} 1 \\ 0 \\ 0 \\ 0 \\ 0 \\ 0 \end{pmatrix}, \quad |u \downarrow\rangle = \begin{pmatrix} 0 \\ 1 \\ 0 \\ 0 \\ 0 \\ 0 \end{pmatrix}, \quad \dots, \quad |s \downarrow\rangle = \begin{pmatrix} 0 \\ 0 \\ 0 \\ 0 \\ 0 \\ 1 \end{pmatrix}$$

wählen. In Gedanken müssen wir uns in (5.16) noch eine Eins vorstellen, die auf dem Hilbert-Raum $Z = X \otimes X \otimes X$ wirkt.

Wir drücken nun den Hamilton-Operator durch Schwerpunkt- und geeignete Relativkoordinaten aus. Zu diesem Zweck verwenden wir die sog. *Jacobi-Koordinaten*:

$$\vec{R} = \frac{\vec{r}(1) + \vec{r}(2) + \vec{r}(3)}{3}, \quad \vec{\rho} = \frac{\vec{r}(1) - \vec{r}(2)}{\sqrt{2}}, \quad \vec{\lambda} = \frac{\vec{r}(1) + \vec{r}(2) - 2\vec{r}(3)}{\sqrt{6}}. \tag{5.17}$$

Hierbei sind die Koordinaten des Schwerpunkts vollständig symmetrisch bzgl. einer beliebigen Vertauschung zweier Quarks. Die Koordinaten $\vec{\rho}$ und $\vec{\lambda}$ sind antisymmetrisch und symmetrisch bzgl. einer Vertauschung $1 \leftrightarrow 2$, besitzen aber keine Symmetrie bzgl. $1 \leftrightarrow 3$ und $2 \leftrightarrow 3$. Die zugehörigen verallgemeinerten Impulse lauten (siehe Aufgabe 5.28):

$$\vec{P} = M\dot{\vec{R}}, \quad \vec{p}_\rho = m\dot{\vec{\rho}}, \quad \vec{p}_\lambda = m\dot{\vec{\lambda}}, \tag{5.18}$$

wobei $M = 3m$ die Gesamtmasse ist. In diesen Koordinaten ergibt sich für den Hamilton-Operator:

$$H = \frac{\vec{P}^2}{2M} + \frac{\vec{p}_\rho^{\,2} + \vec{p}_\lambda^{\,2}}{2m} + \frac{3}{2}C\left(\vec{\rho}^{\,2} + \vec{\lambda}^{\,2}\right). \tag{5.19}$$

Wir definieren den Oszillatorparameter $\alpha := \sqrt{m\omega}$, mit

$$\frac{1}{2}m\omega^2 := \frac{3}{2}C.$$

Somit besitzt das Modell zwei Parameter, für die typische Werte

$$m = 350\,\text{MeV} \quad \text{und} \quad \alpha = 320\,\text{MeV}$$

sind. Da der Hamilton-Operator in eine Summe unabhängiger Operatoren in den Variablen $\vec{P}$, $(\vec{\rho}, \vec{p}_\rho)$ und $(\vec{\lambda}, \vec{p}_\lambda)$ zerfällt, ergeben sich die Lösungen für die Ortsraumwellenfunktion mittels eines Separationsansatzes als Produkte aus einer ebenen Welle für den Schwerpunkt und Eigenzuständen der Kugeloszillatoren bzgl. ρ und λ. Sie sind von der Form

$$\Psi(\vec{R}, \vec{\rho}, \vec{\lambda}) = \frac{e^{\,\mathrm{i}\,\vec{P}\cdot\vec{R}}}{(2\pi)^{\frac{3}{2}}} \psi(\vec{\rho}, \vec{\lambda}), \tag{5.20}$$

wobei ψ das Produkt zweier Wellenfunktionen zum ρ- und zum λ-Oszillator ist. Für die Grundzustandswellenfunktion ergibt sich symbolisch

$$\left|\psi_0(\vec{\rho}, \vec{\lambda})\right\rangle = \frac{4\alpha^3}{\sqrt{\pi}} \exp\left[-\frac{\alpha^2}{2}(\rho^2 + \lambda^2)\right] |56_S\rangle \otimes |F_A\rangle.$$

Wegen

$$\rho^2 + \lambda^2 = \frac{1}{3} \sum_{i<j=1}^{3} [\vec{r}(i) - \vec{r}(j)]^2$$

ist der Ortsraumanteil, wie zu erwarten, im Grundzustand symmetrisch bzgl. einer beliebigen Vertauschung zweier Quarks.

Für die 1-$\hbar\omega$-Anregungen (Dipolzustände) gilt entweder $l_\rho = 1$ oder $l_\lambda = 1$ (siehe Abb. 2.1). Diese sind symbolisch von der Form [siehe (4.34) in Beispiel 4.4]:

$$\sim \vec{\rho}\,\Psi_0 \quad \text{und} \quad \sim \vec{\lambda}\,\Psi_0.$$

Die erste Ortsraumwellenfunktion ist vom Typ (M, A) und die zweite vom Typ (M, S). Eine antisymmetrische Wellenfunktion ergibt sich in vollkommener Analogie zu Beispiel 5.9 als Überlagerung

$$\frac{1}{\sqrt{2}}\left(|70_{M,S}\rangle \otimes |O_{M,S}\rangle + |70_{M,A}\rangle \otimes |O_{M,A}\rangle\right) \otimes |F_A\rangle.$$

Der Hamilton-Operator in (5.16) ist sozusagen der einfachste Ansatz für ein Modell, das neben den Grundzuständen auch angeregte Zustände beschreiben kann. Genau genommen besitzt er wegen seiner Spin- und Flavorunabhängigkeit eine SU(6)×SU(6)×SU(6)-Symmetrie. Dies ist das Analogon zur O(3)×O(3)-Symmetrie des Hamilton-Operators des Zwei-Elektronen-Systems in Beispiel 2.17, sobald die Wechselwirkung zwischen den Elektronen abgeschaltet ist. Die Entartung von Oktett und Dekuplett im Grundzustand wird durch spinabhängige Kräfte in Form einer Hyperfeinwechselwirkung aufgehoben, die durch ein Ein-Gluon-Austauschpotenzial beschrieben wird [De Rújula et al. (1975), Isgur und Karl (1978)]. Für weiterführende Literatur verweisen wir auf Bhaduri (1988) und Giannini (1991).

5.6 Aufgaben

5.1 Es seien X ein N_c-dimensionaler, komplexer Hilbert-Raum mit der Orthonormalbasis $\{\chi^i\}$ und X^* der zu X duale Raum mit der Orthonormalbasis $\{\chi_i^*\}$. Hierbei steht N_c für die Anzahl der Farbfreiheitsgrade (engl. *number of colors*) mit $N_c = 3$ in der QCD. Der Farbzustand eines Mesons werde durch

$$X \otimes X^* \ni |M\rangle_c = \frac{1}{\sqrt{N_c}} \delta_i^j \, \chi^i \otimes \chi_j^* = \frac{1}{\sqrt{N_c}} \, \chi^i \otimes \chi_i^*$$

beschrieben. Wir benutzen die Einstein'sche Summenkonvention, sodass eine Summation über doppelt auftretende Indizes impliziert ist. Das Transformationsverhalten unter SU(N_c)-Farbtransformationen lautet

$$|M\rangle_c \mapsto |M'\rangle_c = \frac{1}{\sqrt{N_c}} (U\chi^i) \otimes (U^*\chi_i^*).$$

Zeigen Sie, dass $|M'\rangle_c = |M\rangle_c$ gilt.
Fazit: Die obige Konstruktion ist invariant bzgl. einer SU(N_c)-Transformation. Man spricht auch von einem farbneutralen Zustand oder einem *Farbsingulett*.

5.2 Es sei X ein dreidimensionaler, komplexer Hilbert-Raum mit der Orthonormalbasis $\{\chi^i\}$. Der Farbzustand eines Baryons werde durch

$$X \otimes X \otimes X \ni |B\rangle_c = \frac{1}{\sqrt{6}} \epsilon_{ijk} \, \chi^i \otimes \chi^j \otimes \chi^k$$

beschrieben. Das Transformationsverhalten unter SU(3)-Farbtransformationen lautet

$$|B\rangle_c \mapsto |B'\rangle_c = \frac{1}{\sqrt{6}} \epsilon_{ijk} (U\chi^i) \otimes (U\chi^j) \otimes (U\chi^k).$$

Zeigen Sie, dass $|B'\rangle_c = |B\rangle_c$ gilt.
Hinweis: Für die Determinante einer (3,3)-Matrix A mit den Einträgen a_{ij} gilt

$$\det(A) = \epsilon_{ijk} a_{1i} a_{2j} a_{3k}.$$

Beachten Sie, dass $\det(U) = 1$ ist.
Fazit: Auch der Farbzustand eines Baryons ist farbneutral, d. h. ein *Farbsingulett*.

5.3 Gegeben sei der Zustand eines π^0 in der Quark-Antiquark-Darstellung in Beispiel 5.8:

$$|\pi^0\rangle = |1,0\rangle = \frac{1}{\sqrt{2}} \left[\begin{pmatrix} 0 \\ 1 \end{pmatrix} \otimes \begin{pmatrix} -1 \\ 0 \end{pmatrix} - \begin{pmatrix} 1 \\ 0 \end{pmatrix} \otimes \begin{pmatrix} 0 \\ 1 \end{pmatrix} \right] = \frac{1}{\sqrt{2}} (d\bar{d} - u\bar{u}).$$

Bestimmen Sie durch eine weitere Anwendung des Absteigeoperators auf beiden Seiten den Zustand eines π^-.

5.4 Gegeben seien die gemischt antisymmetrischen Isospinzustände

$$\left| \left[\left(\frac{1}{2}, \frac{1}{2} \right) 0, \frac{1}{2} \right] \frac{1}{2}, \frac{1}{2} \right\rangle = \frac{1}{\sqrt{2}} (udu - duu),$$

$$\left| \left[\left(\frac{1}{2}, \frac{1}{2} \right) 0, \frac{1}{2} \right] \frac{1}{2}, -\frac{1}{2} \right\rangle = -\frac{1}{\sqrt{2}} (dud - udd)$$

aus Beispiel 5.9. Verifizieren Sie explizit mithilfe des Absteigeoperators $I_- = I_-(1) + I_-(2) + I_-(3)$, dass $\left| \left[\left(\frac{1}{2}, \frac{1}{2} \right) 0, \frac{1}{2} \right] \frac{1}{2}, -\frac{1}{2} \right\rangle = I_- \left| \left[\left(\frac{1}{2}, \frac{1}{2} \right) 0, \frac{1}{2} \right] \frac{1}{2}, \frac{1}{2} \right\rangle$ gilt.

5.5 Im Folgenden wollen wir alle Isospin-Spin-Zustände der Deltaresonanz und des Nukleons zusammenstellen.

a) Konstruieren Sie analog zu Abschnitt *Isospin bei (leichten) Baryonen* die Isospin-Spin-Zustände für $\Delta^{++}(S_z = \frac{1}{2})$, $\Delta^{++}(S_z = -\frac{1}{2})$ und $\Delta^{++}(S_z = -\frac{3}{2})$. Wie erhält man $\Delta^{++}(S_z = -\frac{1}{2})$ aus $\Delta^{++}(S_z = \frac{1}{2})$ und $\Delta^{++}(S_z = -\frac{3}{2})$ aus $\Delta^{++}(S_z = \frac{3}{2})$?

b) Konstruieren Sie die Isospin-Spin-Zustände für $\Delta^+(S_z = 3/2)$, $\Delta^+(S_z = 1/2)$, $\Delta^+(S_z = -1/2)$ und $\Delta^+(S_z = -3/2)$. Wie erhält man $\Delta^+(S_z = -\frac{1}{2})$ aus $\Delta^+(S_z = \frac{1}{2})$ und $\Delta^+(S_z = -\frac{3}{2})$ aus $\Delta^+(S_z = \frac{3}{2})$?

c) Wie lassen sich nun die entsprechenden Ausdrücke für Δ^0 und Δ^- aus den obigen Resultaten herleiten?

d) Konstruieren Sie den Isospin-Spin-Zustand für $p(S_z = -\frac{1}{2})$. Wie erhält man diesen aus $p(S_z = \frac{1}{2})$? Beachten Sie insbesondere das Vorzeichen! Manche Bücher geben hier das falsche Vorzeichen an.

e) Verifizieren Sie Teilaufgabe d), indem Sie J_- auf $p(S_z = \frac{1}{2})$ anwenden. Beachten Sie, dass $J_- = J_-(1) + J_-(2) + J_-(3)$ gilt.
   Hinweis: Zur Illustration der Vorgehensweise betrachten wir

$$J_-(u \uparrow u \uparrow d \downarrow) = (J_-(1) u \uparrow) u \uparrow d \downarrow + u \uparrow (J_-(2) u \uparrow) d \downarrow$$
$$+ u \uparrow u \uparrow (J_-(3) d \downarrow)$$
$$= u \downarrow u \uparrow d \downarrow + u \uparrow u \downarrow d \downarrow.$$

f) Wie lauten die Isospin-Spin-Zustände für $n(S_z = \frac{1}{2})$ und $n(S_z = -\frac{1}{2})$ (entweder explizit ausrechnen oder begründen).

5.6 In Beispiel 5.9 sind wir bei der Konstruktion der Isospinzustände dergestalt vorgegangen, dass wir zunächst Quark 1 und Quark 2 zu $I_{12} = 1$ bzw. $I_{12} = 0$ gekoppelt haben. Die Tiefstellung „12" soll uns daran erinnern, dass Quark 1 mit Quark 2 gekoppelt wurde. Anschließend haben wir die Resultate mit Quark 3 zu einem Gesamtisospin $I = \frac{3}{2}$ und $I = \frac{1}{2}$ bzw. $I = \frac{1}{2}$ gekoppelt. Wir wollen uns nun davon überzeugen, dass eine andere Reihenfolge der Kopplung zu *äquivalenten* Resultaten führt. Dazu koppeln wir zunächst Quark 2 mit Quark 3 zu $I_{23} = 1$ bzw.

$I_{23} = 0$ und erhalten die Zustände

$$uu, \frac{1}{\sqrt{2}}(ud + du), dd,$$

$$\frac{1}{\sqrt{2}}(ud - du).$$

a) Koppeln Sie Quark 1 mit der Kombination $I_{23} = 1$ zu Zuständen mit Ge-samtisospin $I = \frac{3}{2}$:

$$\left| \left[\frac{1}{2}, \left(\frac{1}{2}, \frac{1}{2} \right) 1 \right] \frac{3}{2}, M \right\rangle, \quad M = \frac{3}{2}, \frac{1}{2}, -\frac{1}{2}, -\frac{3}{2}.$$

Hinweis:

$$\left(\begin{array}{cc|c} \frac{1}{2} & 1 & \frac{3}{2} \\ \frac{1}{2} & 1 & \frac{3}{2} \end{array} \right) = 1 = \left(\begin{array}{cc|c} \frac{1}{2} & 1 & \frac{3}{2} \\ -\frac{1}{2} & -1 & -\frac{3}{2} \end{array} \right),$$

$$\left(\begin{array}{cc|c} \frac{1}{2} & 1 & \frac{3}{2} \\ \frac{1}{2} & 0 & \frac{1}{2} \end{array} \right) = \sqrt{\frac{2}{3}} = \left(\begin{array}{cc|c} \frac{1}{2} & 1 & \frac{3}{2} \\ -\frac{1}{2} & 0 & -\frac{1}{2} \end{array} \right),$$

$$\left(\begin{array}{cc|c} \frac{1}{2} & 1 & \frac{3}{2} \\ -\frac{1}{2} & 1 & \frac{1}{2} \end{array} \right) = \frac{1}{\sqrt{3}} = \left(\begin{array}{cc|c} \frac{1}{2} & 1 & \frac{3}{2} \\ \frac{1}{2} & -1 & -\frac{1}{2} \end{array} \right).$$

Fazit: Für $I = \frac{3}{2}$ erhalten wir für beide Reihenfolgen der Kopplung identische Resultate.

b) Koppeln Sie Quark 1 mit der Kombination $I_{23} = 1$ zu Zuständen mit Ge-samtisospin $I = \frac{1}{2}$:

$$\left| \left[\frac{1}{2}, \left(\frac{1}{2}, \frac{1}{2} \right) 1 \right] \frac{1}{2}, \frac{1}{2} \right\rangle \quad \text{und} \quad \left| \left[\frac{1}{2}, \left(\frac{1}{2}, \frac{1}{2} \right) 1 \right] \frac{1}{2}, -\frac{1}{2} \right\rangle.$$

Hinweis:

$$\left(\begin{array}{cc|c} \frac{1}{2} & 1 & \frac{1}{2} \\ \frac{1}{2} & 0 & \frac{1}{2} \end{array} \right) = \frac{1}{\sqrt{3}} = - \left(\begin{array}{cc|c} \frac{1}{2} & 1 & \frac{1}{2} \\ -\frac{1}{2} & 0 & -\frac{1}{2} \end{array} \right),$$

$$\left(\begin{array}{cc|c} \frac{1}{2} & 1 & \frac{1}{2} \\ \frac{1}{2} & -1 & -\frac{1}{2} \end{array} \right) = \sqrt{\frac{2}{3}} = - \left(\begin{array}{cc|c} \frac{1}{2} & 1 & \frac{1}{2} \\ -\frac{1}{2} & 1 & \frac{1}{2} \end{array} \right).$$

Fazit: $\left| \left[\frac{1}{2}, \left(\frac{1}{2}, \frac{1}{2} \right) 1 \right] \frac{1}{2}, M \right\rangle$ und $\left| \left[\left(\frac{1}{2}, \frac{1}{2} \right) 1, \frac{1}{2} \right] \frac{1}{2}, M \right\rangle$ sind *nicht* identisch.

c) Koppeln Sie Quark 1 mit der Kombination $I_{23} = 0$ zu Zuständen mit Gesamt-isospin $I = \frac{1}{2}$:

$$\left| \left[\frac{1}{2}, \left(\frac{1}{2}, \frac{1}{2} \right) 0 \right] \frac{1}{2}, \frac{1}{2} \right\rangle \quad \text{und} \quad \left| \left[\frac{1}{2}, \left(\frac{1}{2}, \frac{1}{2} \right) 0 \right] \frac{1}{2}, -\frac{1}{2} \right\rangle.$$

Hinweis:

$$\left(\begin{array}{cc} \frac{1}{2} & 0 \\ \frac{1}{2} & 0 \end{array} \middle| \begin{array}{c} \frac{1}{2} \\ \frac{1}{2} \end{array} \right) = 1 = \left(\begin{array}{cc} \frac{1}{2} & 0 \\ -\frac{1}{2} & 0 \end{array} \middle| \begin{array}{c} \frac{1}{2} \\ -\frac{1}{2} \end{array} \right).$$

Fazit: $\left| \left[\frac{1}{2}, \left(\frac{1}{2}, \frac{1}{2} \right) 0 \right] \frac{1}{2}, M \right\rangle$ und $\left| \left[\left(\frac{1}{2}, \frac{1}{2} \right) 0, \frac{1}{2} \right] \frac{1}{2}, M \right\rangle$ sind *nicht* identisch.

d) Drücken Sie $\left| \left[\left(\frac{1}{2}, \frac{1}{2} \right) 1, \frac{1}{2} \right] \frac{1}{2}, \frac{1}{2} \right\rangle$ als Linearkombination von $\left| \left[\frac{1}{2}, \left(\frac{1}{2}, \frac{1}{2} \right) 1 \right] \frac{1}{2}, \frac{1}{2} \right\rangle$ und $\left| \left[\frac{1}{2}, \left(\frac{1}{2}, \frac{1}{2} \right) 0 \right] \frac{1}{2}, \frac{1}{2} \right\rangle$ aus:

$$\left| \left[\left(\frac{1}{2}, \frac{1}{2} \right) 1, \frac{1}{2} \right] \frac{1}{2}, \frac{1}{2} \right\rangle = \alpha \left| \left[\frac{1}{2}, \left(\frac{1}{2}, \frac{1}{2} \right) 1 \right] \frac{1}{2}, \frac{1}{2} \right\rangle + \beta \left| \left[\frac{1}{2}, \left(\frac{1}{2}, \frac{1}{2} \right) 0 \right] \frac{1}{2}, \frac{1}{2} \right\rangle.$$

Bestimmen Sie durch Vergleich der Koeffizienten von *uud*, *udu* und *duu* die Konstanten α und β. Die Vorgehensweise für die anderen 3 Zustände ist vollständig analog und soll hier nicht weiter verfolgt werden.

Fazit: Solange man *alle* Zustände mit Isospin $\frac{1}{2}$ betrachtet, spielt es keine Rolle, in welcher Reihenfolge die einzelnen Isospins gekoppelt werden.

Anmerkung: Sie haben eine sog. Umkopplung dreier Drehimpulse durchgeführt. Allgemein wird dies durch die sog. $6j$-Symbole geleistet:

$$\left| \left[j_1, (j_2, j_3) j_{23} \right] j, m \right\rangle$$

$$= \sum_{j_{12}} \left| \left[(j_1, j_2) j_{12}, j_3 \right] j, m \right\rangle (-)^{j_1 + j_2 + j_3 + j} \sqrt{2j_{12} + 1} \sqrt{2j_{23} + 1} \left\{ \begin{array}{ccc} j_1 & j_2 & j_{12} \\ j_3 & j & j_{23} \end{array} \right\}.$$

Eine weiterführende Diskussion findet sich in Lindner (1984), Kapitel 4.

5.7 Gegeben sei der Ladungsoperator eines nur aus u- und d-Quarks bestehenden Baryons:

$$Q = \sum_{i=1}^{3} Q(i) = \sum_{i=1}^{3} \left[\frac{1}{6} + \frac{\tau_3(i)}{2} \right].$$

a) Verifizieren Sie, dass Q, angewandt auf ein $\Delta^{++}(S_z = \frac{3}{2})$, den Eigenwert $+2$ liefert (das Resultat ist selbstverständlich unabhängig von der Spinprojektion).

b) Bestimmen Sie analog zu Beispiel 5.10 das Matrixelement

$$\left\langle \Delta^{++} \left(S_z = \frac{3}{2} \right) \middle| Q \middle| \Delta^{++} \left(S_z = \frac{3}{2} \right) \right\rangle$$

$$= 3 \left\langle \Delta^{++} \left(S_z = \frac{3}{2} \right) \middle| Q(3) \middle| \Delta^{++} \left(S_z = \frac{3}{2} \right) \right\rangle.$$

5.8 Das magnetische Moment eines Neutrons ist im statischen Quarkmodell gegeben durch das Matrixelement

$$\mu_n = \langle n \uparrow | M_z | n \uparrow \rangle = \langle n \uparrow | \sum_{i=1}^{3} \frac{e}{2m} Q(i)\sigma_z(i)|n \uparrow \rangle$$

$$= \frac{e}{2m} 3 \langle n \uparrow | Q(3)\sigma_z(3)|n \uparrow \rangle.$$

Hierbei sind $e > 0$ die Elementarladung, m die Masse des u- und d-Quarks im nichtrelativistischen Modell, $Q(i)$ der Ladungsoperator, der auf das i-te Quark wirkt, und $\sigma_z(i)$ die Pauli-Matrix, die auf den Spin des i-ten Quarks wirkt.

a) Berechnen Sie das magnetische Moment μ_n.
   Hinweis: Der Isospin-Spin-Zustand $|n \uparrow\rangle$ wurde in Aufgabe 5.5 diskutiert.
b) Was ergibt sich für das Verhältnis μ_p/μ_n? Vergleichen Sie mit dem experimentellen Resultat $2{,}79/(-1{,}91) \approx -1{,}46$.

Anmerkung: Die überraschend gute Beschreibung der magnetischen Momente wurde als ein großer Erfolg des Quarkmodells interpretiert.

5.9 Berechnen Sie die magnetischen Momente der Deltaresonanz im nichtrelativistischen Quarkmodell,

$$\mu_{\Delta^{++}} = \left\langle \Delta^{++}\left(S_z = \frac{3}{2}\right) \middle| M_z \middle| \Delta^{++}\left(S_z = \frac{3}{2}\right) \right\rangle$$

$$= \frac{e}{2m} 3 \left\langle \Delta^{++}\left(S_z = \frac{3}{2}\right) \middle| Q(3)\sigma_z(3) \middle| \Delta^{++}\left(S_z = \frac{3}{2}\right) \right\rangle,$$

und analog μ_{Δ^+}, μ_{Δ^0} und μ_{Δ^-}.

5.10 Die sog. Axialvektorkopplungskonstante g_A wird bei der Beschreibung des schwachen Zerfalls $n \to p e^- \bar{\nu}_e$ eines Neutrons benötigt. Dazu untersucht man das Matrixelement des Axialvektorstroms, und zwar dessen z-Komponente im Ortsraum und 3-Komponente im Isospinraum. Im nichtrelativistischen Quarkmodell wird g_A durch das Matrixelement

$$g_A = 2\langle p \uparrow | A_{z,3} | p \uparrow \rangle = \langle p \uparrow | \sum_{i=1}^{3} \tau_3(i)\sigma_z(i)|p \uparrow \rangle$$

bestimmt.

a) Berechnen Sie g_A.
b) Bestimmen Sie zum Vergleich

$$\langle n \uparrow | \sum_{i=1}^{3} \tau_3(i)\sigma_z(i)|n \uparrow \rangle.$$

Hinweis: Die Isospin-Spin-Zustände $|p\uparrow\rangle$ und $|n\uparrow\rangle$ wurden in Beispiel 5.9 und Aufgabe 5.5 diskutiert.

Anmerkung: Der (an unsere Konvention angepasste) gegenwärtige PDG-Wert (*Particle Data Group*-Wert) lautet $g_A = 1{,}2723 \pm 0{,}0023$ [Olive et al. (2014)].

5.11 G-Konjugation für Pionen

a) Wir setzen voraus, dass der Hamilton-Operator der starken Wechselwirkung, H_{st}, invariant unter der Ladungskonjugationstransformation C und Isospindrehungen ist:

$$[H_{\mathrm{st}}, C] = 0, \quad [H_{\mathrm{st}}, I_i] = 0, \quad i = 1, 2, 3.$$

Zeigen Sie, dass H_{st} auch invariant unter $G = C\exp(\mathrm{i}\,\pi I_2)$ ist.

b) Wir beschreiben die drei Pionenzustände durch sog. sphärische Einheitsvektoren [siehe als Analogie (4.15) in Abschn. 4.2.1]

$$|\pi^+\rangle = \frac{-1}{\sqrt{2}}\begin{pmatrix}1\\ \mathrm{i}\\ 0\end{pmatrix}, \quad |\pi^0\rangle = \begin{pmatrix}0\\ 0\\ 1\end{pmatrix}, \quad |\pi^-\rangle = \frac{1}{\sqrt{2}}\begin{pmatrix}1\\ -\mathrm{i}\\ 0\end{pmatrix}.$$

Eine Drehung um $-\pi$ bzgl. der 2-Achse wird durch

$$D_2(-\pi) = \begin{pmatrix}\cos(-\pi) & 0 & \sin(-\pi)\\ 0 & 1 & 0\\ -\sin(-\pi) & 0 & \cos(-\pi)\end{pmatrix} = \begin{pmatrix}-1 & 0 & 0\\ 0 & 1 & 0\\ 0 & 0 & -1\end{pmatrix}$$

beschrieben. Bestimmen Sie die Wirkung von $D_2(-\pi)$ auf die drei Pionenzustände.

c) Mit der obigen Phasenkonvention gilt $C|\pi^0\rangle = |\pi^0\rangle$ und $C|\pi^\pm\rangle = -|\pi^\mp\rangle$. Bestimmen Sie $G|\pi^0\rangle$ und $G|\pi^\pm\rangle$.

Fazit: $G = -1$ für einen Ein-Pionen-Zustand.

d) Für einen n-Pionen-Zustand $|\pi^{\alpha_1}\rangle \otimes \ldots \otimes |\pi^{\alpha_n}\rangle$ $(\alpha_i = +, 0, -)$ gilt

$$G(|\pi^{\alpha_1}\rangle \otimes \ldots \otimes |\pi^{\alpha_n}\rangle) = (G|\pi^{\alpha_1}\rangle) \otimes \cdots \otimes (G|\pi^{\alpha_n}\rangle).$$

Wie lautet der Eigenwert von G für n-Pionen-Zustände?

e) Begründen Sie mithilfe der Tatsache, dass G eine Erhaltungsgröße ist, welche der folgenden Reaktionen erlaubt bzw. welche verboten sind:

$$\pi\pi \to 3\pi, 5\pi \text{ usw.}, \quad \pi\pi \to \pi\pi, 4\pi \text{ usw.}$$

5.12 Zeigen Sie, dass die SU(3)-Strukturkonstanten f_{abc} durch

$$f_{abc} = \frac{1}{4\mathrm{i}}\mathrm{Sp}([\lambda_a, \lambda_b]\lambda_c)$$

gegeben sind.

Hinweis: Multiplizieren Sie

$$\left[\frac{\lambda_a}{2},\frac{\lambda_b}{2}\right] = \mathrm{i}\, f_{abd}\frac{\lambda_d}{2}$$

mit λ_c, bilden Sie die Spur und benutzen Sie $\mathrm{Sp}(\lambda_c\lambda_d) = 2\delta_{cd}$.

5.13 Zeigen Sie, dass f_{abc} antisymmetrisch bezüglich Vertauschung zweier *beliebiger* Indizes ist.
Hinweis: Betrachten Sie die Symmetrieeigenschaften von $\mathrm{Sp}([A,B]C)$.

5.14 Zeigen Sie, dass die d-Symbole d_{abc} durch

$$d_{abc} = \frac{1}{4}\mathrm{Sp}\big(\{\lambda_a,\lambda_b\}\lambda_c\big)$$

gegeben sind.

5.15 Zeigen Sie, dass d_{abc} symmetrisch bezüglich Vertauschung zweier *beliebiger* Indizes ist.

5.16 Gegeben seien die Gell-Mann-Matrizen mit den Eigenschaften

$$\left[\frac{\lambda_a}{2},\frac{\lambda_b}{2}\right] = \mathrm{i}\, f_{abc}\frac{\lambda_c}{2},$$

$$\{\lambda_a,\lambda_b\} = \frac{4}{3}\delta_{ab}\mathbb{1} + 2d_{abc}\lambda_c,$$

$$\mathrm{Sp}(\lambda_a) = 0,$$

$$\mathrm{Sp}(\lambda_a\lambda_b) = 2\delta_{ab}.$$

a) Verifizieren Sie

$$f_{abc}d_{cde} = \frac{1}{8\mathrm{i}}\mathrm{Sp}\big([\lambda_a,\lambda_b]\{\lambda_d,\lambda_e\}\big).$$

b) Zeigen Sie mithilfe von a):

$$f_{abc}d_{cde} + f_{ebc}d_{cda} + f_{dbc}d_{cae} = 0.$$

5.17 Es sei $F_a := \lambda_a/2$. Zeigen Sie, dass die Kombinationen

$$C_1 = F_aF_a \quad \text{und} \quad C_2 = d_{abc}F_aF_bF_c$$

sog. Casimir-Invarianten sind, d. h. dass gilt:

$$[C_1,F_d] = 0, \quad d = 1,\ldots,8,$$
$$[C_2,F_d] = 0, \quad d = 1,\ldots,8.$$

Hinweis: Benutzen Sie bei der zweiten Identität das Resultat aus Aufgabe 5.16.

5.18 Wir betrachten die zur Fundamentaldarstellung duale Darstellung Ψ_{df} : $\mathrm{su}(3) \to \mathrm{gl}(X^*)$, mit

$$\Psi_{df}(B) := -B^T \ \forall \ B \in \mathrm{su}(3).$$

Zeigen Sie, dass Ψ_{df} die beiden Eigenschaften einer Darstellung aus Definition 3.11 erfüllt.

5.19 Konstruieren Sie grafisch die SU(3)-Zerlegung $\mathbf{3} \otimes \mathbf{3} \otimes \mathbf{3} = \mathbf{10} \oplus \mathbf{8} \oplus \mathbf{8} \oplus \mathbf{1}$.

5.20 Es sei $F_a := \lambda_a/2$, wobei λ_a, $a = 1, \ldots, 8$, die Gell-Mann-Matrizen sind. Wir definieren

$$T_\pm := F_1 \pm \mathrm{i} F_2, \quad U_\pm := F_6 \pm \mathrm{i} F_7, \quad V_\pm := F_4 \pm \mathrm{i} F_5$$

und

$$T_3 := F_3, \quad Y := \frac{2}{\sqrt{3}} F_8.$$

Verifizieren Sie die Vertauschungsrelationen

$$[T_3, T_\pm] = \pm T_\pm, \quad [Y, T_\pm] = 0,$$
$$[T_3, U_\pm] = \mp \frac{1}{2} U_\pm, \quad [Y, U_\pm] = \pm U_\pm,$$
$$[T_3, V_\pm] = \pm \frac{1}{2} V_\pm, \quad [Y, V_\pm] = \pm V_\pm,$$
$$[T_+, T_-] = 2T_3,$$
$$[U_+, U_-] = \frac{3}{2} Y - T_3 =: 2U_3,$$
$$[U_3, U_\pm] = \pm U_\pm,$$
$$[V_+, V_-] = \frac{3}{2} Y + T_3 =: 2V_3,$$
$$[V_3, V_\pm] = \pm V_\pm,$$
$$[T_+, V_+] = [T_+, U_-] = [U_+, V_+] = 0,$$
$$[T_+, V_-] = -U_-, \quad [T_+, U_+] = V_+,$$
$$[U_+, V_-] = T_-, \quad [T_3, Y] = 0.$$

5.21 Gegeben seien die Antiquarkzustände

$$|\bar{u}\rangle = \chi_1^* := \begin{pmatrix} 1 \\ 0 \\ 0 \end{pmatrix}, \quad |\bar{d}\rangle = \chi_2^* := \begin{pmatrix} 0 \\ 1 \\ 0 \end{pmatrix}, \quad |\bar{s}\rangle = \chi_3^* := \begin{pmatrix} 0 \\ 0 \\ 1 \end{pmatrix}.$$

a) Wie lauten die Matrizen $U_{\pm df}$, U_{3df}, $V_{\pm df}$ und V_{3df} der dualen Darstellung (siehe Abschn. 5.4.5)?

b) Geben Sie die Wirkung von $U_{\pm df}$, U_{3df}, $V_{\pm df}$ und V_{3df} auf die Antiquarkzustände an.

c) Bestimmen Sie $V_{-df}\,U_{+df}\,T_{+df}\,|\bar{u}\rangle$.

5.22

a) Bestimmen Sie die Young-Rahmen für $n = 4$.

b) Bestimmen Sie nun die Standardtableaus und damit die Gewichte der verschiedenen Young-Rahmen. Wie groß ist die Zahl M der Standardtableaus für $n = 4$?

5.23 Wir betrachten die Gruppe S_3 (siehe Beispiel 1.9) mit den Elementen

$$\pi_1 = \begin{pmatrix} 1 & 2 & 3 \\ 1 & 2 & 3 \end{pmatrix} = e, \qquad \pi_2 = \begin{pmatrix} 1 & 2 & 3 \\ 2 & 1 & 3 \end{pmatrix} = (12),$$

$$\pi_3 = \begin{pmatrix} 1 & 2 & 3 \\ 3 & 2 & 1 \end{pmatrix} = (13), \qquad \pi_4 = \begin{pmatrix} 1 & 2 & 3 \\ 1 & 3 & 2 \end{pmatrix} = (23),$$

$$\pi_5 = \begin{pmatrix} 1 & 2 & 3 \\ 2 & 3 & 1 \end{pmatrix} = (123), \qquad \pi_6 = \begin{pmatrix} 1 & 2 & 3 \\ 3 & 1 & 2 \end{pmatrix} = (132)$$

und der Gruppentafel

π_1	π_2	π_3	π_4	π_5	π_6
π_2	π_1	π_6	π_5	π_4	π_3
π_3	π_5	π_1	π_6	π_2	π_4
π_4	π_6	π_5	π_1	π_3	π_2
π_5	π_3	π_4	π_2	π_6	π_1
π_6	π_4	π_2	π_3	π_1	π_5

a) Bestimmen Sie zu den vier Standardtableaus $T_1, \ldots, T_4$ in Beispiel 5.14 die zugehörigen Young-Operatoren $P_1, \ldots, P_4$. Betrachten Sie dazu jeweils die Wirkung der Permutationen π_i, $i = 1, \ldots, 6$, auf die Standardtableaus T_j, $j = 1, \ldots, 4$, und entscheiden Sie, ob π_i in V_j, in H_j oder in keinem von beiden ist. Hinweis: Beachten Sie, dass φ eine Darstellung von S_3 ist, d. h. dass gilt:

$$\varphi_{\pi_i}\varphi_{\pi_j} = \varphi_{(\pi_i\pi_j)}.$$

Benutzen Sie die Gruppentafel, wenn nötig.

b) Überprüfen Sie Ihr Resultat, indem Sie die Summe aller Operatoren bilden:

$$P_1 + P_2 + P_3 + P_4 = \varphi_{\pi_1} = I.$$

c) Zeigen Sie folgende Projektionsoperatoreigenschaften (exemplarisch):

$$P_2^2 = P_2, \quad P_2 P_3 = 0.$$

d) Es seien X ein q-dimensionaler, komplexer Hilbert-Raum ($q \geq 1$, tatsächlich interessieren wir uns nur für $q \geq 2$) und $Z = X \otimes X \otimes X$ das dreifache Tensorprodukt. Es sei

$$Z \ni z = t^{ijk} e_i \otimes e_j \otimes e_k$$

und

$$\varphi_\pi(z) = t^{\pi(ijk)} e_i \otimes e_j \otimes e_k$$

(siehe Definition 5.7). Beispielsweise gilt für P_1:

$$P_1(t^{ijk} e_i \otimes e_j \otimes e_k) = \frac{1}{6}\big(t^{ijk} - t^{jik} - t^{kji} - t^{ikj} + t^{jki} + t^{kij}\big) e_i \otimes e_j \otimes e_k$$

$$=: t_1^{ijk} e_i \otimes e_j \otimes e_k.$$

Welche Symmetrieeigenschaften besitzt

$$t_1^{ijk} := \frac{1}{6}\big(t^{ijk} - t^{jik} - t^{kji} - t^{ikj} + t^{jki} + t^{kij}\big)$$

bzgl. Vertauschung zweier beliebiger Indizes? Untersuchen Sie nun analog die Wirkung von P_2, P_3 und P_4 und betrachten Sie die Symmetrieeigenschaften (soweit vorhanden).

5.24 Es sei $A \in \mathrm{GL}(2, \mathbb{C})$, d. h. eine invertierbare, komplexe (2,2)-Matrix. X sei ein zweidimensionaler, komplexer Hilbert-Raum, und $Z = X \otimes X$ sei das (zweifache) Tensorprodukt mit

$$Z \ni z = t^{i_1 i_2} e_{i_1} \otimes e_{i_2}.$$

Die Wirkung von A auf X wird durch

$$A e_i = A^j{}_i e_j$$

beschrieben, wobei $A^i{}_j = a_{ij}$ mit $A = (a_{ij})$ ist. Die Produktdarstellung von $\mathrm{GL}(2, \mathbb{C})$ auf Z lautet (denken Sie an ein zusammengesetztes System aus zwei Spin-$\frac{1}{2}$-Zuständen)

$$\varphi(A)(z) = \varphi(A)\big(t^{i_1 i_2} e_{i_1} \otimes e_{i_2}\big) = t^{i_1 i_2}(A e_{i_1}) \otimes (A e_{i_2}) = t^{i_1 i_2} A^{j_1}{}_{i_1} A^{j_2}{}_{i_2} e_{j_1} \otimes e_{j_2}.$$

Wir betrachten nun die beiden Projektionsoperatoren P_1 und P_2 aus Beispiel 5.15 mit

$$P_1(z) = P_1\big(t^{i_1 i_2} e_{i_1} \otimes e_{i_2}\big) = \frac{1}{2}\big(t^{i_1 i_2} - t^{i_2 i_1}\big) e_{i_1} \otimes e_{i_2},$$

$$P_2(z) = P_2\big(t^{i_1 i_2} e_{i_1} \otimes e_{i_2}\big) = \frac{1}{2}\big(t^{i_1 i_2} + t^{i_2 i_1}\big) e_{i_1} \otimes e_{i_2}.$$

Zeigen Sie

$$\varphi(A)(P_i(z)) = P_i(\varphi(A)(z)) \; \forall \; z \in Z, \quad i = 1, 2,$$

d. h. dass gilt:

$$\varphi(A)P_i = P_i\varphi(A), \quad i = 1, 2.$$

Fazit: Wir haben Z in eine direkte Summe aus $P_1(Z)$ und $P_2(Z)$ zerlegt. Die Produktdarstellung „mischt" diese Räume nicht.

5.25 Zerlegen Sie in SU(6) $\square \otimes \square \otimes \square$ in eine direkte Summe. Überprüfen Sie, dass die Summe aus den Dimensionen der resultierenden Multipletts tatsächlich $6^3 = 216$ ergibt.

5.26 Unter einem Pentaquark versteht man ein Baryon, das aus vier Quarks und einem Antiquark besteht. Unter „exotischen" Pentaquarks versteht man solche, bei denen der Flavor des Antiquarks nicht entgegengesetzt zum Flavor eines der vier Quarks ist, z. B. $uudd\bar{s}$. Im Folgenden betrachten wir eine SU(3)-Flavorgruppe.

a) Verwenden Sie das Ergebnis aus Aufgabe 5.25 für die Kopplung von drei Quarks, angewandt auf SU(3). Koppeln Sie nun das vierte Quark an das entsprechende Resultat.
Zur Kontrolle: Sie sollten als Dimensionen erhalten:

$$3^4 = 81 = 15 + 3 \cdot 15 + 2 \cdot 6 + 3 \cdot 3.$$

b) Koppeln Sie nun das Antiquark $\dfrac{\square}{\square}$ an das Resultat aus a).
Zur Kontrolle: Sie sollten als Dimensionen erhalten:

$$3^5 = 243 = 35 + 4 \cdot 10 + 3 \cdot 27 + 8 \cdot 8 + 2 \cdot 10 + 3.$$

5.27 Wir nehmen an, dass der Hamilton-Operator der starken Wechselwirkung eine perfekte SU(3)-Flavorsymmetrie besitzt. Wie viele unabhängige Amplituden sind zur Beschreibung der Streuung Baryonenoktett + Mesonenoktett nach Baryonendekuplett + Mesonenoktett nötig?
Hinweis: Verwenden Sie für den Anfangszustand das Resultat für $\mathbf{8} \otimes \mathbf{8}$ aus Abschn. 5.5.5.

5.28 Gegeben sei die Lagrange-Funktion für drei Quarks mit harmonischen Oszillatorpotenzialen zwischen den einzelnen Quarks:

$$\begin{aligned} L &= T - V \\ &= \frac{m}{2}[\dot{\vec{r}}^{\,2}(1) + \dot{\vec{r}}^{\,2}(2) + \dot{\vec{r}}^{\,2}(3)] \\ &\quad - \frac{C}{2}\left\{[\vec{r}(1) - \vec{r}(2)]^2 + [\vec{r}(1) - \vec{r}(3)]^2 + [\vec{r}(2) - \vec{r}(3)]^2\right\}, \end{aligned}$$

wobei $m = m_u = m_d = m_s$ für die Konstituentenquarkmasse steht. Wir führen die sog. *Jacobi-Koordinaten*

$$\vec{R} = \frac{\vec{r}(1) + \vec{r}(2) + \vec{r}(3)}{3}, \quad \vec{\rho} = \frac{\vec{r}(1) - \vec{r}(2)}{\sqrt{2}}, \quad \vec{\lambda} = \frac{\vec{r}(1) + \vec{r}(2) - 2\vec{r}(3)}{\sqrt{6}}$$

ein.

a) Drücken Sie $\vec{r}(1)$, $\vec{r}(2)$ und $\vec{r}(3)$ jeweils durch $\vec{R}$, $\vec{\rho}$ und $\vec{\lambda}$ aus.
b) Drücken Sie nun die kinetische Energie T mithilfe von $\dot{\vec{R}}$, $\dot{\vec{\rho}}$ und $\dot{\vec{\lambda}}$ aus.
c) Drücken Sie das Potenzial V durch die Koordinaten $\vec{R}$, $\vec{\rho}$ und $\vec{\lambda}$ aus.
d) Bestimmen Sie nun mithilfe von

$$\vec{P} = \frac{\partial L}{\partial \dot{\vec{R}}}, \quad \vec{p}_\rho = \frac{\partial L}{\partial \dot{\vec{\rho}}}, \quad \vec{p}_\lambda = \frac{\partial L}{\partial \dot{\vec{\lambda}}}$$

die kanonisch konjugierten Impulse.
e) Bestimmen Sie nun mithilfe von $H = p_i \dot{q}_i - L$ die Hamilton-Funktion in den Variablen $\vec{P}$, $\vec{p}_\rho$, $\vec{p}_\lambda$, $\vec{R}$, $\vec{\rho}$ und $\vec{\lambda}$.
f) Betrachten Sie den Gesamtbahndrehimpuls

$$\vec{L} = \sum_{i=1}^{3} \vec{r}(i) \times \vec{p}(i).$$

Zeigen Sie, dass im Schwerpunktsystem ($\vec{P} = 0$) gilt:

$$\vec{L} = \vec{\rho} \times \vec{p}_\rho + \vec{\lambda} \times \vec{p}_\lambda =: \vec{l}_\rho + \vec{l}_\lambda.$$

Literatur

Aaij R., et al. (LHCb Collaboration): Observation of $J/\psi p$ resonances consistent with pentaquark states in $\Lambda_b^0 \to J/\psi K^- p$ decays. arXiv:1507.03414 [hep-ex] (2015)

Antognini, A., et al.: Proton structure from the measurement of 2S-2P transition frequencies of muonic hydrogen. Science **339**, 417–420 (2013)

Barnes, V.E., et al.: Observation of a hyperon with strangeness minus three. Phys. Rev. Lett. **12**, 204–206 (1964)

Bernauer, J.C., Pohl, R.: The proton radius problem. Sci. Am. **310**, 32–39 (2014)

Bhaduri, R.K.: Models of the Nucleon. From Quarks to Soliton. Addison-Wesley, Redwood City, Calif. (1988)

Bjorklund, R., Crandall, W.E., Moyer, B.J., York, H. F.: High energy photons from proton–nucleon collisions. Phys. **77**, 213–218 (1950)

Burfening, J., Gardner, E., Lattes, C.M.G.: Positive mesons produced by the 184-inch Berkeley cyclotron. Phys. Rev. **75**, 382–387 (1949)

Coleman, S.: The invariance of the vacuum is the invariance of the world. J. Math. Phys. **7**, 787 (1966)

Dalitz, R.H.: Excited nucleons and the baryonic supermultiplets (1967). In: Shaw, G.L., Wong, D.Y. (Hrsg.) Pion-Nucleon Scattering, S. 187–207. Wiley, New York (1969)

De Rújula, A., Georgi, H., Glashow, S.L.: Hadron masses in a gauge theory. Phys. Rev. D **12**, 147–162 (1975)

Diakonov, D., Petrov, V., Polyakov, M.V.: Exotic anti-decuplet of baryons: prediction from chiral solitons. Z. Phys. A **359**, 305–314 (1997)

Donoghue, J.F., Golowich, E., Holstein, B.R.: Dynamics of the Standard Model. Cambridge University Press, Cambridge (1992)

Faiman, D., Hendry, A.W.: Harmonic-oscillator model for baryons. Phys. Rev. **173**, 1720–1729 (1968)

Gardner, E., Lattes, C.M.G.: Production of mesons by the 184-inch Berkeley cyclotron. Science **107**, 270–271 (1948)

Gell-Mann, M.: The Eightfold Way: A Theory of Strong Interaction Symmetry. California Institute of Technology Synchrotron Laboratory Report No. CTSL-20 (1961)

Gell-Mann, M., Ne'eman, Y.: The Eightfold Way. Benjamin, New York, Amsterdam (1964)

Gell-Mann, M.: A schematic Model of baryons and mesons. Phys. Lett. **8**, 214–215 (1964)

Giannini, M.M.: Electromagnetic excitations in the constituent quark model. Rep. Prog. Phys. **54**, 453–529 (1991)

Gottfried, K., Weisskopf, V.F.: Concepts of Particle Physics, Bd. 1. Clarendon Press, Oxford (1984)

Gottfried, K., Weisskopf, V.F.: Concepts of Particle Physics, Bd. 2. Clarendon Press, Oxford (1986)

Greenberg, O.W.: Spin and unitary-spin independence in a paraquark model of baryons and mesons. Phys. Rev. Lett. **13**, 598–602 (1964)

Halzen, F., Martin, A.D.: Quarks and Leptons: An Introductory Course in Modern Particle Physics. Wiley, New York (1984)

Han, M.Y., Nambu, Y.: Three-triplet model with double SU(3) symmetry. Phys. Rev. **139**, B1006–B1010 (1965)

Hofstadter, R., McAllister, R.W.: Electron scattering from the proton. Phys. Rev. **98**, 217–218 (1955)

Isgur, N., Karl, G.: P-wave baryons in the quark model. Phys. Rev. D **18**, 4187–4205 (1978)

Lattes, C.M.G., Muirhead, H., Occhialini, G.P.S., Powell, C.F.: Processes involving charged mesons. Nature **159**, 694–697 (1947)

Lindner, A.: Drehimpulse in der Quantenmechanik. Teubner, Stuttgart (1984)

Manohar, A., Georgi, G.: Chiral quarks and the nonrelativistic quark model. Nucl. Phys. B **234**, 189–212 (1984)

Martin, B.R., Shaw, G.: Particle Physics. Wiley, Chichester, West Sussex (1992)

Nakamura, K., et al. (Particle Data Group): Review of particle physics. J. Phys. G: Nucl. Part. Phys. **37**, 075021 (2010)

Nakano, T., et al. (LEPS Collaboration): Evidence for a narrow $S = +1$ baryon resonance in photoproduction from the neutron. Phys. Rev. Lett. **91**, 012002 (2003)

Ne'eman, Y.: Derivation of strong interactions from a gauge invariance. Nucl. Phys. **26**, 222–229 (1961)

Olive, K.A., et al. (Particle Data Group): 2014 review of particle physics. Chin. Phys. C **38**, 090001 (2014)

Perkins, D.H.: Introduction to High Energy Physics, 3. Aufl. Addison-Wesley, Menlo Park, Calif. (1987)

Politzer, H.D.: Effective quark masses in the chiral limit. Nucl. Phys. B **117**, 397–406 (1976)

Wohl, C.G.: SU(*n*) Multiplets and Young Diagrams. In: Olive et al. (2014), S. 507 (2014)

Yao, W.M., et al. (Particle Data Group Collaboration): Review of particle physics. J. Phys. G **33**, 1 (2006)

Yukawa, H.: On the Interaction of Elementary Particles. I. Proc. Phys. Math. Soc. Jpn. **17**, 48–57 (1935)

Zweig, G.: An SU(3) Model for Strong Interaction Symmetry and its Breaking. Version 1. Preprint CERN-TH-401 (1964)

Das Noether-Theorem

6

Inhaltsverzeichnis

Im verbleibenden Teil des Buches werden wir uns mit relativistischen Quanten-feldtheorien beschäftigen. In ihnen werden die Prinzipien der speziellen Relativi-tätstheorie und der Quantentheorie miteinander verknüpft. Eine kurze Einführung in den Lagrange-Formalismus relativistischer Felder und das kanonische Quanti-sierungsverfahren findet sich in Anhang A.4. Als weiterführende Literatur verwei-sen wir auf Bjorken und Drell (1965), Itzykson und Zuber (1980), Ryder (1985), Peskin und Schroeder (1995) sowie Weinberg (1995, 1996). In diesem Kapitel wird unser Hauptaugenmerk auf der Signifikanz von Gruppen bzw. Symmetrien für die Konstruktion relativistischer Theorien liegen. Als Ausgangspunkt dient das Hamilton'sche Prinzip einer extremalen Wirkung. Im Kontext einer Symmetrie-diskussion ist die Formulierung einer Theorie oder eines Modells mithilfe des La-grange-Formalismus besonders geeignet. Anderseits liefert die Hamilton-Formulie-rung in Kombination mit der kanonischen Quantisierung einen direkten Zugang zur Quantisierung der Theorie. Das Noether-Theorem [Noether (1918), siehe auch Hill (1951)] spielt insofern eine zentrale Rolle, als es eine Verbindung zwischen konti-nuierlichen Symmetrien eines dynamischen Systems und Erhaltungsgrößen (Kon-stanten der Bewegung) herstellt. Insbesondere werden wir einen Zusammenhang zwischen sog. Ladungsoperatoren der quantisierten Theorie und der Lie-Algebra der zugrunde liegenden Symmetriegruppe identifizieren.

© Springer-Verlag Berlin Heidelberg 2016
S. Scherer, *Symmetrien und Gruppen in der Teilchenphysik*,
DOI 10.1007/978-3-662-47734-2_6

6.1   Das Noether-Theorem in der klassischen Feldtheorie

Hier betrachten wir nur sog. *innere Symmetrien*. Eine Diskussion der Konsequenzen der Poincaré-Invarianz findet sich z. B. in Bjorken und Drell (1965), Abschnitt 11.4, Itzykson und Zuber (1980), Abschnitt 1.2.2, oder Ryder (1985), Abschnitt 3.2.

Gegeben sei eine Lagrange-Dichte $\mathcal{L}$, die eine Funktion der unabhängigen Felder Φ_i und deren ersten Ableitungen $\partial_\mu \Phi_i$ $(i = 1, \ldots, n)$, kollektiv gekennzeichnet durch Φ und $\partial_\mu \Phi$, ist:

$$\mathcal{L} = \mathcal{L}(\Phi, \partial_\mu \Phi). \tag{6.1}$$

Wir setzen voraus, dass die Felder glatte, d. h. unendlich oft differenzierbare Funktionen auf dem Minkowski-Raum $\mathbb{M}^4$ sind. Die aus dem Hamilton'schen Prinzip resultierenden Euler-Lagrange-Bewegungsgleichungen lauten [siehe (A.21)]:

$$\frac{\partial \mathcal{L}}{\partial \Phi_i} - \partial_\mu \frac{\partial \mathcal{L}}{\partial \partial_\mu \Phi_i} = 0, \quad i = 1, \ldots, n. \tag{6.2}$$

Wir nehmen an, dass die Lagrange-Dichte aus (6.1) invariant bzgl. einer *globalen* Transformation der Felder ist, die von r reellen, kontinuierlichen Parametern abhängt.

1. Global bedeutet, dass die Parameter nicht von x abhängen.
2. Die Transformationen sollen Operationen einer Lie-Gruppe auf der Menge der Felder, d. h. der dynamischen Freiheitsgrade, darstellen (siehe Definition 1.8 in Abschn. 1.3).

Wir stellen nun die Methode von Gell-Mann und Lévy (1960) vor, mit deren Hilfe sich die sog. *Symmetrieströme* und deren *Divergenzen* (falls vorhanden) auf einfache Weise identifizieren lassen [siehe auch De Alfaro et al. (1973), Abschnitt 2.1]. Zu diesem Zweck werden die reellen Parameter durch glatte Funktionen von x ersetzt, d. h. die globale Transformation zu einer *lokalen* erhoben. Wir führen eine infinitesimale Transformation der Felder ein, die von r *lokalen* Parametern $\epsilon_a(x)$ $(a = 1, \ldots, r)$ abhängt:

$$\Phi_i(x) \mapsto \Phi_i'(x) = \Phi_i(x) + \delta \Phi_i(x) = \Phi_i(x) - \mathrm{i}\,\epsilon_a(x) F_{ai}\left(\Phi(x)\right). \tag{6.3}$$

Als Änderung der Lagrange-Dichte,

$$\delta \mathcal{L} = \mathcal{L}(\Phi', \partial_\mu \Phi') - \mathcal{L}(\Phi, \partial_\mu \Phi),$$

erhalten wir mithilfe einer Taylor-Entwicklung für $\mathcal{L}(\Phi', \partial_\mu \Phi')$ um $(\Phi, \partial_\mu \Phi)$ unter Vernachlässigung von Termen der Ordnung ϵ^2:

$$\delta \mathcal{L} = \frac{\partial \mathcal{L}}{\partial \Phi_i} \delta \Phi_i + \frac{\partial \mathcal{L}}{\partial \partial_\mu \Phi_i} \underbrace{\partial_\mu \delta \Phi_i}$$
$$= -\mathrm{i}\left(\partial_\mu \epsilon_a(x)\right) F_{ai} - \mathrm{i}\,\epsilon_a(x) \partial_\mu F_{ai}$$

$$= \epsilon_a(x) \left(-i \frac{\partial \mathcal{L}}{\partial \Phi_i} F_{ai} - i \frac{\partial \mathcal{L}}{\partial \partial_\mu \Phi_i} \partial_\mu F_{ai} \right) + \partial_\mu \epsilon_a(x) \left(-i \frac{\partial \mathcal{L}}{\partial \partial_\mu \Phi_i} F_{ai} \right)$$

$$=: \epsilon_a(x) \partial_\mu J_a^\mu + \partial_\mu \epsilon_a(x) J_a^\mu. \tag{6.4}$$

Mittels (6.4) definieren wir für jede infinitesimale Transformation einen *Stromvierervektor*[1]

$$J_a^\mu = -i \frac{\partial \mathcal{L}}{\partial \partial_\mu \Phi_i} F_{ai}, \quad a = 1, \dots, r. \tag{6.5}$$

Für Lösungen der Bewegungsgleichungen, (6.2), berechnen wir die Divergenz $\partial_\mu J_a^\mu$ des Stromvierervektors J_a^μ aus (6.5) mithilfe der Produktregel:

$$\partial_\mu J_a^\mu = -i \left(\partial_\mu \frac{\partial \mathcal{L}}{\partial \partial_\mu \Phi_i} \right) F_{ai} - i \frac{\partial \mathcal{L}}{\partial \partial_\mu \Phi_i} \partial_\mu F_{ai}$$

$$\overset{(6.2)}{=} -i \frac{\partial \mathcal{L}}{\partial \Phi_i} F_{ai} - i \frac{\partial \mathcal{L}}{\partial \partial_\mu \Phi_i} \partial_\mu F_{ai}.$$

Dieser Ausdruck ist also konsistent mit demjenigen aus (6.4). Mittels (6.4) lassen sich sowohl der Stromvierervektor als auch dessen Divergenz auf einfache Weise bestimmen:

$$J_a^\mu = \frac{\partial \delta \mathcal{L}}{\partial \partial_\mu \epsilon_a}, \tag{6.6a}$$

$$\partial_\mu J_a^\mu = \frac{\partial \delta \mathcal{L}}{\partial \epsilon_a}. \tag{6.6b}$$

Wir haben die Parameter der Transformation als lokal angesetzt. Allerdings haben wir angenommen, dass die Lagrange-Dichte aus (6.1) invariant bzgl. einer globalen Transformation ist. In diesem Fall verschwindet der Ausdruck $\partial_\mu \epsilon_a$, und wir sehen aus (6.4) wegen der Invarianz der Lagrange-Dichte bzgl. solcher Transformationen, dass die Viererstromdichten J_a^μ erhalten bleiben, d. h. $\partial_\mu J_a^\mu = 0$, $a = 1, \dots, r$, gilt.

Noether-Theorem Jeder kontinuierlichen, globalen Symmetrietransformation, die die Lagrange-Dichte invariant lässt, ist ein *Erhaltungssatz* zugeordnet:

$$\delta \mathcal{L} = 0 \quad \Rightarrow \quad \partial_\mu J_a^\mu = 0. \tag{6.7}$$

Mit einer erhaltenen Viererstromdichte J_a^μ ist eine *Konstante der Bewegung* verknüpft. Diese ergibt sich als Volumenintegral über die nullte Komponente der Viererstromdichte und wird in Analogie zur elektromagnetischen Stromdichte als *La-*

---

[1] Alternativ findet man auch den Ausdruck *Viererstromdichte* (engl. *four-current density*), weil J^0 die Dimension einer Ladungsdichte und J^i die Dimension einer Flächenstromdichte besitzen.

dung bezeichnet:[2]

$$Q_a(t) = \int d^3x \, J_a^0(t, \vec{x}). \tag{6.8}$$

Die Zeitunabhängigkeit sieht man folgendermaßen ein:[3]

$$\frac{dQ_a(t)}{dt} = \int d^3x \, \frac{\partial J_a^0(t, \vec{x})}{\partial t}. \tag{6.9}$$

Im Folgenden benötigen wir den *Gauß'schen Satz*: Es seien $\vec{A}$ ein stetig differenzierbares Vektorfeld, $S = \partial V$ die zu einem Volumen V gehörige geschlossene Fläche und $\hat{n}$ der nach außen gerichtete Flächennormaleneinheitsvektor (äußere Normale von S). Dann gilt

$$\int_V d^3x \, \vec{\nabla} \cdot \vec{A} = \oint_S da \, \vec{A} \cdot \hat{n}. \tag{6.10}$$

Wir verwenden nun den Gauß'schen Satz, um (6.9) um einen Summanden mit dem Wert null zu ergänzen. Dazu betrachten wir eine Kugel vom Radius R und betrachten den Grenzfall $R \to \infty$:

$$\int d^3x \, \vec{\nabla} \cdot \vec{J}_a = \oint da \, \vec{J}_a \cdot \hat{n} = \lim_{R \to \infty} R^2 \int d\Omega \, \vec{J}_a \cdot \hat{e}_r = 0.$$

Hierbei ist zu beachten, dass die Flächenstromdichte $\vec{J}_a(t, \vec{x})$ für $r = |\vec{x}| \to \infty$ schneller als $1/r^2$ abfallen muss. Dies ist in der Regel gewährleistet, es sei denn, die Theorie enthält masselose „geladene" Teilchen [siehe Bernstein (1974), Abschnitt 2]. Somit ergibt sich

$$\frac{dQ_a(t)}{dt} = \int d^3x \left[\frac{\partial J_a^0(t, \vec{x})}{\partial t} + \vec{\nabla} \cdot \vec{J}_a(t, \vec{x}) \right] = \int d^3x \, \partial_\mu J_a^\mu(t, \vec{x}) = \int d^3x \, \frac{\partial \delta \mathcal{L}}{\partial \epsilon_a}$$
$$= 0 \quad \text{für} \quad \delta \mathcal{L} = 0. \tag{6.11}$$

Anmerkung Wir waren mit unserer Voraussetzung $\delta \mathcal{L} = 0$ sehr restriktiv. Tatsächlich lassen sich auch mit schwächeren Voraussetzungen Erhaltungssätze der Form $\partial_\mu J^\mu$ herleiten. Die verschiedenen Möglichkeiten werden in Weinberg (1995), Abschnitt 7.3, diskutiert und sind in Tab. 6.1 zusammengefasst.

---

[2] Im Folgenden schreiben wir für Integrale über den kompletten $\mathbb{R}^3$ vereinfacht

$$\int d^3x \, f(\vec{x}) := \int_{-\infty}^{\infty} dx \int_{-\infty}^{\infty} dy \int_{-\infty}^{\infty} dz \, f(x, y, z).$$

[3] Das Volumen ist der gesamte $\mathbb{R}^3$ und somit zeitunabhängig. Deshalb kann die Zeitableitung direkt unter das Integral gezogen werden.

Tab. 6.1 Unterschiedliche Möglichkeiten für Erhaltungsgesetze. Die Transformationen der Felder sind in symbolischer Form mit $\Phi \mapsto \Phi + \delta\Phi = \Phi + \epsilon\delta\tilde{\Phi}$ zusammengefasst. Die Größen L und S bezeichnen die Lagrange-Funktion $L = \int d^3x\,\mathcal{L}$ bzw. die Wirkung $S = \int_{t_1}^{t_2} dt\,L$

Invariante Größe	Viererstromdichte oder Ladung
$\delta\mathcal{L} = 0$	$J^\mu = \frac{\partial\mathcal{L}}{\partial\partial_\mu\Phi}\delta\tilde{\Phi}$
$\delta\mathcal{L} = \epsilon\partial_\mu\mathcal{J}^\mu$	$J^\mu = \frac{\partial\mathcal{L}}{\partial\partial_\mu\Phi}\delta\tilde{\Phi} - \mathcal{J}^\mu$
$\delta L = 0$	$Q = \int d^3x\,\frac{\partial\mathcal{L}}{\partial\partial_0\Phi}\delta\tilde{\Phi}$
$\delta L = \epsilon\frac{d\mathcal{Q}(t)}{dt}$	$Q = \int d^3x\,\frac{\partial\mathcal{L}}{\partial\partial_0\Phi}\delta\tilde{\Phi} - \mathcal{Q}$
$\delta S = 0$	Explizite Form von J^μ nicht bekannt

Anmerkung Wir haben bisher nur mit klassischen Feldern gearbeitet. Deshalb ist die Ladung Q_a (Konstante der Bewegung) bisher nicht quantisiert. Sie kann jeden beliebigen kontinuierlichen Wert annehmen. Dies ist vergleichbar mit dem Fall eines Bahndrehimpulses, der für ein Zentralpotenzial eine Erhaltungsgröße ist. In der klassischen Mechanik kann der Bahndrehimpuls jeden beliebigen Wert annehmen, in der Quantenmechanik unterliegen die Komponenten den Drehimpuls-vertauschungsrelationen, und die Eigenwerte von ℓ_3 und $\vec{\ell}^{\,2}$ sind quantisiert.

Beispiel 6.1
Wir betrachten die Lagrange-Dichte für zwei reelle, skalare Felder Φ_1 und Φ_2 gleicher Masse m mit einer $\lambda\Phi^4$-Wechselwirkung,

$$\mathcal{L} = \frac{1}{2}\left[\partial_\mu\Phi_1\partial^\mu\Phi_1 + \partial_\mu\Phi_2\partial^\mu\Phi_2 - m^2(\Phi_1^2 + \Phi_2^2)\right] - \frac{\lambda}{4}\left(\Phi_1^2 + \Phi_2^2\right)^2, \quad (6.12)$$

mit $m^2 > 0$ und $\lambda > 0$.[4] Wir führen eine infinitesimale, aktive Drehung um den Winkel $\epsilon(x)$ durch,

$$D(\epsilon) = \begin{pmatrix} 1 & -\epsilon \\ \epsilon & 1 \end{pmatrix},$$

mit folgender Wirkung auf die Felder:

$$\Phi_1' = \Phi_1 + \delta\Phi_1 = \Phi_1 - \epsilon(x)\Phi_2, \quad (6.13a)$$
$$\Phi_2' = \Phi_2 + \delta\Phi_2 = \Phi_2 + \epsilon(x)\Phi_1. \quad (6.13b)$$

---

[4] Die Voraussetzung $\lambda > 0$ ist aus physikalischen Gründen zwingend erforderlich, damit die Energiedichte $\mathcal{H}$ als Funktion der Felder nach unten begrenzt ist. Das Vorzeichen von m^2 entscheidet darüber, ob die Theorie eine spontane Symmetriebrechung hervorbringt oder nicht (siehe Abschn. 8.2.1). Hier betrachten wir zunächst $m^2 > 0$, was zu einer Theorie ohne spontane Symmetriebrechung führt, mit einer konventionellen Interpretation des Parameters $m = \sqrt{m^2} > 0$ als Masse der mit den Quantenfeldern Φ_1 und Φ_2 assoziierten Teilchen.

Die Änderung der Lagrange-Dichte lautet

$$
\begin{aligned}
\delta \mathcal{L} &= \frac{\partial \mathcal{L}}{\partial \Phi_i} \delta \Phi_i + \frac{\partial \mathcal{L}}{\partial \partial_\mu \Phi_i} \partial_\mu \delta \Phi_i \\
&= \underbrace{-m^2 \Phi_1 [-\epsilon(x)] \Phi_2 - m^2 \Phi_2 \epsilon(x) \Phi_1}_{= 0} \\
&\quad \underbrace{- \lambda (\Phi_1^2 + \Phi_2^2) \{ \Phi_1 [-\epsilon(x)] \Phi_2 + \Phi_2 \epsilon(x) \Phi_1 \}}_{= 0} \\
&\quad + \partial^\mu \Phi_1 \partial_\mu [-\epsilon(x) \Phi_2] + \partial^\mu \Phi_2 \partial_\mu [\epsilon(x) \Phi_1] \\
&= \partial_\mu \epsilon(x) (-\partial^\mu \Phi_1 \Phi_2 + \Phi_1 \partial^\mu \Phi_2).
\end{aligned} \tag{6.14}
$$

Somit ergibt sich unter Verwendung von (6.6a) und (6.6b) für die Viererstromdichte und deren Divergenz

$$
J^\mu = \frac{\partial \delta \mathcal{L}}{\partial \partial_\mu \epsilon} = \Phi_1 \partial^\mu \Phi_2 - \partial^\mu \Phi_1 \Phi_2, \quad \partial_\mu J^\mu = \frac{\partial \delta \mathcal{L}}{\partial \epsilon} = 0. \tag{6.15}
$$

Fazit Die Lagrange-Dichte aus (6.12) ist eine Gruppeninvariante bzgl. einer globalen Drehung der Felder Φ_1 und Φ_2. Die zugehörige Gruppe ist die Gruppe der eigentlichen Drehungen in zwei Dimensionen, SO(2) $\cong$ U(1), deren Elemente durch einen kontinuierlichen Parameter $0 \le \varphi \le 2\pi$ charakterisiert werden können. Mit dieser Invarianz ist der erhaltene Strom aus (6.15) verknüpft. ∎

Beispiel 6.2
Es seien m und $m + \delta$ die zu Φ_1 bzw. Φ_2 gehörigen Massen, der Rest wie zuvor. Welche Auswirkung hat dies auf die obige Diskussion? Dazu betrachten wir erneut die Änderung der Lagrange-Dichte:

$$
\begin{aligned}
\delta \mathcal{L} &= \epsilon [m^2 \Phi_1 \Phi_2 - (m + \delta)^2 \Phi_1 \Phi_2] + \partial_\mu \epsilon (\Phi_1 \partial^\mu \Phi_2 - \partial^\mu \Phi_1 \Phi_2) \\
&= \epsilon (-2m\delta - \delta^2) \Phi_1 \Phi_2 + \partial_\mu \epsilon (\Phi_1 \partial^\mu \Phi_2 - \partial^\mu \Phi_1 \Phi_2), \\
\frac{\partial \delta \mathcal{L}}{\partial \epsilon} &= -(2m\delta + \delta^2) \Phi_1 \Phi_2 = \partial_\mu J^\mu \ne 0.
\end{aligned}
$$

Eine geringe Massenaufspaltung führt also dazu, dass der Strom nicht mehr exakt erhalten bleibt. Solche Situationen treten in der Teilchenphysik häufiger auf, z. B. im Proton-Neutron-System, und können in einer ersten Näherung häufig vernachlässigt werden. ∎

6.2 Zum Noether-Theorem in der Quantenfeldtheorie

In Abschn. 6.1 diskutierten wir das Noether-Theorem im Rahmen der klassischen Feldtheorie. Insbesondere bedeutete dies für die Ladung $Q_a(t)$ aus (6.8), dass sie jeden beliebigen Wert annehmen konnte. Nun widmen wir uns der Frage, welche

Konsequenzen sich aus dem Übergang von der klassischen Feldtheorie zur Quantenfeldtheorie ergeben.

Motivation Dazu erinnern wir uns zunächst an den Übergang von der klassischen Mechanik zur Quantenmechanik. Wir betrachten einen Massenpunkt (Masse m) in einem *Zentralpotenzial* $V(r)$, d. h. die entsprechenden Lagrange- und Hamilton-Funktionen sind drehinvariant. Als Resultat dieser Symmetrie ist der Drehimpuls $\vec{l} = \vec{r} \times \vec{p}$ eine Konstante der Bewegung, die in der klassischen Mechanik einen beliebigen reellen Wert annehmen kann. Beim Übergang zur Quantenmechanik werden aus den Komponenten von $\vec{r}$ und $\vec{p}$ hermitesche, lineare Operatoren, die (im Schrödinger-Bild) den Vertauschungsrelationen

$$[\hat{x}_i, \hat{p}_j] = \mathrm{i}\,\delta_{ij}, \quad [\hat{x}_i, \hat{x}_j] = 0, \quad [\hat{p}_i, \hat{p}_j] = 0$$

genügen. Für den späteren Vergleich mit der Quantenfeldtheorie drücken wir die Komponenten des Drehimpulsoperators

$$\ell_i = \epsilon_{ijk}\hat{x}_j\hat{p}_k$$

mithilfe der (3,3)-Matrizen L_i^{ad} der adjungierten Darstellung aus (siehe Aufgabe 3.8):

$$\ell_i = -\mathrm{i}\,\hat{p}_j \underbrace{(-\mathrm{i}\,\epsilon_{ijk})}_{(L_i^{\mathrm{ad}})_{jk}} \hat{x}_k. \tag{6.16}$$

Sowohl die Matrizen der adjungierten Darstellung als auch die Komponenten des Drehimpulsoperators erfüllen die Drehimpulsvertauschungsrelationen

$$[L_i^{\mathrm{ad}}, L_j^{\mathrm{ad}}] = \mathrm{i}\,\epsilon_{ijk}L_k^{\mathrm{ad}}, \quad [\ell_i, \ell_j] = \mathrm{i}\,\epsilon_{ijk}\ell_k, \tag{6.17}$$

d. h. sie können nicht gleichzeitig diagonalisiert werden. Vielmehr organisieren sich die Zustände als Eigenzustände von $\vec{\ell}\,^2$ und ℓ_3 mit Eigenwerten $l(l+1)$ bzw. $m = -l, -l+1, \ldots, l$ ($l = 0, 1, 2, \ldots$). Die Drehinvarianz des Quantensystems impliziert, dass die Komponenten des Drehimpulsoperators mit dem Hamilton-Operator kommutieren,

$$[\hat{H}, \ell_i] = 0,$$

d. h. immer noch Konstanten der Bewegung sind. Man diagonalisiert dann gleichzeitig $\hat{H}$, $\vec{\ell}\,^2$ und ℓ_3. Beispielsweise sind die Eigenwerte des Wasserstoffatoms durch

$$E_n = -\frac{\alpha^2 m}{2n^2} \approx -\frac{13{,}6}{n^2}\,\mathrm{eV}$$

gegeben, wobei $n = n' + l + 1$, $n' \geq 0$, die sog. Hauptquantenzahl bezeichnet und der Entartungsgrad eines Energieniveaus unter Vernachlässigung des Spins (Faktor 2) durch n^2 gegeben ist (siehe Aufgabe 2.3). Der Wert E_1 und die Abstände der Energieniveaus werden durch die *Dynamik* des Systems bestimmt, d. h. durch die spezifische Form des Potenzials, während die Multiplizität der Energieniveaus eine Konsequenz der zugrunde liegenden Dreh*symmetrie* ist.[5]

Am Beispiel der kanonischen Quantisierung des freien, skalaren Feldes (siehe Anhang A.4.2) sieht man, dass Größen wie Φ, $\Pi = \partial \mathcal{L}/\partial \partial_0 \Phi$ etc. zu Operatoren werden, die auf einem Hilbert-Raum wirken. Wir entwickeln im Folgenden die Konsequenzen einer inneren Symmetrie einer Quantenfeldtheorie in Analogie zur Diskussion der Drehinvarianz in der Quantenmechanik. Im Gegensatz zur quantenmechanischen Beschreibung des Wasserstoffatoms oder des Kugeloszillators (siehe Beispiel 2.6) ist eine explizite Bestimmung der Zustände und ihrer Energieeigenwerte in der Quantenfeldtheorie in der Regel nicht möglich.

Dennoch lassen sich aufgrund von Symmetrien Aussagen über das Spektrum und über Zusammenhänge zwischen Matrixelementen machen, die einerseits experimentell überprüft werden können und andererseits als Konsistenztests für Modelle und Approximationen dienen.

Beispiel 6.3
Im Folgenden betrachten wir der Einfachheit halber zunächst eine Lagrange-Dichte

$$\mathcal{L}(\Phi, \partial_\mu \Phi)$$

mehrerer wechselwirkender, skalarer Felder, die den kanonischen gleichzeitigen Vertauschungsrelationen (GZVRen) gehorchen sollen (siehe Anhang A.4.2):

$$[\Phi_i(t, \vec{x}), \Pi_j(t, \vec{y})] = \mathrm{i}\,\delta^3(\vec{x} - \vec{y})\delta_{ij}, \qquad (6.18\mathrm{a})$$

$$[\Phi_i(t, \vec{x}), \Phi_j(t, \vec{y})] = 0, \qquad (6.18\mathrm{b})$$

$$[\Pi_i(t, \vec{x}), \Pi_j(t, \vec{y})] = 0. \qquad (6.18\mathrm{c})$$

Hierbei sind $\Pi_i = \partial \mathcal{L}/\partial \partial_0 \Phi_i$ die zu den Feldoperatoren Φ_i kanonisch konjugierten Impulsfeldoperatoren. Als wichtigen Spezialfall von (6.3),

$$\Phi_i(x) \mapsto \Phi_i'(x) = \Phi_i(x) + \delta\Phi_i(x) = \Phi_i(x) - \mathrm{i}\,\epsilon_a(x) F_{ai}\left(\Phi(x)\right),$$

betrachten wir infinitesimale Transformationen, die *linear* in den Feldern sind,

$$\Phi_i(x) \mapsto \Phi_i'(x) = \Phi_i(x) - \mathrm{i}\,\epsilon_a(x) t_{a,ij}\, \Phi_j(x), \qquad (6.19)$$

wobei die $t_{a,ij}$ Konstanten sind, die in der Regel eine Mischung der Felder bewirken. Aus (6.5),

$$J_a^\mu = -\mathrm{i}\,\frac{\partial \mathcal{L}}{\partial \partial_\mu \Phi_i}\, F_{ai} \,,$$

[5] Die „zufällige" Entartung für $n \geq 2$ ist das Resultat einer noch höheren Symmetrie des $1/r$-Potenzials, nämlich einer SO(4)-Symmetrie [siehe Jones (1990), Abschnitt 7.2].

folgt somit für den Spezialfall linearer Transformationen:

$$J_a^\mu(x) = -\mathrm{i} \; : \frac{\partial \mathcal{L}}{\partial \partial_\mu \Phi_i} t_{a,ij} \Phi_j :, \qquad (6.20)$$

$$Q_a(t) = -\mathrm{i} \int d^3x \; : \Pi_i(x) t_{a,ij} \Phi_j(x) : . \qquad (6.21)$$

Da es sich bei den $t_{a,ij}$ um reelle oder komplexe Zahlen handelt, vertauschen sie mit den Feldoperatoren und können somit in einem Produkt je nach Bedarf an einer geeigneten Position plaziert werden. Wir haben in (6.20) und (6.21) explizit eine durch die Symbolik „: :" gekennzeichnete *Normalordnungsvorschrift* wie in Anhang A.4.2 berücksichtigt. Diese führt möglicherweise zur Subtraktion einer unendlichen Konstante vom nicht normalgeordneten Operator. Für die Kommutatoren der Ladungs*operatoren* mit den Feldoperatoren gilt

$$[Q_a(t), \Phi_k(t, \vec{y})]$$

$$= -\mathrm{i} t_{a,ij} \int d^3x \, [: \Pi_i(t, \vec{x}) \Phi_j(t, \vec{x}) :, \Phi_k(t, \vec{y})]$$

$$\overset{*}{=} -\mathrm{i} t_{a,ij} \int d^3x \, [\Pi_i(t, \vec{x}) \Phi_j(t, \vec{x}), \Phi_k(t, \vec{y})]$$

$$\overset{**}{=} -\mathrm{i} t_{a,ij} \int d^3x \left(\Pi_i(t, \vec{x}) \underbrace{[\Phi_j(t, \vec{x}), \Phi_k(t, \vec{y})]}_{= \, 0} + \underbrace{[\Pi_i(t, \vec{x}), \Phi_k(t, \vec{y})]}_{= \, -\mathrm{i} \delta^3(\vec{x} - \vec{y}) \delta_{ik}} \Phi_j(t, \vec{x}) \right)$$

$$= -t_{a,kj} \Phi_j(t, \vec{y}). \qquad (6.22)$$

Bei $*$ haben wir von

$$: \Pi_i(x) \Phi_j(x) := \Pi_i(x) \Phi_j(x) + \text{unendliche Konstante}$$

Gebrauch gemacht und angenommen, dass die Konstante mit anderen Operatoren kommutiert. (Im Folgenden werden wir Normalordnungssymbole „: :" unterdrücken.) Des Weiteren haben wir bei $**$ den Kommutator für Bose-Felder mithilfe von

$$[ab, c] = a[b, c] + [a, c]b$$

aufgelöst und die GZVRen aus (6.18a) bis (6.18c) verwendet. ∎

In den nachfolgenden Ausführungen wollen wir die Analogie zwischen den Fällen des Drehimpulses in der Quantenmechanik und einer inneren Symmetrie in der Quantenfeldtheorie etwas näher beleuchten.

Analogie Zunächst rekapitulieren wir die Darstellungstheorie der Drehgruppe in der Quantenmechanik (siehe Beispiel 2.5). Wir beschreiben eine aktive Drehung der Koordinaten,

$$x_i \mapsto x_i' = R_{ij} x_j,$$

durch die Drehmatrix $R \in \mathrm{SO}(3)$, wobei wir die Drehung wahlweise durch einen Drehvektor $\vec{\omega}$ oder durch die Euler-Winkel α, β und γ charakterisieren. Die Drehung induziert eine Transformation der Zustände des Hilbert-Raumes,

$$|\Psi\rangle \mapsto |\Psi'\rangle = D(R)|\Psi\rangle,$$

mit

$$D(R) = \exp\left(-\,\mathrm{i}\,\vec{\omega}\cdot\vec{\ell}\,\right) = \mathcal{R}(\alpha,\beta,\gamma).$$

Das Transformationsverhalten eines Operators A ergibt sich aus

$$\langle\Phi|A|\Psi\rangle \overset{!}{=} \langle\Phi'|A'|\Psi'\rangle = \langle\Phi|D^\dagger(R)A'D(R)|\Psi\rangle \,\,\forall\, \langle\Phi|, |\Psi\rangle,$$

sodass gilt:

$$A' = D(R)AD^\dagger(R).$$

Als Beispiel betrachten wir eine infinitesimale Drehung $\vec{x}\,' = \vec{x} + \vec{\epsilon}\times\vec{x}$ und fragen danach, was diese für das Transformationsverhalten des Ortsoperators $\vec{r}$ bedeutet (für den Impulsoperator $\vec{p}$ und den Drehimpulsoperator $\vec{\ell}$ ergibt sich das Transformationsverhalten völlig analog, siehe Beispiel 4.4). Die infinitesimale Drehung $\vec{x}\,' = \vec{x} + \vec{\epsilon}\times\vec{x}$ impliziert für den Orstoperator $\vec{r}$ die Transformation

$$\vec{r} \mapsto \vec{r}\,' = \vec{r} + \delta\vec{r} = \left(1 - \mathrm{i}\,\vec{\epsilon}\cdot\vec{\ell}\,\right)\vec{r}\left(1 + \mathrm{i}\,\vec{\epsilon}\cdot\vec{\ell}\,\right) = \vec{r} - \mathrm{i}\big[\vec{\epsilon}\cdot\vec{\ell},\vec{r}\,\big].$$

Mithilfe von

$$\epsilon_i\,\epsilon_{ijk}\,[r_j\,p_k, r_l] = \epsilon_i\,\epsilon_{ijk}(r_j \underbrace{[p_k, r_l]}_{=\,-\mathrm{i}\,\delta_{kl}} + \underbrace{[r_j, r_l]}_{=\,0}\,p_k) = -\mathrm{i}\,\epsilon_i\,\epsilon_{ijl}\,r_j = -\mathrm{i}\,(\vec{\epsilon}\times\vec{r})_l$$

ergibt sich

$$\vec{r}\,' = \vec{r} - \vec{\epsilon}\times\vec{r},$$

d. h.[6]

$$\delta\vec{r} = -\vec{\epsilon}\times\vec{r}.$$

An dieser Stelle wollen wir die quantenfeldtheoretischen Entsprechungen zum Fall der Drehungen in der Quantenmechanik zusammenstellen. Um konsistent zu bleiben, betrachten wir die Orts-, Impuls- und Drehimpuls-Operatoren im *Heisenberg-Bild*[7] und lassen das Dachsymbol zur Kennzeichnung von Operatoren weg.

---

[6] Wir weisen darauf hin, dass mit einer Transformation der Ortskoordinaten $\vec{x}$ mithilfe von R eine Transformation der Operatoren $\vec{r}$ mit R^{-1} einhergeht.

[7] Der Zusammenhang zwischen einem Operator im *Schrödinger-Bild* (A_S) und im *Heisenberg-Bild* (A_H) lautet $A_H(t) = U^\dagger(t)A_S U(t)$, wobei $U(t)$ ein unitärer Operator, der sog. *Zeitentwicklungsoperator*, ist. Wenn der Hamilton-Operator nicht explizit zeitabhängig ist, gilt $U(t) = \exp(-\mathrm{i}\,Ht)$ [siehe z. B. Bjorken und Drell (1965), Abschnitt 11.2, oder Grawert (1977), Abschnitt 8.2].

Die Entsprechungen lauten dann

$$r_i(t) \leftrightarrow \Phi_i(t, \vec{x}),$$
$$p_j(t) \leftrightarrow \Pi_j(t, \vec{y}),$$
$$\ell_k(t) = \epsilon_{kij} r_i(t) p_j(t) = -\mathrm{i}\, p_i(t) \underbrace{(-\mathrm{i}\,\epsilon_{kij})}_{(L_k^{\mathrm{ad}})_{ij}} r_j(t) \leftrightarrow -\mathrm{i} \int d^3x\, \Pi_i(x) t_{a,ij} \Phi_j(x).$$

Von den Drehimpulsoperatoren wissen wir, dass sie die *Generatoren infinitesimaler Transformationen* der Hilbert-Raum-Zustände sind. Wir werden uns gleich davon überzeugen, dass die Ladungsoperatoren $Q_a(t)$ dieselbe Rolle für die Hilbert-Raum-Zustände der Quantenfeldtheorie übernehmen. Unser Ziel besteht u. a. darin, Feldoperatoren zu identifizieren, die geeignete Vertauschungsrelationen mit den Ladungsoperatoren $Q_a(t)$ erfüllen. Wir werden uns dabei die Analogie zur Definition eines irreduziblen, sphärischen Tensoroperators $A^{(n)}$ in Abschn. 4.3.6 zunutze machen:

$$[J_3, A_\nu^{(n)}] = \nu A_\nu^{(n)}, \quad [J_\pm, A_\nu^{(n)}] = \sqrt{n(n+1) - \nu(\nu \pm 1)} A_{\nu \pm 1}^{(n)},$$

$$J_k \leftrightarrow Q_a(t), \quad A_\nu^{(n)} \leftrightarrow \Phi_k(t, \vec{y}), \Pi_k(t, \vec{y}).$$

An dieser Stelle sei explizit darauf hingewiesen, dass eine Zeitunabhängigkeit der Ladungsoperatoren Q_a nicht erforderlich ist. Auch für den Fall, dass eine Symmetrie explizit gebrochen ist und die Ladungsoperatoren zeitabhängig sind, lassen sich die gleichzeitigen Vertauschungsrelationen im Zusammenhang mit *approximativen Symmetrien* und einer *partiellen Erhaltung* von Strömen zunutze machen [Gell-Mann (1962)].

Interpretation der Ladungsoperatoren $Q_a(t)$ Gegeben sei eine globale, infinitesimale Transformation, die wir mittels der reellen Konstanten ϵ_a charakterisieren. Auf die Felder wirke die Transformation gemäß (6.19). Für das Transformationsverhalten der Zustände des Hilbert-Raumes machen wir einen Ansatz in Form einer infinitesimalen, unitären Transformation[8],

$$|\alpha'\rangle = \big(1 + \mathrm{i}\,\epsilon_a G_a(t)\big)|\alpha\rangle, \tag{6.23}$$

mit hermiteschen Operatoren $G_a(t)$, dergestalt dass

$$\langle \beta'|\alpha'\rangle = \langle \beta|\alpha\rangle \tag{6.24}$$

---

[8] Da wir die Feldoperatoren aktiv transformieren, müssen wir die Zustände des Hilbert-Raumes entgegengesetzt transformieren. Siehe auch Fußnote 6.

bis auf Terme zweiter Ordnung in den ϵ_a für beliebige Elemente des Hilbert-Raumes erfüllt ist.[9] Nun folgt aus

$$\langle \beta | A | \alpha \rangle = \langle \beta' | A' | \alpha' \rangle \quad \forall \, |\alpha\rangle, |\beta\rangle, \epsilon_a, \tag{6.25}$$

zusammen mit (6.19):

$$
\begin{aligned}
\langle \beta | \Phi_i(x) | \alpha \rangle &= \langle \beta' | \Phi_i'(x) | \alpha' \rangle \\
&= \langle \beta | \big(1 - \mathrm{i}\,\epsilon_a G_a(t) \big) \big(\Phi_i(x) - \mathrm{i}\,\epsilon_b t_{b,ij}\, \Phi_j(x) \big) \big(1 + \mathrm{i}\,\epsilon_c G_c(t) \big) | \alpha \rangle .
\end{aligned}
$$

Aus dem Vergleich beider Seiten schließen wir, dass die in den ϵ_a linearen Terme in der zweiten Zeile verschwinden müssen:

$$- \mathrm{i}\,\epsilon_a [G_a(t), \Phi_i(x)] \qquad \underbrace{-\mathrm{i}\,\epsilon_a t_{a,ij}\, \Phi_j(x)}_{= \mathrm{i}\,\epsilon_a [Q_a(t), \Phi_i(x)] \text{ wegen (6.22)}} = 0. \tag{6.26}$$

Die Ladungsoperatoren $Q_a(t)$ aus (6.21) sind also gerade die *Erzeugenden* für die Transformation der Zustände des Hilbert-Raumes, die mit der Transformation der Feldoperatoren in (6.19) einhergehen.

Indem wir die Vertauschungsrelationen für den Fall mehrerer Generatoren untersuchen, können wir den Zusammenhang mit der Lie-Algebra einer zugrunde liegenden Symmetriegruppe etablieren. Dazu betrachten wir (siehe Aufgabe 6.2):

$$
\begin{aligned}
[Q_a(t), Q_b(t)] &= - \int d^3x\, d^3y\, [\Pi_i(t, \vec{x}) t_{a,ij} \Phi_j(t, \vec{x}),\, \Pi_k(t, \vec{y}) t_{b,kl} \Phi_l(t, \vec{y})] \\
&= -\mathrm{i}\, \big(t_{a,ij} t_{b,jk} - t_{b,ij} t_{a,jk} \big) \int d^3x\, \Pi_i(t, \vec{x}) \Phi_k(t, \vec{x}). \tag{6.27}
\end{aligned}
$$

Zunächst stellen wir fest, dass das Ergebnis des Kommutators wieder die Struktur eines Ladungsoperators hat, d. h. proportional zu einem räumlichen Integral des Produkts aus einem Impulsfeldoperator und einem Feldoperator ist [siehe (6.21)]. Falls nun

$$t_{a,ij} t_{b,jk} - t_{b,ij} t_{a,jk} = \mathrm{i}\, C_{abc} t_{c,ik} \tag{6.28}$$

gilt, steht auf der rechten Seite von (6.27) gerade $\mathrm{i}\, C_{abc} Q_c(t)$. In diesem Fall bilden die Ladungsoperatoren $Q_a(t)$ die Basis einer Lie-Algebra mit den Vertauschungsrelationen

$$[Q_a(t), Q_b(t)] = \mathrm{i}\, C_{abc} Q_c(t) \tag{6.29}$$

---

[9] Genau genommen sollten wir nur

$$|\langle \beta' | \alpha' \rangle| = |\langle \beta | \alpha \rangle|$$

fordern. Wir beschränken uns hier auf unitäre Transformationen. Für die Zeitumkehr benötigt man einen antiunitären Operator [siehe z. B. Grawert (1977), Abschnitt 12.7].

und den Strukturkonstanten C_{abc}. Dies bedeutet, dass die (n, n)-Matrizen $T_a = (t_{a,ij})$ $(a = 1, \ldots, r, i, j = 1, \ldots, n)$, die für die Mischung der Felder verantwortlich sind, die Basis einer n-dimensionalen Darstellung der Lie-Algebra mit den Strukturkonstanten C_{abc} bilden. Auch hier erkennen wir wieder die Analogie mit dem Bahndrehimpuls in der Quantenmechanik in (6.17).

Mehr zur Bedeutung der Ladungsoperatoren

1. Für zeitunabhängige Ladungsoperatoren gilt im Heisenberg-Bild

$$\frac{dQ_a}{dt} = \mathrm{i}\,[H, Q_a] = 0,$$

d. h. H und Q_a lassen sich gleichzeitig diagonalisieren. Die Entartung eines Energieniveaus wird mit der Dimension irreduzibler Darstellungen der Symmetriegruppe verknüpft. Dies bedeutet, dass eine Untersuchung des Teilchenspektrums Rückschlüsse auf eine zugrunde liegende Symmetrie zulässt. Als Beispiel verweisen wir auf die Isospinmultipletts in Tab. 4.2.

2. Aufgrund von Symmetrien sind Streuamplituden verschiedener Prozesse miteinander verknüpft. Beispielsweise existieren im Falle der Isospinsymmetrie für die Pion-Nukleon-Streuung nur zwei unabhängige Streuamplituden $T_{\frac{1}{2}}$ und $T_{\frac{3}{2}}$ (siehe Beispiel 4.7):

$$\langle I', M_I' | T | I, M_I \rangle = T_I \delta_{I'I} \delta_{M_I'M_I}.$$

3. Wenn wir in den Kommutatoren von Ladungsoperatoren mit den Feldoperatoren [siehe (6.22)] bzw. Impulsfeldoperatoren die Ladungsoperatoren durch Ladungsdichteoperatoren $J_a^0(x)$ ersetzen, ergeben sich lokale gleichzeitige Vertauschungsrelationen. Später werden wir sehen, wie sich die zugrunde liegende Symmetrie einer Quantenfeldtheorie in sog. *Ward-Identitäten* manifestiert.

Wir gehen im Folgenden von (6.28) aus und interpretieren die Konstanten $t_{a,ij}$ als die Einträge einer (n, n)-Matrix T_a in der i-ten Zeile und der j-ten Spalte:

$$T_a = \begin{pmatrix} t_{a,11} & \cdots & t_{a,1n} \\ \vdots & & \vdots \\ t_{a,n1} & \cdots & t_{a,nn} \end{pmatrix}.$$

Diese Matrizen bilden dann aufgrund von (6.28) eine n-dimensionale Darstellung einer Lie-Algebra:

$$[T_a, T_b] = \mathrm{i}\,C_{abc} T_c.$$

Eine lokale, lineare, infinitesimale Transformation der Felder Φ_i lässt sich dann in kompakter Form darstellen:

$$\begin{pmatrix} \Phi_1(x) \\ \vdots \\ \Phi_n(x) \end{pmatrix} = \Phi(x) \mapsto \Phi'(x) = \left(\mathbb{1} - \mathrm{i}\,\epsilon_a(x) T_a \right) \Phi(x). \tag{6.30}$$

Wir illustrieren nun anhand zweier Beispiele explizit den Zusammenhang zwischen der Transformation der Felder und den Eigenschaften der Ladungsoperatoren.

Beispiel 6.4
Als einfaches, aber sehr instruktives Modell betrachten wir die skalare Feldtheorie in Beispiel 6.1 mit einer globalen SO(2)-Invarianz [U(1)-Invarianz] (siehe Aufgabe 6.1),

$$
\begin{aligned}
\mathcal{L} &= \frac{1}{2}(\partial_\mu \Phi_1 \partial^\mu \Phi_1 + \partial_\mu \Phi_2 \partial^\mu \Phi_2) - \frac{m^2}{2}(\Phi_1^2 + \Phi_2^2) - \frac{\lambda}{4}(\Phi_1^2 + \Phi_2^2)^2 \\
&= \partial_\mu \Phi^\dagger \partial^\mu \Phi - m^2 \Phi^\dagger \Phi - \lambda (\Phi^\dagger \Phi)^2,
\end{aligned}
\tag{6.31}
$$

mit

$$
\Phi(x) = \frac{1}{\sqrt{2}}\big(\Phi_1(x) + i\,\Phi_2(x)\big), \quad \Phi^\dagger(x) = \frac{1}{\sqrt{2}}\big(\Phi_1(x) - i\,\Phi_2(x)\big),
$$

wobei Φ_1 und Φ_2 reelle, skalare Felder sind. Außerdem nehmen wir $m^2 > 0$ und $\lambda > 0$ an, sodass die Theorie keine spontane Symmetriebrechung erzeugt und die Energie nach unten beschränkt ist. Gleichung (6.31) ist invariant bzgl. einer globalen Transformation der Felder:

$$
\Phi_1' = \Phi_1 - \epsilon \Phi_2, \quad \Phi_2' = \Phi_2 + \epsilon \Phi_1, \quad T = \begin{pmatrix} 0 & -i \\ i & 0 \end{pmatrix},
\tag{6.32}
$$

oder, was dazu äquivalent ist,

$$
\Phi' = (1 + i\epsilon)\Phi, \quad \Phi'^\dagger = (1 - i\epsilon)\Phi^\dagger, \quad T = \begin{pmatrix} -1 & 0 \\ 0 & 1 \end{pmatrix},
\tag{6.33}
$$

wobei ϵ ein infinitesimaler, reeller Parameter ist. Mithilfe der Methode von Gell-Mann und Lévy erhalten wir für einen *lokalen* Parameter $\epsilon(x)$ als Änderung der Lagrange-Dichte:

$$
\delta \mathcal{L} = \partial_\mu \epsilon(x)\big(i\,\partial^\mu \Phi^\dagger \Phi - i\,\Phi^\dagger \partial^\mu \Phi\big),
\tag{6.34}
$$

und damit

$$
J^\mu = \frac{\partial \delta \mathcal{L}}{\partial \partial_\mu \epsilon} = i\,\partial^\mu \Phi^\dagger \Phi - i\,\Phi^\dagger \partial^\mu \Phi,
\tag{6.35a}
$$

$$
\partial_\mu J^\mu = \frac{\partial \delta \mathcal{L}}{\partial \epsilon} = 0.
\tag{6.35b}
$$

Auf dem Weg zu einer kanonischen Quantisierung definieren wir zunächst die zu den Feldern Φ_i bzw. Φ und $\Phi^\dagger$ kanonisch konjugierten Impulsfelder:

$$
\Pi_i(x) = \frac{\partial \mathcal{L}}{\partial \partial_0 \Phi_i}, \quad \Pi(x) = \frac{\partial \mathcal{L}}{\partial \partial_0 \Phi}, \quad \Pi^\dagger(x) = \frac{\partial \mathcal{L}}{\partial \partial_0 \Phi^\dagger}.
\tag{6.36}
$$

Wir interpretieren nun sowohl die Felder als auch die Impulsfelder als Operatoren, die (im Heisenberg-Bild) die GZVRen erfüllen sollen:

$$[\Phi_i(t, \vec{x}), \Pi_j(t, \vec{y})] = i\,\delta_{ij}\delta^3(\vec{x} - \vec{y}), \tag{6.37}$$

und

$$[\Phi(t, \vec{x}), \Pi(t, \vec{y})] = [\Phi^\dagger(t, \vec{x}), \Pi^\dagger(t, \vec{y})] = i\,\delta^3(\vec{x} - \vec{y}). \tag{6.38}$$

Die übrigen GZVRen zwischen Feldoperatoren bzw. Impulsfeldoperatoren verschwinden. Mithilfe von (6.38) bestimmen wir die GZVRen des Ladungsdichteoperators mit den verschiedenen Feldoperatoren (siehe Aufgabe 6.3):

$$\begin{aligned}
[J^0(t, \vec{x}), \Phi(t, \vec{y})] &= \delta^3(\vec{x} - \vec{y})\Phi(t, \vec{x}), \\
[J^0(t, \vec{x}), \Pi(t, \vec{y})] &= -\delta^3(\vec{x} - \vec{y})\Pi(t, \vec{x}), \\
[J^0(t, \vec{x}), \Phi^\dagger(t, \vec{y})] &= -\delta^3(\vec{x} - \vec{y})\Phi^\dagger(t, \vec{x}), \\
[J^0(t, \vec{x}), \Pi^\dagger(t, \vec{y})] &= \delta^3(\vec{x} - \vec{y})\Pi^\dagger(t, \vec{x}).
\end{aligned} \tag{6.39}$$

Das zweite Paar von Vertauschungsrelationen lässt sich auf einfache Weise aus dem ersten Paar bestimmen. Dazu verwendet man

$$[A, B] = AB - BA = C \quad \Rightarrow \quad [A^\dagger, B^\dagger] = -C^\dagger \tag{6.40}$$

und nutzt die Hermitizität des Ladungsdichteoperators aus, $J^0(x) = J^{0\dagger}(x)$. Wie wir in Beispiel 6.6 noch erläutern werden, sind GZVRen vom Typ (6.39), die einen *Ladungsdichteoperator* enthalten, ein wichtiger Bestandteil für die Herleitung sog. Ward-Identitäten.

Die Volumenintegration der Ladungsdichte über $\vec{x}$ liefert den Ladungsoperator

$$Q = i \int d^3x \, (\Pi\Phi - \Phi^\dagger\Pi^\dagger). \tag{6.41}$$

Führt man nun diese Integration in (6.39) aus, so erhält man für die Vertauschungsrelationen mit dem Ladungsoperator

$$\begin{aligned}
[Q, \Phi(x)] &= \Phi(x), \\
[Q, \Pi(x)] &= -\Pi(x), \\
[Q, \Phi^\dagger(x)] &= -\Phi^\dagger(x), \\
[Q, \Pi^\dagger(x)] &= \Pi^\dagger(x).
\end{aligned} \tag{6.42}$$

Welche Schlüsse lassen sich aus (6.42) ziehen? Dazu betrachten wir einen Eigenzustand $|\alpha\rangle$ von Q mit dem Eigenwert q_α. Wir wenden exemplarisch zunächst $\Phi(x)$ und anschließend Q an und machen bei der Bestimmung des Resultats Gebrauch von der relevanten Vertauschungsrelation in (6.42):

$$Q\,\Phi(x)|\alpha\rangle = \big([Q, \Phi(x)] + \Phi(x)Q\big)|\alpha\rangle = (1 + q_\alpha)\Phi(x)|\alpha\rangle.$$

Fazit Die Operatoren $\Phi(x)$ und $\Pi^\dagger(x)$ $[\Phi^\dagger(x)$ und $\Pi(x)]$ erhöhen (vermindern) die (Noether-)Ladung eines Systems um eine Einheit. Wir können in Analogie zu den irreduziblen Tensoroperatoren [siehe Definition 4.1 sowie (4.32a) und (4.32b)] folgende Verallgemeinerung vornehmen: Ein Operator A_ν ($\nu \in \mathbb{Z}$) mit $[Q, A_\nu] = \nu A_\nu$ verändert die Noether-Ladung eines Systems mit der Ladung q_α um ν zu $q_\alpha + \nu$. ∎

Beispiel 6.5
Um auch den Fall zu behandeln, dass Fermionen als dynamische Freiheitsgrade auftreten, greifen wir auf die Isospininvarianz der starken Wechselwirkung zurück und konstruieren eine Theorie mit insgesamt fünf Feldern: Wir benötigen drei Felder zur Beschreibung der Pionen π^+, π^0 und π^- sowie zwei Felder für die Nukleonen p und n. Wir beginnen mit den Vertauschungsrelationen der Isospinalgebra:

$$[I_i, I_j] = \mathrm{i}\,\epsilon_{ijk} I_k. \tag{6.43}$$

Für die Fundamentaldarstellung ($n = 2$) benutzen wir als Basis (Hochstellung f für fundamental):

$$T_i^{\mathrm{f}} = \frac{1}{2}\tau_i, \tag{6.44}$$

mit den Pauli-Matrizen aus Aufgabe 4.15. Wir ersetzen die Felder Φ_4 und Φ_5 durch das Nukleonendublett

$$\Psi = \begin{pmatrix} p \\ n \end{pmatrix}, \tag{6.45}$$

mit dem Protonenfeld p und dem Neutronenfeld n. Die Matrizen der adjungierten Darstellung ($n = 3$) (Hochstellung ad) sind gegeben durch (siehe Aufgabe 3.8):

$$T_1^{\mathrm{ad}} = \begin{pmatrix} 0 & 0 & 0 \\ 0 & 0 & -\mathrm{i} \\ 0 & \mathrm{i} & 0 \end{pmatrix}, \quad T_2^{\mathrm{ad}} = \begin{pmatrix} 0 & 0 & \mathrm{i} \\ 0 & 0 & 0 \\ -\mathrm{i} & 0 & 0 \end{pmatrix}, \quad T_3^{\mathrm{ad}} = \begin{pmatrix} 0 & -\mathrm{i} & 0 \\ \mathrm{i} & 0 & 0 \\ 0 & 0 & 0 \end{pmatrix}, \tag{6.46}$$

mit den zugehörigen kartesischen Pionenfeldern

$$\vec{\Phi} = \begin{pmatrix} \Phi_1 \\ \Phi_2 \\ \Phi_3 \end{pmatrix}. \tag{6.47}$$

Da Nukleonen und Pionen keine Seltsamkeit besitzen, setzt sich der Ladungsoperator für die elektromagnetische Ladung in Einheiten der Elementarladung e gemäß

$$Q = I_3 + \frac{N}{2} \tag{6.48}$$

zusammen [Gell-Mann (1956)], wobei N der Operator für die Nukleonenzahl[10] ist. Wir führen Linearkombinationen der kartesischen Pionenfelder ein, die zu wohldefinierten elektrischen Ladungen gehören:

$$\pi^+ := \frac{1}{\sqrt{2}} \left(\Phi_1 - \mathrm{i}\,\Phi_2 \right) = \Phi_{-1}^{(1)}, \tag{6.49a}$$

$$\pi^0 := \Phi_3 = \Phi_0^{(1)}, \tag{6.49b}$$

$$\pi^- := \frac{-1}{\sqrt{2}} \left(\Phi_1 + \mathrm{i}\,\Phi_2 \right) = \Phi_{+1}^{(1)}. \tag{6.49c}$$

Um möglichst nahe an der Schreibweise in Abschn. 4.3 zu bleiben, verwenden wir hier bewusst eine sphärische Konvention, obwohl diese in der Literatur zumeist nicht üblich ist.[11] Die Vertauschungsrelationen des Ladungsoperators mit den einzelnen Feldoperatoren lauten

$$\begin{aligned}
[Q, p(x)] &= -p(x), \\
[Q, n(x)] &= 0, \\
[Q, \pi^+(x)] &= -\pi^+(x), \\
[Q, \pi^0(x)] &= 0, \\
[Q, \pi^-(x)] &= \pi^-(x).
\end{aligned} \tag{6.50}$$

Die Interpretation dieser Vertauschungsrelationen erfolgt vollkommen analog zu (6.42). Die Operatoren p und π^+ vermindern die Ladung, indem sie jeweils ein Proton und ein π^+ aus einem Zustand entfernen oder ein Antiproton und ein π^- hinzufügen. Entsprechend bleibt die Ladung bei Anwendung von n oder π^0 durch Entfernen eines Neutrons oder eines π^0 ebenso unverändert wie durch Hinzufügen eines Antineutrons oder eines π^0. Schließlich entfernt der Operator π^- ein π^- oder fügt ein π^+ hinzu.

Wir betrachten nun die Lagrange-Dichte der sog. *pseudoskalaren Pion-Nukleon-Wechselwirkung*[12] [siehe z. B. Bjorken und Drell (1964), Kapitel 10],

$$\mathcal{L} = \bar{\Psi}\left(\mathrm{i}\,\partial\!\!\!/ - m_N \right)\Psi + \frac{1}{2}\left(\partial_\mu \vec{\Phi} \cdot \partial^\mu \vec{\Phi} - M_\pi^2 \vec{\Phi}^2 \right) - \mathrm{i}\,g\,\bar{\Psi}\gamma_5 \vec{\tau} \cdot \vec{\Phi}\Psi, \tag{6.51}$$

---

[10] Die Nukleonenzahl eines Zustands ist die Differenz der Zahl der Nukleonen und der Zahl der Antinukleonen.

[11] Für freie Felder ergibt sich

$$\langle 0 | \pi^+(x) | \pi^+(\vec{p}) \rangle = \langle 0 | \pi^-(x) | \pi^-(\vec{p}) \rangle = \exp(-\mathrm{i}\,p \cdot x),$$

mit

$$|\pi^+(\vec{p})\rangle = \frac{1}{\sqrt{2}} \left(a_1^\dagger(\vec{p}) + \mathrm{i}\,a_2^\dagger(\vec{p}) \right) |0\rangle, \quad |\pi^-(\vec{p})\rangle = \frac{-1}{\sqrt{2}} \left(a_1^\dagger(\vec{p}) - \mathrm{i}\,a_2^\dagger(\vec{p}) \right) |0\rangle.$$

[12] Die Begriffsbildung pseudoskalare Wechselwirkung bezieht sich auf die Tatsache, dass die Bilinearform $\bar{\Psi}\gamma_5\Psi$ sich unter Parität wie ein Pseudoskalar transformiert. Da auch die Pionenfelder Pseudoskalare sind, $P : \Phi_i(t, \vec{x}) \mapsto -\Phi_i(t, -\vec{x})$, ist die Wechselwirkungs-Lagrange-Dichte ein Skalar. Dies trägt der Tatsache Rechnung, dass die starke Wechselwirkung paritätserhaltend ist.

wobei $g = g_{\pi N} = 13.1$ die Pion-Nukleon-Kopplungskonstante bezeichnet. Bevor wir uns der Diskussion der Isospinsymmetrie widmen, erläutern wir die Schreibweise. Um den Wechselwirkungsanteil zu interpretieren, betrachten wir

$$\vec{\tau} \cdot \vec{\Phi} = \sum_{i=1}^{3} \tau_i \Phi_i = \begin{pmatrix} \Phi_3 & \Phi_1 - i\,\Phi_2 \\ \Phi_1 + i\,\Phi_2 & -\Phi_3 \end{pmatrix} = \begin{pmatrix} \pi^0 & \sqrt{2}\pi^+ \\ -\sqrt{2}\pi^- & -\pi^0 \end{pmatrix}.$$

Wir berücksichtigen, dass p und n vierkomponentige Dirac-Spinorfelder sind und γ_5 sich auf diesen Spinorcharakter bezieht. Außerdem gilt

$$\bar{\Psi} = \begin{pmatrix} \bar{p} & \bar{n} \end{pmatrix} = \begin{pmatrix} p^\dagger \gamma_0 & n^\dagger \gamma^0 \end{pmatrix} = \begin{pmatrix} p^\dagger & n^\dagger \end{pmatrix} \gamma_0.$$

Somit ergibt sich für den Wechselwirkungsterm in ausführlicher Schreibweise:

$$-i\,g\,\bar{\Psi}\gamma_5\vec{\tau}\cdot\vec{\Phi}\Psi = -i\,g\begin{pmatrix} \bar{p} & \bar{n} \end{pmatrix}\gamma_5 \begin{pmatrix} \pi^0 & \sqrt{2}\pi^+ \\ -\sqrt{2}\pi^- & -\pi^0 \end{pmatrix}\begin{pmatrix} p \\ n \end{pmatrix}$$

$$= -i\,g\begin{pmatrix} \bar{p} & \bar{n} \end{pmatrix}\gamma_5 \begin{pmatrix} \pi^0 p + \sqrt{2}\pi^+ n \\ -\sqrt{2}\pi^- p - \pi^0 n \end{pmatrix}$$

$$= -i\,g\left(\bar{p}\gamma_5 p\,\pi^0 + \sqrt{2}\bar{p}\gamma_5 n\pi^+ - \sqrt{2}\bar{n}\gamma_5 p\pi^- - \bar{n}\gamma_5 n\pi^0 \right).$$

Für die Symmetriegruppe des Isospins, SU(2), betrachten wir als konkrete Anwendung der infinitesimalen Transformationen in (6.19):

$$\begin{pmatrix} \vec{\Phi} \\ \Psi \end{pmatrix} \mapsto (\mathbb{1} - i\,\epsilon_i(x)T_i)\begin{pmatrix} \vec{\Phi} \\ \Psi \end{pmatrix}, \quad T_i = \begin{pmatrix} T_i^{\mathrm{ad}} & 0_{3\times 2} \\ 0_{2\times 3} & T_i^{\mathrm{f}} \end{pmatrix}, \quad i = 1,2,3. \quad (6.52)$$

Da die Matrizen T_i blockdiagonal sind, mischen jeweils die Nukleonenfelder und die Pionenfelder separat unter der Transformation:

$$\Psi \mapsto \Psi' = \left(\mathbb{1} - i\,\vec{\epsilon}(x)\cdot\frac{\vec{\tau}}{2}\right)\Psi, \quad (6.53a)$$

$$\vec{\Phi} \mapsto \vec{\Phi}' = \left(\mathbb{1} - i\,\vec{\epsilon}(x)\cdot\vec{T}^{\mathrm{ad}}\right)\vec{\Phi} = \vec{\Phi} + \vec{\epsilon}\times\vec{\Phi}, \quad (6.53b)$$

wobei wir beim letzten Gleichheitszeichen Gebrauch gemacht haben von:

$$-i\,\vec{\epsilon}\cdot\vec{T}^{\mathrm{ad}}\,\vec{\Phi} = \begin{pmatrix} 0 & -\epsilon_3 & \epsilon_2 \\ \epsilon_3 & 0 & -\epsilon_1 \\ -\epsilon_2 & \epsilon_1 & 0 \end{pmatrix}\begin{pmatrix} \Phi_1 \\ \Phi_2 \\ \Phi_3 \end{pmatrix} = \begin{pmatrix} -\epsilon_3\Phi_2 + \epsilon_2\Phi_3 \\ \epsilon_3\Phi_1 - \epsilon_1\Phi_3 \\ -\epsilon_2\Phi_1 + \epsilon_1\Phi_2 \end{pmatrix} = \vec{\epsilon}\times\vec{\Phi}.$$

Die Transformation wirkt auf $\vec{\Phi}$ wie eine infinitesimale aktive Drehung um den Winkel $|\vec{\epsilon}|$ um die Achse $\hat{\epsilon}$ im Isospinraum. Wir betrachten nun die Änderung der Lagrange-Dichte (siehe Aufgabe 6.4):

$$\delta\mathcal{L} = \partial_\mu\vec{\epsilon}\cdot\left(\bar{\Psi}\gamma^\mu\frac{\vec{\tau}}{2}\Psi + \vec{\Phi}\times\partial^\mu\vec{\Phi}\right). \tag{6.54}$$

Aus (6.6a) und (6.6b) folgt nun

$$J_i^\mu = \frac{\partial\delta\mathcal{L}}{\partial\partial_\mu\epsilon_i} = \bar{\Psi}\gamma^\mu\frac{\tau_i}{2}\Psi + \epsilon_{ijk}\Phi_j\partial^\mu\Phi_k, \tag{6.55a}$$

$$\partial_\mu J_i^\mu = \frac{\partial\delta\mathcal{L}}{\partial\epsilon_i} = 0. \tag{6.55b}$$

Mit $\dot{\Phi}_k = \Pi_k$ haben wir also drei erhaltene, d. h. zeitunabhängige Ladungsoperatoren

$$Q_i = \int d^3x\left(\Psi^\dagger(x)\frac{\tau_i}{2}\Psi(x) + \epsilon_{ijk}\Phi_j(x)\Pi_k(x)\right). \tag{6.56}$$

Die Operatoren Q_i sind die Erzeugenden für SU(2)-Transformationen der Hilbert-Raum-Zustände. Sie zerfallen in zwei Anteile, einen fermionischen und einen bosonischen, die miteinander kommutieren.

Wir verifizieren nun explizit, dass die Operatoren Q_i aus (6.56) die Vertauschungsrelationen

$$[Q_i, Q_j] = i\,\epsilon_{ijk}Q_k \tag{6.57}$$

erfüllen und mit den Isospinoperatoren I_i identifiziert werden können. Zu diesem Zweck benötigen wir die GZVRen für fermionische Feldoperatoren in Form von Antikommutatoren:

$$\{\Psi_{\alpha,r}(t,\vec{x}), \Psi_{\beta,s}^\dagger(t,\vec{y})\} = \delta^3(\vec{x}-\vec{y})\delta_{\alpha\beta}\delta_{rs}, \tag{6.58a}$$

$$\{\Psi_{\alpha,r}(t,\vec{x}), \Psi_{\beta,s}(t,\vec{y})\} = 0, \tag{6.58b}$$

$$\{\Psi_{\alpha,r}^\dagger(t,\vec{x}), \Psi_{\beta,s}^\dagger(t,\vec{y})\} = 0, \tag{6.58c}$$

wobei α und β Dirac-Indizes und r und s Isospinindizes sind. Außerdem brauchen wir die GZVRen der bosonischen Feldoperatoren:

$$[\Phi_j(t,\vec{x}), \Pi_k(t,\vec{y})] = i\,\delta^3(\vec{x}-\vec{y})\delta_{jk}, \tag{6.59a}$$

$$[\Phi_j(t,\vec{x}), \Phi_k(t,\vec{y})] = 0, \tag{6.59b}$$

$$[\Pi_j(t,\vec{x}), \Pi_k(t,\vec{y})] = 0. \tag{6.59c}$$

Zur Berechnung des Kommutators $[Q_i, Q_j]$ verwenden wir zunächst den Ausdruck in (6.56) und berücksichtigen, dass fermionische Feldoperatoren mit bosonischen

Feldoperatoren vertauschen:

$$[Q_i, Q_j] = \int d^3x\, d^3y \left[\Psi^\dagger(t, \vec{x}) \frac{\tau_i}{2} \Psi(t, \vec{x}) + \epsilon_{ikl} \Phi_k(t, \vec{x}) \Pi_l(t, \vec{x}), \right.$$

$$\left. \Psi^\dagger(t, \vec{y}) \frac{\tau_j}{2} \Psi(t, \vec{y}) + \epsilon_{jmn} \Phi_m(t, \vec{y}) \Pi_n(t, \vec{y}) \right]$$

$$= \int d^3x\, d^3y \left(\left[\Psi^\dagger(t, \vec{x}) \frac{\tau_i}{2} \Psi(t, \vec{x}), \Psi^\dagger(t, \vec{y}) \frac{\tau_j}{2} \Psi(t, \vec{y}) \right] \right.$$

$$\left. + \left[\epsilon_{ikl} \Phi_k(t, \vec{x}) \Pi_l(t, \vec{x}), \epsilon_{jmn} \Phi_m(t, \vec{y}) \Pi_n(t, \vec{y}) \right] \right)$$

$$=: F_{ij} + B_{ij}.$$

Zur Berechnung des fermionischen Anteils F_{ij} benutzen wir

$$\left[\Psi^\dagger_{\alpha,r}(t, \vec{x}) \widehat{\mathcal{O}}_{1,\alpha\beta,rs} \Psi_{\beta,s}(t, \vec{x}), \Psi^\dagger_{\gamma,t}(t, \vec{y}) \widehat{\mathcal{O}}_{2,\gamma\delta,tu} \Psi_{\delta,u}(t, \vec{y}) \right]$$

$$= \widehat{\mathcal{O}}_{1,\alpha\beta,rs} \widehat{\mathcal{O}}_{2,\gamma\delta,tu} \left[\Psi^\dagger_{\alpha,r}(t, \vec{x}) \Psi_{\beta,s}(t, \vec{x}), \Psi^\dagger_{\gamma,t}(t, \vec{y}) \Psi_{\delta,u}(t, \vec{y}) \right]. \qquad (6.60)$$

Da die GZVRen für Fermionenfelder Aussagen über Antikommutatoren machen, drücken wir den Kommutator mittels (siehe Aufgabe 6.5)

$$[ab, cd] = a\{b, c\}d - ac\{b, d\} + \{a, c\}db - c\{a, d\}b \qquad (6.61)$$

durch Antikommutatoren aus:

$$\left[\Psi^\dagger_{\alpha,r}(t, \vec{x}) \Psi_{\beta,s}(t, \vec{x}), \Psi^\dagger_{\gamma,t}(t, \vec{y}) \Psi_{\delta,u}(t, \vec{y}) \right]$$

$$= \Psi^\dagger_{\alpha,r}(t, \vec{x}) \{ \Psi_{\beta,s}(t, \vec{x}), \Psi^\dagger_{\gamma,t}(t, \vec{y}) \} \Psi_{\delta,u}(t, \vec{y})$$

$$- \Psi^\dagger_{\alpha,r}(t, \vec{x}) \Psi^\dagger_{\gamma,t}(t, \vec{y}) \{ \Psi_{\beta,s}(t, \vec{x}), \Psi_{\delta,u}(t, \vec{y}) \}$$

$$+ \{ \Psi^\dagger_{\alpha,r}(t, \vec{x}), \Psi^\dagger_{\gamma,t}(t, \vec{y}) \} \Psi_{\delta,u}(t, \vec{y}) \Psi_{\beta,s}(t, \vec{x})$$

$$- \Psi^\dagger_{\gamma,t}(t, \vec{y}) \{ \Psi^\dagger_{\alpha,r}(t, \vec{x}), \Psi_{\delta,u}(t, \vec{y}) \} \Psi_{\beta,s}(t, \vec{x})$$

$$\overset{(6.58b,\,6.58c)}{=} \Psi^\dagger_{\alpha,r}(t, \vec{x}) \{ \Psi_{\beta,s}(t, \vec{x}), \Psi^\dagger_{\gamma,t}(t, \vec{y}) \} \Psi_{\delta,u}(t, \vec{y})$$

$$- \Psi^\dagger_{\gamma,t}(t, \vec{y}) \{ \Psi^\dagger_{\alpha,r}(t, \vec{x}), \Psi_{\delta,u}(t, \vec{y}) \} \Psi_{\beta,s}(t, \vec{x})$$

$$\overset{(6.58a)}{=} \Psi^\dagger_{\alpha,r}(t, \vec{x}) \Psi_{\delta,u}(t, \vec{y}) \delta^3(\vec{x} - \vec{y}) \delta_{\beta\gamma} \delta_{st}$$

$$- \Psi^\dagger_{\gamma,t}(t, \vec{y}) \Psi_{\beta,s}(t, \vec{x}) \delta^3(\vec{x} - \vec{y}) \delta_{\alpha\delta} \delta_{ru}.$$

Die Volumenintegration über $\vec{y}$ beseitigt die Dirac'schen Deltafunktionen, und wir erhalten

$$F_{ij} = \int d^3x\, \mathbb{1}_{\alpha\beta} \left(\frac{\tau_i}{2} \right)_{rs} \mathbb{1}_{\gamma\delta} \left(\frac{\tau_j}{2} \right)_{tu} \left(\Psi^\dagger_{\alpha,r}(x) \delta_{\beta\gamma} \delta_{st} \Psi_{\delta,u}(x) - \Psi^\dagger_{\gamma,t}(x) \delta_{\alpha\delta} \delta_{ru} \Psi_{\beta,s}(x) \right)$$

$$= \int d^3x\, \Psi^\dagger(x) \left(\frac{\tau_i}{2} \frac{\tau_j}{2} - \frac{\tau_j}{2} \frac{\tau_i}{2} \right) \Psi(x)$$

$$= \mathrm{i}\, \epsilon_{ijk} \int d^3x\, \Psi^\dagger(x) \frac{\tau_k}{2} \Psi(x),$$

d. h. der fermionische Anteil erfüllt schon einmal die gewünschte Vertauschungs-relation. Für die Bestimmung des bosonischen Anteils B_{ij} müssen wir den Kommutator in einzelne Kommutatoren auflösen und verwenden dazu (siehe Aufgabe 6.5)

$$[ab, cd] = a[b, c]d + ac[b, d] + [a, c]db + c[a, d]b. \tag{6.62}$$

Mithilfe von

$$\begin{aligned}
&\big[\Phi_k(t, \vec{x})\Pi_l(t, \vec{x}), \Phi_m(t, \vec{y})\Pi_n(t, \vec{y})\big] \\
&\overset{(6.62)}{=} \Phi_k(t, \vec{x})\big[\Pi_l(t, \vec{x}), \Phi_m(t, \vec{y})\big]\Pi_n(t, \vec{y}) \\
&\quad + \Phi_k(t, \vec{x})\Phi_m(t, \vec{y})\big[\Pi_l(t, \vec{x}), \Pi_n(t, \vec{y})\big] \\
&\quad + \big[\Phi_k(t, \vec{x}), \Phi_m(t, \vec{y})\big]\Pi_n(t, \vec{y})\Pi_l(t, \vec{x}) \\
&\quad + \Phi_m(t, \vec{y})\big[\Phi_k(t, \vec{x}), \Pi_n(t, \vec{y})\big]\Pi_l(t, \vec{x}) \\
&\overset{(6.59b, 6.59c)}{=} \Phi_k(t, \vec{x})\big[\Pi_l(t, \vec{x}), \Phi_m(t, \vec{y})\big]\Pi_n(t, \vec{y}) \\
&\quad\quad + \Phi_m(t, \vec{y})\big[\Phi_k(t, \vec{x}), \Pi_n(t, \vec{y})\big]\Pi_l(t, \vec{x}) \\
&\overset{(6.59a)}{=} -\mathrm{i}\,\Phi_k(t, \vec{x})\Pi_n(t, \vec{y})\delta^3(\vec{x} - \vec{y})\delta_{lm} \\
&\quad\quad + \mathrm{i}\,\Phi_m(t, \vec{y})\Pi_l(t, \vec{x})\delta^3(\vec{x} - \vec{y})\delta_{kn}
\end{aligned}$$

ergibt sich für B_{ij}:

$$\begin{aligned}
B_{ij} &= -\mathrm{i}\,\epsilon_{ikl}\epsilon_{jmn}\int d^3x\Big(\Phi_k(x)\Pi_n(x)\delta_{lm} - \Phi_m(x)\Pi_l(x)\delta_{kn}\Big) \\
&= -\mathrm{i}\int d^3x\Big(\Phi_k(x)\Pi_n(x)(\delta_{in}\delta_{kj} - \delta_{ij}\delta_{kn}) - \Phi_m(x)\Pi_l(x)(\delta_{lj}\delta_{im} - \delta_{lm}\delta_{ij})\Big) \\
&= -\mathrm{i}\int d^3x\Big(\Phi_j(x)\Pi_i(x) - \delta_{ij}\,\Phi_k(x)\Pi_k(x) \\
&\quad\quad\quad\quad - \Phi_i(x)\Pi_j(x) + \delta_{ij}\Phi_m(x)\Pi_m(x)\Big) \\
&= \mathrm{i}\,\epsilon_{ijk}\int d^3x\,\epsilon_{klm}\Phi_l(x)\Pi_m(x).
\end{aligned}$$

Im letzten Schritt haben wir von

$$\epsilon_{ijk}\epsilon_{klm} = \delta_{il}\delta_{jm} - \delta_{im}\delta_{jl}$$

Gebrauch gemacht.

Wir zeigen jetzt noch, dass die Komponenten von $\Psi^\dagger$ die Komponenten eines irreduziblen sphärischen Tensoroperators der Stufe $\frac{1}{2}$ bilden [siehe (4.32a) und

(4.32b)]:

$$\left[I_0, p^\dagger(x)\right] = \frac{1}{2} p^\dagger(x), \qquad \left[I_+, p^\dagger(x)\right] = 0, \qquad \left[I_-, p^\dagger(x)\right] = n^\dagger(x),$$
$$\tag{6.63a}$$

$$\left[I_0, n^\dagger(x)\right] = -\frac{1}{2} n^\dagger(x), \qquad \left[I_+, n^\dagger(x)\right] = p^\dagger(x), \qquad \left[I_-, n^\dagger(x)\right] = 0. \tag{6.63b}$$

Dies mag man sich anschaulich so plausibel machen, dass der Feldoperator $\Psi^\dagger$ die Erzeugungsoperatoren für Protonen und Neutronen enthält. In Analogie zu (5.4) transformiert das Paar $(-n, p)$ und *nicht* [13] (p, n) wie die Komponenten eines Tensoroperators der Stufe $\frac{1}{2}$:

$$\left[I_0, -n(x)\right] = \frac{1}{2}(-n(x)), \quad \left[I_+, -n(x)\right] = 0, \qquad \left[I_-, -n(x)\right] = p(x),$$
$$\tag{6.64a}$$

$$\left[I_0, p(x)\right] = -\frac{1}{2} p(x), \qquad \left[I_+, p(x)\right] = -n(x), \qquad \left[I_-, p(x)\right] = 0. \tag{6.64b}$$

Mithilfe von (6.40) sowie $I_+^\dagger = I_-$ und $I_0^\dagger = I_0$ lassen sich die Kommutatoren für p und n aus denjenigen für $p^\dagger$ und $n^\dagger$ herleiten.

Für die Pionenfelder ist die Formulierung unter Verwendung der kartesischen Komponenten etwas einfacher:

$$\left[I_i, \Phi_j(x)\right] = \mathrm{i}\, \epsilon_{ijk}\, \Phi_k(x).$$

Unter Zuhilfenahme von Beispiel 4.4 ergeben sich dann die Aussagen für die sphärischen Komponenten.

Im Folgenden wollen wir skizzieren, wie die obigen Vertauschungsrelationen zwischen den Isospinoperatoren und den Feldoperatoren zustande kommen. Wir trennen die Ladungsoperatoren wieder in den fermionischen und den bosonischen Anteil:

$$I_i = Q_i = Q_i^f + Q_i^b.$$

Mithilfe von

$$\frac{1}{2}(\tau_1 + \mathrm{i}\, \tau_2) = \begin{pmatrix} 0 & 1 \\ 0 & 0 \end{pmatrix} \quad \text{und} \quad \frac{1}{2}(\tau_1 - \mathrm{i}\, \tau_2) = \begin{pmatrix} 0 & 0 \\ 1 & 0 \end{pmatrix}$$

---

[13] Eine ähnliche Diskussion im Zusammenhang mit Fermionenoperatoren zur Beschreibung halbzahliger Drehimpulse findet sich in Lindner (1984), Abschnitte 5.4 und 13.9.

ergibt sich für die fermionischen Anteile:

$$Q_+^f = Q_1^f + i Q_2^f = \int d^3x \, p^\dagger(x) n(x),$$

$$Q_0^f = Q_3 = \frac{1}{2} \int d^3x \left(p^\dagger(x) p(x) - n^\dagger(x) n(x) \right),$$

$$Q_-^f = Q_1^f - i Q_2^f = \int d^3x \, n^\dagger(x) p(x).$$

Exemplarisch berechnen wir

$$\left[I_0, p_\alpha(x) \right] = \left[Q_0^f, p_\alpha(x) \right] = \frac{1}{2} \int d^3y \left[p_\beta^\dagger(y) p_\beta(y) - n_\beta^\dagger(y) n_\beta(y), p_\alpha(x) \right]$$

$$= \frac{1}{2} \int d^3y \left(p_\beta^\dagger(y) \underbrace{\{ p_\beta(y), p_\alpha(x) \}}_{= \, 0} - \underbrace{\{ p_\beta^\dagger(y), p_\alpha(x) \}}_{= \, \delta_{\beta\alpha} \delta^3(\vec{y} - \vec{x})} p_\beta(y) \right.$$

$$\left. - n_\beta^\dagger(y) \underbrace{\{ n_\beta(y), p_\alpha(x) \}}_{= \, 0} + \underbrace{\{ n_\beta^\dagger(y), p_\alpha(x) \}}_{= \, 0} n_\beta(y) \right)$$

$$= -\frac{1}{2} p_\alpha(x), \tag{6.65}$$

wobei wir $x^0 = y^0$ gesetzt haben. In ähnlicher Weise ergibt sich für die Kommutatoren der Pionenfelder

$$\left[I_i, \Phi_j(x) \right] = \left[Q_i^b, \Phi_j(x) \right] = \int d^3y \left[\epsilon_{ikl} \Phi_k(y) \Pi_l(y), \Phi_j(x) \right]$$

$$= \epsilon_{ikl} \int d^3y \left(\Phi_k(y) \underbrace{\left[\Pi_l(y), \Phi_j(x) \right]}_{= \, -i \delta_{lj} \delta^3(\vec{y} - \vec{x})} + \underbrace{\left[\Phi_k(y), \Phi_j(x) \right]}_{= \, 0} \Pi_l(y) \right)$$

$$= -i \epsilon_{ikj} \Phi_k(x) = i \epsilon_{ijk} \Phi_k(x).$$

Insbesondere folgt in Kombination mit (6.49a) bis (6.49c):

$$\left[I_3, \pi^+(x) \right] = -\pi^+(x), \quad \left[I_3, \pi^0(x) \right] = 0, \quad \left[I_3, \pi^-(x) \right] = \pi^-(x). \tag{6.66}$$

Schließlich diskutieren wir noch die U(1)-Symmetrie, die zur *Nukleonenzahlerhaltung* führt. Dazu betrachten wir als infinitesimale Transformation:

$$\Psi \mapsto \Psi' = \left(\mathbb{1} - i \epsilon(x) \mathbb{1} \right) \Psi, \quad \vec{\Phi} \mapsto \vec{\Phi}' = \vec{\Phi}. \tag{6.67}$$

Für die Änderung der Lagrange-Dichte ergibt sich

$$\delta \mathcal{L} = \partial_\mu \epsilon \, \bar{\Psi} \gamma^\mu \Psi, \tag{6.68}$$

mit

$$J^\mu = \frac{\partial \delta \mathcal{L}}{\partial \partial_\mu \epsilon} = \bar{\Psi} \gamma^\mu \Psi, \tag{6.69a}$$

$$\partial_\mu J^\mu = \frac{\partial \delta \mathcal{L}}{\partial \epsilon} = 0, \tag{6.69b}$$

$$N = \int d^3x \, \Psi^\dagger \Psi = \int d^3x \left(p^\dagger(x) p(x) + n^\dagger(x) n(x) \right). \tag{6.69c}$$

Die Vertauschungsrelationen des Nukleonenzahloperators N mit den Feldoperatoren ergeben sich analog zu (6.65) zu

$$\begin{aligned}
\left[N, p(x) \right] &= -p(x), \\
\left[N, n(x) \right] &= -n(x), \\
\left[N, \pi^+(x) \right] &= 0, \\
\left[N, \pi^0(x) \right] &= 0, \\
\left[N, \pi^+(x) \right] &= 0.
\end{aligned} \tag{6.70}$$

In Kombination mit den Ergebnissen aus (6.64a), (6.64b) und (6.66) führt dies schließlich zu den Vertauschungsrelationen des Ladungsoperators $Q = N/2 + I_3$ mit den Feldoperatoren [siehe (6.50)]. ∎

Vorbemerkung In der Quantenfeldtheorie betrachtet man sog. *Green'sche Funktionen*, die als Vakuumerwartungswerte zeitgeordneter Produkte von Feldoperatoren definiert sind [siehe z. B. Bjorken und Drell (1965), Kapitel 16 und 17, Itzykson und Zuber (1980), Kapitel 5]. Physikalische Streuamplituden hängen über den sog. Reduktionsformalismus von Lehmann et al. (1955) mit den Green'schen Funktionen zusammen. Symmetrien erzeugen Bedingungen für Green'sche Funktionen, vergleichbar mit der Anwendung des Wigner-Eckart-Theorems für die Streuamplituden der starken Wechselwirkung im Fall der Isospinsymmetrie (siehe Beispiel 4.7). Darüber hinaus werden in der Quantenfeldtheorie auch Green'sche Funktionen verschiedenen Typs in Form von *Ward-Identitäten* miteinander verknüpft. Das berühmte Beispiel in diesem Kontext ist die Ward-Identität der Quantenelektrodynamik (QED), die mit der U(1)-Eichinvarianz verknüpft ist [Ward (1950), Takahashi (1957), siehe Itzykson und Zuber (1980), Abschnitt 7.1.3]:

$$\Gamma^\mu(p, p) = -\frac{\partial}{\partial p_\mu} \Sigma(p). \tag{6.71}$$

Hierbei wird der elektromagnetische Vertex eines Elektrons für einen verschwindenden Impulsübertrag, $\gamma^\mu + \Gamma^\mu(p, p)$, mit der Selbstenergie des Elektrons, $\Sigma(p)$, verknüpft.

Derartige Symmetrierelationen lassen sich auf nichtverschwindende Impuls-überträge erweitern. Ebenso lassen sich kompliziertere Gruppen als U(1) betrachten. Allgemein werden die entstehenden Relationen als *Ward-Takahashi-Identitäten* (oder kurz Ward-Identitäten) bezeichnet. Sollte eine Symmetrie explizit gebrochen sein, d. h. sind die Generatoren zeitabhängig, lassen sich mithilfe der gleichzeitigen Vertauschungsrelationen Bedingungen herleiten, die mit den symmetriebrechenden Termen im Zusammenhang stehen. Diese Beobachtung geht auf Gell-Mann (1962) zurück und findet in den Stromalgebra-Techniken im Zusammenhang mit der Hypothese eines teilweise erhaltenen Axialvektorstroms (englisch: *partially conserved axial-vector current (PCAC) hypothesis*) eine wichtige Anwendung [siehe z. B. Adler und Dashen (1968) und De Alfaro et al. (1973)].

Beispiel 6.6
Im Folgenden diskutieren wir die Konsequenzen der U(1)-Symmetrie von (6.31) für die Green'schen Funktionen der Theorie. Dazu betrachten wir als Prototyp einer Green'schen Funktion:

$$G^\mu(x, y, z) = \langle 0 | T [\Phi(x) J^\mu(y) \Phi^\dagger(z)] | 0 \rangle. \tag{6.72}$$

Die physikalische Interpretation von (6.72) besteht darin, dass G^μ die Übergangs-amplitude darstellt für die Erzeugung eines Quantums mit der Noether-Ladung $+1$ am Punkt x, Propagation nach y, Wechselwirkung am Punkt y mittels des Strom-operators, und Propagation nach z mit Vernichtung am Punkt z. In (6.72) bezieht sich $|0\rangle$ auf den Grundzustand der zur Lagrange-Dichte aus (6.31) gehörigen Quan-tenfeldtheorie. Dieser Zustand sollte nicht mit dem Grundzustand der freien Theorie verwechselt werden.

Unter der globalen infinitesimalen Transformation aus (6.33),

$$\Phi' = (1 + i\epsilon)\Phi, \quad \Phi'^\dagger = (1 - i\epsilon)\Phi^\dagger,$$

transformiert der Stromoperator wie

$$\begin{aligned}
J^\mu &= i\,\partial^\mu \Phi^\dagger \Phi - i\,\Phi^\dagger \partial^\mu \Phi \\
&\mapsto i\,\partial^\mu \Phi'^\dagger \Phi' - i\,\Phi'^\dagger \partial^\mu \Phi' \\
&= i\,\partial^\mu \big((1 - i\epsilon)\Phi^\dagger\big)(1 + i\epsilon)\Phi - i(1 - i\epsilon)\Phi^\dagger \partial^\mu \big((1 + i\epsilon)\Phi\big) \\
&= i(1 - i\epsilon)(1 + i\epsilon)\partial^\mu \Phi^\dagger \Phi - i(1 - i\epsilon)(1 + i\epsilon)\Phi^\dagger \partial^\mu \Phi \\
&= J^\mu,
\end{aligned}$$

d. h. wegen

$$J'^\mu = (1 - i\epsilon Q)J^\mu(1 + i\epsilon Q) = J^\mu$$

gilt

$$[Q, J^\mu(x)] = 0.$$

Anders ausgedrückt heißt dies, dass die Anwendung des Stromoperators auf einen
Zustand mit einer gegebenen Noether-Ladung diese nicht verändert. Wir erhalten
für das Transformationsverhalten der Green'schen Funktion:

$$
\begin{aligned}
G^\mu(x,y,z) &\mapsto G'^\mu(x,y,z) \\
&= \langle 0 | T\big[(1+\mathrm{i}\,\epsilon)\Phi(x)J'^\mu(y)(1-\mathrm{i}\,\epsilon)\Phi^\dagger(z)\big]|0\rangle \\
&= \langle 0 | T\big[\Phi(x)J^\mu(y)\Phi^\dagger(z)\big]|0\rangle \\
&= G^\mu(x,y,z),
\end{aligned}
\tag{6.73}
$$

d. h. die Green'sche Funktion ist invariant unter einer U(1)-Transformation.

Anmerkungen
1. Im Allg. hängt das Transformationsverhalten einer Green'schen Funktion von
   der irreduziblen Darstellung ab, unter welcher die Felder transformieren.
2. Für die Gruppe U(1) ist der Symmetriestrom ladungsneutral, d. h. invariant. Für
   kompliziertere Gruppen wie SU(N) ist dies in der Regel nicht der Fall.

Weil $J^\mu(x)$ der Noether-Strom der zugrunde liegenden U(1)-Symmetrie ist,
existieren zusätzliche Einschränkungen für die Green'sche Funktion jenseits deren
Transformationsverhalten unter der Gruppe. Um dies zu sehen, betrachten wir die
Divergenz der Green'schen Funktion:

$$
\partial^y_\mu G^\mu(x,y,z) = \big(\delta^4(y-x) - \delta^4(y-z)\big)\langle 0 | T\big[\Phi(x)\Phi^\dagger(z)\big]|0\rangle.
\tag{6.74}
$$

Begründung: Die Zeitordnung liefert 3! = 6 unterschiedliche Anordnungen:

$$
\begin{aligned}
T\big[\Phi(x)J^\mu(y)\Phi^\dagger(z)\big] &= \Phi(x)J^\mu(y)\Phi^\dagger(z)\Theta(x^0-y^0)\Theta(y^0-z^0) \\
&+ \Phi(x)\Phi^\dagger(z)J^\mu(y)\Theta(x^0-z^0)\Theta(z^0-y^0) \\
&+ J^\mu(y)\Phi(x)\Phi^\dagger(z)\Theta(y^0-x^0)\Theta(x^0-z^0) \\
&+ \Phi^\dagger(z)\Phi(x)J^\mu(y)\Theta(z^0-x^0)\Theta(x^0-y^0) \\
&+ J^\mu(y)\Phi^\dagger(z)\Phi(x)\Theta(y^0-z^0)\Theta(z^0-x^0) \\
&+ \Phi^\dagger(z)J^\mu(y)\Phi(x)\Theta(z^0-y^0)\Theta(y^0-x^0).
\end{aligned}
$$

Unter Verwendung von

$$
\partial^y_\mu \Theta(x_0-y_0) = -g_{\mu 0}\delta(x_0-y_0) \quad\text{und}\quad \partial^y_\mu \Theta(y_0-z_0) = g_{\mu 0}\delta(y_0-z_0)
$$

sowie $\partial_\mu J^\mu = 0$ ergibt sich:

$$\partial_\mu^y T[\Phi(x) J^\mu(y) \Phi^\dagger(z)]$$
$$= T\big[\Phi(x) \underbrace{\partial_\mu^y J^\mu(y)}_{= 0} \Phi^\dagger(z)\big]$$
$$- \Phi(x) J^0(y) \Phi^\dagger(z) \delta(x^0 - y^0) \Theta(y^0 - z^0)$$
$$+ \Phi(x) J^0(y) \Phi^\dagger(z) \Theta(x^0 - y^0) \delta(y^0 - z^0)$$
$$- \Phi(x) \Phi^\dagger(z) J^0(y) \Theta(x^0 - z^0) \delta(z^0 - y^0)$$
$$+ J^0(y) \Phi(x) \Phi^\dagger(z) \delta(y^0 - x^0) \Theta(x^0 - z^0)$$
$$- \Phi^\dagger(z) \Phi(x) J^0(y) \Theta(z^0 - x^0) \delta(x^0 - y^0)$$
$$+ J^0(y) \Phi^\dagger(z) \Phi(x) \delta(y^0 - z^0) \Theta(z^0 - x^0)$$
$$- \Phi^\dagger(z) J^0(y) \Phi(x) \delta(z^0 - y^0) \Theta(y^0 - x^0)$$
$$+ \Phi^\dagger(z) J^0(y) \Phi(x) \Theta(z^0 - y^0) \delta(y^0 - x^0).$$

Wir fassen nun die Terme mit gemeinsamen Delta-Funktionen zusammen:

$$\ldots = \Big(- \Phi(x) J^0(y) \delta(x^0 - y^0) \Theta(y^0 - z^0)$$
$$+ J^0(y) \Phi(x) \delta(y^0 - x^0) \Theta(x^0 - z^0) \Big) \Phi^\dagger(z)$$
$$+ \Phi(x) \Big(J^0(y) \Phi^\dagger(z) \Theta(x^0 - y^0) \delta(y^0 - z^0)$$
$$- \Phi^\dagger(z) J^0(y) \Theta(x^0 - z^0) \delta(z^0 - y^0) \Big)$$
$$+ \Phi^\dagger(z) \Big(- \Phi(x) J^0(y) \Theta(z^0 - x^0) \delta(x^0 - y^0)$$
$$+ J^0(y) \Phi(x) \Theta(z^0 - y^0) \delta(y^0 - x^0) \Big)$$
$$+ \Big(J^0(y) \Phi^\dagger(z) \delta(y^0 - z^0) \Theta(z^0 - x^0)$$
$$- \Phi^\dagger(z) J^0(y) \delta(z^0 - y^0) \Theta(y^0 - x^0) \Big) \Phi(x).$$

Schließlich wenden wir die Vertauschungsrelationen aus (6.39) an. In diesen Vertauschungsrelationen spiegelt sich die zugrunde liegende Symmetriegruppe und ihre Darstellung wider. Wir erhalten

$$\ldots = \delta^4(y - x) \Phi(x) \Phi^\dagger(z) \Theta(x^0 - z^0) - \delta^4(y - z) \Phi(x) \Phi^\dagger(z) \Theta(x^0 - z^0)$$
$$+ \delta^4(y - x) \Phi^\dagger(z) \Phi(x) \Theta(z^0 - x^0) - \delta^4(y - z) \Phi^\dagger(z) \Phi(x) \Theta(z^0 - x^0)$$
$$= \delta^4(y - x) T[\Phi(x) \Phi^\dagger(z)] - \delta^4(y - z) T[\Phi(x) \Phi^\dagger(z)]$$

$\Rightarrow$

$$\partial_\mu^y G^\mu(x, y, z) = \big(\delta^4(y - x) - \delta^4(y - z)\big) \langle 0 | T[\Phi(x) \Phi^\dagger(z)] | 0 \rangle.$$

Anmerkungen

1. Gleichung (6.74) stellt das Analogon zur Ward-Identität in der QED dar.
2. Üblicherweise werden Ward-Identitäten im Impulsraum dargestellt.
3. Ward-Identitäten gelten unabhängig von der Störungstheorie.
4. Zu (6.73) und (6.74) analoge Berechnungen lassen sich für jede Green'sche Funktion durchführen, d. h. eine Verallgemeinerung auf n-Punkt-Funktionen ($n \geq 4$) ist möglich, wird aber immer aufwändiger.
5. Dieselben Techniken lassen sich auch anwenden, wenn die Symmetrieströme nicht erhalten bleiben. In diesem Fall erscheint auf der rechten Seite der Divergenzgleichung ein Zusatzterm, der mit der Symmetriebrechung verknüpft ist.
6. Die Gesamtheit aller Ward-Identitäten einer Theorie lässt sich im Pfadintegralformalismus in eleganter Form als Invarianzeigenschaft eines erzeugenden Funktionals darstellen [siehe z. B. Das (2006), Kapitel 11].

Fazit Die zugrunde liegende Symmetrie bestimmt nicht nur das Transformationsverhalten Green'scher Funktionen, sondern verknüpft auch n-Punkt-Funktionen, die einen Symmetriestrom enthalten, mit $(n-1)$-Punkt-Funktionen. Eine weiterführende Diskussion der Green'schen Funktionen der Quantenchromodynamik und der sog. *chiralen Ward-Identitäten* findet sich in Scherer und Schindler (2012), Kapitel 1. ∎

6.3 Aufgaben

6.1 Gegeben sei folgende Lagrange-Dichte zweier reeller, skalarer Felder Φ_1 und Φ_2:

$$\mathcal{L} = \frac{1}{2}\left[\partial_\mu \Phi_1 \partial^\mu \Phi_1 + \partial_\mu \Phi_2 \partial^\mu \Phi_2 - m^2\left(\Phi_1^2 + \Phi_2^2\right)\right] - \frac{\lambda}{4}\left(\Phi_1^2 + \Phi_2^2\right)^2,$$

mit $m^2 > 0$ und $\lambda > 0$. Führen Sie komplexe Felder ein:

$$\Phi := \frac{1}{\sqrt{2}}\left(\Phi_1 + i\,\Phi_2\right), \quad \Phi^\dagger := \frac{1}{\sqrt{2}}\left(\Phi_1 - i\,\Phi_2\right).$$

1. Drücken Sie $\mathcal{L}$ durch Φ und $\Phi^\dagger$ aus und bestimmen Sie die Bewegungsgleichungen für Φ und $\Phi^\dagger$.
2. Betrachten Sie nun folgende lokale, infinitesimale Transformation der Felder:

$$\Phi'(x) = [1 + i\,\epsilon(x)]\Phi(x), \quad \Phi^{\dagger'} = [1 - i\,\epsilon(x)]\Phi^\dagger(x)$$

und bestimmen Sie $\delta\mathcal{L}$, J^μ sowie $\partial_\mu J^\mu$.

6.2 Gegeben seien die Ladungsoperatoren

$$Q_a(t) = -\mathrm{i} \int d^3x \, \Pi_i(x) t_{a,ij} \Phi_j(x)$$

aus (6.21). Verifizieren Sie mithilfe der kanonischen gleichzeitigen Vertauschungsrelationen

$$[Q_a(t), Q_b(t)] = -\mathrm{i} \, (t_{a,ij} t_{b,jk} - t_{b,ij} t_{a,jk}) \int d^3x \, \Pi_i(t, \vec{x}) \Phi_k(t, \vec{x}).$$

6.3 Gegeben sei die skalare Feldtheorie aus Beispiel 6.4:

$$\mathcal{L} = \partial_\mu \Phi^\dagger \partial^\mu \Phi - m^2 \Phi^\dagger \Phi - \lambda (\Phi^\dagger \Phi)^2 \quad \text{mit} \quad J^\mu = \mathrm{i} \, \partial^\mu \Phi^\dagger \Phi - \mathrm{i} \, \Phi^\dagger \partial^\mu \Phi.$$

1. Bestimmen Sie die zu Φ und $\Phi^\dagger$ kanonisch konjugierten Impulse $\Pi = \partial\mathcal{L}/\partial\partial_0\Phi$ und $\Pi^\dagger = \partial\mathcal{L}/\partial\partial_0\Phi^\dagger$.
2. Drücken Sie J^0 durch die Felder und die kanonisch konjugierten Impulse aus.
3. Die kanonischen gleichzeitigen Vertauschungsrelationen lauten

$$[\Phi(t, \vec{x}), \Pi(t, \vec{y})] = [\Phi^\dagger(t, \vec{x}), \Pi^\dagger(t, \vec{y})] = \mathrm{i} \, \delta^3(\vec{x} - \vec{y}),$$

wobei die übrigen GZVRen zwischen Feldoperatoren bzw. Impulsfeldoperatoren verschwinden. Verifizieren Sie nun

$$[J^0(t, \vec{x}), \Phi(t, \vec{y})] = \delta^3(\vec{x} - \vec{y})\Phi(t, \vec{x}),$$
$$[J^0(t, \vec{x}), \Pi(t, \vec{y})] = -\delta^3(\vec{x} - \vec{y})\Pi(t, \vec{x}),$$
$$[J^0(t, \vec{x}), \Phi^\dagger(t, \vec{y})] = -\delta^3(\vec{x} - \vec{y})\Phi^\dagger(t, \vec{x}),$$
$$[J^0(t, \vec{x}), \Pi^\dagger(t, \vec{y})] = \delta^3(\vec{x} - \vec{y})\Pi^\dagger(t, \vec{x}).$$

6.4 Gegeben sei die Lagrange-Dichte der pseudoskalaren Pion-Nukleon-Wechselwirkung (siehe Beispiel 6.5),

$$\mathcal{L} = \bar{\Psi}(\mathrm{i}\,\slashed{\partial} - m_N)\Psi + \frac{1}{2}\left(\partial_\mu \vec{\Phi} \cdot \partial^\mu \vec{\Phi} - M_\pi^2 \vec{\Phi}^2\right) - \mathrm{i}\,g\bar{\Psi}\gamma_5\vec{\tau} \cdot \vec{\Phi}\Psi,$$

mit

$$\Psi = \begin{pmatrix} p \\ n \end{pmatrix} \quad \text{und} \quad \vec{\Phi} = \begin{pmatrix} \Phi_1 \\ \Phi_2 \\ \Phi_3 \end{pmatrix}.$$

Betrachten Sie die lokalen, infinitesimalen Transformationen

$$\Psi \mapsto \Psi' = \left(\mathbb{1} - \mathrm{i}\,\vec{\epsilon}(x) \cdot \frac{\vec{\tau}}{2}\right)\Psi, \quad \vec{\Phi} \mapsto \left(\mathbb{1} - \mathrm{i}\,\vec{\epsilon}(x) \cdot \vec{T}^{\mathrm{ad}}\right)\vec{\Phi} = \vec{\Phi} + \vec{\epsilon} \times \vec{\Phi}.$$

Bestimmen Sie die Änderung der Lagrange-Dichte $\delta\mathcal{L}$, außerdem J_i^μ und $\partial_\mu J_i^\mu$. Um welche Symmetriegruppe handelt es sich?

6.5 Bei der Berechnung der Vertauschungsrelationen in Abschn. 6.2 benötigten wir
die Auflösung von Kommutatoren für Bosonen und Fermionen. Verifizieren Sie

$$[ab, cd] = a[b, c]d + ac[b, d] + [a, c]db + c[a, d]b,$$
$$[ab, cd] = a\{b, c\}d - ac\{b, d\} + \{a, c\}db - c\{a, d\}b.$$

Literatur

Adler, S.L., Dashen, R.F.: Current Algebras and Applications to Particle Physics. Benjamin, New York (1968)

Bernstein, J.: Spontaneous symmetry breaking, gauge theories, the Higgs mechanism and all that. Rev. Mod. Phys. **46**, 7–48 (1974)

Bjorken, J.D., Drell, S.D.: Relativistic Quantum Mechanics. McGraw-Hill, New York (1964)

Bjorken, J.D., Drell, S.D.: Relativistic Quantum Fields. McGraw-Hill, New York (1965)

Das, A.: Field Theory. A Path Integral Approach. World Scientific, New Jersey (2006)

De Alfaro, V., Fubini, S., Furlan, G., Rossetti, C.: Currents in Hadron Physics. North-Holland, Amsterdam (1973)

Gell-Mann, M.: The Interpretation of the new particles as displaced charge multiplets. Nuovo Cim. **4**(s2), 848–866 (1956)

Gell-Mann, M., Lévy, M.: The axial vector current in beta decay. Nuovo Cim. **16**, 705–726 (1960)

Gell-Mann, M.: Symmetries of baryons and mesons. Phys. Rev. **125**, 1067–1084 (1962)

Grawert, G.: Quantenmechanik. Akademische Verlagsgesellschaft, Wiesbaden (1977)

Hill, E.L.: Hamilton's principle and the conservation theorems of mathematical physics. Rev. Mod. Phys. **23**, 253–260 (1951)

Itzykson, C., Zuber, J.B.: Quantum Field Theory. McGraw-Hill, New York (1980)

Jones, H.F.: Groups, Representations and Physics. Adam Hilger, Bristol, New York (1990)

Lehmann, H., Symanzik, K., Zimmermann, W.: Zur Formulierung quantisierter Feldtheorien. Nuovo Cim. **1**, 205–225 (1955)

Lindner, A.: Drehimpulse in der Quantenmechanik. Teubner, Stuttgart (1984)

Noether, E.: Invariante Variationsprobleme. In: Nachrichten von der Gesellschaft der Wissenschaften zu Göttingen, Mathematisch-Physikalische Klasse, Band 1918, S. 235–257 (1918)

Peskin, M.E., Schroeder, D.V.: An Introduction to Quantum Field Theory. Westview Press, Boulder, Colo. (1995)

Ryder, L.H.: Quantum Field Theory. Cambridge University Press, Cambridge (1985)

Scherer, S., Schindler, M.R.: A Primer for Chiral Perturbation Theory. Lect. Notes Phys. **830**. Springer, Berlin (2012)

Takahashi, Y.: On the generalized Ward identity. Nuovo Cim. **6**, 371–375 (1957)

Ward, J.C.: An identity in quantum electrodynamics. Phys. Rev. **78**, 182 (1950)

Weinberg, S.: The Quantum Theory of Fields, Bd. 1. Foundations. Cambridge University Press, Cambridge (1995)

Weinberg, S.: The Quantum Theory of Fields, Bd. 2. Modern Applications. Cambridge University Press, Cambridge (1996)

Eichtheorien

7

Inhaltsverzeichnis

Zum gegenwärtigen Zeitpunkt (2015) stellt das Eichprinzip die erfolgreichste Methode dar, Wechselwirkungen zwischen den Elementarteilchen auf dem submikroskopischen Niveau zu erklären. In Kap. 6 wurde das Noether-Theorem für *globale*, innere Symmetrien diskutiert. Die Methode von Gell-Mann und Lévy (1960), die von lokalen, infinitesimalen Transformationen Gebrauch macht, wurde lediglich dazu verwendet, die Ströme und deren Divergenzen auf effiziente Weise zu bestimmen. Das Eichprinzip basiert auf der Forderung nach Invarianz der Lagrange-Dichte bzgl. *lokaler* Eichtransformationen. Zu diesem Zweck werden zusätzliche Eichfelder eingeführt, deren Feldquanten die Wechselwirkungen zwischen den Elementarteilchen über den Austausch sog. intermediärer Bosonen entstehen lassen. Das bekannteste Beispiel einer Eichtheorie ist die Quantenelektrodynamik, die auf der abelschen Gruppe U(1) basiert. Für den Fall einer abelschen Gruppe besitzen die Eichfelder keine Selbstwechselwirkungen. Nicht-abelsche Theorien (z. B. die Quantenchromodynamik) werden als *Yang-Mills-Theorien* bezeichnet und beinhalten über die Wechselwirkung der Eichfelder mit den Materiefeldern hinaus auch direkte Wechselwirkungen der Eichfelder untereinander. Als weiterführende Literatur verweisen wir auf Abers und Lee (1973), Itzykson und Zuber (1980), Cheng und Li (1984), Georgi (1984), O'Raifeartaigh (1986) und Weinberg (1996).

© Springer-Verlag Berlin Heidelberg 2016
S. Scherer, *Symmetrien und Gruppen in der Teilchenphysik*,
DOI 10.1007/978-3-662-47734-2_7

7.1 Lokale Symmetrien

7.1.1 Quantenelektrodynamik

Die Formulierung der *Quantenelektrodynamik* (QED) in ihrer heutigen Form hat
ihren Ursprung in den bahnbrechenden Arbeiten von Heisenberg und Pauli (1929,
1930). Die QED liefert eine relativistische Beschreibung der fundamentalen Wechselwirkung von elektrisch geladenen Teilchen wie dem Elektron mit dem elektromagnetischen Feld. Die Wechselwirkung zwischen geladenen Teilchen erfolgt
durch den Austausch sog. virtueller Photonen. Auf dem Weg zu einer konsistenten
Quantenfeldtheorie müssen im Fall der QED u. a. die beiden folgenden Probleme
gelöst werden:

1. Eine kanonische Quantisierung des Viererpotenzials $\mathcal{A}_\mu$ analog zu Anhang
    A.4.2 ist ungeeignet, weil das zu $\mathcal{A}_0$ konjugierte Impulsfeld verschwindet.
2. Bei der Berechnung physikalischer Observablen mithilfe der Störungstheorie
    treten jenseits der niedrigsten Ordnung Unendlichkeiten auf, die sich im Rah-
    men eines Renormierungsprogramms systematisch identifizieren und eliminie-
    ren lassen.

Eine Diskussion der Lösung dieser Schwierigkeiten soll hier nicht erfolgen, sie werden in den einschlägigen Quantenfeldtheoriebüchern ausführlich behandelt [siehe
z. B. Bjorken und Drell (1965), Itzykson und Zuber (1980), Ryder (1985), Peskin
und Schroeder (1995), Weinberg (1995)].

In diesem Abschnitt wollen wir uns mit einer Diskussion des gruppentheoretischen Aspekts zufrieden geben und die Lagrange-Dichte der Quantenelektrodynamik mithilfe des Eichprinzips „herleiten". Ausgangspunkt ist die Lagrange-Dichte
eines freien Elektrons,

$$\mathcal{L}_0(\Psi, \partial_\mu \Psi) = \bar{\Psi}(i\,\slashed{\partial} - m)\Psi, \tag{7.1}$$

die invariant bzgl. einer *globalen* U(1)-Transformation ist:

$$\Psi(x) \mapsto \Psi'(x) = e^{-i\Theta}\Psi(x), \qquad \bar{\Psi}(x) \mapsto \bar{\Psi}'(x) = \bar{\Psi}(x)e^{i\Theta}, \tag{7.2}$$

wobei $\Theta \in [0, 2\pi]$ nicht von x abhängt. Die Invarianz der Lagrange-Dichte sieht
man wie folgt:

$$\bar{\Psi}\Psi \mapsto \bar{\Psi}\underbrace{e^{i\Theta}e^{-i\Theta}}_{=\,1}\Psi = \bar{\Psi}\Psi,$$

$$\bar{\Psi}\gamma_\mu\partial^\mu\Psi \mapsto \bar{\Psi}e^{i\Theta}\gamma_\mu\partial^\mu\left(e^{-i\Theta}\Psi\right) = \bar{\Psi}e^{i\Theta}e^{-i\Theta}\gamma_\mu\partial^\mu\Psi = \bar{\Psi}\gamma_\mu\partial^\mu\Psi.$$

Die globale U(1)-Invarianz der Lagrange-Dichte $\mathcal{L}_0$ unter den Transformationen
gemäß (7.2) wird auch als Invarianz bzgl. *Eichtransformationen der ersten Art* bezeichnet.

Wir betrachten nun eine infinitesimale Transformation

$$\Psi(x) \mapsto \Psi(x) - i\,\epsilon\,\Psi(x)$$

und benutzen den Trick von Gell-Mann und Lévy (1960) der Ersetzung $\epsilon \to \epsilon(x)$, um den erhaltenen Strom zu identifizieren. Für die Änderung der Lagrange-Dichte erhalten wir

$$\delta\mathcal{L}_0 = -i\,\partial_\mu\epsilon(x)i\,\bar{\Psi}(x)\gamma^\mu\Psi(x) = \partial_\mu\epsilon(x)\bar{\Psi}(x)\gamma^\mu\Psi(x),$$

woraus sich mithilfe von (6.6a) die folgende erhaltene Viererstromdichte ergibt:

$$J^\mu = \frac{\partial\delta\mathcal{L}_0}{\partial\partial_\mu\epsilon} = \bar{\Psi}\gamma^\mu\Psi. \qquad (7.3)$$

Dazu gehört der Ladungsoperator

$$Q = \int d^3x :\Psi^\dagger(t,\vec{x})\Psi(t,\vec{x}): ,$$

der die Anzahl der Elektronen minus der Anzahl der Positronen in einem Zustand angibt. Hierbei bezeichnet „: :" die Normalordnungsvorschrift aus (A.78). Mithilfe der Quantisierung des Dirac-Feldes (siehe Anhang A.4.3) drücken wir den Ladungsoperator durch die Erzeugungs- und Vernichtungsoperatoren für Elektronen und Positronen aus (siehe Aufgabe 7.1):

$$Q = \sum_{r=1}^{2}\int \frac{d^3p}{(2\pi)^3 2E(\vec{p})}\left[b_r^\dagger(\vec{p})b_r(\vec{p}) - d_r^\dagger(\vec{p})d_r(\vec{p})\right].$$

Das Minuszeichen für den Beitrag der Antiteilchen ist mit der Normalordnungsvorschrift verknüpft. Insbesondere gilt

$$Q|e^-(\vec{p},r)\rangle = Q\,b_r^\dagger(\vec{p})|0\rangle = \big([Q,b_r^\dagger(\vec{p})] + b_r^\dagger(\vec{p})Q\big)|0\rangle = |e^-(\vec{p},r)\rangle,$$

$$Q|e^+(\vec{p},r)\rangle = Q\,d_r^\dagger(\vec{p})|0\rangle = -|e^+(\vec{p},r)\rangle.$$

Dabei haben wir von

$$[Q,b_r^\dagger(\vec{p})] = b_r^\dagger(\vec{p}), \qquad\qquad [Q,d_r^\dagger(\vec{p})] = -d_r^\dagger(\vec{p})$$

und $Q|0\rangle = 0$ Gebrauch gemacht.[1] Wir zeigen exemplarisch die erste Relation:

$$[Q,b_r^\dagger(\vec{p})] = \sum_{s=1}^{2}\int \frac{d^3q}{(2\pi)^3 2E(\vec{q})}\left[b_s^\dagger(\vec{q})b_s(\vec{q}) - d_s^\dagger(\vec{q})d_s(\vec{q}), b_r^\dagger(\vec{p})\right].$$

---

[1] Da Vernichtungsoperatoren den Grundzustand vernichten, $b_r(\vec{p})|0\rangle = 0 = d_r(\vec{p})|0\rangle$, gilt $Q|0\rangle = 0$.

Für Fermionen lösen wir den Kommutator mithilfe von

$$[ab,c] = a\{b,c\} - \{a,c\}b$$

auf und wenden die Antikommutatorrelationen in (A.75a), (A.76a), (A.76c) und (A.76d) an:

$$\ldots = \sum_{s=1}^{2} \int \frac{d^3q}{(2\pi)^3 2E(\vec{q}\,)} b_s^\dagger(\vec{q}\,)(2\pi)^3 2E(\vec{q}\,)\delta^3(\vec{q}-\vec{p}\,)\delta_{sr} = b_r^\dagger(\vec{p}\,).$$

Wir suchen nun nach einer Verallgemeinerung der partiellen Ableitung $\partial_\mu\Psi(x)$ dergestalt, dass $\mathcal{L}_0$ auch invariant bzgl. *lokaler* Transformationen ist [Weyl (1929)]. Um der per Konvention negativen elektrischen Ladung des Elektrons ($q_e = -1$ in Einheiten der Elementarladung $e > 0$) Rechnung zu tragen, betrachten wir im Sinne der Darstellungtheorie die Zuordnung

$$U(1) \ni e^{-i\Theta} \mapsto e^{-i\Theta q_e} = e^{i\Theta}$$

und gehen von folgender lokaler Transformation des Dirac-Feldes aus:

$$\Psi(x) \mapsto e^{i\Theta(x)}\Psi(x).$$

Wir führen eine sog. *kovariante Ableitung* $D_\mu\Psi(x)$ ein, von der wir die Transformationseigenschaft

$$D_\mu\Psi(x) \mapsto [D_\mu\Psi(x)]' = D'_\mu\Psi'(x) \stackrel{!}{=} e^{i\Theta(x)}D_\mu\Psi(x) \qquad (7.4)$$

fordern. Mit Blick auf eine spätere Verallgemeinerung verlangen wir also, dass die kovariante Ableitung eines Objektes – hier des Dirac-Feldes eines Elektrons – genauso transformieren soll wie das Objekt selbst. Zu diesem Zweck führt man ein sog. *Eichfeld* $\mathcal{A}_\mu(x)$ ein, das gemäß

$$\mathcal{A}_\mu(x) \mapsto \mathcal{A}'_\mu(x) = \mathcal{A}_\mu(x) + \frac{1}{e}\partial_\mu\Theta(x), \quad e > 0, \qquad (7.5)$$

transformieren soll. Somit ergibt sich für die kovariante Ableitung tatsächlich

$$\begin{aligned}
D_\mu\Psi(x) &:= \left(\partial_\mu - ie\mathcal{A}_\mu(x)\right)\Psi(x)\\
&\mapsto D'_\mu\Psi'(x)\\
&= \left(\partial_\mu - ie\mathcal{A}_\mu(x) - i\partial_\mu\Theta(x)\right)\left(e^{i\Theta(x)}\Psi(x)\right)\\
&= e^{i\Theta(x)}\left(\partial_\mu + i\partial_\mu\Theta(x) - ie\mathcal{A}_\mu(x) - i\partial_\mu\Theta(x)\right)\Psi(x)\\
&= e^{i\Theta(x)}\left(\partial_\mu - ie\mathcal{A}_\mu(x)\right)\Psi(x).
\end{aligned} \qquad (7.6)$$

Damit erhalten wir als neue Lagrange-Dichte

$$\mathcal{L}_0(\Psi, D_\mu \Psi) = \bar{\Psi}(\mathrm{i}\slashed{D} - m)\Psi = \mathcal{L}_0(\Psi, \partial_\mu \Psi) + e\bar{\Psi}\gamma^\mu \Psi \mathcal{A}_\mu, \qquad (7.7)$$

die nun invariant ist bzgl. sog. *Eichtransformationen der zweiten Art*:

$$\Psi(x) \mapsto e^{\mathrm{i}\Theta(x)}\Psi(x), \qquad (7.8a)$$

$$\mathcal{A}_\mu(x) \mapsto \mathcal{A}_\mu(x) + \frac{1}{e}\partial_\mu \Theta(x). \qquad (7.8b)$$

Die Bewegungsgleichung für Ψ ergibt sich aus

$$\frac{\partial \mathcal{L}}{\partial \bar{\Psi}} - \partial_\mu \frac{\partial \mathcal{L}}{\partial \partial_\mu \bar{\Psi}} = \mathrm{i}\slashed{D}\Psi - m\Psi = (\mathrm{i}\slashed{\partial} + e\slashed{\mathcal{A}} - m)\Psi = 0. \qquad (7.9)$$

Ist $\Psi_{\mathcal{A}}(x)$ Lösung der Bewegungsgleichung in Anwesenheit eines vorgegebenen $\mathcal{A}_\mu$, so ist

$$\Psi_{\mathcal{A}'}(x) := e^{\mathrm{i}\Theta(x)}\Psi_{\mathcal{A}}(x)$$

eine Lösung der Bewegungsgleichung in Anwesenheit von $\mathcal{A}'_\mu = \mathcal{A}_\mu + \partial_\mu \Theta/e$, denn es gilt:

$$(\mathrm{i}\slashed{\partial} + e\slashed{\mathcal{A}} + \partial_\mu \Theta \gamma^\mu - m)\Psi_{\mathcal{A}'}$$
$$= (\mathrm{i}\slashed{D}' - m)e^{\mathrm{i}\Theta(x)}\Psi_{\mathcal{A}}(x) \overset{(7.4)}{=} e^{\mathrm{i}\Theta(x)}(\mathrm{i}\slashed{D} - m)\Psi_{\mathcal{A}}(x) = 0.$$

Im Folgenden diskutieren wir die Einbettung in die Begriffsbildung der Gruppentheorie. Zu diesem Zweck erklären wir die Menge $M = \{(\mathcal{A}_\mu, \Psi_{\mathcal{A}})\}$ als Menge aller Paare, die aus einem glatten Eichfeld $\mathcal{A}_\mu$ und der zugehörigen Lösung $\Psi_{\mathcal{A}}$ der Bewegungsgleichung in Anwesenheit von $\mathcal{A}_\mu$ bestehen. Im Sinne der Gruppentheorie definieren (7.8a) und (7.8b) eine Operation A (siehe Definition 1.8 in Abschn. 1.3) der Gruppe U(1) auf M, wobei die Gruppenelemente jetzt glatt von Punkt zu Punkt im Minkowski-Raum variieren dürfen, d. h. wir ersetzen Θ durch[2] $\Theta(x)$:

$$A\Big(\Theta(x), \big(\mathcal{A}_\mu(x), \Psi_{\mathcal{A}}(x)\big)\Big) := \big(\mathcal{A}_\mu(x) + \partial_\mu \Theta(x)/e, e^{\mathrm{i}\Theta(x)}\Psi_{\mathcal{A}}(x)\big).$$

Wir überprüfen die beiden geforderten Eigenschaften gemäß Definition 1.8:

1.

$$A\Big(0, \big(\mathcal{A}_\mu(x), \Psi_{\mathcal{A}}(x)\big)\Big) = \big(\mathcal{A}_\mu(x), \Psi_{\mathcal{A}}(x)\big).$$

---

[2] Der Einfachheit halber schreiben wir anstelle des Gruppenelements den Parameter Θ.

2.

$$A\Big(\Theta_1(x), A\big(\Theta_2(x), \big(\mathcal{A}_\mu(x), \Psi_{\mathcal{A}}(x)\big)\big)\Big)$$
$$= A\Big(\Theta_1(x), \big(\mathcal{A}_\mu(x) + \partial_\mu\Theta_2(x)/e, e^{\mathrm{i}\,\Theta_2(x)}\Psi_{\mathcal{A}}(x)\big)\Big)$$
$$= \big(\mathcal{A}_\mu(x) + \partial_\mu\Theta_2(x)/e + \partial_\mu\Theta_1(x)/e, e^{\mathrm{i}\,(\Theta_1(x)+\Theta_2(x))}\Psi_{\mathcal{A}}(x)\big)$$
$$= A\big(\Theta_1(x) + \Theta_2(x), (\mathcal{A}_\mu(x), \Psi_{\mathcal{A}}(x))\big).$$

Bislang wurde das Eichfeld als äußeres Feld in die Theorie eingebracht, in dessen Anwesenheit die Dirac-Gleichung gelöst wird. Nun wollen wir die Theorie dahingehend ausweiten, dass wir $\mathcal{A}_\mu$ als dynamische Variable interpretieren. Wir erwarten für $\mathcal{A}_\mu$ eine Lorentz-kovariante partielle Differenzialgleichung zweiter Ordnung und ergänzen deshalb die Lagrange-Dichte mit einem „kinetischen" Term. Zu diesem Zweck definieren wir den Feldstärketensor [siehe (A.35)],

$$\mathcal{F}_{\mu\nu} := \partial_\mu\mathcal{A}_\nu - \partial_\nu\mathcal{A}_\mu,$$

dessen Komponenten aus dem elektrischen Feld $\vec{E}$ und dem magnetischen Feld $\vec{B}$ zusammengesetzt sind. Das Transformationsverhalten des Feldstärketensors unter (7.8b) lautet

$$\mathcal{F}_{\mu\nu} \mapsto \partial_\mu\mathcal{A}_\nu + \frac{1}{e}\partial_\mu\partial_\nu\Theta - \partial_\mu\mathcal{A}_\nu - \frac{1}{e}\partial_\nu\partial_\mu\Theta = \mathcal{F}_{\mu\nu},$$

unter der Annahme, dass Θ mindestens zweifach stetig differenzierbar ist. Physikalisch bedeutet die Invarianz im Falle des Elektromagnetismus, dass elektrisches und magnetisches Feld Observablen sind, d. h. von der Eichung unabhängig sind.

Für die *Lagrange-Dichte der QED* erhalten wir schließlich

$$\mathcal{L}_{\mathrm{QED}} = \bar\Psi \mathrm{i}\gamma^\mu(\partial_\mu - \mathrm{i}\,e\mathcal{A}_\mu)\Psi - m\bar\Psi\Psi - \frac{1}{4}\mathcal{F}_{\mu\nu}\mathcal{F}^{\mu\nu}. \qquad (7.10)$$

Nach der Quantisierung werden die Feldquanten des dynamischen Eichfelds mit den *Photonen* identifiziert.

Anmerkungen

1. Die dynamischen Freiheitsgrade der QED sind einerseits das *Materiefeld* Ψ zur Beschreibung des Elektrons und das *Eichfeld* $\mathcal{A}_\mu$, das zum Zweck der Eichinvarianz eingeführt wurde.
2. Ein Massenterm für das Photon [siehe (A.43b)],

$$\frac{1}{2}M^2\mathcal{A}_\mu\mathcal{A}^\mu,$$

würde die Eichinvarianz zerstören:

$$\frac{1}{2}M^2\mathcal{A}_\mu\mathcal{A}^\mu \mapsto \frac{1}{2}M^2\left(\mathcal{A}_\mu\mathcal{A}^\mu + \frac{2}{e}\partial_\mu\Theta\mathcal{A}^\mu + \frac{1}{e^2}\partial_\mu\Theta\partial^\mu\Theta\right) \neq \frac{1}{2}M^2\mathcal{A}_\mu\mathcal{A}^\mu.$$

Das Photon ist also masselos.[3]

3. Die Kopplung des Photons an Materiefelder wird durch deren Transformations-verhalten bzgl. U(1) diktiert. Schreiben wir einem Materiefeld Ψ_q die Ladung q in Einheiten der Elementarladung zu, d. h.

$$\Psi_q(x) \mapsto e^{-\mathrm{i}q\Theta}\Psi_q(x),$$

dann erhalten wir die sog. *minimale Substitution* ($\partial_\mu \mapsto \partial_\mu + \mathrm{i}\,eq\mathcal{A}_\mu$):

$$D_\mu\Psi_q(x) = \left(\partial_\mu + \mathrm{i}\,eq\mathcal{A}_\mu(x)\right)\Psi_q(x).$$

Mit dieser Vorzeichenkonvention gilt für das Elektron $q_e = -1$, für das Proton $q_p = 1$ usw. Die Quantisierung der Ladung lässt sich allein aus der QED nicht erklären.

4. Das Eichprinzip erzeugt auf einfache Weise eine Wechselwirkung zwischen dem elektromagnetischen Feld und Materie:

$$\mathcal{L}_{\text{int}} = -(-e)\bar{\Psi}\gamma^\mu\Psi\mathcal{A}_\mu = -J^\mu\mathcal{A}_\mu.$$

Insbesondere erkennen wir dieselbe Form der Wechselwirkung wieder wie in der klassischen Physik [siehe (A.34)].

5. Vom Standpunkt der Eichinvarianz wäre z. B. die Wechselwirkung des Magnet-felds mit einem *anomalen magnetischen Moment* $e\kappa/(2m)$ erlaubt [siehe Bjor-ken und Drell (1964), Kapitel 4, Aufgabe 2.]:

$$\mathcal{L}_{\text{int}}^{\text{a.m.m.}} = -\frac{e\kappa}{4m}\mathcal{F}_{\mu\nu}\bar{\Psi}\sigma^{\mu\nu}\Psi, \quad \sigma^{\mu\nu} = \frac{\mathrm{i}}{2}[\gamma^\mu, \gamma^\nu].$$

Die Forderung nach der Renormierbarkeit der Theorie im traditionellen Sinne schließt eichinvariante Kopplungen dieser Art aus. Hierbei handelt es sich aller-dings um kein gruppentheoretisches Argument.

6. Wegen der zugrunde liegenden abelschen Symmetrie koppelt das Photon nicht direkt an sich selbst.

7.1.2 Yang-Mills-Theorien

Wir wenden uns nun der Frage zu, wie eine Eichtheorie aussieht, die nicht auf einer abelschen Gruppe fußt. Im Jahr 1954 unternahmen Yang und Mills den Versuch,

---

[3] Wir werden in Kap. 8 sehen, dass Eichbosonen im Zusammenhang mit einer spontanen Symme-triebrechung eine Masse bekommen können.

die Isospinsymmetrie der starken Wechselwirkung auf der Grundlage einer lokalen SU(2)-Symmetrie zu erklären (siehe Aufgabe 7.5). Vom heutigen Standpunkt aus resultiert die Isospinsymmetrie aus einer zufälligen globalen Symmetrie der Quantenchromodynamik, ist also keine fundamentale Eichsymmetrie (siehe Abschn. 7.3). Dennoch war das Verfahren von Yang und Mills wegweisend, weil es die Tür für andere nicht-abelsche Eichtheorien wie etwa die QCD oder, in Verbindung mit dem Mechanismus einer spontanen Symmetriebrechung, das Standardmodell geöffnet hat.

Im Folgenden werden wir die Konstruktion einer *Yang-Mills-Theorie* in Analogie zur Diskussion der QED entwickeln. Gegeben sei eine Lagrange-Dichte

$$\mathcal{L}_0(\Phi, \partial_\mu \Phi), \quad \Phi = (\Phi_1, \ldots, \Phi_n), \tag{7.11}$$

die invariant bzgl. einer globalen Transformation der „Materie-Felder" Φ ist. Die zugrunde liegende Symmetriegruppe G sei eine kompakte Lie-Gruppe mit r abstrakten Generatoren X_a und Strukturkonstanten C_{abc} der Lie-Algebra:

$$[X_a, X_b] = \mathrm{i}\, C_{abc} X_c.$$

Wir erinnern uns daran, dass aufgrund von Satz 3.3 in Abschn. 3.2 jede endlichdimensionale Darstellung einer kompakten Lie-Gruppe äquivalent zu einer unitären Darstellung ist und vollständig in eine direkte Summe irreduzibler Darstellungen zerlegt werden kann. Wir denken dabei typischerweise an die Gruppen SU(N) oder SO(N), die jeweils durch $r = N^2 - 1$ bzw. $r = N(N-1)/2$ Generatoren gekennzeichnet sind. Denkbar sind auch Symmetriegruppen aus direkten Produkten.

Es sei g ein Gruppenelement (der Zusammenhangskomponente G_0 von G), das wir mittels der reellen Parameter $\Theta = (\Theta_1, \ldots, \Theta_r)$ charakterisieren. Die Felder Φ sollen folgendermaßen bzgl. einer vollständig reduziblen Darstellung transformieren:

$$U : g \mapsto U(g) = \exp(-\mathrm{i}\, \Theta_a T_a) \quad \text{mit} \quad \Phi(x) \mapsto \Phi'(x) = U(g)\Phi(x). \tag{7.12}$$

Weil U eine unitäre Matrix ist, sind die (n,n)-Matrizen T_a, $a = 1, \ldots, r$, hermitesch und erfüllen die Vertauschungsrelationen

$$[T_a, T_b] = \mathrm{i}\, C_{abc} T_c. \tag{7.13}$$

Da die Darstellung vollständig reduzibel ist, sind die Matrizen T_a von einer blockdiagonalen Form [siehe z. B. (6.52)]. Für ein Gruppenelement in der „Nähe" der Identität e schreiben wir

$$g = e - \mathrm{i}\, \epsilon_a X_a \tag{7.14}$$

und ordnen diesem die infinitesimale, lineare Transformation

$$U(g) = \left(\mathbb{1} - \mathrm{i}\, \epsilon_a T_a\right) : \Phi(x) \mapsto \left(\mathbb{1} - \mathrm{i}\, \epsilon_a T_a\right)\Phi(x) \tag{7.15}$$

zu. Wir fragen uns nun, was geschieht, wenn wir wieder für jedes x ein unterschiedliches g erlauben, d. h. g durch ein glattes $g(x)$ ersetzen und nach wie vor Invarianz von $\mathcal{L}$ fordern, aber nun bezüglich

$$\Phi(x) \mapsto U(g(x))\Phi(x).$$

In völliger Analogie zur Diskussion der Methode von Gell-Mann und Lévy aus Abschn. 6.1 treten für lokale Parameter $\epsilon_a(x)$ Zusatzterme in der Änderung $\delta\mathcal{L}$ auf, die ihren Ursprung in den partiellen Ableitungen

$$\partial_\mu \delta\Phi(x) = -\mathrm{i}\,\partial_\mu \epsilon_a(x) T_a \Phi(x) - \mathrm{i}\,\epsilon_a(x) T_a \partial_\mu \Phi(x) \qquad (7.16)$$

haben. In Analogie zur QED führt man eine kovariante Ableitung ein, mit der Eigenschaft [vgl. (7.4)]

$$D_\mu \Phi(x) \mapsto [D_\mu \Phi(x)]' = D'_\mu \Phi'(x) \overset{!}{=} \big(\mathbb{1} - \mathrm{i}\,\epsilon_a(x) T_a\big) D_\mu \Phi(x), \qquad (7.17)$$

d. h. die kovariante Ableitung der Felder soll wie die Felder selbst transformieren. Für diese kovariante Ableitung machen wir einen Ansatz wie in der QED,

$$D_\mu \Phi(x) = \big(\partial_\mu + \mathrm{i}\,g T_a \mathcal{A}_{a\mu}(x)\big)\Phi(x), \qquad (7.18)$$

wobei wir für jeden Generator X_a der abstrakten Gruppe ein Eichvierervektorfeld, kurz Eichfeld, $\mathcal{A}_{a\mu}$ einführen. Der Wert der Kopplungskonstante g muss durch den Vergleich mit dem Experiment bestimmt werden. Im Folgenden identifizieren wir die Transformationseigenschaften der Eichfelder, die aus (7.18) resultieren. Zu diesem Zweck definieren wir [siehe Georgi (1984), Abschnitt 1.3]:

$$\widetilde{O} = T_a O_a, \qquad (7.19)$$

wobei eine Summation über a von 1 bis r impliziert ist. Es sei $\widetilde{O}$ eine (n,n)-Matrix vom Typ der Gl. (7.19). Mit einer geschickten Wahl der T_a lässt sich O_a aus $\widetilde{O}$ herausprojizieren. Für

$$\kappa\,\mathrm{Sp}(T_a T_b) = \delta_{ab}$$

gilt

$$O_a = \kappa\,\mathrm{Sp}(T_a \widetilde{O}). \qquad (7.20)$$

Als Illustration sei $\widetilde{O}$ eine hermitesche $(2,2)$-Matrix mit der Spur Null. Wir schreiben $\widetilde{O} = O_a \tau_a$, $O_a \in \mathbb{R}$. Mit

$$\frac{1}{2}\mathrm{Sp}(\tau_a \tau_b) = \delta_{ab}$$

finden wir

$$O_a = \frac{1}{2}\mathrm{Sp}(\tau_a \widetilde{O}).$$

Mithilfe von (7.19) schreiben wir für die kovariante Ableitung

$$D_\mu \Phi(x) = \left(\partial_\mu + i\, g \widetilde{\mathcal{A}}_\mu(x) \right) \Phi(x). \tag{7.21}$$

Unter Verwendung der Forderung aus (7.17),

$$\left(\partial_\mu + i g \widetilde{\mathcal{A}}_\mu(x) + i g \widetilde{\delta \mathcal{A}}_\mu(x) \right) \left(\mathbb{1} - i \widetilde{\epsilon}(x) \right) \Phi(x) = \left(\mathbb{1} - i \widetilde{\epsilon}(x) \right) \left(\partial_\mu + i g \widetilde{\mathcal{A}}_\mu(x) \right) \Phi(x),$$

finden wir durch Vergleich der linearen „kleinen" Terme die Bedingung

$$-i\, \partial_\mu \widetilde{\epsilon} + g\, \widetilde{\mathcal{A}}_\mu \widetilde{\epsilon} + i g\, \widetilde{\delta \mathcal{A}}_\mu = g\, \widetilde{\epsilon}\, \widetilde{\mathcal{A}}_\mu$$

oder

$$\widetilde{\delta \mathcal{A}}_\mu = i \left[\widetilde{\mathcal{A}}_\mu, \widetilde{\epsilon} \right] + \frac{1}{g} \partial_\mu \widetilde{\epsilon}. \tag{7.22}$$

Zunächst sieht es in dieser Gleichung so aus, als sei das Transformationsverhalten der Eichfelder von der *Darstellung* T_a der abstrakten Generatoren X_a abhängig. Dass dem nicht so ist, verifiziert man mithilfe von (7.13) und der Projektionsvorschrift aus (7.20). In das Transformationsverhalten geht über die Strukturkonstanten C_{abc} nur die Struktur der Gruppe ein (siehe Aufgabe 7.3).

Als Zwischenergebnis haben wir erreicht, dass die Lagrange-Dichte

$$\mathcal{L}_0(\Phi, D_\mu \Phi) \tag{7.23}$$

mit

$$D_\mu \Phi = \left(\partial_\mu + i g \widetilde{\mathcal{A}}_\mu \right) \Phi$$

invariant ist bzgl. der lokalen Transformation

$$\Phi(x) \mapsto \exp\left(-i\, \Theta_a(x) T_a \right) \Phi(x) = U(g(x)) \Phi(x), \tag{7.24a}$$

$$\widetilde{\mathcal{A}}_\mu(x) \mapsto U(g(x)) \widetilde{\mathcal{A}}_\mu(x) U^\dagger(g(x)) + \frac{i}{g} \partial_\mu U(g(x)) U^\dagger(g(x)). \tag{7.24b}$$

Mit dem Eichprinzip haben wir eine Wechselwirkung zwischen den Materie- und den Eichfeldern erzeugt. Allerdings sind die Eichbosonen bisher keine wirklichen dynamischen Freiheitsgrade, da wir noch nicht den kinetischen Anteil berücksichtigt haben. In Analogie zur QED bietet sich ein Ausdruck der Form

$$-\frac{1}{4} \mathcal{F}_{a\mu\nu} \mathcal{F}_a^{\mu\nu} \tag{7.25}$$

an, vorausgesetzt, die (Lorentz-)Tensorfelder $\mathcal{F}_{a\mu\nu}$ transformieren bzgl. der adjungierten Darstellung. Damit ist Folgendes gemeint: Es seien T_a^{ad} die Matrizen für die Generatoren in der adjungierten Darstellung, d. h. es handelt sich um (r, r)-Matrizen mit der Eigenschaft $(T_a^{\mathrm{ad}})_{bc} = -i\, C_{abc}$ (siehe Aufgabe 3.8). Wir sagen, dass die

Felder F_a, $a = 1, \ldots, r$, bzgl. der adjungierten Darstellung transformieren, wenn gilt:

$$\begin{pmatrix} F_1 \\ \vdots \\ F_r \end{pmatrix} =: F \mapsto \left(\mathbb{1} - \mathrm{i}\,\epsilon_c\, T_c^{\mathrm{ad}} \right) F \qquad (7.26)$$

oder in Komponentenschreibweise,

$$F_a \mapsto F_a - \mathrm{i}\,\epsilon_c (T_c^{\mathrm{ad}})_{ab} F_b = F_a - \epsilon_c C_{cab} F_b = F_a + \epsilon_c C_{acb} F_b = F_a + C_{abc} \epsilon_b F_c. \qquad (7.27)$$

Wenn man zunächst mit dem naiven Ansatz

$$\partial_\mu \mathcal{A}_{a\nu} - \partial_\nu \mathcal{A}_{a\mu}$$

beginnt, dann ergibt sich nicht das richtige Transformationsverhalten (siehe Aufgabe 7.3). Vielmehr muss man noch einen zusätzlichen Term einführen,

$$\mathcal{F}_{a\mu\nu} := \partial_\mu \mathcal{A}_{a\nu} - \partial_\nu \mathcal{A}_{a\mu} - g\,C_{abc} \mathcal{A}_{b\mu} \mathcal{A}_{c\nu}, \qquad (7.28)$$

sodass (7.27) erfüllt ist (siehe Aufgabe 7.3). Insgesamt ergibt sich also als *Lagrange-Dichte der Eichtheorie*

$$\mathcal{L} = \mathcal{L}_0(\Phi, D_\mu \Phi) - \frac{1}{4} \mathcal{F}_{a\mu\nu} \mathcal{F}_a^{\mu\nu}. \qquad (7.29)$$

Anmerkungen

1. Massenterme der Art

$$\frac{1}{2} M_a^2 \mathcal{A}_{a\mu} \mathcal{A}_a^\mu$$

   verletzen die Eichinvarianz. Aus dem Prinzip der Eichsymmetrie folgt also, dass Eichbosonen masselos sind (siehe allerdings Fußnote 3).
2. Die Struktur der Eichgruppe bestimmt die Anzahl der benötigten Eichfelder. Zu jedem Generator X_a der Lie-Algebra gehört ein Eichfeld $\mathcal{A}_{a\mu}$, und das Transformationsverhalten der Eichfelder wird durch (7.24b) beschrieben. Insbesondere transformieren die Eichfelder inhomogen, d. h. für ein reelles λ gilt $\lambda \mathcal{A}_{a\mu} \mapsto (\lambda \mathcal{A}_{a\mu})' \neq \lambda \mathcal{A}'_{a\mu}$. Für diese Eigenschaft ist der zweite Term auf der rechten Seite von (7.24b) verantwortlich. Beschränkt man sich auf eine *globale* Transformation, so verschwindet dieser Term und die Eichfelder transformieren bzgl. der adjungierten Darstellung.
   Während die Eichgruppe die benötigten Eichfelder und deren Transformationsverhalten festlegt, ist die Frage, welche Multipletts als Materiefelder bei der Konstruktion einer Eichtheorie auftreten, Teil der Modellbildung und somit eine Frage der Phänomenologie. Betrachtungen zur Widerspruchsfreiheit einer Quantenfeldtheorie können zusätzliche Bedingungen bzgl. der Materiefelder liefern. Beispielsweise führt die Forderung nach einer Abwesenheit sog.

Anomalien, die die Renormierbarkeit einer Eichtheorie zerstören würden, zu Einschränkungen bzgl. des fermionischen Materiefeldinhalts. Eine weiterführende Diskussion findet sich z. B. in O'Raifeartaigh (1986), Abschnitt 7.4.

3. Wenn eine nicht-abelsche Gruppe zugrunde liegt, treten in der Definition der Feldstärken, (7.28), in den Eichfeldern quadratische Terme auf. Deshalb enthält die Lagrange-Dichte in (7.29) Wechselwirkungsterme mit drei bzw. vier Eichfeldern. Insbesondere tritt in der Wechselwirkung der Eichfelder mit den Materiefeldern dieselbe Kopplungskonstante auf wie bei der Wechselwirkung der Eichfelder untereinander. Im Unterschied zu einer abelschen Eichtheorie wie der QED enthalten nicht-abelsche Theorien (*Yang-Mills-Theorien*) Selbstkopplungen der Eichfelder.

4. Ist die Gruppe G das direkte Produkt mehrerer Untergruppen, $G = G_1 \times \ldots \times G_k$, so muss man mit jeder Untergruppe G_i eine unabhängige Kopplungskonstante g_i verknüpfen. Beispielsweise werden für die Eichgruppe des Standardmodells (siehe Kap. 9),

$$\underbrace{SU(3)_c}_{stark} \times \underbrace{SU(2)_L \times U(1)_Y}_{elektroschwach},$$

drei Eichkopplungen benötigt:

$$g_3 \leftrightarrow SU(3)_c,$$
$$g \leftrightarrow SU(2)_L,$$
$$g' \leftrightarrow U(1)_Y.$$

Renormierbarkeit In einer störungstheoretischen Berechnung von Übergangsamplituden treten jenseits der Baumgraphennäherung sog. Schleifendiagramme auf. Im Impulsraum beinhalten sie Integrale über die Komponenten von Viererimpulsen, die im Limes unendlicher Integrationsgrenzen divergieren. Weil große Impulse großen Wellenzahlen und somit kleinen Wellenlängen entsprechen, spricht man von sog. ultravioletten Divergenzen. Vereinfacht gesprochen wird die Beseitigung dieser Divergenzen als *Renormierung* bezeichnet [siehe z. B. Collins (1984)]. Mit ein Grund für die Popularität von Yang-Mills-Theorien ist die Tatsache, dass sie im traditionellen Sinne renormierbar sind, d. h. dass die Divergenzen sich systematisch in einer Redefinition der vorhandenen Parameter absorbieren lassen. Wichtig ist in diesem Zusammenhang, dass die Eichbosonen auch in der renormierten Theorie masselos sind, d. h. durch die Wechselwirkung sich kein Masseterm aufbaut ['t Hooft (1971)]. Eine Ausnahme bildet eine Theorie mit einer spontanen Symmetriebrechung in der Form des Higgs-Mechanismus wie z. B. das Standardmodell. Auch hier konnte gezeigt werden, dass die Theorie trotz massiver Eichbosonen nach wie vor renormierbar ist ['t Hooft (1971), 't Hooft und Veltman (1972)].

In der Zwischenzeit hat die Forderung nach Renormierbarkeit im traditionellen Sinne etwas an Zugkraft verloren [siehe Weinberg (1995), Kapitel 12]. Ausgangspunkt ist eine Überlegung Weinbergs aus dem Jahre 1979, dass eine störungstheoretische Beschreibung im Rahmen der allgemeinsten Lagrange-Dichte, die *alle* mit einer angenommenen Symmetrie verträglichen Terme enthält, die allgemeinste störungstheoretische S-Matrix liefert, die sowohl die fundamentalen Prinzipien der Quantenfeldtheorie als auch die Anforderungen der vorgegebenen Symmetrie erfüllt [Weinberg (1979)]. In Verbindung mit einem Zählschema, nach dem die einzelnen Wechselwirkungsterme zu gewichten sind, wird diese Herangehensweise als *effektive Feldtheorie* bezeichnet. Vielerorts wird das Standardmodell selbst als die führende Ordnung einer effektiven Feldtheorie interpretiert und wäre somit nur eine Niederenergieapproximation an eine fundamentalere Theorie [siehe Weinberg (2009) für einen Überblick].

7.2 Die Lagrange-Dichte der Quantenchromodynamik

Die *Quantenchromodynamik* (QCD) ist eine nicht-abelsche Eichtheorie mit einer lokalen Symmetriegruppe $G = \mathrm{SU}(3)$ [Gross und Wilczek (1973), Weinberg (1973), Fritzsch et al. (1973)]. Ein umfassender Überblick über die Literatur zur QCD findet sich in Kronfeld und Quigg (2010). Bei den Materiefeldern, den sog. Quarks, handelt es sich um Fermionen mit Spin $\frac{1}{2}$, die in sechs verschiedenen Arten oder *Flavors* (engl. „Geschmack") vorkommen (siehe Abschn. 5.1). Für jeden Quarkflavor f führen wir ein komplexwertiges, dreikomponentiges Objekt

$$q_f = \begin{pmatrix} q_{f,1} \\ q_{f,2} \\ q_{f,3} \end{pmatrix} \tag{7.30}$$

ein, das bzgl. einer mit dem Gruppenelement $g(x)$ assoziierten lokalen Transformation wie

$$q_f \mapsto q_f' = \exp\left(-\mathrm{i} \sum_{a=1}^{8} \Theta_a(x) \frac{\lambda_a^c}{2}\right) q_f = U(g(x)) q_f \tag{7.31}$$

transformieren soll. Hierbei sind die λ_a^c die Gell-Mann-Matrizen aus Abschn. 5.4.2, und die Hochstellung c an den Gell-Mann-Matrizen erinnert daran, dass die Matrizen auf den Farbfreiheitsgrad wirken (c für *color*).

Wegen des Spins $\frac{1}{2}$ ist jeder Eintrag von q_f, z. B. $q_{f,1}$, selbst ein vierkomponentiger Dirac-Spinor [vgl. mit dem Nukleonendublett Ψ in (6.45)]. Für die Quarkfeldkomponenten führen wir die Bezeichnung

$$q_{f,A,\alpha}$$

ein, wobei $f = 1, 2, 3, 4, 5, 6$ der Flavorindex für u, d, s, c, b, und t ist, $A = 1, 2, 3$ der Farbindex für rot, grün und blau und schließlich $\alpha = 1, 2, 3, 4$ der Dirac-Spinorindex. Demnach enthält ein Sammelausdruck q für die Gesamtheit aller Quarkfelder insgesamt 72 komplexe Felder. Die „freie" Lagrange-Dichte für die Quarks,

$$\mathcal{L}_0 = \sum_{f,f'=1}^{6} \sum_{A,A'=1}^{3} \sum_{\alpha,\alpha'=1}^{4} \bar{q}_{f,A,\alpha} \left(\gamma^\mu_{\alpha\alpha'} i\, \partial_\mu - m_f \delta_{\alpha\alpha'} \right) \delta_{AA'} \delta_{ff'} q_{f',A',\alpha'}, \tag{7.32}$$

besitzt eine globale SU(3)-Symmetrie bzgl. der Transformationen in (7.31).[4] Wir wenden auf diese SU(3)-Symmetrie das in Abschn. 7.1.2 beschriebene Verfahren des Eichprinzips an und konstruieren die Lagrange-Dichte der QCD:

$$\mathcal{L}_{\text{QCD}} = \sum_{f,f'=1}^{6} \sum_{A,A'=1}^{3} \sum_{\alpha,\alpha'=1}^{4} \bar{q}_{f,A,\alpha} \Bigg[\left(\gamma^\mu_{\alpha\alpha'} i\, \partial_\mu - m_f \delta_{\alpha\alpha'} \right) \delta_{AA'}$$
$$\underbrace{- g_3 \sum_{a=1}^{8} \mathcal{A}_{a\mu} \frac{\lambda^c_{a,AA'}}{2} \gamma^\mu_{\alpha\alpha'}}_{\text{aus dem Eichprinzip}} \Bigg] \delta_{ff'} q_{f',A',\alpha'} - \sum_{a=1}^{8} \frac{1}{4} G_{a\mu\nu} G_a^{\mu\nu}.$$

Die kovariante Ableitung enthält wegen der Gruppe SU(3) acht Eichfelder $\mathcal{A}_{a\mu}$:

$$D_\mu \begin{pmatrix} q_{f,1} \\ q_{f,2} \\ q_{f,3} \end{pmatrix} = \partial_\mu \begin{pmatrix} q_{f,1} \\ q_{f,2} \\ q_{f,3} \end{pmatrix} + i g_3 \sum_{a=1}^{8} \frac{\lambda^c_a}{2} \mathcal{A}_{a\mu} \begin{pmatrix} q_{f,1} \\ q_{f,2} \\ q_{f,3} \end{pmatrix}. \tag{7.33}$$

Insbesondere ist die Wechselwirkung der Quarks mit den sog. *Gluonen* (engl. *glue*, „Klebstoff") flavorunabhängig. Damit (7.37) lokal invariant ist, müssen die acht Eichfelder wie

$$\mathcal{A}_\mu(x) := \frac{\lambda^c_a}{2} \mathcal{A}_{a\mu}(x) \qquad \text{(Einstein'sche Summenkonvention)}$$

$$\mapsto U(g(x)) \mathcal{A}_\mu(x) U^\dagger(g(x)) + \frac{i}{g_3} \partial_\mu U(g(x)) U^\dagger(g(x)) \tag{7.34}$$

oder kurz

$$\mathcal{A}_\mu \mapsto U \mathcal{A}_\mu U^\dagger + \frac{i}{g_3} \partial_\mu U U^\dagger$$

transformieren. Anders als in Abschn. 7.1.2 lassen wir hier eine Tilde wie in (7.19) weg. Ferner haben wir acht *Feldstärketensoren*

$$G_{a\mu\nu} = \partial_\mu \mathcal{A}_{a\nu} - \partial_\nu \mathcal{A}_{a\mu} - g_3 f_{abc} \mathcal{A}_{b\mu} \mathcal{A}_{c\nu} \tag{7.35}$$

---

[4] Tatsächlich besitzt $\mathcal{L}_0$ in (7.32) eine viel größere Symmetrie, denn die Anteile der einzelnen Quarkflavors sind invariant bzgl. *unabhängiger* SU(3)-Transformationen. Würde man jede SU(3)-Symmetrie der Flavors separat einem Eichprinzip unterwerfen, entstünden für jeden Flavor acht eigene Gluonen, die insbesondere jeweils nur Wechselwirkungen zwischen ein und demselben Flavor vermitteln würden. Demnach würden zwei verschiedene Quarkflavors auf diese Weise gar nicht miteinander wechselwirken, also eine Bindung wie z. B. in einem Nukleon nicht entstehen.

definiert, die wie

$$G_{\mu\nu}(x) := \frac{\lambda_a^c}{2} G_{a\mu\nu}(x) \mapsto U(g(x))G_{\mu\nu}(x)U^\dagger(g(x)) \tag{7.36}$$

transformieren.

Schließlich geben wir noch die gängige, kompakte Schreibweise für die *Lagrange-Dichte der QCD* an:[5]

$$\mathcal{L}_{\text{QCD}} = \sum_{f=\substack{u,d,s,\\c,b,t}} \bar{q}_f \, (\mathrm{i}\,\slashed{D} - m_f) q_f - \frac{1}{4} G_{a\mu\nu} G_a^{\mu\nu}. \tag{7.37}$$

Vom Standpunkt der Eichinvarianz aus könnte die Lagrange-Dichte der starken Wechselwirkung noch einen zusätzlichen Term der Form[6]

$$\mathcal{L}_\theta = \frac{g_3^2 \, \bar{\theta}}{64\pi^2} \epsilon_{\mu\nu\rho\sigma} G_a^{\mu\nu} G_a^{\rho\sigma}, \quad \epsilon_{0123} = 1, \tag{7.38}$$

enthalten. Hierbei sind die $\epsilon_{\mu\nu\rho\sigma}$ die kovarianten Komponenten des vollständig antisymmetrischen Levi-Civita-Tensors[7] (siehe Abschn. A.7). Der sog. θ-*Term* aus (7.38) hat eine explizite P- und CP-Verletzung innerhalb der starken Wechselwirkung zur Folge. Die Paritätsverletzung erkennt man daran, dass der Epsilontensor ein Pseudotensor 4. Stufe ist und die Kontraktion mit den beiden Lorentz-Tensoren der Gluonenfeldstärke insgesamt zu einem *pseudoskalaren* Feld führen. Deshalb besitzt (nach einer Quantisierung) der zugehörige Hamilton-Operator eine negative Parität. Der θ-Term würde z. B. Anlass zu einem elektrischen Dipolmoment des Neutrons geben. Die gegenwärtige experimentelle Situation weist auf einen extrem kleinen θ-Term hin [Ottnad et al. (2010)], weshalb wir ihn im Folgenden nicht weiter diskutieren werden, sondern gleich null setzen.

---

[5] Als extreme Kurzschreibweise findet man auch

$$\mathcal{L}_{\text{QCD}} = \bar{q}(\mathrm{i}\,\slashed{D} - \mathcal{M})q - \frac{1}{2}\text{Tr}_c(G_{\mu\nu}G^{\mu\nu}),$$

wobei $\mathcal{M} = \text{diag}(m_u, m_d, m_s, m_c, m_b, m_t)$ die Quarkmassenmatrix ist und $G^{\mu\nu}$ für $\frac{\lambda_a^c}{2} G_a^{\mu\nu}$ steht.
[6] In der QED lässt sich ein entsprechender Term als totale Divergenz schreiben, $\epsilon_{\mu\nu\rho\sigma} \mathcal{F}^{\mu\nu} \mathcal{F}^{\rho\sigma} = 2\epsilon_{\mu\nu\rho\sigma} \partial^\mu(\mathcal{A}^\nu \mathcal{F}^{\rho\sigma})$, die im Lagrange-Formalismus keinen Beitrag zur Bewegungsgleichung liefert und deshalb weggelassen werden kann.
[7]

$$\epsilon_{\mu\nu\rho\sigma} = \begin{cases} 1 \text{ für } (\mu, \nu, \rho, \sigma) \text{ gerade Permutation von } (0, 1, 2, 3), \\ -1 \text{ für } (\mu, \nu, \rho, \sigma) \text{ ungerade Permutation von } (0, 1, 2, 3), \\ 0 \text{ sonst.} \end{cases}$$

7.3   Zufällige globale Symmetrien von $\mathcal{L}_{QCD}$

Die sechs Quarkflavors lassen sich in zwei Gruppen unterteilen: die sog. leichten
und schweren Quarks (siehe Abschn. 5.1). Wir beschränken uns im Folgenden auf
die drei leichtesten Quarks. Für die Masse des Protons, $m_p = 938$ MeV, gilt im
Vergleich mit den Quarkmassen

$$m_p \gg 2m_u + m_d, \tag{7.39}$$

d. h. eine Interpretation der Protonenmasse mithilfe der Quarkmassen in Tab. 5.1
muss sich fundamental von der Situation im Wasserstoffatom unterscheiden, dessen
Masse sich im Wesentlichen aus der Summe der Protonenmasse und der Elektronenmasse mit einer kleinen Korrektur aufgrund der Bindungsenergie ergibt. Im
Falle des Protons wird die Masse von der *Energie* der masselosen Gluonen und
der nahezu masselosen Quarks dominiert [Wilczek (2004)].

Die Quarkmassen in Tab. 5.1 sind fundamentale Parameter der QCD und dürfen
nicht mit den Konstituentenquarkmassen des nichtrelativistischen Quarkmodells
in Abschn. 5.5.6 verwechselt werden, die typischerweise von der Größenordnung
350 MeV sind. Wie wir in Abschn. 7.3.3 sehen werden, treten die Quarkmassen linear in den Divergenzen von Flavor-Noether-Strömen auf und werden deshalb in
der Literatur auch als *Stromquarkmassen* (engl. *current-quark masses*) bezeichnet.

7.3.1   Chiraler Grenzfall

Wenn die drei leichtesten Quarks ein und dieselbe, nichtverschwindende Masse
besäßen, ergäbe sich eine perfekte SU(3)-Flavor-Symmetrie. Noch größer wäre
die Symmetrie, wenn alle Quarkmassen gleich null wären. Angesichts (7.39) erscheint dies als eine vernünftige Approximation an die „reale" Welt, weshalb wir
zunächst den Grenzfall $m_u, m_d, m_s \to 0$ (*chiraler Grenzfall*[8]) als Ausgangspunkt
für Symmetrieüberlegungen diskutieren. Wir kennzeichnen die zugehörige Lagrange-Dichte mit dem zusätzlichen Symbol 0:

$$\mathcal{L}_{QCD}^0 = \sum_{f=u,d,s} i\,\bar{q}_f\,\slashed{D}\,q_f - \frac{1}{4}G_{a\mu\nu}G_a^{\mu\nu} + \text{schwere Quarks.} \tag{7.40}$$

Im Folgenden werden wir die schweren Quarks komplett vernachlässigen, da sie
für die entsprechenden Symmetriebetrachtungen nicht relevant sind. Die kovariante Ableitung $\slashed{D}q_f$ wirkt auf die Farb- und die Dirac-Indizes, ist aber unabhängig
vom Flavor. Um die globalen Symmetrien von (7.40) vollständig zu identifizieren,
betrachten wir die *Chiralitätsmatrix* $\gamma_5 = \gamma^5 = i\gamma^0\gamma^1\gamma^2\gamma^3 = \gamma_5^\dagger$, $\{\gamma^\mu, \gamma_5\} = 0$,

---

[8] Der Begriff chiral (grch. *cheir*, „Hand") weist auf eine Händigkeit der entsprechenden Felder
masseloser Quarks hin. Die noch zu definierenden Begriffe rechts- und linkshändiger Felder werden in Anlehnung an masselose, freie Dirac-Fermionen verwendet.

$\gamma_5^2 = \mathbb{1}$, und führen Projektionsoperatoren ein:

$$q = \left(\frac{1}{2}(\mathbb{1} + \gamma_5) + \frac{1}{2}(\mathbb{1} - \gamma_5) \right) q = (P_R + P_L)q =: q_R + q_L, \qquad (7.41)$$

wobei die Tiefstellungen R und L für rechts bzw. links stehen. Die (4,4)-Matrizen P_R und P_L haben die Eigenschaften (siehe Aufgabe 7.6):

$$
\begin{aligned}
P_R + P_L &= \mathbb{1}, \\
P_R^\dagger &= P_R, \quad P_L^\dagger = P_L, \\
P_R^2 &= P_R, \quad P_L^2 = P_L, \\
P_R P_L &= P_L P_R = 0.
\end{aligned}
\qquad (7.42)
$$

Die Projektionsoperatoren P_R und P_L projizieren vom Dirac-Feld auf dessen chirale Komponenten q_R und q_L. Insbesondere gilt

$$\gamma_5 q_R = q_R \quad \text{und} \quad \gamma_5 q_L = -q_L.$$

Eine chirale (Feld-)Variable zeichnet sich dadurch aus, dass sie unter einer Paritätstransformation weder auf die urspüngliche Variable noch auf ihr Negatives abgebildet wird. Für Felder ist eine Transformation des Arguments $\vec{x} \mapsto -\vec{x}$ impliziert. Unter der Parität wird ein Quarkfeld in sein paritätskonjugiertes Quarkfeld transformiert:

$$P : q(t, \vec{x}) \mapsto \gamma_0 q(t, -\vec{x}), \qquad (7.43)$$

und damit

$$
\begin{aligned}
q_R(t, \vec{x}) = P_R q(t, \vec{x}) &\mapsto P_R \gamma_0 q(t, -\vec{x}) = \gamma_0 P_L q(t, -\vec{x}) \\
&= \gamma_0 q_L(t, -\vec{x}) \neq \pm q_R(t, -\vec{x}), \\
q_L(t, \vec{x}) &\mapsto \gamma_0 q_R(t, -\vec{x}).
\end{aligned}
$$

Anmerkung Im obigen Sinne ist auch q eine chirale Variable. Die Zuweisung einer Händigkeit ist allerdings nicht so plausibel wie im Falle von q_L und q_R.

Die Terminologie rechtshändig und linkshändig lässt sich anhand der Lösungen der freien Dirac-Gleichung motivieren. Dazu betrachte man eine hochrelativistische Lösung positiver Energie $E \gg m$ mit dem Dreierimpuls $\vec{p}$,

$$u(\vec{p}, \pm) = \sqrt{E + m} \begin{pmatrix} \chi_\pm \\ \frac{\vec{\sigma} \cdot \vec{p}}{E + m} \chi_\pm \end{pmatrix} \xrightarrow{E \gg m} \sqrt{E} \begin{pmatrix} \chi_\pm \\ \pm \chi_\pm \end{pmatrix} \equiv u_\pm(\vec{p}),$$

wobei wir annehmen, dass der Spin im Ruhesystem entweder parallel oder antiparallel zur Richtung des Dreierimpulses ausgerichtet ist:

$$\vec{\sigma} \cdot \hat{p}\, \chi_\pm = \pm \chi_\pm.$$

In der Standarddarstellung der Dirac-Matrizen lauten die Projektionsoperatoren

$$P_R = \frac{1}{2} \begin{pmatrix} \mathbb{1}_{2\times 2} & \mathbb{1}_{2\times 2} \\ \mathbb{1}_{2\times 2} & \mathbb{1}_{2\times 2} \end{pmatrix}, \quad P_L = \frac{1}{2} \begin{pmatrix} \mathbb{1}_{2\times 2} & -\mathbb{1}_{2\times 2} \\ -\mathbb{1}_{2\times 2} & \mathbb{1}_{2\times 2} \end{pmatrix}.$$

Die Anwendung auf die hochrelativistischen Lösungen ergibt (siehe Aufgabe 7.7):

$$P_R u_+ = u_+, \quad P_L u_+ = 0, \quad P_R u_- = 0, \quad P_L u_- = u_-.$$

Im hochrelativistischen Grenzfall (oder besser, im masselosen Grenzfall) projizieren die Operatoren $P_{R/L}$ auf die Eigenzustände positiver bzw. negativer Helizität, d. h. in diesem Grenzfall sind Chiralität und Helizität dasselbe.

Unser Ziel ist eine Analyse der Symmetrien der QCD-Lagrange-Dichte im chiralen Grenzfall hinsichtlich unabhängiger globaler Transformationen der links- und rechtshändigen Felder. Zu diesem Zweck verwenden wir die folgende Zerlegung (siehe Aufgabe 7.8),

$$\bar{q}\,\Gamma_i q = \begin{cases} \bar{q}_R \Gamma_1 q_R + \bar{q}_L \Gamma_1 q_L & \text{für} \quad \Gamma_1 \in \{\gamma^\mu, \gamma^\mu \gamma_5\} \\ \bar{q}_R \Gamma_2 q_L + \bar{q}_L \Gamma_2 q_R & \text{für} \quad \Gamma_2 \in \{\mathbb{1}, \gamma_5, \sigma^{\mu\nu}\} \end{cases}, \qquad (7.44)$$

mit

$$\bar{q}_R = q_R^\dagger \gamma_0 = q^\dagger P_R^\dagger \gamma_0 = q^\dagger P_R \gamma_0 = q^\dagger \gamma_0 P_L = \bar{q} P_L \quad \text{und} \quad \bar{q}_L = \bar{q} P_R. \qquad (7.45)$$

Insbesondere gilt diese Zerlegung ganz allgemein, d. h. sie macht keinen Gebrauch von masselosen Quarkfeldern. Sie funktioniert auch, wenn wir z. B. das Feld q durch $\partial_\mu q$ oder $D_\mu q$ ersetzen.

Wir wenden nun (7.44) auf die QCD-Lagrange-Dichte im chiralen Grenzfall an und berücksichtigen dabei, dass $\gamma^\mu \in \Gamma_1$ im Symbol $\slashed{D}$ in kontrahierter Form vorkommt:

$$\mathcal{L}_{\text{QCD}}^0 = \sum_{f=u,d,s} (\bar{q}_{Rf}\, \mathrm{i}\slashed{D}\, q_{Rf} + \bar{q}_{Lf}\, \mathrm{i}\slashed{D}\, q_{Lf}) - \frac{1}{4} G_{a\mu\nu} G_a^{\mu\nu}. \qquad (7.46)$$

Da die kovariante Ableitung flavorunabhängig ist, besitzt diese Lagrange-Dichte eine *globale*, klassische $U(3)_L \times U(3)_R$-Symmetrie, d. h. sie ist invariant bzgl.

$$\begin{pmatrix} u_L \\ d_L \\ s_L \end{pmatrix} \mapsto U_L \begin{pmatrix} u_L \\ d_L \\ s_L \end{pmatrix} = \exp\left(-\mathrm{i} \sum_{a=1}^{8} \Theta_a^L \frac{\lambda_a}{2}\right) e^{-\mathrm{i}\Theta^L} \begin{pmatrix} u_L \\ d_L \\ s_L \end{pmatrix},$$

$$\begin{pmatrix} u_R \\ d_R \\ s_R \end{pmatrix} \mapsto U_R \begin{pmatrix} u_R \\ d_R \\ s_R \end{pmatrix} = \exp\left(-\mathrm{i} \sum_{a=1}^{8} \Theta_a^R \frac{\lambda_a}{2}\right) e^{-\mathrm{i}\Theta^R} \begin{pmatrix} u_R \\ d_R \\ s_R \end{pmatrix}, \qquad (7.47)$$

wobei U_L und U_R unabhängige, unitäre (3,3)-Matrizen sind. Hierbei gilt es zu beachten, dass die Gell-Mann-Matrizen auf den Flavor und nicht auf die Farbe wirken. In der Regel wird die Invarianz von $\mathcal{L}_{QCD}^0$ unter $SU(N)_L \times SU(N)_R$, $N = 2$ oder 3, als *chirale Symmetrie* bezeichnet.

Wir erwarten insgesamt $2 \times (8 + 1) = 18$ erhaltene Ströme, die wir mittels (6.6a) bestimmen. Die Änderung der Lagrange-Dichte lautet für infinitesimale, lokale Transformationen (siehe Aufgabe 7.9)

$$\delta\mathcal{L}_{QCD}^0 = \bar{q}_R \left(\sum_{a=1}^{8} \partial_\mu \epsilon_a^R \frac{\lambda_a}{2} + \partial_\mu \epsilon^R \right) \gamma^\mu q_R + \bar{q}_L \left(\sum_{a=1}^{8} \partial_\mu \epsilon_a^L \frac{\lambda_a}{2} + \partial_\mu \epsilon^L \right) \gamma^\mu q_L,$$

$$(7.48)$$

sodass sich mithilfe von (6.6a) die folgenden erhaltenen Ströme ergeben:

$$L_a^\mu = \bar{q}_L \gamma^\mu \frac{\lambda_a}{2} q_L, \quad \partial_\mu L_a^\mu = 0,$$

$$R_a^\mu = \bar{q}_R \gamma^\mu \frac{\lambda_a}{2} q_R, \quad \partial_\mu R_a^\mu = 0,$$

$$L^\mu = \bar{q}_L \gamma^\mu q_L, \quad \partial_\mu L^\mu = 0,$$

$$R^\mu = \bar{q}_R \gamma^\mu q_R, \quad \partial_\mu R^\mu = 0.$$

$$(7.49)$$

Anmerkung Eine Summation über die Farbindizes ist in (7.48) und (7.49) impliziert, d. h. mit der Einstein'schen Summenkonvention lautet die ausführliche Schreibweise:

$$L_a^\mu = \bar{q}_{L\,f,A,\alpha} \gamma_{\alpha\alpha'}^\mu \frac{\lambda_{a\,ff'}}{2} \delta_{AA'} q_{L\,f',A',\alpha'} \quad \text{usw.}$$

Anstelle der Ströme aus (7.49) benutzt man häufig die Linearkombinationen

$$V_a^\mu = R_a^\mu + L_a^\mu = \bar{q} \gamma^\mu \frac{\lambda_a}{2} q,$$

$$(7.50)$$

$$A_a^\mu = R_a^\mu - L_a^\mu = \bar{q} \gamma^\mu \gamma_5 \frac{\lambda_a}{2} q.$$

$$(7.51)$$

In der Begründung für diese Gleichungen können wir die Gell-Mann-Matrizen unterdrücken, da sie für die Argumentation nicht relevant sind:

$$V^\mu = \bar{q}_R \gamma^\mu q_R + \bar{q}_L \gamma^\mu q_L \overset{(7.44)}{=} \bar{q} \gamma^\mu q,$$

$$A^\mu = \bar{q}_R \gamma^\mu q_R - \bar{q}_L \gamma^\mu q_L = \bar{q} \frac{1}{2}(\mathbb{1} - \gamma_5) \gamma^\mu q_R - \bar{q} \frac{1}{2}(\mathbb{1} + \gamma_5) \gamma^\mu q_L$$

$$= \bar{q} \gamma^\mu \underbrace{\frac{1}{2}(\mathbb{1} + \gamma_5) q_R}_{=\,\frac{1}{2}(\mathbb{1}+\gamma_5)q} - \bar{q} \gamma^\mu \underbrace{\frac{1}{2}(\mathbb{1} - \gamma_5) q_L}_{=\,\frac{1}{2}(\mathbb{1}-\gamma_5)q} = \bar{q} \gamma^\mu \gamma_5 q.$$

Bezüglich der Parität transformieren die sog. *Vektor- und Axialvektorströme* wie

$$P : V_a^\mu(t, \vec{x}) \mapsto V_{a\mu}(t, -\vec{x}),$$

$$(7.52)$$

$$P : A_a^\mu(t, \vec{x}) \mapsto -A_{a\mu}(t, -\vec{x}).$$

$$(7.53)$$

Tab. 7.1 Transformationseigenschaften der Matrizen Γ unter Parität

Γ	$\mathbb{1}$	γ^μ	$\sigma^{\mu\nu}$	γ_5	$\gamma^\mu\gamma_5$
$\gamma_0\Gamma\gamma_0$	$\mathbb{1}$	γ_μ	$\sigma_{\mu\nu}$	$-\gamma_5$	$-\gamma_\mu\gamma_5$

Um dies zu sehen, benötigen wir das paritätskonjugierte Quarkfeld aus (7.43) sowie

$$\bar{q}(t,\vec{x}) = q^\dagger(t,\vec{x})\gamma_0 \overset{P}{\mapsto} q^\dagger(t,-\vec{x})\underbrace{\gamma_0^\dagger}_{=\,\gamma_0}\gamma_0 = \bar{q}(t,-\vec{x})\gamma_0.$$

In Verbindung mit den Eigenschaften der $(4,4)$-Matrizen Γ aus Tab. 7.1 ergibt sich die Behauptung.

Aus (7.49) erhält man einen erhaltenen Singulettvektorstrom

$$V^\mu = \bar{q}\gamma^\mu q, \quad \partial_\mu V^\mu = 0. \tag{7.54}$$

Dieser resultiert aus einer Transformation aller links- und rechtshändigen Quarkfelder mit derselben Phase. Der Singulettaxialvektorstrom

$$A^\mu = \bar{q}\gamma^\mu\gamma_5 q, \tag{7.55}$$

ergibt sich aus einer Transformation aller linkshändigen Quarkfelder mit einer Phase und aller rechtshändigen Felder mit der entgegengesetzten Phase. Dieser Strom ist allerdings nur auf dem *klassischen* Niveau eine Erhaltungsgröße. Quanteneffekte zerstören die Stromerhaltung und führen zu Zusatztermen in der Viererdivergenz, die als *Anomalien* bezeichnet werden [Bell und Jackiw (1969), Adler (1969), Adler und Bardeen (1969)]:

$$\partial_\mu A^\mu = \frac{3g_3^2}{32\pi^2}\epsilon_{\mu\nu\rho\sigma}G_a^{\mu\nu}G_a^{\rho\sigma}, \quad \epsilon_{0123} = 1, \tag{7.56}$$

wobei der Faktor 3 seinen Ursprung in der Anzahl der Flavors hat.[9] Aufgrund der Anomalie sprechen wir im Folgenden nur noch von einer $SU(3)_L\times SU(3)_R\times U(1)_V$-Symmetrie der QCD im chiralen Grenzfall.

7.3.2 Die chirale Algebra

Die Invarianz von $\mathcal{L}_{QCD}^0$ unter globalen $SU(3)_L\times SU(3)_R\times U(1)_V$-Transformationen impliziert, dass auch der QCD-Hamilton-Operator im chiralen Grenzfall, H_{QCD}^0, eine globale $SU(3)_L \times SU(3)_R \times U(1)_V$-Symmetrie besitzt. Wie in Abschn. 6.2 definieren wir nun Ladungsoperatoren als Volumenintegrale über die Ladungsdichten,

$$Q_{La}(t) = \int d^3x\, q_L^\dagger(t,\vec{x})\frac{\lambda_a}{2}q_L(t,\vec{x}) = \int d^3x\, q^\dagger(t,\vec{x})P_L\frac{\lambda_a}{2}q(t,\vec{x}), \tag{7.57}$$

---

[9] Betrachtet man die QCD im Grenzfall $N_c \to \infty$ [siehe 't Hooft (1974)], dann bleibt der Singulettaxialvektorstrom erhalten, weil die Kopplungskonstante sich wie $g_3^2 \sim N_c^{-1}$ verhält.

$$Q_{Ra}(t) = \int d^3x\, q_R^\dagger(t,\vec{x}) \frac{\lambda_a}{2} q_R(t,\vec{x}) = \int d^3x\, q^\dagger(t,\vec{x}) P_R \frac{\lambda_a}{2} q(t,\vec{x}), \qquad (7.58)$$

$$Q_V(t) = \int d^3x \left[q_L^\dagger(t,\vec{x}) q_L(t,\vec{x}) + q_R^\dagger(t,\vec{x}) q_R(t,\vec{x}) \right] = \int d^3x\, q^\dagger(t,\vec{x}) q(t,\vec{x}), \qquad (7.59)$$

wobei wir von den Eigenschaften gemäß (7.42) Gebrauch gemacht haben. Für erhaltene Symmetrieströme sind diese Operatoren zeitunabhängig, d. h. sie vertauschen mit dem Hamilton-Operator:

$$[Q_{La}, H^0_{QCD}] = [Q_{Ra}, H^0_{QCD}] = [Q_V, H^0_{QCD}] = 0. \qquad (7.60)$$

Die Vertauschungsrelationen der Ladungsoperatoren untereinander ergeben sich durch Anwendung von (6.60) für die Quarkfelder,

$$\left[q^\dagger(t,\vec{x})\Gamma_1 F_1 q(t,\vec{x}), q^\dagger(t,\vec{y})\Gamma_2 F_2 q(t,\vec{y}) \right] =$$
$$\delta^3(\vec{x}-\vec{y}) \left[q^\dagger(t,\vec{x})\Gamma_1\Gamma_2 F_1 F_2 q(t,\vec{y}) - q^\dagger(t,\vec{y})\Gamma_2\Gamma_1 F_2 F_1 q(t,\vec{x}) \right], \qquad (7.61)$$

wobei Γ_i und F_i (4,4)-Γ-Matrizen bzw. (3,3)-Flavormatrizen sind.[10] Mithilfe des Einfügens geeigneter Projektionsoperatoren $P_{L/R}$ lässt sich (7.61) auf einfache Weise auf die Ladungsoperatoren aus (7.57) bis (7.59) anwenden, mit dem Resultat, dass diese Operatoren tatsächlich die Vertauschungsrelationen der zu $SU(3)_L \times SU(3)_R \times U(1)_V$ gehörigen Lie-Algebra erfüllen:

$$[Q_{La}, Q_{Lb}] = i f_{abc} Q_{Lc}, \qquad (7.62a)$$
$$[Q_{Ra}, Q_{Rb}] = i f_{abc} Q_{Rc}, \qquad (7.62b)$$
$$[Q_{La}, Q_{Rb}] = 0, \qquad (7.62c)$$
$$[Q_{La}, Q_V] = [Q_{Ra}, Q_V] = 0. \qquad (7.62d)$$

Diese Vertauschungsrelationen werden häufig auch als *chirale Algebra* bezeichnet. Wir betrachten exemplarisch

$$[Q_{La}, Q_{Lb}] = \int d^3x\, d^3y \left[q^\dagger(t,\vec{x}) P_L \frac{\lambda_a}{2} q(t,\vec{x}), q^\dagger(t,\vec{y}) P_L \frac{\lambda_b}{2} q(t,\vec{y}) \right]$$
$$= \int d^3x\, d^3y\, \delta^3(\vec{x}-\vec{y}) q^\dagger(t,\vec{x}) \underbrace{P_L P_L}_{=P_L} \frac{\lambda_a}{2}\frac{\lambda_b}{2} q(t,\vec{y})$$
$$- \int d^3x\, d^3y\, \delta^3(\vec{x}-\vec{y}) q^\dagger(t,\vec{y}) P_L \frac{\lambda_b}{2}\frac{\lambda_a}{2} q(t,\vec{x})$$

[10] Genau genommen sollten wir auch Farbindizes berücksichtigen. Da wir hier ausschließlich farbneutrale quadratische Formen betrachten, ist eine Summation über Farbindizes immer implizit, sodass sie schließlich unterdrückt werden können.

$$= \mathrm{i}\, f_{abc} \int d^3x\, q^\dagger(t,\vec{x})\, P_L \frac{\lambda_c}{2} q(t,\vec{x})$$

$$= \mathrm{i}\, f_{abc}\, Q_{Lc}.$$

Die restlichen Vertauschungsrelationen, (7.62b) bis (7.62d), werden in Aufgabe 7.10 behandelt. In Abschn. 8.5.1 werden wir noch einmal auf die Vertauschungsrelationen zu sprechen kommen, wenn wir das Phänomen einer spontanen Brechung der chiralen Symmetrie diskutieren.

7.3.3 Quarkmassen und explizite Brechung der chiralen Symmetrie

Bislang haben wir eine idealisierte Situation mit masselosen leichten Quarks diskutiert, die in einem hohen Maß an zusätzlicher, globaler Symmetrie in der QCD jenseits der SU(3)-Farbsymmetrie resultiert. Nichtverschwindende Quarkmassen m_u, m_d und m_s sorgen dafür, dass diese chirale Symmetrie *explizit* gebrochen ist,[11] sodass es zu Divergenzen der Symmetrieströme kommt. Eine Konsequenz daraus ist, dass die Ladungsoperatoren nicht mehr zeitunabhängig sind. Dennoch spielen die gleichzeitigen Vertauschungsrelationen weiterhin eine wichtige Rolle, selbst wenn eine Symmetrie explizit gebrochen ist [siehe Gell-Mann (1962)]. Wir hatten in Abschn. 6.2 am Beispiel der Gruppe U(1) gesehen, dass Symmetrieströme Bausteine für das Aufstellen von Ward-Identitäten sind. Die Verallgemeinerung auf der Basis der Ströme aus (7.49) resultiert in *chiralen Ward-Identitäten*, die unterschiedliche Green'sche Funktionen der QCD miteinander verknüpfen. Insbesondere treten in diesen Identitäten auf der rechten Seite nun auch die Divergenzen der Ströme auf. Wir werden im Folgenden sehen, dass diese Divergenzen die Quarkmassen enthalten.

Aus diesem Grund untersuchen wir mithilfe der Quarkmassenmatrix

$$\mathcal{M} = \begin{pmatrix} m_u & 0 & 0 \\ 0 & m_d & 0 \\ 0 & 0 & m_s \end{pmatrix}$$

den *Quarkmassenterm* der QCD:

$$\mathcal{L}_M = -\bar{q}\mathcal{M}q \overset{(7.44)}{=} -\left(\bar{q}_R \mathcal{M} q_L + \bar{q}_L \mathcal{M} q_R\right)$$

$$= -\bar{q}\left[m_s \begin{pmatrix} 0 & 0 & 0 \\ 0 & 0 & 0 \\ 0 & 0 & 1 \end{pmatrix} + \frac{m_u + m_d}{2} \begin{pmatrix} 1 & 0 & 0 \\ 0 & 1 & 0 \\ 0 & 0 & 0 \end{pmatrix} + \frac{m_u - m_d}{2} \begin{pmatrix} 1 & 0 & 0 \\ 0 & -1 & 0 \\ 0 & 0 & 0 \end{pmatrix} \right] q$$

$$= -\bar{q}\left[m_s \left(\frac{1}{3}\mathbb{1} - \frac{1}{\sqrt{3}}\lambda_8\right) + \frac{m_u + m_d}{2}\left(\frac{2}{3}\mathbb{1} + \frac{1}{\sqrt{3}}\lambda_8\right) + \frac{m_u - m_d}{2}\lambda_3 \right] q.$$
$$\tag{7.63}$$

---

[11] In Kap. 8 werden wir argumentieren, dass es auch eine *spontane* Symmetriebrechung in der QCD gibt.

Hierbei wurden die verschiedenen Terme gemäß ihren Stärken angeordnet. Aus $\mathcal{L}_M$ resultiert folgende Änderung $\delta\mathcal{L}_M$ bzgl. der Transformationen gemäß (7.47) (siehe Aufgabe 7.9):

$$\delta\mathcal{L}_M = -i\left[\sum_{a=1}^{8}\epsilon_a^R\left(\bar{q}_R\frac{\lambda_a}{2}\mathcal{M}q_L - \bar{q}_L\mathcal{M}\frac{\lambda_a}{2}q_R\right) + \epsilon^R\left(\bar{q}_R\mathcal{M}q_L - \bar{q}_L\mathcal{M}q_R\right)\right.$$
$$\left.+ \sum_{a=1}^{8}\epsilon_a^L\left(\bar{q}_L\frac{\lambda_a}{2}\mathcal{M}q_R - \bar{q}_R\mathcal{M}\frac{\lambda_a}{2}q_L\right) + \epsilon^L\left(\bar{q}_L\mathcal{M}q_R - \bar{q}_R\mathcal{M}q_L\right)\right].$$
(7.64)

Mithilfe von (6.6b) erhalten wir für die Divergenzen der Ströme

$$\partial_\mu L_a^\mu = \frac{\partial\delta\mathcal{L}}{\partial\epsilon_a^L} = -i\left(\bar{q}_L\frac{\lambda_a}{2}\mathcal{M}q_R - \bar{q}_R\mathcal{M}\frac{\lambda_a}{2}q_L\right),$$
$$\partial_\mu R_a^\mu = \frac{\partial\delta\mathcal{L}}{\partial\epsilon_a^R} = -i\left(\bar{q}_R\frac{\lambda_a}{2}\mathcal{M}q_L - \bar{q}_L\mathcal{M}\frac{\lambda_a}{2}q_R\right),$$
$$\partial_\mu L^\mu = \frac{\partial\delta\mathcal{L}}{\partial\epsilon^L} = -i(\bar{q}_L\mathcal{M}q_R - \bar{q}_R\mathcal{M}q_L),$$
$$\partial_\mu R^\mu = \frac{\partial\delta\mathcal{L}}{\partial\epsilon^R} = -i(\bar{q}_R\mathcal{M}q_L - \bar{q}_L\mathcal{M}q_R),$$
(7.65)

wobei in den beiden letzten Gleichungen die Anomalie aus (7.56) noch nicht berücksichtigt ist. Umgeschrieben auf die Vektor- und Axialvektorströme lauten die Divergenzen

$$\partial_\mu V_a^\mu = -i\bar{q}_R\left[\frac{\lambda_a}{2},\mathcal{M}\right]q_L - i\bar{q}_L\left[\frac{\lambda_a}{2},\mathcal{M}\right]q_R \stackrel{(7.44)}{=} i\bar{q}\left[\mathcal{M},\frac{\lambda_a}{2}\right]q,$$
$$\partial_\mu A_a^\mu = -i\left(\bar{q}_R\frac{\lambda_a}{2}\mathcal{M}q_L - \bar{q}_L\mathcal{M}\frac{\lambda_a}{2}q_R\right) + i\left(\bar{q}_L\frac{\lambda_a}{2}\mathcal{M}q_R - \bar{q}_R\mathcal{M}\frac{\lambda_a}{2}q_L\right)$$
$$= i\left(\bar{q}_L\left\{\frac{\lambda_a}{2},\mathcal{M}\right\}q_R - \bar{q}_R\left\{\frac{\lambda_a}{2},\mathcal{M}\right\}q_L\right)$$
$$= i\left(\bar{q}\left\{\frac{\lambda_a}{2},\mathcal{M}\right\}\frac{1}{2}(\mathbb{1}+\gamma_5)q - \bar{q}\left\{\frac{\lambda_a}{2},\mathcal{M}\right\}\frac{1}{2}(\mathbb{1}-\gamma_5)q\right)$$
$$= i\bar{q}\left\{\frac{\lambda_a}{2},\mathcal{M}\right\}\gamma_5 q,$$
$$\partial_\mu V^\mu = 0,$$
$$\partial_\mu A^\mu = 2i\bar{q}\mathcal{M}\gamma_5 q + \frac{3g_3^2}{32\pi^2}\epsilon_{\mu\nu\rho\sigma}\mathcal{G}_a^{\mu\nu}\mathcal{G}_a^{\rho\sigma}, \quad \epsilon_{0123}=1,$$
(7.66)

wobei wir jetzt die Anomalie berücksichtigt haben.

Abb. 7.1 Spektrum des
Baryonenoktetts in Abhän-
gigkeit von der zugrunde
liegenden Flavorsymmetrie
[Lehnhart et al. (2005)]

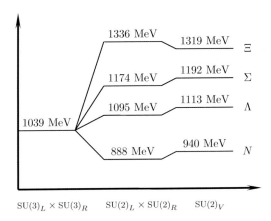

Anmerkungen

1. Im chiralen Grenzfall bleiben die 16 Ströme L_a^μ und R_a^μ bzw. V_a^μ und A_a^μ erhalten. Dasselbe gilt für den Singulettvektorstrom V^μ, während der Singulettaxialvektorstrom A^μ eine Anomalie besitzt.

2. Da die Wechselwirkung der Gluonen mit den Quarks unabhängig vom Flavor ist und die Quarkmassenmatrix diagonal ist, existiert für jeden Quarkflavor eine separate $U(1)_V$-Symmetrie. In der starken Wechselwirkung bleiben demnach die einzelnen Flavorströme $\bar{u}\gamma^\mu u$, $\bar{d}\gamma^\mu d$ und $\bar{s}\gamma^\mu s$ völlig unabhängig vom Wert der Quarkmassen erhalten (siehe Aufgabe 7.11). Dies bedeutet, dass in Prozessen der starken Wechselwirkung z. B. die Differenz aus der Anzahl der u-Quarks und der $\bar{u}$-Antiquarks eine Erhaltungsgröße ist, was in analoger Weise auch für *alle* anderen Quarkflavors gilt. Der vektorielle Singulettstrom bleibt als Summe der einzelnen Ströme immer erhalten.

3. Der axiale Singulettstrom A^μ besitzt eine Anomalie sowie eine explizite Divergenz in Anwesenheit von Quarkmassen.

4. Für gleiche Quarkmassen, $m_u = m_d = m_s$, bleiben die acht Vektorströme V_a^μ erhalten, wegen $[\lambda_a, \mathbb{1}] = 0$. Dieser Fall ist der mikroskopische Ursprung der SU(3)-Symmetrie des achtfachen Pfades [*The Eightfold Way*, Gell-Mann und Ne'eman (1964)]. Die acht Axialvektorströme A_a^μ bleiben nicht erhalten. Die Divergenzen des Oktetts der Axialvektorströme aus (7.66) sind proportional zu pseudoskalaren quadratischen Formen. Im Sprachgebrauch der 1960er Jahre handelt es sich dabei um teilweise erhaltene Axialvektorströme (Abk. PCAC für engl. *partially conserved axial-vector currents*) [siehe z. B. Gell-Mann (1964), Adler und Dashen (1968)]. Wie wir in Abschn. 8.5.1 noch sehen werden, kommt den Axialvektorströmen A_a^μ und den zugehörigen Ladungsoperatoren Q_{Aa} im Zusammenhang mit einer spontanen Symmetriebrechung eine besondere Bedeutung zu. Für eine weiterführende Diskussion der Konsequenzen der PCAC-Hypothese verweisen wir auf Adler und Dashen (1968), Treiman et al. (1972) und De Alfaro et al. (1973).

5. Realistischer ist die Approximation $m_s \neq 0$, $m_u = m_d = 0$. Damit ist zwar die SU(3)$_V$-Symmetrie gebrochen, aber im u-d-Sektor existiert immer noch eine chirale SU(2)$_L$ × SU(2)$_R$-Symmetrie.

6. Schaltet man nun die u- und die d-Quarkmassen mit derselben Stärke $m_u = m_d = \hat{m}$ ein, so reduziert sich die SU(2)$_L$ × SU(2)$_R$-Symmetrie auf eine SU(2)$_V$-Symmetrie (Isospin).

7. Mit $m_u \neq m_d$ ist selbst die Isospinsymmetrie gebrochen.

8. Abbildung 7.1 illustriert beispielhaft den Einfluss der Quarkmassen bzw. der entsprechenden Symmetrien auf das Spektrum des Baryonoktetts [Lehnhart et al. (2005)] im Rahmen der sog. *chiralen Störungstheorie* [siehe Scherer und Schindler (2012) für eine Einführung].

7.4 Aufgaben

7.1 Gegeben sei der Ladungsoperator

$$Q = \int d^3x \, : \Psi^\dagger(t, \vec{x}) \Psi(t, \vec{x}) : ,$$

der mit der globalen U(1)-Invarianz der Lagrange-Dichte eines freien Dirac-Feldes verknüpft ist. Drücken Sie mithilfe der Zerlegung des Dirac-Feldes in Ebene-Welle-Lösungen den Ladungsoperator durch eine Summe bzw. ein Integral von Erzeugungs- und Vernichtungsoperatoren aus.

7.2 Gegeben sei die Lagrange-Dichte eines freien geladenen Teilchens mit dem Spin 0 (siehe Aufgabe 6.1):

$$\mathcal{L} = \partial_\mu \Phi^\dagger \partial^\mu \Phi - m^2 \Phi^\dagger \Phi.$$

Unter einer lokalen U(1)-Transformation sollen die Felder Φ und $\Phi^\dagger$ gemäß

$$\Phi(x) \mapsto e^{i\Theta(x)} \Phi(x), \quad \Phi^\dagger(x) \mapsto e^{-i\Theta(x)} \Phi^\dagger(x)$$

transformieren.

a) Wie lauten $D_\mu \Phi$ und $D_\mu \Phi^\dagger$?

b) Konstruieren Sie mithilfe des Prinzips der Eichsymmetrie die zugehörige Eichtheorie.

c) Schreiben Sie die resultierende Lagrange-Dichte aus und sortieren Sie die Terme nach Potenzen der Elementarladung. Was ist der wesentliche Unterschied zur QED-Lagrange-Dichte eines Elektrons?

d) Leiten Sie die Bewegungsgleichungen für Φ und $\Phi^\dagger$ her.

e) Bestimmen Sie den elektromagnetischen Stromoperator mithilfe von $J_{em}^\mu = -\partial \mathcal{L} / \partial \mathcal{A}_\mu$.

f) Vergleichen Sie mit dem Noether-Strom der *globalen* U(1)-Symmetrie. Worin besteht der Unterschied?

g) Zeigen Sie mithilfe der Bewegungsgleichungen, dass der elektromagnetische Strom erhalten bleibt.

7.3 Es sei $\{\sum_{a=1}^{r} \zeta_a T_a | \zeta_a \in \mathbb{R}\}$ die Darstellung einer Lie-Algebra in Form von hermiteschen (n, n)-Matrizen mit den Vertauschungsrelationen $[T_a, T_b] = \mathrm{i}\, C_{abc} T_c$ und $\kappa \mathrm{Sp}(T_a T_b) = \delta_{ab}$. Wir definieren

$$\widetilde{O} = \sum_{a=1}^{r} O_a T_a = O_a T_a.$$

a) Zeigen Sie, dass das Transformationsverhalten

$$\widetilde{\mathcal{A}_\mu} \mapsto \widetilde{\mathcal{A}_\mu} + \mathrm{i}\,[\widetilde{\mathcal{A}_\mu}, \widetilde{\epsilon}] + \frac{1}{g}\partial_\mu \widetilde{\epsilon}$$

für die einzelnen Eichfelder zu

$$\delta \mathcal{A}_{a\mu} = C_{bca}\epsilon_b \mathcal{A}_{c\mu} + \frac{1}{g}\partial_\mu \epsilon_a$$

führt.

b) Wie transformiert $\partial_\mu \widetilde{\mathcal{A}_\nu} - \partial_\nu \widetilde{\mathcal{A}_\mu}$ bzgl. $\widetilde{\mathcal{A}_\mu} \mapsto \widetilde{\mathcal{A}_\mu} + \mathrm{i}\,[\widetilde{\mathcal{A}_\mu}, \widetilde{\epsilon}] + \frac{1}{g}\partial_\mu \widetilde{\epsilon}$?

c) Wir definieren

$$\widetilde{\mathcal{F}_{\mu\nu}} = \partial_\mu \widetilde{\mathcal{A}_\nu} - \partial_\nu \widetilde{\mathcal{A}_\mu} + \mathrm{i}\, g[\widetilde{\mathcal{A}_\mu}, \widetilde{\mathcal{A}_\nu}].$$

Zeigen Sie mithilfe der Jacobi-Identität $[a, [b, c]] + [b, [c, a]] + [c, [a, b]] = 0$, dass für $\widetilde{\mathcal{A}_\mu} \mapsto \widetilde{\mathcal{A}_\mu} + \mathrm{i}\,[\widetilde{\mathcal{A}_\mu}\widetilde{\epsilon}] + \frac{1}{g}\partial_\mu \widetilde{\epsilon}$ bis zur ersten Ordnung in $\widetilde{\epsilon}$ gilt:

$$\widetilde{\mathcal{F}_{\mu\nu}} \mapsto \widetilde{\mathcal{F}_{\mu\nu}} + \mathrm{i}\,[\widetilde{\mathcal{F}_{\mu\nu}}, \widetilde{\epsilon}].$$

d) Zeigen Sie damit, dass

$$-\frac{\kappa}{4}\mathrm{Sp}(\widetilde{\mathcal{F}_{\mu\nu}}\widetilde{\mathcal{F}^{\mu\nu}}) = -\frac{1}{4}\mathcal{F}_{a\mu\nu}\mathcal{F}_a^{\mu\nu}$$

bis zur ersten Ordnung in $\widetilde{\epsilon}$ invariant bzgl. $\widetilde{\mathcal{F}_{\mu\nu}} \mapsto \widetilde{\mathcal{F}_{\mu\nu}} + \mathrm{i}\,[\widetilde{\mathcal{F}_{\mu\nu}}, \widetilde{\epsilon}]$ ist.

7.4 Gegeben sei eine (fiktive) Lagrange-Dichte

$$\mathcal{L} = D_\mu \varphi^\dagger D^\mu \varphi - m^2 \varphi^\dagger \varphi + D_\mu \Phi^\dagger D^\mu \Phi - M^2 \Phi^\dagger \Phi + \frac{1}{2}\partial_\mu \sigma \partial^\mu \sigma - \frac{1}{2}m_\sigma^2 \sigma^2$$

$$+ c_1 \Phi^\dagger \varphi \sigma + c_2 \varphi^\dagger \Phi \sigma - \frac{1}{4}\mathcal{F}_{\mu\nu}\mathcal{F}^{\mu\nu},$$

mit

$$D_\mu\varphi = (\partial_\mu - i\,e\mathcal{A}_\mu)\varphi,$$
$$D_\mu\varphi^\dagger = (\partial_\mu + i\,e\mathcal{A}_\mu)\varphi^\dagger,$$
$$D_\mu\Phi = (\partial_\mu - i\,e\mathcal{A}_\mu)\Phi,$$
$$D_\mu\Phi^\dagger = (\partial_\mu + i\,e\mathcal{A}_\mu)\Phi^\dagger,$$

d. h. φ und Φ beschreiben unterschiedliche (einfach) negativ geladene Teilchen mit den Massen m bzw. M, und σ beschreibt ein neutrales Teilchen mit der Masse m_σ.

a) Zeigen Sie, dass $\mathcal{L}$ invariant bzgl. einer Eichtransformation der zweiten Art ist:

$$\varphi(x) \mapsto e^{i\,\Theta(x)}\varphi(x),$$
$$\Phi(x) \mapsto e^{i\,\Theta(x)}\Phi(x),$$
$$\sigma(x) \mapsto \sigma(x),$$
$$\mathcal{A}_\mu(x) \mapsto \mathcal{A}_\mu(x) + \partial_\mu\Theta(x)/e.$$

(Die korrespondierenden Transformationenen von $\varphi^\dagger$ und $\Phi^\dagger$ sind impliziert.)

b) Betrachten Sie den Wechselwirkungsterm

$$\mathcal{L}_{\text{int}} = c_1\Phi^\dagger\varphi\sigma + c_2\varphi^\dagger\Phi\sigma, \quad c_i \in \mathbb{C}.$$

Welche Bedingungen für die Koeffizienten c_i ergeben sich aus der Forderung $\mathcal{L}_{\text{int}} = \mathcal{L}_{\text{int}}^\dagger$?

c) Untersuchen Sie das Verhalten der verschiedenen Terme der Lagrange-Dichte unter der Ladungskonjugationstransformation

$$\mathcal{A}_\mu \mapsto -\mathcal{A}_\mu, \quad \varphi \leftrightarrow \varphi^\dagger, \quad \Phi \leftrightarrow \Phi^\dagger, \quad \sigma \mapsto \sigma.$$

Unter welcher Voraussetzung ist $\mathcal{L}$ invariant bzgl. der Ladungskonjugation?

7.5 Zur Illustration des Eichprinzips diskutieren wir den ursprünglichen Vorschlag von Yang und Mills (1954), die Isospinerhaltung aus einer *lokalen* SU(2)-Symmetrie herzuleiten. Gegeben sei

$$\mathcal{L}_0(\Psi, \partial_\mu\Psi) = \bar{\Psi}(i\slashed{\partial} - m_N)\Psi$$

mit einem Isospindublett

$$\Psi = \begin{pmatrix} p \\ n \end{pmatrix}.$$

Die Lagrange-Dichte $\mathcal{L}_0$ ist invariant bzgl. einer infinitesimalen, globalen, linearen Transformation der Felder

$$\Psi(x) \to \Psi'(x) = \left(\mathbb{1} - i\sum_{i=1}^{3}\epsilon_i\frac{\tau_i}{2}\right)\Psi(x) = \left(\mathbb{1} - i\frac{\vec{\epsilon}\cdot\vec{\tau}}{2}\right)\Psi(x).$$

Wie lautet die aus dem Eichprinzip abgeleitete Lagrange-Dichte? Verifizieren Sie
den Ausdruck

$$\mathcal{F}_{i\mu\nu} = \partial_\mu \mathcal{A}_{i\nu} - \partial_\nu \mathcal{A}_{i\mu} - g\epsilon_{ijk}\mathcal{A}_{j\mu}\mathcal{A}_{k\nu}$$

für die drei Feldstärken.

7.6 Gegeben seien die Projektionsoperatoren

$$P_R = \frac{1}{2}(\mathbb{1} + \gamma_5), \quad P_L = \frac{1}{2}(\mathbb{1} - \gamma_5),$$

wobei die Tiefstellungen R und L für rechts bzw. links stehen. Verifizieren Sie

$$P_R + P_L = \mathbb{1}, \quad P_R = P_R^\dagger, \quad P_L = P_L^\dagger,$$
$$P_R^2 = P_R, \quad P_L^2 = P_L, \quad P_R P_L = P_L P_R = 0.$$

Hinweis: $\gamma_5^\dagger = \gamma_5$, $\gamma_5^2 = \mathbb{1}$.

7.7 Betrachten Sie die hochrelativistische Lösung positiver Energie mit dem Impuls $\vec{p}$,

$$u(\vec{p}, \pm) \approx \sqrt{E}\begin{pmatrix} \chi_\pm \\ \pm\chi_\pm \end{pmatrix} =: u_\pm(\vec{p}),$$

wobei wir annehmen, dass der Spin im Ruhesystem entweder parallel oder antiparallel zur Richtung des Impulses polarisiert sei:

$$\vec{\sigma} \cdot \hat{p}\,\chi_\pm = \pm\chi_\pm.$$

In der Standarddarstellung der Dirac-Matrizen gilt

$$P_R = \frac{1}{2}\begin{pmatrix} \mathbb{1}_{2\times 2} & \mathbb{1}_{2\times 2} \\ \mathbb{1}_{2\times 2} & \mathbb{1}_{2\times 2} \end{pmatrix}, \quad P_L = \frac{1}{2}\begin{pmatrix} \mathbb{1}_{2\times 2} & -\mathbb{1}_{2\times 2} \\ -\mathbb{1}_{2\times 2} & \mathbb{1}_{2\times 2} \end{pmatrix}.$$

Zeigen Sie

$$P_R u_+ = u_+, \quad P_L u_+ = 0, \quad P_R u_- = 0, \quad P_L u_- = u_-.$$

7.8 In (7.41) und (7.45) wurden links- bzw. rechtshändige Felder definiert als

$$q_L = P_L q, \quad q_R = P_R q, \quad \bar{q}_L = \bar{q}P_R \quad \text{und} \quad \bar{q}_R = \bar{q}P_L.$$

Zeigen Sie

$$\bar{q}\,\Gamma_i q = \begin{cases} \bar{q}_R \Gamma_1 q_R + \bar{q}_L \Gamma_1 q_L & \text{für} \quad \Gamma_1 \in \{\gamma^\mu, \gamma^\mu \gamma_5\} \\ \bar{q}_R \Gamma_2 q_L + \bar{q}_L \Gamma_2 q_R & \text{für} \quad \Gamma_2 \in \{\mathbb{1}, \gamma_5, \sigma^{\mu\nu}\} \end{cases}.$$

Hinweis: Schieben Sie „Einsen" ein in der Form

$$\bar{q}\,\Gamma_i q = \bar{q}(P_R + P_L)\Gamma_i(P_R + P_L)q$$

und machen Sie von $\{\Gamma_1, \gamma_5\} = 0$ und $[\Gamma_2, \gamma_5] = 0$ Gebrauch sowie von den Eigenschaften der Projektionsoperatoren.

7.9 Gegeben sei die QCD-Lagrange-Dichte für masselose u-, d- und s-Quarks:

$$\mathcal{L}_{\text{QCD}}^0 = \sum_{f=u,d,s} (\bar{q}_{R\,f}\,\mathrm{i}\,\slashed{D}\,q_{R\,f} + \bar{q}_{L\,f}\,\mathrm{i}\,\slashed{D}\,q_{L\,f}) - \frac{1}{4}G_{a\mu\nu}G_a^{\mu\nu}.$$

a) Wenden Sie die Methode von Gell-Mann und Lévy an und bestimmen Sie die Änderung $\delta\mathcal{L}_{\text{QCD}}^0$ bzgl. folgender infinitesimaler, *lokaler* Transformationen:

$$\begin{pmatrix} u_L \\ d_L \\ s_L \end{pmatrix} \mapsto \left(\mathbb{1} - \mathrm{i}\sum_{a=1}^{8} \epsilon_a^L \frac{\lambda_a}{2} - \mathrm{i}\,\epsilon^L\mathbb{1}\right) \begin{pmatrix} u_L \\ d_L \\ s_L \end{pmatrix},$$

$$\begin{pmatrix} u_R \\ d_R \\ s_R \end{pmatrix} \mapsto \left(\mathbb{1} - \mathrm{i}\sum_{a=1}^{8} \epsilon_a^R \frac{\lambda_a}{2} - \mathrm{i}\,\epsilon^R\mathbb{1}\right) \begin{pmatrix} u_R \\ d_R \\ s_R \end{pmatrix}.$$

b) Bestimmen Sie die zugehörigen Noether-Ströme.
c) Wir addieren nun den Quarkmassenterm aus (7.63),

$$\mathcal{L}_M = -\bar{q}\mathcal{M}q = -(\bar{q}_R\mathcal{M}q_L + \bar{q}_L\mathcal{M}q_R),$$

zur Lagrange-Dichte $\mathcal{L}_{\text{QCD}}^0$. Bestimmen Sie die Änderung $\delta\mathcal{L}_M$ bzgl. der Transformationen aus Teilaufgabe a).

7.10 Gegeben seien die Ladungsoperatoren $Q_{La}(t)$, $Q_{Ra}(t)$ und $Q_V(t)$ aus (7.57) bis (7.59). Verifizieren Sie die (gleichzeitigen) Vertauschungsrelationen

$$[Q_{Ra}, Q_{Rb}] = \mathrm{i}\,f_{abc}Q_{Rc}, \quad [Q_{La}, Q_{Rb}] = 0, \quad [Q_{La}, Q_V] = [Q_{Ra}, Q_V] = 0.$$

Hinweis: $[Q_{La}, Q_{Lb}] = \mathrm{i}\,f_{abc}Q_{Lc}$ wurde bereits in Abschn. 7.3.2 gezeigt.

7.11 Drücken Sie die Vektorstöme $\bar{u}\gamma^\mu u$, $\bar{d}\gamma^\mu d$ und $\bar{s}\gamma^\mu s$ als Linearkombinationen des vektoriellen Singulettstroms $V^\mu = \bar{q}\gamma^\mu q$ und geeigneter Oktettkomponenten $V_a^\mu = \bar{q}\gamma^\mu(\lambda_a/2)q$ aus.

Literatur

Abers, E.S., Lee, B.W.: Gauge theories. Phys. Rept. **9**, 1–141 (1973)

Adler, S.L., Dashen, R.F.: Current Algebras and Applications to Particle Physics. Benjamin, New York (1968)

Adler, S.L.: Axial-vector vertex in spinor electrodynamics. Phys. Rev. **177**, 2426–2438 (1969)

Adler, S.L., Bardeen, W.A.: Absence of higher-order corrections in the anomalous axial-vector divergence equation. Phys. Rev. **182**, 1517–1536 (1969)

Bell, J.S., Jackiw, R.: A PCAC puzzle: $\pi^0 \to \gamma\gamma$ in the σ-model. Nuovo Cim. A **60**, 47–61 (1969)

Bjorken, J.D., Drell, S.D.: Relativistic Quantum Mechanics. McGraw-Hill, New York (1964)

Bjorken, J.D., Drell, S.D.: Relativistic Quantum Fields. McGraw-Hill, New York (1965)

Cheng, T.-P., Li, L.-F.: Gauge Theory of Elementary Particle Physics. Clarendon, Oxford (1984)

Collins, J.: Renormalization. Cambridge University Press, Cambridge (1984)

De Alfaro, V., Fubini, S., Furlan, G., Rossetti, C.: Currents in Hadron Physics. North-Holland, Amsterdam (1973)

Fritzsch, H., Gell-Mann, M., Leutwyler, H.: Advantages of the color octet gluon picture. Phys. Lett. B **47**, 365–368 (1973)

Gell-Mann, M., Lévy, M.: The axial vector current in beta decay. Nuovo Cim. **16**, 705–726 (1960)

Gell-Mann, M.: Symmetries of baryons and mesons. Phys. Rev. **125**, 1067–1084 (1962)

Gell-Mann, M., Ne'eman, Y.: The Eightfold Way. Benjamin, New York, Amsterdam (1964)

Gell-Mann, M.: The symmetry group of vector and axial vector currents. Physics **1**, 63–75 (1964)

Georgi, H.: Weak Interactions and Modern Particle Theory. Benjamin/Cummings, Menlo Park, Calif. (1984)

Gross, D.J., Wilczek, F.: Ultraviolet behavior of non-abelian gauge theories. Phys. Rev. Lett. **30**, 1343–1346 (1973)

Heisenberg, W., Pauli, W.: Zur Quantendynamik der Wellenfelder. Z. Phys. **56**, 1–61 (1929)

Heisenberg, W., Pauli, W.: Zur Quantentheorie der Wellenfelder. II. Z. Phys. **59**, 168–190 (1930)

Itzykson, C., Zuber, J.B.: Quantum Field Theory. McGraw-Hill, New York (1980)

Kronfeld, A.S., Quigg, C.: Resource Letter QCD-1: Quantum chromodynamics. Am. J. Phys. **78**, 1081–1116 (2010)

Lehnhart, B.C., Gegelia, J., Scherer, S.: Baryon masses and nucleon sigma terms in manifestly Lorentz-invariant baryon chiral perturbation theory. J. Phys. G **31**, 89–104. (2005)

O'Raifeartaigh, L.: Group Structure of Gauge Theories. Cambridge University Press, Cambridge (1986)

Ottnad, K., Kubis, B., Meißner, U.-G., Guo, F.-K.: New insights into the neutron electric dipole moment. Phys. Lett. B **687**, 42–47 (2010)

Peskin, M.E., Schroeder, D.V.: An Introduction to Quantum Field Theory. Westview Press, Boulder, Colo. (1995)

Ryder, L.H.: Quantum Field Theory. Cambridge University Press, Cambridge (1985)

Scherer, S., Schindler, M.R.: A Primer for Chiral Perturbation Theory. Lect. Notes Phys. **830**. Springer, Berlin (2012)

't Hooft, G.: Renormalization of massless Yang-Mills fields. Nucl. Phys. B **33**, 173–199 (1971) 't Hooft, G.: Renormalizable lagrangians for massive Yang-Mills fields. Nucl. Phys. B **35**, 167–188 (1971)

't Hooft, G., Veltman, M.J.G.: Regularization and renormalization of gauge fields. Nucl. Phys. B **44**, 189–213 (1972)

't Hooft, G.: A planar diagram theory for strong interactions. Nucl. Phys. B **72**, 461–473 (1974)

Treiman, S., Jackiw, R., Gross, D.J.: Lectures on Current Algebra and Its Applications. Princeton University Press, Princeton, New Jersey (1972)

Weinberg, S.: Non-Abelian gauge theories of the strong interactions. Phys. Rev. Lett. **31**, 494–497 (1973)

Weinberg, S.: Phenomenological lagrangians. Physica A **96**, 327–340 (1979)

Weinberg, S.: The Quantum Theory of Fields, Bd. 1. Foundations. Cambridge University Press, Cambridge (1995)

Weinberg, S.: The Quantum Theory of Fields, Bd. 2. Modern Applications. Cambridge University Press, Cambridge (1996)

Weinberg, S.: Effective field theory, past and future. PoS CD **09**, 001 (2009)

Weyl, H.: Elektron und Gravitation. I. Z. Phys. **56**, 330–352 (1929)

Wilczek, F.A.: Asymptotic Freedom: From Paradox to Paradigm. Nobel Lecture, December 8, 2004. http://www.nobelprize.org/nobel_prizes/physics/laureates/2004/wilczek-lecture.html. (2004)

Yang, C.N., Mills, R.L.: Conservation of isotopic spin and isotopic gauge invariance. Phys. Rev. **96**, 191–195 (1954)

Spontan gebrochene Symmetrien

8

Inhaltsverzeichnis

Bisher haben wir uns auf eine Diskussion globaler und lokaler Symmetrien von Lagrange-Dichten bzw. Hamilton-Operatoren beschränkt. Quantenfeldtheorien auf dem Minkowski-Raum sind Systeme mit einer (überabzählbar) unendlichen Anzahl von Freiheitsgraden. Solche Systeme können interessante, neuartige Phänomene hervorbringen, mit denen wir uns im Folgenden auseinandersetzen werden. Ganz konkret geht es um das Konzept der spontanen Symmetriebrechung: Eine (kontinuierliche) Symmetrie heißt *spontan gebrochen* oder *verborgen*, wenn der Grundzustand des Systems nicht invariant unter der vollen Symmetriegruppe des Hamilton-Operators ist. In diesem Zusammenhang werden uns deshalb zwei Arten von Symmetriegruppen beschäftigen: einerseits die Symmetriegruppe der Lagrange-Dichte und anderseits die Symmetriegruppe des Grundzustands. Im Folgenden tasten wir uns schrittweise an die Konsequenzen einer spontanen Symmetriebrechung

© Springer-Verlag Berlin Heidelberg 2016
S. Scherer, *Symmetrien und Gruppen in der Teilchenphysik*,
DOI 10.1007/978-3-662-47734-2_8

319

heran. Wir starten mit der Diskussion einer disktreten Symmetrie und wenden uns dann einer spontan gebrochenen, kontinuierlichen Symmetrie zu. Wir diskutieren das Goldstone-Theorem sowohl in einer Lagrange'schen Formulierung als auch anhand eines abstrakten Beispiels, das die Rolle von nichtverschwindenden Vakuumerwartungswerten betont. Wir werden Hinweise für eine spontane Brechung der chiralen Symmetrie in der Quantenchromodynamik (QCD) diskutieren und einen Einblick erhalten, wie eine effektive Feldtheorie für die Goldstone-Bosonen der QCD konstruiert wird. Schließlich wenden wir uns dem Higgs-Mechanismus zu und treffen somit die notwendigen Vorbereitungen für die Formulierung des Standardmodells im nächsten Kapitel. Als weiterführende Literatur verweisen wir auf Faddeev und Slavnov (1980), Itzykson und Zuber (1980), Cheng und Li (1984), Georgi (1984), Ryder (1985), O'Raifeartaigh (1986), Weinberg (1996) sowie Scherer und Schindler (2012).

8.1 Entartete Grundzustände

Bevor wir den Fall einer *kontinuierlichen* Symmetrie diskutieren, wenden wir uns zunächst einer Feldtheorie mit einer *diskreten* inneren Symmetrie zu. Dies versetzt uns in die Lage, zwei grundsätzlich verschiedene Szenarien zu erläutern: Im ersten Fall besitzt das System einen eindeutigen Grundzustand, während es im zweiten Fall zu einer endlichen Anzahl unterschiedlicher, entarteter Grundzustände kommt. Insbesondere werden wir für den zweiten Fall darlegen, wie eine infinitesimale Störung dazu führt, dass ein bestimmter Grundzustand ausgezeichnet wird.

Gegeben sei ein reelles, skalares Feld $\Phi(x)$ mit der Lagrange-Dichte [siehe Georgi (1984), Abschnitt 2.5]:

$$\mathcal{L}(\Phi, \partial_\mu \Phi) = \frac{1}{2} \partial_\mu \Phi \partial^\mu \Phi - \frac{m^2}{2} \Phi^2 - \frac{\lambda}{4} \Phi^4. \tag{8.1}$$

Dieses $\mathcal{L}$ ist invariant unter der *diskreten* Transformation $R : \Phi \mapsto -\Phi$. Die zugehörige klassische Energiedichte lautet

$$\mathcal{H} = \Pi \dot{\Phi} - \mathcal{L}$$
$$= \frac{1}{2} \Pi^2 + \frac{1}{2} (\vec{\nabla} \Phi)^2 + \underbrace{\frac{m^2}{2} \Phi^2 + \frac{\lambda}{4} \Phi^4}_{=: \, \mathcal{V}(\Phi)}, \tag{8.2}$$

mit $\Pi = \dot{\Phi}$. Wir wählen $\lambda > 0$, damit $\mathcal{H}$ nach unten beschränkt ist.

Die Hamilton-Dichte $\mathcal{H}$ wird durch ein Φ_0 minimiert, das (zeitlich) konstant und (räumlich) gleichförmig ist, da in diesem Fall die beiden ersten Terme in (8.2) überall den Minimalwert null annehmen und mit

$$\mathcal{V}(\Phi(x)) \geq \mathcal{V}(\Phi_0)$$

Abb. 8.1 $\mathcal{V}(x) = x^2/2 + x^4/4$ (Wigner-Weyl-Realisierung)

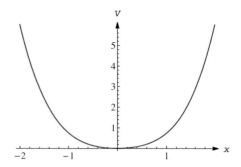

auch

$$\mathcal{H}(\Phi(x)) \geq \mathcal{H}(\Phi_0)$$

folgt. Schließlich gilt $\int_a^b f(x)dx \leq \int_a^b g(x)dx$, falls $f(x) \leq g(x)$ für $x \in [a,b]$ ist und falls beide Integrale existieren. Wir minimieren daher das „Potenzial"

$$\mathcal{V}(\Phi) = \frac{m^2}{2}\Phi^2 + \frac{\lambda}{4}\Phi^4, \tag{8.3}$$

woraus wir als Bedingungen

$$\mathcal{V}'(\Phi) = \Phi\big(m^2 + \lambda\Phi^2\big) = 0 \quad \text{und} \quad \mathcal{V}''(\Phi) = m^2 + 3\lambda\Phi^2 > 0$$

erhalten. Wir unterscheiden im Folgenden zwei Fälle:

1. $m^2 > 0$ (siehe Abb. 8.1): In diesem Fall nimmt das Potenzial $\mathcal{V}$ seinen minimalen Wert für $\Phi = 0$ an. In der quantisierten Theorie assoziieren wir einen eindeutigen Grundzustand $|0\rangle$ mit diesem Minimum. Wenn wir später den Fall einer kontinuierlichen Symmetrie betrachten, werden wir diese Situation als *Wigner-Weyl-Realisierung* der Symmetrie bezeichnen.
2. $m^2 < 0$ (siehe Abb. 8.2): Das Potenzial besitzt hier für $\Phi = 0$ ein lokales Maximum sowie für nichtverschwindende Werte von Φ (s. u.) zwei verschiedene Minima. (Im Falle einer kontinuierlichen Symmetrie spricht man von einer *Nambu-Goldstone-Realisierung* der Symmetrie.)

Wir konzentrieren uns nun auf die zweite Situation, weil wir genau diesen Fall auf eine kontinuierliche Symmetrie verallgemeinern und die zugehörigen neuen Phänomene untersuchen wollen. Das Potenzial $\mathcal{V}(\Phi)$ hat ein lokales Maximum bei $\Phi = 0$ und *zwei* absolute Minima bei

$$\Phi_\pm = \pm\sqrt{-\frac{m^2}{\lambda}} =: \pm\Phi_0. \tag{8.4}$$

Abb. 8.2 $\mathcal{V}(x) = -x^2/2 +$ $x^4/4$ (Nambu-Goldstone-Realisierung)

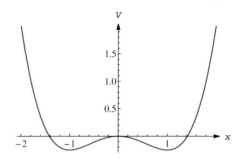

Die quantisierte Theorie besitzt zwei entartete Grundzustände $|0, +\rangle$ und $|0, -\rangle$, die sich durch ihren *Grundzustandserwartungswert* des Feldes $\Phi(x)$ unterscheiden:[1]

$$\langle 0, +|\Phi(x)|0, +\rangle = \langle 0, +|e^{\mathrm{i}\,P\cdot x}\Phi(0)e^{-\mathrm{i}\,P\cdot x}|0, +\rangle = \langle 0, +|\Phi(0)|0, +\rangle =: \Phi_0,$$
(8.5a)

$$\langle 0, -|\Phi(x)|0, -\rangle = -\Phi_0.$$
(8.5b)

Hierbei haben wir von der Translationsinvarianz Gebrauch gemacht, $\Phi(x) = e^{\mathrm{i}\,P\cdot x}\Phi(0)e^{-\mathrm{i}\,P\cdot x}$, und von der Tatsache, dass der Grundzustand ein Eigenzustand zur Energie und zum Impuls ist. Wir verknüpfen mit der Transformation $R : \Phi \mapsto \Phi' = -\Phi$ einen unitären Operator $\mathcal{R}$, der auf dem Hilbert-Raum des Modells wirkt und die folgenden Eigenschaften besitzt:

$$\mathcal{R}^2 = I, \quad \mathcal{R} = \mathcal{R}^{-1} = \mathcal{R}^{\dagger}.$$

In Übereinstimmung mit (8.5a) und (8.5b) ergibt sich für die Wirkung des Operators $\mathcal{R}$ auf die Grundzustände:

$$\mathcal{R}|0, \pm\rangle = |0, \mp\rangle.$$
(8.6)

Wir wählen eines der beiden Minima aus und entwickeln die Lagrange-Dichte um $\pm\Phi_0$:[2]

$$\Phi = \pm\Phi_0 + \Phi', \quad \partial_\mu \Phi = \partial_\mu \Phi'.$$
(8.7)

Für das Potenzial ergibt sich in der neuen Feldvariable (siehe Aufgabe 8.1):

$$\mathcal{V}(\Phi) = \tilde{\mathcal{V}}(\Phi') = -\frac{\lambda}{4}\Phi_0^4 + \frac{1}{2}\left(-2m^2\right)\Phi'^2 \pm \lambda\Phi_0\Phi'^3 + \frac{\lambda}{4}\Phi'^4.$$

---

[1] An dieser Stelle müssen wir klar unterscheiden zwischen der quantenfeldtheoretischen Situation mit einem unendlichen Volumen V des $\mathbb{R}^3$ einerseits und der Situation eines nichtrelativistischen Teilchens in einem eindimensionalen Potenzial, dessen Form ähnlich der Funktion in Abb. 8.2 ist. Beispielsweise besitzen bei einem Doppelwallpotenzial die Lösungen mit positiver Parität immer niedrigere Energieeigenwerte als solche mit negativer Parität.
[2] Wir nehmen an, dass das Feld Φ' anstelle von Φ im Unendlichen verschwindet.

Somit lautet die Lagrange-Dichte, ausgedrückt durch die nun verschobene Feldvariable Φ':

$$\mathcal{L}'(\Phi', \partial_\mu \Phi') = \frac{1}{2}\partial_\mu \Phi' \partial^\mu \Phi' - \frac{1}{2}\left(-2m^2\right)\Phi'^2 \mp \lambda\Phi_0\Phi'^3 - \frac{\lambda}{4}\Phi'^4 + \frac{\lambda}{4}\Phi_0^4. \quad (8.8)$$

Anmerkungen [siehe Georgi (1984), Abschnitt 2.4]

1. Was die neue dynamische Variable Φ' betrifft, so ist die Symmetrie R nicht mehr manifest sichtbar.
2. Das ursprüngliche Feld $\Phi(x)$ hat einen nichtverschwindenden Grundzustandserwartungswert angenommen.
3. Durch die Wahl eines Grundzustands wurde die Symmetrie spontan gebrochen. Man sagt auch, dass die Symmetrie verborgen ist.
4. In der Feldtheorie ist eine spontan gebrochene Symmetrie immer mit der Existenz mehrerer entarteter Grundzustände verknüpft.
5. Die Theorie wird (auch nach der Renormierung) nach wie vor durch zwei Parameter beschrieben.
6. Die Existenz des zweiten Grundzustands hat im Rahmen der Störungstheorie keine Auswirkung. Das zweite Vakuum ist für ein unendliches Volumen „unendlich weit entfernt", da das Feld gegen einen Potenzialberg über ein unendliches Volumen verändert werden müsste.
7. Die Existenz eines zweiten Vakuums kann zu interessanten nichtperturbativen Effekten führen [siehe z. B. Rajaraman (1982), Kapitel 5].

An dieser Stelle sehen wir uns mit der Frage konfrontiert, warum sich als Grundzustand des Quantensystems einer der beiden Zustände $|0, \pm\rangle$ einstellen sollte, also nicht eine geeignete Überlagerung beider. Beispielsweise ist die Linearkombination

$$\frac{1}{\sqrt{2}}\left(|0, +\rangle + |0, -\rangle\right)$$

invariant unter $\mathcal{R}$ und besitzt somit dieselbe Symmetrie wie die urspüngliche Lagrange-Dichte in (8.1). Allerdings ist diese Superposition nicht stabil, d. h. jede beliebige, *ungerade*, äußere, infinitesimale Störung (siehe Abb. 8.3),

$$\mathcal{R}\epsilon H'\mathcal{R}^{-1} = -\epsilon H',$$

wird dafür sorgen, dass sich der Grundzustand in der Nähe von $|0, +\rangle$ oder $|0, -\rangle$ einstellen wird, also nicht bei $\frac{1}{\sqrt{2}}(|0, +\rangle \pm |0, -\rangle)$. Dies lässt sich mithilfe der Störungstheorie für entartete Zustände begründen [siehe z. B. Grawert (1977), Abschnitt 14.1]. Als Ausgangspunkt betrachten wir die Zustände

$$|1\rangle = \frac{1}{\sqrt{2}}(|0, +\rangle + |0, -\rangle) \quad \text{und} \quad |2\rangle = \frac{1}{\sqrt{2}}(|0, +\rangle - |0, -\rangle),$$

Abb. 8.3 Potenzial mit
einer kleinen ungeraden
Komponente: $\mathcal{V}(x) = x/10 - x^2/2 + x^4/4$

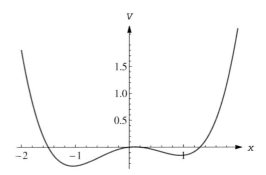

dergestalt dass gilt:

$$\mathcal{R}|1\rangle = |1\rangle \quad \text{und} \quad \mathcal{R}|2\rangle = -|2\rangle.$$

Die Bedingung für die Energieeigenwerte des Grundzustands inklusive der Störung, $E = E^{(0)} + \epsilon E^{(1)} + \ldots$, ergibt sich bis einschließlich der ersten Ordnung in ϵ aus

$$\det \begin{pmatrix} \langle 1|H'|1\rangle - E^{(1)} & \langle 1|H'|2\rangle \\ \langle 2|H'|1\rangle & \langle 2|H'|2\rangle - E^{(1)} \end{pmatrix} = 0.$$

Die Symmetrieeigenschaften gemäß (8.6) implizieren

$$\langle 1|H'|1\rangle = \langle 1|\mathcal{R}^{-1}\mathcal{R}H'\mathcal{R}^{-1}\mathcal{R}|1\rangle = \langle 1|(-H')|1\rangle = 0$$

und ebenso $\langle 2|H'|2\rangle = 0$. Wir setzen nun $\langle 1|H'|2\rangle = a > 0$. Dies lässt sich durch Multiplikation eines der beiden Zustände mit einer geeigneten Phase immer erreichen. Mit $\langle 1|H'|2\rangle = a > 0$ ergibt sich

$$\langle 2|H'|1\rangle \overset{H'=H'^\dagger}{=} \langle 1|H'|2\rangle^* = a^* = a = \langle 1|H'|2\rangle,$$

dergestalt dass gilt:

$$\det \begin{pmatrix} -E^{(1)} & a \\ a & -E^{(1)} \end{pmatrix} = E^{(1)2} - a^2 = 0 \quad \Rightarrow \quad E^{(1)} = \pm a.$$

Somit wird die Entartung aufgehoben, und wir erhalten für die Energieeigenwerte

$$E = E^{(0)} \pm \epsilon a + \ldots. \tag{8.9}$$

Wenn wir die Eigenzustände als Spaltenvektoren $(x\ y)^T$ schreiben, dann ergibt sich in nullter Ordnung in ϵ:

1. $E^{(1)} = a$:

$$\begin{pmatrix} -a & a \\ a & -a \end{pmatrix} \begin{pmatrix} x \\ y \end{pmatrix} = 0 \quad \Rightarrow \quad -ax + ay = 0 \quad \Rightarrow \quad x = y.$$

Der entsprechende normierte Grundzustand lautet also

$$\frac{1}{\sqrt{2}}(|1\rangle + |2\rangle) = |0, +\rangle.$$

2. $E^{(1)} = -a$:

$$\begin{pmatrix} a & a \\ a & a \end{pmatrix}\begin{pmatrix} x \\ y \end{pmatrix} = 0 \quad \Rightarrow \quad ax + ay = 0 \quad \Rightarrow \quad x = -y,$$

mit dem zugehörigen normierten Grundzustand

$$\frac{1}{\sqrt{2}}(|1\rangle - |2\rangle) = |0, -\rangle.$$

Fazit Jede noch so kleine Störung, die ungerade bzgl. R ist, sorgt dafür, dass sich der Grundzustand entweder „in der Nähe" von $|0, +\rangle$ oder von $|0, -\rangle$ einstellt.

In der obigen Diskussion haben wir stillschweigend vorausgesetzt, dass sich der Hamilton-Operator und der Feldoperator $\Phi(x)$ im Unterraum der Grundzustände gleichzeitig diagonalisieren lassen, d. h. das gilt: $\langle 0, +|0, -\rangle = 0$. Indem wir Weinberg (1996), Abschnitt 19.1, rekapitulieren, werden wir diese Annahme nun rechtfertigen, insbesondere weil sie für die spätere Diskussion einer kontinuierlichen Symmetrie noch einmal benötigt wird.

Für ein unendliches Volumen V des $\mathbb{R}^3$ sei ein allgemeiner Grund- oder Vakuumzustand als ein Zustand mit dem Eigenwert $\vec{0}$ des Dreierimpulsoperators $\vec{P}$ definiert,

$$\vec{P}|v\rangle = \vec{0},$$

wobei $\vec{0}$ ein *diskreter* Eigenwert ist, im Gegensatz zu Impulseigenwerten von Ein- und Mehr-Teilchen-Zuständen, für die ein Eigenwert $\vec{p} = \vec{0}$ Element eines kontinuierlichen Spektrums von Eigenwerten ist (siehe Abb. 8.4). Man kann dies auch so interpretieren, dass das Vakuum bzgl. aller Bezugssysteme gleich aussieht. Wir

Abb. 8.4 Dispersionsrelation $E = \sqrt{1 + p^2}$ (*durchgezogene Linie*) und Asymptote $E = p$ (*gestrichelte Linie*) mit $p = |\vec{p}|$

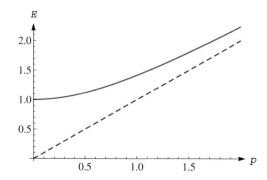

betrachten nun die Situation, dass mehrere solche Grundzustände existieren[3], die wir im Folgenden mit $|u\rangle$, $|v\rangle$, etc. bezeichnen. Ausgehend von der Identität

$$0 = \langle u|[H, \Phi(x)]|v\rangle \ \forall \ x, \tag{8.10}$$

finden wir für $t = 0$:

$$\int d^3y \ \langle u|\mathcal{H}(0, \vec{y})\Phi(0, \vec{x})|v\rangle = \int d^3y \ \langle u|\Phi(0, \vec{x})\mathcal{H}(0, \vec{y})|v\rangle. \tag{8.11}$$

Wir betrachten zunächst die linke Seite dieser Gleichung und schieben ein vollständiges System von Zuständen in der Form

$$\mathbb{1} = \sum_w |w\rangle\langle w| + \int \frac{d^3p}{(2\pi)^3 2E(\vec{p})} \sum_n |\vec{p}, n\rangle\langle \vec{p}, n|$$

ein. Hierbei sind $\{|w\rangle\}$ Vakuumzustände und $\{|\vec{p}, n\rangle\}$ Ein- oder Mehr-Teilchen-Zustände mit dem Gesamtimpuls $\vec{p}$ und der Gesamtenergie $E(\vec{p})$ sowie weiterer kollektiv mit n bezeichneten Eigenschaften. Dann gilt

$$\int d^3y \ \langle u|\mathcal{H}(0, \vec{y})\Phi(0, \vec{x})|v\rangle = \sum_w \langle u|H|w\rangle\langle w|\Phi(0)|v\rangle$$

$$+ \int d^3y \int \frac{d^3p}{(2\pi)^3 2E(\vec{p})} \sum_n \langle u|\mathcal{H}(0, \vec{y})|n, \vec{p}\rangle\langle n, \vec{p}|\Phi(0)|v\rangle e^{-\mathrm{i}\,\vec{p}\cdot\vec{x}},$$

wobei wir von der Translationsinvarianz Gebrauch gemacht haben. Nun definieren wir

$$f_n(\vec{y}, \vec{p}) := \frac{1}{E(\vec{p})} \langle u|\mathcal{H}(0, \vec{y})|n, \vec{p}\rangle\langle n, \vec{p}|\Phi(0)|v\rangle$$

und nehmen an, dass f_n sich „gutmütig" verhält und somit das Lemma von Riemann und Lebesgue anwendbar ist:

$$\lim_{|\vec{x}|\to\infty} \int d^3p \ f(\vec{p})e^{-\mathrm{i}\,\vec{p}\cdot\vec{x}} = 0.$$

An dieser Stelle geht bei der Grenzwertbildung $|\vec{x}| \to \infty$ das unendliche Volumen ein. Wenn man die Argumentation für die rechte Seite von (8.11) wiederholt und den Grenzübergang $|\vec{x}| \to \infty$ betrachtet, dann liefern nur die Vakuumzustände einen Beitrag zu (8.11), mit dem Ergebnis

$$\sum_w \langle u|H|w\rangle\langle w|\Phi(0)|v\rangle = \sum_w \langle u|\Phi(0)|w\rangle\langle w|H|v\rangle$$

---

[3] Im Falle kontinuierlicher Symmetriegruppen kann eine überabzählbare Menge solcher Grundzustände existieren.

für beliebige Grundzustände $|u\rangle$ und $|v\rangle$. Dies bedeutet, dass die Matrizen $(H_{uv}) := (\langle u|H|v\rangle)$ und $(\Phi_{uv}) := (\langle u|\Phi(0)|v\rangle)$ miteinander vertauschen und somit gleichzeitig diagonalisiert werden können. Mit einer geeigneten Basis können wir

$$\langle u|\Phi(0)|v\rangle = \delta_{uv}v, \quad v \in \mathbb{R},$$

schreiben, wobei v den Vakuumerwartungswert des Feldes Φ im Zustand $|v\rangle$ bezeichnet.

In unserem obigen Beispiel sind die Grundzustände $|0, +\rangle$ und $|0, -\rangle$ mit Vakuumerwartungswerten $\pm\Phi_0$ somit tatsächlich orthogonal und erfüllen die Beziehung

$$\langle 0, +|H|0, -\rangle = \langle 0, -|H|0, +\rangle = 0.$$

8.2 Spontane Brechung einer globalen, kontinuierlichen Symmetrie

Im vorherigen Abschnitt haben wir die Situation untersucht, dass die Lagrange-Dichte einer (klassischen) Feldtheorie eine diskrete innere Symmetrie besitzt und dass es verschiedene konstante und gleichförmige Feldkonfigurationen gibt, die zu einem energetischen Minimum führen. Im Folgenden widmen wir uns der Frage, welche Konsequenzen sich ergeben, wenn die zugrunde liegende Symmetriegruppe kontinuierlich ist.[4]

8.2.1 Beispiel: Abelscher Fall

Wir betrachten zunächst den abelschen Fall einer Lagrange-Dichte mit einer globalen O(2)-Symmetrie (siehe Beispiel 1.21 in Abschn. 1.3),

$$\mathcal{L}(\Phi_i, \partial_\mu\Phi_i) = \frac{1}{2}\partial_\mu\Phi_1\partial^\mu\Phi_1 + \frac{1}{2}\partial_\mu\Phi_2\partial^\mu\Phi_2 - \frac{m^2}{2}\left(\Phi_1^2 + \Phi_1^2\right) - \frac{\lambda}{4}\left(\Phi_1^2 + \Phi_2^2\right)^2,$$
$$(8.12)$$

mit $m^2 < 0$, $\lambda > 0$ und reellen Feldern Φ_i (bzw. hermiteschen Feldoperatoren in der Quantenfeldtheorie). Die Lagrange-Dichte $\mathcal{L}$ ist invariant bzgl. globaler Drehungen und Drehspiegelungen in der (Φ_1, Φ_2)-Ebene. Wir erinnern uns, dass sich die Gruppe O(2) in zwei disjunkte Zweige zerlegen lässt,

$$O(2) = SO(2) \,\dot\cup\, S_2 SO(2),$$

wobei

$$S_2 = \begin{pmatrix} -1 & 0 \\ 0 & 1 \end{pmatrix}$$

---

[4] Eine Analogie zur Theorie der Supraleitung war der Ausgangspunkt für die ersten feldtheoretischen Diskussionen einer spontanen Symmetriebrechung [Nambu (1960), Goldstone (1961), Nambu und Jona-Lasinio (1961)].

eine Spiegelung an der Φ_2-Achse ist. Wir betrachten im Folgenden die SO(2)-Transformationen

$$g \in \text{SO}(2): \quad \Phi_i \mapsto \Phi_i' = D_{ij}(g)\Phi_j = \left(e^{-i\alpha T}\right)_{ij} \Phi_j, \quad 0 \leq \alpha \leq 2\pi. \quad (8.13)$$

Wegen

$$D(g) = \begin{pmatrix} \cos(\alpha) & -\sin(\alpha) \\ \sin(\alpha) & \cos(\alpha) \end{pmatrix}$$

findet man als Darstellung des Generators:

$$T = i \left. \frac{\partial D}{\partial \alpha} \right|_{\alpha=0} = i \begin{pmatrix} -\sin(0) & -\cos(0) \\ \cos(0) & -\sin(0) \end{pmatrix} = i \begin{pmatrix} 0 & -1 \\ 1 & 0 \end{pmatrix} = \tau_2.$$

Da τ_2 hermitesch ist, $\tau_2 = \tau_2^\dagger$, sind auch die transformierten Felder Φ_i' reell. Wie in Abschn. 8.1 suchen wir nach einem Minimum des Potenzials für eine Feldkonfiguration, die nicht von x abhängt. Dazu betrachten wir

$$f\left(\phi^2\right) = \frac{m^2}{2}\phi^2 + \frac{\lambda}{4}\left(\phi^2\right)^2 \quad (8.14)$$

und suchen das Minimum:

$$f' = \frac{df}{d\phi^2} = \frac{m^2}{2} + \frac{\lambda}{2}\phi^2 \overset{!}{=} 0 \quad \Rightarrow \quad \phi^2 = -\frac{m^2}{\lambda}, \quad (8.15)$$

mit $f'' = \lambda/2 > 0$. Wir erhalten also

$$\left|\vec{\Phi}_{\text{min}}\right| = \sqrt{-\frac{m^2}{\lambda}} =: v, \quad \left|\vec{\Phi}\right| = \sqrt{\Phi_1^2 + \Phi_2^2} \quad (8.16)$$

und haben nun eine überabzählbar *unendliche* Anzahl entarteter Grundzustände (in der Rinne des sog. Mexikanerhuts, siehe Abb. 8.5). Die geringste äußere Störung wählt eine Richtung aus, die wir durch eine geeignete Orientierung des internen Koordinatensystems als positive 1-Richtung bezeichnen:

$$\vec{\Phi}_{\text{min}} = v\hat{e}_1. \quad (8.17)$$

Dieses $\vec{\Phi}_{\text{min}}$ ist *nicht* invariant bzgl. der Gruppe $G = \text{O}(2)$. Ganz konkret gilt

$$T\vec{\Phi}_{\text{min}} = v \begin{pmatrix} 0 & -i \\ i & 0 \end{pmatrix} \begin{pmatrix} 1 \\ 0 \end{pmatrix} = v \begin{pmatrix} 0 \\ i \end{pmatrix} \neq \vec{0},$$

$$S_2\vec{\Phi}_{\text{min}} = v \begin{pmatrix} -1 & 0 \\ 0 & 1 \end{pmatrix} \begin{pmatrix} 1 \\ 0 \end{pmatrix} = -\vec{\Phi}_{\text{min}}.$$

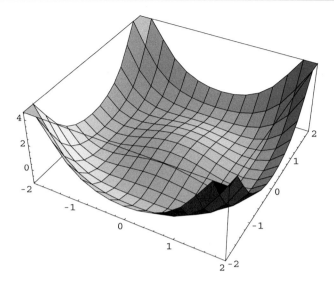

Abb. 8.5 $\mathcal{V}(x,y) = -(x^2 + y^2) + \frac{(x^2+y^2)^2}{4}$

Wir erkennen hier einen fundamentalen Unterschied zur Diskussion etwa des Kugeloszillators in der Quantenmechanik (siehe Beispiel 2.6). Im quantenmechanischen Beispiel besitzt der Hamilton-Operator eine SO(3)-Symmetrie, und der Grundzustand des Systems ist drehinvariant, d. h. die Anwendung der Drehimpulsoperatoren auf den Grundzustand ergibt $\ell_i|0\rangle = 0, i = 1, 2, 3$. Im hiesigen Fall einer spontanen Symmetriebrechung ergibt die Anwendung des Generators auf die Grundzustandsfeldkonfiguration einen von null verschiedenen Wert.

In Analogie zu (8.7) schreiben wir

$$\Phi_1 = v + \Phi_1' \tag{8.18}$$

und erhalten für das Potenzial

$$
\begin{aligned}
\mathcal{V}(\Phi_1, \Phi_2) &= \tilde{\mathcal{V}}(\Phi_1', \Phi_2) \\
&= \frac{m^2}{2}\left[(v + \Phi_1')^2 + \Phi_2^2\right] + \frac{\lambda}{4}\left[(v + \Phi_1')^2 + \Phi_2^2\right]^2 \\
&= -\frac{\lambda v^4}{4} + \frac{1}{2}\left(-2m^2\right)\Phi_1'^2 + \lambda v\Phi_1'\left(\Phi_1'^2 + \Phi_2^2\right) + \frac{\lambda}{4}\left(\Phi_1'^2 + \Phi_2^2\right)^2.
\end{aligned}
\tag{8.19}
$$

Aufgrund der spontanen Symmetriebrechung haben wir ein massives Boson und ein *masseloses Goldstone-Boson*:

$$m_{\Phi_1'} = \sqrt{-2m^2}, \tag{8.20a}$$

$$m_{\Phi_2} = 0. \tag{8.20b}$$

Anhand Abb. 8.5 lässt sich dieses Ergebnis folgendermaßen anschaulich interpretieren: Infinitesimale Variationen, die senkrecht zum Kreis des Minimums des Potenzials erfolgen, führen zu Ausdrücken, die in den Feldern quadratisch sind, d. h. zu „rücktreibenden Kräften", die linear in der Auslenkung sind und als Massenterme fungieren. Anderseits erfahren tangentiale Variationen Rückstellkräfte höherer Ordnung, die demnach nicht als Massenterme interpretiert werden.

8.2.2   Nicht-abelscher Fall am Beispiel SO(3)

Wir erweitern nun das obige Beispiel auf die nicht-abelsche Symmetriegruppe SO(3). Unter Verwendung der Einstein'schen Summenkonvention, $\Phi_i \Phi_i = \sum_{i=1}^{3} \Phi_i^2$, betrachten wir die Lagrange-Dichte

$$\mathcal{L}(\Phi_i, \partial_\mu \Phi_i) = \frac{1}{2} \partial_\mu \Phi_i \partial^\mu \Phi_i - \frac{m^2}{2} \Phi_i \Phi_i - \frac{\lambda}{4} (\Phi_i \Phi_i)^2, \qquad (8.21)$$

mit $m^2 < 0$, $\lambda > 0$ und reellen Feldern Φ_i. Dieses $\mathcal{L}$ ist invariant bzgl. globaler „Isospin"-Drehungen:

$$g \in \text{SO}(3): \quad \Phi_i \mapsto \Phi_i' = D_{ij}(g)\Phi_j = \left(e^{-i\alpha_k T_k}\right)_{ij} \Phi_j. \qquad (8.22)$$

Damit auch die Φ_i' reell sind, müssen die (3,3)-Matrizen T_k rein imaginär sein. Sie erfüllen die Vertauschungsrelationen $[T_i, T_j] = i\,\epsilon_{ijk} T_k$ und sind in (6.46) explizit angegeben. Wie in Abschn. 8.2.1 suchen wir nach einem Minimum, das nicht von x abhängt:

$$\left|\vec{\Phi}_{\min}\right| = \sqrt{-\frac{m^2}{\lambda}} =: v, \quad |\vec{\Phi}| = \sqrt{\Phi_1^2 + \Phi_2^2 + \Phi_3^2}. \qquad (8.23)$$

Wir haben nun eine unendliche Anzahl entarteter Grundzustände. Die geringste äußere Störung wählt eine Richtung aus, die wir durch eine geeignete Orientierung des internen Koordinatensystems als positive 3-Richtung bezeichnen:

$$\vec{\Phi}_{\min} = v\hat{e}_3. \qquad (8.24)$$

Nun ist $\vec{\Phi}_{\min}$ aus (8.24) *nicht* invariant bzgl. der vollen Gruppe $G = \text{SO}(3)$, d. h. es existieren Drehungen (um die 1- und die 2-Achse), die $\vec{\Phi}_{\min}$ ändern. Ganz konkret gilt

$$T_1 \vec{\Phi}_{\min} = v \begin{pmatrix} 0 & 0 & 0 \\ 0 & 0 & -i \\ 0 & i & 0 \end{pmatrix} \begin{pmatrix} 0 \\ 0 \\ 1 \end{pmatrix} = v \begin{pmatrix} 0 \\ -i \\ 0 \end{pmatrix}, \qquad (8.25a)$$

$$T_2 \vec{\Phi}_{\min} = v \begin{pmatrix} 0 & 0 & i \\ 0 & 0 & 0 \\ -i & 0 & 0 \end{pmatrix} \begin{pmatrix} 0 \\ 0 \\ 1 \end{pmatrix} = v \begin{pmatrix} i \\ 0 \\ 0 \end{pmatrix}. \qquad (8.25b)$$

Die Menge der Transformationen, die $\vec{\Phi}_{\text{min}}$ nicht invariant lassen, bildet *keine* Gruppe, da die Identität nicht dazugehört. Anderseits ist $\vec{\Phi}_{\text{min}}$ invariant bzgl. einer *Untergruppe H* von G, nämlich bzgl. Drehungen um die 3-Achse:

$$h \in H: \quad \Phi_i \mapsto \Phi_i' = D_{ij}(h)\Phi_j = \left(e^{-i\alpha_3 T_3}\right)_{ij}\Phi_j, \quad D(h)\vec{\Phi}_{\text{min}} = \vec{\Phi}_{\text{min}},$$
(8.26)

wegen

$$T_3\vec{\Phi}_{\text{min}} = v\begin{pmatrix} 0 & -i & 0 \\ i & 0 & 0 \\ 0 & 0 & 0 \end{pmatrix}\begin{pmatrix} 0 \\ 0 \\ 1 \end{pmatrix} = \vec{0}.$$

Wir schreiben wieder

$$\Phi_3 = v + \Phi_3'$$
(8.27)

und erhalten [siehe (8.19)]:

$$\begin{aligned}
\mathcal{V}(\Phi_1, \Phi_2, \Phi_3) &= \tilde{\mathcal{V}}(\Phi_1, \Phi_2, \Phi_3') \\
&= \frac{m^2}{2}\left[\Phi_1^2 + \Phi_2^2 + (v + \Phi_3')^2\right] + \frac{\lambda}{4}\left[\Phi_1^2 + \Phi_2^2 + (v + \Phi_3')^2\right]^2 \\
&= -\frac{\lambda v^4}{4} + \frac{1}{2}\left(-2m^2\right)\Phi_3'^2 + \lambda v\Phi_3'\left(\Phi_1^2 + \Phi_2^2 + \Phi_3'^2\right) + \frac{\lambda}{4}\left(\Phi_1^2 + \Phi_2^2 + \Phi_3'^2\right)^2.
\end{aligned}$$
(8.28)

Aufgrund der spontanen Symmetriebrechung haben wir zwei *masselose Goldstone-Bosonen* und ein massives Boson:

$$m_{\Phi_1} = m_{\Phi_2} = 0,$$
(8.29a)

$$m_{\Phi_3'} = \sqrt{-2m^2}.$$
(8.29b)

Die modellunabhängige Aussage unseres Beispiels besteht in der Tatsache, dass für die beiden Generatoren T_1 und T_2, die den Grundzustand des Systems nicht vernichten, jeweils ein masseloses Goldstone-Boson existiert.

8.2.3 Verallgemeinerung

Wir verallgemeinern nun das Modell in Abschn. 8.2.2 für den Fall einer beliebigen kompakten Lie-Gruppe G der Ordnung n_G mit n_G Generatoren der zugehörigen Lie-Algebra $\mathcal{L}G$. Wir starten mit einer Lagrange-Dichte der Form [Goldstone et al. (1962)]:

$$\mathcal{L}(\vec{\Phi}, \partial_\mu\vec{\Phi}) = \frac{1}{2}\partial_\mu\vec{\Phi} \cdot \partial^\mu\vec{\Phi} - \mathcal{V}(\vec{\Phi}),$$
(8.30)

wobei $\vec{\Phi}$ ein Multiplett skalarer (und/oder pseudoskalarer) reeller Felder ist, das zu einer unitären bzw. orthogonalen Darstellung der Gruppe G gehöre. Wir nehmen an, dass $\mathcal{V}(\vec{\Phi})$ global invariant bzgl. G ist, mit

$$g \in G: \quad \Phi_i \mapsto \Phi_i + \delta\Phi_i, \quad \delta\Phi_i = -i\,\epsilon_a t_{a,ij}\,\Phi_j. \tag{8.31}$$

Die n_G Matrizen $T_a = (t_{a,ij})$ sind antisymmetrisch und rein imaginär [siehe z. B. (6.46)]. Wir nehmen nun an, dass die Lagrange-Dichte aus (8.30) zu einer spontanen Symmetriebrechung führt („geeignete Wahl" von $\mathcal{V}$) und (durch eine infinitesimale Störung) ein Grundzustand mit dem zugehörigen Grundzustandserwartungswert $\vec{\Phi}_{\min} = \langle\vec{\Phi}\rangle$ ausgewählt wurde. Vom Grundzustandserwartungswert $\vec{\Phi}_{\min}$ nehmen wir an, dass er nur unter einer Untergruppe H von G invariant ist. Wir entwickeln $\mathcal{V}(\vec{\Phi})$ um $\vec{\Phi}_{\min}$, $|\vec{\Phi}_{\min}| = v$, also $\vec{\Phi} = \vec{\Phi}_{\min} + \vec{\chi}$:

$$\mathcal{V}(\vec{\Phi}) = \mathcal{V}(\vec{\Phi}_{\min}) + \underbrace{\frac{\partial\mathcal{V}(\vec{\Phi}_{\min})}{\partial\Phi_i}}_{=\,0}\chi_i + \frac{1}{2}\underbrace{\frac{\partial^2\mathcal{V}(\vec{\Phi}_{\min})}{\partial\Phi_i\partial\Phi_j}}_{=:\,m_{ij}^2}\chi_i\chi_j + \dots. \tag{8.32}$$

Da wir um ein Minimum entwickeln, ist die Matrix $M^2 = (m_{ij}^2)$ symmetrisch und positiv semidefinit, sodass gilt:

$$m_{ij}^2 x_i x_j \geq 0 \quad \forall \quad \vec{x}. \tag{8.33}$$

Die Eigenwerte von M^2 sind allesamt nichtnegativ.

Wir benutzen nun die Invarianz von $\mathcal{V}$ bzgl. der Symmetriegruppe G,

$$\begin{aligned}\mathcal{V}(\vec{\Phi}_{\min}) &= \mathcal{V}\big(D(g)\vec{\Phi}_{\min}\big) \\ &= \mathcal{V}\big(\vec{\Phi}_{\min} + \delta\vec{\Phi}_{\min}\big) \\ &\overset{(8.32)}{=} \mathcal{V}(\vec{\Phi}_{\min}) + \frac{1}{2}m_{ij}^2\,\delta\Phi_{\min,i}\,\delta\Phi_{\min,j} + \dots, \end{aligned} \tag{8.34}$$

und erhalten durch Koeffizientenvergleich

$$m_{ij}^2\,\delta\Phi_{\min,i}\,\delta\Phi_{\min,j} = 0. \tag{8.35}$$

Wir differenzieren (8.35) bzgl. $\delta\Phi_{\min,k}$, benutzen dabei $m_{ij}^2 = m_{ji}^2$ und erhalten somit die Matrizengleichung

$$M^2\delta\vec{\Phi}_{\min} = \vec{0}. \tag{8.36}$$

Wir setzen nun die erlaubten Transformationen ein, $\delta\vec{\Phi}_{\min} = -i\,\epsilon_a T_a\vec{\Phi}_{\min}$, sodass für beliebiges ϵ_a folgt:

$$M^2 T_a\vec{\Phi}_{\min} = \vec{0}. \tag{8.37}$$

Die Lösungen von (8.37) unterteilen wir in zwei Kategorien:

1. $T_a, a = 1, \ldots, n_H$, ist die Darstellung eines Elements der Lie-Algebra $\mathcal{L}H$ der Untergruppe H von G, die den selektierten Grundzustand invariant lässt. Dann gilt

$$T_a \vec{\Phi}_{\min} = \vec{0}, \quad a = 1, \ldots, n_H,$$

und somit ist (8.37) automatisch erfüllt. In diesem Fall ergibt sich keine Information bzgl. der Massenmatrix M^2.

2. $T_a, a = n_H + 1, \ldots, n_G$, ist nicht die Darstellung eines Elements der Lie-Algebra $\mathcal{L}H$. Dann gilt $T_a \vec{\Phi}_{\min} \neq \vec{0}$, und der Vektor $T_a \vec{\Phi}_{\min}$ ist ein Eigenvektor von M^2 mit dem Eigenwert 0. Zu jedem solchen Eigenvektor existiert ein masseloses Goldstone-Boson. Insbesondere sind die verschiedenen $T_a \vec{\Phi}_{\min} \neq \vec{0}$ aus dieser Kategorie linear unabhängig, und es existieren somit $n_G - n_H$ unabhängige Goldstone-Bosonen. (Denn wären die $T_a \vec{\Phi}_{\min}, a = n_H + 1, \ldots, n_G$, nicht linear unabhängig, dann existierte eine nichttriviale Linearkombination

$$\vec{0} = \sum_{a=n_H+1}^{n_G} c_a \left(T_a \vec{\Phi}_{\min} \right) = \underbrace{\left(\sum_{a=n_H+1}^{n_G} c_a T_a \right)}_{:= T} \vec{\Phi}_{\min},$$

wobei T die Darstellung eines Elements aus der Lie-Algebra $\mathcal{L}H$ ist, was im Widerspruch zur Annahme steht.)

Anmerkungen

1. Unter Umständen muss noch eine Ähnlichkeitstransformation der Felder durchgeführt werden (in Analogie zu Satz 2.2 in Abschn. 2.2), um die Massenmatrix auf Diagonalform zu bringen.

2. Die Anzahl der Goldstone-Bosonen wird durch die Struktur der Symmetriegruppen der Lagrange-Dichte und des Grundzustands festgelegt und ist somit ein gruppentheoretisches Problem. Wenn G mit n_G Generatoren die Symmetriegruppe der Lagrange-Dichte ist und H die Untergruppe, bzgl. welcher der selektierte Grundzustand invariant ist (n_H Generatoren), dann existiert zu jedem Generator, der den Grundzustand nicht vernichtet, ein masseloses Goldstone-Boson. Man erhält also insgesamt $n_G - n_H$ Goldstone-Bosonen.

3. Die Lagrange-Dichten, die dazu verwendet werden, um das Phänomen einer spontanen Symmetriebrechung zu motivieren, sind typischerweise dergestalt konstruiert, dass die Entartung der Grundzustände schon auf dem klassischen Niveau in das Potenzial „eingebaut" ist (siehe das Mexikanerhutpotenzial in Abb. 8.5). Wie im obigen Fall wird dann argumentiert, dass ein elementarer hermitescher Feldoperator eines Multipletts, das nichttrivial unter der Symmetriegruppe G transformiert, einen nichtverschwindenden Vakuumerwartungswert annimmt, der ein Signal für eine spontane Symmetriebrechung repräsentiert. Es existieren allerdings auch Theorien wie z. B. die QCD, bei denen man allein aufgrund einer Betrachtung der Lagrange-Dichte nicht entscheiden kann, ob sie zu einer spontanen Symmetriebrechung Anlass geben oder nicht. Wie wir in

Abschn. 8.5.2 noch eingehend diskutieren werden, liefert in der QCD vielmehr ein nichtverschwindender Vakuumerwartungswert einer skalaren Quarkdichte ein hinreichendes Kriterium für eine spontane Symmetriebrechung. Insbesondere werden wir sehen, dass Größen mit nichtverschwindenden Vakuumerwartungswerten sich auf lokale hermitesche Operatoren beziehen können, die aus fundamentaleren Freiheitsgraden der zugrunde liegenden Theorie zusammengesetzt sind. Die spontane Symmetriebrechung erweist sich in diesem Fall als ein *dynamisches* Phänomen der zugrunde liegenden Theorie und ist sozusagen nicht „per Konstruktion" eingebaut. Eine derartige Möglichkeit wurde bereits in der Herleitung des Goldstone-Theorems in Goldstone et al. (1962) antizipiert.

8.3 Das Goldstone-Theorem

Anhand des Beispiels in Abschn. 8.2.2 motivieren wir einen weiteren Zugang zum Goldstone-Theorem, der weniger auf der speziellen Form des Potenzials fußt, sondern vielmehr einen geeigneten nichtverschwindenden Vakuumerwartungswert voraussetzt [siehe Bernstein (1974), Abschnitt 2]. Diese Herangehensweise wird sich bei der Diskussion einer spontanen Symmetriebrechung in der Quantenchromodynamik als besonders hilfreich erweisen.

Gegeben seien ein Hamilton-Operator mit einer globalen Symmetriegruppe $G = \mathrm{SO}(3)$ und ein Triplett $\vec{\Phi}(x) = (\Phi_1(x), \Phi_2(x), \Phi_3(x))$ lokaler hermitescher Feldoperatoren, das sich wie ein Vektor unter G transformiere:

$$g \in G: \quad \vec{\Phi}(x) \mapsto \vec{\Phi}'(x) = e^{\mathrm{i}\alpha_k Q_k}\, \vec{\Phi}(x)\, e^{-\mathrm{i}\alpha_l Q_l} = e^{-\mathrm{i}\alpha_k T_k}\, \vec{\Phi}(x). \qquad (8.38)$$

Wir verwenden die Einstein'sche Summenkonvention und summieren von 1 bis 3. Hierbei sind die Q_i die Generatoren der SO(3)-Transformationen auf dem Hilbert-Raum des Systems. Sie erfüllen die Vertauschungsrelationen $[Q_i, Q_j] = \mathrm{i}\,\epsilon_{ijk} Q_k$. Wir gehen davon aus, dass die Generatoren Erhaltungsgrößen sind und sich als Volumenintegrale über die Ladungsdichten der entsprechenden Noether-Ströme schreiben lassen. Die $T_i = (t_{i,jk})$ sind die Matrizen der dreidimensionalen adjungierten Darstellung mit den Einträgen $t_{i,jk} = -\mathrm{i}\,\epsilon_{ijk}$.

Wir setzen nun voraus, dass eine Komponente des Multipletts einen nichtverschwindenden Vakuumerwartungswert besitzt, während die beiden anderen Vakuumerwartungswerte verschwinden sollen:

$$\langle 0|\Phi_1(x)|0\rangle = \langle 0|\Phi_2(x)|0\rangle = 0, \qquad (8.39\mathrm{a})$$

$$\langle 0|\Phi_3(x)|0\rangle = v \neq 0. \qquad (8.39\mathrm{b})$$

Des Weiteren soll $Q_3|0\rangle = 0$ gelten.

Behauptungen: In diesem Fall vernichten die beiden Generatoren Q_1 und Q_2 den Grundzustand des Systems *nicht*, und jedem derartigen Generator entspricht ein *masseloses Goldstone-Boson*.

Zum Beweis der beiden Behauptungen entwickeln wir zunächst (8.38) bis zur ersten Ordnung in den α_k:

$$\vec{\Phi}' = \vec{\Phi} + i\,\alpha_k\left[Q_k, \vec{\Phi}\right] = \left(1 - i\,\alpha_k T_k\right)\vec{\Phi} = \vec{\Phi} + \vec{\alpha} \times \vec{\Phi}.$$

Wir vergleichen die Ausdrücke linear in den α_k:

$$i\left[\alpha_k Q_k, \Phi_l\right] = \epsilon_{lkm}\alpha_k \Phi_m.$$

Wenn wir nun berücksichtigen, dass alle drei α_k unabhängig voneinander gewählt werden können, ergibt sich:

$$i\left[Q_k, \Phi_l\right] = -\epsilon_{klm}\Phi_m,$$

was gerade zum Ausdruck bringt, dass die Feldoperatoren Φ_i sich wie die Komponenten eines Vektors transformieren.[5] Mithilfe von $\epsilon_{klm}\epsilon_{kln} = 2\delta_{mn}$ finden wir

$$-\frac{i}{2}\epsilon_{kln}\left[Q_k, \Phi_l\right] = \delta_{mn}\Phi_m = \Phi_n.$$

Insbesondere gilt

$$\Phi_3 = -\frac{i}{2}\left(\left[Q_1, \Phi_2\right] - \left[Q_2, \Phi_1\right]\right), \qquad (8.40)$$

wobei sich die beiden anderen Fälle mittels zyklischer Permutationen der Indizes $1, 2, 3$ ergeben.

Um zu zeigen, dass Q_1 und Q_2 den Grundzustand nicht vernichten, betrachten wir (8.38) für $\vec{\alpha} = (0, \pi/2, 0)$:

$$e^{-i\frac{\pi}{2}T_2}\vec{\Phi} = \begin{pmatrix} \cos\left(\frac{\pi}{2}\right) & 0 & \sin\left(\frac{\pi}{2}\right) \\ 0 & 1 & 0 \\ -\sin\left(\frac{\pi}{2}\right) & 0 & \cos\left(\frac{\pi}{2}\right) \end{pmatrix}\begin{pmatrix} \Phi_1 \\ \Phi_2 \\ \Phi_3 \end{pmatrix} = \begin{pmatrix} \Phi_3 \\ \Phi_2 \\ -\Phi_1 \end{pmatrix} = e^{i\frac{\pi}{2}Q_2}\begin{pmatrix} \Phi_1 \\ \Phi_2 \\ \Phi_3 \end{pmatrix}e^{-i\frac{\pi}{2}Q_2}.$$

Anhand der ersten Zeile erhalten wir

$$\Phi_3 = e^{i\frac{\pi}{2}Q_2}\Phi_1 e^{-i\frac{\pi}{2}Q_2}.$$

Wenn wir nun von dieser Gleichung den Vakuumerwartungswert bilden,

$$v = \left\langle 0\left| e^{i\frac{\pi}{2}Q_2}\Phi_1 e^{-i\frac{\pi}{2}Q_2}\right|0\right\rangle,$$

und (8.39b) verwenden, erkennen wir, dass $Q_2|0\rangle \neq 0$ gelten muss, weil andernfalls der Exponentialoperator durch den Einheitsoperator ersetzt würde und die rechte Seite aufgrund der Voraussetzung gemäß (8.39a) verschwinden würde. Völlig analog zeigt man $Q_1|0\rangle \neq 0$.

---

[5] Mithilfe der Ersetzungen $Q_k \to \ell_k$ und $\Phi_l \to \hat{x}_l$ erkennen wir die Analogie mit $i\left[\ell_k, \hat{x}_l\right] = -\epsilon_{klm}\hat{x}_m$.

Anmerkungen

1. Streng genommen lassen sich die „Zustände" $Q_{1(2)}|0\rangle$ nicht normieren. Tatsächlich verwendet man in einer rigorosen Herleitung Integrale der Form

$$\int d^3x \, \langle 0|[J_k^0(t,\vec{x}), \Phi_l(0)]|0\rangle$$

und bestimmt zunächst den Kommutator, bevor das Integral berechnet wird [Bernstein (1974)].

2. Einige Herleitungen des Goldstone-Theorems beginnen von vornherein mit der Annahme $Q_{1(2)}|0\rangle \neq 0$. Für die Diskussion der spontanen Symmetriebrechung im Rahmen der QCD erweist es sich allerdings als vorteilhaft, den Zusammenhang zwischen der Existenz von Goldstone-Bosonen und einem nichtverschwindenden Vakuumerwartungswert zu etablieren (siehe Abschn. 8.5).

Wir wenden uns nun der Existenz von Goldstone-Bosonen zu. Zu diesem Zweck untersuchen wir den Vakuumerwartungswert von (8.40):

$$0 \neq v = \langle 0|\Phi_3(0)|0\rangle = -\frac{\mathrm{i}}{2}\langle 0|([Q_1, \Phi_2(0)] - [Q_2, \Phi_1(0)])|0\rangle =: -\frac{\mathrm{i}}{2}(A - B).$$

Zunächst zeigen wir $A = -B$. Zu diesem Zweck vollziehen wir eine Drehung der Feldoperatoren und der Generatoren um $\frac{\pi}{2}$ um die 3-Achse [siehe (8.38) mit $\vec{\alpha} = (0, 0, \pi/2)$]:

$$e^{-\mathrm{i}\frac{\pi}{2}T_3}\vec{\Phi} = \begin{pmatrix} -\Phi_2 \\ \Phi_1 \\ \Phi_3 \end{pmatrix} = e^{\mathrm{i}\frac{\pi}{2}Q_3}\begin{pmatrix} \Phi_1 \\ \Phi_2 \\ \Phi_3 \end{pmatrix}e^{-\mathrm{i}\frac{\pi}{2}Q_3}$$

und

$$\begin{pmatrix} -Q_2 \\ Q_1 \\ Q_3 \end{pmatrix} = e^{\mathrm{i}\frac{\pi}{2}Q_3}\begin{pmatrix} Q_1 \\ Q_2 \\ Q_3 \end{pmatrix}e^{-\mathrm{i}\frac{\pi}{2}Q_3}.$$

Somit erhalten wir

$$B = \langle 0|[Q_2, \Phi_1(0)]|0\rangle = \langle 0|\Big(e^{\mathrm{i}\frac{\pi}{2}Q_3}(-Q_1)\underbrace{e^{-\mathrm{i}\frac{\pi}{2}Q_3}e^{\mathrm{i}\frac{\pi}{2}Q_3}}_{= 1}\Phi_2(0)e^{-\mathrm{i}\frac{\pi}{2}Q_3}$$

$$- e^{\mathrm{i}\frac{\pi}{2}Q_3}\Phi_2(0)e^{-\mathrm{i}\frac{\pi}{2}Q_3}e^{\mathrm{i}\frac{\pi}{2}Q_3}(-Q_1)e^{-\mathrm{i}\frac{\pi}{2}Q_3}\Big)|0\rangle$$

$$= -\langle 0|[Q_1, \Phi_2(0)]|0\rangle = -A.$$

Hierbei haben wir von $Q_3|0\rangle = 0$ Gebrauch gemacht, d. h. von der Invarianz des Vakuums unter Drehungen bzgl. der 3-Achse. Somit können wir für den nichtverschwindenden Vakuumerwartungswert auch

$$0 \neq v = \langle 0|\Phi_3(0)|0\rangle = -\mathrm{i}\,\langle 0|[Q_1, \Phi_2(0)]|0\rangle = -\mathrm{i}\int d^3x \, \langle 0|[J_1^0(t,\vec{x}), \Phi_2(0)]|0\rangle$$

$$\tag{8.41}$$

schreiben. Wir fügen nun ein vollständiges System $1 = \sum_n |n\rangle\langle n|$ in den Kommutator ein,[6]

$$v = -\mathrm{i} \sum_n \!\!\!\!\!\!\!\!\! \int d^3x \, \big(\langle 0|J_1^0(t,\vec{x})|n\rangle\langle n|\Phi_2(0)|0\rangle - \langle 0|\Phi_2(0)|n\rangle\langle n|J_1^0(t,\vec{x})|0\rangle \big) \,,$$

und machen von der Translationsinvarianz Gebrauch:

$$= -\mathrm{i} \sum_n \!\!\!\!\!\!\!\!\! \int d^3x \, \big(e^{-\mathrm{i}P_n \cdot x} \langle 0|J_1^0(0)|n\rangle\langle n|\Phi_2(0)|0\rangle - \dots \big)$$

$$= -\mathrm{i} \sum_n \!\!\!\!\!\!\!\!\! (2\pi)^3 \delta^3(\vec{P}_n) \big(e^{-\mathrm{i}E_n t} \langle 0|J_1^0(0)|n\rangle\langle n|\Phi_2(0)|0\rangle$$

$$- e^{\mathrm{i}E_n t} \langle 0|\Phi_2(0)|n\rangle\langle n|J_1^0(0)|0\rangle \big).$$

Die Integration über den Dreierimpuls der Zwischenzustände liefert einen Ausdruck der Form

$$= -\mathrm{i}\,(2\pi)^3 \sum_n{}' \big(e^{-\mathrm{i}E_n t} \dots - e^{\mathrm{i}E_n t} \dots \big) \,,$$

wobei der Strich am Summensymbol andeuten soll, dass ausschließlich Zustände mit $\vec{P} = 0$ zu berücksichtigen sind. Da sowohl die Symmetrieviererstromdichten J_k^μ als auch die Feldoperatoren Φ_l hermitesch sind, definieren wir

$$c_n := \langle 0|J_1^0(0)|n\rangle\langle n|\Phi_2(0)|0\rangle = \langle n|J_1^0(0)|0\rangle^* \langle 0|\Phi_2(0)|n\rangle^*$$

dergestalt dass gilt:

$$v = -\mathrm{i}\,(2\pi)^3 \sum_n{}' \big(c_n e^{-\mathrm{i}E_n t} - c_n^* e^{\mathrm{i}E_n t} \big). \tag{8.42}$$

Mithilfe dieser Gleichung lassen sich die nachstehenden Schlussfolgerungen ziehen:

1. Als Folge unserer Annahme eines nichtverschwindenden Vakuumerwartungswerts v müssen Zustände $|n\rangle$ existieren, für die sowohl die Matrixelemente $\langle 0|J_{1(2)}^0(0)|n\rangle$ als auch die Matrixelemente $\langle n|\Phi_{1(2)}(0)|0\rangle$ nichtverschwindend sind. Der Vakuumzustand kann zu (8.42) nicht beitragen, weil laut Voraussetzung $\langle 0|\Phi_{1(2)}(0)|0\rangle = 0$ ist.
2. Zustände mit $E_n > 0$ tragen

$$\frac{1}{\mathrm{i}} \big(c_n e^{-\mathrm{i}E_n t} - c_n^* e^{\mathrm{i}E_n t} \big) = \frac{1}{\mathrm{i}} |c_n| \big(e^{\mathrm{i}\varphi_n} e^{-\mathrm{i}E_n t} - e^{-\mathrm{i}\varphi_n} e^{\mathrm{i}E_n t} \big)$$

$$= 2|c_n| \sin(\varphi_n - E_n t)$$

---

[6] Die Abkürzung $\sum_n |n\rangle\langle n|$ schließt ein Integral über den Gesamtimpuls $\vec{P}$ ebenso ein wie eine Summe über alle Quantenzahlen, die notwendig sind, um die Zustände vollständig zu spezifizieren.

zur Summe bei. Hierbei ist φ_n die Phase von c_n. Nun ist aber v konstant, sodass die Summe über Zustände mit $(E, \vec{p}) = (E_n > 0, \vec{0})$ verschwinden muss.

3. Die rechte Seite von (8.42) muss somit den Beitrag von Zuständen enthalten, die Energie und Impuls null und somit Masse null besitzen. Bei diesen masselosen Zuständen handelt es sich gerade um die Goldstone-Bosonen.

8.4 Explizite Symmetriebrechung

In der Physik der starken Wechselwirkung kommt es zu einem Wechselspiel zwischen spontaner und expliziter Symmetriebrechung. Ganz konkret sind die Massen des u- und des d-Quarks und, bis zu einem gewissen Grad, sogar des s-Quarks klein genug, dass die Phänomenologie und Dynamik im Niederenergiebereich der starken Wechselwirkung entscheidend von der chiralen Symmetrie und ihrer spontanen Brechung geprägt werden. Die Konsequenzen der expliziten Symmetriebrechung durch die endlichen Quarkmassen lassen sich systematisch im Rahmen einer effektiven Feldtheorie, der sog. *chiralen Störungstheorie* [Weinberg (1979), Gasser und Leutwyler (1984), Gasser und Leutwyler (1985)] behandeln [siehe Scherer und Schindler (2012) für eine Einführung].

An dieser Stelle wollen wir die Konsequenzen diskutieren, die sich ergeben, wenn wir zur Lagrange-Dichte in (8.21) eine kleine Störung hinzufügen, die die ursprüngliche Symmetrie *explizit* bricht. Zu diesem Zweck modifizieren wir das Potenzial mithilfe eines zusätzlichen Ausdrucks $a\Phi_3$,

$$\mathcal{V}(\Phi_1, \Phi_2, \Phi_3) = \frac{m^2}{2}\Phi_i\Phi_i + \frac{\lambda}{4}(\Phi_i\Phi_i)^2 + a\Phi_3, \qquad (8.43)$$

mit $m^2 < 0$, $\lambda > 0$ und $a > 0$ sowie reellen Feldern Φ_i. Das neue Potenzial besitzt offensichtlich nicht mehr die ursprüngliche O(3)-Symmetrie, sondern ist nur noch invariant unter O(2)-Transformationen. Die Bedingungen für das neue Minimum, die sich aus $\vec{\nabla}_\Phi \mathcal{V} = 0$ ergeben, lauten

$$\Phi_1 = \Phi_2 = 0, \qquad (8.44a)$$

$$\lambda\Phi_3^3 + m^2\Phi_3 + a = 0. \qquad (8.44b)$$

Die Lösung der kubischen Gleichung für Φ_3 lässt sich mithilfe eines perturbativen Ansatzes

$$\langle\Phi_3\rangle = \Phi_3^{(0)} + a\Phi_3^{(1)} + O(a^2) \qquad (8.45)$$

bestimmen. Für die Lösung ergibt sich (siehe Aufgabe 8.2):

$$\Phi_3^{(0)} = \pm\sqrt{-\frac{m^2}{\lambda}}, \qquad \Phi_3^{(1)} = \frac{1}{2m^2}.$$

Erwartungsgemäß entspricht $\Phi_3^{(0)}$ gerade dem Ergebnis ohne explizite Störung. Die Bedingung für ein Minimum [siehe (8.33)] schließt $\Phi_3^{(0)} = +\sqrt{-\frac{m^2}{\lambda}}$ aus. Wenn wir das Potenzial mit $\Phi_3 = \langle\Phi_3\rangle + \Phi_3'$ entwickeln, ergibt sich nach einer kurzen Rechnung (siehe Aufgabe 8.2) für die Massen

$$m_{\Phi_1}^2 = m_{\Phi_2}^2 = a\sqrt{-\frac{\lambda}{m^2}}, \tag{8.46a}$$

$$m_{\Phi_3'}^2 = -2m^2 + 3a\sqrt{-\frac{\lambda}{m^2}}. \tag{8.46b}$$

Das entscheidende Merkmal ist, dass die ursprünglichen Goldstone-Bosonen aus (8.29a) nun massebehaftet sind. Ihre Massenquadrate sind in niedrigster Ordnung proportional zum Symmetriebrechungsparameter a. Ein bemerkenswertes Phänomen tritt zutage, sobald man Quantenkorrekturen zu Observablen in Form von Goldstone-Bosonen-Schleifendiagrammen berechnet. Wenn man eine gegebene Observable O als Funktion des Symmetriebrechungsparameters a betrachtet, so ergeben sich für $a \neq 0$ Korrekturen, die *nichtanalytisch* in a sind, etwa vom Typ $a \ln(a)$ [Li und Pagels (1971)]. Derartige sog. *chirale Logarithmen* haben ihren Ursprung im Massenterm in (8.46a) der Goldstone-Bosonen-Propagatoren, die bei der Berechnung von Schleifenintegralen auftreten. Im Kontext der QCD spielen die Quarkmassen die Rolle der Symmetriebrechungsparameter, und ein wesentlicher Forschungszweig besteht in der Quarkmassenentwicklung physikalischer Observablen unter besonderer Berücksichtigung der nichtanalytischen Terme.

8.5 Spontane Symmetriebrechung in der QCD

Die bisher betrachteten Modelle waren per Konstruktion so angesetzt, dass sie das Konzept der spontanen Symmetriebrechung illustrieren sollten. Für die fundamentale Theorie der starken Wechselwirkung, die QCD, ist es aus theoretischer Sicht zunächst nicht offensichtlich, weshalb sie dieses Phänomen hervorbringen sollte.

Wir werden im Folgenden mithilfe gruppentheoretischer Argumente motivieren, in welcher Form experimentelle Befunde wie z. B. das Hadronenspektrum einen Hinweis auf eine spontane Symmetriebrechung in der QCD liefert. Im Anschluss stellen wir ein theoretisches Kriterium vor, das eine hinreichende Voraussetzung für eine spontane Symmetriebrechung in der QCD darstellt, nämlich ein nichtverschwindendes skalares Quarkkondensat.

8.5.1 Das Hadronenspektrum

In Abschn. 7.3.1 hatten wir gesehen, dass die Lagrange-Dichte der QCD im chiralen Grenzfall verschwindender u-, d- und s-Quarkmassen eine $SU(3)_L \times SU(3)_R \times U(1)_V$-Symmetrie besitzt. Würde man die Symmetriebetrachtungen ausschließlich auf den zugehörigen Hamilton-Operator H_{QCD}^0 aufbauen, so würde man erwarten, dass sich die Hadronen in Multipletts organisieren, die zu den Dimensionen irreduzibler Darstellungen der Gruppe $SU(3)_L \times SU(3)_R \times U(1)_V$ passen. Die $U(1)_V$-

Symmetrie ist mit der Baryonenzahlerhaltung verknüpft und resultiert in einer Klassifikation der Hadronen in Mesonen ($B = 0$) und Baryonen ($B = 1$).

Die Linearkombinationen[7]

$$Q_{Va}(t) := Q_{Ra}(t) + Q_{La}(t) = \int d^3x \, q^\dagger(t,\vec{x}) \frac{\lambda_a}{2} q(t,\vec{x}), \qquad (8.47a)$$

$$Q_{Aa}(t) := Q_{Ra}(t) - Q_{La}(t) = \int d^3x \, q^\dagger(t,\vec{x}) \gamma_5 \frac{\lambda_a}{2} q(t,\vec{x}) \qquad (8.47b)$$

der links- und der rechtshändigen Ladungsoperatoren ($a = 1, \ldots, 8$) vertauschen mit H_{QCD}^0 und besitzen positive bzw. negative Parität:

$$P Q_{Va} P^{-1} = Q_{Va},$$

$$P Q_{Aa} P^{-1} = -Q_{Aa}.$$

Daher würde man für Zustände positiver Parität die Existenz entarteter Zustände mit negativer Parität erwarten, wie wir im Folgenden begründen werden.[8]

Es sei $|\alpha, +\rangle$ ein Eigenzustand von H_{QCD}^0 und der Parität mit den Eigenwerten E_α und $+1$:

$$H_{\text{QCD}}^0 |\alpha, +\rangle = E_\alpha |\alpha, +\rangle,$$

$$P |\alpha, +\rangle = |\alpha, +\rangle.$$

Als konkretes Beispiel denke man dabei an ein Element des Baryonenoketts (im chiralen Grenzfall). Wenn wir nun $|\psi_{a\alpha}\rangle := Q_{Aa} |\alpha, +\rangle$ definieren, so folgen aus $[H_{\text{QCD}}^0, Q_{Aa}] = 0$ die Gleichungen

$$H_{\text{QCD}}^0 |\psi_{a\alpha}\rangle = H_{\text{QCD}}^0 Q_{Aa} |\alpha, +\rangle = Q_{Aa} H_{\text{QCD}}^0 |\alpha, +\rangle = E_\alpha Q_{Aa} |\alpha, +\rangle = E_\alpha |\psi_{a\alpha}\rangle,$$

$$P |\psi_{a\alpha}\rangle = P Q_{Aa} P^{-1} P |\alpha, +\rangle = -Q_{Aa}(+|\alpha, +\rangle) = -|\psi_{a\alpha}\rangle.$$

Der Zustand $|\psi_{a\alpha}\rangle$ lässt sich in eine Linearkombination von Elementen eines Multipletts mit negativer Pariät entwickeln:

$$|\psi_{a\alpha}\rangle = Q_{Aa} |\alpha, +\rangle = |\beta, -\rangle \langle \beta, -| Q_{Aa} |\alpha, +\rangle = t_{a,\beta\alpha} |\beta, -\rangle.$$

Jetzt sehen wir uns mit dem Problem konfrontiert, dass das Niederenergiespektrum der Hadronen über kein entartetes Baryonenoktett negativer Parität verfügt. Somit stellt sich die Frage, wo die obige Argumentationskette einen Fehler aufweist. Tatsächlich sind wir stillschweigend davon ausgegangen, dass der Grundzustand der QCD von den axialen Generatoren Q_{Aa} vernichtet wird. Es bezeichne $b_{\alpha+}^\dagger$ einen Erzeugungsoperator für Quanten mit den Quantenzahlen des Zustands $|\alpha, +\rangle$. Entsprechend soll $b_{\alpha-}^\dagger$ entartete Quanten entgegengesetzter Paritäten erzeugen. Mithilfe der Entwicklung

$$\left[Q_{Aa}, b_{\alpha+}^\dagger \right] = b_{\beta-}^\dagger t_{a,\beta\alpha}$$

---

[7] Im chiralen Grenzfall sind die Ladungsoperatoren zeitunabhängig.

[8] Die Existenz von massenentarteten Zuständen entgegengesetzter Paritäten wird auch als *Paritätsverdopplung* bezeichnet.

erfolgt die übliche Argumentation gemäß

$$Q_{Aa}|\alpha, +\rangle = Q_{Aa} b_{\alpha+}^\dagger |0\rangle = \left(\left[Q_{Aa}, b_{\alpha+}^\dagger \right] + b_{\alpha+}^\dagger \underbrace{Q_{Aa}}_{\hookrightarrow\, 0} \right)|0\rangle = t_{a,\beta\alpha} b_{\beta-}^\dagger |0\rangle.$$

(8.48)

Sollte der Grundzustand *nicht* durch Q_{Aa} vernichtet werden, so lässt sich die Beweisführung gemäß (8.48) nicht anwenden. In diesem Fall ist der Grundzustand nicht invariant unter der vollen Symmetriegruppe der Lagrange-Dichte, mit dem Ergebnis, dass die QCD eine spontane Symmetriebrechung entwickelt. Anders ausgedrückt, ist die Abwesenheit von entarteten Multipletts entgegengesetzer Paritäten ein Hinweis darauf, dass $SU(3)_V$ anstelle von $SU(3)_L \times SU(3)_R$ (näherungsweise) als Symmetrie des Hadronenspektrums realisiert ist. Darüber hinaus spielt das Oktett der pseudoskalaren Mesonen dahingehend eine besondere Rolle, dass die Massen der Elemente im Vergleich zu den entsprechenden Vektormesonen ($J^P = 1^-$) deutlich kleiner sind. Das pseudoskalare Mesonenoktett wird somit mit den Goldstone-Bosonen einer spontanen Symmetriebrechung in der QCD assoziiert. Die endlichen Quarkmassen in der QCD führen zu einer *expliziten Symmetriebrechung*, die dafür verantwortlich ist, dass die ursprünglich masselosen Goldstone-Bosonen massebehaftet werden.

Um den Ursprung für die SU(3)-Symmetrie besser zu verstehen, betrachten wir die vektoriellen Ladungsoperatoren $Q_{Va} = Q_{Ra} + Q_{La}$.[9] Mithilfe von (7.62a) bis (7.62c) ergeben sich für die Vektorladungen die Vertauschungsrelationen einer Lie-Algebra su(3) (siehe Aufgabe 8.3):

$$[Q_{Va}, Q_{Vb}] = \mathrm{i}\, f_{abc} Q_{Vc}.$$

(8.49)

Laut einem Theorem von Vafa und Witten (1984) ist der Grundzustand im chiralen Grenzfall notwendigerweise invariant unter $SU(3)_V \times U(1)_V$, d. h. die acht vektoriellen Ladungen Q_{Va} und der Baryonenzahloperator[10] $Q_V/3$ vernichten den Grundzustand:

$$Q_{Va}|0\rangle = Q_V|0\rangle = 0.$$

(8.50)

Laut dem Coleman-Theorem [Coleman (1966)] legt die Symmetrie des Grundzustands die Symmetrie des Spektrums fest. Somit impliziert (8.50) die Existenz von $SU(3)_V$-Multipletts, die bzgl. ihrer Baryonenzahl klassifiziert werden können. Im Umkehrschluss lässt sich vom Symmetriemuster des Spektrums auf die Symmetrie des Grundzustands schließen. Entsprechende SU(3)-Multipletts für Mesonen und Baryonen wurden bereits in den Abb. 5.1, 5.2 und 5.3 vorgestellt.

Wir wenden uns nun den Linearkombinationen $Q_{Aa} = Q_{Ra} - Q_{La}$ zu. Für die Vertauschungsrelationen ergibt sich mithilfe von (7.62a) bis (7.62c) (siehe Aufga-

---

[9] Die Tiefstellung V (für Vektor) erinnert uns daran, dass die Generatoren als Integrale von nullten Komponenten von Vektorstromoperatoren entstanden sind und somit mit einem positiven Vorzeichen unter Parität transformieren.

[10] Jedem Quark wird die Baryonenzahl $\frac{1}{3}$ zugewiesen.

be 8.3)

$$[Q_{Aa}, Q_{Ab}] = \mathrm{i}\, f_{abc}\, Q_{Vc}, \tag{8.51a}$$

$$[Q_{Va}, Q_{Ab}] = \mathrm{i}\, f_{abc}\, Q_{Ac}. \tag{8.51b}$$

Insbesondere bilden diese Ladungsoperatoren *keine* geschlossene Algebra, d. h. der Kommutator zweier axialer Ladungsoperatoren ist kein axialer Ladungsoperator. Da eine Paritätsverdopplung im niederenergetischen Hadronenspektrum nicht beobachtet wird, geht man davon aus, dass die Q_{Aa} den Grundszutand *nicht* vernichten,

$$Q_{Aa}|0\rangle \neq 0, \tag{8.52}$$

d. h. der Grundzustand der QCD nicht invariant ist unter „axialen" Transformationen. Wenn wir von einer chiralen $G = \mathrm{SU}(3)_L \times \mathrm{SU}(3)_R$-Symmetrie der QCD-Lagrange-Dichte ausgehen und einer $H = \mathrm{SU}(3)_V$-Symmetrie des QCD-Grundzustands, erwarten wir mithilfe von Abschn. 8.2.3 somit $n_G - n_H = 16 - 8 = 8$ Goldstone-Bosonen.[11]

Nun gehört laut dem Goldstone-Theorem [Goldstone et al. (1962)] zu jedem axialen Generator Q_{Aa}, der den Grundzustand nicht vernichtet, genau ein masseloses Goldstone-Boson mit Spin 0. Die Symmetrieeigenschaften der entsprechenden Goldstone-Bosonenfelder ϕ_a sind eng verknüpft mit denjenigen der Generatoren (siehe auch Aufgabe 8.4). Ganz konkret besitzen die Goldstone-Bosonen unter Parität dieselben Transformationseigenschaften wie die axialen Generatoren,

$$\phi_a(t, \vec{x}) \overset{P}{\mapsto} -\phi_a(t, -\vec{x}), \tag{8.53}$$

d. h. es handelt sich um pseudoskalare Felder zur Beschreibung pseudoskalarer Teilchen. Unter der Untergruppe $H = \mathrm{SU}(3)_V$, die das Vakuum invariant lässt, transformieren die Feldoperatoren wie ein Oktett [siehe (8.51b)]:

$$[Q_{Va}, \phi_b(x)] = \mathrm{i}\, f_{abc}\phi_c(x). \tag{8.54}$$

8.5.2 Das skalare Singulettquarkkondensat

In diesem Abschnitt werden alle Größen wie z. B. der Grundzustand, die Quark-operatoren usw. im chiralen Grenzfall betrachtet. Wir werden zeigen, dass ein nicht-verschwindender Vakuumerwartungswert des Operators $\bar{q}q = \bar{u}u + \bar{d}d + \bar{s}s$ im chiralen Grenzfall eine hinreichende, aber nicht notwendige Bedingung für eine spontane Symmetriebrechung in der QCD darstellt. Der Begriff *skalares Singulett-quarkkondensat* hat seinen Ursprung in der Tatsache, dass der Operator $\bar{q}q$ unter

---

[11] Da die $\mathrm{U}(1)_V$-Symmetrie der Baryonenzahlerhaltung nicht spontan gebrochen ist, trägt sie zur Analyse der Anzahl der Goldstone-Bosonen nicht bei.

der Lorentz-Gruppe wie ein Skalar transformiert und unter $SU(3)_V$ wie ein Sin-gulett. Die „Kondensation" ist eine nichtperturbative Eigenschaft des QCD-Grund-zustands, die aus der Bildung von Quark-Antiquark-Paaren herrührt. Sie signali-siert, dass das Vakuum der QCD eine komplexe Struktur besitzt und nicht mit dem Vakuum einer wechselwirkungsfreien Theorie verwechselt werden darf. Die nach-folgende Diskussion wird sich an Abschn. 8.3 orientieren, mit dem wesentlichen Unterschied, dass die elementaren Feldoperatoren Φ_i nun durch geeignete zusam-mengesetzte, hermitesche Operatoren der QCD ersetzt werden.

Wir beginnen mit der Definition der skalaren und der pseudoskalaren Quarkdich-ten:[12]

$$S(y) = \bar{q}(y)q(y), \qquad S_a(y) = \bar{q}(y)\lambda_a q(y), \quad a = 1,\ldots,8, \qquad (8.55)$$

$$P(y) = i\,\bar{q}(y)\gamma_5 q(y), \qquad P_a(y) = i\,\bar{q}(y)\gamma_5\lambda_a q(y), \quad a = 1,\ldots,8. \qquad (8.56)$$

Die gleichzeitige Vertauschungsrelation zweier Quarkoperatoren der Form $A_i(x) = q^\dagger(x)\hat{A}_i q(x)$, wobei $\hat{A}_i$ symbolisch für Γ- und Flavormatrizen steht und eine Sum-mation über Farbindizes impliziert ist, lässt sich folgendermaßen in kompakter Form schreiben [siehe (7.61)]:

$$[A_1(t,\vec{x}), A_2(t,\vec{y})] = \delta^3(\vec{x}-\vec{y})q^\dagger(x)[\hat{A}_1, \hat{A}_2]q(x), \qquad (8.57)$$

wobei x für $(t,\vec{x})$ steht. Mithilfe der Definition für die vektoriellen Generatoren,

$$Q_{Va}(t) = \int d^3x\, q^\dagger(t,\vec{x})\frac{\lambda_a}{2}q(t,\vec{x}),$$

und unter Verwendung von[13]

$$\left[\mathbb{1}_{4\times4}\frac{\lambda_a}{2}, \gamma_0\mathbb{1}_{3\times3}\right] = 0,$$

$$\left[\mathbb{1}\frac{\lambda_a}{2}, \gamma_0\lambda_b\right] = \gamma_0\sum_{c=1}^{8} i\,f_{abc}\lambda_c,$$

sehen wir nach einer Integration von (8.57) über $\vec{x}$, dass die skalaren Quarkdichten aus (8.55) unter $SU(3)_V$ wie ein Singulett bzw. wie ein Oktett transformieren:[14]

$$[Q_{Va}(t), S(y)] = 0, \quad a = 1,\ldots,8, \qquad (8.58a)$$

$$[Q_{Va}(t), S_b(y)] = i\sum_{c=1}^{8} f_{abc}S_c(y), \quad a,b = 1,\ldots,8. \qquad (8.58b)$$

---

[12] Siehe Anhang A.3.3 bzgl. einer Definition von Lorentz-Tensorfeldern.
[13] In diesem Abschnitt schreiben wir die Summen über die Flavorindizes aus, weil in den abschlie-ßenden Ergebnissen aus (8.63) und (8.64) trotz doppelt auftretender Indizes eine Summation *nicht* impliziert ist.
[14] Im Folgenden stehe y für $(t,\vec{y})$.

Für die pseudoskalaren Quarkdichten ergeben sich analoge Resultate. Die in (8.58a) und (8.58b) auftretenden Ladungsoperatoren $Q_{Va}(t)$ sind im Falle einer SU(3)$_V$-Symmetrie zeitunabhängig. Dies gilt auch für den restriktiveren chiralen Grenzfall.[15] Mithilfe der Relation

$$\sum_{a,b=1}^{8} f_{abc} f_{abd} = 3\delta_{cd} \tag{8.59}$$

für die Strukturkonstanten der Lie-Algebra su(3) drücken wir die Oktettkomponenten der skalaren Quarkdichten folgendermaßen aus:

$$S_a(y) = -\frac{\mathrm{i}}{3} \sum_{b,c=1}^{8} f_{abc} [Q_{Vb}(t), S_c(y)]. \tag{8.60}$$

Hierbei handelt es sich um das Analogon von (8.40) in der Diskussion des Goldstone-Theorems.

Im chiralen Grenzfall ist der Grundzustand notwendigerweise invariant unter SU(3)$_V$ [Vafa und Witten (1984)], sodass gilt:

$$Q_{Va}|0\rangle = 0 \quad \text{und} \quad \langle 0| Q_{Va}^{\dagger} = \langle 0| Q_{Va} = 0.$$

Somit ergibt sich aus (8.60)

$$\langle 0|S_a(y)|0\rangle = \langle 0|S_a(0)|0\rangle =: \langle S_a \rangle = 0, \quad a = 1, \ldots, 8, \tag{8.61}$$

wobei wir von der Translationsinvarianz des Grundzustands Gebrauch gemacht haben. Somit müssen die Oktettkomponenten des skalaren Quarkkondensats im chiralen Grenzfall zwangsläufig verschwinden. Nun werten wir (8.61) für zwei spezielle Werte von a aus. Für $a = 3$ ergibt sich:

$$\langle \bar{u}u \rangle - \langle \bar{d}d \rangle = 0,$$

d. h. $\langle \bar{u}u \rangle = \langle \bar{d}d \rangle$, und für $a = 8$:

$$\langle \bar{u}u \rangle + \langle \bar{d}d \rangle - 2\langle \bar{s}s \rangle = 0,$$

sodass wir schließlich $\langle \bar{u}u \rangle = \langle \bar{d}d \rangle = \langle \bar{s}s \rangle$ erhalten.

Wegen (8.58a) kann ein vergleichbares Argument für das Singulettkondensat nicht verwendet werden. Unter der Annahme, dass das Singulettkondensat im chiralen Grenzfall nicht verschwindet, finden wir mithilfe von $\langle \bar{u}u \rangle = \langle \bar{d}d \rangle = \langle \bar{s}s \rangle$:

$$0 \neq \langle \bar{q}q \rangle = \langle \bar{u}u + \bar{d}d + \bar{s}s \rangle = 3\langle \bar{u}u \rangle = 3\langle \bar{d}d \rangle = 3\langle \bar{s}s \rangle. \tag{8.62}$$

---

[15] Tatsächlich behalten die Vertauschungsrelationen für *gleiche* Zeiten ihre Gültigkeit, selbst wenn die Symmetrie explizit gebrochen ist [siehe Gell-Mann (1962)].

Wenn wir zu guter Letzt von

$$i^2 \left[\gamma_5 \frac{\lambda_a}{2}, \gamma_0 \gamma_5 \lambda_a \right] = \gamma_0 \lambda_a^2$$

Gebrauch machen, in Verbindung mit

$$\lambda_1^2 = \lambda_2^2 = \lambda_3^2 = \begin{pmatrix} 1 & 0 & 0 \\ 0 & 1 & 0 \\ 0 & 0 & 0 \end{pmatrix}, \qquad \lambda_4^2 = \lambda_5^2 = \begin{pmatrix} 1 & 0 & 0 \\ 0 & 0 & 0 \\ 0 & 0 & 1 \end{pmatrix},$$

$$\lambda_6^2 = \lambda_7^2 = \begin{pmatrix} 0 & 0 & 0 \\ 0 & 1 & 0 \\ 0 & 0 & 1 \end{pmatrix}, \qquad \lambda_8^2 = \frac{1}{3} \begin{pmatrix} 1 & 0 & 0 \\ 0 & 1 & 0 \\ 0 & 0 & 4 \end{pmatrix},$$

so ergeben sich folgende Ausdrücke für verschiedene Linearkombinationen diagonaler skalarer Quarkdichten:

$$i\,[Q_{Aa}(t), P_a(y)] = \begin{cases} \bar{u}u + \bar{d}d, & a = 1, 2, 3, \\ \bar{u}u + \bar{s}s, & a = 4, 5, \\ \bar{d}d + \bar{s}s, & a = 6, 7, \\ \frac{1}{3}(\bar{u}u + \bar{d}d + 4\bar{s}s), & a = 8. \end{cases} \tag{8.63}$$

Hierbei haben wir jeweils auf der rechten Seite die y-Abhängigkeit unterdrückt. Wir werten nun diese Gleichung für einen Grundzustand aus, der unter $SU(3)_V$ invariant ist, und nehmen an, dass das skalare Singulettquarkkondensat nichtverschwindend ist [siehe (8.62)]:

$$\langle 0|i\,[Q_{Aa}(t), P_a(y)]|0 \rangle = \frac{2}{3} \langle \bar{q}q \rangle, \quad a = 1, \dots, 8. \tag{8.64}$$

Aufgrund der Translationsinvarianz ist die rechte Seite unabhängig von y. Wenn wir in den Kommutator von (8.64) ein vollständiges System von Zuständen einfügen, dann ergibt sich in Analogie zur Diskussion im Anschluss an (8.41),[16] dass sowohl die pseudoskalaren Quarkdichten $P_a(y)$ als auch die axialen Generatoren Q_{Aa} ein nichtverschwindendes Matrixelement zwischen dem Vakuum und masselosen Einteilchenzuständen $|\phi_b\rangle$ besitzen müssen. Unter Zuhilfenahme der Lorentz-Kovarianz lässt sich das Matrixelement des Axialvektorstromoperators zwischen dem Vakuum und den masselosen Zuständen in der Form

$$\langle 0|A_a^\mu(0)|\phi_b(p)\rangle = i\,p^\mu F_0 \delta_{ab} \tag{8.65}$$

parametrisieren. Hierbei bezeichnet $F_0 \approx 93\,\text{MeV}$ die Zerfallskonstante der Goldstone-Bosonen im chiralen Grenzfall für drei Flavors ($m_u = m_d = m_s = 0$).[17] Aus

---

[16] Man ersetze dazu Q_1 durch $Q_{Aa}(t)$ und $\Phi_2(0)$ durch $P_a(y)$.

[17] Die Konstante F_0 kontrolliert den schwachen Zerfall der Goldstone-Bosonen, z. B. $\pi^- \to e^- \bar{\nu}_e$. Würde man den chiralen Grenzfall bei festen Leptonenmassen betrachten, so würde ein Elektron in ein negativ geladenes Pion und ein Elektron-Neutrino zerfallen.

(8.65) ziehen wir die Schlussfolgerung, dass ein nichtverschwindender Wert von F_0 ein hinreichendes und ein notwendiges Kriterium für eine spontane Symmetriebrechung in der QCD ist. Dagegen ist aufgrund von (8.64) ein nichtverschwindendes Quarkkondensat eine hinreichende, aber nicht notwendige Bedingung für eine spontane Symmetriebrechung in der QCD. Im Rahmen der Gitter-QCD ergibt sich für das Quarkkondensat $\langle \bar{u}u \rangle_0 = -(270)^3 \, \text{MeV}^3$ [siehe Aoki et al. (2014)], wobei die Tiefstellung 0 explizit auf den chiralen Grenzfall hinweisen soll.

8.6 Beispiel für eine nichtlineare Realisierung

In Aufgabe 8.4 wird das sog. *lineare Sigmamodell* ausführlich diskutiert. Dabei handelt es sich um ein phänomenologisches Modell aus dem Prä-QCD-Zeitalter [Schwinger (1957), Gell-Mann und Lévy (1960)], das wesentliche Aspekte der chiralen Symmetrie und ihrer spontanen Brechung implementiert. In seiner einfachsten Form bildet ein O(4)-Multiplett $(\sigma, \pi_1, \pi_2, \pi_3)$ die dynamischen Freiheitsgrade des Modells. Da die Gruppe O(4) *lokal isomorph* zu SU(2) × SU(2) ist,[18] stellt das lineare Sigmamodell ein populäres Werkzeug dar, die spontane Symmetriebrechung in der Zwei-Flavor-QCD zu illustrieren. Das Modell enthält neben den Pionen als Goldstone-Bosonen ein skalares Meson als expliziten dynamischen Freiheitsgrad. Die Existenz des Sigma-Mesons war über lange Zeit sehr umstritten. In der Zwischenzeit ist das Sigma-Meson unter der Bezeichnung $f_0(500)$ als ein Pol in der T-Matrix der Pion-Pion-Streuung etabliert [siehe Olive et al. (2014)].

Im Folgenden geben wir eine Methode wieder, die in den 1960er Jahren entwickelt wurde und von einer sog. *nichtlinearen Realisierung* der chiralen Symmetrie Gebrauch macht [siehe Weinberg (1968), Coleman et al. (1969), Balachandran et al. (1991), Abschnitt 12.2, Leutwyler (1992)]. Zunächst stellen wir einige Vorbetrachtungen an, bevor wir uns dem Spezialfall der QCD zuwenden.

8.6.1 Vorbetrachtungen

Wir interessieren uns ganz allgemein für die mathematische Charakterisierung eines physikalischen Systems, das durch eine Lagrange-Dichte beschrieben wird, die invariant unter einer kompakten Lie-Gruppe G ist. Wir gehen weiterhin davon aus, dass der Grundzustand nur invariant unter einer Untergruppe H von G ist, dergestalt, dass das System $n = n_G - n_H$ Goldstone-Bosonen besitzt. Wir wollen jedem dieser Goldstone-Bosonen ein unabhängiges Feld ϕ_i zuordnen, von dem wir jeweils annehmen, dass es eine glatte, reelle Funktion auf dem Minkowski-Raum $\mathbb{M}^4$ ist. Wir fassen diese Felder in einem n-komponentigen Vektor $\Phi = (\phi_1, \ldots, \phi_n)$ zu-

---

[18] Lokale Isomorphie zweier Gruppen G und G' bedeutet, dass es einen Homomorphismus φ : $U \to U'$ gibt, der offene Umgebungen U und U' der Einselemente e und e' aufeinander abbildet: Für alle $g_1, g_2, g_3 \in U$ gilt $g_1 g_2 = g_3 \Leftrightarrow \varphi(g_1)\varphi(g_2) = \varphi(g_3)$ mit $\varphi(g_1), \varphi(g_2), \varphi(g_3) \in U'$.

sammen, deren Gesamtheit einen reellen Vektorraum

$$M_1 := \{\Phi : \mathbb{M}^4 \to \mathbb{R}^n | \phi_i : \mathbb{M}^4 \to \mathbb{R} \text{ glatt}\} \tag{8.66}$$

definiert. Unser Ziel besteht nun darin, eine Abbildung φ zu konstruieren, die mit jedem Paar $(g, \Phi) \in G \times M_1$ ein Element $\varphi(g, \Phi) \in M_1$ verknüpft, mit den folgenden Eigenschaften:

$$\varphi(e, \Phi) = \Phi \ \forall \ \Phi \in M_1, \ e \text{ Einselement in } G, \tag{8.67a}$$

$$\varphi(g_1, \varphi(g_2, \Phi)) = \varphi(g_1 g_2, \Phi) \ \forall \ g_1, g_2 \in G, \ \forall \ \Phi \in M_1. \tag{8.67b}$$

Eine derartige Abbildung definiert eine Operation der Gruppe G auf der Menge M_1 (siehe Definition 1.8). Im Allg. wird die Abbildung keine *Darstellung* der Gruppe G definieren, weil wir nicht voraussetzen wollen, dass die Abbildung linear ist, $\varphi(g, \lambda\Phi) \neq \lambda\varphi(g, \Phi)$. Bei der Konstruktion der Abbildung orientieren wir uns an Leutwyler (1992). Wir bezeichnen $\Phi = 0$ als Ursprung von M_1, der in einer Theorie, die ausschließlich Goldstone-Bosonen beinhaltet, salopp gesprochen dem Grundzustand entspricht. Da der Grundzustand laut Annahme invariant unter der Untegruppe H ist, fordern wir von der Abbildung φ, dass sie für alle Elemente $h \in H$ den Ursprung auf sich selbst abbildet. In völliger Analogie zu Aufgabe 1.16 bezeichnet man die Untergruppe H als kleine Gruppe von $\Phi = 0$.

Im Folgenden werden wir eine Verbindung zwischen den Feldern der Goldstone-Bosonen und der Menge aller Linksnebenklassen $G/H = \{gH | g \in G\}$ herstellen (siehe Definition 1.13).[19] Für unsere Zwecke erweist sich die Eigenschaft, dass Nebenklassen entweder vollständig überlappen oder disjunkt sind, als zentral. Die Eigenschaften gemäß (8.67a) und (8.67b) resultieren in zwei wichtigen Beobachtungen bzgl. der Menge aller Linksnebenklassen.

1. Gegeben sei ein $g \in G$ mit Linksnebenklasse gH. Unter der Abbildung φ wird für alle Elemente aus gH der Ursprung auf ein und denselben Vektor aus $\mathbb{R}^n$ abgebildet:
$$\varphi(gh, 0) = \varphi(g, \varphi(h, 0)) = \varphi(g, 0) \ \forall \ h \in H.$$

2. Die Abbildung ist mit Bezug auf die Nebenklassen injektiv. Wir betrachten zwei Elemente g und g' aus G, mit $g' \notin gH$. Wir nehmen $\varphi(g, 0) = \varphi(g', 0)$ an:
$$0 = \varphi(e, 0) = \varphi(g^{-1}g, 0) = \varphi(g^{-1}, \varphi(g, 0)) = \varphi(g^{-1}, \varphi(g', 0)) = \varphi(g^{-1}g', 0).$$

Dies würde $g^{-1}g' \in H$ bzw. $g' \in gH$ implizieren, im Widerspruch zur Voraussetzung $g' \notin gH$, sodass wir die Annahme $\varphi(g, 0) = \varphi(g', 0)$ fallen lassen müssen. Dies bedeutet, dass die Abbildung auf dem Bild von $\varphi(g, 0)$ invertiert werden kann.

---

[19] Wir könnten für die Konstruktion ebenso die Menge aller Rechtsnebenklassen $H\backslash G = \{Hg | g \in G\}$ verwenden. Im Allg. ist $G/H \neq H\backslash G$ (siehe Aufgabe 1.29), aber beide Mengen sind gleichmächtig, d. h. es gibt eine bijektive Abbildung $G/H \to H\backslash G$.

Somit existiert eine isomorphe Abbildung zwischen den Linksnebenklassen G/H und den Feldern der Goldstone-Bosonen. Da es sich bei den Feldern nicht um konstante Vektoren im $\mathbb{R}^n$, sondern um Funktionen auf dem Minkowski-Raum handelt, betrachten wir entsprechend auch Linksnebenklassen, die von x abhängig sind.

Wir wenden uns nun dem Transformationsverhalten der Felder der Goldstone-Bosonen für ein beliebiges $g \in G$ zu, indem wir dazu den obigen Isomorphismus zu Hilfe nehmen. Jedem Φ entspricht eine Linksnebenklasse $\tilde{g}H$ mit geeignetem $\tilde{g}$. Es bezeichne $f = \tilde{g}h \in \tilde{g}H$ einen Repräsentanten dieser Nebenklasse, dergestalt, dass gilt:

$$\Phi = \varphi(f, 0) = \varphi(\tilde{g}h, 0).$$

Nun wenden wir die Abbildung $\varphi(g)$ auf Φ an:

$$\varphi(g, \Phi) = \varphi(g, \varphi(\tilde{g}h, 0)) = \varphi(g\tilde{g}h, 0) = \varphi(f', 0) = \Phi', \quad f' \in g(\tilde{g}H).$$

Um das zu einem gegebenen Φ gehörige transformierte Φ' zu erhalten, gehen wir folgendermaßen vor: Wir betrachten die Linksnebenklasse $\tilde{g}H$, die Φ repräsentiert, und multiplizieren sie von links mit g. Daraus ergibt sich die neue Linksnebenklasse, die Φ' repräsentiert:

$$\begin{array}{ccc} \Phi & \xrightarrow{g} & \Phi' \\ \downarrow & & \uparrow \\ \tilde{g}H & \xrightarrow{g} & g\tilde{g}H \end{array} \qquad (8.68)$$

Anmerkung Diese Vorgehensweise legt das Transformationsverhalten der Goldstone-Bosonen eindeutig fest, wobei noch die Freiheit besteht, eine geeignete Wahl für die Variablen zur Parametrisierung einer Nebenklasse zu treffen [Weinberg (1968)].

8.6.2 Anwendung auf die QCD

Nun wenden wir uns einer Anwendung im Rahmen der QCD zu. Die relevanten Symmetriegruppen der Lagrange-Dichte und des Grundzustands sind[20]

$$G = SU(N) \times SU(N) = \{(L, R)|L \in SU(N), R \in SU(N)\}$$

und

$$H = \{(V, V)|V \in SU(N)\} \cong SU(N),$$

mit $N = 2$ für masselose u- und d-Quarks sowie $N = 3$ für masselose u-, d- und s-Quarks. Es sei $\tilde{g} = (\tilde{L}, \tilde{R}) \in G$. Wir repräsentieren die Linksnebenklasse $\tilde{g}H$ mithilfe der SU(N)-Matrix $U := \tilde{R}\tilde{L}^\dagger$ [siehe Balachandran et al. (1991), Ab-

---

[20] Wir unterdrücken die Gruppe U(1)$_V$ und konzentrieren uns auf ein dynamisches System, das die Baryonenzahl null beschreibt.

schnitt 12.2] dergestalt, dass $\tilde{g}H = (\mathbb{1}, \tilde{R}\tilde{L}^{\dagger})H$ ist. Wir treffen somit die Vereinbarung, als Repräsentanten einer Linksnebenklasse dasjenige Element zu verwenden, das im ersten Argument die Einheitsmatrix stehen hat. Das Transformationsverhalten von U unter $g = (L, R) \in G$ ergibt sich durch eine Multiplikation der Linksnebenklasse von links mit dem Element g [siehe (8.68)]:

$$g\tilde{g}H = (L, R)(\mathbb{1}, \tilde{R}\tilde{L}^{\dagger})H = (L, R\tilde{R}\tilde{L}^{\dagger})H = (\mathbb{1}, R\tilde{R}\tilde{L}^{\dagger}L^{\dagger})(L, L)H$$
$$= (\mathbb{1}, R(\tilde{R}\tilde{L}^{\dagger})L^{\dagger})H.$$

Hierbei haben wir davon Gebrauch gemacht, dass die Multiplikation von H mit einem beliebigen Element $(L, L) \in H$ wieder H ergibt. Nach unserer oben getroffenen Konvention lautet der Repräsentant der transformierten Nebenklasse $(\mathbb{1}, R\tilde{R}\tilde{L}^{\dagger}L^{\dagger})$. Somit ist das Transformationsverhalten von U durch

$$U = \tilde{R}\tilde{L}^{\dagger} \mapsto U' = R(\tilde{R}\tilde{L}^{\dagger})L^{\dagger} = RUL^{\dagger} \tag{8.69}$$

gegeben. Wie schon erwähnt müssen wir noch ein x-Abhängigkeit einführen, die der Tatsache Rechnung trägt, dass wir es mit Feldern zu tun haben:

$$U(x) \mapsto RU(x)L^{\dagger}. \tag{8.70}$$

Wir beschränken uns nun auf die physikalisch relevanten Fälle, nämlich $N = 2$ und $N = 3$, und definieren

$$M_1 := \begin{cases} \{\Phi : \mathbb{M}^4 \to \mathbb{R}^3 | \phi_i : \mathbb{M}^4 \to \mathbb{R} \text{ glatt}\} \text{ für } N = 2, \\ \{\Phi : \mathbb{M}^4 \to \mathbb{R}^8 | \phi_i : \mathbb{M}^4 \to \mathbb{R} \text{ glatt}\} \text{ für } N = 3. \end{cases}$$

Des Weiteren bezeichne $\tilde{\mathcal{H}}(N)$ die Menge aller hermiteschen und spurlosen (N, N)-Matrizen:

$$\tilde{\mathcal{H}}(N) := \{A \in \mathrm{gl}(N, \mathbb{C}) | A^{\dagger} = A \wedge \mathrm{Sp}(A) = 0\}.$$

Diese Menge bildet bzgl. der Matrizenaddition einen reellen Vektorraum. Wir definieren eine zweite Menge $M_2 := \{\phi : \mathbb{M}^4 \to \tilde{\mathcal{H}}(N) | \phi \text{ glatt}\}$, wobei die Einträge der Matrizen glatte Funktionen sind. Für $N = 2$ ist der Zusammenhang zwischen den Elementen von M_1 und M_2 gegeben durch

$$\phi = \sum_{i=1}^{3} \phi_i \tau_i = \begin{pmatrix} \phi_3 & \phi_1 - \mathrm{i}\phi_2 \\ \phi_1 + \mathrm{i}\phi_2 & -\phi_3 \end{pmatrix} =: \begin{pmatrix} \pi^0 & \sqrt{2}\pi^+ \\ \sqrt{2}\pi^- & -\pi^0 \end{pmatrix}, \tag{8.71}$$

wobei die τ_i die Pauli-Matrizen sind und $\phi_i = \frac{1}{2}\mathrm{Sp}(\tau_i\phi)$ ist. Analog gilt für $N = 3$:

$$\phi(x) = \sum_{a=1}^{8} \phi_a \lambda_a =: \begin{pmatrix} \pi^0 + \frac{1}{\sqrt{3}}\eta & \sqrt{2}\pi^+ & \sqrt{2}K^+ \\ \sqrt{2}\pi^- & -\pi^0 + \frac{1}{\sqrt{3}}\eta & \sqrt{2}K^0 \\ \sqrt{2}K^- & \sqrt{2}\bar{K}^0 & -\frac{2}{\sqrt{3}}\eta \end{pmatrix}, \tag{8.72}$$

mit den Gell-Mann-Matrizen λ_a und $\phi_a = \frac{1}{2}\mathrm{Sp}(\lambda_a\phi)$. Auch die Menge M_2 bildet mit der Matrizenaddition einen $\mathbb{R}$-Vektorraum. Der Zusammenhang zwischen den kartesischen und den physikalischen Feldern wird in Aufgabe 8.5 hergestellt.[21]

Schließlich definieren wir

$$M_3 := \left\{ U : \mathbb{M}^4 \to \mathrm{SU}(N) | U = \exp\left(\mathrm{i}\,\frac{\phi}{F_0}\right), \phi \in M_2 \right\}.$$

An dieser Stelle wurde die Konstante F_0 eingeführt, um das Argument der Exponentialfunktion dimensionslos zu machen. Da bosonische Felder die Dimension einer Energie besitzen, hat auch die Konstante F_0 die Dimension einer Energie. Bei F_0 handelt es sich um die Zerfallskonstante der Goldstone-Bosonen, die bereits in (8.65) eingeführt wurde. Wir weisen darauf hin, dass es sich bei M_3 nicht um einen Vektorraum handelt, weil die Summe zweier $\mathrm{SU}(N)$-Matrizen keine $\mathrm{SU}(N)$-Matrix ist.

Beispiel 8.1

Zunächst diskutieren wir eine nichtlineare Realisierung der Gruppe $G = \mathrm{SU}(N) \times \mathrm{SU}(N)$ auf M_3. Der Homomorphismus

$$\varphi : G \times M_3 \to M_3, \quad \text{mit} \quad \varphi[(L, R), U] := RUL^\dagger,$$

definiert eine Operation der Gruppe G auf M_3 (siehe Definition 1.8 und Aufgabe 1.21), denn:

1. $RUL^\dagger \in M_3$, wegen $U \in M_3$ und $R, L^\dagger \in \mathrm{SU}(N)$, d. h. $RUL^\dagger$ ist eine glatte Funktion mit Werten in $\mathrm{SU}(N)$;
2. $\varphi[(\mathbb{1}, \mathbb{1}), U] = \mathbb{1}\, U\, \mathbb{1} = U$;
3. es sei $g_i = (L_i, R_i) \in G$ und somit $g_1 g_2 = (L_1 L_2, R_1 R_2) \in G$:

$$\varphi[g_1, \varphi[g_2, U]] = \varphi[g_1, (R_2 U L_2^\dagger)] = R_1 R_2 U L_2^\dagger L_1^\dagger,$$

$$\varphi[g_1 g_2, U] = R_1 R_2 U (L_1 L_2)^\dagger = R_1 R_2 U L_2^\dagger L_1^\dagger.$$

Die Abbildung φ ist zwar homogen vom Grad eins, sie definiert aber keine Darstellung der Gruppe G, weil die Menge M_3 kein Vektorraum ist.

Der Ursprung $\Phi = 0 \in M_1$ entspricht $\phi = 0$ (für alle x), d. h. $U_0 = \mathbb{1}$ bezeichnet den Grundzustand des Systems. Der Grundzustand der QCD ist im chiralen Grenzfall invariant unter Transformationen sowohl der linkshändigen als auch der rechtshändigen Quarkfelder mit demselben $V \in \mathrm{SU}(N)$. Genau diese Eigenschaft erwarten wir von einer Theorie der Goldstone-Bosonen, d. h. Transformationen der Untergruppe $H = \{(V, V) | V \in \mathrm{SU}(N)\}$ müssen $U_0 = \mathbb{1}$ invariant lassen:

$$\varphi[g = (V, V), U_0] = V U_0 V^\dagger = V V^\dagger = \mathbb{1} = U_0.$$

Anderseits bleibt der Grundzustand der QCD unter „axialen Transformationen", d. h. Transformationen der linkshändigen Quarks unter einem nichttrivalen $A \in$

---

[21] Für die physikalischen Felder wird zumeist auf ein sphärische Konvention verzichtet.

SU(N) und der rechtshändigen Quarks unter $A^\dagger$, nicht invariant. Wir überprüfen daher:

$$\varphi[g = (A, A^\dagger), U_0] = A^\dagger U_0 A^\dagger = A^\dagger A^\dagger \neq U_0,$$

was somit konsistent mit unserer Annahme einer spontanen Symmetriebrechung ist. ∎

Beispiel 8.2
Die spurlosen und hermiteschen Matrizen in (8.71) und (8.72) enthalten die Felder der Goldstone-Bosonen. Im Folgenden wollen wir deren Transformationsverhalten bzgl. der Untergruppe $H = \{(V, V)|V \in \mathrm{SU}(N)\}$ untersuchen. Zu diesem Zweck führen wir eine Reihenentwicklung von U durch,

$$U = \mathbb{1} + \mathrm{i}\frac{\phi}{F_0} - \frac{\phi^2}{2F_0^2} + \dots,$$

und betrachten die Wirkung der Realisierung in Beispiel 8.1, aber nun eingeschränkt auf die Untergruppe $H = \{(V, V)|V \in \mathrm{SU}(N)\} \cong \mathrm{SU}(N)$:

$$\mathbb{1} + \mathrm{i}\frac{\phi}{F_0} - \frac{\phi^2}{2F_0^2} + \dots \mapsto V\left(\mathbb{1} + \mathrm{i}\frac{\phi}{F_0} - \frac{\phi^2}{2F_0^2} + \dots\right)V^\dagger$$

$$= \mathbb{1} + \mathrm{i}\frac{V\phi V^\dagger}{F_0} - \frac{V\phi V^\dagger V\phi V^\dagger}{2F_0^2} + \dots. \quad (8.73)$$

Wir erkennen, dass $\phi \in M_2$ auf $V\phi V^\dagger$ abgebildet wird. Zunächst verifizieren wir, dass das Bild in M_2 liegt:

$$(V\phi V^\dagger)^\dagger = V\phi V^\dagger, \quad \mathrm{Sp}(V\phi V^\dagger) = \mathrm{Sp}(\phi) = 0.$$

Nun untersuchen wir die Wirkung auf die Komponenten von $\Phi \in M_1$ für SU(2):

$$\phi_i = \frac{1}{2}\mathrm{Sp}(\tau_i\phi) \mapsto \phi_i' = \frac{1}{2}\mathrm{Sp}(\tau_i V\phi V^\dagger) = \frac{1}{2}\mathrm{Sp}(\tau_i V\tau_j V^\dagger)\phi_j$$
$$=: D_{ij}(V)\phi_j,$$

und vollkommen analog für SU(3) mit der Ersetzung $\tau_i \to \lambda_a$. Die Einschränkung der nichtlinearen Realisierung von $G = \mathrm{SU}(N) \times \mathrm{SU}(N)$ auf die Untergruppe $H \cong \mathrm{SU}(N)$ induziert eine nichttreue, orthogonale *Darstellung* von SU(N) auf M_1:

$$D : H \to O(3) \text{ bzw. } O(8) \quad \text{für} \quad N = 2 \text{ bzw. } 3,$$
$$h = (V, V) \mapsto D(V) \quad \text{mit} \quad D(V) : M_1 \to M_1, \quad \phi_i \mapsto \phi_i' = D_{ij}(V)\phi_j.$$

Die Homomorphismuseigenschaft lässt sich über den Zusammenhang zwischen $\tilde{\mathcal{H}}(N)$ und $\mathbb{R}^{N^2-1}$ zeigen. Es sei $h_i = (V_i, V_i) \in H \Rightarrow h_2 h_1 = (V_2 V_1, V_2 V_1) \in H$:

$$\phi \mapsto V_1\phi V_1^\dagger \mapsto V_2(V_1\phi V_1^\dagger)V_2^\dagger = V_2 V_1\phi V_1^\dagger V_2^\dagger = (V_2 V_1)\phi(V_2 V_1)^\dagger.$$

Wir überzeugen uns davon, dass $D(V)$ eine orthogonale Matrix ist:

$$D_{ij}(V) = \frac{1}{2}\text{Sp}(\tau_i V \tau_j V^\dagger) = \frac{1}{2}\text{Sp}(\tau_j V^\dagger \tau_i V) = D_{ji}(V^\dagger) \overset{V^\dagger = V^{-1}}{=} D_{ji}(V^{-1})$$

$$\Leftrightarrow \quad D(V) = D^T(V^{-1})$$

$$\Leftrightarrow \quad D^T(V) = D(V^{-1}) \overset{D\text{ Darst.}}{=} D^{-1}(V).$$

D ist eine nichttreue Darstellung, da allen Elementen des Zentrums von SU(N) (siehe Definition 1.15 und Beispiel 1.36),

$$V \in Z = \left\{ z_n = \exp\left(\frac{2\pi n \mathrm{i}}{N}\right) \mathbb{1} \middle| n = 0, 1, \ldots, N-1 \right\},$$

die Identität zugeordnet wird.

Wir betrachten beispielhaft den Fall SU(3) und parametrisieren

$$V = \exp\left(-\mathrm{i}\,\Theta_{Vb}\frac{\lambda_b}{2}\right).$$

Indem wir beide Seiten von (8.73) miteinander vergleichen,

$$\phi = \phi_a \lambda_a \mapsto V\phi V^\dagger = \phi - \mathrm{i}\,\Theta_{Vb}\phi_a \underbrace{\left[\frac{\lambda_b}{2},\lambda_a\right]}_{=\,\mathrm{i}\,f_{bac}\lambda_c} + \ldots = \phi + f_{abc}\Theta_{Va}\phi_b\lambda_c + \ldots,$$

$$\tag{8.74}$$

sehen wir, dass die Felder ϕ_a in SU(3) sich wie ein Oktett transformieren, was in Übereinstimmung mit dem Transformationsverhalten aus (8.54) ist:

$$e^{\mathrm{i}\,\Theta_{Va}Q_{Va}}\phi_b\lambda_b e^{-\mathrm{i}\,\Theta_{Vc}Q_{Vc}} = \phi_b\lambda_b + \mathrm{i}\,\Theta_{Va}\underbrace{[Q_{Va},\phi_b]}_{=\,\mathrm{i}\,f_{abc}\phi_c}\lambda_b + \ldots$$

$$= \phi + f_{abc}\Theta_{Va}\phi_b\lambda_c + \ldots. \tag{8.75}$$

Für Gruppenelemente von G der Form $(A, A^\dagger)$ kann man vollkommen analog vorgehen. Allerdings stellt man fest, dass die Felder ϕ_a *kein* einfaches Transformationsverhalten bzgl. derartiger Gruppenelemente besitzen. Dies bedeutet, dass die Vertauschungsrelationen der Felder mit den axialen Generatoren komplizierte nichtlineare Funktionen der Felder sind. Diese Eigenschaft ist der Grund für die Begriffsbildung *nichtlineare Realisierung der chiralen Symmetrie* [siehe Weinberg (1968), Coleman et al. (1969)].   ∎

Beispiel 8.3

Zum Abschluss wollen wir eine Anwendung der nichtlinearen Realisierung der chiralen Symmetrie vorstellen. Ausgangspunkt ist die Fragestellung, wie eine *effektive Feldheorie* aussehen müsste, die die Dynamik der Goldstone-Bosonen in ihrer

allgemeinsten Form erfasst. Als Grundlage dient folgende Überlegung [Weinberg
(1979)]: Eine störungstheoretische Beschreibung im Rahmen der allgemeinsten Lagrange-Dichte, die *alle* mit einer angenommenen Symmetrie verträglichen Terme
enthält, liefert die allgemeinste (störungstheoretische) S-Matrix, die sowohl die
fundamentalen Prinzipien der Quantenfeldtheorie als auch die Anforderungen der
vorgegebenen Symmetrie erfüllt. Im Fall der sog. *chiralen Störungstheorie* [Gasser
und Leutwyler (1985)] sind die chirale $SU(3)_L \times SU(3)_R$-Symmetrie der QCD sowie die Annahme einer spontanen Symmetriebrechung hin zu $SU(3)_V$ die entscheidenden Voraussetzungen. Als Konsequenz müssten im Idealfall acht masselose,
pseudoskalare Goldstone-Bosonen existieren, die mit dem Oktett der pseudoskalaren Mesonen (π, K, η) identifiziert werden. Wegen der spontanen Symmetriebrechung erwartet man, dass die Wechselwirkungen der Goldstone-Bosonen untereinander (und mit anderen Hadronen) bei immer kleiner werdenden Energien
schwächer werden. Dies legt als Konstruktionsprinzip der allgemeinsten Lagrange-Dichte eine Entwicklung nach der Anzahl der Ableitungen nahe. Die endlichen
Quarkmassen in der QCD führen zu einer expliziten Symmetriebrechung, die in
einer zusätzlichen Quarkmassenentwicklung der effektiven Lagrange-Dichte berücksichtigt wird.

Im chiralen Grenzfall muss die effektive Lagrange-Dichte invariant unter
$SU(3)_L \times SU(3)_R$ sein. Die Theorie sollte genau acht pseudoskalare dynamische Freiheitsgrade enthalten, die unter der Untergruppe $H = SU(3)_V$ wie ein
Oktett transformieren. Schließlich sollte der Grundzustand nur unter $SU(3)_V$-
Transformationen invariant sein. Bei der Konstruktion der Theorie verwenden wir
als dynamische Felder

$$U(x) = \exp\left(\mathrm{i}\,\frac{\phi(x)}{F_0}\right), \tag{8.76}$$

mit $\phi(x)$ aus (8.72). Die allgemeinste, chiral invariante Lagrange-Dichte mit der
kleinsten Anzahl an Ableitungen lautet

$$\mathcal{L} = \frac{F_0^2}{4}\,\mathrm{Sp}\left(\partial_\mu U \partial^\mu U^\dagger\right). \tag{8.77}$$

Zunächst überprüfen wir, dass $\mathcal{L}$ invariant ist bzgl. $U(x) \mapsto RU(x)L^\dagger$, wobei
$(L, R) \in SU(3) \times SU(3)$ ist:

$$\mathcal{L} \mapsto \frac{F_0^2}{4}\,\mathrm{Sp}\{\partial_\mu[RU(x)L^\dagger]\partial^\mu[RU(x)L^\dagger]^\dagger\}$$

$$= \frac{F_0^2}{4}\,\mathrm{Sp}\{\partial_\mu[RU(x)L^\dagger]\partial^\mu[LU^\dagger(x)R^\dagger]\}$$

$$= \frac{F_0^2}{4}\,\mathrm{Sp}\{R[\partial_\mu U(x)]\underbrace{L^\dagger L}_{=\,\mathbb{1}}[\partial^\mu U^\dagger(x)]R^\dagger\}$$

$$= \frac{F_0^2}{4}\,\mathrm{Sp}\{\underbrace{R^\dagger R}_{=\,\mathbb{1}}\,\partial_\mu U(x)\partial^\mu U^\dagger(x)\} = \mathcal{L}.$$

Die multiplikative Konstante $F_0^2/4$ hat zur Folge, dass der kinetische Anteil die Standardform

$$\frac{1}{2}\sum_{a=1}^{8}\partial_\mu\phi_a\partial^\mu\phi_a$$

hat (siehe Aufgabe 8.6). Physikalisch lässt sich $F_0 \approx 93$ MeV als Grenzwert der Pionzerfallskonstante ($\pi^+ \to \mu^+\nu_\mu$) für verschwindende Quarkmassen m_u, m_d und m_s interpretieren. Die Lagrange-Dichte $\mathcal{L}$ aus (8.77) besitzt keine Anteile, die proportional zu ϕ_a^2 sind. Dies ist in Übereinstimmung mit der Tatsache, dass Goldstone-Bosonen masselos sind. In Aufgabe 8.6 wird ein symmetriebrechender Term proportional zu den Quarkmassen diskutiert. Die Lagrange-Dichte der nächsthöheren Ordnung in den Ableitungen und Quarkmassen wurde in Gasser und Leutwyler (1985) aufgestellt. Eine weiterführende Diskussion findet sich in Scherer und Schindler (2012), Kapitel 3.   ∎

8.7 Spontane Brechung einer lokalen, kontinuierlichen Symmetrie

Bislang haben wir uns mit der spontanen Brechung einer *globalen*, kontinuierlichen Symmetrie beschäftigt. Auf dem Weg zur Formulierung des Standardmodells der Elementarteilchenphysik müssen wir uns mit dem sog. *Higgs-Mechanismus* auseinandersetzen [Higgs (1964a), Englert und Brout (1964), Higgs (1964b), Guralnik et al. (1964), Higgs (1966)]. Hierbei steht die Frage im Vordergrund, welche Konsequenzen sich aus der spontanen Brechung einer *lokalen* Symmetrie ergeben. Bevor wir im abschließenden Kapitel das Standardmodell vorstellen, widmen wir uns mithilfe einfacher Modelle dem Higgs-Phänomen [für weiterführende Literatur siehe Abers und Lee (1973), Bernstein (1974), Cheng und Li (1984), Georgi (1984), Ryder (1985) und Weinberg (1996)].

8.7.1 Beispiel: Abelscher Fall

Wir beginnen unsere Betrachtungen mit der Lagrange-Dichte aus (8.12), führen komplexe Felder ein,

$$\Phi = \frac{1}{\sqrt{2}}(\Phi_1 + i\,\Phi_2), \quad \Phi^\dagger = \frac{1}{\sqrt{2}}(\Phi_1 - i\,\Phi_2), \quad \Phi^\dagger\Phi = \frac{1}{2}\big(\Phi_1^2 + \Phi_2^2\big),$$

und formulieren eine Eichtheorie mit einer *lokalen* U(1)-Invarianz (siehe auch Aufgabe 7.2):

$$\mathcal{L} = (D_\mu\Phi)^\dagger D^\mu\Phi \underbrace{-m^2\Phi^\dagger\Phi - \lambda(\Phi^\dagger\Phi)^2}_{=:\,-\mathcal{W}(\Phi,\,\Phi^\dagger)} - \frac{1}{4}\mathcal{F}_{\mu\nu}\mathcal{F}^{\mu\nu}, \qquad (8.78)$$

mit

$$D_\mu \Phi = (\partial_\mu - \mathrm{i}\, g \mathcal{A}_\mu)\Phi, \quad \mathcal{F}_{\mu\nu} = \partial_\mu \mathcal{A}_\nu - \partial_\nu \mathcal{A}_\mu$$

und der Kopplungskonstante g. Die Lagrange-Dichte $\mathcal{L}$ aus (8.78) ist invariant unter den Eichtransformationen

$$\Phi \mapsto e^{\mathrm{i}\,\Theta(x)}\Phi, \quad \Phi^\dagger \mapsto e^{-\mathrm{i}\,\Theta(x)}\Phi^\dagger, \quad \mathcal{A}_\mu \mapsto \mathcal{A}_\mu + \partial_\mu \Theta(x)/g. \tag{8.79}$$

Wir wählen wie üblich $\lambda > 0$ und konzentrieren uns auf die Situation $m^2 < 0$, die im Fall einer globalen Symmetrie als Prototyp für ein Modell mit spontaner Symmetriebrechung dient. Da wir es nun aber mit einer lokalen Symmetrie zu tun haben, stellt sich die Frage, inwiefern unsere bisherigen Schlussfolgerungen beeinträchtigt werden.

Wir nehmen an, dass Φ einen Vakuumerwartungswert besitzt:

$$\langle \Phi \rangle = \frac{v}{\sqrt{2}} \quad \text{mit} \quad v = \sqrt{-\frac{m^2}{\lambda}}. \tag{8.80}$$

Dies entspricht der Wahl eines Koordinatensystems mit $\langle \Phi_1 \rangle = v$ und $\langle \Phi_2 \rangle = 0$.

Wir verschieben nun die Felder dergestalt, dass $\mathcal{L}$ durch solche mit verschwindendem Vakuumerwartungswert ausgedrückt wird:

$$\Phi_1 = v + \varphi_1, \qquad\qquad \Phi_2 = \varphi_2,$$

oder

$$\Phi = \frac{v}{\sqrt{2}} + \varphi, \qquad\qquad \Phi^\dagger = \frac{v}{\sqrt{2}} + \varphi^\dagger,$$

mit

$$\varphi = \frac{1}{\sqrt{2}}(\varphi_1 + \mathrm{i}\,\varphi_2), \qquad \varphi^\dagger = \frac{1}{\sqrt{2}}(\varphi_1 - \mathrm{i}\,\varphi_2).$$

Die Auswirkung auf $\mathcal{V}(\Phi_1, \Phi_2) = \mathcal{W}(\Phi, \Phi^\dagger)$ ist dieselbe wie im Fall einer globalen Symmetrie [siehe (8.19)]:

$$\begin{aligned}
\mathcal{W}(\Phi, \Phi^\dagger) &= \tilde{\mathcal{W}}(\varphi, \varphi^\dagger) \\
&= -\frac{\lambda v^4}{4} + \frac{\lambda v^2}{2}(\varphi + \varphi^\dagger)^2 + \lambda v \sqrt{2}(\varphi + \varphi^\dagger)\varphi^\dagger \varphi + \lambda(\varphi^\dagger \varphi)^2 \\
&= -\frac{\lambda v^4}{4} + \frac{1}{2}(-2m^2)\varphi_1^2 + \lambda v \varphi_1(\varphi_1^2 + \varphi_2^2) + \frac{\lambda}{4}(\varphi_1^2 + \varphi_2^2)^2.
\end{aligned}$$

Jetzt wenden wir uns der Frage zu, wie sich die Verschiebung auf $(D_\mu\Phi)^\dagger D^\mu\Phi$ auswirkt. Wir berechnen zunächst[22]

$$D_\mu\Phi = (\partial_\mu - \mathrm{i}\,g\,\mathcal{A}_\mu)\left(\frac{v}{\sqrt{2}} + \varphi\right)$$

$$= (\partial_\mu - \mathrm{i}\,g\,\mathcal{A}_\mu)\varphi - \frac{\mathrm{i}\,g\,v}{\sqrt{2}}\mathcal{A}_\mu =: \mathcal{D}_\mu\varphi - \frac{\mathrm{i}\,g\,v}{\sqrt{2}}\mathcal{A}_\mu$$

und erhalten also

$$(D_\mu\Phi)^\dagger D^\mu\Phi = (\mathcal{D}_\mu\varphi)^\dagger\mathcal{D}^\mu\varphi + \frac{\mathrm{i}\,g\,v}{\sqrt{2}}\mathcal{A}_\mu\mathcal{D}^\mu\varphi - (\mathcal{D}_\mu\varphi)^\dagger\frac{\mathrm{i}\,g\,v}{\sqrt{2}}\mathcal{A}^\mu + \frac{1}{2}g^2 v^2\mathcal{A}_\mu\mathcal{A}^\mu$$

$$= (\mathcal{D}_\mu\varphi)^\dagger\mathcal{D}^\mu\varphi - g\,v\,\mathcal{A}_\mu(\partial^\mu\varphi_2 - g\varphi_1\mathcal{A}^\mu) + \frac{1}{2}g^2 v^2\mathcal{A}_\mu\mathcal{A}^\mu.$$

Der Vollständigkeit halber fassen wir die gesamte Lagrange-Dichte, ausgedrückt durch die neuen Felder, in einer für die nachfolgende Diskussion geeigneten Schreibweise zusammen:

$$\begin{aligned}
\mathcal{L} = &\ \frac{\lambda v^4}{4} \\
&+ \frac{1}{2}\partial_\mu\varphi_1\partial^\mu\varphi_1 - \frac{1}{2}(-2m^2)\varphi_1^2 + \frac{1}{2}\partial_\mu\varphi_2\partial^\mu\varphi_2 - \frac{1}{4}\mathcal{F}_{\mu\nu}\mathcal{F}^{\mu\nu} + \frac{1}{2}g^2 v^2\mathcal{A}_\mu\mathcal{A}^\mu \\
&- g\,v\,\mathcal{A}_\mu\partial^\mu\varphi_2 \\
&- g(\varphi_1\partial_\mu\varphi_2 - \partial_\mu\varphi_1\varphi_2)\mathcal{A}^\mu + g^2 v\varphi_1\,\mathcal{A}_\mu\mathcal{A}^\mu - \lambda v\varphi_1(\varphi_1^2 + \varphi_2^2) \\
&+ \frac{1}{2}g^2(\varphi_1^2 + \varphi_2^2)\mathcal{A}_\mu\mathcal{A}^\mu - \frac{\lambda}{4}(\varphi_1^2 + \varphi_2^2)^2.
\end{aligned} \tag{8.81}$$

Nun wollen wir die einzelnen Terme interpretieren. Das Negative des konstanten Terms in der ersten Zeile stellt die Energiedichte des Vakuums dar. In der zweiten Zeile stehen die Lagrange-Dichten eines massebehafteten skalaren Teilchens (φ_1), eines masselosen skalaren Teichens (φ_2) und eines *massebehafteten* Vektorbosons ($\mathcal{A}_\mu$). Ungewöhnlich ist die dritte Zeile, die eine Mischung von $\mathcal{A}_\mu$ und φ_2 erzeugt. Erst wenn die Mischung verschiedener Felder in Ausdrücken vom Grad 2 eliminiert ist, lässt sich eine verlässliche Aussage über die Massen anhand der Lagrange-Dichte machen. Die vierte und die fünfte Zeile bestehen jeweils aus Wechselwirkungstermen vom Grad 3 bzw. 4.

Im Folgenden beseitigen wir die Mischung durch die Einführung neuer Feldvariabler. Zu diesem Zweck drücken wir das komplexe Feld Φ in Polarkoordinaten aus und verschieben nur die Amplitude:

$$\Phi = \frac{v+\eta}{\sqrt{2}}\exp\left(\mathrm{i}\,\frac{\xi}{v}\right) = \frac{v+\eta}{\sqrt{2}}\left(1 + \mathrm{i}\,\frac{\xi}{v} + \ldots\right) = \frac{1}{\sqrt{2}}(v + \eta + \mathrm{i}\,\xi + \ldots),$$

$$\tag{8.82}$$

---

[22] Wir führen bewusst ein eigenes Symbol $\mathcal{D}_\mu\varphi$ ein, weil wir für die kovariante Ableitung eines Objekts gefordert haben, dass sie sich wie das Objekt selbst transformiert [siehe Anmerkung im Anschluss an (7.4)]. In diesem Sinne ist $\mathcal{D}_\mu\varphi$ keine kovariante Ableitung.

wobei η und ξ reelle Felder sind. Es sei darauf hingewiesen, dass ein derartiger Ansatz nur für $v \neq 0$ funktioniert. Für Werte der Felder in der Nähe des Grundzustands („kleine Fluktuationen") ist $\Phi_1 \approx v + \eta$ und $\Phi_2 \approx \xi$. Jetzt machen wir von der Eichinvarianz Gebrauch und wählen als Eichfunktion

$$\Theta(x) = -\frac{\xi(x)}{v}.$$

Diese konkrete Wahl wird auch als *unitäre* oder *physikalische Eichung* bezeichnet, weil in ihr nur physikalische Teilchen auftreten. In dieser Eichung lauten die transformierten Felder

$$\Phi' = e^{-i\frac{\xi(x)}{v}}\Phi = \frac{v+\eta}{\sqrt{2}}, \quad \Phi'^{\dagger} = \frac{v+\eta}{\sqrt{2}},$$

$$\mathcal{B}_{\mu} := \mathcal{A}'_{\mu} = \mathcal{A}_{\mu} + \left[-\frac{\partial_{\mu}\xi}{gv}\right] = \mathcal{A}_{\mu} - \frac{\partial_{\mu}\xi}{gv},$$

$$\mathcal{G}_{\mu\nu} := \partial_{\mu}\mathcal{B}_{\nu} - \partial_{\nu}\mathcal{B}_{\mu} = \mathcal{F}_{\mu\nu}.$$

Im abelschen Fall ist der Feldstärketensor invariant unter Eichtransformationen. Einsetzen in die Lagrange-Dichte liefert[23]

$$\mathcal{L}\left(\Phi, \Phi^{\dagger}, \partial_{\mu}\Phi, \partial_{\mu}\Phi^{\dagger}, \mathcal{A}_{\mu}, \mathcal{F}_{\mu\nu}\right) = \mathcal{L}'\left(\eta, \partial_{\mu}\eta, \mathcal{B}_{\mu}, \mathcal{G}_{\mu\nu}\right)$$

$$= \frac{1}{2}\left[(\partial_{\mu} + i\,g\,\mathcal{B}_{\mu})(v+\eta)\right]\left[(\partial^{\mu} - i\,g\,\mathcal{B}^{\mu})(v+\eta)\right] - \mathcal{W}\left(\frac{v+\eta}{\sqrt{2}}, \frac{v+\eta}{\sqrt{2}}\right)$$

$$- \frac{1}{4}\mathcal{G}_{\mu\nu}\mathcal{G}^{\mu\nu}$$

$$= \text{konst.} + \mathcal{L}_0 + \mathcal{L}_{\text{int}}, \tag{8.83}$$

mit

$$\text{konst.} = \frac{\lambda v^4}{4}, \tag{8.84a}$$

$$\mathcal{L}_0 = \frac{1}{2}\partial_{\mu}\eta\partial^{\mu}\eta - \frac{1}{2}(-2m^2)\eta^2 - \frac{1}{4}\mathcal{G}_{\mu\nu}\mathcal{G}^{\mu\nu} + \frac{1}{2}g^2v^2\mathcal{B}_{\mu}\mathcal{B}^{\mu}, \tag{8.84b}$$

$$\mathcal{L}_{\text{int}} = g^2v\eta\mathcal{B}_{\mu}\mathcal{B}^{\mu} - \lambda v\eta^3 + \frac{g^2}{2}\eta^2\mathcal{B}_{\mu}\mathcal{B}^{\mu} - \frac{\lambda}{4}\eta^4. \tag{8.84c}$$

Anmerkungen

1. Wir haben nun als freie Lagrange-Dichten die eines skalaren Bosons mit der Masse $\sqrt{-2m^2}$ und eines Vektorbosons mit der Masse $M = gv$ [siehe (A.43a)]. Eine Mischung der Felder tritt in den Ausdrücken vom Grad 2 nicht mehr auf, sodass wir nun die Parameter tatsächlich als Massen interpretieren können.

---

[23] Es gilt $\mathcal{W}(\Phi, \Phi^{\dagger}) = \mathcal{W}(\Phi', \Phi'^{\dagger})$.

2. Das Feld ξ wurde „weggeeicht" und taucht als longitudinaler Freiheitsgrad im jetzt massebehafteten Vektorfeld $\mathcal{B}^\mu$ auf. Die Eigenschaft, dass ein ursprünglich masseloses Eichboson in einer Theorie mit spontaner Symmetriebrechung der Eichsymmetrie eine Masse erhält, wird als *Higgs-Mechanismus* oder *Higgs-Phänomen* bezeichnet. Da ξ in einer Theorie ohne lokale Symmetrie dem Goldstone-Boson der globalen Symmetriebrechung entsprechen würde, wird es im Englischen auch als *would-be-Goldstone boson* bezeichnet.
3. An der Gesamtzahl der dynamischen Freiheitsgrade hat sich zwischen der Formulierung in (8.78) und (8.83) nichts verändert. Im ersten Fall haben wir es mit zwei Freiheitsgraden für zwei skalare Bosonen und zwei Freiheitsgraden für ein *masseloses* Vektorboson zu tun. Dagegen treten im zweiten Fall ein Freiheitsgrad für ein skalares Boson und drei Freiheitsgrade für ein *massebehaftetes* Vektorboson auf. Die Summe ist also jeweils gleich vier.

8.7.2 Nicht-abelscher Fall am Beispiel SO(3)

Analog zur Diskussion der spontanen Symmetriebrechung am Beispiel der nicht-abelschen Gruppe SO(3) in Abschn. 8.2.2 untersuchen wir nun das Higgs-Phänomen im Kontext einer nicht-abelschen Gruppe. Wir betrachten die Lagrange-Dichte $\mathcal{L}$ gemäß (8.21), nun mit einer lokalen Symmetrie, ersetzen deshalb die partiellen Ableitungen durch kovariante Ableitungen und ergänzen die entsprechenden Feldstärketensoren der nicht-abelschen Eichfelder (siehe Aufgabe 7.5):

$$\mathcal{L} = \frac{1}{2} D_\mu \Phi_i D^\mu \Phi_i - \mathcal{V}(\vec{\Phi}^2) - \frac{1}{4} \mathcal{F}_{i\mu\nu} \mathcal{F}_i^{\mu\nu}, \tag{8.85}$$

mit

$$D_\mu \Phi_i = \partial_\mu \Phi_i - g\epsilon_{ijk} \mathcal{A}_{j\mu} \Phi_k, \quad i = 1,2,3, \tag{8.86a}$$
$$\mathcal{F}_{i\mu\nu} = \partial_\mu \mathcal{A}_{i\nu} - \partial_\nu \mathcal{A}_{i\mu} - g\epsilon_{ijk} \mathcal{A}_{j\mu} A_{k\nu}, \quad i = 1,2,3. \tag{8.86b}$$

Da $\mathcal{V}$ sein Minimum bei

$$\left|\vec{\Phi}_{\text{min}}\right| = \sqrt{-\frac{m^2}{\lambda}} = v$$

hat, drehen wir das interne Koordinatensystem so, dass gilt:

$$\vec{\Phi}_{\text{min}} = v\hat{e}_3.$$

Unter Verwendung der Matrizen T_1 und T_2 aus (8.25a) und (8.25b) machen wir analog zu (8.82) den Ansatz

$$\vec{\Phi} = \exp\left(i \frac{T_1 \xi_1 + T_2 \xi_2}{v}\right) \begin{pmatrix} 0 \\ 0 \\ v+\eta \end{pmatrix} = \begin{pmatrix} -\xi_2 \\ \xi_1 \\ v+\eta \end{pmatrix} + \dots, \tag{8.87}$$

d. h. für kleine Fluktuationen gilt $\Phi_1 \approx -\xi_2$, $\Phi_2 \approx \xi_1$ und $\Phi_3 = v + \eta$. Im Falle einer globalen Symmetrie wären ξ_1 und ξ_2 Goldstone-Bosonen („would-be-Goldstone bosons").

Wir führen nun für die lokale Symmetrie folgende Eichtransformation durch:

$$\Theta_1(x) = -\frac{\xi_1(x)}{v}, \quad \Theta_2(x) = -\frac{\xi_2(x)}{v}, \quad \Theta_3(x) = 0, \tag{8.88}$$

dergestalt, dass gilt:

$$\vec{\Phi}' = \exp\left(-i\frac{T_1\xi_1 + T_2\xi_2}{v}\right)\vec{\Phi} = \begin{pmatrix} 0 \\ 0 \\ v + \eta \end{pmatrix}, \tag{8.89a}$$

$$\vec{T} \cdot \vec{B}_\mu := \vec{T} \cdot \vec{A}'_\mu \stackrel{(7.24b)}{=} \exp\left(-i\frac{T_1\xi_1 + T_2\xi_2}{v}\right)\vec{T} \cdot \vec{A}_\mu \exp\left(i\frac{T_1\xi_1 + T_2\xi_2}{v}\right)$$

$$+ \frac{i}{g}\partial_\mu \exp\left(-i\frac{T_1\xi_1 + T_2\xi_2}{v}\right)\exp\left(i\frac{T_1\xi_1 + T_2\xi_2}{v}\right). \tag{8.89b}$$

Wegen der Invarianz der Lagrange-Dichte unter einer Eichtransformation gilt

$$\mathcal{L} = \frac{1}{2}(\partial_\mu\Phi'_i - g\epsilon_{ijk}\mathcal{B}_{j\mu}\Phi'_k)(\partial^\mu\Phi'_i - g\epsilon_{ilm}\mathcal{B}_l^\mu\Phi'_m) - \mathcal{V}(\vec{\Phi}'^2) - \frac{1}{4}\mathcal{G}_{i\mu\nu}\mathcal{G}_i^{\mu\nu}, \tag{8.90}$$

wobei im nicht-abelschen Fall sich die transformierten Feldstärketensoren von den ursprünglichen unterscheiden:

$$\mathcal{G}_{i\mu\nu} = \partial_\mu\mathcal{B}_{i\nu} - \partial_\nu\mathcal{B}_{i\mu} - g\epsilon_{ijk}\mathcal{B}_{j\mu}\mathcal{B}_{k\nu} \neq \mathcal{F}_{i\mu\nu}, \quad i = 1, 2, 3.$$

Allerdings ist die Kombination $\mathcal{F}_{i\mu\nu}\mathcal{F}_i^{\mu\nu}$ eichinvariant, weswegen wir in (8.90) $\mathcal{G}_{i\mu\nu}\mathcal{G}_i^{\mu\nu}$ geschrieben haben. Für die Auswertung von (8.90) verwenden wir die folgenden Zwischenschritte:

1. $\Phi'_i = \delta_{i3}(v + \eta) \Rightarrow \delta_{i3}\epsilon_{ilm}\delta_{m3} = \epsilon_{3l3} = 0$ und analog $\epsilon_{ijk}\delta_{k3}\delta_{i3} = \epsilon_{3j3} = 0$;
2. $\epsilon_{ijk}\epsilon_{ilm}\delta_{k3}\delta_{m3} = \epsilon_{ij3}\epsilon_{il3} = \delta_{jl}\delta_{33} - \delta_{j3}\delta_{l3}$;
3. $\mathcal{V}(\vec{\Phi}'^2) = -m^2\eta^2 + v\lambda\eta^3 + \lambda\eta^4/4 - \lambda v^4/4$ [siehe (8.8)].

Somit können wir die Lagrange-Dichte in den neuen Feldern folgendermaßen ausdrücken:

$$\mathcal{L}'(\eta, \partial_\mu\eta, \mathcal{B}_{i\mu}, \mathcal{G}_{i\mu\nu}) = \text{konst.} + \mathcal{L}_0 + \mathcal{L}_{\text{int}}, \tag{8.91}$$

mit

$$\text{konst.} = \frac{\lambda v^4}{4}, \tag{8.92a}$$

$$\mathcal{L}_0 = \frac{1}{2}\partial_\mu\eta\partial^\mu\eta - \frac{1}{2}(-2m^2)\eta^2$$

$$+ \sum_{i=1}^{2}\left(-\frac{1}{4}G_{i\mu\nu}G_i^{\mu\nu} + \frac{1}{2}g^2v^2\mathcal{B}_{i\mu}\mathcal{B}_i^\mu\right) - \frac{1}{4}G_{3\mu\nu}G_3^{\mu\nu}, \tag{8.92b}$$

$$\mathcal{L}_{\text{int}} = g^2v\sum_{i=1}^{2}\eta\mathcal{B}_{i\mu}\mathcal{B}_i^\mu - v\lambda\eta^3 + \frac{1}{2}g^2\sum_{i=1}^{2}\eta^2\mathcal{B}_{i\mu}\mathcal{B}_i^\mu - \frac{\lambda}{4}\eta^4. \tag{8.92c}$$

Fazit

1. Die Generatoren T_1 und T_2 vernichten den Grundzustand nicht. Die Vektorbosonen $\mathcal{B}_{1\mu}$ und $\mathcal{B}_{2\mu}$, die mit diesen Generatoren verknüpft sind, sind nun massebehaftet mit Massen $M = gv$.

2. Das Vektorboson $\mathcal{B}_{3\mu}$, das mit der Symmetrie des Grundzustands assoziiert ist ($T_3\vec{\Phi}_{\text{min}} = 0$), ist nach wie vor masselos.

3. Die „would-be"-Goldstone-Bosonen ξ_1 und ξ_2 tauchen in der neuen Lagrange-Dichte nicht mehr auf; sie wurden „weggeeicht".

4. Die Anzahl der dynamischen Freiheitsgrade ist gleich geblieben:

$$3 \text{ (drei skalare Felder)} + 6 \text{ (drei masselose Vektorfelder)}$$
$$= 1 \text{ (ein skalares Feld)} + 6 \text{ (zwei massebehaftete Vektorfelder)}$$
$$+ 2 \text{ (ein masseloses Vektorfeld)}.$$

5. Wir können die Vorgehensweise folgendermaßen verallgemeinern: Eine kompakte Lie-Gruppe G mit n_G Generatoren sei die Eichgruppe der Lagrange-Dichte, und $H \leq G$ sei mit n_H Generatoren die Symmetriegruppe des Grundzustands aufgrund einer spontanen Symmetriebrechung. Die Theorie besitzt dann *n_H masselose* Vektorbosonen und $n_G - n_H$ *massebehaftete* Vektorbosonen. Die $n_G - n_H$ „would-be"-Goldstone-Bosonen wurden „weggeeicht" und treten als longitudinale Freiheitsgrade der massebehafteten Vektorbosonen wieder in Erscheinung. Im obigen Beispiel ist $n_G = 3$ und $n_H = 1$, sodass sich ein masseloses Vektorboson und zwei massive Vektorbosonen ergeben.

8.8 Aufgaben

8.1 Gegeben sei das Potenzial

$$\mathcal{V}(\Phi) = \frac{m^2}{2}\Phi^2 + \frac{\lambda}{4}\Phi^4,$$

mit $m^2 < 0$ und $\lambda > 0$. Wählen Sie einen der beiden Erwartungswerte,

$$\Phi_{\pm} = \pm\sqrt{-\frac{m^2}{\lambda}} =: \pm\Phi_0,$$

und entwickeln Sie das Potenzial um $\pm\Phi_0$:

$$\Phi = \pm\Phi_0 + \Phi'.$$

Verifizieren Sie:

$$\mathcal{V}(\Phi) = \tilde{\mathcal{V}}(\Phi') = -\frac{\lambda}{4}\Phi_0^4 + \frac{1}{2}\left(-2m^2\right)\Phi'^2 \pm \lambda\Phi_0\Phi'^3 + \frac{\lambda}{4}\Phi'^4.$$

8.2 Wir betrachten das Potenzial gemäß (8.43),

$$\mathcal{V}(\Phi_1, \Phi_2, \Phi_3) = \frac{m^2}{2}\Phi_i\Phi_i + \frac{\lambda}{4}(\Phi_i\Phi_i)^2 + a\Phi_3,$$

mit $m^2 < 0$, $\lambda > 0$ und $a > 0$ sowie reellen Feldern Φ_i. Die Bedingungen für das neue Minimum, die sich aus $\vec{\nabla}_\Phi \mathcal{V} = 0$ ergeben, lauten:

$$\Phi_1 = \Phi_2 = 0, \quad \lambda\Phi_3^3 + m^2\Phi_3 + a = 0.$$

a) Lösen Sie die kubische Gleichung für Φ_3 mithilfe des perturbativen Ansatzes

$$\langle\Phi_3\rangle = \Phi_3^{(0)} + a\Phi_3^{(1)} + O(a^2)$$

und zeigen Sie für die Lösung:

$$\Phi_3^{(0)} = \pm\sqrt{-\frac{m^2}{\lambda}}, \quad \Phi_3^{(1)} = \frac{1}{2m^2}.$$

Die Bedingung für ein Minimum schließt $\Phi_3^{(0)} = +\sqrt{-\frac{m^2}{\lambda}}$ aus.

b) Entwickeln Sie das Potenzial mit $\Phi_3 = \langle\Phi_3\rangle + \Phi_3'$ und zeigen Sie für die Massen bis einschließlich der Ordnung $O(a)$:

$$m_{\Phi_1}^2 = m_{\Phi_2}^2 = a\sqrt{-\frac{\lambda}{m^2}},$$

$$m_{\Phi_3'}^2 = -2m^2 + 3a\sqrt{-\frac{\lambda}{m^2}}.$$

8.3 Gegeben seien die Vertauschungsrelationen der zu $SU(3)_L \times SU(3)_R$ gehörigen Lie-Algebra:

$$[Q_{La}, Q_{Lb}] = \mathrm{i}\, f_{abc} Q_{Lc},$$
$$[Q_{Ra}, Q_{Rb}] = \mathrm{i}\, f_{abc} Q_{Rc},$$
$$[Q_{La}, Q_{Rb}] = 0.$$

Wir definieren die Linearkombinationen

$$Q_{Va} := Q_{Ra} + Q_{La} \quad \text{und} \quad Q_{Aa} := Q_{Ra} - Q_{La}.$$

Verifizieren Sie die Vertauschungsrelationen

$$[Q_{Va}, Q_{Vb}] = \mathrm{i}\, f_{abc} Q_{Vc},$$
$$[Q_{Aa}, Q_{Ab}] = \mathrm{i}\, f_{abc} Q_{Vc},$$
$$[Q_{Va}, Q_{Ab}] = \mathrm{i}\, f_{abc} Q_{Ac}.$$

8.4 Gegeben sei die Lagrange-Dichte des sog. *linearen Sigmamodells*:

$$\mathcal{L}\big(\Phi_0, \Phi_1, \Phi_2, \Phi_3, \partial_\mu \Phi_0, \partial_\mu \Phi_1, \partial_\mu \Phi_2, \partial_\mu \Phi_3\big) = \frac{1}{2} \sum_{i=0}^{3} \partial_\mu \Phi_i \partial^\mu \Phi_i - \mathcal{V}\left(\sum_{i=0}^{3} \Phi_i^2\right),$$

mit

$$\mathcal{V}(\Phi^2) = \frac{m^2}{2} \Phi^2 + \frac{\lambda}{4} (\Phi^2)^2, \quad \Phi^2 = \sum_{i=0}^{3} \Phi_i^2.$$

Wir verwenden immer $\lambda > 0$, damit die Hamilton-Dichte $\mathcal{H}$ nach unten beschränkt ist. Außerdem nehmen wir zunächst $m^2 > 0$ an. In diesem Fall spricht man vom Wigner-Weyl-Modus, weil der Grundzustand der Theorie dieselbe Symmetrie besitzt wie die Lagrange-Dichte.

Die hermiteschen Feldoperatoren Φ_i ($i = 0, 1, 2, 3$) und die kanonisch konjugierten Impulsfeldoperatoren $\Pi_j = \partial \mathcal{L}/\partial \dot{\Phi}_j = \dot{\Phi}_j$ ($j = 0, 1, 2, 3$) sollen die kanonischen gleichzeitigen Vertauschungsrelationen erfüllen:

$$[\Phi_i(t, \vec{x}), \Pi_j(t, \vec{y})] = \mathrm{i}\, \delta^3(\vec{x} - \vec{y}) \delta_{ij},$$
$$[\Phi_i(t, \vec{x}), \Phi_j(t, \vec{y})] = 0,$$
$$[\Pi_i(t, \vec{x}), \Pi_j(t, \vec{y})] = 0.$$

Da $\mathcal{L}$ nur aus Skalarprodukten der Form $\sum_{i=0}^{3} a_i b_i$ konstruiert ist, besitzt es als globale innere Symmetriegruppe $G = O(4)$. Wie in Aufgabe 3.1 gezeigt wurde, wird die Gruppe $O(4)$ durch 6 reelle Parameter beschrieben. Die Gruppe $O(4)$ lässt sich in zwei disjunkte Zweige zerlegen, nämlich die Untergruppe $SO(4)$ und einen Zweig mit Elementen, die die Determinante -1 besitzen.

a) Zeigen Sie, dass $\mathcal{L}$ bezüglich folgender globaler, infinitesimaler, linearer Transformationen der Felder invariant ist:

$$\begin{pmatrix} \Phi_0 \\ \Phi_1 \\ \Phi_2 \\ \Phi_3 \end{pmatrix} \mapsto \begin{pmatrix} \Phi_0' \\ \Phi_1' \\ \Phi_2' \\ \Phi_3' \end{pmatrix} = \left(\mathbb{1} - i \sum_{a=1}^{6} \epsilon_a T_a \right) \begin{pmatrix} \Phi_0 \\ \Phi_1 \\ \Phi_2 \\ \Phi_3 \end{pmatrix},$$

wobei die sechs (4,4)-Matrizen T_a gegeben sind durch:

$$T_1 = \begin{pmatrix} 0 & 0 & 0 & 0 \\ 0 & 0 & 0 & 0 \\ 0 & 0 & 0 & -i \\ 0 & 0 & i & 0 \end{pmatrix}, \quad T_2 = \begin{pmatrix} 0 & 0 & 0 & 0 \\ 0 & 0 & 0 & i \\ 0 & 0 & 0 & 0 \\ 0 & -i & 0 & 0 \end{pmatrix}, \quad T_3 = \begin{pmatrix} 0 & 0 & 0 & 0 \\ 0 & 0 & -i & 0 \\ 0 & i & 0 & 0 \\ 0 & 0 & 0 & 0 \end{pmatrix},$$

$$T_4 = \begin{pmatrix} 0 & -i & 0 & 0 \\ i & 0 & 0 & 0 \\ 0 & 0 & 0 & 0 \\ 0 & 0 & 0 & 0 \end{pmatrix}, \quad T_5 = \begin{pmatrix} 0 & 0 & -i & 0 \\ 0 & 0 & 0 & 0 \\ i & 0 & 0 & 0 \\ 0 & 0 & 0 & 0 \end{pmatrix}, \quad T_6 = \begin{pmatrix} 0 & 0 & 0 & -i \\ 0 & 0 & 0 & 0 \\ 0 & 0 & 0 & 0 \\ i & 0 & 0 & 0 \end{pmatrix}.$$

Hinweis: Betrachten Sie das Transformationsverhalten des Skalarprodukts $\sum_{i=0}^{3} \Phi_i \Phi_i$ bzgl. $\Phi_i \mapsto \Phi_i - i \epsilon_a t_{a,ij} \Phi_j$, wobei $T_a = (t_{a,ij})$ ist, und beachten Sie $t_{a,ij} = -t_{a,ji}$. Da die Felder von 0 bis 3 nummeriert sind, steht $t_{a,ij}$ für den Eintrag in der $(i + 1)$-ten Zeile und der $(j + 1)$-ten Spalte der Matrix T_a.

Anmerkung: Da die Matrizen T_1, T_2 und T_3 in der ersten Zeile und der ersten Spalte jeweils nur Nullen haben, mischen die zugehörigen infinitesimalen Transformationen nur die Felder Φ_1, Φ_2 und Φ_3. Wenn Sie diese Matrizen mit denen in (4.1) vergleichen, sehen Sie sofort, dass es sich dabei um eine vierdimensionale Darstellung der so(3)-Algebra (in Physikerschreibweise) handelt. Dies spiegelt sich später wider in den Vertauschungsrelationen der Operatoren V_i in Teilaufgabe d).

b) Betrachten Sie nun eine lokale, infinitesimale Transformation, d. h. $\epsilon_a = \epsilon_a(x)$, und bestimmen Sie mithilfe von

$$J_a^\mu = \frac{\partial \delta \mathcal{L}}{\partial (\partial_\mu \epsilon_a)}, \quad a = 1, \ldots, 6,$$

die Ströme und die Ladungen. (Die Normalordnungszeichen sind in dieser Aufgabe weggelassen.)

Hinweis: Sie müssen nur die Änderung

$$\delta \left(\frac{1}{2} \partial_\mu \Phi_i \partial^\mu \Phi_i \right)$$

bis zur ersten Ordnung in infinitesimalen Größen bestimmen, da Sie die Invarianz bzgl. einer globalen Transformation bereits gezeigt haben.

Im Folgenden machen wir eine Annahme bzgl. des Verhaltens der Felder unter einer Paritätstransformation. Aus rein gruppentheoretischer Sicht ist dies nicht notwendig, führt aber (später) zu einem Modell der starken Wechselwirkung, das sich als recht erfolgreich erwiesen hat. Hierbei handelt es sich um den bosonischen Anteil des sog. linearen Sigmamodells [siehe Schwinger (1957) sowie Gell-Mann und Lévy (1960)]. Wir nehmen an, dass Φ_0 ein skalares Teilchen σ (daher der Name Sigmamodell) und Φ_i, $i = 1, 2, 3$, drei pseudoskalare Teilchen (konkret die Pionen $\vec{\pi}$) beschreiben:

$$\Phi_0(t, \vec{x}) \overset{P}{\mapsto} \Phi_0(t, -\vec{x}), \qquad \Phi_i(t, \vec{x}) \overset{P}{\mapsto} -\Phi_i(t, -\vec{x}), \quad i = 1, 2, 3,$$

oder in kürzerer Schreibweise

$$\sigma(x) \overset{P}{\mapsto} \sigma(\tilde{x}), \qquad \pi_i(x) \overset{P}{\mapsto} -\pi_i(\tilde{x}), \quad i = 1, 2, 3,$$

mit $\tilde{x}^0 = x^0$ und $\tilde{x}^i = -x^i$.

c) Untersuchen Sie das Verhalten der sechs Stromdichten bzgl. einer Paritätstransformation. Als Beispiel betrachten wir

$$J_1^\mu(x) = \partial^\mu \Phi_3(x)\Phi_2(x) - \partial^\mu \Phi_2(x)\Phi_3(x)$$
$$\overset{P}{\mapsto} \partial_\mu[-\Phi_3(\tilde{x})][-\Phi_2(\tilde{x})] - \partial_\mu[-\Phi_2(\tilde{x})][-\Phi_3(\tilde{x})] = J_{1\mu}(\tilde{x}).$$

Zur Erinnerung: Ein Vektorstrom transformiert unter Parität wie $V^\mu(x) \mapsto V_\mu(\tilde{x})$ und ein Axialvektorstrom wie $A^\mu(x) \mapsto -A_\mu(\tilde{x})$. Wie viele Vektor- und wie viele Axialvektorströme erhalten Sie?

d) Bezeichnen Sie mit Q_{Vi} und Q_{Aj} die Ladungsoperatoren, die zu den Transformationen $i = 1, 2, 3$ bzw. $j + 3 = 4, 5, 6$ gehören. Zeigen Sie folgende Vertauschungsrelationen:

$$[Q_{Vi}, Q_{Vj}] = \mathrm{i}\,\epsilon_{ijk} Q_{Vk}, \quad [Q_{Ai}, Q_{Aj}] = \mathrm{i}\,\epsilon_{ijk} Q_{Vk}, \quad [Q_{Vi}, Q_{Aj}] = \mathrm{i}\,\epsilon_{ijk} Q_{Ak}.$$

Hinweis: Wegen (6.28) und (6.29) müssen Sie nur die Vertauschungsrelationen der Matrizen T_a untersuchen.
Die Tiefstellungen V und A bezeichnen das Verhalten der Operatoren bzgl. einer Paritätstransformation [siehe Teilaufgabe c) und betrachte jeweils die 0-te Komponente]:

$$Q_{Vi} \overset{P}{\mapsto} Q_{Vi}, \qquad Q_{Ai} \overset{P}{\mapsto} -Q_{Ai}.$$

Anmerkung: Beachten Sie, dass die drei Generatoren Q_{Vi} eine geschlossene Unteralgebra bilden, d. h. der Kommutator wieder eine Linearkombination aus den Q_{Vi} ist. Im Gegensatz dazu lassen sich Kommutatoren der drei Generatoren Q_{Ai} nicht als Linearkombinationen aus den Q_{Ai} darstellen. Sie bilden daher keine Unteralgebra.

e) Führen Sie die Linearkombinationen $Q_{Ri} = \frac{1}{2}(Q_{Vi} + Q_{Ai})$ und $Q_{Li} = \frac{1}{2}(Q_{Vi} - Q_{Ai})$ ein und überprüfen Sie die Vertauschungsrelationen

$$[Q_{Ri}, Q_{Rj}] = i\,\epsilon_{ijk}\,Q_{Rk}, \quad [Q_{Li}, Q_{Lj}] = i\,\epsilon_{ijk}\,Q_{Lk}, \quad [Q_{Ri}, Q_{Lj}] = 0.$$

Fazit: Die Gruppe O(4) ist lokal (d. h. in der Nähe der Identität) isomorph zum direkten Produkt zweier Gruppen, die jeweils lokal isomorph zu SU(2) sind. Mit anderen Worten, das lineare O(4)-Sigmamodell besitzt eine globale Symmetrie, die lokal isomorph zur SU(2)$_L \times$ SU(2)$_R$-Symmetrie der QCD für masselose u- und d-Quarks ist. Aus einer historischen Sicht stellen wir zum wiederholten Male fest, dass das Symmetriemuster schon sehr viel früher bekannt war als die zugrunde liegende Theorie, die für die Symmetrie verantwortlich ist.

f) Verifizieren Sie nun mithilfe von (6.22)

$$[Q_a(t), \Phi_i(t, \vec{x})] = -t_{a,ij}\,\Phi_j(t, \vec{x}),$$

die Vertauschungsrelationen

$$[Q_{Vi}, \Phi_0] = 0, \quad [Q_{Ai}, \Phi_0] = i\,\Phi_i,$$
$$[Q_{Vi}, \Phi_j] = i\,\epsilon_{ijk}\,\Phi_k, \quad [Q_{Ai}, \Phi_j] = -i\,\delta_{ij}\,\Phi_0.$$

Bestimmen Sie durch die Bildung geeigneter Summen und Differenzen auch die Vertauschungsrelationen von Q_{Ri} und Q_{Li} mit $\Phi_0(x)$ und $\Phi_j(x)$.

g) Als Casimir-Operatoren (siehe Definition 3.13) qualifizieren sich die Operatoren

$$\vec{R}^2 = Q_{Ri}Q_{Ri} \quad \text{und} \quad \vec{L}^2 = Q_{Li}Q_{Li}.$$

Da die Q_{Ri} und die Q_{Li} jeweils die Vertauschungsrelationen der su(2)-Lie-Algebra erfüllen, erwarten wir als mögliche Eigenwerte $r(r+1)$ und $l(l+1)$ mit $r = 0, \frac{1}{2}, \dots$ und $l = 0, \frac{1}{2}, \dots$. Gleichzeitig können wir noch die Operatoren Q_{R3} und Q_{L3} diagonalisieren. Anstelle der Operatoren $\vec{R}^2$ und $\vec{L}^2$ kann man auch die Linearkombinationen

$$G := \vec{R}^2 + \vec{L}^2 \quad \text{und} \quad U := \vec{R}^2 - \vec{L}^2$$

betrachten, die gerade und ungerade unter einer Paritätstransformation sind. Drücken Sie diese Linearkombinationen durch die Operatoren Q_{Ai} und Q_{Vi} aus. Schließlich definieren wir noch $\vec{I}^2 = Q_{Vi}Q_{Vi}$. Beachten Sie, dass $\vec{I}^2$ *kein* Casimir-Operator von O(4) ist, sondern wegen der Vertauschungsrelationen $[Q_{Vi}, Q_{Vj}] = i\,\epsilon_{ijk}\,Q_{Vk}$ aus Teilaufgabe d) nur der Casimir-Operator einer Untergruppe ist, die wir mit dem Isospin identifizieren.

h) Nun wenden wir uns der Interpretation der Felder und der Operatoren zu. Wegen der Vorzeichenwahl $m^2 > 0$ gehen wir davon aus, dass die Theorie keine spontane Symmetriebrechung erzeugt. Mit anderen Worten, der Grundzustand

$|0\rangle$ soll symmetrisch unter der vollen O(4)-Gruppe sein oder, ausgedrückt durch die Generatoren,

$$Q_{Ri}|0\rangle = 0 \quad \text{und} \quad Q_{Li}|0\rangle = 0,$$

bzw.

$$Q_{Vi}|0\rangle = 0 \quad \text{und} \quad Q_{Ai}|0\rangle = 0.$$

Untersuchen Sie nun die Wirkung der Operatoren $\vec{R}^2$, $\vec{L}^2$, G, U und $\vec{I}^{\,2}$ auf die „Zustände"

$$\Phi_0(x)|0\rangle \quad \text{und} \quad \Phi_i(x)|0\rangle.$$

Als ein Beispiel berechnen wir

$$Q_{Rj}Q_{Rj}\Phi_0|0\rangle = Q_{Rj}(\Phi_0 Q_{Rj} + [Q_{Rj}, \Phi_0])|0\rangle = \frac{1}{2}\mathrm{i}\, Q_{Rj}\Phi_j|0\rangle$$

$$= \frac{1}{2}\mathrm{i}\left(-\frac{3}{2}\mathrm{i}\,\Phi_0\right)|0\rangle = \frac{3}{4}\Phi_0|0\rangle.$$

In Worten ausgedrückt bedeutet dies, dass $\Phi_0(x)$, angewandt auf das Vakuum, einen Zustand erzeugt mit dem Eigenwert $\frac{3}{4}$ zum Operator $\vec{R}^2$.

Zwischenfazit: Die vier Feldoperatoren $(\Phi_0(x), \Phi_1(x), \Phi_2(x), \Phi_3(x))$ erzeugen aus dem Vakuum Eigenzustände zu den Operatoren $\vec{L}^2$ und $\vec{R}^2$ mit den Eigenwerten $l = r = 1/2$, d. h. in einer (l, r)-Klassifikation würde man von einem $(\frac{1}{2}, \frac{1}{2})$-Multiplett sprechen. Dabei bildet Φ_0 ein Isospinsingulett und (Φ_1, Φ_2, Φ_3) ein Isospintriplett. Zur Beschreibung der physikalischen Pionenfelder, d. h. derjenigen mit wohldefinierten Ladungen, würde man die Linearkombinationen

$$\pi^+ = \frac{1}{\sqrt{2}}(\Phi_1 - \mathrm{i}\,\Phi_2), \quad \pi^0 = \Phi_3, \quad \pi^- = \frac{-1}{\sqrt{2}}(\Phi_1 + \mathrm{i}\,\Phi_2)$$

bilden [siehe (6.49a) bis (6.49c)]. Vorsicht, hierbei handelt es sich um die sphärische Notation, die wir im Zusammenhang mit dem Wigner-Eckart-Theorem benutzt haben.

i) Untersuchen Sie nun Q_{R3} und Q_{L3}, angewandt auf $\Phi_0|0\rangle$ und $\Phi_i|0\rangle$.
    Fazit: $\Phi_0|0\rangle$ und $\Phi_i|0\rangle$ sind keine Eigenzustände zu Q_{R3} und Q_{L3}.
    Betrachten Sie nun stattdessen die Wirkung von Q_{R3} und Q_{L3} auf die Linearkombinationen

$$-\frac{1}{\sqrt{2}}(\Phi_1 + \mathrm{i}\,\Phi_2)|0\rangle, \quad \frac{1}{\sqrt{2}}(\Phi_3 + \mathrm{i}\,\Phi_0)|0\rangle, \quad \frac{1}{\sqrt{2}}(\Phi_3 - \mathrm{i}\,\Phi_0)|0\rangle, \quad \frac{1}{\sqrt{2}}(\Phi_1 - \mathrm{i}\,\Phi_2)|0\rangle.$$

Die Wirkungen von Q_{R3} und Q_{L3} sind äquivalent zur Wirkung der Operatoren

$$\mathbb{1}_{2\times2} \otimes \frac{\tau_3}{2} \quad \text{bzw.} \quad \frac{\tau_3}{2} \otimes \mathbb{1}_{2\times2}$$

auf einem vierdimensionalen Tensorprodukt $Z = X \otimes X$, wobei X durch

$$\left\{ \begin{pmatrix} 1 \\ 0 \end{pmatrix}, \begin{pmatrix} 0 \\ 1 \end{pmatrix} \right\}$$

aufgespannt wird. Die Korrespondenz lautet

$$-\frac{1}{\sqrt{2}}(\Phi_1 + \mathrm{i}\,\Phi_2)|0\rangle \leftrightarrow \begin{pmatrix} 1 \\ 0 \end{pmatrix} \otimes \begin{pmatrix} 1 \\ 0 \end{pmatrix},$$

$$\frac{1}{\sqrt{2}}(\Phi_3 + \mathrm{i}\,\Phi_0)|0\rangle \leftrightarrow \begin{pmatrix} 1 \\ 0 \end{pmatrix} \otimes \begin{pmatrix} 0 \\ 1 \end{pmatrix},$$

$$\frac{1}{\sqrt{2}}(\Phi_3 - \mathrm{i}\,\Phi_0)|0\rangle \leftrightarrow \begin{pmatrix} 0 \\ 1 \end{pmatrix} \otimes \begin{pmatrix} 1 \\ 0 \end{pmatrix},$$

$$\frac{1}{\sqrt{2}}(\Phi_1 - \mathrm{i}\,\Phi_2)|0\rangle \leftrightarrow \begin{pmatrix} 0 \\ 1 \end{pmatrix} \otimes \begin{pmatrix} 0 \\ 1 \end{pmatrix}.$$

Als Nächstes wollen wir uns der Realisierung der O(4)-Symmetrie im Nambu-Goldstone-Modus zuwenden. Mit anderen Worten, der Grundzustand soll nicht mehr dieselbe Symmetrie besitzen wie die Lagrange-Dichte. Zu diesem Zweck wählen wir $m^2 < 0$, sodass das Potenzial die Form eines Mexikanerhuts besitzt. Wir nehmen im Folgenden an, dass Φ_0 einen Vakuumerwartungswert v hervorbringt.

j) Drücken Sie die Lagrange-Dichte durch $\Phi_0 = v + \Phi_0'$ aus, mit $v = -\sqrt{-m^2/\lambda}$. Wir wählen hier bewusst ein negatives v, da mit dieser Vorzeichenkonvention die Analogie zur QCD etwas einfacher herzustellen ist. Verifizieren Sie damit:

$$\mathcal{V}(\Phi_0, \Phi_1, \Phi_2, \Phi_3) =: \tilde{\mathcal{V}}(\Phi_0', \Phi_1, \Phi_2, \Phi_3)$$
$$= \frac{1}{2}\big(-2m^2\big)\Phi_0'^2 + \lambda v \Phi_0'\big(\Phi_0'^2 + \Phi_1^2 + \Phi_2^2 + \Phi_3^2\big)$$
$$+ \frac{\lambda}{4}\big(\Phi_0'^2 + \Phi_1^2 + \Phi_2^2 + \Phi_3^2\big)^2 - \frac{\lambda}{4}v^4.$$

Interpretation: Wir haben es aufgrund der spontanen Symmetriebrechung mit einem massebehafteten Teilchen mit der Masse $\sqrt{-2m^2}$ sowie drei masselosen Goldstone-Bosonen zu tun. Die Anzahl der Goldstone-Bosonen deckt sich mit unserer gruppentheoretischen Erwartung, denn wir verbinden mit dem Grundzustand die Feldkonfiguration

$$\langle \vec{\Phi} \rangle = \begin{pmatrix} v \\ 0 \\ 0 \\ 0 \end{pmatrix}.$$

Zeigen Sie, dass die Matrizen T_1, T_2 und T_3 diese Konfiguration „vernichten",
während T_4, T_5 und T_6 dies nicht tun. Mit jedem Generator, der den Grundzustand nicht vernichtet, verknüpfen wir ein masseloses Goldstone-Boson. Die
Matrizen T_1, T_2 und T_3 erfüllen die Vertauschungsrelationen einer su(2)-Lie-
Algebra. Die mit den Matrizen T_4, T_5 und T_6 verknüpften Generatoren Q_{A1}, Q_{A2}
und Q_{A3} erhalten unter einer Paritätstransformation ein negatives Vorzeichen
[siehe Teilaufgabe d)]. Diese Eigenschaft überträgt sich auch auf die Goldstone-Bosonen Φ_1, Φ_2 und Φ_3. Bezüglich der vektoriellen Untergruppe verhalten
die axialen Generatoren sich wie ein Triplett [siehe Teilaufgabe d)]:

$$[Q_{Vi}, Q_{Aj}] = \mathrm{i}\,\epsilon_{ijk} Q_{Ak}.$$

Auch diese Eigenschaft überträgt sich auf die Goldstone-Bosonen [siehe Teilaufgabe f)]:

$$[Q_{Vi}, \Phi_j] = \mathrm{i}\,\epsilon_{ijk} \Phi_k.$$

Fazit: Die Eigenschaften der Goldstone-Bosonen sind eng mit den Eigenschaften derjenigen Generatoren verknüpft, die das Vakuum nicht vernichten.

k) Modifizieren Sie das Potenzial, indem Sie eine kleine zusätzliche Störung einführen:

$$\Delta \mathcal{V}(\Phi_0) = \epsilon \Phi_0, \quad \epsilon > 0.$$

Die Lagrange-Dichte besitzt nun nur noch eine O(3)-Symmetrie für Drehungen
und Drehspiegelungen bzgl. der 1-, 2- bzw. 3-Achse. Bestimmen Sie das Minimum des neuen Gesamtpotenzials. Bestimmen Sie den zugehörigen Wert von
Φ_0 bis einschließlich der ersten Ordnung in ϵ mithilfe des Ansatzes $\langle \Phi_0 \rangle = \Phi_{0,0} + \epsilon \Phi_{0,1} + O(\epsilon^2)$. Verifizieren Sie:

$$m_{\Phi_0'}^2 = -2m^2 + 3\epsilon \sqrt{-\frac{\lambda}{m^2}} + O(\epsilon^2),$$

$$m_{\Phi_i}^2 = \epsilon \sqrt{-\frac{\lambda}{m^2}} + O(\epsilon^2), \quad i = 1, 2, 3.$$

Insbesondere erhalten die ursprünglich masselosen Goldstone-Bosonen nun
Massen, wobei die *Massenquadrate* proportional zum Parameter der expliziten
Symmetriebrechung sind. Vergleichen Sie mit Aufgabe 8.6, in der wir fest-
stellen werden, dass die Massenquadrate des pseudoskalaren Mesonenoktetts
proportional zu den Quarkmassen sind. In der QCD sind die Quarkmassen das
Analogon zu ϵ in unserem Modell.

Jetzt erweitern wir das Modell noch um das Nukleonendublett

$$\Psi = \begin{pmatrix} p \\ n \end{pmatrix}.$$

Wir benennen die Felder um, d. h. $\sigma(x) := \Phi_0(x)$ und $\pi_i(x) := \Phi_i(x)$ $(i = 1, 2, 3)$ und landen damit beim linearen Sigmamodell, siehe Gell-Mann und Lévy (1960). Die Lagrange-Dichte lautet

$$\mathcal{L} = \bar{\Psi}\left(\mathrm{i}\,\partial\!\!\!/ + g(\sigma - \mathrm{i}\,\gamma_5\vec{\tau}\cdot\vec{\pi})\right)\Psi$$
$$+ \frac{1}{2}\left(\partial_\mu\sigma\,\partial^\mu\sigma + \partial_\mu\vec{\pi}\cdot\partial^\mu\vec{\pi}\right) - \frac{m^2}{2}\left(\sigma^2 + \vec{\pi}^{\,2}\right) - \frac{\lambda}{4}\left(\sigma^2 + \vec{\pi}^{\,2}\right)^2.$$

Hierbei ist g eine Kopplungskonstante, die wir mit der Pion-Nukleon-Kopplungs-konstante $g_{\pi N} = 13.1$ identifizieren [siehe auch (6.51)]. Beachten Sie, dass wir keinen Massenterm für das Nukleon eingeführt haben. Es sieht also so aus, als sei das Nukleon masselos. Die zweite Zeile entspricht genau unserem oben diskutierten Modell.

l)   Wir führen folgende Nomenklatur ein:

$$\Sigma = \sigma + \mathrm{i}\,\vec{\tau}\cdot\vec{\pi},$$
$$\Sigma^\dagger = \sigma - \mathrm{i}\,\vec{\tau}\cdot\vec{\pi},$$
$$\Psi_L = \frac{1}{2}(\mathbb{1} - \gamma_5)\Psi = P_L\Psi,$$
$$\Psi_R = \frac{1}{2}(\mathbb{1} + \gamma_5)\Psi = P_R\Psi.$$

Verifizieren Sie mithilfe der Eigenschaften der Pauli-Matrizen

$$\sigma^2 + \vec{\pi}^{\,2} = \frac{1}{2}\mathrm{Sp}\left(\Sigma\Sigma^\dagger\right)$$

und somit für eine Funktion f:

$$f\left(\sigma^2 + \vec{\pi}^{\,2}\right) = f\left(\frac{1}{2}\mathrm{Sp}\left(\Sigma\Sigma^\dagger\right)\right).$$

Benutzen Sie nun (7.44)

$$\bar{\Psi}\Gamma_i\Psi = \begin{cases} \bar{\Psi}_R\Gamma_1\Psi_R + \bar{\Psi}_L\Gamma_1\Psi_L & \text{für} \quad \Gamma_1 \in \{\gamma^\mu, \gamma^\mu\gamma_5\} \\ \bar{\Psi}_R\Gamma_2\Psi_L + \bar{\Psi}_L\Gamma_2\Psi_R & \text{für} \quad \Gamma_2 \in \{\mathbb{1}, \gamma_5, \sigma^{\mu\nu}\} \end{cases},$$

und schreiben Sie die Lagrange-Dichte um in

$$\mathcal{L} = \bar{\Psi}_L\mathrm{i}\,\partial\!\!\!/\,\Psi_L + \bar{\Psi}_R\mathrm{i}\,\partial\!\!\!/\,\Psi_R + g\bar{\Psi}_R\Sigma\Psi_L + g\bar{\Psi}_L\Sigma^\dagger\Psi_R$$
$$+ \frac{1}{4}\mathrm{Sp}\left(\partial_\mu\Sigma\partial^\mu\Sigma^\dagger\right) - \frac{m^2}{4}\mathrm{Sp}\left(\Sigma\Sigma^\dagger\right) - \frac{\lambda}{16}\left[\mathrm{Sp}\left(\Sigma\Sigma^\dagger\right)\right]^2.$$

m) Zeigen Sie, dass die Lagrange-Dichte invariant ist bzgl. der $SU(2)_L \times SU(2)_R$-Transformationen

$$\Psi_L \mapsto V_L \Psi_L = \exp\left(-i \sum_{i=1}^{3} \Theta_i^L \frac{\tau_i}{2}\right) \Psi_L,$$

$$\Psi_R \mapsto V_R \Psi_R = \exp\left(-i \sum_{i=1}^{3} \Theta_i^R \frac{\tau_i}{2}\right) \Psi_R,$$

$$\Sigma \mapsto V_R \Sigma V_L^\dagger, \quad \Sigma^\dagger \mapsto V_L \Sigma V_R^\dagger.$$

n) Benutzen Sie die Methode von Gell-Mann und Lévy und leiten Sie für die Vektor- und Axialvektorströme die Ausdrücke

$$V_i^\mu = R_i^\mu + L_i^\mu = \bar{\Psi}\gamma^\mu \frac{\tau_i}{2}\Psi + \epsilon_{ijk}\pi_j \partial^\mu \pi_k, \quad \partial_\mu V_i^\mu = 0,$$

$$A_i^\mu = R_i^\mu - L_i^\mu = \bar{\Psi}\gamma^\mu \gamma_5 \frac{\tau_i}{2}\Psi + \partial^\mu \sigma \pi_i - \sigma \partial^\mu \pi_i, \quad \partial_\mu A_i^\mu = 0$$

her.

o) Wir wählen nun $m^2 < 0$ (dabei wird $\lambda > 0$ sowieso vorausgesetzt) und gehen davon aus, dass das Feld σ einen Vakuumerwartungswert annimmt:

$$\langle \sigma \rangle = v = -\sqrt{-\frac{m^2}{\lambda}}.$$

Man beachte, dass die zugehörige Vakuumkonfiguration $\Sigma_0 = v\mathbb{1}$ invariant bzgl.

$$\Sigma_0 \mapsto V\Sigma_0 V^\dagger, \quad V = V_L = V_R$$

ist, aber nicht bzgl.

$$\Sigma_0 \mapsto A^\dagger \Sigma_0 A^\dagger, \quad A = V_L = V_R^\dagger.$$

Wir erwarten daher $6 - 3 = 3$ masselose Goldstone-Bosonen.
Verifizieren Sie mithilfe von $\sigma = v + \sigma'$:

$$\mathcal{L} = \bar{\Psi}i\slashed{\partial}\Psi - (-gv)\bar{\Psi}\Psi + \frac{1}{2}\left(\partial_\mu \sigma' \partial^\mu \sigma' - (-2m^2)\sigma'^2\right) + \frac{1}{2}\partial_\mu \vec{\pi} \cdot \partial^\mu \vec{\pi}$$

$$+ g\bar{\Psi}(\sigma' - i\gamma_5\vec{\tau}\cdot\vec{\pi})\Psi - \lambda v\sigma'(\sigma'^2 + \vec{\pi}^2) - \frac{\lambda}{4}(\sigma'^2 + \vec{\pi}^2)^2 + \frac{\lambda v^4}{4}.$$

Fazit: Aufgrund des Vakuumerwartungswerts für das skalare Feld σ haben die Nukleonen jetzt eine Masse $(-gv)$ bekommen. Wir haben drei masselose Goldstone-Bosonen (π_i) und ein massives skalares Boson (σ').

8.5 Es sei

$$\phi(x) = \sum_{a=1}^{8} \phi_a \lambda_a =: \begin{pmatrix} \pi^0 + \frac{1}{\sqrt{3}}\eta & \sqrt{2}\pi^+ & \sqrt{2}K^+ \\ \sqrt{2}\pi^- & -\pi^0 + \frac{1}{\sqrt{3}}\eta & \sqrt{2}K^0 \\ \sqrt{2}K^- & \sqrt{2}\bar{K}^0 & -\frac{2}{\sqrt{3}}\eta \end{pmatrix}.$$

Machen Sie von den Gell-Mann-Matrizen in (5.10) Gebrauch und drücken Sie die physikalischen Felder durch die kartesischen Komponenten aus, z. B.

$$\pi^+ = \frac{1}{\sqrt{2}}(\phi_1 - \mathrm{i}\,\phi_2).$$

8.6 Es sei $\mathcal{L}$ die Lagrange-Dichte aus (8.77):

$$\mathcal{L} = \frac{F_0^2}{4}\,\mathrm{Sp}\left(\partial_\mu U \partial^\mu U^\dagger\right).$$

a) Entwickeln Sie

$$U(x) = \exp\left(\mathrm{i}\,\frac{\phi(x)}{F_0}\right), \quad \phi(x) = \sum_{a=1}^{8} \lambda_a \phi_a(x),$$

bis zur ersten Ordnung in den Feldern ϕ_a und verifizieren Sie mithilfe von $\mathrm{Sp}(\lambda_a \lambda_b) = 2\delta_{ab}$:

$$\mathcal{L} = \frac{1}{2}\sum_{a=1}^{8} \partial_\mu \phi_a \partial^\mu \phi_a + \dots.$$

b) Betrachten Sie nun den symmetriebrechenden Term

$$\mathcal{L}_{\text{s.b.}} = \frac{F_0^2 B_0}{2}\,\mathrm{Sp}\left(\mathcal{M}(U^\dagger + U)\right),$$

wobei

$$\mathcal{M} = \begin{pmatrix} m_u & 0 & 0 \\ 0 & m_d & 0 \\ 0 & 0 & m_s \end{pmatrix}$$

die Quarkmassenmatrix der u-, d- und s-Quarks ist. Setzen Sie $m_u = m_d = \hat{m}$ und bestimmen Sie die in den Feldern ϕ_a quadratischen Terme.
Hinweis: Es gilt

$$\phi = \begin{pmatrix} \phi_3 + \frac{1}{\sqrt{3}}\phi_8 & \phi_1 - \mathrm{i}\,\phi_2 & \phi_4 - \mathrm{i}\,\phi_5 \\ \phi_1 + \mathrm{i}\,\phi_2 & -\phi_3 + \frac{1}{\sqrt{3}}\phi_8 & \phi_6 - \mathrm{i}\,\phi_7 \\ \phi_4 + \mathrm{i}\,\phi_5 & \phi_6 + \mathrm{i}\,\phi_7 & -\frac{2}{\sqrt{3}}\phi_8 \end{pmatrix}.$$

Da $\mathcal{M}$ eine Diagonalmatrix ist, gilt:

$$\mathrm{Sp}(\mathcal{M}A) = \hat{m}A_{11} + \hat{m}A_{22} + m_s A_{33},$$

wobei A eine beliebige (3,3)-Matrix ist. Im vorliegenden Fall wird A proportional zu ϕ^2 sein. Sie müssen von ϕ^2 also nur die Diagonalmatrixelemente bestimmen.
Das Resultat ist von der Form $-\frac{1}{2}\sum_{a=1}^{8} M_a^2 \phi_a^2$, wobei die Konstanten M_a^2 als Massenquadrate interpretiert werden. Zur Kontrolle:

$$M_1^2 = M_2^2 = M_3^2 = 2B_0\hat{m}, \quad M_4^2 = M_5^2 = M_6^2 = M_7^2 = B_0(\hat{m} + m_s),$$

$$M_8^2 = \frac{2}{3}B_0(\hat{m} + 2m_s).$$

Physikalisch interpretiert ist $2B_0\hat{m} = M_\pi^2$, $B_0(\hat{m} + m_s) = M_K^2$ und $2B_0(\hat{m} + 2m_s)/3 = M_\eta^2$.

c) Überprüfen Sie die Gell-Mann-Okubo-Formel

$$4M_K^2 = 3M_\eta^2 + M_\pi^2.$$

d) Bestimmen Sie aus den Verhältnissen M_K^2/M_π^2 und M_η^2/M_π^2 jeweils quantitative Vorhersagen für das Quarkmassenverhältnis $m_s/\hat{m}$. Benutzen Sie $M_\pi = 135$ MeV, $M_K = 496$ MeV und $M_\eta = 548$ MeV.

Literatur

Abers, E.S., Lee, B.W.: Gauge theories. Phys. Rept. **9**, 1–141 (1973)

Aoki, S., et al.: Review of lattice results concerning low-energy particle physics. Eur. Phys. J. C **74**, 2890 (2014)

Balachandran, A.P., Marmo, G., Skagerstam, B.S., Stern, A.: Classical Topology and Quantum States. World Scientific, Singapur (1991)

Bernstein, J.: Spontaneous symmetry breaking, gauge theories, the Higgs mechanism and all that. Rev. Mod. Phys. **46**, 7–48 (1974)

Cheng, T.-P., Li, L.-F.: Gauge Theory of Elementary Particle Physics. Clarendon, Oxford (1984)

Coleman, S.: The invariance of the vacuum is the invariance of the world. J. Math. Phys. **7**, 787 (1966)

Coleman, S.R., Wess, J., Zumino, B.: Structure of Phenomenological Lagrangians. 1. Phys. Rev. **177**, 2239–2247 (1969)

Englert, F., Brout, R.: Broken symmetry and the mass of gauge vector mesons. Phys. Rev. Lett. **13**, 321–323 (1964)

Faddeev, L.D., Slavnov, A.A.: Gauge Fields, Introduction to Quantum Theory. Benjamin/Cummings, Reading, Mass. (1980)

Gasser, J., Leutwyler, H.: Chiral perturbation theory to one loop. Ann. Phys. **158**, 142–210 (1984)

Gasser, J., Leutwyler, H.: Chiral perturbation theory: Expansions in the mass of the strange quark. Nucl. Phys. B **250**, 465–516 (1985)

Gell-Mann, M., Lévy, M.: The axial vector current in beta decay. Nuovo Cim. **16**, 705–726 (1960)

Gell-Mann, M.: Symmetries of baryons and mesons. Phys. Rev. **125**, 1067–1084 (1962)

Georgi, H.: Weak Interactions and Modern Particle Theory. Benjamin/Cummings, Menlo Park, Calif. (1984)

Goldstone, J.: Field theories with superconductor solutions. Nuovo Cim. **19**, 154–164 (1961)

Goldstone, J., Salam, A., Weinberg, S.: Broken symmetries. Phys. Rev. **127**, 965–970 (1962)

Grawert, G.: Quantenmechanik. Akademische Verlagsgesellschaft, Wiesbaden (1977)

Guralnik, G.S., Hagen, C.R., Kibble, T.W.B.: Global conservation laws and massless particles. Phys. Rev. Lett. **13**, 585–587 (1964)

Higgs, P.W.: Broken symmetries, massless particles and gauge fields. Phys. Lett. **12**, 132–133 (1964)

Higgs, P.W.: Broken symmetries and the masses of gauge bosons. Phys. Rev. Lett. **13**, 508–509 (1964)

Higgs, P.W.: Spontaneous symmetry breakdown without massless bosons. Phys. Rev. **145**, 1156–1163 (1966)

Itzykson, C., Zuber, J.B.: Quantum Field Theory. McGraw-Hill, New York (1980)

Leutwyler, H.: Chiral effective lagrangians. In: Ellis, R.K., Hill, C.T., Lykken J.D. (Hrsg.) Perspectives in the Standard Model. Proceedings of the 1991 Advanced Theoretical Study Institute in Elementary Particle Physics, Boulder, Colorado, 2.–28. Juni 1991. World Scientific, Singapur (1992)

Li, L.-F., Pagels, H.: Perturbation theory about a Goldstone symmetry. Phys. Rev. Lett. **26**, 1204–1206 (1971)

Nambu, Y.: Quasi-particles and gauge invariance in the theory of superconductivity. Phys. Rev. **117**, 648–663 (1960)

Nambu, Y., Jona-Lasinio, G.: Dynamical model of elementary particles based on an analogy with superconductivity. 1. Phys. Rev. **122**, 345–358 (1961)

Olive, K.A., et al. (Particle Data Group): 2014 review of particle physics. Chin. Phys. C **38**, 090001 (2014)

O'Raifeartaigh, L.: Group Structure of Gauge Theories. Cambridge University Press, Cambridge (1986)

Rajamaran, R.: Solitons and Instantons. North-Holland, Amsterdam (1982)

Ryder, L.H.: Quantum Field Theory. Cambridge University Press, Cambridge (1985)

Scherer, S., Schindler, M.R.: A Primer for Chiral Perturbation Theory. Lect. Notes Phys. **830**. Springer, Berlin (2012)

Schwinger, J.S.: A theory of the fundamental interactions. Ann. Phys. **2**, 407–434 (1957)

Vafa, C., Witten, E.: Restrictions on symmetry breaking in vector-like gauge theories. Nucl. Phys. B **234**, 173–188 (1984)

Weinberg, S.: Nonlinear realizations of chiral symmetry. Phys. Rev. **166**, 1568–1577 (1968)

Weinberg, S.: Phenomenological lagrangians. Physica A **96**, 327–340 (1979)

Weinberg, S.: The Quantum Theory of Fields, Bd. 2. Modern Applications. Cambridge University Press, Cambridge (1996)

Das Standardmodell der Elementarteilchenphysik

9

Inhaltsverzeichnis

Das Standardmodell der Elementarteilchenphysik vereint die elektromagnetischen, schwachen und starken Kräfte im Rahmen einer konsistenten Quantenfeldtheorie. In diesem abschließenden Kapitel wollen wir aus gruppentheoretischer Sicht alle Fäden zusammenführen und mit ihrer Hilfe die Struktur des Standardmodells erläutern. Eine eingehende Diskussion der Vielzahl von Phänomenen und quantenfeldtheoretischen Themen würde hier den Rahmen sprengen. Als weiterführende Literatur verweisen wir auf einschlägige Lehrbücher, z. B. Cheng und Li (1984), Georgi (1984), Halzen und Martin (1984), Donoghue et al. (1992) oder Cottingham und Greenwood (1998), sowie Übersichtsartikel, z. B. Altarelli (2005), Barbieri (2007), Djouadi (2008), Quigg (2009) oder Grinstein (2015).

9.1 Phänomenologie und Fakten

Das Standardmodell der Elementarteilchenphysik[1] basiert auf einer lokalen Symmetrie mit der Eichgruppe

$$\underbrace{\mathrm{SU}(3)_c}_{\text{stark}} \times \underbrace{\mathrm{SU}(2)_L \times \mathrm{U}(1)_Y}_{\text{elektroschwach}} .$$

---

[1] Bisweilen wird für die Diskussion der elektroschwachen Wechselwirkung (ohne starke Wechselwirkung) die Begriffsbildung *elektroschwaches Standardmodell* verwendet.

© Springer-Verlag Berlin Heidelberg 2016
S. Scherer, *Symmetrien und Gruppen in der Teilchenphysik*,
DOI 10.1007/978-3-662-47734-2_9

Es beschreibt die elektromagnetischen, schwachen und starken Wechselwirkungen. Die Materiefelder des Standardmodells bestehen aus drei *Familien* (oder *Generationen*) von Quarks und Leptonen (jeweils Spin-$\frac{1}{2}$-Teilchen), wobei die korrespondierenden Antiteilchen nicht separat aufgelistet sind:

Quarks	Leptonen
u	ν_e
d	e
c	ν_μ
s	μ
t	ν_τ
b	τ

Dabei erfahren die Quarks alle drei Wechselwirkungen, während die Leptonen nur an den elektromagnetischen und schwachen Wechselwirkungen teilhaben.

Da das Standardmodell als Eichtheorie mit spontaner Symmetriebrechung konstruiert ist, besitzt es sowohl Eich- als auch Higgs-Bosonen:[2]

Wechselwirkung	Eichbosonen	Masse
starke	Gluonen g	0
elektromagnetische	Photon γ	0
schwache	$W^\pm$	$m_W = (80{,}385 \pm 0{,}015)\,\text{GeV}$
	Z	$m_Z = (91{,}1876 \pm 0{,}0021)\,\text{GeV}$
Higgs-Boson	H^0	$m_{H^0} = (125{,}7 \pm 0{,}4)\,\text{GeV}$

Das Standardmodell verfügt über 19 freie Parameter. Diese werden durch eine Anpassung an experimentelle Daten bestimmt. Im Folgenden stellen wir die einzelnen Parameter vor.

1. Da die Eichgruppe das direkte Produkt dreier Untergruppen ist, weist das Modell drei freie Eichkopplungen auf (siehe Abschn. 7.1.2):

$$g_3 \leftrightarrow \text{SU}(3)_c,$$
$$g \leftrightarrow \text{SU}(2)_L,$$
$$g' \leftrightarrow \text{U}(1)_Y.$$

Anstelle der Eichkopplungen werden häufig auch die Größen

$$\alpha_s = \frac{g_3^2}{4\pi}, \tag{9.1a}$$

---

[2] Die experimentellen Werte stammen aus Olive et al. (2014). Bei der Masse der Gluonen handelt es sich um einen theoretischen Wert. Eine Masse mit einem Wert von bis zu einigen MeV kann nicht ausgeschlossen werden. Die experimentelle Obergrenze für die Masse des Photons ist $1 \cdot 10^{-18}\,\text{eV}$.

$$\alpha_{em} = \frac{e^2}{4\pi} \quad (e = g \sin(\theta_w)), \tag{9.1b}$$

$$\sin^2(\theta_w) = \frac{g'^2}{g^2 + g'^2} \tag{9.1c}$$

verwendet. Hierbei bezeichnet θ_w den *schwachen* oder *Weinberg-Winkel* mit[3] $\sin^2(\theta_w) = 0{,}231\,26 \pm 0{,}000\,05$.

2. Für die Massen der geladenen Fermionen werden neun Parameter benötigt:[4]

Geladenes Fermion	Masse [MeV]
e	0,511
μ	106
τ	1777
u	2,3
d	4,8
s	95
c	1275
b	4180
t	173.210

Da Quarks nicht als asymptotisch freie Zustände beobachtet werden, hängen die Bedeutung von Quarkmassen und deren numerischen Werte von der Methode ab, wie sie aus hadronischen Eigenschaften extrahiert werden [siehe Manohar und Sachrajda (2014)].

3. Vier Mischungswinkel der sog. *Cabibbo-Kobayashi-Maskawa-Quarkmischungs-matrix* (kurz: CKM-Matrix)
Die Quarkmasseneigenzustände sind nicht identisch mit den Eigenzuständen der schwachen Wechselwirkung. Die Matrix, welche die beiden Basen für die sechs Quarks miteinander verbindet, wird als CKM-Matrix bezeichnet. (Für vier Quarks genügt ein Parameter, der sog. Cabibbo-Winkel.)

4. Zwei Parameter sind für den Vakuumerwartungswert v für das Higgs-Feld und die quartische (oder auch biquadratische) Kopplung des Higgs-Feldes erforderlich (spontane Symmetriebrechung, siehe Kap. 8). Äquivalent dazu sind die Massen M_Z des neutralen Eichbosons der schwachen Wechselwirkung und m_{H^0} des Higgs-Bosons.

5. QCD-Parameter θ (siehe Abschn. 7.2)

Es existieren Hinweise auf eine „Neue Physik" jenseits des Standardmodells, z. B. die Neutrinomassen, die zu weiteren Parametern führen würden.

---

[3] Der Wert für $\sin^2(\theta_w)$ hängt von der Definition und von der Renormierungsvorschrift ab. Der angegebene Wert bezieht sich auf (9.1c) mit Kopplungen im sog. modifizierten, minimalen Abzugsschema ($\overline{\text{MS}}$) für eine Skala $\mu = M_Z$.

[4] Im Standardmodell sind die Neutrinos masselos. Die Beobachtung von Neutrinooszillationen bedeutet, dass das Modell um einen Mechanismus erweitert werden muss, der den Neutrinomassen Rechnung trägt [siehe Nakamura und Petcov (2014) und dort angegebene Referenzen].

9.2   Lagrange-Dichte des Standardmodells

Im Folgenden diskutieren wir sukzessive die einzelnen Komponenten der Lagrange-Dichte des Standardmodells. Es basiert auf einer Eichgruppe $SU(3)_c \times SU(2)_L \times U(1)_Y$ mit dem zusätzlichen Phänomen einer spontanen Symmetriebrechung der Gruppe $SU(2)_L \times U(1)_Y$ nach $U(1)_{em}$ im Grundzustand.

9.2.1   Starke Wechselwirkung (QCD)

Die Quantenchromodynamik (QCD) basiert auf einer $SU(3)_c$-Eichsymmetrie. An der starken Wechselwirkung nehmen (als Materiefelder) nur die Quarks teil, d. h. die Leptonen besitzen die Farbladung 0. Die Lagrange-Dichte der QCD wurde bereits ausführlich in Abschn. 7.2 diskutiert:

$$\mathcal{L}_{QCD} = \sum_{\substack{f=u,d,s,\\c,b,t}} \bar{q}_f (i\,\slashed{D} - m_f)q_f - \frac{1}{4}\mathcal{G}_{a\mu\nu}\mathcal{G}_a^{\mu\nu}. \tag{9.2}$$

Für jeden Flavor f ist q_f ein dreikomponentiger Farbspinor, der bzgl. $SU(3)_c$ gemäß (7.31) in Abschn. 7.2 transformiert:

$$q_f \mapsto q_f' = \exp\left(-i\sum_{a=1}^{8}\Theta_a(x)\frac{\lambda_a^c}{2}\right)q_f. \tag{9.3}$$

Die kovariante Ableitung von q_f beinhaltet acht Eichfelder $\mathcal{A}_{a\mu}$:

$$D_\mu q_f = \partial_\mu q_f + i\,g_3 \sum_{a=1}^{8}\frac{\lambda_a^c}{2}\mathcal{A}_{a\mu}q_f. \tag{9.4}$$

Insbesondere ist die Wechselwirkung der Quarks mit den Gluonen flavorunabhängig, d. h. es existiert eine einzige Eichkopplung g_3, was auch unter dem Stichwort Flavoruniversalität firmiert. Die acht Feldstärketensoren sind gemäß (7.35) definiert:

$$\mathcal{G}_{a\mu\nu} = \partial_\mu \mathcal{A}_{a\nu} - \partial_\nu \mathcal{A}_{a\mu} - g_3 f_{abc}\mathcal{A}_{b\mu}\mathcal{A}_{c\nu}, \tag{9.5}$$

wobei die SU(3)-Strukturkonstanten in Tab. 5.3 explizit gegeben sind. Per Konstruktion ist die QCD-Lagrange-Dichte invariant bzgl. der Eichtransformationen in (7.31) und (7.34). Die Quarkmassen werden in Abschn. 9.2.2 mit der spontanen Symmetriebrechung im elektroschwachen Sektor in Verbindung gebracht. Hierbei handelt es sich im Wesentlichen um denselben Mechanismus, der im linearen Sigmamodell in Aufgabe 8.4 die Masse des Nukleons erzeugt hat. Der Grundzustand des Standardmodells ist invariant unter Farbtransformationen, sodass die Gluonen als Eichbosonen der starken Wechselwirkung masselos sind.

Vom Standpunkt der Eichinvarianz (und der Renormierbarkeit) könnte die Lagrange-Dichte der starken Wechselwirkung auch einen Term vom Typ

$$\mathcal{L}_\theta = \frac{g_3^2 \bar{\theta}}{64\pi^2} \epsilon_{\mu\nu\rho\sigma} \mathcal{G}_a^{\mu\nu} \mathcal{G}_a^{\rho\sigma}, \quad \epsilon_{0123} = 1, \tag{9.6}$$

enthalten. Dieser sog. θ-Term impliziert eine explizite P- und CP-Verletzung in der starken Wechselwirkung; allerdings weisen empirische Befunde darauf hin, dass dieser Term extrem klein sein muss.[5]

Im Folgenden zählen wir einige wichtige Eigenschaften der QCD auf.

1. Asymptotische Freiheit [Gross und Wilczek (1973), Politzer (1973)]
   In einer Quantenfeldtheorie hängt die „gemessene" Stärke einer Kraft bzw. Wechselwirkung vom Quadrat des Viererimpulsübertrags Q^2 ab, d. h. es ist $\alpha = \alpha(Q^2)$. Diese Eigenschaft wird als laufende Kopplung bezeichnet. Eine *asymptotisch freie Theorie* zeichnet sich dadurch aus, dass die Kopplung im Grenzfall $Q^2 \to \infty$ verschwindet:

$$\lim_{Q^2 \to \infty} \alpha(Q^2) = 0.$$

Für die QCD gilt in der Störungstheorie auf dem Einschleifenniveau [siehe z. B. Ryder (1985), Abschnitt 9.8 oder Weinberg (1996), Abschnitt 18.7]:

$$\alpha_s(Q^2) = \frac{4\pi}{\left(11 - \frac{2}{3}n_f\right) \ln(Q^2/\Lambda^2)}, \tag{9.7}$$

wobei n_f die Anzahl der Quarks mit kleinerer Masse als $\sqrt{Q^2}$ ist. Die dimensionsbehaftete Größe Λ ist diejenige Energieskala, für die α_s divergiert.[6]

2. Farbeinschlusshypothese
   Alle physikalischen Zustände (Pionen, Nukleonen, Kerne usw.) sind dergestalt, dass die Farbfreiheitsgrade zu einem Singulett gekoppelt sind.

3. Die QCD besitzt zusätzlich noch ein hohes Maß an globalen Symmetrien (z. B. die chirale Symmetrie für masselose Quarks, siehe Abschn. 7.3).

9.2.2 Elektroschwache Wechselwirkungen

Wir wenden uns nun dem elektroschwachen Modell zu, das zu einer Vereinigung der elektromagnetischen und der schwachen Kräfte im Rahmen einer Eichtheorie

---

[5] Die Tatsache, dass der sog. θ-Term so klein ist, wird als *starkes CP-Problem* bezeichnet. Wir verweisen auf Peccei (2008) für eine weiterführende Diskussion.

[6] Ein Wert von $\alpha_s(M_Z^2) = 0{,}1185 \pm 0{,}0006$ bei der Skala des Z-Bosons entspricht mithilfe des Vierschleifenausdrucks für (9.7) einem Wert von $\Lambda_{\overline{MS}}^{n_f=5} = (214 \pm 7)\,\text{MeV}$ [Olive et al. (2014)]. Hierbei weist die Tiefstellung $\overline{MS}$ auf das sog. modifizierte, minimale Abzugsschema als Renormierungsschema hin.

mit einer spontanen Symmetriebrechung führt. Ausgangspunkt ist eine Eichgruppe $SU(2)_L \times U(1)_Y$ [Glashow (1961), Weinberg (1967), Salam (1968)], die mit der Annahme kombiniert wird, dass der Grundzustand nur invariant bzgl. einer Untergruppe $U(1)_{em}$ ist.[7] Hierbei beziehen sich die Gruppe $SU(2)_L$ auf den sog. *schwachen Isospin*, $U(1)_Y$ auf die *schwache Hyperladung* und $U(1)_{em}$ auf die elektrische Ladung. Die Tiefstellung L wird später im Zusammenhang mit der Chiralität der Bausteine erläutert werden.

Wir parametrisieren die Elemente aus $SU(2)_L \times U(1)_Y$ in der Form

$$\exp\left(-i\,\vec{\Theta}\cdot\frac{\vec{\tau}}{2}\right)e^{-i\Theta} = \left(1 - i\,\Theta - i\,\vec{\Theta}\cdot\frac{\vec{\tau}}{2} + \ldots\right),$$

mit den Pauli-Matrizen τ_i, die den Vertauschungsrelationen

$$\left[\frac{\tau_i}{2}, \frac{\tau_j}{2}\right] = i\,\epsilon_{ijk}\,\frac{\tau_k}{2}$$

genügen. Wir diskutieren Darstellungen der Lie-Algebren su(2) und u(1), wobei wir der üblichen Konvention folgen und bei den Darstellungen der schwachen Hyperladung die Zuordnung $1 \mapsto \frac{1}{2}Y$ vornehmen. Die abstrakten Generatoren erfüllen die Vertauschungsrelationen

$$[T_i^w, T_j^w] = i\,\epsilon_{ijk}T_k^w,$$
$$[T_i^w, Y^w] = 0,$$

wobei die Hochstellung w für *weak* (engl. „schwach") steht.

Die Lagrange-Dichte der elektroschwachen Wechselwirkungen lässt sich in zwei Teile trennen:

$$\mathcal{L} = \mathcal{L}_{YM} + \mathcal{L}_H.$$

Dabei besteht der Yang-Mills-Anteil $\mathcal{L}_{YM}$ aus (zunächst) masselosen Fermionen als Materiefelder und den Eichbosonen zu $SU(2)_L \times U(1)_Y$. Der Higgs-Anteil $\mathcal{L}_H$ beinhaltet Higgs-Eichfeld-Kopplungen, Higgs-Fermionen-Kopplungen und Higgs-Selbstkopplungen. Die Fermionenmassen und die Eichbosonenmassen werden durch den Mechanismus einer spontanen Symmetriebrechung induziert.

Schwacher Isospin und schwache Hyperladung der Materiefelder

Bei der Spezifizierung des Materiefeldinhalts gilt es zu bedenken, dass dieser weitgehend eine Frage der Phänomenologie ist, sobald die Eichgruppe spezifiziert ist. Die verschiedenen Fermionenfamilien sind Kopien voneinander, die sich nur durch ihre Massen unterscheiden. Wir betrachten deshalb zunächst nur die leichteste Familie. Wir definieren zunächst links- und rechtshändige Fermionenfelder (siehe

---

[7] In Glashow (1961) wurden die elektromagnetische Wechselwirkung und die schwache Wechselwirkung auf den Austausch des masselosen Photons und dreier massebehafteter Vektorbosonen zurückgeführt. Der Higgs-Mechanismus war zu diesem Zeitpunkt noch nicht bekannt.

Abschn. 7.3):

$$\Psi_L = P_L\Psi = \frac{1}{2}(\mathbb{1} - \gamma_5)\Psi,$$

$$\Psi_R = P_R\Psi = \frac{1}{2}(\mathbb{1} + \gamma_5)\Psi,$$

mit den Projektionsoperatoren P_L und P_R. Wir erinnern uns, dass gilt:

$$\bar{\Psi}_L = \Psi_L^\dagger \gamma_0 = \Psi^\dagger P_L \gamma_0 = \bar{\Psi} P_R,$$

$$\bar{\Psi}_R = \Psi_R^\dagger \gamma_0 = \Psi^\dagger P_R \gamma_0 = \bar{\Psi} P_L.$$

Aus der Phänomenologie der Wechselwirkungen schwacher geladener Ströme leitet man ab, dass linkshändige Fermionen als schwache Isospindubletts und rechtshändige Fermionen als schwache Isospinsinguletts auftreten:

$$\text{Leptonen:} \quad l_L = \begin{pmatrix} \nu_{e\,L} \\ e_L \end{pmatrix}, \quad e_R,$$

$$\text{Quarks:} \quad q_{A\,L} = \begin{pmatrix} u_{A\,L} \\ d_{A\,L} \end{pmatrix}, \quad u_{A\,R}, \quad d_{A\,R},$$

wobei $A = 1, 2, 3$ die Farbfreiheitsgrade bezeichnet. Es sei insbesondere auf die Annahme hingewiesen, dass ein rechtshändiges Elektron-Neutrino $\nu_{e\,R}$ nicht existiert.

Anmerkungen
1. Für die nicht-abelsche Gruppe $SU(2)_L$ legt die Zugehörigkeit zu einem Multiplett die möglichen Eigenwerte von T_3^w fest (siehe Abschn. 5.3).
2. Andererseits liefert die Gruppenstruktur der abelschen Gruppe $U(1)_Y$ keine Richtlinien bezüglich der Zuordnung von Hyperladungsquantenzahlen.

Dies führt zunächst zu fünf verschiedenen Eigenwerten zu Y^w, da wir es mit fünf schwachen Isospinmultipletts zu tun haben:

$$Y_l := Y^w(l_L), \quad Y_q := Y^w(q_L), \quad Y_u := Y^w(u_R), \quad Y_d := Y^w(d_R), \quad Y_e := Y^w(e_R).$$

Ohne Beweis: Die Konsistenz des Standardmodells als Quantenfeldtheorie erfordert die (gegenseitige) Aufhebung von Anomalien. Daraus ergeben sich die folgenden Bedingungen [siehe z. B. Donoghue et al. (1992), Abschnitt II.3]:

$$2Y_q = Y_u + Y_d, \tag{9.8a}$$

$$Y_q = -\frac{1}{3}Y_l, \tag{9.8b}$$

$$6Y_q^3 - 3Y_u^3 = 3Y_d^3 - 2Y_l^3 + Y_e^3. \tag{9.8c}$$

Weitere Bedingungen folgen aus dem Zusammenhang zwischen der elektrischen Ladung Q und den $SU(2)_L \times U(1)_Y$-Quantenzahlen T_3^w und Y^w:

$$aQ = T_3^w + bY^w,$$

wobei a und b reelle Zahlen sind. Zunächst nutzen wir die Normierungsfreiheit für die Skala der elektrischen Ladung dergestalt, dass wir $a = 1$ wählen. Außerdem müssen (unabhängig vom Wert) die elektrischen Ladungen der links- und der rechtshändigen Komponenten der geladenen Fermionen gleich sein:

$$-\frac{1}{2} + bY_l = Q(e_L) = Q(e_R) = 0 + bY_e,$$

$$\frac{1}{2} + bY_q = Q(u_L) = Q(u_R) = 0 + bY_u,$$

$$-\frac{1}{2} + bY_q = Q(d_L) = Q(d_R) = 0 + bY_d.$$

Damit erhalten wir die Bedingungen

$$Y_l = Y_e + \frac{1}{2b}, \tag{9.9a}$$

$$Y_q = Y_u - \frac{1}{2b}, \tag{9.9b}$$

$$Y_q = Y_d + \frac{1}{2b}. \tag{9.9c}$$

Wir verwenden (9.8b) zusammen mit (9.9a) bis (9.9c) und drücken in (9.8c) alle Hyperladungen durch Y_l und $1/(2b)$ aus:

$$
\begin{aligned}
0 &= 6Y_q^3 - 3Y_u^3 - 3Y_d^3 + 2Y_l^3 - Y_e^3 \\
&= 6\left(-\frac{1}{3}Y_l\right)^3 - 3\left(-\frac{1}{3}Y_l + \frac{1}{2b}\right)^3 + \dots \\
&= \left(Y_l + \frac{1}{2b}\right)^3.
\end{aligned}
$$

Wir finden damit

$$Y_l = -\frac{1}{2b},$$

wobei $b \neq 0$ nach wie vor beliebig ist. Mit der *Konvention* $b = \frac{1}{2}$, also

$$Q = T_3^w + \frac{1}{2}Y^w, \tag{9.10}$$

ergeben sich die Zuordnungen in der folgenden Tabelle:

Teilchen	T^w	T_3^w	Y^w	Q
ν_{eL}	$\frac{1}{2}$	$\frac{1}{2}$	-1	0
e_L	$\frac{1}{2}$	$-\frac{1}{2}$	-1	-1
e_R	0	0	-2	-1
u_L	$\frac{1}{2}$	$\frac{1}{2}$	$\frac{1}{3}$	$\frac{2}{3}$
d_L	$\frac{1}{2}$	$-\frac{1}{2}$	$\frac{1}{3}$	$-\frac{1}{3}$
u_R	0	0	$\frac{4}{3}$	$\frac{2}{3}$
d_R	0	0	$-\frac{2}{3}$	$-\frac{1}{3}$

Dieses Muster wiederholt sich für die beiden verbleibenden Familien (Berücksichtigung durch einen Familienindex $j = 1, 2, 3$).

Die obigen Betrachtungen beziehen sich auf $N_c = 3$ als Anzahl der Farbfreiheitsgrade der Quarks. In zahlreichen Fällen ist der Grenzfall $N_c \rightarrow \infty$ ['t Hooft (1974)] bzw. eine Entwicklung in N_c^{-1} ein nützliches theoretisches Instrument. Die Verallgemeinerung der Eigenwerte zu T_3^w, Y^w und Q für eine beliebige ungerade Anzahl N_c an Farbfreiheitsgraden wird in Bär und Wiese (2001) diskutiert.

Yang-Mills-Lagrange-Dichte für SU(2)$_L$ × U(1)$_Y$
Die Yang-Mills-Lagrange-Dichte für die Eichgruppe SU(2)$_L$ × U(1)$_Y$ setzt sich aus einem Materiefeldanteil mit der Kopplung der Fermionenfelder an die Eichfelder ($\mathcal{L}_F$) und einem reinen Eichfeldanteil ($\mathcal{L}_{EF}$) zusammen:

$$\mathcal{L}_{YM} = \mathcal{L}_F + \mathcal{L}_{EF}. \tag{9.11}$$

Wir bezeichnen die Eichfelder, die an den schwachen Isospin und die schwache Hyperladung koppeln, mit $(\mathcal{W}_1^\mu, \mathcal{W}_2^\mu, \mathcal{W}_3^\mu)$ und $\mathcal{B}^\mu$. Der reine Eichfeldanteil lautet

$$\mathcal{L}_{EF} = -\frac{1}{4}\mathcal{F}_{i\mu\nu}\mathcal{F}_i^{\mu\nu} - \frac{1}{4}\mathcal{B}_{\mu\nu}\mathcal{B}^{\mu\nu}, \tag{9.12}$$

mit den SU(2)-Feldstärketensoren

$$\mathcal{F}_i^{\mu\nu} = \partial^\mu \mathcal{W}_i^\nu - \partial^\nu \mathcal{W}_i^\mu - g\epsilon_{ijk}\mathcal{W}_j^\mu \mathcal{W}_k^\nu, \quad i = 1, 2, 3, \tag{9.13}$$

und dem U(1)-Feldstärketensor

$$\mathcal{B}^{\mu\nu} = \partial^\mu \mathcal{B}^\nu - \partial^\nu \mathcal{B}^\mu.$$

Für die Fermionen-Lagrange-Dichte erhalten wir

$$\mathcal{L}_F = \sum_{\Psi_L} \bar{\Psi}_L i\,\slashed{D}\,\Psi_L + \sum_{\Psi_R} \bar{\Psi}_R i\,\slashed{D}\,\Psi_R, \qquad (9.14)$$

wobei wir über alle linkshändigen und alle rechtshändigen Fermionenmultipletts summieren müssen, d. h. explizit

$$\sum_{\Psi_L} \bar{\Psi}_L i\,\slashed{D}\,\Psi_L = \sum_{j=1}^{3} \Big(\underbrace{\bar{l}_L^j i\,\slashed{D}\,l_L^j}_{\text{Leptonen}} + \underbrace{\sum_{A=1}^{3} \bar{q}_{L\,A}^j i\,\slashed{D}\,q_{L\,A}^j}_{\text{Farben}} \Big),$$
$$\underbrace{\phantom{\sum_{j=1}^{3}}}_{\text{Familien}} \qquad\qquad \underbrace{\phantom{\sum_{A=1}^{3} \bar{q}_{L\,A}^j i\,\slashed{D}\,q_{L\,A}^j}}_{\text{Quarks}}$$

$$\sum_{\Psi_R} \bar{\Psi}_R i\,\slashed{D}\,\Psi_R = \sum_{j=1}^{3} \Big(\underbrace{\bar{e}_R^j i\,\slashed{D}\,e_R^j}_{\text{Leptonen}} + \underbrace{\sum_{A=1}^{3} \big(\bar{u}_{R\,A}^j i\,\slashed{D}\,u_{R\,A}^j + \bar{d}_{R\,A}^j i\,\slashed{D}\,d_{R\,A}^j \big)}_{\text{Farben}} \Big).$$
$$\underbrace{\phantom{\sum_{j=1}^{3}}}_{\text{Familien}} \qquad\qquad \underbrace{\phantom{\sum_{A=1}^{3} \big(\bar{u}_{R\,A}^j i\,\slashed{D}\,u_{R\,A}^j + \bar{d}_{R\,A}^j i\big)}}_{\text{Quarks}}$$

Dabei lauten die kovarianten Ableitungen

$$D_\mu l_L^j = \Big(\partial_\mu + i\,g\,\frac{\vec{\tau}\cdot\vec{W}_\mu}{2} + i\,g'\,\frac{1}{2}\,\underbrace{(-1)}_{=\,Y_l}\,\mathcal{B}_\mu \Big) l_L^j, \qquad (9.15a)$$

$$D_\mu q_{L\,A}^j = \Big(\partial_\mu + i\,g\,\frac{\vec{\tau}\cdot\vec{W}_\mu}{2} + i\,g'\,\frac{1}{2}\,\underbrace{\frac{1}{3}}_{=\,Y_q}\,\mathcal{B}_\mu \Big) q_{L\,A}^j, \qquad (9.15b)$$

$$D_\mu e_R^j = \Big(\partial_\mu + i\,g'\,\frac{1}{2}\,\underbrace{(-2)}_{=\,Y_e}\,\mathcal{B}_\mu \Big) e_R^j, \qquad (9.15c)$$

$$D_\mu u_{R\,A}^j = \Big(\partial_\mu + i\,g'\,\frac{1}{2}\,\underbrace{\frac{4}{3}}_{=\,Y_u}\,\mathcal{B}_\mu \Big) u_{R\,A}^j, \qquad (9.15d)$$

$$D_\mu d_{R\,A}^j = \Big(\partial_\mu + i\,g'\,\frac{1}{2}\,\underbrace{\Big(-\frac{2}{3}\Big)}_{=\,Y_d}\,\mathcal{B}_\mu \Big) d_R^j. \qquad (9.15e)$$

Die Yang-Mills-Lagrange-Dichte ist invariant unter den Eichtransformationen

$$l_L^j \mapsto \exp\Big(-i\,\vec{\Theta}\cdot\frac{\vec{\tau}}{2} \Big) \exp\Big(i\,\frac{\Theta}{2} \Big) l_L^j, \quad j = 1, 2, 3, \qquad (9.16a)$$

$$q_{L\,A}^j \mapsto \exp\Big(-i\,\vec{\Theta}\cdot\frac{\vec{\tau}}{2} \Big) \exp\Big(-i\,\frac{\Theta}{6} \Big) q_{L\,A}^j, \quad j = 1, 2, 3, \ A = 1, 2, 3, \qquad (9.16b)$$

$$e_R^j \mapsto \exp\left(\mathrm{i}\,\Theta\right) e_R^j, \quad j = 1, 2, 3, \tag{9.16c}$$

$$u_{RA}^j \mapsto \exp\left(-\mathrm{i}\,\frac{2\Theta}{3}\right) u_{RA}^j, \quad j = 1, 2, 3, \ A = 1, 2, 3, \tag{9.16d}$$

$$d_{RA}^j \mapsto \exp\left(\mathrm{i}\,\frac{\Theta}{3}\right) d_{RA}^j, \quad j = 1, 2, 3, \ A = 1, 2, 3, \tag{9.16e}$$

$$\frac{\vec{\tau} \cdot \vec{\mathcal{W}}^\mu}{2} \mapsto \exp\left(-\mathrm{i}\,\vec{\Theta} \cdot \frac{\vec{\tau}}{2}\right) \frac{\vec{\tau} \cdot \vec{\mathcal{W}}^\mu}{2} \exp\left(\mathrm{i}\,\vec{\Theta} \cdot \frac{\vec{\tau}}{2}\right)$$
$$+ \frac{\mathrm{i}}{g}\left[\partial_\mu \exp\left(-\mathrm{i}\,\vec{\Theta} \cdot \frac{\vec{\tau}}{2}\right)\right] \exp\left(\mathrm{i}\,\vec{\Theta} \cdot \frac{\vec{\tau}}{2}\right), \tag{9.16f}$$

$$\mathcal{B}_\mu \mapsto \mathcal{B}_\mu + \frac{1}{g'}\partial_\mu\Theta. \tag{9.16g}$$

Anmerkungen

1. Die kovarianten Ableitungen der Quarkfelder berücksichtigen nur den elektro-schwachen Anteil.[8] Da die Eichgruppe das direkte Produkt aus $SU(2)_L$ und $U(1)_Y$ ist, treten zwei Eichkopplungen g und g' auf.
2. Das Vorzeichen der Kopplung in der kovarianten Ableitung ist eine Frage der Konvention. Wir haben uns bemüht, für alle Eichtheorien dieselbe Konvention zu verwenden.
3. Die rechtshändigen Multipletts sind $SU(2)$-Singuletts und koppeln daher aus-schließlich an das Eichfeld $\mathcal{B}^\mu$ und nicht an die Eichfelder $\mathcal{W}_i^\mu$.
4. Die Parameter der Eichtransformationen, Θ_i ($i = 1, 2, 3$) und Θ, sind glatte Funktionen von x.
5. Wir weisen ausdrücklich darauf hin, dass $\mathcal{L}_F$ keine Massenterme für die Fermionen enthält. Wie wir in Kürze sehen werden, resultieren die Massen der geladenen Fermionen ähnlich wie im linearen Sigmamodell in Aufgabe 8.4 aus einer spontanen Symmetriebrechung im Higgs-Sektor.

Higgs-Lagrange-Dichte

Die Yang-Mills-Lagrange-Dichte in (9.11) mit dem Eichfeldanteil in (9.12) und dem Materiefeldanteil in (9.14) ist eine mathematisch konsistente Eichtheorie für den schwachen Isospin und die schwache Hyperladung. Sie ist aber physikalisch nicht akzeptabel, da die Fermionen und die Eichbosonen masselos sind. Mithilfe des in Abschn. 8.7 besprochenen Mechanismus der spontanen Brechung einer lokalen, kontinuierlichen Symmetrie werden wir einen Ansatz machen, der zu drei massiven Eichbosonen $W^\pm$ und Z sowie dem masselosen Photon führt. Außerdem werden über sog. Yukawa-Kopplungen aufgrund der spontanen Symmetriebrechung Massen für die geladenen Fermionen erzeugt.

---

[8] Die kovariante Ableitung bzgl. der starken Wechselwirkung ist in (9.4) angegeben. Diese muss noch gemäß $D_\mu q_f = D_\mu q_{Lf} + D_\mu q_{Rf}$ zerlegt werden.

Zu diesem Zweck führen wir ein komplexes $SU(2)_L$-Higgs-Dublett ein,

$$\phi = \begin{pmatrix} \phi^+ \\ \phi^0 \end{pmatrix},\tag{9.17}$$

zu dessen Beschreibung wir vier reelle Freiheitsgrade benötigen:

$$\mathrm{Re}(\phi^+), \quad \mathrm{Im}(\phi^+), \quad \mathrm{Re}(\phi^0), \quad \mathrm{Im}(\phi^0).$$

Der Ansatz ist dergestalt, dass wir später drei „would-be"-Goldstone-Bosonen haben, die in der unitären Eichung jeweils als longitudinaler Freiheitsgrad der massebehafteten Vektorbosonen auftreten, und ein reelles Higgs-Feld übrigbleibt. Die zugehörige Darstellung der vier Generatoren T_i^w ($i = 1, 2, 3$) und Y^w lautet

$$t_i = \frac{\tau_i}{2} \quad \text{und} \quad y = \begin{pmatrix} 1 & 0 \\ 0 & 1 \end{pmatrix}.$$

Für den Ladungsoperator

$$Q = T_3^w + \frac{1}{2} Y^w$$

ergeben sich somit gerade die Zuweisungen $+1$ und 0, die durch die Hochstellungen $+$ bzw. 0 an den Feldern angezeigt werden.

Wir führen nun die Higgs-Lagrange-Dichte ein,

$$\mathcal{L}_H = \mathcal{L}_\phi + \mathcal{L}_{\phi F},\tag{9.18}$$

die aus einem „reinen" Higgs-Anteil und einer $SU(2)_L \times U(1)_Y$-invarianten Wechselwirkung zwischen den Higgs-Feldern und den Fermionen besteht.

Die allgemeinste Form für $\mathcal{L}_\phi$, die konsistent mit den Forderungen nach einer $SU(2)_L \times U(1)_Y$-Eichinvarianz sowie Lorentz-Invarianz und Renormierbarkeit ist, lautet:

$$\mathcal{L}_\phi = \frac{1}{2}(D_\mu \phi)^\dagger D^\mu \phi - \frac{\mu^2}{2} \phi^\dagger \phi - \frac{\lambda}{4} (\phi^\dagger \phi)^2,\tag{9.19}$$

mit der kovarianten Ableitung[9]

$$D_\mu \phi = \left(\partial_\mu + \mathrm{i}\, g\, \vec{t} \cdot \vec{W}_\mu + \mathrm{i}\, g' \frac{1}{2} B_\mu \right) \phi\tag{9.20}$$

und den beiden Parametern $\mu^2 < 0$ und $\lambda > 0$. Wir folgen in (9.19) Weinberg (1996), Kapitel 21, und verwenden die (ungewöhnliche) Normierung mit einem

---

[9] Für dass Higgs-Feld ϕ ist y gleich der Einheitsmatrix. Diese haben wir in der kovarianten Ableitung unterdrückt.

zusätzlichen Faktor $\frac{1}{2}$ im kinetischen Term gegenüber (6.31). Diese Vorgehensweise führt in der später zu diskutierenden unitären Eichung zu einer konventionellen
Normierung eines skalaren Feldes. Die Lagrange-Dichte in (9.19) ist invariant unter

$$\phi \mapsto \exp\left(-\mathrm{i}\,\vec{\Theta}\cdot\vec{t}\right)\exp\left(-\mathrm{i}\,\frac{\Theta}{2}\right)\phi \tag{9.21}$$

und den Transformationen der Eichfelder in (9.16f) und (9.16g).

Wir diskutieren nun noch eine sog. *Yukawa-Kopplung* zwischen den Fermionen
und den Higgs-Feldern.[10] Vorher betrachten wir zunächst noch die zu (9.21) komplex konjugierte Gleichung:

$$\phi^* = \begin{pmatrix} \phi^{+*} \\ \phi^{0*} \end{pmatrix} \mapsto \exp\left(\mathrm{i}\,\vec{\Theta}\cdot\vec{t}\,^*\right)\exp\left(\mathrm{i}\,\frac{\Theta}{2}\right)\phi^*. \tag{9.21'}$$

Wir schreiben (siehe Abschn. 5.3):

$$\exp\left(\mathrm{i}\,\vec{\Theta}\cdot\vec{t}\,^*\right) = S^{-1}\exp\left(-\mathrm{i}\,\vec{\Theta}\cdot\vec{t}\right)S, \tag{9.22}$$

mit

$$S = \mathrm{i}\,\tau_2 = \begin{pmatrix} 0 & 1 \\ -1 & 0 \end{pmatrix}.$$

Anschließend definieren wir

$$\tilde{\phi} := S\phi^* = \begin{pmatrix} 0 & 1 \\ -1 & 0 \end{pmatrix}\begin{pmatrix} \phi^{+*} \\ \phi^{0*} \end{pmatrix} = \begin{pmatrix} \phi^{0*} \\ -\phi^{+*} \end{pmatrix}$$

und finden mithilfe von (9.21') und (9.22):

$$\begin{aligned}
\tilde{\phi} &\mapsto S\exp\left(\mathrm{i}\,\vec{\Theta}\cdot\vec{t}\,^*\right)\exp\left(\mathrm{i}\,\frac{\Theta}{2}\right)\phi^* \\
&= S\,S^{-1}\exp\left(-\mathrm{i}\,\vec{\Theta}\cdot\vec{t}\right)S\exp\left(\mathrm{i}\,\frac{\Theta}{2}\right)\phi^* \\
&= \exp\left(-\mathrm{i}\,\vec{\Theta}\cdot\vec{t}\right)\exp\left(\mathrm{i}\,\frac{\Theta}{2}\right)\tilde{\phi}.
\end{aligned}$$

Damit transformiert $\tilde{\phi}$ wie ein $SU(2)_L$-Dublett, besitzt aber die Hyperladung -1.
Die allgemeinste $SU(2)_L \times U(1)_Y$-invariante, renormierbare Wechselwirkung zwi-

---

[10] Die Begriffsbildung Yukawa-Kopplung bezieht sich auf die Analogie zur Wechselwirkung zwi-
schen Pionen und Nukleonen: $\mathcal{L}_{\pi NN} = -\mathrm{i}\,g\,\bar{\Psi}\gamma_5\vec{\tau}\cdot\vec{\Phi}\Psi$ (siehe Beispiel 6.5). Diese Wechselwirkung
basiert nicht auf einer Eichsymmetrie.

schen dem Higgs-Dublett und den Fermionen ist von der Form

$$
\mathcal{L}_{\phi F} = - \sum_{i,j=1}^{3} f_{e\,ij} \underbrace{\bar{l}_L^{\prime i}}_{+1} \underbrace{\phi}_{+1} \underbrace{e_R^{\prime j}}_{-2}
$$

Leptonen

$$
- \sum_{A=1}^{3} \sum_{i,j=1}^{3} \left(f_{u\,ij}\, \underbrace{\bar{q}_{L\,A}^{\prime i}}_{-\frac{1}{3}} \underbrace{\tilde{\phi}}_{-1} \underbrace{u_{R\,A}^{\prime j}}_{+\frac{4}{3}} + f_{d\,ij}\, \underbrace{\bar{q}_{L\,A}^{\prime i}}_{-\frac{1}{3}} \underbrace{\phi}_{+1} \underbrace{d_{R\,A}^{\prime j}}_{-\frac{2}{3}} \right)
$$

Quarks

$$
+ \,\text{H. c.} \tag{9.23}
$$

Hierbei steht H. c. für die entsprechenden hermitesch konjugierten Ausdrücke (engl. *Hermitian conjugates*). Durch die Striche wird angedeutet, dass die zugehörigen Felder im Allg. keine Masseneigenzustände sind. Zur Verdeutlichung haben wir die Hyperladungen der einzelnen Bausteine angegeben. Für eine Invariante müssen sie sich jeweils zu null aufaddieren. Die f_e, f_u und f_d sind zunächst beliebige, unbekannte, komplexe (3,3)-Matrizen.

Spontane Symmetriebrechung

Für $\mu^2 < 0$ erwarten wir eine spontane Symmetriebrechung. Wenn wir

$$
\begin{pmatrix} v^+ \\ v^0 \end{pmatrix} := \begin{pmatrix} \langle \phi^+ \rangle \\ \langle \phi^0 \rangle \end{pmatrix} = \langle \phi \rangle
$$

definieren, wobei v^+ und v^0 im Allg. komplexe Zahlen sind, so ergibt sich für die Hamilton-Dichte ein klassisches Minimum für

$$
\langle \phi \rangle^\dagger \langle \phi \rangle = |v^+|^2 + |v^0|^2 = -\frac{\mu^2}{\lambda} =: v^2.
$$

Mithilfe einer $SU(2)_L \times U(1)_Y$-Eichtransformation können wir immer zu einer unitären Eichung gelangen, in der einerseits

$$
\phi^+ = 0
$$

gilt und anderseits ϕ^0 hermitesch ist, mit dem positivem Vakuumerwartungswert $\langle \phi^0 \rangle = v$, also

$$
\phi_{\text{UE}} = \begin{pmatrix} 0 \\ v + h \end{pmatrix}.
$$

Hierbei zeigt die Tiefstellung UE die unitäre Eichung an, und h bezeichnet das skalare Higgs-Feld, das bei der Entwicklung des Potenzials um $\langle \phi_{\text{UE}}^0 \rangle = v$ eingeführt wird (siehe Kap. 8). Für $v \neq 0$ erzeugt

$$\exp\left\{i\left[\frac{\xi_1\tau_1 + \xi_2\tau_2}{2v} + \frac{\xi}{v}\left(\frac{\tau_3}{2} - \frac{1}{2}\right)\right]\right\}\begin{pmatrix} 0 \\ v+h \end{pmatrix}$$

mit reellen h, ξ_1, ξ_2 und ξ jeden beliebigen Wert für ein komplexes Dublett. Eine Entwicklung bis einschließlich der linearen Terme in den Feldern liefert

$$\left[\mathbb{1} + i\begin{pmatrix} 0 & \frac{\xi_1 - i\xi_2}{2v} \\ \frac{\xi_1 + i\xi_2}{2v} & -\frac{\xi}{v} \end{pmatrix} + \dots\right]\begin{pmatrix} 0 \\ v+h \end{pmatrix} = \begin{pmatrix} i\frac{\xi_1}{2} + \frac{\xi_2}{2} \\ -i\xi + v + h \end{pmatrix} + \dots.$$

Der Grundzustand der unitären Eichung,

$$\begin{pmatrix} 0 \\ v \end{pmatrix},$$

ist invariant bzgl. der U(1)-Untergruppe H von $G = SU(2)_L \times U(1)_Y$ mit den Elementen

$$\exp\left(-i\,\alpha\frac{\mathbb{1} + \tau_3}{2}\right),$$

wegen

$$\frac{\mathbb{1} + \tau_3}{2}\begin{pmatrix} 0 \\ v \end{pmatrix} = \begin{pmatrix} 1 & 0 \\ 0 & 0 \end{pmatrix}\begin{pmatrix} 0 \\ v \end{pmatrix} = 0.$$

Diese U(1)-Untergruppe interpretieren wir als elektromagnetische $U(1)_{em}$, sodass das zugehörige Eichboson, das Photon, masselos bleibt (siehe Fazit aus Abschn. 8.7.2).

Wir betrachten nun $\mathcal{L}_\phi$ in der unitären Eichung. Zunächst führen wir die Notation

$$H = \begin{pmatrix} 0 \\ h \end{pmatrix} \quad \text{und} \quad V = \begin{pmatrix} 0 \\ v \end{pmatrix}$$

ein und schreiben

$$D_\mu\phi = \mathcal{D}_\mu H + i\frac{g}{2}\vec{\tau}\cdot\vec{W}_\mu V + i\frac{g'}{2}\mathcal{B}_\mu V,$$

$$(D_\mu\phi)^\dagger = (\mathcal{D}_\mu H)^\dagger - i\frac{g}{2}V^\dagger\vec{\tau}\cdot\vec{W}_\mu - i\frac{g'}{2}\mathcal{B}_\mu V^\dagger,$$

mit[11]

$$\mathcal{D}_\mu H = \left(\partial_\mu + i\,g\,\vec{\tau}\cdot\vec{W}_\mu + i\,g'\frac{1}{2}B_\mu\right)H.$$

---

[11] Auch hier führen wir ein eigenes Symbol $\mathcal{D}_\mu H$ ein, weil $\mathcal{D}_\mu H$ sich nicht wie H transformiert. Siehe Fußnote 22 in Abschn. 8.7.1.

Wir bestimmen nun

$$(D_\mu \phi)^\dagger D^\mu \phi = (\mathcal{D}_\mu H)^\dagger \mathcal{D}^\mu H + \frac{1}{4} g^2 v^2 \vec{\mathcal{W}}_\mu \cdot \vec{\mathcal{W}}^\mu + \frac{1}{4} g'^2 v^2 \mathcal{B}_\mu \mathcal{B}^\mu$$

$$+ \frac{1}{2} g g' V^\dagger \vec{\tau} \cdot \vec{\mathcal{W}}_\mu \mathcal{B}^\mu V$$

$$+ \frac{1}{2} \mathrm{i}\, g (\mathcal{D}_\mu H)^\dagger \vec{\tau} \cdot \vec{\mathcal{W}}^\mu V - \frac{1}{2} \mathrm{i}\, g V^\dagger \vec{\tau} \cdot \vec{\mathcal{W}}_\mu \mathcal{D}^\mu H$$

$$+ \frac{1}{2} \mathrm{i}\, g' (\mathcal{D}_\mu H)^\dagger \mathcal{B}^\mu V - \frac{1}{2} \mathrm{i}\, g' V^\dagger \mathcal{B}_\mu \mathcal{D}^\mu H$$

$$= \partial_\mu h \partial^\mu h + \frac{1}{4} v^2 \left(g^2 \vec{\mathcal{W}}_\mu \cdot \vec{\mathcal{W}}^\mu - 2 g g' \mathcal{W}_\mu^3 \mathcal{B}^\mu + g'^2 \mathcal{B}_\mu \mathcal{B}^\mu \right) + \dots,$$

wobei wir

$$\vec{\tau} \cdot \vec{\mathcal{W}}_\mu \vec{\tau} \cdot \vec{\mathcal{W}}^\mu = \vec{\mathcal{W}}_\mu \cdot \vec{\mathcal{W}}^\mu \quad \text{und} \quad V^\dagger \vec{\tau} \cdot \vec{\mathcal{W}}_\mu V = -v^2 \mathcal{W}_\mu^3$$

verwendet haben. Wechselwirkungsterme, die mindestens drei Felder enthalten, wurden nicht explizit ausgeschrieben, da sie für die Diskussion der Massen nicht relevant sind. Wenn wir zusätzlich noch die Rechnung in Abschn. 8.1 für den Potenzialanteil verwenden, ergeben sich für $\mathcal{L}_\phi$ in der unitären Eichung die folgenden, in den Feldern quadratischen Ausdrücke:

$$\mathcal{L}_\phi = \frac{1}{2} \partial_\mu h \partial^\mu h - \frac{1}{2}(-2\mu^2) h^2 + \frac{v^2}{8} \left(g^2 \vec{\mathcal{W}}_\mu \cdot \vec{\mathcal{W}}^\mu - 2 g g' \mathcal{W}_\mu^3 \mathcal{B}^\mu + g'^2 \mathcal{B}_\mu \mathcal{B}^\mu \right) + \dots$$

$$(9.24)$$

In Analogie zu Abschn. 8.7.2 untersuchen wir zunächst die Konsequenzen, die sich aus der spontanen Symmetriebrechung für die Massen der Vektorbosonen ergeben. Zuerst betrachten wir den Anteil mit den beiden neutralen Bosonen:

$$\frac{v^2}{8} \left(g^2 \mathcal{W}_{3\mu} \mathcal{W}_3^\mu - 2 g g' \mathcal{W}_{3\mu} \mathcal{B}^\mu + g'^2 \mathcal{B}_\mu \mathcal{B}^\mu \right).$$

Mit einer geeigneten Superposition wollen wir erreichen, dass das zur elektromagnetischen U(1)-Untergruppe gehörige Eichboson masselos ist, da diese Symmetrie nicht spontan gebrochen wird. Da es sich bei $\mathcal{W}_{3\mu}$ und $\mathcal{B}_\mu$ um reelle Felder handelt, führen wir die Mischung mithilfe einer SO(2)-Matrix ein,

$$\begin{pmatrix} \mathcal{Z}_\mu \\ \mathcal{A}_\mu \end{pmatrix} = \begin{pmatrix} \cos(\theta_w) & -\sin(\theta_w) \\ \sin(\theta_w) & \cos(\theta_w) \end{pmatrix} \begin{pmatrix} \mathcal{W}_{3\mu} \\ \mathcal{B}_\mu \end{pmatrix}, \qquad (9.25)$$

mit dem *schwachen* oder *Weinberg-Winkel* θ_w. Einsetzen und Sortieren nach $\mathcal{Z}_\mu \mathcal{Z}^\mu$, $\mathcal{A}_\mu \mathcal{A}^\mu$ und $\mathcal{Z}_\mu \mathcal{A}^\mu$ liefert

$$\frac{v^2}{8} \left(g^2 \mathcal{W}_{3\mu} \mathcal{W}_3^\mu - 2 g g' \mathcal{W}_{3\mu} \mathcal{B}^\mu + g'^2 \mathcal{B}_\mu \mathcal{B}^\mu \right)$$

$$= \frac{v^2}{8} \Big(\left[g \cos(\theta_w) + g' \sin(\theta_w) \right]^2 \mathcal{Z}_\mu \mathcal{Z}^\mu + \left[g \sin(\theta_w) - g' \cos(\theta_w) \right]^2 \mathcal{A}_\mu \mathcal{A}^\mu$$

$$+ 2 \left\{ (g^2 - g'^2) \cos(\theta_w) \sin(\theta_w) - g g' \left[\cos^2(\theta_w) - \sin^2(\theta_w) \right] \right\} \mathcal{Z}_\mu \mathcal{A}^\mu \Big).$$

Wenn wir nun fordern, dass $\mathcal{A}_\mu$ masselos bleibt, erhalten wir

$$g \sin(\theta_w) = g' \cos(\theta_w) \quad \text{oder} \quad \tan(\theta_w) = \frac{g'}{g}.$$

Daraus folgt des Weiteren[12]

$$\left[g \cos(\theta_w) + g' \sin(\theta_w) \right]^2 = g^2 + g'^2,$$
$$(g^2 - g'^2) \cos(\theta_w) \sin(\theta_w) - gg' \left[\cos^2(\theta_w) - \sin^2(\theta_w) \right] = 0,$$

d. h. wir haben die Felder $\mathcal{A}_\mu$ und $\mathcal{Z}_\mu$ orthogonalisiert.

Mithilfe der Resultate in der unitären Eichung ergibt sich folgende Interpretation bzgl. des Higgs-Feldes und der Eichbosonen:

1. Das Feld h beschreibt ein neutrales skalares Higgs-Boson mit der Masse $m_{H^0} = \sqrt{-2\mu^2}$.
2. Das Feld $\mathcal{A}_\mu$ beschreibt das masselose Photon.
3. Die Felder $\mathcal{W}_\mu^\pm := (\mathcal{W}_{1\mu} \mp \mathrm{i}\, \mathcal{W}_{2\mu})/\sqrt{2}$ beschreiben massebehaftete geladene Vektorbosonen mit

$$\frac{v^2 g^2}{8} = \frac{1}{2} M_W^2 \quad \text{d. h.} \quad M_W = \frac{vg}{2}. \tag{9.26}$$

4. Das Feld $\mathcal{Z}_\mu$ beschreibt ein neutrales massebehaftetes Vektorboson mit

$$\frac{v^2}{8}(g^2 + g'^2) = \frac{1}{2} M_Z^2 \quad \text{d. h.} \quad M_Z = \frac{v\sqrt{g^2 + g'^2}}{2}. \tag{9.27}$$

Insbesondere ist das neutrale Z-Boson schwerer als die geladenen W-Bosonen.

Fermionenmassen und Quarkmischung

Wegen der Yukawa-Kopplungen gemäß (9.23) resultieren aus der spontanen Symmetriebrechung

$$\langle \phi_{\mathrm{UE}} \rangle = \begin{pmatrix} 0 \\ v \end{pmatrix} \quad \text{und} \quad \langle \tilde{\phi}_{\mathrm{UE}} \rangle = \begin{pmatrix} v \\ 0 \end{pmatrix}$$

nun auch Massen für die Fermionen.

Wir betrachten zunächst die Leptonen. Hierbei geht man (im minimalen Modell) davon aus, dass es keine Mischung gibt, d. h. dass die Matrix (f_{eij}) Diagonalform hat:

$$(f_{eij}) = \begin{pmatrix} f_e & 0 & 0 \\ 0 & f_\mu & 0 \\ 0 & 0 & f_\tau \end{pmatrix}.$$

---

[12] Man verwende $2gg' = g^2 \tan(\theta_w) + g'^2 \cot(\theta_w)$.

Wir betrachten z. B. den Beitrag der ersten Familie ($i = j = 1$) zu (9.23):

$$-f_e(\bar{\nu}_{e\,L}\;\;\bar{e}_L)\begin{pmatrix}0\\v\end{pmatrix}e_R + \text{H. c.} = -vf_e\bar{e}_Le_R - vf_e^*\bar{e}_Re_L$$

$$= -v|f_e|(\bar{e}_Le_Re^{\mathrm{i}\delta_e} + \bar{e}_Re_Le^{-\mathrm{i}\delta_e}),$$

wobei wir $f_e = |f_e|e^{\mathrm{i}\delta_e}$ gesetzt haben. Mit einer geeigneten Phasenverschiebung (z. B. $e_R \to e^{-\mathrm{i}\delta_e}e_R$) können wir dafür sorgen, dass wir nur nichtnegative reelle f_e betrachten müssen. Ein analoges Argument gilt für f_μ und f_τ. Wir nehmen im Folgenden also positive f_e, f_μ und f_τ an. Schließlich machen wir noch von (7.44) Gebrauch,

$$\bar{\Psi}_L\Psi_R + \bar{\Psi}_R\Psi_L = \bar{\Psi}\Psi,$$

und erhalten damit als Massenterme für die Leptonen

$$-m_e\bar{e}e - m_\mu\bar{\mu}\mu - m_\tau\bar{\tau}\tau,$$

mit

$$m_e = vf_e, \tag{9.28a}$$

$$m_\mu = vf_\mu, \tag{9.28b}$$

$$m_\tau = vf_\tau. \tag{9.28c}$$

Fazit Die Massen der geladenen Leptonen ergeben sich also als Produkt aus dem Vakuumerwartungswert v des Higgs-Feldes ϕ^0 und den Yukawa-Kopplungskonstanten. Die Neutrinos sind in diesem Modell masselos.

Wir wenden uns nun dem Quarksektor zu [siehe z. B. Donoghue et al. (1992), Abschnitt II-4, oder Weinberg (1996), Abschnitt 21.3]. Hier stellt sich die Situation anders dar, weil die Masseneigenzustände der QCD nicht identisch mit den Eigenzuständen der elektroschwachen Wechselwirkung sind. Wir schreiben für den Quarkmassenterm (QMT):

$$\mathcal{L}_{\text{QMT}} = -v\sum_{A=1}^{3}\sum_{i,j=1}^{3}(f_{u\,ij}\bar{u}_{L\,A}^{\prime i}u_{R\,A}^{\prime j} + f_{d\,ij}\bar{d}_{L\,A}^{\prime i}d_{R\,A}^{\prime j}) + \text{H. c.}$$

$$= -\sum_{A=1}^{3}\left(\bar{u}_{L\,A}^{\prime}M_u^{\prime}u_{R\,A}^{\prime} + \bar{d}_{L\,A}^{\prime}M_d^{\prime}d_{R\,A}^{\prime} + \bar{u}_{R\,A}^{\prime}M_u^{\prime\dagger}u_{L\,A}^{\prime} + \bar{d}_{R\,A}^{\prime}M_d^{\prime\dagger}d_{L\,A}^{\prime}\right),$$

mit den komplexen (3,3)-Matrizen

$$M_u^{\prime} = vf_u \quad \text{und} \quad M_d^{\prime} = vf_d.$$

Wir führen nun neue Quarkfelder ein,

$$u_R = U_{u\,R}u_R^{\prime}, \qquad u_L = U_{u\,L}u_L^{\prime}, \qquad d_R = U_{d\,R}d_R^{\prime}, \qquad d_L = U_{d\,L}d_L^{\prime},$$

wobei $U_{u\,R}$, $U_{u\,L}$, $U_{d\,R}$ und $U_{d\,L}$ unabhängige, unitäre (3,3)-Matrizen sind. Wir unterdrücken den Farbindex der Quarkfelder, da die Matrizen sich nur auf den Flavorfreiheitsgrad beziehen. Die Unitarität der Matrizen gewährleistet, dass der kinetische Term der Lagrange-Dichte, $\bar{\Psi}\mathrm{i}\partial\!\!\!/\Psi$, seine Form behält, d. h. dass wir weiterhin die Summe von $3 \cdot 2 \cdot 6$ unabhängigen Quarkfeldern haben. Damit schreiben wir den Quarkmassenterm als

$$-\bar{u}_L M_u u_R - \bar{d}_L M_d d_R - \bar{u}_R M_u^\dagger u_L - \bar{d}_R M_d^\dagger d_L,$$

mit

$$M_u = U_{u\,L} M_u' U_{u\,R}^\dagger \quad \text{und} \quad M_d = U_{d\,L} M_d' U_{d\,R}^\dagger.$$

Der Einfachheit halber vereinbaren wir, dass die Summation über die Farbfreiheitsgrade in der obigen Schreibweise impliziert ist.

Jetzt verwenden wir ein Resultat aus der linearen Algebra: Für jede beliebige komplexe (n, n)-Matrix M' lassen sich unitäre Matrizen A und $B^\dagger$ finden, dergestalt, dass $M = AM'B^\dagger$ reell und diagonal ist. Dies verifiziert man mit der Polarzerlegung einer Matrix $M' \in \mathbb{C}^{n\times n}$,

$$M' = UH',$$

mit unitärem U und hermiteschem, positiv semidefinitem H'. Zusätzlich verwenden wir die Ähnlichkeitstransformation für hermitesche Matrizen, d. h. zu einer hermiteschen Matrix H' existiert eine unitäre Matrix S, sodass

$$H = S^\dagger H' S$$

eine reelle Diagonalmatrix ist. Wir schreiben

$$M' = UH'$$

und diagonalisieren H' mithilfe von S und nennen das Resultat M:

$$M = S^\dagger H' S.$$

Wenn wir nun $B^\dagger = S$ und $A = S^\dagger U^\dagger$ wählen, dann gilt

$$AM'B^\dagger = AUH'B^\dagger = S^\dagger U^\dagger USMS^\dagger S = M.$$

Somit können die Matrizen $U_{u\,R}$, $U_{u\,L}$, $U_{d\,R}$ und $U_{d\,L}$ so gewählt werden, dass die beiden (3,3)-Matrizen M_u und M_d jeweils diagonal und reell sind (mit nichtnegativen Diagonalmatrixelementen). Die Quarkfelder u, c und t werden mit den Komponenten 1, 2 und 3 von $u_L + u_R$ identifiziert und analog die Quarkfelder d, s und b mit den Komponenten von $d_L + d_R$. Wir schreiben die schwachen Dubletts in einem Zwischenschritt als

$$\tilde{q}_L'^{\,i} = \begin{pmatrix} \left(U_{u\,L}^{-1} u_L\right)^i \\ \left(U_{d\,L}^{-1} d_L\right)^i \end{pmatrix} \tag{9.29}$$

und wählen nun Linearkombinationen der Dubletts $\tilde{q}_L'^i$ dergestalt, dass jeweils in der oberen Komponente Quarks mit der Ladung $Q = \frac{2}{3}$ und wohldefinierter Masse m_u, m_c und m_t stehen,[13]

$$q_L'^i = U^{ij}\,\tilde{q}_L'^j \tag{9.30}$$

mit

$$q_L'^1 = \begin{pmatrix} u_L \\ V_{ud}\,d_L + V_{us}\,s_L + V_{ub}\,b_L \end{pmatrix}, \tag{9.31a}$$

$$q_L'^2 = \begin{pmatrix} c_L \\ V_{cd}\,d_L + V_{cs}\,s_L + V_{cb}\,b_L \end{pmatrix}, \tag{9.31b}$$

$$q_L'^3 = \begin{pmatrix} t_L \\ V_{td}\,d_L + V_{ts}\,s_L + V_{tb}\,b_L \end{pmatrix}. \tag{9.31c}$$

Dazu müssen wir in (9.29) $U = U_{uL}$ setzen und erhalten jeweils in den zweiten Zeilen von (9.31a) bis (9.31c) die sog. *Cabibbo-Kobayashi-Maskawa-Quarkmischungsmatrix* $V = U_{uL}U_{dL}^{-1}$ [Cabibbo (1963), Kobayashi und Maskawa (1973), Ceccucci et al. (2014)].

Grundsätzlich wird eine U(n)-Matrix durch n^2 reelle Parameter beschrieben (siehe Beispiel 3.1). Dazu kann man $n(n-1)/2$ Winkel für die Untergruppe der orthogonalen Matrizen und $n(n+1)/2$ Phasen verwenden, für U(3) also 3 Winkel und 6 Phasen. Tatsächlich besitzen aber nicht alle Phasen eine physikalische Relevanz. Durch eine geeignete Redefinition der Quarkfelder (engl. *quark rephasing*) können wir die CKM-Matrix durch 3 Winkel und 1 Phase beschreiben. Dies sieht man wie folgt ein. Es sei

$$V(\vec{\theta}) = V(\theta_1,\theta_2,\theta_3) = \begin{pmatrix} e^{-i\theta_1} & 0 & 0 \\ 0 & e^{-i\theta_2} & 0 \\ 0 & 0 & e^{-i\theta_3} \end{pmatrix}$$

eine unitäre Matrix, die nur Diagonalelemente besitzt. Wir stellen uns nun vor, dass wir mit den transformierten Quarkfeldern

$$\widehat{u_L} = V(\vec{\theta}_u)u_L \quad \text{und} \quad \widehat{d_L} = V(\vec{\theta}_d)d_L$$

anstelle der Quarkfelder u_L und d_L arbeiten. Dann hätten wir anstelle von (9.29):

$$\tilde{q}_L'^i = \begin{pmatrix} \left(U_{uL}^{-1}V^{-1}(\vec{\theta}_u)\widehat{u_L}\right)^i \\ \left(U_{dL}^{-1}V^{-1}(\vec{\theta}_d)\widehat{d_L}\right)^i \end{pmatrix} = \begin{pmatrix} \left((V(\vec{\theta}_u)U_{uL})^{-1}\widehat{u_L}\right)^i \\ \left((V(\vec{\theta}_d)U_{dL})^{-1}\widehat{d_L}\right)^i \end{pmatrix}, \tag{9.32}$$

[13] Die Mischung manifestiert sich in den schwachen Wechselwirkungen der Quarks, die mit einer Änderung der Ladung verknüpft sind. Per Konvention wird die Mischung den Quarks mit $Q = -\frac{1}{3}$ zugeschrieben [Donoghue et al. (1992)].

und damit für die CKM-Matrix bzgl. der Quarkfelder $\widehat{u_L}$ und $\widehat{d_L}$:

$$\widehat{V} = V(\vec{\theta}_u) U_{uL} U_{dL}^{-1} V^{-1}(\vec{\theta}_d) = V(\vec{\theta}_u) V V^{-1}(\vec{\theta}_d)$$

oder für die einzelnen Komponenten

$$\widehat{V}_{ij} = e^{-\mathrm{i}(\theta_{ui} - \theta_{dj})} V_{ij}.$$

Eine gleichzeitige Redefinition aller Quarkfelder mit demselben Phasenfaktor verändert V nicht, sodass insgesamt nur $2n-1$ (5 für $n=3$) Phasen eliminiert werden können und am Schluss 3 Winkel und 1 Phase übrig bleiben.[14] Es sei darauf hingewiesen, dass auch die entsprechenden rechtshändigen Komponenten mit den gleichen Phasenfaktoren multipliziert werden müssen, damit die einmal diagonal und (positiv) reell gewählten Massenmatrizen M_u und M_d diese Eigenschaft beibehalten. Im Folgenden werden wir das Symbol $\widehat{}$ weglassen und davon ausgehen, dass die Quarkfelder zu der entsprechenden CKM-Matrix gehören.

Es existieren verschiedene Konventionen für die Parametrisierung der CKM-Matrix. Eine Standardwahl lautet [Chau und Keung (1984), Ceccucci et al. (2014)]:

$$V = \begin{pmatrix} 1 & 0 & 0 \\ 0 & c_{23} & s_{23} \\ 0 & -s_{23} & c_{23} \end{pmatrix} \begin{pmatrix} c_{13} & 0 & s_{13}e^{-\mathrm{i}\delta} \\ 0 & 1 & 0 \\ -s_{13}e^{\mathrm{i}\delta} & 0 & c_{13} \end{pmatrix} \begin{pmatrix} c_{12} & s_{12} & 0 \\ -s_{12} & c_{12} & 0 \\ 0 & 0 & 1 \end{pmatrix}$$

$$= \begin{pmatrix} c_{12}c_{13} & s_{12}c_{13} & s_{13}e^{-\mathrm{i}\delta} \\ -s_{12}c_{23} - c_{12}s_{23}s_{13}e^{\mathrm{i}\delta} & c_{12}c_{23} - s_{12}s_{23}s_{13}e^{\mathrm{i}\delta} & s_{23}c_{13} \\ s_{12}s_{23} - c_{12}c_{23}s_{13}e^{\mathrm{i}\delta} & -c_{12}s_{23} - s_{12}c_{23}s_{13}e^{\mathrm{i}\delta} & c_{23}c_{13} \end{pmatrix},$$

mit $c_{ij} = \cos(\theta_{ij})$ und $s_{ij} = \sin(\theta_{ij})$. Die Drehwinkel sind so definiert, dass sie die Mischung zwischen den entsprechenden Generationen bezeichnen. Wäre $\theta_{13} = \theta_{23} = 0$, so würde die dritte Generation vollständig entkoppeln, und θ_{12} würde sich auf den Cabibbo-Winkel reduzieren.

Ein globaler Fit an alle verfügbaren Messungen liefert für die *Absolutbeträge* der CKM-Matrixelemente [siehe Ceccucci et al. (2014)]:

$$\begin{pmatrix} 0{,}97427 \pm 0{,}00014 & 0{,}22536 \pm 0{,}00061 & 0{,}00355 \pm 0{,}00015 \\ 0{,}22522 \pm 0{,}00061 & 0{,}97343 \pm 0{,}00015 & 0{,}0414 \pm 0{,}0012 \\ 0{,}00886^{+0{,}00033}_{-0{,}00032} & 0{,}0405^{+0{,}0011}_{-0{,}0012} & 0{,}99914 \pm 0{,}00005 \end{pmatrix}.$$

Eine nichtverschwindende Phase $0 < \delta < 2\pi$ impliziert eine CP-Verletzung in der schwachen Wechselwirkung. Mit den in Ceccucci et al. (2014) angegebenen Werten für die sog. *Wolfenstein-Parametrisierung* der CKM-Matrix [Wolfenstein (1983)] ergibt sich für die Phase ein Wert von $\delta = 72°$. Für eine weiterführende Diskussion verweisen wir auf Ceccucci et al. (2014) und die dort erwähnten Referenzen.

---

[14] Für den allgemeinen Fall von n Generationen ergeben sich $n(n-1)/2$ Winkel und $n(n+1)/2 - (2n-1) = (n-1)(n-2)/2$ Phasen. Für $n=2$ bleibt ein Winkel als Parameter übrig, was dem Szenario von Cabibbo (1963) aus der Prä-QCD-Ära entspricht, als die schwache Wechselwirkung mithilfe eines Okletts schwacher Ströme der Form $V_a^\mu - A_a^\mu$ beschrieben wurde.

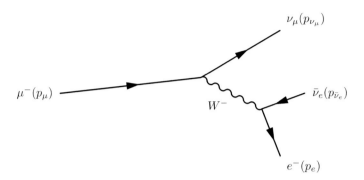

Abb. 9.1   Zerfall $\mu^- \to e^- + \bar{\nu}_e + \nu_\mu$ in der Baumgraphennäherung

Elektroschwache Ströme, Bestimmung der Parameter

Exemplarisch betrachten wir im rein leptonischen Sektor den Zerfall $\mu^- \to e^- + \bar{\nu}_e + \nu_\mu$. In der Baumgraphennäherung trägt zu diesem Prozess nur das Diagramm in Abb. 9.1 bei. Da sich in der Wechselwirkung eines Leptons mit den Eichbosonen der schwachen Wechselwirkung die Familienart nicht ändert, gibt es in dieser Ordnung keine weiteren Diagramme. Die Feynman-Regel für die invariante Amplitude ist von der Form

$$\mathcal{M} = \text{Vertex} \cdot \text{i Propagator} \cdot \text{Vertex}.$$

Die relevanten Wechselwirkungsvertices resultieren aus der Lagrange-Dichte in (9.14). Dazu beachten wir, dass nur die linkshändigen Leptonen über eine Kopplung an die geladenen W-Bosonen verfügen. Mithilfe der Definitionen

$$\tau_+ := \frac{1}{\sqrt{2}}(\tau_1 + \mathrm{i}\,\tau_2) = \begin{pmatrix} 0 & \sqrt{2} \\ 0 & 0 \end{pmatrix},$$

$$\tau_- := \frac{1}{\sqrt{2}}(\tau_1 - \mathrm{i}\,\tau_2) = \begin{pmatrix} 0 & 0 \\ \sqrt{2} & 0 \end{pmatrix},$$

$$\mathcal{W}_\mu^\pm := \frac{1}{\sqrt{2}}\left(\mathcal{W}_{1\mu} \mp \mathrm{i}\,\mathcal{W}_{2\mu}\right)$$

schreiben wir

$$\tau_1 \mathcal{W}_{1\mu} + \tau_2 \mathcal{W}_{2\mu} = \tau_+ \mathcal{W}_\mu^+ + \tau_- \mathcal{W}_\mu^-.$$

Die Wirkung der Aufsteige- und der Absteigeoperatoren auf die linkshändigen Leptonenfelder der ersten Familie lautet

$$\tau_+ \begin{pmatrix} \nu_{eL} \\ e_L \end{pmatrix} = \sqrt{2} \begin{pmatrix} e_L \\ 0 \end{pmatrix} \quad \text{und} \quad \tau_- \begin{pmatrix} \nu_{eL} \\ e_L \end{pmatrix} = \sqrt{2} \begin{pmatrix} 0 \\ \nu_{eL} \end{pmatrix},$$

mit entsprechenden Ausdrücken für die anderen Familien. Wir finden für die Wechselwirkungs-Lagrange-Dichte

$$\mathcal{L}_{W^\pm \text{Leptonen}} = i\,(i\,g)\frac{1}{2}\left(\sqrt{2}\bar{v}_{eL}\gamma^\mu e_L\,\mathcal{W}_\mu^+ + \text{H.c.}\right) + 2\,\text{Familien}$$

$$= -\frac{g}{\sqrt{2}}\left(\bar{v}_{eL}\gamma^\mu e_L\,\mathcal{W}_\mu^+ + \text{H.c.}\right) + 2\,\text{Familien}.$$

Wenn wir jetzt noch

$$P_R \gamma^\mu P_L = \gamma^\mu P_L = \frac{1}{2}\gamma^\mu(\mathbb{1} - \gamma_5)$$

berücksichtigen, dann erkennen wir in der Wechselwirkungs-Lagrange-Dichte die sog. $(V - A)$-Kopplung (Vektorstrom minus Axialvektorstrom) der Leptonen an die W-Bosonen:

$$\mathcal{L}_{W^\pm \text{Leptonen}} = -\frac{g}{2\sqrt{2}}\left(\bar{v}_e\gamma^\mu(\mathbb{1} - \gamma_5)e\,\mathcal{W}_\mu^+ + \text{H.c.}\right) + 2\,\text{Familien}.$$

Der Propagator für ein massives Vektorboson mit dem Viererimpuls k lautet

$$\frac{-g_{\mu\nu} + \frac{k_\mu k_\nu}{M_W^2}}{k^2 - M_W^2} = \frac{g_{\mu\nu}}{M_W^2} + \dots,$$

wobei wir im Niederenergiebereich davon ausgehen können, dass die Komponenten von k betragsmäßig sehr viel kleiner sind als M_W. Für den Myonzerfall dient als Abschätzung $(m_\mu/M_W)^2 = (0{,}106/80{,}4)^2 = 1{,}74 \cdot 10^{-6} \ll 1$.

Die Leptonen im Anfangs- und im Endzustand werden durch entsprechende Dirac-Spinoren berücksichtigt:

Myon im Anfangszustand: $u(p_\mu, s_\mu)$,

Elektron im Endzustand: $\bar{u}(p_e, s_e)$,

Myon-Neutrino im Endzustand: $\bar{u}(p_{v_\mu})$,

Elektron-Antineutrino im Endzustand: $v(p_{\bar{v}_e})$.

Damit ergibt sich als invariante Amplitude[15]

$$\mathcal{M} = \frac{-i\,g}{2\sqrt{2}}\bar{u}(p_e, s_e)\gamma^\nu(\mathbb{1} - \gamma_5)v(p_{\bar{v}_e})\frac{i\,g_{\nu\mu}}{M_W^2}\frac{-i\,g}{2\sqrt{2}}\bar{u}(p_{v_\mu})\gamma^\mu(\mathbb{1} - \gamma_5)u(p_\mu, s_\mu)$$

$$= -i\,\underbrace{\frac{g^2}{8M_W^2}}\,\bar{u}(p_e, s_e)\gamma_\mu(\mathbb{1} - \gamma_5)v(p_{\bar{v}_e})\bar{u}(p_{v_\mu})\gamma^\mu(\mathbb{1} - \gamma_5)u(p_\mu, s_\mu). \quad (9.33)$$

$$=: \frac{G_F}{\sqrt{2}}$$

---

[15] Salopp gesprochen ergibt sich die Phase des Vertexfaktors aus $i\,\mathcal{L}_{\text{int}}$.

Mithilfe von „Standardmethoden" [siehe z. B. Bjorken und Drell (1964), Itzykson und Zuber (1980)] lässt sich aus (9.33) die Zerfallsrate berechnen,

$$\Gamma = \frac{G_F^2 m_\mu^5}{192\pi^3}, \tag{9.34}$$

und durch den Vergleich mit dem experimentellen Resultat die sog. *Fermi-Konstante* bestimmen [Olive et al. (2014)]:

$$G_F = \frac{g^2}{4\sqrt{2}M_W^2} = 1{,}1663787(6) \cdot 10^{-5}\,\mathrm{GeV}^{-2}. \tag{9.35}$$

Mit dieser Information extrahieren wir aus (9.26) den Vakuumerwartungswert des Higgs-Feldes:

$$v = \frac{2M_W}{g} = \frac{1}{2^{\frac{1}{4}}\sqrt{G_F}} = 246\,\mathrm{GeV}. \tag{9.36}$$

Mithilfe der empirischen Leptonenmassen ergeben sich für die Yukawa-Kopplungen in (9.28a) bis (9.28c):

$$f_e = \frac{0{,}511\,\mathrm{MeV}}{246\,\mathrm{GeV}} = 2{,}08 \cdot 10^{-6}, \tag{9.37a}$$

$$f_\mu = \frac{106\,\mathrm{MeV}}{246\,\mathrm{GeV}} = 4{,}31 \cdot 10^{-4}, \tag{9.37b}$$

$$f_\tau = \frac{1777\,\mathrm{MeV}}{246\,\mathrm{GeV}} = 7{,}22 \cdot 10^{-3}. \tag{9.37c}$$

Diese sind sehr klein im Vergleich mit der elektromagnetischen Kopplung $e = \sqrt{4\pi\alpha_{\mathrm{em}}} = 0{,}303$ oder der Pion-Nukleon-Yukawa-Kopplungskonstante $g_{\pi N} = 13{,}1$.

Schließlich drücken wir M_W und M_Z durch den schwachen Winkel θ_w aus:

$$M_W = \frac{vg}{2} = \frac{ev}{2\sin(\theta_w)} = \frac{37{,}3\,\mathrm{GeV}}{\sin(\theta_w)},$$

$$M_Z = \frac{v\sqrt{g^2 + g'^2}}{2} = \frac{ev}{2\sin(\theta_w)\cos(\theta_w)} = \frac{74{,}5\,\mathrm{GeV}}{\sin(2\theta_w)},$$

wobei die Verknüpfung $e = g'\cos(\theta_w)$ durch die Untersuchung der kovarianten Ableitungen in (9.15a) bis (9.15e) nach Einsetzen der Linearkombinationen aus (9.25) für die neutralen Eichfelder entstanden ist. Die empirischen Werte für die Massen der massiven Eichbosonen lauten [Olive et al. (2014)]:

$$M_W = (80{,}385 \pm 0{,}015)\,\mathrm{GeV},$$

$$M_Z = (91{,}1876 \pm 0{,}0021)\,\mathrm{GeV}.$$

Im Jahr 2012 wurde der letzte fehlende Baustein des Standardmodells, das Higgs-Boson, am Large Hadron Collider am CERN entdeckt [Chatrchyan et al. (2012), Aad et al. (2012)]. Die Masse des Higgs-Bosons beträgt $(125{,}7 \pm 0{,}4)\,\mathrm{GeV}$. Als weiterführende Literatur verweisen wir auf Altarelli (2005), Barbieri (2007), Djouadi (2008), Quigg (2009), Aoki et al. (2014), Baak (2014) oder Grinstein (2015).

9.3   Vereinheitlichte Theorien und SU(5)

Die SU(2)×U(1)-Symmetrie des Standardmodells stellt eine *partielle* Vereinigung der schwachen und der elektromagnetischen Wechselwirkungen dar. Trotz des großen phänomenologischen Erfolgs des Standardmodells bleiben grundlegende Fragen wie z. B. die nach der Quantisierung der elektrischen Ladung unbeantwortet. Woran liegt das? Im Standardmodell ist der Ladungsoperator von der Form [siehe (9.10)]

$$Q = T_3^w + \frac{1}{2} Y^w. \tag{9.38}$$

Im Kontext der Quantisierung der Ladung ist der Generator $\frac{1}{2} Y^w$ für das „Problem" verantwortlich. Während T_3^w als ein Generator von SU(2) zu quantisierten Eigenwerten $\dots, -1, -\frac{1}{2}, 0, \frac{1}{2}, 1, \dots$ führt, sind die Eigenwerte von $\frac{1}{2} Y^w$ beliebig. Sie werden so gewählt, dass die experimentell beobachteten (quantisierten) Ladungen beschrieben werden.

In ihrer einfachsten Form besteht die zentrale Idee der Vereinheitlichung darin, die Wechselwirkungen der Elementarteilchen als verschiedene Aspekte einer *einzigen* zugrunde liegenden Wechselwirkung mit einer *einfachen*, kompakten Symmetriegruppe zu interpretieren.[16] Derartige Gruppen besitzen die Eigenschaft, dass ihre nichttrivialen, unitären, irreduziblen Darstellungen mehrdimensional sind und die Eigenwerte der diagonalisierbaren Generatoren „quantisiert" sind. Als Beispiel verweisen wir auf die Gewichtsdiagramme der Lie-Algebra su(3) in Abschn. 5.4.2.

Im Folgenden skizzieren wir am Beispiel der Gruppe SU(5), wie die Eichgruppe SU(3) × SU(2) × U(1) des Standardmodells in eine größere Gruppe eingebettet werden kann [Georgi und Glashow (1974)]. Wir folgen hierbei Georgi (1999), Kapitel 18, und Cheng und Li (1984), Kapitel 14, verwenden allerdings eine Notation, die an die früheren Kapitel angepasst ist. Wir führen folgende Bezeichnungen ein:

- F_a, $a = 1, \dots, 8$, für die SU(3)-Generatoren,
- T_i^w, $i = 1, 2, 3$, für die SU(2)-Generatoren,
- $Y^w/2$ für den U(1)-Generator.

Es seien $\{a_{xr}^\dagger\}$ ein Satz (fermionischer) Erzeugungsoperatoren und $\{F_a^D, T_i^d\}_y$ eine Darstellung der su(3) + su(2) + u(1)-Lie-Algebra. Wir sagen, dass die Erzeugungsoperatoren $a_{xr}^\dagger$ bzgl. der Darstellung $(D, d)_y$ von SU(3) × SU(2) × U(1)

---

[16] *Einfache Lie-Gruppen* werden durch *einfache Lie-Algebren* erzeugt [siehe Definition 3.15]. Insofern weicht die Begriffsbildung in der Theorie der Lie-Gruppen von der allgemeinen gruppentheoretischen Definition 1.17 ab. Im allgemeinen Sinne ist SU(n) nicht einfach (siehe Beispiel 1.33), wohl aber die Faktorgruppe SU(n)/Z mit dem Zentrum Z. Im Sprachgebrauch der Lie-Theorie ist SU(n) einfach, weil die Lie-Algebra su(n) einfach ist.

transformieren, wenn gilt:

$$\left[F_a, a^\dagger_{xr}\right] = a^\dagger_{x'r}\left(F^D_a\right)_{x'x}, \quad a = 1, \ldots, 8, \tag{9.39a}$$

$$\left[T^w_i, a^\dagger_{xr}\right] = a^\dagger_{xs}\left(T^d_i\right)_{sr}, \quad i = 1, 2, 3, \tag{9.39b}$$

$$\left[Y^w, a^\dagger_{xr}\right] = y a^\dagger_{xr}. \tag{9.39c}$$

Hierbei sind x und x' SU(3)-Indizes sowie r und s SU(2)-Indizes, deren Wertebereiche jeweils mit den entsprechenden Darstellungen in Verbindung stehen, und y bezeichnet die Hyperladungsquantenzahl. Die Matrizen F^D_a und T^d_a erfüllen die Vertauschungsrelationen

$$\left[F^D_a, F^D_b\right] = \mathrm{i}\, f_{abc} F^D_c \quad \text{und} \quad \left[T^d_i, T^d_j\right] = \mathrm{i}\, \epsilon_{ijk} T^d_k.$$

Wir weisen auf die Analogie zur Definition eines Tensoroperators n-ter Stufe in Abschn. 4.3.6 sowie zu den Vertauschungsrelationen des Ladungsoperators mit den Fermionenerzeugungsoperatoren in Abschn. 7.1.1 hin. Wegen (9.38) ist $y/2$ die gemittelte elektrische Ladung einer Darstellung, weil für jede Darstellung von T^w_3 die Summe der Diagonalelemente verschwindet: $\mathrm{Sp}(T^d_3) = 0$.

Wir betrachten nun die Erzeugungsoperatoren für die rechtshändigen Fermionen der ersten Familie und führen folgende Bezeichnungen ein:

$$u^\dagger_x, \quad x = 1, 2, 3, \quad \text{3 rechtshändige } u\text{-Quarks,}$$

$$d^\dagger_x, \quad x = 1, 2, 3, \quad \text{3 rechtshändige } d\text{-Quarks,}$$

$$e^\dagger, \quad\quad\quad\quad\quad\quad \text{1 rechtshändiges Elektron,}$$

$$\bar{u}^\dagger_x, \quad x = 1, 2, 3, \quad \text{3 rechtshändige } \bar{u}\text{-Antiquarks,}$$

$$\bar{d}^\dagger_x, \quad x = 1, 2, 3, \quad \text{3 rechtshändige } \bar{d}\text{-Antiquarks,}$$

$$\bar{e}^\dagger, \quad\quad\quad\quad\quad\quad \text{1 rechtshändiges Positron,}$$

$$\bar{\nu}^\dagger_e, \quad\quad\quad\quad\quad\quad \text{1 rechtshändiges Elektron-Antineutrino.}$$

Hierbei bilden

$$\bar{l}^\dagger = \begin{pmatrix} \bar{e}^\dagger \\ \bar{\nu}^\dagger_e \end{pmatrix} \quad \text{und} \quad \bar{q}^\dagger_x = \begin{pmatrix} \bar{d}^\dagger_x \\ \bar{u}^\dagger_x \end{pmatrix}$$

jeweils SU(2)-Dubletts und $u^\dagger_x$, $d^\dagger_x$ und $e^\dagger$ jeweils SU(2)-Singuletts. Die SU(3) $\times$ SU(2) $\times$ U(1)-Klassifikation ist also gegeben durch

$$u^\dagger: \quad (\mathbf{3}, \mathbf{1})_{\frac{4}{3}},$$

$$d^\dagger: \quad (\mathbf{3}, \mathbf{1})_{-\frac{2}{3}},$$

$$e^\dagger: \quad (\mathbf{1}, \mathbf{1})_{-2},$$

$$\bar{q}^\dagger: \quad (\bar{\mathbf{3}}, \mathbf{2})_{-\frac{1}{3}},$$

$$\bar{l}^\dagger: \quad (\mathbf{1}, \mathbf{2})_1.$$

Die Zerlegung für die 15 Erzeugungsoperatoren rechtshändiger Fermionen lautet somit

$$(\mathbf{3}, \mathbf{1})_{\frac{4}{3}} \oplus (\mathbf{3}, \mathbf{1})_{-\frac{2}{3}} \oplus (\mathbf{1}, \mathbf{1})_{-2} \oplus (\bar{\mathbf{3}}, \mathbf{2})_{-\frac{1}{3}} \oplus (\mathbf{1}, \mathbf{2})_1. \tag{9.40}$$

Entsprechend ergibt sich für die Zerlegung für die linkshändigen Fermionen

$$(\bar{\mathbf{3}}, \mathbf{1})_{-\frac{4}{3}} \oplus (\bar{\mathbf{3}}, \mathbf{1})_{\frac{2}{3}} \oplus (\mathbf{1}, \mathbf{1})_2 \oplus (\mathbf{3}, \mathbf{2})_{\frac{1}{3}} \oplus (\mathbf{1}, \mathbf{2})_{-1}, \tag{9.41}$$

wobei wir für SU(2) die Äquivalenz von $\bar{\mathbf{2}}$ und $\mathbf{2}$ verwendet haben (siehe Beispiel 2.13). Anderseits gilt dies nicht für SU(3) (siehe Beispiel 2.14), d. h. $\mathbf{3}$ und $\bar{\mathbf{3}}$ stehen für nichtäquivalente Darstellungen. Gleichung (9.40) ist der Ausgangspunkt für die Suche nach vereinheitlichenden Gruppen. Wir suchen nach einer einfachen, kompakten Lie-Gruppe G, die

1. $H = \mathrm{SU}(3) \times \mathrm{SU}(2) \times \mathrm{U}(1)$ als Untergruppe enthält und
2. eine Darstellung besitzt, die wie (9.40) unter H transformiert.

Der Rang der zugehörigen Lie-Algebra (siehe Definition 3.14) muss *mindestens* 4 sein, um die vier vertauschenden Operatoren F_3, F_8, T_3^w und Y^w beherbergen zu können. Als einfachste Möglichkeit erweist sich die Gruppe SU(5).[17]

Die Gruppe SU(5) besitzt zwei nichtäquivalente fünfdimensionale Darstellungen, $\mathbf{5}$ und $\bar{\mathbf{5}}$. Es stellt sich die Frage, ob wir eine Untergruppe $H = \mathrm{SU}(2) \times \mathrm{U}(1)$ von SU(5) finden mit der Eigenschaft, dass $\mathbf{5}$ wie eine fünfdimensionale Untermenge der Erzeugungsoperatoren transformiert. Aus der direkten Summe in (9.40) kommen hierfür zwei Kandidaten in Frage:

$$(\mathbf{3}, \mathbf{1})_{-\frac{2}{3}} \oplus (\mathbf{1}, \mathbf{2})_1 \qquad \text{entspricht } d^\dagger \oplus \bar{l}^\dagger, \tag{9.42}$$

$$(\mathbf{3}, \mathbf{1})_{\frac{4}{3}} \oplus (\mathbf{1}, \mathbf{2})_1 \qquad \text{entspricht } u^\dagger \oplus \bar{l}^\dagger. \tag{9.43}$$

Wir betrachten nun $\mathrm{Sp}(Y^w/2)$ für die entsprechenden Darstellungen:

$$3 \cdot \left(-\frac{1}{3}\right) + 2 \cdot \frac{1}{2} = 0,$$

$$3 \cdot \frac{2}{3} + 2 \cdot \frac{1}{2} = 3.$$

Damit bleibt nur die erste Kombination übrig, da die Spur von Darstellungen von SU(n)-Generatoren verschwinden muss.

Wir widmen uns nun der Frage, wie wir H in SU(5) einbetten und zugleich

$$(\mathbf{3}, \mathbf{1})_{-\frac{2}{3}} \oplus (\mathbf{1}, \mathbf{2})_1$$

---

[17] Eine weiterführende Diskussion findet sich z. B. in Cheng und Li (1984), Abschnitt 14.1, oder Saller (1985), Kapitel 3 und 8. Andere einfache Rang-4-Algebren funktionieren nicht, da sie keine nichtäquivalenten, komplex konjugierten Darstellungen besitzen.

als Darstellung von SU(5) erhalten können.[18] Dazu betrachten wir als fünfdimensionale Darstellung (Bezeichnung Ψ_5) der SU(3)-Generatoren F_a und der SU(2)-Generatoren T_i^w:

$$\Psi_5(F_a) = \begin{pmatrix} \frac{\lambda_a}{2} & 0_{3\times 2} \\ 0_{2\times 3} & 0_{2\times 2} \end{pmatrix}, \quad a = 1, \ldots, 8,$$

und

$$\Psi_5(T_i^w) = \begin{pmatrix} 0_{3\times 3} & 0_{3\times 2} \\ 0_{2\times 3} & \frac{\tau_i}{2} \end{pmatrix}, \quad i = 1, 2, 3.$$

Die Darstellung des Generators $Y^w/2$ lautet dann

$$\Psi_5\left(\frac{1}{2}Y^w\right) = \frac{1}{2}\Psi_5(Y^w) = \begin{pmatrix} -\frac{1}{3}\mathbb{1}_{3\times 3} & 0_{3\times 2} \\ 0_{2\times 3} & \frac{1}{2}\mathbb{1}_{2\times 2} \end{pmatrix}. \tag{9.44}$$

Insgesamt benötigen wir die Darstellung von $5^2 - 1 = 24$ Generatoren. Davon sind 4 diagonal und 20 nichtdiagonal. Die nichtdiagonalen Matrizen sind vom Typ

$$\frac{1}{2}\begin{pmatrix} 0 & 1 & & & \\ 1 & 0 & & & \\ & & 0 & & \\ & & & 0 & \\ & & & & 0 \end{pmatrix} \quad \text{und} \quad \frac{1}{2}\begin{pmatrix} 0 & -i & & & \\ i & 0 & & & \\ & & 0 & & \\ & & & 0 & \\ & & & & 0 \end{pmatrix} \quad \text{usw.,}$$

wobei wir schon $6 + 2 = 8$ aufgebraucht haben. Wenn wir die Verallgemeinerung der Gell-Mann-Matrizen für SU(5) mit Λ_a bezeichnen und als Normierungsbedingung

$$\text{Sp}\left(\frac{\Lambda_a}{2}\frac{\Lambda_b}{2}\right) = \frac{1}{2}\delta_{ab} \tag{9.45}$$

festlegen, folgt als „richtig" normierte Darstellung des mit der Hyperladung verknüpften SU(5)-Generators [siehe (9.44) und (5.15)]:[19]

$$\sqrt{\frac{3}{5}}\Psi_5\left(\frac{Y^w}{2}\right) = \sqrt{\frac{3}{5}}\begin{pmatrix} -\frac{1}{3} & & & & \\ & -\frac{1}{3} & & & \\ & & -\frac{1}{3} & & \\ & & & \frac{1}{2} & \\ & & & & \frac{1}{2} \end{pmatrix}.$$

---

[18] Wir sind etwas nachlässig in der Terminologie und verwenden die Charakterisierung des Trägerraums der Darstellung – hier der direkten Summe $(\mathbf{3}, \mathbf{1})_{-\frac{2}{3}} \oplus (\mathbf{1}, \mathbf{2})_1$ – synonym für die Darstellung.

[19] $\frac{3}{5}\left(\frac{1}{9} + \frac{1}{9} + \frac{1}{9} + \frac{1}{4} + \frac{1}{4}\right) = \frac{1}{2}$.

Wir setzen also $d^\dagger$ und $\bar{l}^\dagger$ in ein fünfdimensionales SU(5)-Multiplett $\lambda^\dagger$, mit

$$\lambda_x^\dagger = d_x^\dagger \ \text{für}\ x = 1, 2, 3,$$
$$\lambda_4^\dagger = \bar{l}_1^\dagger = \bar{e}^\dagger,$$
$$\lambda_5^\dagger = \bar{l}_2^\dagger = \bar{v}_e^\dagger. \tag{9.46}$$

Wie ordnen sich die restlichen zehn Erzeugungsoperatoren $u^\dagger$, $e^\dagger$ und $\bar{q}^\dagger$ ein, die unter SU(3)×SU(2)×U(1) gemäß

$$(\mathbf{3}, \mathbf{1})_{\frac{4}{3}} \oplus (\mathbf{1}, \mathbf{1})_{-2} \oplus (\bar{\mathbf{3}}, \mathbf{2})_{-\frac{1}{3}} \tag{9.47}$$

transformieren? Dazu koppeln wir □ mit □ und erhalten (siehe Abschn. 5.5.5):

$$\square \otimes \square = \square\square \ \oplus\ {\begin{array}{c}\square\\\square\end{array}},$$

mit den entsprechenden Dimensionen (siehe Abschn. 5.5.4)

$$\frac{5 \cdot 6}{2} = 15 \quad \text{und} \quad \frac{5 \cdot 4}{2} = 10.$$

Als Kandidat kommt also ein Multiplett **10** in Frage, das gemäß Beispiel 5.15 als Tensorprodukt antisymmetrisch unter der Vertauschung von 1 und 2 ist. Allerdings ist auch das konjugierte Multiplett **$\overline{\mathbf{10}}$** denkbar. Gemäß den Regeln in Abschn. 5.5.4 steht ⊟ in SU(5) für ein zehndimensionales Multiplett, das mit dem Viertupel $(0,1,0,0)$ gekennzeichnet wird.[20] Das konjugierte Multiplett **$\overline{\mathbf{10}}$** ergibt sich mithilfe der invertierten Reihenfolge der Einträge im Viertupel, d. h. es lautet $(0,0,1,0)$, mit

$$\ \ = \ \ \text{mit der Dimension}\ \ \frac{5 \cdot 4 \cdot 3}{3 \cdot 2} = 10,$$

wobei wir eine komplette Spalte am linken Rand gestrichen haben.

Zunächst untersuchen wir, wie **10** unter der SU(3)×SU(2)×U(1)-Untergruppe transformiert. Wir betrachten dazu das antisymmetrische Produkt von

$$(\mathbf{3}, \mathbf{1})_{-\frac{2}{3}} \oplus (\mathbf{1}, \mathbf{2})_1$$

mit sich selbst. Wir verwenden dazu die üblichen Kopplungsregeln für SU(2),

$$\mathbf{2} \otimes \mathbf{2} = \mathbf{3} \oplus \mathbf{1},$$

---

[20] Die erste Zeile ist um null Kästchen länger als die zweite Zeile, die zweite um ein Kästchen länger als die dritte, die dritte um null Kästchen länger als die vierte, die vierte um null Kästchen länger als die fünfte. Eine komplette Spalte am linken Rand kann gestrichen werden.

und für SU(3):
$$3 \otimes 3 = 6 \oplus \bar{3}.$$

Hierbei bilden $\mathbf{1}$ und $\bar{\mathbf{3}}$ jeweils den antisymmetrischen Anteil des Tensorprodukts. Schließlich beachten wir, dass die Y^w-Quantenzahlen additiv sind:

$$\Big([(\mathbf{3}, \mathbf{1})_{-\frac{2}{3}} \oplus (\mathbf{1}, \mathbf{2})_1] \otimes [(\mathbf{3}, \mathbf{1})_{-\frac{2}{3}} \oplus (\mathbf{1}, \mathbf{2})_1] \Big)_A = (\bar{\mathbf{3}}, \mathbf{1})_{-\frac{4}{3}} \oplus (\mathbf{3}, \mathbf{2})_{\frac{1}{3}} \oplus (\mathbf{1}, \mathbf{1})_2.$$

Wie wir im Vergleich mit (9.47) erkennen, entspricht dies gerade der komplex konjugierten Darstellung, d. h. mit anderen Worten, dass die gesuchte Darstellung $\overline{\mathbf{10}}$ und nicht $\mathbf{10}$ ist. Wir schreiben die verbleibenden rechtshändigen Erzeugungsoperatoren in einer antisymmetrischen SU(5)-Darstellung mit zwei oberen Indizes:[21]

$$\xi^{jk\,\dagger} = -\xi^{kj\,\dagger},$$

mit

$$\xi^{ab\,\dagger} = \epsilon^{abc} u_c^{\dagger} \qquad \text{für} \quad a, b, c = 1, 2, 3,$$

$$\xi^{a4\,\dagger} = \bar{q}_2^{a\,\dagger} = \bar{u}^{a\,\dagger} \qquad \text{für} \quad a = 1, 2, 3,$$

$$\xi^{a5\,\dagger} = \bar{q}_1^{a\,\dagger} = \bar{d}^{a\,\dagger} \qquad \text{für} \quad a = 1, 2, 3,$$

$$\xi^{45\,\dagger} = e^{\dagger}. \tag{9.48}$$

Gleichungen (9.46) und (9.48) bilden die gruppentheoretische Grundlage für das SU(5)-Modell, wonach die Erzeugungsoperatoren für rechtshändige Fermionen wie $\mathbf{5} \oplus \overline{\mathbf{10}}$ transformieren und analog die Erzeugungsoperatoren für linkshändige Fermionen wie $\bar{\mathbf{5}} \oplus \mathbf{10}$.

Für die Gruppe SU(5) benötigen wir 24 Eichfelder, die inhomogen transformieren [siehe (7.24b)], während die zugehörigen Feldstärken bzgl. der adjungierten Darstellung transformieren (siehe Abschn. 7.1.2). Wir beschreiben die Feldstärken durch $\mathcal{F}_i^j$, $i, j = 1, \ldots, 5$, mit $\mathcal{F}_i^i = 0$ (Einstein'sche Summenkonvention). Der Einfachheit halber unterdrücken wir die Lorentz-Indizes. Für ein gegebenes U aus SU(5) lautet das Transformationsverhalten der Feldstärken (siehe Definition 5.3):

$$\mathcal{F}_i^j \mapsto \underbrace{U_i^{\,k}}_{U_{ik}} \underbrace{U^j_{\,l}}_{U_{jl}^*} \mathcal{F}_k^l, \qquad U = \big(U_{ij} \big) \in \text{SU}(5),$$

oder in Matrizenschreibweise [siehe (7.36)]:

$$\widetilde{\mathcal{F}} := \sum_{a=1}^{24} \mathcal{F}_a \frac{\Lambda_a}{2} \mapsto U \widetilde{\mathcal{F}} U^{\dagger},$$

---

[21] Laut Definition 5.2 gilt für $U = (U_{ij}) \in \text{SU}(5)$:

$$\psi_j' = U_j^{\,i} \psi_i, \qquad U_j^{\,i} = U_{ji},$$
$$\phi'^j = U^j_{\,i} \phi^i, \qquad U^j_{\,i} = U_{ji}^*.$$

mit den verallgemeinerten Gell-Mann-Matrizen Λ_a. Die Zusammensetzung der hermiteschen, spurlosen (5,5)-Matrix $\widetilde{\mathcal{A}}$, die die Eichfelder enthält, können wir uns folgendermaßen verdeutlichen:

$$\widetilde{\mathcal{A}} = \sum_{a=1}^{24} \mathcal{A}_a \frac{\Lambda_a}{2} = \left(\begin{array}{c|c} \widetilde{G} & \widetilde{XY} \\ \hline \widetilde{XY}^\dagger & \widetilde{W} \end{array} \right) + \mathcal{B} \begin{pmatrix} -\frac{1}{\sqrt{15}} & & & & \\ & -\frac{1}{\sqrt{15}} & & & \\ & & -\frac{1}{\sqrt{15}} & & \\ & & & \sqrt{\frac{3}{20}} & \\ & & & & \sqrt{\frac{3}{20}} \end{pmatrix}.$$

Hierbei enthält $\widetilde{G}$ die acht Gluoneneichfelder, $\widetilde{W}$ die drei SU(2)-Bosonen aus (9.12), und $\mathcal{B}$ ist das Eichboson zur schwachen Hyperladung. Anderseits sind $\widetilde{XY}$ und $\widetilde{XY}^\dagger$ jeweils (3,2)- bzw. (2,3)-Matrizen der Form

$$\widetilde{XY} = \begin{pmatrix} X_1 & Y_1 \\ X_2 & Y_2 \\ X_3 & Y_3 \end{pmatrix} \quad \text{und} \quad \widetilde{XY}^\dagger = \begin{pmatrix} X_1^* & X_2^* & X_3^* \\ Y_1^* & Y_2^* & Y_3^* \end{pmatrix}.$$

Da die X_i und Y_i komplexe Felder sind, stehen sie für insgesamt 12 reelle Eichfelder, die sowohl Farbladung als auch schwache Ladung tragen. Sie werden als X- bzw. Y-*Eichbosonen* bezeichnet. Im Folgenden untersuchen wir die SU(3)×SU(2)-Zerlegung der 24 Eichfelder. Zu diesem Zweck betrachten wir nur Gruppenelemente der Form

$$U = \begin{pmatrix} U_3 & 0_{3\times 2} \\ 0_{2\times 3} & U_2 \end{pmatrix} \quad \text{mit} \quad U_3 \in \text{SU}(3), \ U_2 \in \text{SU}(2),$$

und betrachten die Wirkung einer *globalen* Transformation auf die Eichfelder:

$$\widetilde{\mathcal{A}} \mapsto U\widetilde{\mathcal{A}}U^\dagger$$

$$= \begin{pmatrix} U_3 & 0_{3\times 2} \\ 0_{2\times 3} & U_2 \end{pmatrix} \left[\begin{pmatrix} \widetilde{G} & \widetilde{XY} \\ \widetilde{XY}^\dagger & \widetilde{W} \end{pmatrix} + \frac{\mathcal{B}}{\sqrt{15}} \begin{pmatrix} -\mathbb{1}_{3\times 3} & 0_{3\times 2} \\ 0_{2\times 3} & \frac{3}{2}\mathbb{1}_{2\times 2} \end{pmatrix} \right] \begin{pmatrix} U_3^\dagger & 0_{3\times 2} \\ 0_{2\times 3} & U_2^\dagger \end{pmatrix}$$

$$= \begin{pmatrix} U_3\widetilde{G}U_3^\dagger & U_3\widetilde{XY}U_2^\dagger \\ U_2\widetilde{XY}^\dagger U_3^\dagger & U_2\widetilde{W}U_2^\dagger \end{pmatrix} + \frac{\mathcal{B}}{\sqrt{15}} \begin{pmatrix} -\mathbb{1}_{3\times 3} & 0_{3\times 2} \\ 0_{2\times 3} & \frac{3}{2}\mathbb{1}_{2\times 2} \end{pmatrix},$$

d. h.

$$24 = \underbrace{(\mathbf{8}, \mathbf{1})}_{\text{8 Gluonen}} \oplus \underbrace{(\mathbf{1}, \mathbf{3}) \oplus (\mathbf{1}, \mathbf{1})}_{W^\pm, Z, \gamma} \oplus \underbrace{(\mathbf{3}, \mathbf{2}) \oplus (\bar{\mathbf{3}}, \mathbf{2})}_{X\text{- und } Y\text{-Bosonen}}.$$

Wir benötigen einen Mechanismus, mit dem am Ende nur neun masselose Eichbosonen, nämlich die acht Gluonen und das Photon, übrigbleiben. Dazu machen wir einen Ansatz für eine spontane Symmetriebrechung in zwei Schritten,[22]

$$SU(5)_{GUT} \xrightarrow{v_1} SU(3)_c \times SU(2)_L \times U(1)_Y \xrightarrow{v_2} SU(3)_c \times U(1)_{em},$$

der zu „superschweren" Eichbosonen X und Y und den üblichen massebehafteten Eichbosonen W und Z führen soll:[23]

$$M_{W,Z} \ll M_{X,Y} = O(10^{14}\,\text{GeV}).$$

Wegen der beiden (drastisch) verschiedenen Energieskalen von 10^2 GeV bzw. 10^{14} GeV führt man zwei Sätze von Skalaren (Higgs-Multipletts) ein:

1. Das erste Multiplett **24** setzt sich aus 24 reellen Feldern zusammen, die bzgl. der adjungierten Darstellung von SU(5) transformieren:

$$H = \sum_{a=1}^{24} H_a \frac{\Lambda_a}{2}, \quad H \mapsto UHU^\dagger.$$

Laut Annahme nimmt das Multiplett einen Vakuumerwartungswert in der „Richtung" des Y^w-Generators an:

$$\langle H \rangle = v_1 \begin{pmatrix} 2 & & & & \\ & 2 & & & \\ & & 2 & & \\ & & & -3 & \\ & & & & -3 \end{pmatrix}. \tag{9.49}$$

Dieser Erwartungswert ist nur noch invariant unter $SU(3)_c \times SU(2)_L \times U(1)_Y$-Transformationen. Aufgrund des Higgs-Mechanismus erhalten diejenigen Vektorbosonen eine Masse, die mit denjenigen Generatoren verknüpft sind, die den Grundzustand nicht invariant lassen. Die Massen werden in Analogie zu Abschn. 8.7.2 proportional zur Eichkopplung g_5 und zum Vakuumerwartungswert v_1 sein: $M_X, M_Y \propto v_1 g_5$.

2. Des Weiteren führt man ein **5**-Multiplett komplexer Felder ein, das bzgl. der Fundamentaldarstellung transformiert und von dem man annimmt, dass es einen

[22] Die Tiefstellung GUT steht für engl. *grand unified theory*, „große vereinheitlichte Theorie".
[23] Die ursprüngliche Abschätzung von $M_X = 5 \cdot 10^{14}$ GeV basierte auf einer Analyse der laufenden Kopplungen g, g' und g_3 des Standardmodells und auf der Frage, bei welcher Skala die drei Kopplungen in eine gemeinsame Kopplung g_5 verschmelzen [siehe Cheng und Li (1984), Abschnitt 14.3]. Tatsächlich treffen sich die Kopplungen im Standardmodell gar nicht in einem Punkt, während sie dies in einer supersymmetrischen Erweiterung bei einer Skala von der Größenordnung 10^{16} GeV tun [siehe Fig. 16.1 in Raby (2014)], sodass aus heutiger Sicht die Masse um zwei Größenordnungen unterschätzt ist.

Vakuumerwartungswert in 5-Richtung besitzt:

$$\phi = \sum_{a=1}^{5} \phi_a \hat{e}_a \mapsto U\phi, \qquad \langle \phi \rangle = \begin{pmatrix} 0 \\ 0 \\ 0 \\ 0 \\ v_2 \end{pmatrix}.$$

Dieser Erwartungswert ist verantwortlich für die Brechung von $SU(3)_c \times SU(2)_L \times U(1)_Y$ nach $SU(3)_c \times U(1)_{em}$, d. h. es gilt nur noch:

$$\Psi_5(F_a)\langle \phi \rangle = \begin{pmatrix} \frac{\lambda_a}{2} & 0_{3 \times 2} \\ 0_{2 \times 3} & 0_{2 \times 2} \end{pmatrix} \langle \phi \rangle = 0, \quad a = 1, \ldots, 8,$$

$$\Psi_5(Q)\langle \phi \rangle = \left[\Psi_5 \left(\frac{Y^w}{2} \right) + \Psi_5(T_3^w) \right] \langle \phi \rangle = \begin{pmatrix} -\frac{1}{3} & 0 & 0 & 0 & 0 \\ 0 & -\frac{1}{3} & 0 & 0 & 0 \\ 0 & 0 & -\frac{1}{3} & 0 & 0 \\ 0 & 0 & 0 & 1 & 0 \\ 0 & 0 & 0 & 0 & 0 \end{pmatrix} \langle \phi \rangle = 0,$$

aber:

$$\Psi_5(T_i^w)\langle \phi \rangle \neq 0 \quad \text{für} \quad i = 1, 2, 3.$$

Das verallgemeinerte SU(5)-Mexikanerhutpotenzial besitzt eine größere Anzahl unabhängiger Strukturen als im Fall des Standardmodells:

$$\mathcal{V}(H, \phi) = \mathcal{V}_1(H) + \mathcal{V}_2(\phi) + \mathcal{V}_3(H, \phi).$$

Das Potenzial $\mathcal{V}_1$ setzt sich aus drei Summanden zusammen,

$$\mathcal{V}_1(H) = m_1^2 \mathrm{Sp}(H^2) + \lambda_1 \left[\mathrm{Sp}(H^2) \right]^2 + \lambda_2 \mathrm{Sp}(H^4),$$

mit $m_1^2 < 0$, um eine spontane Symmetriebrechung zu erzeugen. Mithilfe der Spureigenschaft $\mathrm{Sp}(AB) = \mathrm{Sp}(BA)$ sehen wir unmittelbar, dass die einzelnen Terme invariant unter $H \mapsto UHU^\dagger$ sind. Wenn wir von der Normierungsbedingung in (9.45) Gebrauch machen, ergibt sich:

$$m_1^2 \mathrm{Sp}(H^2) = m_1^2 \mathrm{Sp} \left(\frac{H_a \Lambda_a}{2} \frac{H_b \Lambda_b}{2} \right) = \frac{m_1^2}{4} H_a H_b \underbrace{\mathrm{Sp}(\Lambda_a \Lambda_b)}_{= 2\delta_{ab}} = \frac{m_1^2}{2} H_a H_a.$$

Es handelt sich also um den üblichen „Massenterm", allerdings mit dem für das Mexikanerhutpotenzial charakteristischen negativen Wert für m_1^2. Die beiden Ausdrücke $\mathrm{Sp}(H^4)$ und $[\mathrm{Sp}(H^2)]^2$ liefern jeweils Summen von Monomen in den Higgs-Feldern H_a vom Grad 4. Für $n \geq 4$ sind die beiden Ausdrücke voneinander linear unabhängig.[24] Mit dem Erwartungswert in (9.49) nimmt das Potenzial $\mathcal{V}_1$ folgenden Wert an:

$$\mathcal{V}_1(\langle H \rangle) = 30 v_1^2 \left(m_1^2 + (30\lambda_1 + 7\lambda_2) v_1^2 \right).$$

Ein Minimum existiert, sobald die Parameter λ_1 und λ_2 als Bedingung die Ungleichung $30\lambda_1 + 7\lambda_2 > 0$ erfüllen.

Das zweite Potenzial lautet

$$\mathcal{V}_2(\phi) = \frac{m_2^2}{2}(\phi^\dagger \phi) + \frac{\lambda_3}{4}(\phi^\dagger \phi)^2,$$

und die Kopplung der Higgs-Felder H und ϕ ist gegeben durch

$$\mathcal{V}_3(H, \phi) = \lambda_4 \mathrm{Sp}(H^2)(\phi^\dagger \phi) + \lambda_5(\phi^\dagger H^2 \phi).$$

Die Potenziale sind offenkundig invariant unter $\phi \to U\phi$, $\phi^\dagger \to \phi^\dagger U^\dagger$ und $H \to UHU^\dagger$.

Mit einer geeigneten Wahl der Yukawa-Kopplungen zwischen den Fermionen und den Higgs-Feldern resultieren aus der spontanen Symmetriebrechung wieder Massen für die Fermionen. Die kovarianten Ableitungen der Fermionenfelder führen zu Wechselwirkungen mit den X- und Y-Bosonen vom Typ

$$(u, d)_L \to e^+ + (X, Y).$$

Wechselwirkungen dieser Art wären für eine Baryonenzahlverletzung verantwortlich und sollten z. B. zum Protonenzerfall führen. Wegen der äußerst großen Masse der X- und der Y-Bosonen ist die Wechselwirkung aber extrem kurzreichweitig und schwach. Die gegenwärtigen experimentellen Grenzen für Zerfälle eines Nukleons in ein Antilepton und ein Meson, z. B. $N \to e^+ \pi$, schließen das minimale SU(5)-Modell inzwischen aus. Dennoch bieten andere Szenarien einer großen Vereinheitlichung nach wie vor einen attraktiven Rahmen für die Suche nach einer fundamentaleren Theorie jenseits des Standardmodells. Ein Überblick zum gegenwärtigen Kenntnisstand bzgl. großer vereinheitlichter Theorien findet sich in Raby (2014).

Literatur

Aad, G., et al. (ATLAS Collaboration): Combined search for the standard model higgs boson using up to 4.9 fb^{-1} of pp collision data at $\sqrt{s} = 7\,\mathrm{TeV}$ with the ATLAS detector at the LHC. Phys. Lett. B **710**, 49–66 (2012)

Altarelli, G.: The standard model of particle physics. hep-ph/0510281 (2005)

Aoki, S., et al.: Review of lattice results concerning low-energy particle physics. Eur. Phys. J. C **74**, 2890 (2014)

---

[24] Für $n = 2$ und $n = 3$ gilt $2\,\mathrm{Sp}(H^4) = \left[\mathrm{Sp}(H^2) \right]^2$.

Baak, M., et al. (Gfitter Group Collaboration): The global electroweak fit at NNLO and prospects for the LHC and ILC. Eur. Phys. J. C **74**, 3046 (2014)

Bär, O., Wiese, U.J.: Can one see the number of colors? Nucl. Phys. B **609**, 225–246 (2001)

Barbieri, R.: Ten lectures on the electroweak interactions. Scuola Normale Superiore, Pisa, Italien. arXiv:0706.0684 [hep-ph] (2007)

Bjorken, J.D., Drell, S.D.: Relativistic Quantum Mechanics. McGraw-Hill, New York (1964)

Cabibbo, N.: Unitary symmetry and leptonic decays. Phys. Rev. Lett. **10**, 531–533 (1963)

Ceccucci, A., Ligeti, Z., Sakai, Y.: The CKM quark-mixing matrix. In: Olive et al. (2014), 214–222 (2014)

Chatrchyan, S., et al. (CMS Collaboration): Combined results of searches for the standard model higgs boson in pp collisions at $\sqrt{s} = 7$ TeV. Phys. Lett. B **710**, 26–48 (2012)

Chau, L.L., Keung, W.Y.: Comments on the parametrization of the Kobayashi-Maskawa matrix. Phys. Rev. Lett. **53**, 1802–1805 (1984)

Cheng, T.-P., Li, L.-F.: Gauge Theory of Elementary Particle Physics. Clarendon, Oxford (1984)

Cottingham, W.N., Greenwood, D.A.: An Introduction to the Standard Model of Particle Physics. Cambridge University Press, Cambridge (1998)

Djouadi, A.: The anatomy of electro-weak symmetry breaking. I: The higgs boson in the standard model. Phys. Rept. **457**, 1–216 (2008)

Donoghue, J.F., Golowich, E., Holstein, B.R.: Dynamics of the Standard Model. Cambridge University Press, Cambridge (1992)

Georgi, H.: Weak Interactions and Modern Particle Theory. Benjamin/Cummings, Menlo Park, Calif. (1984)

Georgi, H., Glashow, S.L.: Unity of all elementary-particle forces. Phys. Rev. Lett. **32**, 438–441 (1974)

Georgi, H.: Lie Algebras in Particle Physics. From Isospin to Unified Theories. Westview Press, Boulder, Colo. (1999)

Glashow, S.L.: Partial symmetries of weak interactions. Nucl. Phys. **22**, 579–588 (1961)

Grinstein, B.: TASI-2013 Lectures on Flavor Physics. arXiv:1501.05283 [hep-ph] (2015)

Gross, D.J., Wilczek, F.: Ultraviolet behavior of non-abelian gauge theories. Phys. Rev. Lett. **30**, 1343–1346 (1973)

Halzen, F., Martin, A.D.: Quarks and Leptons: An Introductory Course in Modern Particle Physics. Wiley, New York (1984)

Itzykson, C., Zuber, J.B.: Quantum Field Theory. McGraw-Hill, New York (1980)

Kobayashi, M., Maskawa, T.: CP-violation in the renormalizable theory of weak interaction. Prog. Theor. Phys. **49**, 652–657 (1973)

Manohar, A.V., Sachrajda, C.T.: Quark Masses. In: Olive et al. (2014), 725–731 (2014)

Nakamura, K., Petcov, S.T.: Neutrino mass, mixing, and oscillations. In: Olive et al. (2014), 235–258 (2014)

Olive, K.A., et al. (Particle Data Group): 2014 review of particle physics. Chin. Phys. C **38**, 090001 (2014)

Peccei, R.D.: The strong CP problem and axions. Lect. Notes Phys. **741**, 3–17 (2008)

Politzer, H.D.: Reliable perturbative results for strong interactions? Phys. Rev. Lett. **30**, 1346–1349 (1973)

Quigg, C.: Unanswered questions in the electroweak theory. Ann. Rev. Nucl. Part. Sci. **59**, 505–555 (2009)

Raby, S.: Grand unified theories. In: Olive et al. (2014), 270–278 (2014)

Ryder, L.H.: Quantum Field Theory. Cambridge University Press, Cambridge (1985)

Salam, A.: Weak and electromagnetic interactions. In: Svartholm, N. (Hrsg.) Elementary Particle Theory. Conf. Proc. C **680519**, S. 367-377. Almquist und Wiksells, Stockholm (1968)

Saller, H.: Vereinheitlichte Feldtheorien der Elementarteilchen. Eine Einführung. Lect. Notes Phys. **223**. Springer, Berlin, Heidelberg (1985)

't Hooft, G.: A planar diagram theory for strong interactions. Nucl. Phys. B **72**, 461–473 (1974)

Weinberg, S.: A model of leptons. Phys. Rev. Lett. **19**, 1264–1266 (1967)

Weinberg, S.: The Quantum Theory of Fields, Bd. 2. Modern Applications. Cambridge University Press, Cambridge (1996)

Wolfenstein, L.: Parametrization of the Kobayashi-Maskawa matrix. Phys. Rev. Lett. **51**, 1945–1947 (1983)

Anhang A

A.1 Zusammenstellung einiger mathematischer Grundbegriffe

In diesem Anhang tragen wir einige Begriffe aus der (linearen) Algebra, der Funktionalanalysis und der Topologie zusammen, die wir im Hauptteil häufig verwendet haben.[1]

Definition eines Körpers Eine nichtleere Menge $\mathbb{K}$ heißt ein *Körper*, falls folgende Bedingungen erfüllt sind:

1. Auf $\mathbb{K}$ ist eine Verknüpfung „+" je zweier Elemente erklärt, die folgende Eigenschaften hat:
   a) Abgeschlossenheit bzgl. Addition: $\forall\, a, b \in \mathbb{K}$ ist $a + b \in \mathbb{K}$.
   b) Assoziativgesetz bzgl. Addition: $\forall\, a, b, c \in \mathbb{K}$ gilt $(a+b)+c = a+(b+c)$.
   c) Neutrales Element bzgl. Addition: $\exists\, 0 \in \mathbb{K}$ mit $0 + a = a\ \forall\, a \in \mathbb{K}$.
   d) Inverses Element: $\forall\, a \in \mathbb{K}\ \exists\, b \in \mathbb{K}$ mit $a + b = 0$.
   e) Kommutativgesetz bzgl. Addition: $a + b = b + a\ \forall\, a, b \in \mathbb{K}$.
2. Auf $\mathbb{K}$ ist eine weitere Verknüpfung (Multiplikation) erklärt, die folgende Eigenschaften besitzt:
   a) Abgeschlossenheit bzgl. Multiplikation: $\forall\, a, b \in \mathbb{K}$ ist $ab \in \mathbb{K}$.
   b) Assoziativgesetz bzgl. Multiplikation: $\forall\, a, b, c \in \mathbb{K}$ gilt $(ab)c = a(bc)$.
   c) Einselement bzgl. Multiplikation: $\exists\, 1 \in \mathbb{K}$ mit $1 \neq 0$ und $1a = a\ \forall\, a \in \mathbb{K}$.
   d) Inverses Element zu $a \neq 0$: $\forall\, a \in \mathbb{K} \setminus \{0\}\ \exists\, b \in \mathbb{K}$ mit $ba = 1$.
   e) Kommutativgesetz bzgl. Multiplikation: $ab = ba\ \forall\, a, b \in \mathbb{K}$.

---

[1] Siehe bspw. Grosche, G., et al.: Teubner-Taschenbuch der Mathematik, Teil II. 7. Aufl., vollständig überarbeitete und wesentlich erweiterte Neufassung der 6. Auflage der „Ergänzenden Kapitel zum Taschenbuch der Mathematik von I.N. Bronstein und K.A. Semendjajew". Teubner, Stuttgart, Leipzig (1995).

© Springer-Verlag Berlin Heidelberg 2016
S. Scherer, *Symmetrien und Gruppen in der Teilchenphysik*,
DOI 10.1007/978-3-662-47734-2

3. Es gilt das Distributivgesetz

$$a(b + c) = ab + ac, \quad (a + b)c = ac + bc \ \forall \ a, b, c \in \mathbb{K}.$$

Standardbeispiele: $\mathbb{R}$ und $\mathbb{C}$. Im Folgenden stehe $\mathbb{K}$ für $\mathbb{R}$ oder $\mathbb{C}$.

Definition einer Gruppe Unter einer (abstrakten) *Gruppe G* verstehen wir eine nichtleere Menge, in der jedem geordneten Paar $(a, b) \in G \times G$ ein Element $ab \in G$, das *Produkt* von a und b, zugeordnet ist (*Abgeschlossenheit*), sodass folgende Gesetze gelten:

1. $a(bc) = (ab)c \ \forall \ a, b, c \in G$ (*Assoziativgesetz*).
2. Es existiert ein Element $e \in G$ mit $ea = ae = a \ \forall \ a \in G$ (*Einselement*).
3. Zu jedem $a \in G$ existiert ein $a^{-1} \in G$ mit $aa^{-1} = a^{-1}a = e$ (*inverses Element*).

Eine Gruppe G heißt genau dann *kommutativ* oder *abelsch*, wenn gilt: $ab = ba \ \forall \ a, b \in G$.

Definition eines Vektorraums Sei $\mathbb{K}$ ein Körper. Eine Menge V heißt ein $\mathbb{K}$-*Vektorraum* ($\mathbb{K}$-VR) oder linearer Raum über $\mathbb{K}$, falls gilt:

1. Auf V ist eine Verknüpfung „+" (Vektoraddition) definiert, und V ist bzgl. „+" eine abelsche Gruppe. Wir bezeichnen das neutrale Element von V mit 0.
2. Für jedes $v \in V$ und jedes $k \in \mathbb{K}$ ist genau ein Element $kv \in V$ (Skalarmultiplikation) definiert. Dabei gilt:
    a) Ist 1 das Einselement von $\mathbb{K}$, so ist $1v = v \ \forall \ v \in V$.
    b) $(k_1 + k_2)v = k_1 v + k_2 v$, $(k_1 k_2)v = k_1(k_2 v) \ \forall \ k_1, k_2 \in \mathbb{K}, v \in V$.
    c) $k(v_1 + v_2) = k v_1 + k v_2 \ \forall \ k \in \mathbb{K}, v_1, v_2 \in V$.

Definition einer Bilinearform Es seien X und Y lineare Räume über $\mathbb{K}$. Unter einer *Bilinearform B* verstehen wir eine Abbildung $B : X \times X \to Y$ mit

$$B(k_1 v_1 + k_2 v_2, v_3) = k_1 B(v_1, v_3) + k_2 B(v_2, v_3),$$
$$B(v_3, k_1 v_1 + k_2 v_2) = k_1 B(v_3, v_1) + k_2 B(v_3, v_2)$$

für alle $v_1, v_2, v_3 \in X$ und $k_1, k_2 \in \mathbb{K}$, d. h. B ist linear in jedem Argument.

Definition einer Norm Sei V ein $\mathbb{K}$-VR. Eine Abbildung $\| \cdot \| : V \to \mathbb{R}_0^+$ heißt eine *Norm* auf V, wenn gilt:

1. $\|v\| = 0 \Leftrightarrow v = 0$.
2. $\|kv\| = |k| \|v\| \ \forall \ v \in V, k \in \mathbb{K}$.
3. $\|u + v\| \leq \|u\| + \|v\| \ \forall \ u, v \in V$ (*Dreiecksungleichung*).

Mit $\|v\|$ bezeichnen wir die Norm von v, und das Paar $(V, \| \cdot \|)$ nennen wir einen *normierten Vektorraum*.

Definition einer Cauchy-Folge und eines Banach-Raumes

1. Eine Folge $(v_n)_{n \geq n_0}$ in einem normierten Vektorraum $(V, \| \cdot \|)$ heißt *Cauchy-Folge*, wenn gilt: Zu jedem $\epsilon > 0$ gibt es ein $k_0 = k_0(\epsilon)$ mit $\|v_m - v_n\| < \epsilon$ für $m, n > k_0$.
2. Der normierte Vektorraum $(V, \| \cdot \|)$ heißt *vollständig* oder ein *Banach-Raum*, wenn jede Cauchy-Folge in $(V, \| \cdot \|)$ einen Grenzwert in V hat.

Definition eines Skalarprodukts   Sei $K = \mathbb{R}$ oder $K = \mathbb{C}$. Sei V ein $\mathbb{K}$-VR. Eine Abbildung $\langle \cdot | \cdot \rangle : V \times V \to \mathbb{K}$ heißt ein *Skalarprodukt* oder *inneres Produkt* auf V, wenn gilt:

1. $\langle v | v \rangle \geq 0 \ \forall \ v \in V, \quad \langle v | v \rangle = 0 \Leftrightarrow v = 0$.
2. $\langle u | v \rangle = \langle v | u \rangle^* \ \forall \ u, v \in V$, insbesondere $\langle u | u \rangle$ reell.
3. $\langle u | \alpha v + \beta w \rangle = \alpha \langle u | v \rangle + \beta \langle u | w \rangle \ \forall \ u, v, w \in V, \ \alpha, \beta \in \mathbb{K}$.

Wir bezeichnen $\langle u | v \rangle$ als das skalare Produkt oder Skalarprodukt von u mit v. Das Paar $(V, \langle \cdot | \cdot \rangle)$ heißt *Skalarproduktraum* oder *Prä-Hilbert-Raum*. Zwei Vektoren $u, v \in V$ heißen orthogonal, in Zeichen

$$u \perp v :\Leftrightarrow \langle u | v \rangle = 0.$$

Satz   Sei U ein vollständiger Unterraum des Prä-Hilbert-Raumes $(V, \langle \cdot | \cdot \rangle)$. Dann läßt sich jedes $x \in V$ eindeutig darstellen in der Form

$$x = y + z \quad \text{mit} \quad y \in U, z \in U^{\perp}.$$

Es gilt also $V = U \oplus U^{\perp}$.

Definition der kanonischen Norm   Sei $(V, \langle \cdot | \cdot \rangle)$ ein Skalarproduktraum. Die *kanonische Norm* ist definiert durch

$$\|u\| := \sqrt{\langle u | u \rangle}.$$

Definition eines Hilbert-Raumes   Seien $(V, \langle \cdot | \cdot \rangle)$ ein Skalarproduktraum und $\| \cdot \|$ die kanonische Norm auf V. Ist $(V, \| \cdot \|)$ vollständig, so heißt V ein *Hilbert-Raum*.

Eigenschaften linearer Operatoren (als Vorbereitung für die Lemmata von Schur). Sei $L : V \to W$ ein linearer Operator:

- Kern$(L) = \{x | Lx = 0\}$,
- Bild$(L) = \{y | y \in W, y = Lx \text{ für } x \in V\} = W_L$.
  1. L injektiv $\Leftrightarrow$ Kern$(L) = \{0\}$.
  2. L surjektiv $\Leftrightarrow$ Bild$(L) = W$.
  3. L invertierbar $\Leftrightarrow$ Kern$(L) = 0 \wedge$ Bild$(L) = W$.
  4. L invertierbar $\Rightarrow$ dim$(W) =$ dim(V).

Definition eines topologischen Raumes Ein *topologischer Raum* ist ein Paar $(X, \mathcal{O})$, bestehend aus einer Menge X und einer Menge $\mathcal{O}$ von Teilmengen (genannt „offene Mengen") von X derart, dass gilt:

1. Beliebige Vereinigungen von offenen Mengen sind offen.
2. Der Durchschnitt von je zwei offenen Mengen ist offen.
3. $\emptyset$ und X sind offen.

- Eine Teilmenge $U \subseteq X$ heißt *Umgebung* von $x \in X$, wenn es eine offene Menge V mit $x \in V \in U$ gibt.
- Eine Teilmenge M eines topologischen Raumes X heißt genau dann *zusammenhängend*, wenn sie keine Zerlegung der Form $M = S \cup T$ erlaubt, wobei S und T nichtleere (bzgl. M) relativ offene Mengen sind, mit $S \cap T = \emptyset$. Gegenbeispiel: $\mathbb{R} \setminus \{0\}$.
- Eine Teilmenge M eines topologischen Raumes heißt genau dann *einfach zusammenhängend*, wenn M zusammenhängend ist und sich jede geschlossene stetige Kurve in M auf einen Punkt zusammenziehen lässt. Gegenbeispiel: Die Menge $\{z | z = e^{i\phi}, \phi \in [0, 2\pi]\}$ entspricht dem Rand S^1 des Einheitskreises und lässt sich nicht auf einen Punkt zusammenziehen.

Definition einer Mannigfaltigkeit Eine Menge M heißt eine n-dimensionale, reelle *Mannigfaltigkeit*, falls Folgendes gilt:

1. Lokale Koordinaten
   Zu jedem Punkt x in M existieren eine Teilmenge U von M, die den Punkt x enthält, und eine bijektive Abbildung

   $$\varphi : U \to U_\varphi,$$

   wobei U_φ eine offene Menge des $\mathbb{R}^n$ ist. Die Abbildung φ heißt Kartenabbildung, und die Menge U_φ nennt man das Kartenbild von U. Ferner bezeichnet man das Paar (U, φ) als eine Karte von M. Schließlich heißt

   $$x_\varphi = \varphi(x)$$

   die lokale Koordinate des Punktes x in der Karte (U, φ). Explizit gilt $x_\varphi = (x^1, \ldots, x^n)$, wobei alle x^i reelle Zahlen sind.
2. Wechsel der lokalen Koordinaten
   Ist (V, ψ) eine zweite Karte für den Punkt x mit der zugehörigen lokalen Koordinate

   $$x_\psi = \psi(x),$$

   dann erhalten wir für die beiden lokalen Koordinaten des Punktes x die folgenden Transformationsformeln:

   $$x_\varphi = \varphi(\psi^{-1}(x_\psi)) \quad \text{bzw.} \quad x_\psi = \psi(\varphi^{-1}(x_\varphi)).$$

Wir verlangen, dass die beiden zugehörigen Abbildungen

$$\varphi \circ \psi^{-1} : V_\psi \to U_\varphi \quad \text{bzw.} \quad \psi \circ \varphi^{-1} : U_\varphi \to V_\psi$$

glatt sind.

Grob gesprochen, besteht somit eine Mannigfaltigkeit aus einem System von Karten, das man den Atlas von M nennt, und zugehörigen glatten Transformationsformeln für die entsprechenden lokalen Koordinaten.

A.2 Natürliche Einheiten

In diesem Anhang fassen wir die Konventionen zum Einheitensystem zusammen.[2]

Internationales Einheitensystem (SI-System) Jede physikalische Größe q lässt sich eindeutig in der Form

$$q = q_{\text{SI}} \, \text{m}^\alpha \text{kg}^\beta \text{s}^\gamma \text{A}^\mu \text{K}^\nu \tag{A.1}$$

darstellen. Hierbei ist q_{SI} eine reelle Zahl, und die Exponenten α, β, γ, μ und ν sind rationale Zahlen. Eine physikalische Größe q besitzt die Dimension

$$\dim(q) = [q] = \mathbf{L}^\alpha \mathbf{M}^\beta \mathbf{T}^\gamma \mathbf{I}^\mu \mathbf{\Theta}^\nu .$$

Im Folgenden stellen wir die Werte einiger physikalischer Konstanten zusammen.[3]

- Reduzierte Planck'sche Konstante: $\hbar = 1{,}054\,571\,726(47) \cdot 10^{-34}\,\text{J s}$, $1\,\text{J} = 1\,\text{kg m s}^{-2}$;
- Elektronenmasse: $m_e = 9{,}109\,382\,91(40) \cdot 10^{-31}\,\text{kg}$;

Tab. A.1 Basisgrößen des internationalen Einheitensystems. Wir ignorieren die Basisgrößen Stoffmenge und Lichtstärke, da sie für die Betrachtungen in diesem Buch nicht relevant sind

Basisgröße	Symbol	Dimensionssymbol	Einheitenname	Abk.
Länge	l	$\mathbf{L}$	Meter	m
Masse	m	$\mathbf{M}$	Kilogramm	kg
Zeit	t	$\mathbf{T}$	Sekunde	s
Stromstärke	I	$\mathbf{I}$	Ampere	A
Temperatur	T	$\mathbf{\Theta}$	Kelvin	K

---

[2] Siehe z. B. Stöcker, H. (Hrsg.): Taschenbuch der Physik, Formeln, Tabellen, Übersichten. Deutsch, Thun, Frankfurt (1998), Kapitel 34 und Zeidler, E.: Quantum Field Theory I: Basics in Mathematics and Physics. A Bridge Between Mathematicians and Phycisists. Springer, Berlin (2006), Anhänge A.2 und A.4.

[3] Siehe Olive, K.A., et al. (Particle Data Group): 2014 review of particle physics. Chin. Phys. C **38**, 090001 (2014).

- Elementarladung: $e = 1{,}602\,176\,565(35) \cdot 10^{-19}\,\mathrm{C}$, $1\,\mathrm{C} = 1\,\mathrm{A\,s}$;
- Influenzkonstante: $\epsilon_0 = 1/(\mu_0 c^2) = 8{,}854\,187\,817\ldots\cdot 10^{-12}\,\mathrm{C\,V^{-1}\,m^{-1}}$, $1\,\mathrm{V} = 1\,\mathrm{J\,C^{-1}}$;
- Lichtgeschwindigkeit im Vakuum: $c = 299\,792\,458\,\mathrm{m\,s^{-1}}$.

Eine typische Längenskala der Atomphysik ist das Ångström: $1\,\text{Å} = 10^{-10}\,\mathrm{m}$. Im Bereich der (subatomaren) Hadronenphysik ist die typische Längenskala $1\,\mathrm{fm} = 10^{-15}\,\mathrm{m}$, für Wirkungsquerschnitte wird häufig die Einheit $1\,\mathrm{barn} = 10^2\,\mathrm{fm^2}$ verwendet.

System der natürlichen Einheiten In der Elementarteilchenphysik werden in der Regel sog. *natürliche Einheiten* benutzt. Wir setzen $\hbar = c = 1 = \epsilon_0 = \mu_0$ und drücken physikalische Größen in Einheiten von Potenzen der Energie mit rationalen Exponenten aus. Wir verwenden als Energieeinheit $1\,\mathrm{MeV} = 10^6\,\mathrm{eV}$, wobei $1\,\mathrm{eV}$ derjenigen Energie entspricht, die eine Elementarladung nach Durchlaufen einer Spannungsdifferenz von 1 Volt gewinnt.

Im Folgenden geben wir einige Größen in natürlichen Einheiten an.

- Feinstrukturkonstante: $\alpha = e^2/(4\pi\epsilon_0 \hbar c) = 1/137{,}035\,999\,11(46) \rightarrow e^2/(4\pi)$ $\left(\approx \frac{1}{137}\right)$;
- Konversionskonstante: $\hbar c = 197{,}326\,9718(44)\,\mathrm{MeV\,fm} \rightarrow 1$.
  Damit lassen sich Energien durch inverse Längen ausdrücken und umgekehrt.
- Elektronenmasse $m_e = 0{,}510\,998\,928(11)\,\mathrm{MeV}/c^2 \rightarrow m_e \approx 0{,}511\,\mathrm{MeV}$.

A.3 Vierervektoren und Tensoren

Für die Diskussion relativistischer Feldtheorien erweist sich eine Schreibweise mittels Lorentz-Tensoren als äußerst nützlich und effizient. Im Folgenden führen wir die relevante Notation ein und fassen zentrale Ergebnisse zusammen.[4]

A.3.1 Vierervektoren

In einem Intertialsystem KS seien die Koordinaten eines Weltpunkts in natürlichen Einheiten durch $x = (t, x, y, z)$ gegeben. Wir fassen die Koordinaten als Komponenten eines vierdimensionalen Vektors (*Vierervektors*) auf und führen folgende

---

[4] Siehe z. B. Landau, L.D., Lifschitz, E.M.: Klassische Feldtheorie. Akademie-Verlag, Berlin (1992), Abschnitt 1.6, Lawden, D.F.: Introduction to Tensor Calculus, Relativity and Cosmology. Dover Publications, Mineola, New York (2002), Kapitel 2, Scheck, F.: Theoretische Physik 3, Klassische Feldtheorie: Von Elektrodynamik, nicht-Abelschen Eichtheorien und Gravitation. Springer, Berlin (2010), Abschnitt 2.2.

Notation ein:

$$x^0 := t, \quad \text{(bisher } x_0 \text{ für } c = 1),$$

$$x^1 := x \quad \text{(bisher } x_1),$$

$$x^2 := y \quad \text{(bisher } x_2),$$

$$x^3 := z \quad \text{(bisher } x_3),$$

wobei wir in Klammern die Notation aus Beispiel 1.16 in Abschn. 1.2 angegeben haben. Nun schreiben wir die *Minkowski-Metrik* aus (1.6) in der Form

$$M(x,x) = x^0 x^0 - x^1 x^1 - x^2 x^2 - x^3 x^3 = x_0 x^0 + x_1 x^1 + x_2 x^2 + x_3 x^3 = x_\mu x^\mu,$$

wobei wir definiert haben:

$$x_0 := x^0, \quad x_1 := -x^1, \quad x_2 := -x^2 \quad \text{und} \quad x_3 := -x^3.$$

Die Größen x^μ und x_μ werden als *kontravariante* bzw. *kovariante* Komponenten des Vierervektors bezeichnet. Wir schreiben für den Vierervektor x oder (x^μ), häufig auch x^μ, wenn eine Verwechslung mit einer Komponente ausgeschlossen werden kann. Für Indizes, die die Werte 0, 1, 2, 3 annehmen können, werden üblicherweise griechische Buchstaben verwendet. Wir bedienen uns der Einstein'schen Summenkonvention, gemäß der über doppelt auftretende Indizes summiert wird. Hierbei ist darauf zu achten, dass in jedem Paar gleicher Indizes der eine oben und der andere unten stehen muss. Schließlich lassen sich Indizes mittels

$$x^\mu = g^{\mu\nu} x_\nu,$$

$$x_\mu = g_{\mu\nu} x^\nu$$

heben oder senken. Die Komponenten des *metrischen Tensors* G (siehe Abschn. A.3.2) besitzen folgende Eigenschaften:

$$g_{\mu\nu} = g_{\nu\mu},$$

$$g_{00} = 1 = -g_{11} = -g_{22} = -g_{33}, \qquad (A.2)$$

$$g_{\mu\nu} = 0 \text{ für } \mu \neq \nu.$$

Die Werte von $g^{\mu\nu}$ stimmen mit denen von $g_{\mu\nu}$ überein.

Anmerkung Wegen des verwirrenden Indexbildes schreiben wir bewusst *nicht* $g_{\mu\nu} = g^{\mu\nu}$.

Ein zentraler Gesichtspunkt bei der Verwendung einer Schreibweise mit kontravarianten und kovarianten Komponenten (Tensorschreibweise, siehe Abschn. A.3.2) ist ein *konsistentes Indexbild*, d. h. auf beiden Seiten eines Gleichheitszeichens müssen dieselben freien Indizes auftauchen und müssen dieselbe Lage (oben bzw. unten) haben. Hierbei bezeichnen wir als *freie* Indizes solche, für die die Werte $0, 1, 2, 3$ noch spezifiziert werden können. *Stumme* oder *gebundene* Indizes sind solche, die paarweise auftreten und über die summiert wird.

A.3.2 Lorentz-Tensoren

Transformationsverhalten von kontravarianten und kovarianten Komponenten

Wir betrachten nun zwei Inertialsysteme KS und KS′. Die Transformation werde für die kontravarianten Komponenten eines Vierervektors durch

$$x'^{\mu} = \Lambda^{\mu}{}_{\nu}x^{\nu} \tag{A.3}$$

spezifiziert, mit der Definition

$$\Lambda^{0}{}_{0} := \text{„altes“ } \Lambda_{00}, \quad \Lambda^{0}{}_{1} := \text{„altes“ } \Lambda_{01} \quad \text{usw.}$$

Die Begriffsbildung „altes“ Λ_{00} etc. bezieht sich dabei auf die Schreibweise in Beispiel 1.16. Als konkretes Beispiel betrachten wir eine spezielle Transformation von einem System KS auf ein System KS′, das sich mit der Geschwindigkeit $V = \beta c$ in x-Richtung bewegt [siehe (1.24)]:

$$\Lambda = \begin{pmatrix} \gamma & -\beta\gamma & 0 & 0 \\ -\beta\gamma & \gamma & 0 & 0 \\ 0 & 0 & 1 & 0 \\ 0 & 0 & 0 & 1 \end{pmatrix} = \begin{pmatrix} \Lambda^{0}{}_{0} & \Lambda^{0}{}_{1} & \Lambda^{0}{}_{2} & \Lambda^{0}{}_{3} \\ \Lambda^{1}{}_{0} & \Lambda^{1}{}_{1} & \Lambda^{1}{}_{2} & \Lambda^{1}{}_{3} \\ \Lambda^{2}{}_{0} & \Lambda^{2}{}_{1} & \Lambda^{2}{}_{2} & \Lambda^{2}{}_{3} \\ \Lambda^{3}{}_{0} & \Lambda^{3}{}_{1} & \Lambda^{3}{}_{2} & \Lambda^{3}{}_{3} \end{pmatrix}.$$

Wir vereinbaren nun folgende Symbolik:

$$\Lambda_{\mu}{}^{\nu} := \Lambda^{-1}{}^{\nu}{}_{\mu}, \tag{A.4}$$

sodass die Einträge der Matrix Λ^{-1} durch

$$\Lambda^{-1} = \begin{pmatrix} \gamma & \beta\gamma & 0 & 0 \\ \beta\gamma & \gamma & 0 & 0 \\ 0 & 0 & 1 & 0 \\ 0 & 0 & 0 & 1 \end{pmatrix} = \begin{pmatrix} \Lambda_{0}{}^{0} & \Lambda_{1}{}^{0} & \Lambda_{2}{}^{0} & \Lambda_{3}{}^{0} \\ \Lambda_{0}{}^{1} & \Lambda_{1}{}^{1} & \Lambda_{2}{}^{1} & \Lambda_{3}{}^{1} \\ \Lambda_{0}{}^{2} & \Lambda_{1}{}^{2} & \Lambda_{2}{}^{2} & \Lambda_{3}{}^{2} \\ \Lambda_{0}{}^{3} & \Lambda_{1}{}^{3} & \Lambda_{2}{}^{3} & \Lambda_{3}{}^{3} \end{pmatrix}$$

gegeben sind. Unsere Vereinbarung impliziert, dass die Reihenfolge und die Stellung der Indizes darüber entscheiden, ob wir es mit Λ oder mit Λ^{-1} zu tun haben. Für die kovarianten Komponenten des Vektors x gilt

$$x'_{\mu} = \Lambda_{\mu}{}^{\nu}x_{\nu} = \Lambda^{-1}{}^{\nu}{}_{\mu}x_{\nu}. \tag{A.5}$$

Begründung:

$$x'_{\mu} = g_{\mu\rho}x'^{\rho} = g_{\mu\rho}\Lambda^{\rho}{}_{\sigma}x^{\sigma} = \underbrace{g_{\mu\rho}\Lambda^{\rho}{}_{\sigma}g^{\sigma\nu}}_{= \Lambda_{\mu}{}^{\nu}}x_{\nu} \overset{*}{=:} \Lambda^{-1}{}^{\nu}{}_{\mu}x_{\nu}.$$

Im Schritt $*$ wurde von $\Lambda^{-1} = G\Lambda^T G$ Gebrauch gemacht (siehe Aufgabe 1.17). Dazu verwenden wir die alte Schreibweise mit $\nu = i$ und $\mu = j$:

$$\Lambda^{-1\nu}{}_\mu = \Lambda^{-1}{}_{ij} = (G\Lambda^T G)_{ij} = G_{ik}\Lambda^T_{kl}G_{lj} = G_{ik}\Lambda_{lk}G_{lj}$$
$$= G_{jl}\Lambda_{lk}G_{ki} = g_{\mu\rho}\Lambda^\rho{}_\sigma g^{\sigma\nu} =: \Lambda_\mu{}^\nu.$$

Auf lange Sicht und mit etwas Übung sorgt die Verwendung von kontravarianten und kovarianten Komponenten für eine Vereinfachung der Schreibweise und bietet mithilfe der Überprüfung des Indexbildes die Möglichkeit, Fehler in längeren Manipulationen mathematischer Ausdrücke zu vermeiden.

Definition Lorentz-Tensor

Ein *Lorentz-Tensor* n-ter Stufe, T, ist eine mathematische oder physikalische Größe, die durch 4^n Elemente (Komponenten) beschrieben wird.[5] Dabei spricht man je nach Indexbild von

$$\text{kontravarianten Komponenten:} \quad t^{\lambda\dots\mu\dots\nu},$$
$$\text{kovarianten Komponenten:} \quad t_{\lambda\dots\mu\dots\nu},$$
$$\text{gemischten Komponenten:} \quad t^{\lambda\dots}{}_\mu{}^{\dots\nu}.$$

Die n Indizes sind geordnet, und jeder Index nimmt die Werte 0, 1, 2 und 3 an. Die definierende Eigenschaft eines Lorentz-Tensors ist sein Verhalten unter Lorentz-Transformationen. Gegeben sei eine Lorentz-Transformation von KS nach KS', die durch $x'^\mu = \Lambda^\mu{}_\nu x^\nu$ gekennzeichnet sei. Für einen Lorentz-Tensor zweiter Stufe lautet der Zusammenhang zwischen den Komponenten bzgl. KS' und KS:

$$t'^{\rho\sigma} = \Lambda^\rho{}_\mu \Lambda^\sigma{}_\nu t^{\mu\nu},$$
$$t'_{\rho\sigma} = \Lambda_\rho{}^\mu \Lambda_\sigma{}^\nu t_{\mu\nu}, \tag{A.6}$$
$$t'^\rho{}_\sigma = \Lambda^\rho{}_\mu \Lambda_\sigma{}^\nu t^\mu{}_\nu.$$

Die Verallgemeinerung auf $n > 2$ Komponenten ist offensichtlich. Spezialfälle bilden Lorentz-Tensoren nullter Stufe, sog. *Skalare* oder *Pseudoskalare*, die genau aus einer Komponente bestehen. Lorentz-Tensoren erster Stufe besitzen entweder kontravariante Komponenten oder kovariante Komponenten und werden auch als Lorentz-Vektoren bezeichnet.

Das Heben oder Senken von Indizes erfolgt durch den metrischen Tensor:

$$g^{\mu\rho}t^{\lambda\dots}{}_\rho{}^{\dots\nu} = t^{\lambda\dots\mu\dots\nu}.$$

---

[5] Wir verwenden hier, wenn möglich, die Konvention, einen Tensor mit Großbuchstaben und seine Komponenten mit den entsprechenden Kleinbuchstaben zu bezeichnen.

Anmerkungen

1. Wir betrachten den Spezialfall eines symmetrischen Tensors 2. Stufe:

$$s^{\mu\nu} = s^{\nu\mu}, \quad \text{z. B.} \quad x^{\mu}x^{\nu}.$$

Dann gilt

$$s_{\mu}{}^{\nu} = g_{\mu\rho}s^{\rho\nu} = g_{\mu\rho}s^{\nu\rho} = s^{\nu}{}_{\mu}.$$

Deshalb existiert für diesen Spezialfall die Schreibweise

$$s_{\mu}^{\nu} = s_{\mu}{}^{\nu} = s^{\nu}{}_{\mu}.$$

2. Regeln zur Erzeugung weiterer Tensoren
   a) Elementare algebraische Operationen:
      Es seien S und T Tensoren n-ter Stufe und $\alpha, \beta \in \mathbb{K}$. Dann ist auch

$$\alpha S + \beta T$$

ein Tensor n-ter Stufe, wobei die Definition komponentenweise erfolgt.
   b) Tensorprodukt: Es seien S und T Tensoren m-ter bzw. n-ter Stufe. Dann ist

$$U := ST \quad \text{mit} \quad u_{\mu\nu\ldots\rho\sigma\ldots} = s_{\mu\nu\ldots}t_{\rho\sigma\ldots}$$

ein Tensor $(m + n)$-ter Stufe.
   c) Eine *Verjüngung* oder *Kontraktion* von Tensorindizes erniedrigt die Stufe des Tensors um 2:

$$t^{\mu\ldots\nu\rho\ldots\sigma} : \quad n \text{ freie Indizes,}$$
$$g_{\nu\rho}t^{\mu\ldots\nu\rho\ldots\sigma} : \quad n - 2 \text{ freie Indizes.}$$

3. $\Lambda^{\mu}{}_{\nu}$ und $\Lambda_{\mu}{}^{\nu}$ sind *nicht* die gemischten Komponenten eines Tensors 2. Stufe. Die Schreibweise ist vielmehr an ein konsistentes Indexbild angepasst.
4. Ein *Pseudotensor* P unterscheidet sich aufgrund seines Verhaltens unter einer Paritätstransformation von einem Tensor T. Für einen Pseudotensor n-ter Stufe transformieren z. B. die kontravarianten Komponenten gemäß

$$p'^{\lambda\ldots\mu\ldots\nu} = \det(\Lambda)\Lambda^{\lambda}{}_{\rho}\ldots\Lambda^{\mu}{}_{\sigma}\ldots\Lambda^{\nu}{}_{\tau}t^{\rho\ldots\sigma\ldots\tau}, \tag{A.7}$$

mit völlig analogen Ausdrücken für die kovarianten und die gemischten Komponenten. Gegenüber einem Tensor T tritt der zusätzliche Faktor $\det(\Lambda)$ auf.

Invariante Tensoren

Ein Tensor T heißt *invarianter Tensor*, wenn seine Komponenten in allen Inertialsystemen dieselben Werte annehmen.

Der *metrische Tensor* (oder Minkowski-Tensor) G besitzt die folgende Darstellung in Matrixform:

$$(g^{\mu\nu}) = (g_{\mu\nu}) = \begin{pmatrix} 1 & 0 & 0 & 0 \\ 0 & -1 & 0 & 0 \\ 0 & 0 & -1 & 0 \\ 0 & 0 & 0 & -1 \end{pmatrix},$$

d. h. für die Komponenten gilt insbesondere

$$g^{\mu\nu} = g^{\nu\mu}, \quad g_{\mu\nu} = g_{\nu\mu}.$$

Der metrische Tensor ist ein invarianter Tensor, denn es gilt:

$$g'^{\mu\nu} = \Lambda^{\mu}{}_{\rho}\Lambda^{\nu}{}_{\sigma}g^{\rho\sigma} = \Lambda^{\nu}{}_{\sigma}\Lambda^{\mu}{}_{\rho}g^{\rho\sigma} = g^{\mu\tau}\Lambda^{\nu}{}_{\sigma}\Lambda_{\tau}{}^{\sigma} = g^{\mu\tau}\underbrace{\Lambda^{\nu}{}_{\sigma}\Lambda^{-1}{}^{\sigma}{}_{\tau}}_{= \delta^{\nu}_{\tau}} = g^{\mu\nu}.$$

Hierbei haben wir vom *Kronecker-Symbol* (*Deltatensor*) Gebrauch gemacht:

$$\delta^{\mu}_{\nu} = \begin{cases} 1 & \text{falls } \mu = \nu, \\ 0 & \text{falls } \mu \neq \nu. \end{cases}$$

Da der metrische Tensor ein symmetrischer Tensor zweiter Stufe ist, gilt

$$g^{\mu}{}_{\nu} = g_{\nu}{}^{\mu} = g^{\mu}_{\nu}$$

und außerdem

$$g^{\mu}{}_{\nu} = g^{\mu\rho}g_{\rho\nu} = \delta^{\mu}_{\nu}.$$

Der vollständig antisymmetrische *Levi-Civita-Tensor* oder *Epsilontensor* E besitzt die kovarianten Komponenten

$$\epsilon_{\mu\nu\rho\sigma} = \begin{cases} 1 & \text{für } (\mu, \nu, \rho, \sigma) \text{ gerade Permutation von } (0, 1, 2, 3), \\ -1 & \text{für } (\mu, \nu, \rho, \sigma) \text{ ungerade Permutation von } (0, 1, 2, 3), \\ 0 & \text{sonst,} \end{cases}$$

und die kontravarianten Komponenten[6]

$$\epsilon^{\mu\nu\rho\sigma} = \begin{cases} -1 & \text{für } (\mu, \nu, \rho, \sigma) \text{ gerade Permutation von } (0, 1, 2, 3), \\ 1 & \text{für } (\mu, \nu, \rho, \sigma) \text{ ungerade Permutation von } (0, 1, 2, 3), \\ 0 & \text{sonst.} \end{cases}$$

---

[6] Wegen $\epsilon^{\mu\nu\rho\sigma} = g^{\mu\mu'}g^{\nu\nu'}g^{\rho\rho'}g^{\sigma\sigma'}\epsilon_{\mu'\nu'\rho'\sigma'}$ ergeben sich von null verschiedene Beiträge nur dann, wenn $(\mu', \nu', \rho', \sigma')$ eine Permutation von $(0, 1, 2, 3)$ ist. Aufgrund der metrischen Tensoren ergibt sich in diesem Fall ein Faktor $(+1) \cdot (-1)^3$, der zu dem Gesamtvorzeichen minus führt.

Es handelt sich dabei um einen Pseudotensor 4. Stufe mit

$$\epsilon'^{\mu\nu\rho\sigma} = \det(\Lambda)\epsilon^{\mu\nu\rho\sigma}, \tag{A.8}$$

d. h. er ist bzgl. *eigentlicher* Lorentz-Transformationen ($\det(\Lambda) = 1$) ein invarianter Tensor. Um (A.8) zu verifizieren, untersuchen wir die transformierten Komponenten,

$$\epsilon'^{\mu\nu\rho\sigma} = \det(\Lambda)\Lambda^{\mu}{}_{\mu'}\Lambda^{\nu}{}_{\nu'}\Lambda^{\rho}{}_{\rho'}\Lambda^{\sigma}{}_{\sigma'}\epsilon^{\mu'\nu'\rho'\sigma'},$$

und nehmen eine Fallunterscheidung vor.

1. Sind zwei freie Indizes gleich, dann verschwindet die rechte Seite von (A.8). Anderseits ergibt die linke Seite in diesem Fall die Kontraktion zweier Ausdrücke mit Faktoren, die symmetrisch bzw. antisymmetrisch bzgl. der Vertauschung zweier stummer Indizes sind, sodass sie verschwindet. Wir illustrieren dies an einem konkreten Beispiel mit $\mu = \nu = 0$:

$$\det(\Lambda)\Lambda^{0}{}_{\mu'}\Lambda^{0}{}_{\nu'}\Lambda^{\rho}{}_{\rho'}\Lambda^{\sigma}{}_{\sigma'}\epsilon^{\mu'\nu'\rho'\sigma'}$$
$$= \det(\Lambda)\Lambda^{0}{}_{\nu'}\Lambda^{0}{}_{\mu'}\Lambda^{\rho}{}_{\rho'}\Lambda^{\sigma}{}_{\sigma'}\epsilon^{\mu'\nu'\rho'\sigma'} = \det(\Lambda)\Lambda^{0}{}_{\mu'}\Lambda^{0}{}_{\nu'}\Lambda^{\rho}{}_{\rho'}\Lambda^{\sigma}{}_{\sigma'}\epsilon^{\nu'\mu'\rho'\sigma'}$$
$$= -\det(\Lambda)\Lambda^{0}{}_{\mu'}\Lambda^{0}{}_{\nu'}\Lambda^{\rho}{}_{\rho'}\Lambda^{\sigma}{}_{\sigma'}\epsilon^{\mu'\nu'\rho'\sigma'} = 0.$$

2. Ist (μ, ν, ρ, σ) eine Permutation von $(0, 1, 2, 3)$, dann machen wir von folgendem Resultat aus der linearen Algebra Gebrauch: Für eine (n, n)-Matrix $A = (a_{ij})$ lässt sich die Derminante mithilfe des Levi-Civita-Symbols ausdrücken:

$$\det(A) = \epsilon_{i_1 \ldots i_n} a_{1 i_1} \ldots a_{n i_n}.$$

Betrachten wir z. B. $\mu = 0$, $\nu = 1$, $\rho = 2$, $\sigma = 3$, so gilt:[7]

$$\epsilon'^{0123} = \det(\Lambda) \underbrace{\Lambda^{0}{}_{\mu'}\Lambda^{1}{}_{\nu'}\Lambda^{2}{}_{\rho'}\Lambda^{3}{}_{\sigma'}\epsilon^{\mu'\nu'\rho'\sigma'}}_{= -\det(\Lambda)} = -\big(\det(\Lambda)\big)^2 = -1.$$

Ist (μ, ν, ρ, σ) eine gerade Permutation von $(0, 1, 2, 3)$, so folgt das Resultat aus ϵ'^{0123} letztlich durch eine Umsortierung der Faktoren des Produkts $\Lambda^{\mu}{}_{\mu'}\Lambda^{\nu}{}_{\nu'}\Lambda^{\rho}{}_{\rho'}\Lambda^{\sigma}{}_{\sigma'}$ und einer geraden Permutation der Indizes in $\epsilon^{\mu'\nu'\rho'\sigma'}$, was schließlich zum selben Wert -1 führt. Ist (μ, ν, ρ, σ) dagegen eine ungerade Permutation von $(0, 1, 2, 3)$, so entsteht bei der relevanten Vertauschung in $\epsilon^{\mu'\nu'\rho'\sigma'}$ ein zusätzliches Vorzeichen.

A.3.3 Lorentz-Tensorfelder

Im Falle von *Tensorfeldern* sind die Komponenten Funktionen auf dem Minkowski-Raum $\mathbb{M}^4$. Wir betrachten Funktionen $S(x)$, $V^{\mu}(x)$ und $T^{\mu\nu}(x)$. Es handelt sich

---

[7] Das negative Vorzeichen unter der geschweiften Klammer folgt aus unserer Konvention $\epsilon^{0123} = -1$.

dabei um ein *skalares Feld*, (Vierer-)*Vektorfeld* (genauer: kontravariante Komponenten eines Lorentz-Tensorfelds 1. Stufe), *Tensorfeld* (2. Stufe), wenn gilt:

$$S'(x') = S(x),$$
$$V'^{\mu}(x') = \Lambda^{\mu}{}_{\nu} V^{\nu}(x),$$
$$T'^{\mu\nu}(x') = \Lambda^{\mu}{}_{\rho} \Lambda^{\nu}{}_{\sigma} T^{\rho\sigma}(x),$$

mit

$$x'^{\mu} = \Lambda^{\mu}{}_{\nu} x^{\nu}.$$

Die Definition von Tensorfeldern höherer Stufe erfolgt analog. In Analogie zur Definition von Pseudotensoren in (A.7) enthält die Definition von *Pseudotensorfeldern* einen zusätzlichen Faktor $\det(\Lambda)$. Beispielsweise gilt für ein pseudoskalares Feld P und ein Axialvektorfeld A:

$$P'(x') = \det(\Lambda) P(x),$$
$$A'^{\mu}(x') = \det(\Lambda) \Lambda^{\mu}{}_{\nu} A^{\nu}(x).$$

Die Anwendung einer partiellen Ableitung auf ein Tensorfeld n-ter Stufe liefert ein Tensorfeld $(n + 1)$-ter Stufe. Die partielle Ableitung $\partial/\partial x^{\mu}$ transformiert wie die kovariante Komponente eines Vektors.

Begründung: Aus

$$x'^{\rho} = \Lambda^{\rho}{}_{\sigma} x^{\sigma} \quad \text{und somit} \quad x^{\nu} = \Lambda^{-1\,\nu}{}_{\rho} x'^{\rho} = \Lambda_{\rho}{}^{\nu} x'^{\rho}$$

folgt

$$\frac{\partial}{\partial x'^{\mu}} = \frac{\partial x^{\nu}}{\partial x'^{\mu}} \frac{\partial}{\partial x^{\nu}} = \frac{\partial}{\partial x'^{\mu}} \Lambda_{\rho}{}^{\nu} x'^{\rho} \frac{\partial}{\partial x^{\nu}} = \Lambda_{\rho}{}^{\nu} \delta^{\rho}_{\mu} \frac{\partial}{\partial x^{\nu}} = \Lambda_{\mu}{}^{\nu} \frac{\partial}{\partial x^{\nu}}.$$

Völlig analog ergibt sich

$$\frac{\partial}{\partial x'_{\mu}} = \Lambda^{\mu}{}_{\nu} \frac{\partial}{\partial x_{\nu}}.$$

Häufig werden wir die nützliche Schreibweise

$$\partial_{\mu} := \frac{\partial}{\partial x^{\mu}}, \quad \partial^{\mu} := \frac{\partial}{\partial x_{\mu}} \tag{A.9}$$

verwenden, die den kovarianten bzw. kontravarianten Charakter der entsprechenden partiellen Ableitung unterstreicht. Mit dieser Schreibweise ergibt sich auch ein konventionelles Indexbild:

$$\partial'_{\mu} = \Lambda_{\mu}{}^{\nu} \partial_{\nu}, \quad \partial'^{\mu} = \Lambda^{\mu}{}_{\nu} \partial^{\nu}.$$

Als Beispiel verweisen wir auf den elektromagnetischen Feldstärketensor in Beispiel A.7. Gegeben sei ein elektromagnetisches Viererpotenzial, das sich wie

$$A'^{\mu}(x') = \Lambda^{\mu}{}_{\nu} A^{\nu}(x), \quad x'^{\mu} = \Lambda^{\mu}{}_{\nu} x^{\nu},$$

transformiert. Der elektromagnetische Feldstärketensor F mit den kontravarianten Komponenten

$$F^{\mu\nu}(x) = \partial^\mu A^\nu(x) - \partial^\nu A^\mu(x)$$

ist ein antisymmetrisches Lorentz-Tensorfeld 2. Stufe. Anderseits ist der duale Feldstärketensor $\tilde{F}$, der aus der Kontraktion des Levi-Civita-Tensors E mit dem Feldstärketensor F entsteht,

$$\tilde{F}^{\mu\nu} = -\frac{1}{2}\epsilon^{\mu\nu\rho\sigma} F_{\rho\sigma},$$

ein Pseudotensorfeld 2. Stufe.

A.4   Lagrange-Formalismus für Felder und kanonische Quantisierung

In diesem Anhang geben wir eine kurze Einführung in den Lagrange-Formalismus für Felder und stellen einige zentrale Resultate für die Lösung der Dirac-Gleichung zusammen. Anschließend diskutieren wir die kanonische Quantisierung eines skalaren Feldes, bevor wir uns der Quantisierung des Dirac-Feldes widmen.

A.4.1   Lagrange-Formalismus für Felder

Im Folgenden stellen wir eine kurze Zusammenfassung des *Lagrange-Formalismus* für relativistische Felder zur Verfügung. Die wesentlichen Grundbegriffe der Tensornotation sind in Anhang A.3 zusammengetragen. Für *kontinuierliche Systeme* führen wir Felder als dynamische Variablen ein und betrachten sowohl die Zeit als auch die Ortskoordinaten[8], $x = (x^\mu) = (t, \vec{x})$, als Parameter.[9] Zunächst diskutieren wir die *Lagrange-Dichte* $\mathcal{L}$ eines reellen, skalaren Feldes $\Phi(x) = \Phi(t, \vec{x})$,

$$\mathcal{L} = \mathcal{L}\big(\Phi(x), \partial_\mu \Phi(x)\big), \tag{A.10}$$

$$\partial_\mu \Phi = \frac{\partial \Phi}{\partial x^\mu} = \left(\frac{\partial \Phi}{\partial t}, \frac{\partial \Phi}{\partial x}, \frac{\partial \Phi}{\partial y}, \frac{\partial \Phi}{\partial z}\right),$$

wobei wir eine explizite Abhängigkeit der Lagrange-Dichte von x ausschließen wollen.[10] Die zugehörige *Lagrange-Funktion* $L(t)$ lautet

$$L(t) = \int_{\mathbb{R}^3} d^3x \, \mathcal{L}\big(\Phi(x), \partial_\mu \Phi(x)\big). \tag{A.11}$$

---

[8] Im Folgenden wird x^μ sowohl für die kontravariante Komponente des Vektors als auch für den gesamten Vektor x stehen.
[9] Siehe z. B. Goldstein, H.: Klassische Mechanik. AULA-Verlag, Wiesbaden (1985), Kapitel 11, oder Scheck, F.: Theoretische Physik 1, Mechanik: Von den Newton'schen Gesetzen zum deterministischen Chaos. Springer, Berlin (2007), Kapitel 7.
[10] Manche Autoren verwenden die Schreibweise Φ_μ anstelle von $\partial_\mu \Phi$.

Die klassische Bewegungsgleichung für $\Phi(x)$ folgt aus dem Hamilton'schen Prinzip der kleinsten Wirkung für das sog. *Wirkungsfunktional*:

$$S[\Phi] = \underbrace{\int_{t_1}^{t_2} dt \int_{\mathbb{R}^3} d^3x}_{=: \int_R d^4x} \mathcal{L}\big(\Phi(x), \partial_\mu \Phi(x)\big). \qquad (A.12)$$

Wir definieren

$$\Phi_\epsilon(x) = \Phi(x) + \epsilon h(x) = \Phi(x) + \delta\Phi(x), \qquad (A.13)$$

mit $h(x) = 0$ für $x \in \partial R$, dem Rand von R. Es sei

$$F(\epsilon) = \int_R d^4x \, \mathcal{L}\big(\Phi(x) + \epsilon h(x), \partial_\mu \Phi(x) + \epsilon \partial_\mu h(x)\big), \qquad (A.14)$$

dergestalt dass $F(0) = S[\Phi]$ ist. Wir entwickeln F bis einschließlich des linearen Terms in ϵ,

$$F(\epsilon) = \int_R d^4x \, \mathcal{L}\big(\Phi, \partial_\mu \Phi\big) + \epsilon \int_R d^4x \left(h\frac{\partial \mathcal{L}}{\partial \Phi} + \partial_\mu h \frac{\partial \mathcal{L}}{\partial \partial_\mu \Phi} \right) + O(\epsilon^2),$$

und fordern nun als Extremalprinzip

$$\delta S[\Phi] = F'(0) \stackrel{!}{=} 0. \qquad (A.15)$$

Damit erhalten wir

$$0 = \int_R d^4x \left(h\frac{\partial \mathcal{L}}{\partial \Phi} + \partial_\mu h \frac{\partial \mathcal{L}}{\partial \partial_\mu \Phi} \right)$$

und machen beim zweiten Term von der Produktregel Gebrauch:

$$\partial_\mu h \frac{\partial \mathcal{L}}{\partial \partial_\mu \Phi} = \mathcal{D}_\mu \left(h \frac{\partial \mathcal{L}}{\partial \partial_\mu \Phi} \right) - h \mathcal{D}_\mu \frac{\partial \mathcal{L}}{\partial \partial_\mu \Phi}.$$

Hierbei gilt

$$\mathcal{D}_\mu = \partial_\mu + \partial_\mu \Phi \frac{\partial}{\partial \Phi} + \partial_\mu \partial_\nu \Phi \frac{\partial}{\partial \partial_\nu \Phi}.$$

Als Zwischenrechnung betrachten wir

$$\int\limits_R d^4x \, \mathcal{D}_\mu \left(h \frac{\partial \mathcal{L}}{\partial \partial_\mu \Phi} \right)$$

$$= \int\limits_{\mathbb{R}^3} d^3x \int\limits_{t_1}^{t_2} dt \, \frac{d}{dt} \left(h \frac{\partial \mathcal{L}}{\partial \dot{\Phi}} \right)$$

$$+ \int\limits_{t_1}^{t_2} dt \int\limits_{-\infty}^{\infty} dy \int\limits_{-\infty}^{\infty} dz \int\limits_{-\infty}^{\infty} dx \, \frac{d}{dx} \left(h \frac{\partial \mathcal{L}}{\partial \frac{\partial \Phi}{\partial x}} \right) + \dots$$

$$= \int\limits_{\mathbb{R}^3} d^3x \underbrace{\left[h \frac{\partial \mathcal{L}}{\partial \dot{\Phi}} \right]_{t_1}^{t_2}}_{= 0, \text{ da } h(t_1, \vec{x}) = h(t_2, \vec{x}) = 0}$$

$$+ \int\limits_{t_1}^{t_2} dt \int\limits_{-\infty}^{\infty} dy \int\limits_{-\infty}^{\infty} dz \underbrace{\left[h \frac{\partial \mathcal{L}}{\partial \frac{\partial \Phi}{\partial x}} \right]_{-\infty}^{\infty}}_{= 0, \text{ da } h(t, \vec{x}) = 0 \text{ für } x \to \pm\infty} + \dots$$

$$= 0.$$

Daraus folgt die Bedingung

$$0 = \int\limits_R d^4x \, h(x) \left(\frac{\partial \mathcal{L}}{\partial \Phi} - \mathcal{D}_\mu \frac{\partial \mathcal{L}}{\partial \partial_\mu \Phi} \right). \tag{A.16}$$

Wir wenden nun das *Fundamentallemma der Variationsrechnung*[11] auf (A.16) an und erhalten somit die *Euler-Lagrange-Gleichung*

$$\frac{\partial \mathcal{L}}{\partial \Phi} - \mathcal{D}_\mu \frac{\partial \mathcal{L}}{\partial \partial_\mu \Phi} = 0, \tag{A.17}$$

oder ausgeschrieben

$$\frac{\partial \mathcal{L}}{\partial \Phi} - \frac{d}{dt} \frac{\partial \mathcal{L}}{\partial \left(\frac{\partial \Phi}{\partial t} \right)} - \frac{d}{dx} \frac{\partial \mathcal{L}}{\partial \left(\frac{\partial \Phi}{\partial x} \right)} - \frac{d}{dy} \frac{\partial \mathcal{L}}{\partial \left(\frac{\partial \Phi}{\partial y} \right)} - \frac{d}{dz} \frac{\partial \mathcal{L}}{\partial \left(\frac{\partial \Phi}{\partial z} \right)} = 0.$$

Anmerkung Nahezu jedes Physikbuch schreibt in (A.17) ∂_μ anstelle von $\mathcal{D}_\mu$ mit dem Verständnis, dass bzgl. jeder x-Abhängigkeit im Sinne einer totalen Ableitung

---

[11] Wenn das Integral $\int_{x_1}^{x_2} dx \, h(x) g(x)$ gleich null ist für beliebige stetige Funktionen $h(x)$ mit stetiger Ableitung und $h(x_1) = h(x_2) = 0$, dann gilt $g(x) = 0$ in $[x_1, x_2]$.

differenziert werden soll und nicht nur bzgl. der *expliziten* x-Abhängigkeit. Wir folgen von nun an dieser Konvention und schreiben ∂_μ anstelle von $\mathcal{D}_\mu$.

Hängt $\mathcal{L}$ von n Feldern $\Phi_i(x)$ ab, müssen wir eine unabhängige Variation bzgl. n Funktionen durchführen. Dazu definieren wir

$$\Phi_{i,\epsilon_i}(x) = \Phi_i(x) + \epsilon_i h_i(x) = \Phi_i + \delta\Phi_i, \quad i = 1, \ldots, n, \tag{A.18}$$

und

$$F(\epsilon_1, \ldots, \epsilon_n) = S[\Phi_{1,\epsilon_1}, \ldots, \Phi_{n,\epsilon_n}]. \tag{A.19}$$

Wir fordern wieder ein Extremum:

$$\frac{\partial F(0, \ldots, 0)}{\partial \epsilon_i} = 0, \quad i = 1, \ldots, n. \tag{A.20}$$

Dies führt zu n Bewegungsgleichungen

$$\frac{\partial \mathcal{L}}{\partial \Phi_i} - \partial_\mu \frac{\partial \mathcal{L}}{\partial \partial_\mu \Phi_i} = 0, \quad i = 1, \ldots, n. \tag{A.21}$$

Im Folgenden wollen wir eine Reihe von Beispielen diskutieren, die uns in verschiedenen Kapiteln immer wieder begegnet sind.

Beispiel A.1
Die Lagrange-Dichte für ein freies, reelles, skalares Feld Φ lautet

$$\mathcal{L} = \frac{1}{2} \left(\partial_\mu \Phi \partial^\mu \Phi - m^2 \Phi^2 \right) = \frac{1}{2} \left(g^{\mu\nu} \partial_\mu \Phi \partial_\nu \Phi - m^2 \Phi^2 \right). \tag{A.22}$$

Für die Bestimmung der zugehörigen Euler-Lagrange-Gleichung benötigen wir

$$\frac{\partial \mathcal{L}}{\partial \Phi} = -m^2 \Phi,$$

$$\frac{\partial \partial_\mu \Phi}{\partial \partial_\rho \Phi} = g_\mu{}^\rho = g^\rho{}_\mu = \delta^\rho_\mu,$$

$$\frac{\partial \mathcal{L}}{\partial \partial_\rho \Phi} = \frac{1}{2} g^{\mu\nu} (g_\mu{}^\rho \partial_\nu \Phi + \partial_\mu \Phi g_\nu{}^\rho) = \frac{1}{2} (g_\mu{}^\rho \partial^\mu \Phi + \partial^\nu \Phi g_\nu{}^\rho)$$

$$= \frac{1}{2} (\partial^\rho \Phi + \partial^\rho \Phi) = \partial^\rho \Phi,$$

$$\partial_\rho \frac{\partial \mathcal{L}}{\partial \partial_\rho \Phi} = \partial_\rho \partial^\rho \Phi = \Box \Phi.$$

Die Euler-Lagrange-Gleichung ist hier die *Klein-Gordon-Gleichung*:

$$\left(\Box + m^2 \right) \Phi = \left(\partial_\mu \partial^\mu + m^2 \right) \Phi = \left(\frac{\partial^2}{\partial t^2} - \Delta + m^2 \right) \Phi = 0.$$

1. Die Klein-Gordon-Gleichung ist eine lineare, homogene, partielle Differenzialgleichung zweiter Ordnung.
2. Ein Lösungsansatz durch Separation

$$\Phi(x) = T(t)X(x)Y(y)Z(z)$$

führt über

$$\ddot{T}XYZ - TX''YZ - TXY''Z - TXYZ'' + m^2 TXYZ = 0$$

zu

$$\underbrace{\frac{\ddot{T}}{T}}_{=\,\Lambda_t} - \underbrace{\frac{X''}{X}}_{=\,\Lambda_x} - \underbrace{\frac{Y''}{Y}}_{=\,\Lambda_y} - \underbrace{\frac{Z''}{Z}}_{=\,\Lambda_z} + m^2 = 0,$$

mit den reellen *Separationskonstanten* Λ_t, Λ_x, Λ_y und Λ_z. Die Separationskonstanten müssen die Bedingung

$$\Lambda_t - \Lambda_x - \Lambda_y - \Lambda_z + m^2 = 0$$

erfüllen. Zur Lösung der gewöhnlichen Differenzialgleichungen betrachten wir
stellvertretend

$$X'' - \Lambda_x X = 0,$$

mit einer Fallunterscheidung:

$$\Lambda_x > 0 : \quad X(x) = A e^{\sqrt{\Lambda_x}\,x} + B e^{-\sqrt{\Lambda_x}\,x},$$
$$\Lambda_x = 0 : \quad X(x) = A + Bx,$$
$$\Lambda_x < 0 : \quad X(x) = A \cos\left(\sqrt{-\Lambda_x}\,x\right) + B \sin\left(\sqrt{-\Lambda_x}\,x\right).$$

Die erste Lösung ist physikalisch nicht relevant, da sie für $x \to \pm\infty$ divergiert.
Dasselbe gilt für den B-Term der zweiten Lösung.
Wir definieren

$$k_x := \sqrt{-\Lambda_x} \geq 0$$

und schreiben

$$X(x) = a e^{ik_x x} + a^* e^{-ik_x x}$$
$$= \big(\mathrm{Re}(a) + \mathrm{i}\,\mathrm{Im}(a)\big)\big(\cos(k_x x) + \mathrm{i}\,\sin(k_x x)\big)$$
$$\quad + \big(\mathrm{Re}(a) - \mathrm{i}\,\mathrm{Im}(a)\big)\big(\cos(k_x x) - \mathrm{i}\,\sin(k_x x)\big)$$
$$= 2\mathrm{Re}(a)\cos(k_x x) - 2\mathrm{Im}(a)\sin(k_x x)$$
$$=: A\cos(k_x x) + B\sin(k_x x),$$

mit $A, B \in \mathbb{R}$. Diese Schreibweise beinhaltet nun auch den Fall $k_x = 0$.

Die Funktionen Y und Z behandelt man analog. Für Λ_t ergibt sich

$$\Lambda_t = \Lambda_x + \Lambda_y + \Lambda_z - m^2$$
$$= -k_x^2 - k_y^2 - k_z^2 - m^2 < 0.$$

Für die zeitliche Abhängigkeit ergeben sich somit auch periodische Funktionen.

3. Mit der Bezeichnung $\sqrt{-\Lambda_t} = \omega(\vec{k}\,)$ ergibt sich die *Dispersionsbeziehung*

$$\omega(\vec{k}\,) = \sqrt{m^2 + \vec{k}^{\,2}}.$$

Hierbei handelt es sich um die relativistische Energie-Impuls-Beziehung eines Teilchens der Masse m.

4. Mit der Definition

$$k \cdot x = k_0 x_0 - \vec{k} \cdot \vec{x}, \quad k_0 := \omega(\vec{k}\,) = \sqrt{m^2 + \vec{k}^{\,2}},$$

ergibt sich als Lösung für ein festes $\vec{k}$:

$$\Phi_{\vec{k}}(x) = a(\vec{k}\,)e^{-\mathrm{i}k\cdot x} + a^*(\vec{k}\,)e^{\mathrm{i}k\cdot x}.$$

5. Die allgemeine Lösung der Klein-Gordon-Gleichung lässt sich als Superposition der Lösungen zu den verschiedenen $\vec{k}$ darstellen:

$$\Phi(x) = \int \frac{d^3k}{(2\pi)^3 2\omega(\vec{k}\,)} \left(a(\vec{k}\,)e^{-\mathrm{i}k\cdot x} + a^*(\vec{k}\,)e^{\mathrm{i}k\cdot x} \right).$$

Hierbei ist der Faktor $\left((2\pi)^3 2\omega(\vec{k}\,)\right)^{-1}$ eine Frage der Konvention.   ■

Beispiel A.2
Wir betrachten die Lagrange-Dichte zweier reeller, skalarer Felder Φ_1 und Φ_2 gleicher Masse m mit einer sog. $\lambda\Phi^4$-*Wechselwirkung*,

$$\mathcal{L} = \frac{1}{2}\left[\partial_\mu\Phi_1\partial^\mu\Phi_1 + \partial_\mu\Phi_2\partial^\mu\Phi_2 - m^2(\Phi_1^2 + \Phi_2^2)\right] - \frac{\lambda}{4}\left(\Phi_1^2 + \Phi_2^2\right)^2, \quad (A.23)$$

mit $m^2 > 0$ und $\lambda > 0$.[12] Die Bewegungsgleichungen lauten

$$\frac{\partial\mathcal{L}}{\partial\Phi_i} - \partial_\mu\frac{\partial\mathcal{L}}{\partial\partial_\mu\Phi_i} = -m^2\Phi_i - \lambda\Phi_i(\Phi_1^2 + \Phi_2^2) - \Box\Phi_i = 0 \quad \Rightarrow$$

$$(\Box + m^2)\Phi_i = -\lambda\Phi_i(\Phi_1^2 + \Phi_2^2), \quad i = 1, 2, \quad (A.24)$$

d. h. wir erhalten zwei gekoppelte, partielle Differenzialgleichungen.   ■

---

[12] Modelle dieser Art werden gerne zur Illustration einfachster (Quanten-)Feldtheorien benutzt. Die Wahl $m^2 < 0$ führt zu dem Mexikanerhutpotenzial, das den Prototyp für die Diskussion einer spontanen Symmetriebrechung darstellt.

Beispiel A.3

Wir betrachten noch einmal die Lagrange-Dichte in (A.23), dieses Mal allerdings ausgedrückt mithilfe komplexer Felder,[13]

$$\mathcal{L} = \partial_\mu \Phi \partial^\mu \Phi^* - m^2 \Phi \Phi^* - \lambda \left(\Phi \Phi^* \right)^2 , \qquad (A.25)$$

mit

$$\Phi = \frac{1}{\sqrt{2}} \left(\Phi_1 + i \, \Phi_2 \right) \quad \text{und} \quad \Phi^* = \frac{1}{\sqrt{2}} \left(\Phi_1 - i \, \Phi_2 \right) .$$

Die Bewegungsgleichung für Φ^* ergibt sich aus

$$\frac{\partial \mathcal{L}}{\partial \Phi} - \partial_\mu \frac{\partial \mathcal{L}}{\partial \partial_\mu \Phi} = -m^2 \Phi^* - 2\lambda \Phi \Phi^{*2} - \Box \Phi^* = 0 \quad \Rightarrow$$

$$\left(\Box + m^2 \right) \Phi^* = -2\lambda \Phi \Phi^{*2}, \qquad (A.26)$$

und vollkommen analog

$$\left(\Box + m^2 \right) \Phi = -2\lambda \Phi^* \Phi^2. \qquad (A.27)$$

Da die Lagrange-Dichte reell ist, d. h. λ ein reeller Parameter ist, sind (A.26) und (A.27) zueinander komplex konjugiert. Wenn man (A.26) mit $\sqrt{2}$ multipliziert und den Realteil bzw. das Negative des Imaginärteils bildet, so erhält man die Bewegungsgleichungen für Φ_1 und Φ_2 gemäß (A.24). Die beiden Formulierungen sind, wie zu erwarten, vollkommen äquivalent. ∎

Beispiel A.4

Die Lagrange-Dichte eines freien *Dirac-Feldes* Ψ der Masse m lautet[14]

$$\mathcal{L} = \bar{\Psi} \, i \, \gamma^\mu \partial_\mu \Psi - m \bar{\Psi} \Psi, \qquad (A.28)$$

wobei Ψ ein *vierkomponentiges Spinorfeld* ist:

$$\Psi = \begin{pmatrix} \Psi_1 \\ \Psi_2 \\ \Psi_3 \\ \Psi_4 \end{pmatrix} .$$

---

[13] Nach der kanonischen Quantisierung werden aus den reellen Feldern Φ_i hermitesche Feldoperatoren, sodass wir $\Phi^\dagger$ anstelle von Φ^* schreiben werden.

[14] Da die Lagrange-Dichte in (A.28) nicht (manifest) reell ist, findet man bisweilen auch die folgende Form:

$$\mathcal{L} = \frac{i}{2} \left(\bar{\Psi} \gamma^\mu \partial_\mu \Psi - \partial_\mu \bar{\Psi} \gamma^\mu \Psi \right) - m \bar{\Psi} \Psi,$$

die sich nur um eine totale Divergenz $-i \, \partial_\mu \left(\bar{\Psi} \gamma^\mu \Psi \right) / 2$ von (A.28) unterscheidet. Man überzeugt sich leicht davon, dass beide Lagrange-Dichten zu derselben Bewegungsgleichung führen.

Die Ψ_i sind glatte, komplexwertige Funktionen auf dem Minkowski-Raum $\mathbb{M}^4$. Im Folgenden machen wir von der sog. *Standarddarstellung der Gamma-Matrizen* Gebrauch,

$$\gamma^0 = \gamma_0 = \begin{pmatrix} \mathbb{1}_{2\times 2} & 0_{2\times 2} \\ 0_{2\times 2} & -\mathbb{1}_{2\times 2} \end{pmatrix}, \quad \gamma^i = -\gamma_i = \begin{pmatrix} 0_{2\times 2} & \sigma_i \\ -\sigma_i & 0_{2\times 2} \end{pmatrix},$$

mit den Pauli-Matrizen

$$\sigma_1 = \begin{pmatrix} 0 & 1 \\ 1 & 0 \end{pmatrix}, \quad \sigma_2 = \begin{pmatrix} 0 & -i \\ i & 0 \end{pmatrix}, \quad \sigma_3 = \begin{pmatrix} 1 & 0 \\ 0 & -1 \end{pmatrix}. \tag{A.29}$$

Die Gamma-Matrizen erfüllen (unabhängig von der Darstellung) die Antivertauschungsrelationen

$$\gamma^\mu \gamma^\nu + \gamma^\nu \gamma^\mu = 2g^{\mu\nu}\mathbb{1}.$$

Außerdem haben wir in (A.28) die Notation

$$\bar{\Psi} = \Psi^\dagger \gamma_0 = \begin{pmatrix} \Psi_1^* & \Psi_2^* & -\Psi_3^* & -\Psi_4^* \end{pmatrix}$$

eingeführt, wobei $\bar{\Psi}$ auch als Dirac-adjungierter Spinor bezeichnet wird.

Als Euler-Lagrange-Gleichung ergibt sich

$$\frac{\partial \mathcal{L}}{\partial \Psi} - \partial_\mu \frac{\partial \mathcal{L}}{\partial \partial_\mu \Psi} = -m\bar{\Psi} - \partial_\mu \bar{\Psi} \, i\, \gamma^\mu = 0.$$

Wir adjungieren diese Gleichung, wobei wir $\gamma^{\mu\dagger} = \gamma^0 \gamma^\mu \gamma^0$ benutzen, und multiplizieren das Resultat mit γ^0. Als Ergebnis erhalten wir die *Dirac-Gleichung*:

$$\gamma^0 \big(-m\gamma^0 \Psi + i\gamma^0 \gamma^\mu \underbrace{\gamma^0 \gamma^0}_{=\mathbb{1}} \partial_\mu \Psi \big) = \big(i\slashed{\partial} - m \big) \Psi = 0, \tag{A.30}$$

mit der Abkürzung $\slashed{a} = a_\mu \gamma^\mu$.

Die Lösungen der Dirac-Gleichung sind von der Form

$$u^{(r)}(\vec{p})e^{-i\,p\cdot x}, \quad r = 1,2 \quad \text{(„Lösungen zu positiver Energie")},$$

$$v^{(r)}(\vec{p})e^{i\,p\cdot x}, \quad r = 1,2 \quad \text{(„Lösungen zu negativer Energie")},$$

mit $\vec{p} \in \mathbb{R}^3$ und $p_0 = E(\vec{p}) = \sqrt{m^2 + \vec{p}^2}$. Die Begriffsbildung *Lösungen zu positiver (negativer) Energie* hat ihren Ursprung in der quantenmechanischen Ersetzungsregel $E \to i\frac{\partial}{\partial t}$:

$$i\frac{\partial}{\partial t}e^{\mp i\,p_0 t} = \pm p_0 e^{\mp i\,p_0 t} = \pm E(\vec{p})e^{\mp i\,p_0 t}.$$

Wir werden später im Rahmen der kanonischen Quantisierung sehen, dass das Energiespektrum tatsächlich nur Quanten mit positiver Energie kennt.

Im Folgenden stellen wir einige Eigenschaften der *Dirac-Spinoren* zusammen:

$$(\not{p} - m)u^{(r)}(\vec{p}\,) = 0,$$

$$(\not{p} + m)v^{(r)}(\vec{p}\,) = 0,$$

$$\bar{u}^{(r)}(\vec{p}\,)(\not{p} - m) = 0,$$

$$\bar{v}^{(r)}(\vec{p}\,)(\not{p} + m) = 0,$$

$$\bar{u}^{(r)}(\vec{p}\,)u^{(s)}(\vec{p}\,) = -\bar{v}^{(r)}(\vec{p}\,)v^{(s)}(\vec{p}\,) = 2m\delta_{rs},$$

$$u^{(r)\dagger}(\vec{p}\,)u^{(s)}(\vec{p}\,) = v^{(r)\dagger}(\vec{p}\,)v^{(s)}(\vec{p}\,) = 2E(\vec{p}\,)\delta_{rs},$$

$$u^{(r)\dagger}(\vec{p}\,)v^{(s)}(-\vec{p}\,) = 0,$$

$$\sum_{r=1}^{2} u_\alpha^{(r)}(\vec{p}\,)\bar{u}_\beta^{(r)}(\vec{p}\,) = (\not{p} + m)_{\alpha\beta},$$

$$\sum_{r=1}^{2} v_\alpha^{(r)}(\vec{p}\,)\bar{v}_\beta^{(r)}(\vec{p}\,) = (\not{p} - m)_{\alpha\beta},$$

$$\sum_{r=1}^{2} \left(u_\alpha^{(r)}(\vec{p}\,)\bar{u}_\beta^{(r)}(\vec{p}\,) - v_\alpha^{(r)}(\vec{p}\,)\bar{v}_\beta^{(r)}(\vec{p}\,) \right) = 2m\delta_{\alpha\beta}.$$

Explizite Darstellungen für die Dirac-Spinoren u und v lauten

$$u^{(r)}(\vec{p}\,) = \sqrt{E(\vec{p}\,) + m} \begin{pmatrix} \chi_r \\ \frac{\vec{\sigma}\cdot\vec{p}}{E(\vec{p}\,)+m}\chi_r \end{pmatrix},$$

$$v^{(r)}(\vec{p}\,) = \sqrt{E(\vec{p}\,) + m} \begin{pmatrix} \frac{\vec{\sigma}\cdot\vec{p}}{E(\vec{p}\,)+m}\chi_r \\ \chi_r \end{pmatrix},$$

mit

$$\chi_1 = \begin{pmatrix} 1 \\ 0 \end{pmatrix} \quad \text{und} \quad \chi_2 = \begin{pmatrix} 0 \\ 1 \end{pmatrix}.$$

Eine ausführliche Diskussion findet sich z. B. in Bjorken und Drell (1964)[15], Kapitel 2 und 3, Itzykson und Zuber (1980)[16], Kapitel 2, oder Scheck (2007)[17], Kapitel 4.

∎

---

[15] Bjorken, J.D., Drell, S.D.: Relativistic Quantum Mechanics. McGraw-Hill, New York (1964).
[16] Itzykson, C., Zuber, J.B.: Quantum Field Theory. McGraw-Hill, New York (1980).
[17] Scheck, F.: Theoretische Physik 4, Quantisierte Felder: Von den Symmetrien zur Quantenelektrodynamik. Springer, Berlin (2007).

Beispiel A.5

Die *pseudoskalare Pion-Nukleon-Wechselwirkung* wird ausführlich in Beispiel 6.5 behandelt. An dieser Stelle konzentrieren wir uns auf die Bewegungsgleichungen. Wir definieren ein Isospindublett

$$\Psi = \begin{pmatrix} p \\ n \end{pmatrix},$$

mit dem Protonenfeld p und dem Neutronenfeld n, die jeweils vierkomponentige Dirac-Felder sind. Des Weiteren führen wir ein Isospintriplett reeller, pseudoskalarer Felder

$$\vec{\Phi} = \begin{pmatrix} \Phi_1 \\ \Phi_2 \\ \Phi_3 \end{pmatrix}$$

ein. Die Lagrange-Dichte der pseudoskalaren Pion-Nukleon-Wechselwirkung lautet

$$\mathcal{L} = \bar{\Psi}\left(i\,\partial\!\!\!/ - m_N\right)\Psi + \frac{1}{2}\left(\partial_\mu \vec{\Phi} \cdot \partial^\mu \vec{\Phi} - M_\pi^2 \vec{\Phi}^2\right) - i\,g\bar{\Psi}\gamma_5\vec{\tau}\cdot\vec{\Phi}\Psi, \qquad \text{(A.31)}$$

wobei $g = g_{\pi N} = 13{,}1$ die Pion-Nukleon-Kopplungskonstante bezeichnet und gilt:

$$\gamma_5 = \gamma^5 = i\,\gamma^0\gamma^1\gamma^2\gamma^3 = \begin{pmatrix} 0_{2\times2} & \mathbb{1}_{2\times2} \\ \mathbb{1}_{2\times2} & 0_{2\times2} \end{pmatrix}, \qquad \{\gamma_5, \gamma^\mu\} = 0.$$

Anmerkungen
1. Einheitsmatrizen (im Isospin- und im Dirac-Raum) werden grundsätzlich weggelassen.
2. Matrizen, die in verschiedenen Räumen operieren, kommutieren miteinander. Deshalb kann man entweder $\tau_i\gamma_5$ oder $\gamma_5\tau_i$ schreiben.

Als Bewegungsgleichungen ergeben sich

$$\frac{\partial\mathcal{L}}{\partial\bar{\Psi}} - \partial_\mu \frac{\partial\mathcal{L}}{\partial\partial_\mu\bar{\Psi}} = i\,\partial\!\!\!/\Psi - m_N\Psi - i\,g\gamma_5\vec{\tau}\cdot\vec{\Phi}\Psi = 0$$

$$\Rightarrow \quad \left(i\,\partial\!\!\!/ - m_N\right)\Psi = i\,g\gamma_5\vec{\tau}\cdot\vec{\Phi}\Psi, \qquad \text{(A.32)}$$

$$\frac{\partial\mathcal{L}}{\partial\vec{\Phi}} - \partial_\mu \frac{\partial\mathcal{L}}{\partial\partial_\mu\vec{\Phi}} = -M_\pi^2\vec{\Phi} - i\,g\bar{\Psi}\gamma_5\vec{\tau}\Psi - \Box\vec{\Phi} = 0$$

$$\Rightarrow \quad \left(\Box + M_\pi^2\right)\vec{\Phi} = -i\,g\bar{\Psi}\gamma_5\vec{\tau}\Psi. \qquad \text{(A.33)}$$

Wir haben es mit einem Satz gekoppelter, partieller Differenzialgleichungen zu tun.

∎

Beispiel A.6

Die Lagrange-Dichten für wechselwirkende Systeme sind üblicherweise von der Form

$$\mathcal{L} = \sum_i \mathcal{L}_{i,\text{frei}} + \mathcal{L}_{\text{ww}}.$$

Entsprechend erhält man Bewegungsgleichungen vom Typ

frei		mit Wechselwirkung
$\left(\Box + M^2\right)\Phi_i = 0$	$\rightarrow$	$\left(\Box + M^2\right)\Phi_i = $ „Quellterm"
$\left(\mathrm{i}\,\slashed{\partial} - m\right)\Psi = 0$	$\rightarrow$	$\left(\mathrm{i}\,\slashed{\partial} - m\right)\Psi = $ „Quellterm"

Der Vergleich mit dem Gauß'schen Gesetz der Elektrostatik,

$$\Delta\Phi = -\rho,$$

erklärt, warum die rechten Seiten als Quellterme bezeichnet werden.   ∎

Beispiel A.7

Im Folgenden untersuchen wir die Lagrange-Dichte für die Wechselwirkung des elektromagnetischen Viererpotenzials $A^\mu = (\Phi, \vec{A})$ mit einer vorgegebenen äußeren Viererstromdichte $J^\mu = (\rho, \vec{J})$,

$$\mathcal{L} = -\frac{1}{4} F_{\mu\nu} F^{\mu\nu} - J_\mu A^\mu, \tag{A.34}$$

mit

$$F^{\mu\nu} = \partial^\mu A^\nu - \partial^\nu A^\mu. \tag{A.35}$$

Mithilfe von

$$\vec{E} = -\frac{\partial \vec{A}}{\partial t} - \vec{\nabla}\Phi \quad \text{und} \quad \vec{B} = \vec{\nabla} \times \vec{A} \tag{A.36}$$

ergibt sich der Zusammenhang zwischen den Komponenten des elektromagnetischen Feldstärketensors und den elektrischen und magnetischen Feldern zu

$$(F^{\mu\nu}) = \begin{pmatrix} 0 & -E_x & -E_y & -E_z \\ E_x & 0 & -B_z & B_y \\ E_y & B_z & 0 & -B_x \\ E_z & -B_y & B_x & 0 \end{pmatrix}. \tag{A.37}$$

Für die Bestimmung der Bewegungsgleichungen berechnen wir als Zwischenschritt

$$\frac{\partial F_{\mu\nu}}{\partial \partial_\sigma A_\rho} = \frac{\partial}{\partial \partial_\sigma A_\rho}\left(\partial_\mu A_\nu - \partial_\nu A_\mu\right) = g_\mu{}^\sigma g_\nu{}^\rho - g_\nu{}^\sigma g_\mu{}^\rho,$$

$$\frac{\partial}{\partial \partial_\sigma A_\rho}\left(F_{\mu\nu} F^{\mu\nu}\right) = 2(g_\mu{}^\sigma g_\nu{}^\rho - g_\nu{}^\sigma g_\mu{}^\rho)F^{\mu\nu} = 4F^{\sigma\rho}.$$

Einsetzen in die Euler-Lagrange-Gleichungen liefert

$$\frac{\partial \mathcal{L}}{\partial A_\rho} - \partial_\sigma \frac{\partial \mathcal{L}}{\partial \partial_\sigma A_\rho} = -J^\rho + \partial_\sigma F^{\sigma\rho} = 0$$

und somit die kovariante Form der inhomogenen Maxwell-Gleichungen:

$$\partial_\sigma F^{\sigma\rho} = J^\rho. \tag{A.38}$$

Dies entspricht

$$\vec{\nabla} \cdot \vec{E} = \rho \quad \text{und} \quad \vec{\nabla} \times \vec{B} - \frac{\partial \vec{E}}{\partial t} = \vec{J}. \tag{A.39}$$

Die homogenen Maxwell-Gleichungen,

$$\vec{\nabla} \cdot \vec{B} = 0, \tag{A.40a}$$

$$\vec{\nabla} \times \vec{E} + \frac{\partial \vec{B}}{\partial t} = 0, \tag{A.40b}$$

sind aufgrund von (A.36) automatisch erfüllt. In der kovarianten Form sehen wir dies anhand des dualen Tensors

$$\tilde{F}^{\mu\nu} = -\frac{1}{2}\epsilon^{\mu\nu\rho\sigma} F_{\rho\sigma}, \tag{A.41}$$

wobei

$$\epsilon^{\mu\nu\rho\sigma} = \begin{cases} -1 & \text{für } (\mu, \nu, \rho, \sigma) \text{ eine gerade Permutation von } (0, 1, 2, 3), \\ +1 & \text{für } (\mu, \nu, \rho, \sigma) \text{ eine ungerade Permutation von } (0, 1, 2, 3), \\ 0 & \text{sonst,} \end{cases}$$

die kontravarianten Komponenten des total antisymmetrischen Levi-Civita-Tensors sind. In Matrizenform gilt

$$(\tilde{F}^{\mu\nu}) = \begin{pmatrix} 0 & -B_x & -B_y & -B_z \\ B_x & 0 & E_z & -E_y \\ B_y & -E_z & 0 & E_x \\ B_z & E_y & -E_x & 0 \end{pmatrix}, \tag{A.42}$$

d. h. man erhält $\tilde{F}^{\mu\nu}$ aus $F^{\mu\nu}$ durch die Ersetzung $\vec{E} \rightarrow \vec{B}$ und $\vec{B} \rightarrow -\vec{E}$. Die homogenen Gleichungen sind automatisch erfüllt, denn es gilt:

$$\partial_\mu \tilde{F}^{\mu\nu} = -\frac{1}{2}\epsilon^{\mu\nu\rho\sigma} \partial_\mu (\partial_\rho A_\sigma - \partial_\sigma A_\rho) = -\epsilon^{\mu\nu\rho\sigma} \partial_\mu \partial_\rho A_\sigma = 0,$$

da $\epsilon^{\mu\nu\rho\sigma}$ antisymmetrisch bzgl. $\mu \leftrightarrow \rho$ ist und $\partial_\mu \partial_\rho A_\sigma$ symmetrisch. Hierbei entspricht $\partial_\mu \tilde{F}^{\mu 0} = 0$ gerade $\vec{\nabla} \cdot \vec{B} = 0$ und $-\partial_\mu \tilde{F}^{\mu i} = 0$ dem Faraday'schen Gesetz in (A.40b). ∎

Beispiel A.8

Zum Abschluss betrachten wir die Lagrange-Dichte, die zu einem freien Spin-1-Teilchen der Masse m gehört, das wir mithilfe eines Vierervektorfelds V^μ beschreiben wollen:

$$\mathcal{L} = -\frac{1}{4} F_{\mu\nu} F^{\mu\nu} + \frac{1}{2} m^2 V_\mu V^\mu, \tag{A.43a}$$

$$F_{\mu\nu} = \partial_\mu V_\nu - \partial_\nu V_\mu. \tag{A.43b}$$

Als Bewegungsgleichung ergibt sich

$$\frac{\partial \mathcal{L}}{\partial V_\rho} - \partial_\sigma \frac{\partial \mathcal{L}}{\partial \partial_\sigma V_\rho} = m^2 V^\rho + \partial_\sigma F^{\sigma\rho} = 0. \tag{A.44}$$

Gleichungen (A.43b) und (A.44) werden als *Proca-Gleichungen*[18] bezeichnet.

Wir bilden ∂_ρ von (A.44) und erhalten wegen der Antisymmetrie von $F^{\sigma\rho}$ bzgl. $\sigma \leftrightarrow \rho$ als Ergebnis

$$m^2 \partial_\rho V^\rho = 0,$$

sodass wir für $m^2 \neq 0$ noch die zusätzliche Bedingung

$$\partial_\rho V^\rho = 0 \tag{A.45}$$

zwischen den Komponenten bekommen. Diese Forderung setzen wir in die Bewegungsgleichung, (A.44), ein,

$$0 = m^2 V^\rho + \partial_\sigma F^{\sigma\rho} = m^2 V^\rho + \partial_\sigma \partial^\sigma V^\rho - \underbrace{\partial_\sigma \partial^\rho V^\sigma}_{= \partial^\rho \partial_\sigma V^\sigma = 0},$$

und erhalten schließlich

$$\left(\Box + m^2 \right) V^\rho = 0, \tag{A.46a}$$

$$\partial_\rho V^\rho = 0. \tag{A.46b}$$

Die zweite Gleichung liefert eine Bedingung zwischen den vier Komponenten von V^ρ, sodass wir es mit drei unabhängigen Freiheitsgraden zu tun haben. Dies ist aber gerade die richtige Anzahl von dynamischen Freiheitsgraden für die Beschreibung eines massebehafteten Teilchens mit Spin $S = 1$ ($2S + 1 = 2 \cdot 1 + 1 = 3$). Die Lösungen der Proca-Gleichungen lassen sich als Superposition ebener Wellen schreiben,

$$V^\mu(x) = \int \frac{d^3 k}{(2\pi)^3 2\omega(\vec{k})} \sum_{r=1}^{3} \epsilon_r^\mu(\vec{k}) a_r(\vec{k}) e^{-i k \cdot x} \quad + \text{H.c.},$$

---

[18] Manche Bücher bezeichnen nur (A.44) als *die* Proca-Gleichung.

mit $k_0 = \omega(\vec{k}) = \sqrt{m^2 + \vec{k}^2}$. Die reellen Polarisationsvektoren $\epsilon_r(\vec{k})$ erfüllen für jedes $\vec{k}$ die Orthogonalitätsrelation

$$\epsilon_r(\vec{k}) \cdot \epsilon_s(\vec{k}) = -\delta_{rs}.$$

Außerdem folgt aus $\partial_\mu V^\mu(x) = 0$ die Bedingung

$$k_\mu \epsilon_r^\mu(\vec{k}) = 0.$$

Als konkretes Beispiel betrachten wir ein System von Polarisationsvektoren für $\vec{k} = |\vec{k}|\hat{e}_z$ (siehe Aufgabe A.2):

$$k = (\omega(\vec{k}), 0, 0, |\vec{k}|),$$
$$\epsilon_1(\vec{k}) = (0, 1, 0, 0),$$
$$\epsilon_2(\vec{k}) = (0, 0, 1, 0),$$
$$\epsilon_3(\vec{k}) = \frac{1}{m}(|\vec{k}|, 0, 0, \omega(\vec{k})).$$

Für einen beliebigen Vektor $\vec{k}$ erfüllen die drei Polarisationsvektoren die „Vollständigkeitsrelation"

$$\sum_{r=1}^{3} \epsilon_r^\mu(\vec{k})\epsilon_r^\nu(\vec{k}) = -g^{\mu\nu} + \frac{k^\mu k^\nu}{m^2}. \qquad \blacksquare$$

A.4.2 Kanonische Quantisierung des skalaren Feldes

In diesem Abschnitt wollen wir eine kurze Zusammenfassung des *kanonischen Quantisierungsverfahrens* für das Klein-Gordon-Feld zur Verfügung stellen. Eine ausführliche Diskussion findet sich z. B. in Bjorken und Drell (1965)[19], Kapitel 12, Itzykson und Zuber (1980)[20], Abschnitt 3.1, oder Ryder (1985)[21], Abschnitt 4.1.

Bisher haben wir das freie, skalare Feld als klassisches System betrachtet, obwohl es genau genommen kein klassisches Analogon zum Klein-Gordon-Feld gibt. Eine quantenmechanische Interpretation der Klein-Gordon-Gleichung als relativistische Ein-Teilchen-Gleichung scheitert an zwei Eigenschaften:

1. Sie erlaubt Lösungen „negativer Energie", wenn man i ∂^μ als Energie- und Impulsoperator interpretiert. Im Fall der Dirac-Gleichung lässt sich dieses Problem bis zu einem gewissen Grad mit einem gefüllten See aus Negative-Energie-Lösungen umgehen.

---

[19] Bjorken, J.D., Drell, S.D.: Relativistic Quantum Fields. McGraw-Hill, New York (1965).
[20] Itzykson, C., Zuber, J.B.: Quantum Field Theory. McGraw-Hill, New York (1980).
[21] Ryder, L.H.: Quantum Field Theory. Cambridge University Press, Cambridge (1985).

2. Es ist nicht möglich, eine Viererstromdichte mit positiv definiter Wahrscheinlichkeitsdichte ρ anzugeben.

Beide Probleme treten im Rahmen der Quantenfeldtheorie nicht mehr auf. In Analogie zur Punktmechanik definieren wir zunächst das zum Feld $\Phi(t, \vec{x})$ *kanonisch konjugierte Impulsfeld*,

$$ p = \frac{\partial L}{\partial \dot{q}} \quad \rightarrow \quad \Pi(t, \vec{x}) = \frac{\partial \mathcal{L}}{\partial \dot{\Phi}} \tag{A.47} $$

und die *Hamilton-Dichte*,

$$ H = p\dot{q} - L \quad \rightarrow \quad \mathcal{H} = \Pi\dot{\Phi} - \mathcal{L}. \tag{A.48} $$

Die *Hamilton-Funktion* ergibt sich dann als Integral

$$ H(t) = \int_{\mathbb{R}^3} d^3x \, \mathcal{H}. \tag{A.49} $$

Wir finden ganz konkret für das freie, skalare Feld [siehe (A.22)]:

$$ \Pi = \dot{\Phi}, \tag{A.50a} $$

$$ \mathcal{H} = \dot{\Phi}^2 - \frac{1}{2}\left(\dot{\Phi}\dot{\Phi} - \vec{\nabla}\Phi \cdot \vec{\nabla}\Phi - m^2\Phi^2\right) = \frac{1}{2}\left(\Pi^2 + \vec{\nabla}\Phi \cdot \vec{\nabla}\Phi + m^2\Phi^2\right), \tag{A.50b} $$

$$ H(t) = \frac{1}{2}\int_{\mathbb{R}^3} d^3x \left(\Pi^2 + \vec{\nabla}\Phi \cdot \vec{\nabla}\Phi + m^2\Phi^2\right). \tag{A.50c} $$

Man beachte insbesondere, dass $H(t) \geq 0$ ist (der Integrand ist als Summe von Quadraten reeller Größen immer nichtnegativ), d. h. dass in der klassischen Feldtheorie das Problem negativer Energie gar nicht auftritt.

In Analogie zum Übergang von der klassischen Punktmechanik zur Quantenmechanik betrachten wir im Folgenden $\Phi(t, \vec{x})$ als einen hermiteschen Operator. Auf welchem Hilbert-Raum dieser Operator wirkt, bleibt noch zu klären. Dieser Operator soll in der Quantenfeldtheorie eine ähnliche Rolle spielen wie der Ortsoperator, $q_H(t)$, im Heisenberg-Bild in der nichtrelativistischen Quantenmechanik. Insbesondere fassen wir $\vec{x}$ als eine Art „Parameter" auf, sodass wir überabzählbar unendlich viele Freiheitsgrade haben, nämlich für jedes $\vec{x}$ ein $\Phi(t, \vec{x})$.

Wir unterteilen den dreidimensionalen Raum in Zellen mit dem Volumen δV. Jede Zelle werde durch ein Tripel $\vec{r}$ von ganzen Zahlen gekennzeichnet (siehe Abb. A.2). Es seien $\Phi_{\vec{r}}(t)$ der Mittelwert von $\Phi(t, \vec{x})$ in der durch $\vec{r}$ bezeichneten Zelle und $\mathcal{L}_{\vec{r}}$ der Mittelwert der entsprechenden Lagrange-Dichte. Die *Lagrange-Funktion* lautet also

$$ L(t) = \sum_{\vec{r}} L_{\vec{r}}(t) = \sum_{\vec{r}} \delta V \, \mathcal{L}_{\vec{r}} \stackrel{\delta V \to 0}{\rightarrow} \int_{\mathbb{R}^3} d^3x \, \mathcal{L}. \tag{A.51} $$

Abb. A.2 Zweidimensionale
Darstellung der Zellen

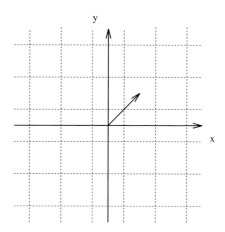

Wir definieren den zu $\Phi_{\vec{r}}(t)$ konjugierten Impuls $p_{\vec{r}}(t)$ in Analogie zur Punktme-chanik als

$$p_{\vec{r}}(t) = \frac{\partial L}{\partial \dot{\Phi}_{\vec{r}}(t)} = \frac{\delta V \partial \mathcal{L}_{\vec{r}}}{\partial \dot{\Phi}_{\vec{r}}(t)} =: \delta V \, \Pi_{\vec{r}}(t), \tag{A.52}$$

wobei im Kontinuumgrenzfall (A.47) gilt. Wir betrachten nun $\Phi_{\vec{r}}(t)$ und $p_{\vec{r}}(t)$ als Operatoren im Heisenberg-Bild und fordern in Analogie zur nichtrelativistischen Quantenmechanik die gleichzeitigen Vertauschungsrelationen

$$[q_i(t), p_j(t)] = i\,\delta_{ij} \quad \rightarrow \quad [\Phi_{\vec{r}}(t), p_{\vec{s}}(t)] = i\,\delta_{\vec{r}\,\vec{s}}, \tag{A.53a}$$

$$[q_i(t), q_j(t)] = 0 \quad \rightarrow \quad [\Phi_{\vec{r}}(t), \Phi_{\vec{s}}(t)] = 0, \tag{A.53b}$$

$$[p_i(t), p_j(t)] = 0 \quad \rightarrow \quad [p_{\vec{r}}(t), p_{\vec{s}}(t)] = 0. \tag{A.53c}$$

Wir betrachten nun den Grenzfall $\delta V \to 0$, machen von (A.52) Gebrauch und erhalten somit die *kanonischen gleichzeitigen Vertauschungsrelationen* (GZVRen) der Operatoren Φ und Π:

$$[\Phi(t, \vec{x}), \Pi(t, \vec{y})] = i\,\delta^3(\vec{x} - \vec{y}), \tag{A.54a}$$

$$[\Phi(t, \vec{x}), \Phi(t, \vec{y})] = 0, \tag{A.54b}$$

$$[\Pi(t, \vec{x}), \Pi(t, \vec{y})] = 0. \tag{A.54c}$$

Der hier beschriebene Vorgang wird als *kanonische Quantisierung eines skalaren Feldes* bezeichnet. Der Operator $\Phi(x)$ soll also einerseits der aus dem Prinzip der kleinsten Wirkung hergeleiteten Bewegungsgleichung

$$\left(\Box + m^2\right)\Phi(x) = 0 \tag{A.55}$$

gehorchen und anderseits zusammen mit $\Pi(x)$ die GZVRen, (A.54a) bis (A.54c), erfüllen. Dazu betrachten wir die Fourier-Zerlegung

$$\Phi(t,\vec{x}) = \int \underbrace{\frac{d^3k}{(2\pi)^3 2\omega(\vec{k})}}_{=:\widetilde{d^3k}} \left(a(\vec{k})e^{-ik\cdot x} + a^\dagger(\vec{k})e^{ik\cdot x}\right) = \Phi^\dagger(t,\vec{x}), \qquad (A.56)$$

mit $k_0 = \omega(\vec{k}) = \sqrt{m^2 + \vec{k}^2}$. Die GZVRen implizieren die folgenden Vertauschungsrelationen für die Operatoren $a(\vec{k})$ und $a^\dagger(\vec{k})$ (siehe Aufgabe A.3):

$$[a(\vec{k}), a^\dagger(\vec{k}')] = (2\pi)^3 2\omega(\vec{k})\delta^3(\vec{k}-\vec{k}'), \quad [a(\vec{k}), a(\vec{k}')] = [a^\dagger(\vec{k}), a^\dagger(\vec{k}')] = 0. \qquad (A.57)$$

Nun wenden wir uns der Interpretation der Operatoren $a(\vec{k})$ und $a^\dagger(\vec{k})$ zu. Es sei $|E\rangle$ ein Eigenzustand zum *Hamilton-Operator* H, der sich, wie in Aufgabe A.3 gezeigt, folgendermaßen ausdrücken lässt:

$$H = \frac{1}{2}\int \widetilde{d^3k}\,\omega(\vec{k})\left(a^\dagger(\vec{k})a(\vec{k}) + a(\vec{k})a^\dagger(\vec{k})\right). \qquad (A.58)$$

Wir betrachten

$$Ha(\vec{k})|E\rangle = \left(a(\vec{k})H + [H,a(\vec{k})]\right)|E\rangle,$$

machen Gebrauch von

$$[H,a(\vec{k})] = \frac{1}{2}\int \widetilde{d^3k'}\,\omega(\vec{k}')[a^\dagger(\vec{k}')a(\vec{k}') + a(\vec{k}')a^\dagger(\vec{k}'), a(\vec{k})]$$

$$= \frac{1}{2}\int \widetilde{d^3k'}\,\omega(\vec{k}')\Big(a^\dagger(\vec{k}')\underbrace{[a(\vec{k}'),a(\vec{k})]}_{=0} + \underbrace{[a^\dagger(\vec{k}'),a(\vec{k})]}_{=-(2\pi)^3 2\omega(\vec{k})\delta^3(\vec{k}-\vec{k}')}a(\vec{k}')$$

$$+ a(\vec{k}')\underbrace{[a^\dagger(\vec{k}'),a(\vec{k})]}_{\text{s.o.}} + \underbrace{[a(\vec{k}'),a(\vec{k})]}_{=0}a^\dagger(\vec{k}')\Big)$$

$$= -\omega(\vec{k})a(\vec{k})$$

und erhalten

$$Ha(\vec{k})|E\rangle = \left(E - \omega(\vec{k})\right)a(\vec{k})|E\rangle. \qquad (A.59)$$

Vollkommen analog ergibt sich

$$Ha^\dagger(\vec{k})|E\rangle = \left(E + \omega(\vec{k})\right)a^\dagger(\vec{k})|E\rangle. \qquad (A.60)$$

Die vorherigen Schritte lassen sich auf den Impulsoperator

$$\vec{P} = \int \widetilde{d^3k}\,\vec{k}a^\dagger(\vec{k})a(\vec{k}) \qquad (A.61)$$

übertragen. Ist $|\vec{p}\,\rangle$ ein Eigenzustand des Impulsoperators mit Eigenwert $\vec{p}$, $\vec{P}|\vec{p}\,\rangle = \vec{p}\,|\vec{p}\,\rangle$, dann gilt:

$$\vec{P}a(\vec{k})|\vec{p}\,\rangle = \left(\vec{p} - \vec{k}\right)a(\vec{k})|\vec{p}\,\rangle, \tag{A.62a}$$

$$\vec{P}a^{\dagger}(\vec{k})|\vec{p}\,\rangle = \left(\vec{p} + \vec{k}\right)a^{\dagger}(\vec{k})|\vec{p}\,\rangle. \tag{A.62b}$$

Fazit Die Operatoren $a^{\dagger}(\vec{k})$ und $a(\vec{k})$ erzeugen bzw. vernichten ein Quant mit Energie $\omega(\vec{k})$ und Impuls $\vec{k}$. Derartige Feldquanten lassen sich als Teilchen mit Masse m, Energie $\sqrt{m^2 + \vec{k}^2}$ und Impuls $\vec{k}$ interpretieren. Insbesondere ermöglicht das quantisierte Feld die Erzeugung und Vernichtung von Teilchen der Masse m (Feldquanten).

Im Folgenden wollen wir noch eine Anmerkung zur sog. *Normalordnung* machen. Es sei $|0\rangle$ der Grundzustand (Vakuum) des Systems mit

$$a(\vec{k})|0\rangle = 0, \quad \langle 0|a^{\dagger}(\vec{k}) = 0 \quad \forall \quad \vec{k}, \tag{A.63a}$$

$$\langle 0|0\rangle = 1. \tag{A.63b}$$

Wir betrachten den Vakuumerwartungswert (VEW) des Hamilton-Operators in (A.58):

$$\begin{aligned}
\langle 0|H|0\rangle &= \frac{1}{2}\int \widetilde{d^3 k}\,\omega(\vec{k})\langle 0|\left(a^{\dagger}(\vec{k})a(\vec{k}) + a(\vec{k})a^{\dagger}(\vec{k})\right)|0\rangle \\
&= \frac{1}{2}\int \widetilde{d^3 k}\,\omega(\vec{k})\langle 0|(2a^{\dagger}(\vec{k})\underbrace{a(\vec{k})}_{a(\vec{k})|0\rangle = 0} + [a(\vec{k}), a^{\dagger}(\vec{k})]|0\rangle \\
&= \infty, \tag{A.64}
\end{aligned}$$

da $[a(\vec{k}), a^{\dagger}(\vec{k})] \propto \delta^3(0)$ ist und außerdem noch über alle $\vec{k}$ integriert wird. Der Hamilton-Operator liefert also eine unendliche Konstante, die sich als Summe über Oszillatornullpunktsenergien interpretieren lässt. Eine Redefinition des Hamilton-Operators wird dergestalt vorgenommen, dass der Grundzustand auf die Energie $E_0 = 0$ normiert ist:

$$\begin{aligned}
H &= \frac{1}{2}\int \widetilde{d^3 k}\,\omega(\vec{k})\left(a^{\dagger}(\vec{k})a(\vec{k}) + a(\vec{k})a^{\dagger}(\vec{k}) - \langle 0|(a^{\dagger}(\vec{k})a(\vec{k}) + a(\vec{k})a^{\dagger}(\vec{k}))|0\rangle\right) \\
&= \frac{1}{2}\int \widetilde{d^3 k}\,\omega(\vec{k}) : a^{\dagger}(\vec{k})a(\vec{k}) + a(\vec{k})a^{\dagger}(\vec{k}) : \\
&= \int \widetilde{d^3 k}\,\omega(\vec{k})a^{\dagger}(\vec{k})a(\vec{k}). \tag{A.65}
\end{aligned}$$

Hierbei ist „$:$:" das Symbol für die *Normalordnung*, d. h. in einem normalgeordneten Ausdruck stehen Vernichtungsoperatoren immer rechts von Erzeugungsoperatoren. Für Bosonen vertauschen Operatoren, die von zwei Normalordnungszeichen eingeschlossen sind. Zur Illustration betrachten wir ein Beispiel:

$$\underbrace{: a(\vec{k})a^{\dagger}(\vec{q})a^{\dagger}(\vec{p})a(\vec{r}) : \overset{\text{z.\,B.}}{=} : a^{\dagger}(\vec{q})a(\vec{r})a^{\dagger}(\vec{p})a(\vec{k}) := \ldots}_{24 \text{ Anordnungen}}$$

$$= \underbrace{a^{\dagger}(\vec{q})a^{\dagger}(\vec{p})a(\vec{r})a(\vec{k}) \overset{\text{z.\,B.}}{=} a^{\dagger}(\vec{p})a^{\dagger}(\vec{q})a(\vec{r})a(\vec{k}) = \ldots}_{4 \text{ Anordnungen}}.$$

Im Prinzip gibt es $4! = 24$ Anordnungen der Operatoren, die unter dem Normal-ordnungszeichen alle äquivalent sind, während es für das normalgeordnete Produkt $2 \cdot 2 = 4$ explizite Anordnungen gibt, die äquivalent sind. Der Referenzzustand für die Normalordnung ist das Vakuum der freien Theorie.

Zu guter Letzt wenden wir uns der Konstruktion der Zustände des Hilbert-Rau-mes zu. Wir definieren zunächst einen *Teilchenzahloperator*

$$N = \int \widetilde{d^3 k} \, a^{\dagger}(\vec{k}) a(\vec{k}). \tag{A.66}$$

Mithilfe der Vertauschungsrelationen in (A.57) ergibt sich durch einfaches Nach-rechnen $[a^{\dagger}(\vec{k})a(\vec{k}), a^{\dagger}(\vec{k}')a(\vec{k}')] = 0$, weshalb N sowohl mit dem Hamilton-Operator als auch dem Impulsoperator vertauscht. Die Vorgehensweise ist sehr ähn-lich der beim harmonischen Oszillator in der QM.[22] Der Unterschied besteht darin, dass wir es hier mit einer überabzählbar unendlichen Anzahl von Oszillatoren zu tun haben ($\Rightarrow$ Integral $\int d^3 k$), deren Vertauschungsrelationen eine Deltafunktion im Impulsraum beinhalten. Wir betrachten den Zustand

$$|\vec{k}\rangle = a^{\dagger}(\vec{k})|0\rangle. \tag{A.67}$$

Derartige Ein-Teilchen-Zustände sind nicht im üblichen Sinne normierbar, sondern vielmehr auf eine Deltafunktion, multipliziert mit einem energieabhängigen Faktor, „orthonormiert":[23]

$$\langle \vec{k}|\vec{k}'\rangle = \langle 0|a(\vec{k})a^{\dagger}(\vec{k}')|0\rangle = \langle 0|(a^{\dagger}(\vec{k}')a(\vec{k}) + [a(\vec{k}), a^{\dagger}(\vec{k}')])|0\rangle$$
$$= (2\pi)^3 2\omega(\vec{k})\delta^3(\vec{k} - \vec{k}'), \tag{A.68}$$

wobei wir von (A.57) und (A.63a) sowie $\langle 0|0\rangle = 1$ Gebrauch gemacht haben. Wir konstruieren eine Basis des gesamten Hilbert-Raumes mittels

$$a^{\dagger}(\vec{k}_1) \ldots a^{\dagger}(\vec{k}_n)|0\rangle, \tag{A.69}$$

---

[22] Siehe z. B. Grawert, G.: Quantenmechanik. Akademische Verlagsgesellschaft, Wiesbaden (1977), Abschnitt 8.4.
[23] Man vergleiche mit den Eigenzuständen des Impulsoperators in der nichtrelativistischen Quan-tenmechanik: $\langle \vec{q}|\vec{q}'\rangle = \delta^3(\vec{q} - \vec{q}')$.

wobei die $\vec{k}_i$ nicht notwendigerweise verschieden sein müssen. Der somit entstehende Raum wird als *Fock-Raum* bezeichnet. Die Zustände des Fock-Raumes sind simultane Eigenzustände des Hamilton-Operators, des Impulsoperators und des Teilchenzahloperators:

$$H a^\dagger(\vec{k}_1)\ldots a^\dagger(\vec{k}_n)|0\rangle = \left(\omega(\vec{k}_1) + \ldots + \omega(\vec{k}_n)\right) a^\dagger(\vec{k}_1)\ldots a^\dagger(\vec{k}_n)|0\rangle, \quad \text{(A.70a)}$$

$$\vec{P} a^\dagger(\vec{k}_1)\ldots a^\dagger(\vec{k}_n)|0\rangle = \left(\vec{k}_1 + \ldots + \vec{k}_n\right) a^\dagger(\vec{k}_1)\ldots a^\dagger(\vec{k}_n)|0\rangle, \quad \text{(A.70b)}$$

$$N a^\dagger(\vec{k}_1)\ldots a^\dagger(\vec{k}_n)|0\rangle = n a^\dagger(\vec{k}_1)\ldots a^\dagger(\vec{k}_n)|0\rangle. \quad \text{(A.70c)}$$

Beliebige *normierte* Zustände lassen sich nun als Überlagerungen der Zustände in (A.69) folgendermaßen aufbauen:

$$|\Phi\rangle = \left(c_0 + \int \widetilde{d^3k_1}\, c_1(\vec{k}_1) a^\dagger(\vec{k}_1) + \frac{1}{\sqrt{2!}} \int \widetilde{d^3k_1}\widetilde{d^3k_2}\, c_2(\vec{k}_1,\vec{k}_2) a^\dagger(\vec{k}_1) a^\dagger(\vec{k}_2)\right.$$
$$\left. + \frac{1}{\sqrt{3!}} \int \widetilde{d^3k_1}\widetilde{d^3k_2}\widetilde{d^3k_3}\, c_3(\vec{k}_1,\vec{k}_2,\vec{k}_3) a^\dagger(\vec{k}_1) a^\dagger(\vec{k}_2) a^\dagger(\vec{k}_3) + \ldots\right)|0\rangle. \tag{A.71}$$

Hierbei steht c_n für die Impulsverteilung der Komponente mit n Quanten und wird auch als Wellenfunktion im Impulsraum bezeichnet. Als Illustration betrachten wir denjenigen Anteil, der aus 2 Quanten besteht,

$$|\Phi_2\rangle = \frac{1}{\sqrt{2!}} \int \widetilde{d^3k_1}\widetilde{d^3k_2}\, c_2(\vec{k}_1,\vec{k}_2) a^\dagger(\vec{k}_1) a^\dagger(\vec{k}_2)|0\rangle,$$

und verwenden die Vertauschungsrelation $\left[a^\dagger(\vec{k}), a^\dagger(\vec{k}')\right] = 0$,

$$\ldots = \frac{1}{\sqrt{2!}} \int \widetilde{d^3k_1}\widetilde{d^3k_2}\, c_2(\vec{k}_1,\vec{k}_2) a^\dagger(\vec{k}_2) a^\dagger(\vec{k}_1)|0\rangle$$
$$= \frac{1}{\sqrt{2!}} \int \widetilde{d^3k_1}\widetilde{d^3k_2}\, c_2(\vec{k}_2,\vec{k}_1) a^\dagger(\vec{k}_1) a^\dagger(\vec{k}_2)|0\rangle,$$

d. h.

$$c_2(\vec{k}_1,\vec{k}_2) = c_2(\vec{k}_2,\vec{k}_1).$$

Als Verallgemeinerung gilt, dass die Impulsraumwellenfunktionen symmetrisch bzgl. der Vertauschung zweier beliebiger Argumente sind. Diese sog. *Bose-Einstein-Statistik* resultiert aus den Vertauschungsrelationen in (A.57). Schließlich folgt aus der Normierungsbedingung

$$1 = \langle\Phi|\Phi\rangle = |c_0|^2 + \int \widetilde{d^3k_1}\, |c_1(\vec{k}_1)|^2 + \int \widetilde{d^3k_1}\widetilde{d^3k_2}\, |c_2(\vec{k}_1,\vec{k}_2)|^2 + \ldots. \tag{A.72}$$

Für die Basiszustände ist auch die Charakterisierung in der Form von *Besetzungszahlen* $n(\vec{k})$ (mögliche Werte: $0, 1, 2, \ldots$) der Quanten mit dem Impuls $\vec{k}$ üblich:

$$\left| n(\vec{k}_1), \ldots, n(\vec{k}_n) \right\rangle = \prod_{\vec{k}_i = \vec{k}_1}^{\vec{k}_n} \frac{1}{\sqrt{n(\vec{k}_i)!}} \left(a^\dagger(\vec{k}_i) \right)^{n(\vec{k}_i)} |0\rangle. \tag{A.73}$$

Für den Grundzustand $|0\rangle$ sind alle Besetzungszahlen gleich null. Es sei darauf hingewiesen, dass gemäß (A.57) alle Erzeugungsoperatoren miteinander vertauschen.

A.4.3 Quantisierung des Dirac-Feldes

In der Diskussion des skalaren Feldes haben wir kanonische gleichzeitige Vertauschungsrelationen für den Feldoperator und den konjugierten Impulsfeldoperator postuliert [siehe (A.54a) bis (A.54c)]. In Verbindung mit der Fourier-Zerlegung der Lösung der Klein-Gordon-Gleichung, (A.56), hat uns dies zu Erzeugungs- und Vernichtungsoperatoren geführt, die den Vertauschungsrelationen in (A.57) gehorchen. Insbesondere sind wir auf Viel-Teilchen-Zustände gestoßen, die symmetrisch bzgl. der Vertauschung zweier beliebiger Impulse sind.

Andersseits genügen Spin-$\frac{1}{2}$-Teilchen nach aller Erfahrung der *Fermi-Dirac-Statistik* und dem Pauli'schen Ausschließungsprinzip. Wir gehen nun in der umgekehrten Reihenfolge vor, d. h. wir zerlegen zunächst die Felder Ψ und $\bar{\Psi}$ in Ebene-Welle-Lösungen:[24]

$$\Psi(x) = \sum_{r=1}^{2} \int \frac{d^3 p}{(2\pi)^3 2E(\vec{p})} \left(b_r(\vec{p}) u^{(r)}(\vec{p}) e^{-\mathrm{i}\, p \cdot x} + d_r^\dagger(\vec{p}) v^{(r)}(\vec{p}) e^{\mathrm{i}\, p \cdot x} \right)$$

$$=: \Psi^{(+)}(x) + \Psi^{(-)}(x), \tag{A.74a}$$

$$\bar{\Psi}(x) = \sum_{r=1}^{2} \int \frac{d^3 p}{(2\pi)^3 2E(\vec{p})} \left(b_r^\dagger(\vec{p}) \bar{u}^{(r)}(\vec{p}) e^{\mathrm{i}\, p \cdot x} + d_r(\vec{p}) \bar{v}^{(r)}(\vec{p}) e^{-\mathrm{i}\, p \cdot x} \right)$$

$$= \bar{\Psi}^{(-)}(x) + \bar{\Psi}^{(+)}(x) = \overline{\Psi^{(+)}}(x) + \overline{\Psi^{(-)}}(x), \tag{A.74b}$$

mit $p_0 = E(\vec{p}) = \sqrt{m^2 + \vec{p}^{\,2}}$. Um das Ausschließungsprinzip zu erfüllen, fordern wir, dass die Erzeugungsoperatoren $b_r^\dagger$ und $d_r^\dagger$ (Vernichtungsoperatoren b_r und d_r) für Teilchen und Antiteilchen folgenden Antivertauschungsrelationen gehorchen:

$$\{ b_r(\vec{p}), b_s^\dagger(\vec{p}\,') \} = (2\pi)^3 2E(\vec{p}) \delta^3(\vec{p} - \vec{p}\,') \delta_{rs}, \tag{A.75a}$$

$$\{ d_r(\vec{p}), d_s^\dagger(\vec{p}\,') \} = (2\pi)^3 2E(\vec{p}) \delta^3(\vec{p} - \vec{p}\,') \delta_{rs}. \tag{A.75b}$$

---

[24] Die Zerlegung in Ebene-Welle-Lösungen und die Normierung der Operatoren und Zustände sind dergestalt gewählt, dass eine möglichst große Übereinstimmung mit der kanonischen Quantisierung des skalaren Feldes herrscht.

Alle weiteren Antivertauschungsrelationen sind null:

$$\{b_r(\vec{p}), b_s(\vec{p}\,')\} = 0, \qquad \{b_r^\dagger(\vec{p}), b_s^\dagger(\vec{p}\,')\} = 0, \qquad \text{(A.76a)}$$

$$\{d_r(\vec{p}), d_s(\vec{p}\,')\} = 0, \qquad \{d_r^\dagger(\vec{p}), d_s^\dagger(\vec{p}\,')\} = 0, \qquad \text{(A.76b)}$$

$$\{b_r(\vec{p}), d_s(\vec{p}\,')\} = 0, \qquad \{b_r^\dagger(\vec{p}), d_s^\dagger(\vec{p}\,')\} = 0, \qquad \text{(A.76c)}$$

$$\{b_r(\vec{p}), d_s^\dagger(\vec{p}\,')\} = 0, \qquad \{d_r(\vec{p}), b_s^\dagger(\vec{p}\,')\} = 0. \qquad \text{(A.76d)}$$

Aus (A.75a) und (A.75b) ergeben sich die Normierungen der Ein-Teilchen-Zustände:

$$|e^-(\vec{p}, r)\rangle = b_r^\dagger(\vec{p})|0\rangle: \quad \langle e^-(\vec{p}, r)|e^-(\vec{p}\,', s)\rangle = (2\pi)^3 2E(\vec{p})\delta^3(\vec{p} - \vec{p}\,')\delta_{rs},$$

$$|e^+(\vec{p}, r)\rangle = d_r^\dagger(\vec{p})|0\rangle: \quad \langle e^+(\vec{p}, r)|e^+(\vec{p}\,', s)\rangle = (2\pi)^3 2E(\vec{p})\delta^3(\vec{p} - \vec{p}\,')\delta_{rs}.$$

Einige Konsequenzen lassen sich am Einfachsten mittels einer dramatischen Vereinfachung der Nomenklatur herausarbeiten. Dazu ersetzen wir

$$(r, \vec{p}) \mapsto i,$$

$$b_r(\vec{p}) \mapsto b_i \quad \text{usw.},$$

$$\sum_{r=1}^2 \int \frac{d^3p}{(2\pi)^3 2E(\vec{p})} \mapsto \sum_i,$$

$$\{b_r(\vec{p}), b_s^\dagger(\vec{p}\,')\} = (2\pi)^3 2E(\vec{p})\delta^3(\vec{p} - \vec{p}\,')\delta_{rs} \mapsto \{b_i, b_j^\dagger\} = \delta_{ij} \quad \text{usw.}$$

Am Ende einer Rechnung erfolgt dann wieder die Rücksetzung. Wir betrachten nun z. B. einen allgemeinen (Überlagerungs-)Zustand zweier Teilchen:

$$|\Phi\rangle = \frac{1}{\sqrt{2}}\sum_{i,j} c_2(i, j) b_i^\dagger b_j^\dagger |0\rangle = \frac{1}{\sqrt{2}}\sum_{i,j} c_2(i, j)(-1) b_j^\dagger b_i^\dagger |0\rangle$$

$$= \frac{-1}{\sqrt{2}}\sum_{i,j} c_2(j, i) b_i^\dagger b_j^\dagger |0\rangle.$$

Das bedeutet, die Wellenfunktion im Impulsraum ist (wie erwünscht) antisymmetrisch bzgl. der Vertauschung zweier Argumente:

$$c_2(i, j) = -c_2(j, i).$$

Insbesondere verschwindet sie für $i = j$. Die Normierungsbedingung

$$\langle \Phi | \Phi \rangle = 1$$

führt zu (siehe Aufgabe A.4):

$$1 = \sum_{i,j} |c_2(i, j)|^2 \mapsto \int \frac{d^3p}{(2\pi)^3 2E(\vec{p})} \sum_{r=1}^2 \int \frac{d^3p'}{(2\pi)^3 2E(\vec{p}\,')} \sum_{r'=1}^2 |c_2(\vec{p}, r; \vec{p}\,', r')|^2$$

$$= 1.$$

Kombiniert man die Antivertauschungsrelationen in (A.75a) bis (A.76d) mit den Eigenschaften der Dirac-Spinoren in Beispiel A.4, so ergeben sich die Antivertauschungsrelationen der Dirac-Felder:

$$\{\Psi_\alpha(t, \vec{x}), \Psi_\beta^\dagger(t, \vec{y})\} = \delta^3(\vec{x} - \vec{y})\delta_{\alpha\beta}, \tag{A.77a}$$

$$\{\Psi_\alpha(t, \vec{x}), \Psi_\beta(t, \vec{y})\} = 0, \tag{A.77b}$$

$$\{\Psi_\alpha^\dagger(t, \vec{x}), \Psi_\beta^\dagger(t, \vec{y})\} = 0, \tag{A.77c}$$

wobei α und β Dirac-Indizes sind, die Werte von 1 bis 4 annehmen. Wir betrachten stellvertretend

$$\{\Psi_\alpha(t, \vec{x}), \Psi_\beta^\dagger(t, \vec{y})\}$$

und schreiben symbolisch

$$\Psi(x) = \sum_i \left(b_i u_i(x) + d_i^\dagger v_i(x)\right),$$

$$\Psi^\dagger(y) = \sum_i \left(b_i^\dagger u_i^\dagger(y) + d_i v_i^\dagger(y)\right).$$

Damit gilt

$$\begin{aligned}
\{\Psi_\alpha(x), \Psi_\beta^\dagger(y)\}_{x_0=y_0} &= \sum_{i,j} \{b_i u_{i\alpha}(x) + d_i^\dagger v_{i\alpha}(x), b_j^\dagger u_{j\beta}^\dagger(y) + d_j v_{j\beta}^\dagger(y)\}_{x_0=y_0} \\
&= \sum_{i,j} \left(u_{i\alpha}(x)u_{j\beta}^\dagger(y)\{b_i, b_j^\dagger\} + u_{i\alpha}(x)v_{j\beta}^\dagger(y)\{b_i, d_j\}\right. \\
&\quad \left. + v_{i\alpha}(x)u_{j\beta}^\dagger(y)\{d_i^\dagger, b_j^\dagger\} + v_{i\alpha}(x)v_{j\beta}^\dagger(y)\{d_i^\dagger, d_j\}\right)_{x_0=y_0} \\
&= \sum_i \left(u_{i\alpha}(x)u_{i\beta}^\dagger(y) + v_{i\alpha}(x)v_{i\beta}^\dagger(y)\right)_{x_0=y_0}.
\end{aligned}$$

Die Übersetzung in die Kontinuumschreibweise liefert

$$\begin{aligned}
&\{\Psi_\alpha(x), \Psi_\beta^\dagger(y)\}_{x_0=y_0} \\
&= \sum_{r=1}^2 \int \frac{d^3p}{(2\pi)^3 2E(\vec{p})} \left(u_\alpha^{(r)}(\vec{p})e^{-i\,p\cdot x}u_\beta^{(r)\dagger}(\vec{p})e^{i\,p\cdot y}\right. \\
&\quad \left. + v_\alpha^{(r)}(\vec{p})e^{i\,p\cdot x}v_\beta^{(r)\dagger}(\vec{p})e^{-i\,p\cdot y}\right)_{x_0=y_0} \\
&= \sum_{r=1}^2 \int \frac{d^3p}{(2\pi)^3 2E(\vec{p})} \left(u_\alpha^{(r)}(\vec{p})u_\beta^{(r)\dagger}(\vec{p})e^{i\vec{p}\cdot(\vec{x}-\vec{y})} + v_\alpha^{(r)}(\vec{p})v_\beta^{(r)\dagger}(\vec{p})e^{-i\vec{p}\cdot(\vec{x}-\vec{y})}\right).
\end{aligned}$$

Wir verwenden nun die Standarddarstellung der Dirac-Spinoren und betrachten

$$\sum_{r=1}^2 u^{(r)}(\vec{p})u^{(r)\dagger}(\vec{p}) = (E+m)\sum_{r=1}^2 \begin{pmatrix} \chi_r \\ \frac{\vec{\sigma}\cdot\vec{p}}{E+m}\chi_r \end{pmatrix} \begin{pmatrix} \chi_r^\dagger & \chi_r^\dagger \frac{\vec{\sigma}\cdot\vec{p}}{E+m} \end{pmatrix}.$$

Für die Pauli-Spinoren nutzen wir die Vollständigkeit aus:

$$\sum_{r=1}^{2} \chi_r \chi_r^{\dagger} = \mathbb{1}_{2\times 2}.$$

Außerdem machen wir Gebrauch von $\vec{p}^{\,2} = (E^2 - m^2) = (E+m)(E-m)$, sodass wir

$$\ldots = (E+m) \begin{pmatrix} \mathbb{1}_{2\times 2} & \frac{\vec{\sigma}\cdot\vec{p}}{E+m} \\ \frac{\vec{\sigma}\cdot\vec{p}}{E+m} & \frac{\vec{p}^{\,2}}{(E+m)^2}\mathbb{1}_{2\times 2} \end{pmatrix} = \begin{pmatrix} (E+m)\mathbb{1}_{2\times 2} & \vec{\sigma}\cdot\vec{p} \\ \vec{\sigma}\cdot\vec{p} & (E-m)\mathbb{1}_{2\times 2} \end{pmatrix}$$

$$= (\not{p} + m)\gamma_0$$

erhalten, mit $p_0 = E(\vec{p}\,)$. Vollkommen analog ergibt sich

$$\sum_{r=1}^{2} v^{(r)}(\vec{p}\,)v^{(r)\dagger}(\vec{p}\,) = (\not{p} - m)\gamma_0, \quad \text{mit} \quad p_0 = E(\vec{p}\,).$$

Somit folgt als Zwischenergebnis:

$$\{\Psi_\alpha(x), \Psi_\beta^{\dagger}(y)\}_{x_0 = y_0}$$
$$= \int \frac{d^3 p}{(2\pi)^3 2E(\vec{p}\,)} \left((\not{p}+m)\gamma_0 e^{i\,\vec{p}\cdot(\vec{x}-\vec{y})} + (\not{p}-m)\gamma_0 e^{-i\,\vec{p}\cdot(\vec{x}-\vec{y})} \right)_{\alpha\beta}.$$

Wir führen im zweiten Term die Substitution $\vec{p} \rightarrow -\vec{p}$ durch, verwenden $E(-\vec{p}\,) = E(\vec{p}\,)$ sowie $\gamma_0^2 = \mathbb{1}$ und integrieren schließlich über $\vec{p}$:

$$\{\Psi_\alpha(x), \Psi_\beta^{\dagger}(y)\}_{x_0=y_0} = \int \frac{d^3 p}{(2\pi)^3} \delta_{\alpha\beta} e^{i\,\vec{p}\cdot(\vec{x}-\vec{y})} = \delta_{\alpha\beta}\delta^3(\vec{x} - \vec{y}).$$

Zu guter Letzt betrachten wir noch den Hamilton-Operator. Ausgehend von der Lagrange-Dichte

$$\mathcal{L} = \bar{\Psi}(i\,\not{\partial} - m)\Psi$$

definieren wir das kanonisch konjugierte Impulsfeld

$$\Pi = \frac{\partial \mathcal{L}}{\partial \dot{\Psi}} = i\,\Psi^{\dagger}$$

und erhalten für die Hamilton-Dichte

$$\mathcal{H} = \Pi \dot{\Psi} - \mathcal{L} = i\,\Psi^{\dagger}\dot{\Psi} - \bar{\Psi}(i\,\gamma_0\partial_0 + i\,\vec{\gamma}\cdot\vec{\nabla} - m)\Psi = \bar{\Psi}(-i\,\vec{\gamma}\cdot\vec{\nabla} + m)\Psi = \Psi^{\dagger}i\,\dot{\Psi}$$

für Lösungen der Dirac-Gleichung. Im Gegensatz zum Klein-Gordon-Feld genügt allein die Tatsache, die Dirac-Gleichung als Feldgleichung zu interpretieren, nicht, um das „Problem" negativer Energien zu beseitigen. Dies gelingt erst mithilfe der Quantisierung und der Forderung nach Antivertauschungsrelationen. Wir betrachten dazu den Hamilton-Operator

$$H = \int d^3x \, \mathcal{H}$$

$$= \int d^3x \underbrace{\sum_{r=1}^{2} \int \frac{d^3p}{(2\pi)^3 2E(\vec{p})}}_{=:\int_1} \underbrace{\sum_{r'=1}^{2} \int \frac{d^3p'}{(2\pi)^3 2E(\vec{p}')}}_{=:\int_2}$$

$$\cdot \left(b_r^\dagger(\vec{p}) u^{(r)\dagger}(\vec{p}) e^{i\,p\cdot x} + d_r(\vec{p}) v^{(r)\dagger}(\vec{p}) e^{-i\,p\cdot x} \right)$$

$$\cdot i\left(-i\,E(\vec{p}') \right)\left(b_{r'}(\vec{p}') u^{(r')}(\vec{p}') e^{-i\,p'\cdot x} - d_{r'}^\dagger(\vec{p}') v^{(r')}(\vec{p}') e^{i\,p'\cdot x} \right),$$

führen die Integration über $\vec{x}$ durch,

$$\ldots = \int_1 \int_2 E(\vec{p}')$$

$$\cdot \left(b_r^\dagger(\vec{p}) b_{r'}(\vec{p}') u^{(r)\dagger}(\vec{p}) u^{(r')}(\vec{p}') e^{i\,x_0\left(E(\vec{p})-E(\vec{p}')\right)} (2\pi)^3 \delta^3(\vec{p}-\vec{p}') \right.$$

$$- b_r^\dagger(\vec{p}) d_{r'}^\dagger(\vec{p}') u^{(r)\dagger}(\vec{p}) v^{(r')}(\vec{p}') e^{i\,x_0\left(E(\vec{p})+E(\vec{p}')\right)} (2\pi)^3 \delta^3(\vec{p}+\vec{p}')$$

$$+ d_r(\vec{p}) b_{r'}(\vec{p}') v^{(r)\dagger}(\vec{p}) u^{(r')}(\vec{p}') e^{-i\,x_0\left(E(\vec{p})+E(\vec{p}')\right)} (2\pi)^3 \delta^3(\vec{p}+\vec{p}')$$

$$\left. - d_r(\vec{p}) d_{r'}^\dagger(\vec{p}') v^{(r)\dagger}(\vec{p}) v^{(r')}(\vec{p}') e^{-i\,x_0\left(E(\vec{p})-E(\vec{p}')\right)} (2\pi)^3 \delta^3(\vec{p}-\vec{p}') \right),$$

führen die Integration über $\vec{p}$ durch,

$$\ldots = \sum_{r=1}^{2} \int_2 E(\vec{p}')$$

$$\cdot \left(\frac{1}{2E(\vec{p}')} b_r^\dagger(\vec{p}') b_{r'}(\vec{p}') \underbrace{u^{(r)\dagger}(\vec{p}') u^{(r')}(\vec{p}')}_{= 2E(\vec{p}')\delta_{rr'}} \underbrace{e^{i\,x_0\left(E(\vec{p}')-E(\vec{p}')\right)}}_{= 1} \right.$$

$$- \frac{1}{2E(-\vec{p}')} b_r^\dagger(-\vec{p}') d_{r'}^\dagger(\vec{p}') \underbrace{u^{(r)\dagger}(-\vec{p}') v^{(r')}(\vec{p}')}_{= 0} e^{i\,x_0\left(E(-\vec{p}')+E(\vec{p}')\right)}$$

$$+ \frac{1}{2E(-\vec{p}')} d_r(-\vec{p}') b_{r'}(\vec{p}') \underbrace{v^{(r)\dagger}(-\vec{p}') u^{(r')}(\vec{p}')}_{= 0} e^{-i\,x_0\left(E(-\vec{p}')+E(\vec{p}')\right)}$$

$$\left. - \frac{1}{2E(\vec{p}')} d_r(\vec{p}') d_{r'}^\dagger(\vec{p}') \underbrace{v^{(r)\dagger}(\vec{p}') v^{(r')}(\vec{p}')}_{= 2E(\vec{p}')\delta_{rr'}} \underbrace{e^{-i\,x_0\left(E(\vec{p}')-E(\vec{p}')\right)}}_{= 1} \right),$$

führen die Summe $\sum_{r'}$ aus und benennen am Ende $\vec{p}\,' \to \vec{p}$ um:

$$H = \sum_{r=1}^{2} \int \frac{d^3 p}{(2\pi)^3 2E(\vec{p}\,)} \, E(\vec{p}\,)\big(b_r^\dagger(\vec{p}\,)b_r(\vec{p}\,) - d_r(\vec{p}\,)d_r^\dagger(\vec{p}\,)\big).$$

Bisher haben wir ausschließlich von den Eigenschaften der Dirac-Spinoren Gebrauch gemacht. Dabei haben wir allerdings darauf geachtet, dass die Erzeugungs- und die Vernichtungsoperatoren in derselben Reihenfolge stehen, in der sie beim Multiplizieren aufgetreten sind. Auch hier führen wir eine Normalordnungsvorschrift ein, aber diesmal mit der Konvention eines Vorzeichenwechsels für jede Vertauschung von Fermionenoperatoren. Zum Beispiel gilt für die Normalordnung des bilinearen Produkts

$$: \bar{\Psi}\Gamma\Psi : =: \big(\bar{\Psi}_\alpha^{(-)} + \bar{\Psi}_\alpha^{(+)}\big)\Gamma_{\alpha\beta}\big(\Psi_\beta^{(+)} + \Psi_\beta^{(-)}\big) :$$
$$= \bar{\Psi}_\alpha^{(-)}\Gamma_{\alpha\beta}\Psi_\beta^{(+)} + \bar{\Psi}_\alpha^{(-)}\Gamma_{\alpha\beta}\Psi_\beta^{(-)} + \bar{\Psi}_\alpha^{(+)}\Gamma_{\alpha\beta}\Psi_\beta^{(+)} - \Psi_\beta^{(-)}\Gamma_{\alpha\beta}\bar{\Psi}_\alpha^{(+)},$$
$$\text{(A.78)}$$

wobei Γ eine beliebige (4,4)-Matrix ist. Für den normalgeordneten Hamilton-Operator ergibt sich

$$H = \int d^3 x : \Psi^\dagger(x)\,\mathrm{i}\,\dot{\Psi}(x) :$$
$$= \int \frac{d^3 p}{(2\pi)^3 2E(\vec{p}\,)} \sum_{r=1}^{2} E(\vec{p}\,)\big(b_r^\dagger(\vec{p}\,)b_r(\vec{p}\,) + d_r^\dagger(\vec{p}\,)d_r(\vec{p}\,)\big). \qquad \text{(A.79)}$$

Aufgrund des Vorzeichenwechsels im zweiten Summanden ist der Hamilton-Operator jetzt positiv definit. Hätten wir versucht, anstatt mit den Antivertauschungsrelationen in (A.75a) bis (A.76d) mit Vertauschungsrelationen zu arbeiten, dann wäre der Hamilton-Operator nicht nach unten beschränkt. Wenn man die Existenz eines Zustands niedrigster Energie fordert (d. h. eines stabilen Grundzustands), so muss die Dirac-Gleichung entsprechend der Fermi-Dirac-Statistik quantisiert werden. Wir sehen hier ein spezielles Beispiel für das sog. *Spin-Statistik-Theorem*, wonach Fermionen mit Antivertauschungsrelationen und Bosonen mit Vertauschungsrelationen quantisiert werden müssen.[25]

Als weiterführende Literatur verweisen wir auf Bjorken und Drell (1965)[26], Kapitel 13, Itzykson und Zuber (1980)[27], Abschnitt 3.3 sowie Ryder (1985)[28], Abschnitt 4.3.

---

[25] Pauli, W.: The connection between spin and statistics. Phys. Rev. **58**, 716–722 (1940).

[26] Bjorken, J.D., Drell, S.D.: Relativistic Quantum Fields. McGraw-Hill, New York (1965).

[27] Itzykson, C., Zuber, J.B.: Quantum Field Theory. McGraw-Hill, New York (1980).

[28] Ryder, L.H.: Quantum Field Theory. Cambridge University Press, Cambridge (1985).

A.5 Aufgaben

A.1 Gegeben sei die folgende explizite Darstellung der Dirac-Spinoren zu positiver bzw. negativer Energie:

$$u^{(r)}(\vec{p}) = \sqrt{E(\vec{p}) + m} \begin{pmatrix} \chi_r \\ \frac{\vec{\sigma}\cdot\vec{p}}{E(\vec{p})+m}\chi_r \end{pmatrix},$$

$$v^{(r)}(\vec{p}) = \sqrt{E(\vec{p}) + m} \begin{pmatrix} \frac{\vec{\sigma}\cdot\vec{p}}{E(\vec{p})+m}\chi_r \\ \chi_r \end{pmatrix},$$

mit

$$\chi_1 = \begin{pmatrix} 1 \\ 0 \end{pmatrix} \quad \text{und} \quad \chi_2 = \begin{pmatrix} 0 \\ 1 \end{pmatrix}.$$

a) Zeigen Sie

$$\sum_{r=1}^{2} v^{(r)}(\vec{p})v^{(r)\dagger}(\vec{p}) = (\slashed{p} - m)\gamma_0, \quad \text{mit} \quad p_0 = E(\vec{p}).$$

b) Verifizieren Sie mithilfe der expliziten Darstellung:

$$\bar{u}^{(r)}(\vec{p})u^{(s)}(\vec{p}) = -\bar{v}^{(r)}(\vec{p})v^{(s)}(\vec{p}) = 2m\delta_{rs},$$

$$u^{(r)\dagger}(\vec{p})u^{(s)}(\vec{p}) = v^{(r)\dagger}(\vec{p})v^{(s)}(\vec{p}) = 2E(\vec{p})\delta_{rs},$$

$$u^{(r)\dagger}(\vec{p})v^{(s)}(-\vec{p}) = 0.$$

A.2 Gegeben seien die Vierervektoren

$$k = \big(\omega(\vec{k}), 0, 0, |\vec{k}|\big),$$

$$\epsilon_1(\vec{k}) = (0, 1, 0, 0),$$

$$\epsilon_2(\vec{k}) = (0, 0, 1, 0),$$

$$\epsilon_3(\vec{k}) = \frac{1}{m}\big(|\vec{k}|, 0, 0, \omega(\vec{k})\big),$$

mit $\omega(\vec{k}) = \sqrt{m^2 + \vec{k}^2}$. Verifizieren Sie explizit

$$\epsilon_r(\vec{k}) \cdot \epsilon_s(\vec{k}) = -\delta_{rs}, \quad r, s = 1, 2, 3,$$

$$k_\mu \epsilon_r^\mu(\vec{k}) = 0, \quad r = 1, 2, 3,$$

und die „Vollständigkeitsrelation"

$$\sum_{r=1}^{3} \epsilon_r^\mu(\vec{k})\epsilon_r^\nu(\vec{k}) = -g^{\mu\nu} + \frac{k^\mu k^\nu}{m^2}.$$

A.3 Gegeben sei die Lagrange-Dichte eines freien, reellen, skalaren Feldes,

$$\mathcal{L} = \frac{1}{2}\left(\partial_\mu\Phi\partial^\mu\Phi - m^2\Phi^2\right).$$

a) Zeigen Sie, dass

$$\Phi(x) = \int \frac{d^3k}{(2\pi)^3 2\omega(\vec{k})}\left(a(\vec{k})e^{-ik\cdot x} + a^\dagger(\vec{k})e^{ik\cdot x}\right)$$

die Klein-Gordon-Gleichung erfüllt. Wie lautet die Beziehung für $k_0 = \omega(\vec{k})$?

b) Es sei

$$f_{\vec{k}}(x) = e^{-ik\cdot x}, \quad k_0 = \sqrt{\vec{k}^2 + m^2}.$$

Zeigen Sie

$$i\int d^3x\, f_{\vec{k}}^*(x)\,\overset{\leftrightarrow}{\partial}_0\, f_{\vec{k}'}(x) = (2\pi)^3 2\omega(\vec{k})\delta^3(\vec{k} - \vec{k}'),$$

$$i\int d^3x\, f_{\vec{k}}(x)\,\overset{\leftrightarrow}{\partial}_0\, f_{\vec{k}'}(x) = 0,$$

mit

$$a\,\overset{\leftrightarrow}{\partial}_0\, b = a\frac{\partial b}{\partial t} - \frac{\partial a}{\partial t}b.$$

c) Drücken Sie $a(\vec{k})$ und $a^\dagger(\vec{k})$ mittels der Beziehungen in b) durch Φ aus. Verifizieren Sie

$$a(\vec{k}) = i\int d^3x\, f_{\vec{k}}^*(x)\,\overset{\leftrightarrow}{\partial}_0\, \Phi(x)$$

und bestimmen Sie anschließend $a^\dagger(\vec{k})$ durch Adjungieren.

d) Benutzen Sie die kanonischen GZVRen und verifizieren Sie

$$[a(\vec{k}), a^\dagger(\vec{k}')] = (2\pi)^3 2\omega(\vec{k})\delta^3(\vec{k} - \vec{k}'),$$

$$[a(\vec{k}), a(\vec{k}')] = 0,$$

$$[a^\dagger(\vec{k}), a^\dagger(\vec{k}')] = 0.$$

Drücken Sie die entsprechenden Operatoren mihhilfe des Resultats von c) aus. Wählen Sie dabei in den Integranden dieselben Zeiten. Benutzen Sie $\dot{\Phi}(x) = \Pi(x)$ und schließlich die GZVRen.

Hinweis: Überlegen Sie, ob Sie die letzte Gleichung noch einmal explizit zeigen müssen.

e) Drücken Sie den Hamilton-Operator

$$H = \frac{1}{2}\int d^3x\left(\Pi^2 + \vec{\nabla}\Phi\cdot\vec{\nabla}\Phi + m^2\Phi^2\right)$$

durch $a(\vec{k})$ und $a^\dagger(\vec{k})$ aus.

f) Es sei $|\vec{k}\rangle = a^\dagger(\vec{k})|0\rangle$ und $\langle\vec{k}| = \langle 0|a(\vec{k}) = (a^\dagger(\vec{k})|0\rangle)^\dagger$. Bestimmen Sie mithilfe von a) und d) die Matrixelemente

$$\langle 0|\Phi(x)|\vec{k}\rangle, \quad \langle\vec{k}|\Phi(x)|0\rangle, \quad \langle\vec{k}'|:\Phi^2(x):|\vec{k}\rangle, \quad \langle 0|:\Phi^2(x):|\vec{k}_1,\vec{k}_2\rangle.$$

Beachten Sie, dass $a(\vec{k})|0\rangle = 0$. Was geschieht, wenn man in den beiden letzten Fällen die Normalordnung weglässt?

A.4 Betrachten Sie einen allgemeinen Überlagerungszustand zweier Fermionen,

$$|\Phi\rangle = \frac{1}{\sqrt{2}}\sum_{r=1}^{2}\int\frac{d^3p}{(2\pi)^3 2E(\vec{p})}$$

$$\cdot\sum_{r'=1}^{2}\int\frac{d^3p'}{(2\pi)^3 2E(\vec{p}')}c_2(\vec{p},r;\vec{p}',r')b_r^\dagger(\vec{p})b_{r'}^\dagger(\vec{p}')|0\rangle,$$

mit

$$c_2(\vec{p},r;\vec{p}',r') = -c_2(\vec{p}',r';\vec{p},r).$$

Wie lautet die Bedingung für $c_2(\vec{p},r;\vec{p}',r')$, die sich aus der Forderung

$$\langle\Phi|\Phi\rangle = 1$$

ergibt?

Sachverzeichnis

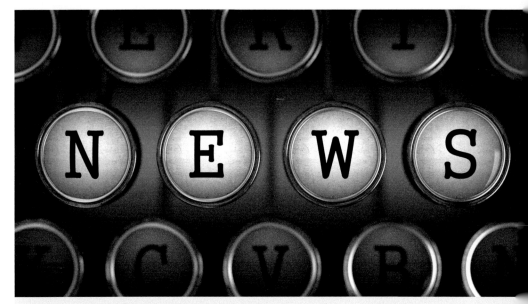

Willkommen zu den Springer Alerts

- Unser Neuerscheinungs-Service für Sie:
  aktuell *** kostenlos *** passgenau *** flexibel

Springer veröffentlicht mehr als 5.500 wissenschaftliche Bücher jährlich in gedruckter Form. Mehr als 2.200 englischsprachige Zeitschriften und mehr als 120.000 eBooks und Referenzwerke sind auf unserer Online Plattform SpringerLink verfügbar. Seit seiner Gründung 1842 arbeitet Springer weltweit mit den hervorragendsten und anerkanntesten Wissenschaftlern zusammen, eine Partnerschaft, die auf Offenheit und gegenseitigem Vertrauen beruht.

Die SpringerAlerts sind der beste Weg, um über Neuentwicklungen im eigenen Fachgebiet auf dem Laufenden zu sein. Sie sind der/die Erste, der/die über neu erschienene Bücher informiert ist oder das Inhaltsverzeichnis des neuesten Zeitschriftenheftes erhält. Unser Service ist kostenlos, schnell und vor allem flexibel. Passen Sie die SpringerAlerts genau an Ihre Interessen und Ihren Bedarf an, um nur diejenigen Information zu erhalten, die Sie wirklich benötigen.

Mehr Infos unter: springer.com/alert

Printed in the United States
By Bookmasters